U0217447

国家出版基金项目

“十三五”国家重点图书出版规划项目

中国水电关键技术丛书 

特高心墙堆石坝筑坝关键技术与创新应用

张宗亮　等 编著

中国水利水电出版社
www.waterpub.com.cn
·北京·

内 容 提 要

本书系国家出版基金项目《中国水电关键技术丛书》之一。本书在总结我国近年来在特高心墙堆石坝工程建设方面取得的技术创新和成就的基础上，系统阐述了特高心墙堆石坝筑坝系列关键技术，包括工程勘察与坝料试验、大坝计算理论与方法、设计方法、工程建设、安全监测与预警、大坝运行维护与健康诊断，以及BIM新技术的集成应用等。

本书可作为从事水利工程规划、设计、施工、管理的工程技术人员的参考书，也可为高等院校相关专业的教学科研工作提供参考。

图书在版编目（CIP）数据

特高心墙堆石坝筑坝关键技术与创新应用 / 张宗亮等编著. -- 北京 : 中国水利水电出版社, 2020.12
（中国水电关键技术丛书）
ISBN 978-7-5170-9211-7

Ⅰ. ①特… Ⅱ. ①张… Ⅲ. ①心墙堆石坝－筑坝－研究 Ⅳ. ①TV641.4

中国版本图书馆CIP数据核字(2020)第241751号

书　名	中国水电关键技术丛书 **特高心墙堆石坝筑坝关键技术与创新应用** TEGAO XINQIANG DUISHIBA ZHUBA GUANJIAN JISHU YU CHUANGXIN YINGYONG
作　者	张宗亮　等 编著
出版发行	中国水利水电出版社 （北京市海淀区玉渊潭南路1号D座　100038） 网址：www.waterpub.com.cn E-mail：sales@waterpub.com.cn 电话：（010）68367658（营销中心）
经　售	北京科水图书销售中心（零售） 电话：（010）88383994、63202643、68545874 全国各地新华书店和相关出版物销售网点
排　版	中国水利水电出版社微机排版中心
印　刷	北京印匠彩色印刷有限公司
规　格	184mm×260mm　16开本　24.25印张　590千字
版　次	2020年12月第1版　2020年12月第1次印刷
定　价	**197.00**元

《中国水电关键技术丛书》编撰委员会

编 委 会 办 公 室

《中国水电关键技术丛书》组织单位

中国大坝工程学会
中国水力发电工程学会
水电水利规划设计总院
中国水利水电出版社

本书编委会

主　　编： 张宗亮

副 主 编： 雷红军　袁友仁

编写人员：（按姓氏笔画排序）

于玉贞　孔令学　邓　刚　石定国　冯业林
朱俊高　米占宽　严　磊　李小泉　李仕奇
李永红　李国英　李　忠　李朝政　吴高见
何顺宾　余　挺　邹　青　迟世春　张丙印
张四和　张礼兵　张社荣　张宗亮　陈卫东
庞博慧　保华富　袁友仁　贾宇峰　黄宗营
曹军义　盛金昌　湛正刚　温彦锋　雷红军
詹美礼　蔡德文　谭志伟

丛书序

历经70年发展，特别是改革开放40年，中国水电建设取得了举世瞩目的伟大成就，一批世界级的高坝大库在中国建成投产，水电工程技术取得新的突破和进展。在推动世界水电工程技术发展的历程中，世界各国都作出了自己的贡献，而中国，成为继欧美发达国家之后，21世纪世界水电工程技术的主要推动者和引领者。

截至2018年年底，中国水库大坝总数达9.8万座，水库总库容约9000亿m^3，水电装机容量达350GW。中国是世界上大坝数量最多、也是高坝数量最多的国家：60m以上的高坝近1000座，100m以上的高坝223座，200m以上的特高坝23座；千万千瓦级的特大型水电站4座，其中，三峡水电站装机容量22500MW，为世界第一大水电站。中国水电开发始终以促进国民经济发展和满足社会需求为动力，以战略规划和科技创新为引领，以科技成果工程化促进工程建设，突破了工程建设与管理中的一系列难题，实现了安全发展和绿色发展。中国水电工程在大江大河治理、防洪减灾、兴利惠民、促进国家经济社会发展方面发挥了不可替代的重要作用。

总结中国水电发展的成功经验，我认为，最为重要也是特别值得借鉴的有以下几个方面：一是需求导向与目标导向相结合，始终服务国家和区域经济社会的发展；二是科学规划河流梯级格局，合理利用水资源和水能资源；三是建立健全水电投资开发和建设管理体制，加快水电开发进程；四是依托重大工程，持续开展科学技术攻关，破解工程建设难题，降低工程风险；五是在妥善安置移民和保护生态的前提下，统筹兼顾各方利益，实现共商共建共享。

在水利部原任领导汪恕诚、张基尧的关心支持下，2016年，中国大坝工程学会、中国水力发电工程学会、水电水利规划设计总院、中国水利水电出版社联合发起编撰出版《中国水电关键技术丛书》，得到水电行业的积极响应，数百位工程实践经验丰富的学科带头人和专业技术负责人等水电科技工作者，基于自身专业研究成果和工程实践经验，精心选题，着手编撰水电工程技术成果总结。为高质量地完成编撰任务，参加丛书编撰的作者，投入极大热情，倾注大量心血，反复推敲打磨，精益求精，终使丛书各卷得以陆续出版，实属不易，难能可贵。

21世纪初叶，中国的水电开发成为推动世界水电快速发展的重要力量，形成了中国特色的水电工程技术，这是编撰丛书的缘由。丛书回顾了中国水电工程建设近30年所取得的成就，总结了大量科学研究成果和工程实践经验，基本概括了当前水电工程建设的最新技术发展。丛书具有以下特点：一是技术总结系统，既有历史视角的比较，又有国际视野的检视，体现了科学知识体系化的特征；二是内容丰富、翔实、实用，涉及专业多，原理、方法、技术路径和工程措施一应俱全；三是富于创新引导，对同一重大关键技术难题，存在多种可能的解决方案，并非唯一，要依据具体工程情况和面临的条件进行技术路径选择，深入论证，择优取舍；四是工程案例丰富，结合中国大型水电工程设计建设，给出了详细的技术参数，具有很强的参考价值；五是中国特色突出，贯彻科学发展观和新发展理念，总结了中国水电工程技术的最新理论和工程实践成果。

与世界上大多数发展中国家一样，中国面临着人口持续增长、经济社会发展不平衡和人民追求美好生活的迫切要求，而受全球气候变化和极端天气的影响，水资源短缺、自然灾害频发和能源电力供需的矛盾还将加剧。面对这一严峻形势，无论是从中国的发展来看，还是从全球的发展来看，修坝筑库、开发水电都将不可或缺，这是实现经济社会可持续发展的必然选择。

中国水电工程技术既是中国的，也是世界的。我相信，丛书的出版，为中国水电工作者，也为世界上的专家同仁，开启了一扇深入了解中国水电工程技术发展的窗口；通过分享工程技术与管理的先进成果，后发国家借鉴和吸取先行国家的经验与教训，可避免少走弯路，加快水电开发进程，降低开发成本，实现战略赶超。从这个意义上讲，丛书的出版不仅能为当前和未来中国水电工程建设提供非常有价值的参考，也将为世界上发展中国家的河流开发建设提供重要启示和借鉴。

作为中国水电事业的建设者、奋斗者，见证了中国水电事业的蓬勃发展，我为中国水电工程的技术进步而骄傲，也为丛书的出版而高兴。希望丛书的出版还能够为加强工程技术国际交流与合作，推动“一带一路”沿线国家基础设施建设，促进水电工程技术取得新进展发挥积极作用。衷心感谢为此作出贡献的中国水电科技工作者，以及丛书的撰稿、审稿和编辑人员。

中国工程院院士 马洪琪

2019年10月

丛书前言

水电是全球公认并为世界大多数国家大力开发利用的清洁能源。水库大坝和水电开发在防范洪涝干旱灾害、开发利用水资源和水能资源、保护生态环境、促进人类文明进步和经济社会发展等方面起到了无可替代的重要作用。在中国，发展水电是调整能源结构、优化资源配置、发展低碳经济、节能减排和保护生态的关键措施。新中国成立后，特别是改革开放以来，中国水电建设迅猛发展，技术日新月异，已从水电小国、弱国，发展成为世界水电大国和强国，中国水电已经完成从“融入”到“引领”的历史性转变。

迄今，中国水电事业走过了70年的艰辛和辉煌历程，水电工程建设从“独立自主、自力更生”到“改革开放、引进吸收”，从“计划经济、国家投资”到“市场经济、企业投资”，从“水电安置性移民”到“水电开发性移民”，一系列改革开放政策和科学技术创新，极大地促进了中国水电事业的发展。不仅在高坝大库建设、大型水电站开发，而且在水电站运行管理、流域梯级联合调度等方面都取得了突破性进展，这些进步使中国水电工程建设和运行管理技术水平达到了一个新的高度。有鉴于此，中国大坝工程学会、中国水力发电工程学会、水电水利规划设计总院和中国水利水电出版社联合组织策划出版了《中国水电关键技术丛书》，力图总结提炼中国水电建设的先进技术、原创成果，打造立足水电科技前沿、传播水电高端知识、反映水电科技实力的精品力作，为开发建设和谐水电、助力推进中国水电“走出去”提供支撑和保障。

为切实做好丛书的编撰工作，2015年9月，四家组织策划单位成立了“丛书编撰工作启动筹备组”，经反复讨论与修改，征求行业各方面意见，草拟了丛书编撰工作大纲。2016年2月，《中国水电关键技术丛书》编撰委员会成立，水利部原部长、时任中国大坝协会（现为中国大坝工程学会）理事长汪恕诚，国务院南水北调工程建设委员会办公室原主任、时任中国水力发电工程学会理事长张基尧担任编委会主任，中国电力建设集团有限公司总工程师周建平、水电水利规划设计总院院长郑声安担任丛书主编。各分册编撰工作实行分册主编负责制。来自水电行业100余家企业、科研院所及高等院校等单位的500多位专家学者参与了丛书的编撰和审阅工作，丛书作者队伍和校审专家聚集了国内水电及相关专业最强撰稿阵容。这是当今新时代赋予水电工作者的一项重要历史使命，功在当代、利惠千秋。

丛书紧扣大坝建设和水电开发实际，以全新角度总结了中国水电工程技术及其管理创新的最新研究和实践成果。工程技术方面的内容涵盖河流开发规划，水库泥沙治理，工程地质勘测，高心墙土石坝、高面板堆石坝、混凝土重力坝、碾压混凝土坝建设，高坝水力学及泄洪消能，滑坡及高边坡治理，地质灾害防治，水工隧洞及大型地下洞室施工，深厚覆盖层地基处理，水电工程安全高效绿色施工，大型水轮发电机组制造安装，岩土工程数值分析等内容；管理创新方面的内容涵盖水电发展战略、生态环境保护、水库移民安置、水电建设管理、水电站运行管理、水电站群联合优化调度、国际河流开发、大坝安全管理、流域梯级安全管理和风险防控等内容。

丛书遵循的编撰原则为：一是科学性原则，即系统、科学地总结中国水电关键技术和管理创新成果，体现中国当前水电工程技术水平；二是权威性原则，即结构严谨，数据翔实，发挥各编写单位技术优势，遵照国家和行业标准，内容反映中国水电建设领域最具先进性和代表性的新技术、新工艺、新理念和新方法等，做到理论与实践相结合。

丛书分别入选“十三五”国家重点图书出版规划项目和国家出版基金项目，首批包括50余种。丛书是个开放性平台，随着中国水电工程技术的进步，一些成熟的关键技术专著也将陆续纳入丛书的出版范围。丛书的出版必将为中国水电工程技术及其管理创新的继续发展和长足进步提供理论与技术借鉴，也将为进一步攻克水电工程建设技术难题、开发绿色和谐水电提供技术支撑和保障。同时，在“一带一路”倡议下，丛书也必将切实为提升中国水电的国际影响力和竞争力，加快中国水电技术、标准、装备的国际化发挥重要作用。

在丛书编写过程中，得到了水利水电行业规划、设计、施工、科研、教学及业主等有关单位的大力支持和帮助，各分册编写人员反复讨论书稿内容，仔细核对相关数据，字斟句酌，殚精竭虑，付出了极大的心血，克服了诸多困难。在此，谨向所有关心、支持和参与编撰工作的领导、专家、科研人员和编辑出版人员表示诚挚的感谢，并诚恳欢迎广大读者给予批评指正。

《中国水电关键技术丛书》编撰委员会

2019年10月

前言

我国西部水能资源丰富，交通及地形地质条件复杂，土石坝具有对地质条件的适应性强、能就地取材、充分利用建筑物开挖料、工程经济效益较好等优点，在水电工程建设中占据了重要地位。近年来完建、在建及拟建的多座坝高200m以上的巨型水电站如糯扎渡水电站（坝高261.5m）、古水水电站（坝高240m）、双江口水电站（坝高314m）、两河口水电站（坝高295m）、如美水电站（坝高315m）等均将土石坝作为代表性坝型，这些特高土石坝工程的建设将进一步推动土石坝技术的发展。

国内最具代表性的工程为糯扎渡特高心墙堆石坝工程。糯扎渡水电站是澜沧江中下游河段梯级规划的第五级，位于云南省普洱市澜沧县境内，以发电为主，并兼有下游景洪市的城市、农田防洪及改善下游航运等综合利用任务。水库正常蓄水位为812.00m，正常蓄水位以下库容为217.49亿m^3，具有多年调节性能。电站总装机容量5850MW。糯扎渡水电站工程于1989年即开始预可行性研究阶段的设计工作，1995年和2003年分别完成预可行性研究报告和可行性研究报告。电站于2004年4月开始筹建期工作，2006年1月开始准备期建设，2007年11月顺利截流，2012年9月第一批机组发电，2014年7月竣工。糯扎渡心墙堆石坝最大坝高261.5m，在同类坝型中居国内之首、世界第三。为解决糯扎渡高心墙堆石坝设计建设中的系列复杂技术问题，开展了多项关键技术研究工作，在特高心墙堆石坝设计准则、计算分析理论、施工工艺及安全控制技术等方面取得了多项具有中国自主知识产权的创新性成果，使我国堆石坝筑坝技术水平迈上了一个新台阶。基于多项成果，本工程2013年荣获“国际里程碑工程奖”，2018年荣获“中国土木工程詹天佑奖”。

为推广应用相关研究成果，发挥其应有的效益，特将所取得的研究成果编著成此书，以期对我国特高心墙堆石坝的设计建设提供参考。

本书由国内十余家水利水电工程行业大型勘察、设计、施工和科研单位共同编著，全书由张宗亮统筹完成。

限于作者水平，书中难免会有一些错误，敬请读者批评指正。

编者

2020年6月

目录

第 1 章

绪论

1.1 高心墙堆石坝建设历程

1.1.1 国内外土石坝建设发展概况

人类筑坝拦水的历史非常悠久，见诸文字记载最早的蓄水坝相传建于公元前598—前591年间安徽省寿县的“芍陂”——安丰塘坝，坝高6.5m，库容约9070万m^3，是中国古代四大水利工程之一。现代意义上的大坝是20世纪初才产生的。我国筑坝历史悠久，但发展较慢，根据1950年国际大坝委员会（International Commission on Large Dams）统计资料，全球5268座水库大坝（坝高超过15m）中，中国仅有22座。

新中国成立以后，中国的大坝建设和坝工技术有了突飞猛进的发展[1-4]。据国际大坝委员会统计，1951—1977年，世界其他国家平均每年建坝335座，中国为420座。1982年全世界坝高15m以上大坝为34798座，中国为18595座，占总数的53.4%；2005年年底，世界共有坝高15m以上大坝50000多座，中国有22000多座，占44%。

在世界筑坝历史上，土石坝建设在数量上一直占据着绝对优势。截至1986年年底，全世界已建坝高15m以上的大坝共36235座，其中土石坝有29974座，占82.7%；同期我国建成的坝高15m以上的土石坝数量已达17475座，占世界坝高15m以上土石坝数量的58.3%。截至2005年年底，中国已建成坝高15m以上的大坝22000多座，坝高30m以上的大坝4860座，其中2865座为土石坝[5]。图1.1-1为2005年年底我国已建坝高30m以上大坝的坝型分布图。

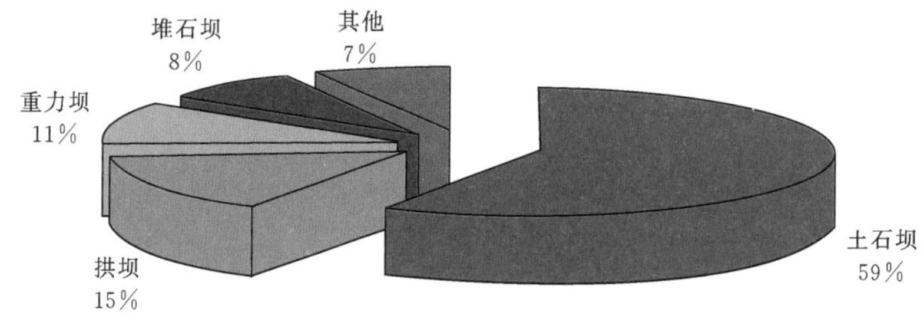

图1.1-1 2005年年底我国已建坝高30m以上大坝的坝型分布图

土石坝坝型丰富，广义上的土石坝包括以细粒土石材料为主的土石坝和以大块径堆石为主的堆石坝。按照防渗体材料的分区不同，土石坝可以分为均质土坝、土质防渗体分区坝、混凝土面板堆石坝、沥青混凝土防渗体分区坝、土工膜防渗体分区坝等，其中土质防渗体分区坝是应用最广、发展最快的一种坝型。

新中国成立初期，我国水利建设中兴建的土石坝基本上全是土坝，坝型包括均质土坝、黏性土斜墙和心墙砂砾石坝等，如板桥、官厅、大伙房等，坝高都在 50m 以下。同期兴建的唯一一座堆石坝是四川狮子滩混凝土防渗墙人工抛填堆石坝（坝高 52m）。自 1958 年后 20 余年内，国内兴建了大量土石坝工程，坝高不断增大并超过 100m，坝型仍以均质土坝、黏性土斜墙和心墙砂砾石坝为主，地基处理上开始引进混凝土防渗墙，修建了密云、岳城、黄壁庄、毛家村等土石坝工程，1976 年在深覆盖层上建成了坝高达 101.8m 的碧口水库壤土心墙土石混合坝，防渗墙处理深度达 68.5m。

1965—1982 年，振动碾、气胎碾、大型自卸卡车等现代化的施工机械被广泛采用，国外开始广泛采用碾压密实的堆石料筑坝，心墙堆石坝和面板堆石坝成为现代高土石坝的两种主流坝型，土石坝的坝高突破了 200m。一批著名的高土石坝工程，包括 Mica 坝（坝高 242m）、Chivor 坝（坝高 237m）、Oroville 坝（坝高 230m）、Chicoasen 坝（坝高 261m）、Nurek 坝（坝高 300m）等均建成于这一时期。

自 20 世纪 80 年代初至 21 世纪初，我国土石坝建设数量较 20 世纪 60—70 年代有所减少，但在坝型、坝高方面都有了新的突破。开始在土石坝填筑中采用重型碾压设备，建成了石头河（坝高 114m，1981 年建成）、鲁布革（坝高 103.8m，1991 年建成）、小浪底（坝高 160m，2001 年建成）等高心墙堆石坝，以及西北口（坝高 95m）、天生桥一级（坝高 178m，2001 年建成）等混凝土面板堆石坝。

进入 21 世纪后，我国土石坝建设快速发展，坝高不断突破。建成了截至目前世界最高的面板堆石坝（水布垭，坝高 233m），亚洲第一、世界第三高的土质心墙坝（糯扎渡，坝高 261.5m），在深厚覆盖层上建成了瀑布沟（坝高 186m）、长河坝（坝高 240m）等 200m 级高心墙堆石坝，两河口（坝高 295m）、双江口（坝高 314m）等 300m 级高心墙坝也已经开工建设。

1.1.2　国外高心墙堆石坝的发展及建设情况

20 世纪 40 年代以前，很少有坝高超过 100m 的心墙堆石坝，之后，随着土力学理论和实践的发展、大型施工机具的出现，心墙堆石坝出现并快速发展，逐渐成为世界上高坝建设的主流坝型之一。1960—1990 年是全世界心墙堆石坝快速发展时期，兴建的土石坝坝高、数量都大幅增加；1990 年后，兴建的心墙土石坝的数量有减少的趋势，但多是 150m 以上的高心墙土石坝。近年来高心墙堆石坝建设较多的国家为中国、印度、伊朗、巴西等。

全世界已经建成的坝高 240m 以上的高土石坝有 6 座，均为心墙堆石坝，其中最高的是苏联的 Nurek 坝，坝高达 300m。具体特征参数见表 1.1-1。

图 1.1-2～图 1.1-7 给出了国外几座高心墙坝的典型横剖面，其中直心墙坝 2 座、斜心墙坝 4 座。Nurek 坝、Chicoasen 坝、Tehri 坝、Chivor 坝在心墙上、下游均设置了反滤层；Chicoasen 坝在反滤层外设置了过渡层；Oroville 坝设置了过渡区，但未设反滤层。

1.1.3　国内高心墙堆石坝的发展及建设情况

我国高心墙堆石坝的建设起步较晚，但发展迅速。

表 1.1-1　世界上已建坝高 240m 以上的心墙堆石坝的特征参数

序号	坝　名	国家	坝高 /m	坝长 /m	工程量 /万 m^3	库容 /亿 m^3	建成年份
1	Nurek	苏联	300	704	5800	105	1980
2	糯扎渡	中国	261.5	608.2	3360	237	2014
3	Maneul M. Torres (Chicoasen)	墨西哥	261	485	1537	16.1	1980
4	Tehri	印度	260.5	610	2703	35.5	2005
5	Alberto Lleras (Guavio)	哥伦比亚	243	390	1775	9.7	1989
6	Mica	加拿大	242	792	3211	247	1973

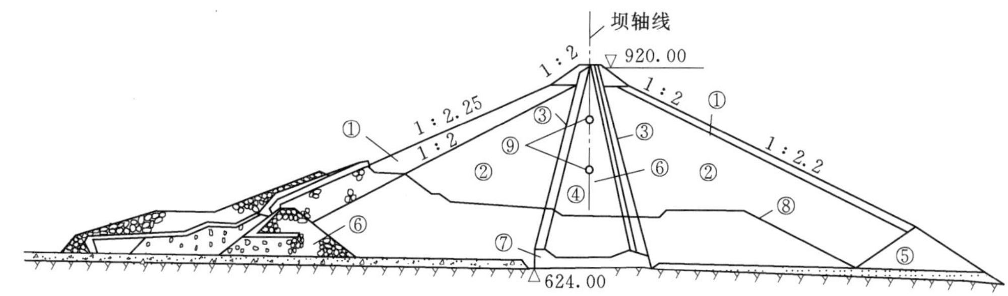

图 1.1-2　Nurek 坝的最大剖面（单位：m）

①—上下游边坡堆石压体；②—砾石、卵石棱体；③—反滤层；④—心墙；⑤—下游堆石护脚；⑥—堆石；⑦—基础混凝土垫；⑧—第一期坝体轮廓线；⑨—坝轴线

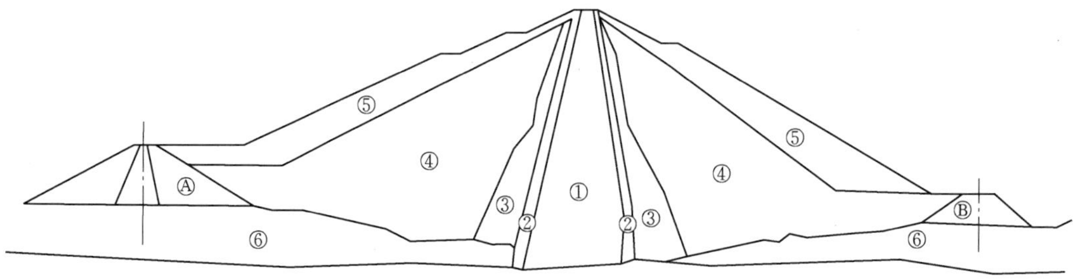

图 1.1-3　Chicoasen 坝的最大剖面

Ⓐ—上游围堰；①—心墙；②—反滤区；③—过渡区；④—碾压堆石区（良好级配）；⑤—倾倒堆石区；⑥—堆积覆盖层；Ⓑ—下游围堰

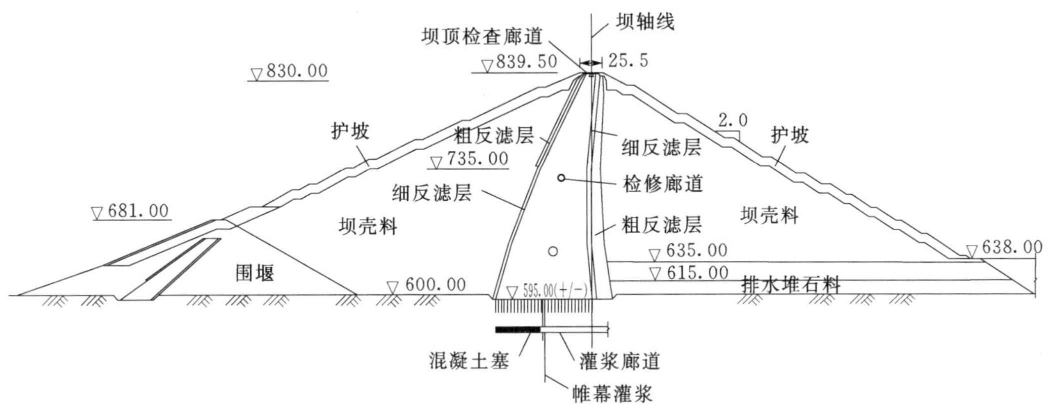

图 1.1-4 Tehri 坝的最大剖面（单位：m）

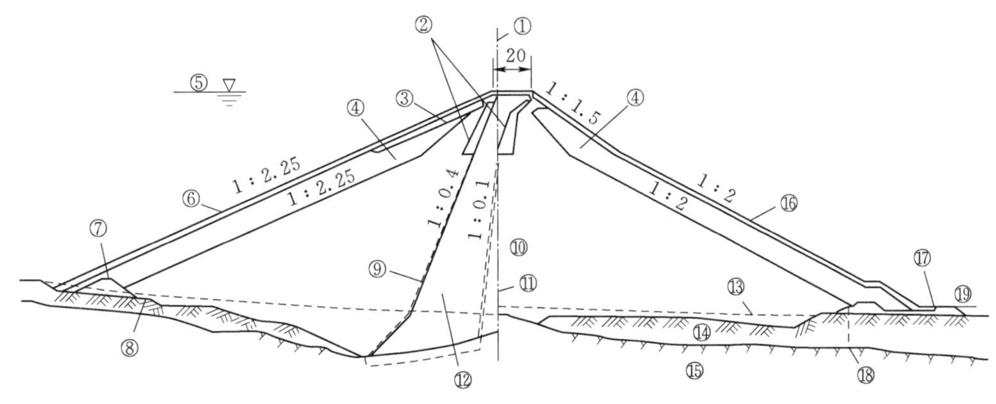

图 1.1-5 Mica 坝典型横剖面（单位：m）

①—坝轴线；②—心墙支撑区：砂卵石或堆石，每层 15cm 厚；③—水库消落区：卵石、孤石或堆石，每层 60cm 厚；④—坝外壳：砂卵石或堆石，每层 60cm 厚；⑤—正常高水位 754.38m；⑥—护坡；⑦—上游围堰；⑧、⑱—管井；⑨—过渡区：宽 6m、砂卵石每层 15cm 厚；⑩—坝内壳：砂卵石，每层 45cm 厚；⑪—断面变换线；⑫—冰碛土心墙，每层 25cm 厚；⑬—原河床；⑭—冲积层；⑮—基岩；⑯—护坡；⑰—下游围堰；⑲—下游水平 574.55m

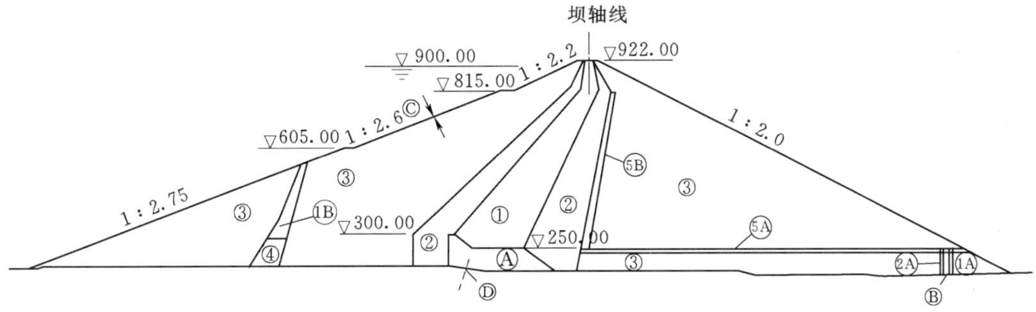

图 1.1-6 Oroville 坝的典型剖面（单位：m）

①、1A、1B—上下游边坡堆石压体；②、2A—过渡区；③—坝壳区；④—围堰防渗料；5A、5B—排水料；Ⓐ—心墙下游的混凝土垫块；Ⓑ—量测渗流堰体；Ⓒ—抛石护坡；Ⓓ—灌浆帷幕

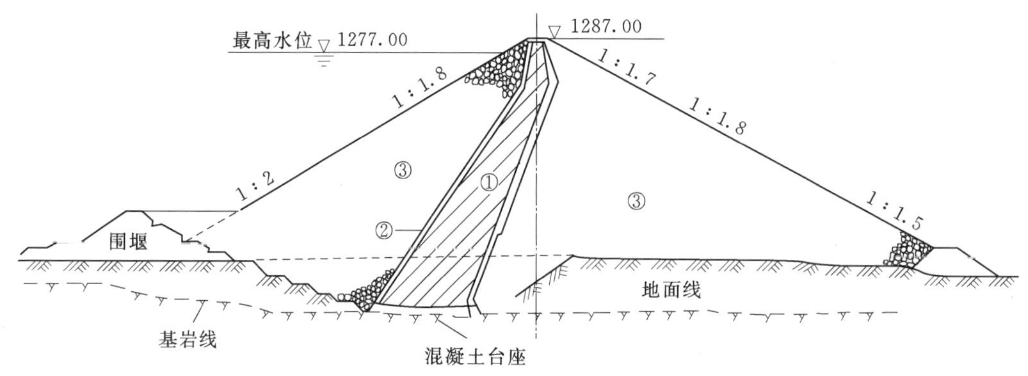

图 1.1-7　Chivor 坝典型剖面（单位：m）

①—防渗土心墙；②—反滤层；③—堆石坝壳

1969 年开工建设、1976 年建成的碧口心墙堆石坝是我国大陆地区第一座坝高突破 100m 的心墙坝[5-7]。其心墙料为黏土，上游坝壳下部为砂砾石、上部为堆石，下游坝壳为砂砾石、石渣和任意料；坝下存在深厚覆盖层，采用 1.3m 厚的防渗墙截渗，防渗墙最大深度达 68.5m。碧口心墙堆石坝建成后曾历经 1976 年平武—松潘（Ms7.3 级）、2008 年汶川（Ms8.0 级）两次大地震，大坝主体仍然完好。

20 世纪 80—90 年代，我国先后建成了石头河黏土心墙砂砾石坝（坝高 104m，1981 年建成）、鲁布革砾石土心墙堆石坝（坝高 103.8m，1991 年竣工）、小浪底壤土斜心墙堆石坝（坝高 160m，2000 年建成）。进入 21 世纪后，我国高心墙堆石坝建设在数量和坝高上都得到了迅速发展[8-9]，土质（斜）心墙坝成为除混凝土面板坝外的高土石坝主导坝型，建成恰甫其海（坝高 108m）、硗碛（坝高 123m）、金盆（坝高 127.5m）、狮子坪（坝高 136m）等一批坝高超过 100m 的高心墙坝，瀑布沟（坝高 186m，覆盖层 77.9m）、糯扎渡（261.5m）、长河坝（坝高 240m，覆盖层深 50m）等工程逐步刷新了国内高心墙堆石坝坝高纪录。在建和待建的一些大、中型河流的龙头水库工程也选用了心墙堆石坝，如在建的两河口（305m）、双江口（314m）等，筹建中的如美（坝高 315m）。

表 1.1-2 汇总了我国部分坝高超过 100m 的心墙堆石坝。

图 1.1-8～图 1.1-10 给出了我国 2000 年以前建成的部分高心墙土石坝的横剖面，这一时期我国高心墙坝的断面型式较为多样化，其中小浪底是国内截至 2020 年建成的唯一一座 100m 以上斜心墙堆石坝。2000 年以后，我国 100m 以上的高心墙堆石坝建设逐渐形成了以土质直心墙接覆盖层混凝土防渗墙的垂直防渗体系格局，断面型式趋于标准化，心墙上下游坡比在 1：0.175～1：0.3，上、下游均设反滤层和过渡层，上游反滤层相比下游反滤层可简化。图 1.1-11～图 1.1-17 给出了近年来我国建成或在建的一些典型高心墙堆石坝的横剖面。此外，我国高心墙堆石坝对岸坡的处理方式也较为一致，防渗体与岸坡之间大都采用了“心墙-高塑性黏土层-混凝土板”的过渡型式[10]。

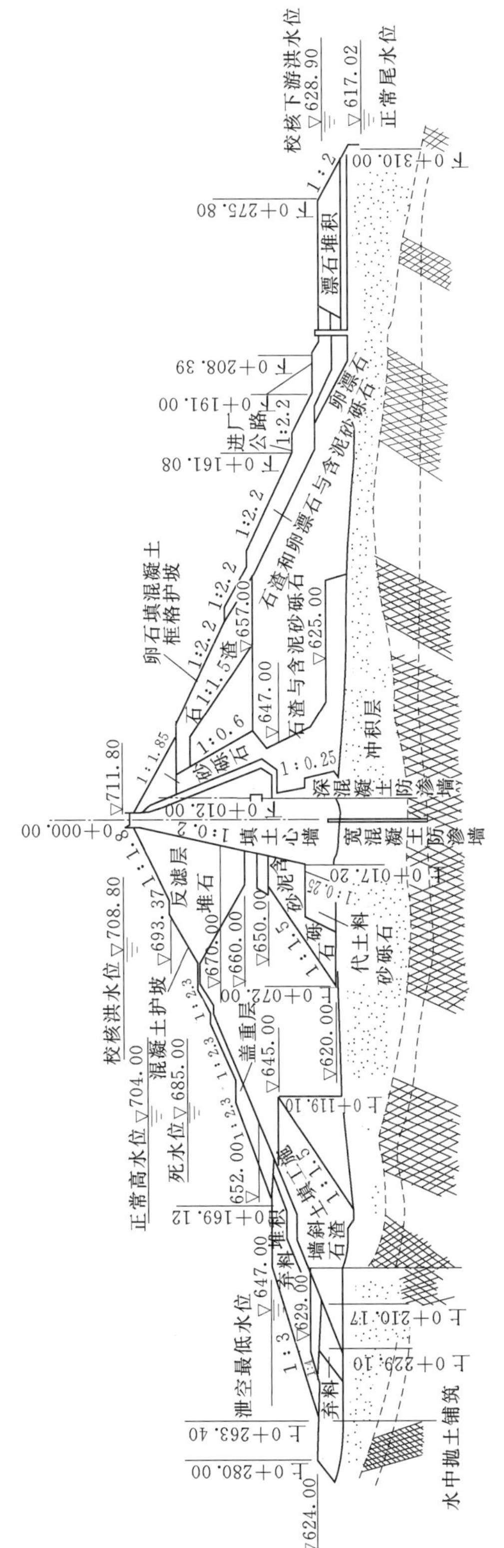

图1.1-8　碧口心墙堆石坝典型横剖面（单位：m）

表 1.1-2　　我国部分高心墙堆石坝建设情况

坝名	建设情况	起止年份	河流	坝高/m	坝顶长/m	总体积/万 m³	库容/亿 m³
碧口	完建	1969—1976	白龙江	101.8	297.4	397	5.21
鲁布革	完建	1982—1992	黄泥河	103.8	217	220	1.224
恰甫其海	完建	2002—2006	特克斯河	105	362	512	17.7
水牛家	完建	2003—2006	火溪河	108	317	483	1.4
石头河	完建	1969—1989	石头河	114	590	835	1.5
硗碛	完建	2002—2008	宝兴河	123	452.7	89	2.12
金盆	完建	1996—2002	黑河	127.5	443.6	771.6	2
石门	完建	1956—1964	台湾淡水河	133	360	705.9	3.09
曾文	完建	1967—1973	台湾曾文溪	133	400	929.6	7.08
狮子坪	完建	2003—2007	杂谷脑河	136	309.4	581	1.327
苗尾	完建	2009—2016	澜沧江	139.8	576.7	1127	7.2
毛尔盖	完建	2006—2011	黑水河	147	527.3	1140	5.35
小浪底	完建	1994—2001	黄河	160	1667	5574	126.5
瀑布沟	完建	2004—2011	大渡河	186	573	2400	53.9
长河坝	完建	2005—2016	大渡河	240	498	3251	10.75
糯扎渡	完建	2006—2015	澜沧江	261.5	608.2	3495	237
两河口	在建	2014—	雅砻江	305	616	4075	101.54
双江口	在建	2019—	大渡河	314	642	3991	27.32
如美	筹建		澜沧江	315	665	4296	36.02

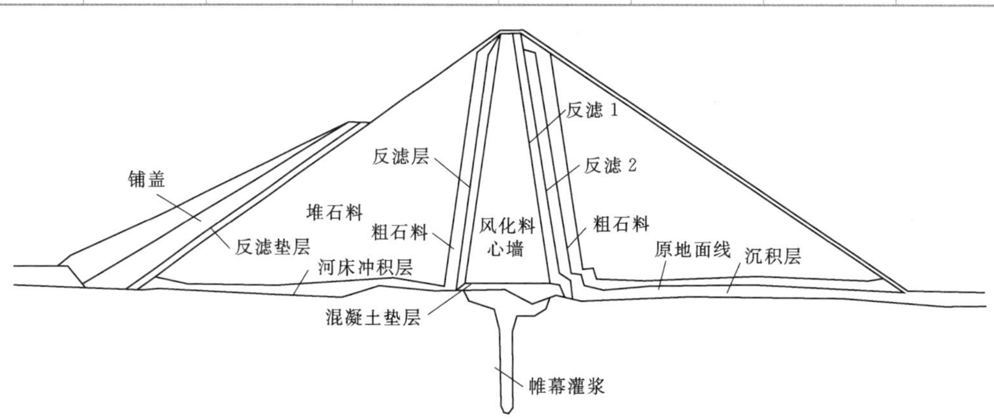

图 1.1-9　鲁布革心墙堆石坝典型横剖面图

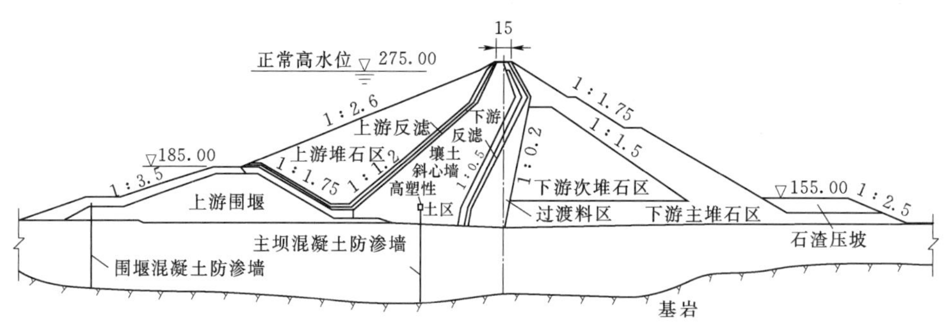

图 1.1-10　小浪底心墙堆石坝典型横剖面图（单位：m）

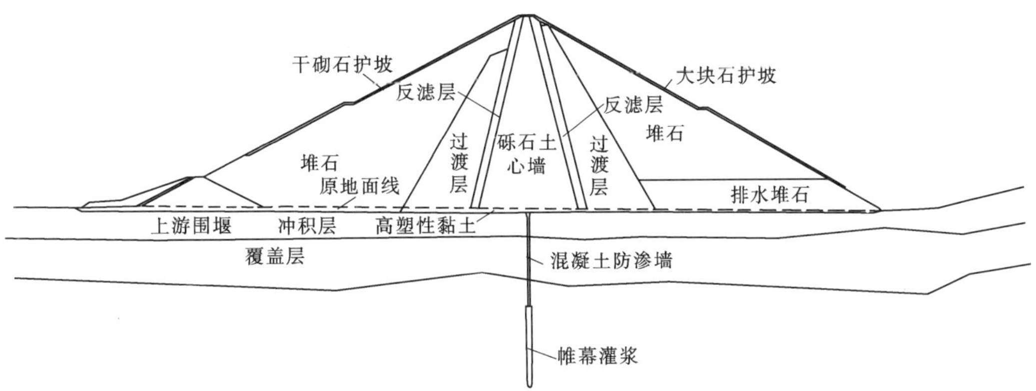

图 1.1-11 跷碛心墙堆石坝典型横剖面图

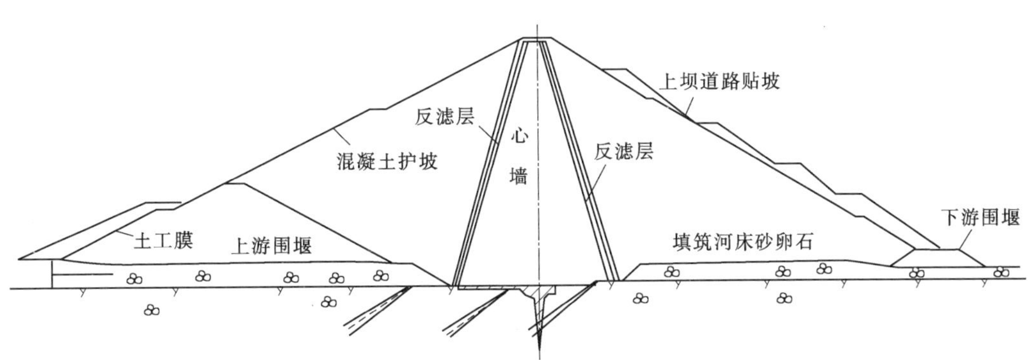

图 1.1-12 金盆心墙堆石坝典型横剖面图

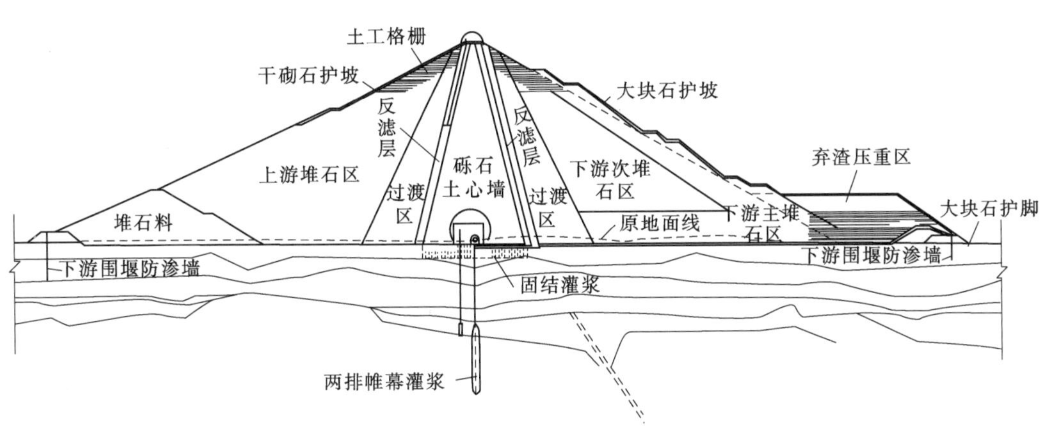

图 1.1-13 瀑布沟心墙堆石坝典型横剖面图

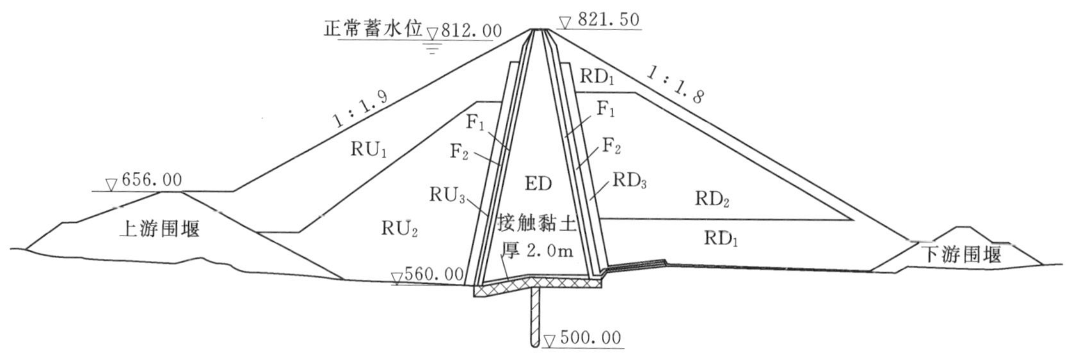

图 1.1-14 糯扎渡心墙堆石坝典型横剖面图（单位：m）

ED—心墙；F_1—反滤Ⅰ；F_2—反滤Ⅱ；RU_1、RD_1—Ⅰ区堆石料；

RU_2、RD_2—Ⅱ区堆石料；RU_3、RD_3—细堆石料

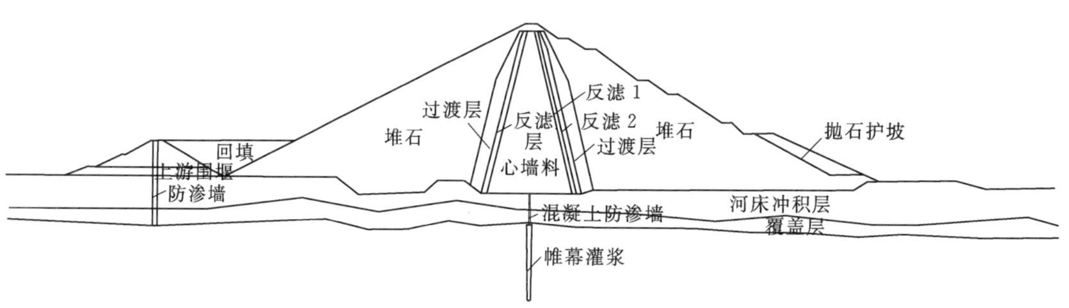

图 1.1-15 长河坝心墙堆石坝典型横剖面图

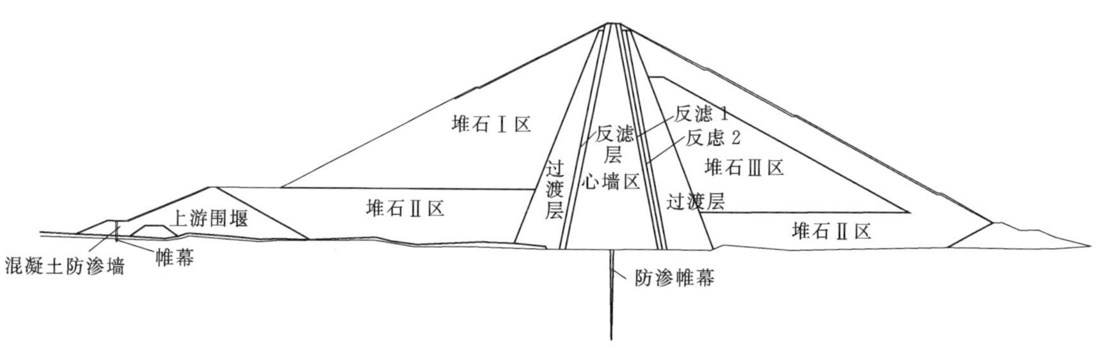

图 1.1-16 两河口心墙堆石坝典型横剖面图（在建）

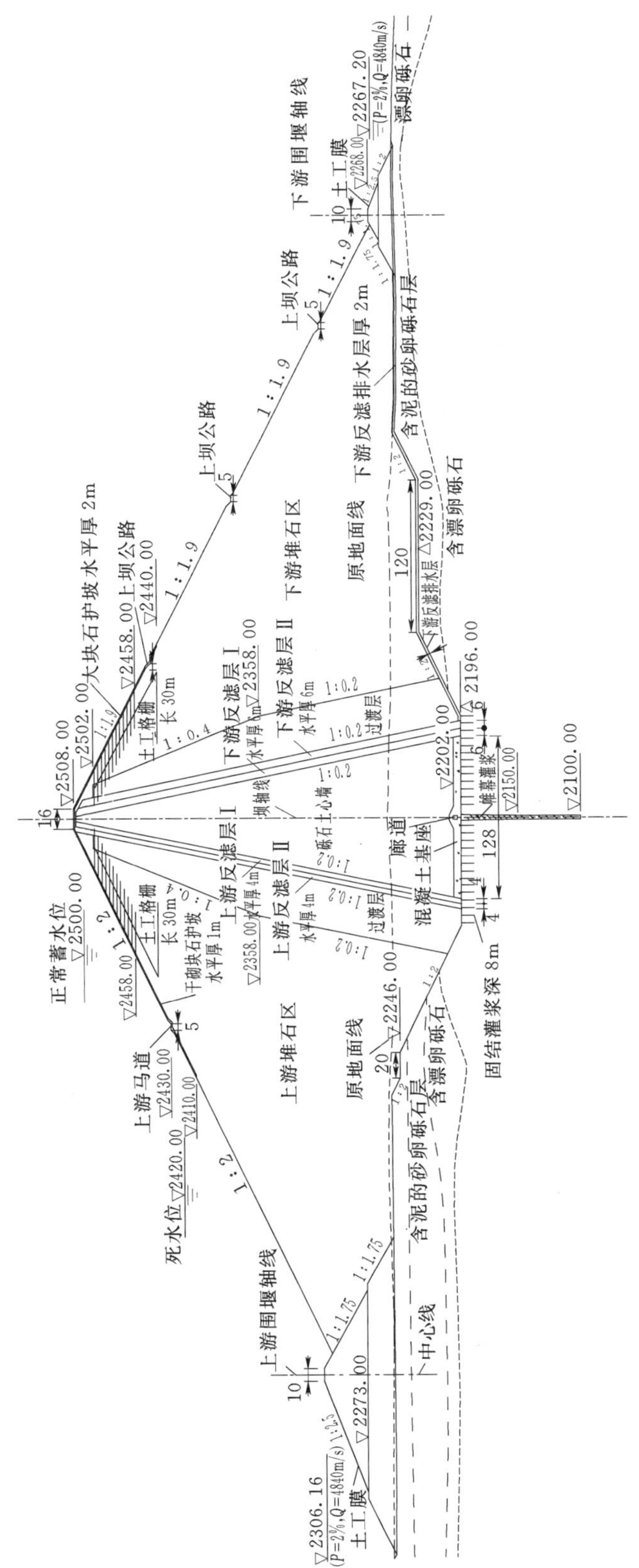

图 1.1-17 双江口心墙堆石坝典型横剖面图（在建）（单位：m）

1.2 高心墙堆石坝筑坝技术发展

1.2.1 工程勘察与坝料试验

近年来对筑坝土料的研究取得了较大进展。防渗土料由黏土、壤土过渡到采用砾石土等宽级配防渗土料[11-13]；对于坝壳料，过去要求应为新鲜、坚硬的岩石，现在发展到可利用软岩、风化岩和开挖料，尽量做到开挖料的充分利用。

筑坝土料力学特性试验的技术方面，建立了以室内材料试验为主，结合现场试验科学把握材料特性的技术体系[14-17]。于1979年编制形成了《土工试验规程》，通过多年研究和发展，形成了以室内最大粒径60～100mm缩尺材料试验为基准，覆盖强度、变形和渗流等力学特性和物理特性的土石坝筑坝材料特性测试系列规程规范。

此外，建设了一批包括静动力三轴仪、侧限压缩固结仪、真三轴仪、三轴蠕变仪等试验设备。中国水利水电科学研究院建成了最大围压4MPa、稳压时间可达6个月的三轴蠕变仪；南京水利科学研究院建成了试样直径500mm的动静力三轴仪；长江科学院建成了可以进行粗粒土可视化试验的CT三轴仪。为减小缩尺试验误差并揭示尺寸效应的影响机制，中国水利水电科学研究院和大连理工大学建成了试样直径达1000mm的静动力三轴仪。龙滩（坝型比选时采用面板坝方案）、水布垭、公伯峡等工程在现场结合碾压试验开展了大型压缩、剪切和相对密度等试验，以减小室内缩尺材料试验缺陷影响，更好地把握材料特性。

1.2.2 计算理论与方法

数值计算在土石坝建设中发挥了突出作用。坝坡稳定分析一般采用极限平衡法，陈祖煜院士编制的边坡分析软件STAB得到广泛应用[18]，一些工程还采用有限元强度折减法进行边坡稳定对比分析。

基于有限元法的土石坝静动力应力变形分析在我国土石坝建设中得到了大规模应用[19-21]，高坝普遍按照规范规定进行计算分析，重大工程还应用不同的流变模型、湿化模型研究长期变形的影响。静力计算分析中模拟了逐级填筑和蓄水过程，并考虑了筑坝材料变形特性的非线性和压硬性。对于土质心墙等材料，采用基于比奥固结理论的有效应力分析方法，并且考虑了土骨架和孔隙水之间的耦合关系[22-23]。

20世纪80年代初引入邓肯（Duncan）等提出的非线性弹性模型[24-26]，该模型在工程中得到普遍应用，并在参数取值等方面积累了丰富经验。沈珠江提出的双屈服面弹塑性模型是土石坝计算分析中应用较广的模型之一[27]。动力响应分析多采用等效黏弹性模型，并采用沈珠江模型等经验模型计算动力残余变形[28-29]。

为更好模拟动态加卸载过程，有学者提出真非线性模型和弹塑性模型[30-32]，还有学者发展了广义塑性模型[33-35]，采用统一模型和参数进行土石坝静动力计算，并编制了相关计算程序。

对于渗流分析，从早期基于饱和土理论的变网格迭代法发展为考虑非饱和理论的固定网格法，渗流计算已基本能取代室内物理模拟试验，可为工程建设提供较为满意的参考。

1.2.3 设计

心墙坝的设计理论日趋成熟。高心墙堆石坝的设计不再依赖于工程样例，室内试验、数值计算、物理模拟的成果越来越多地用于设计方案的评价和论证，岩土理论在高心墙堆石坝设计中的指导作用凸显。

高心墙堆石坝设计重点关注的主要问题有：坝料选择与填筑要求、坝体结构与分区、坝基处理、大坝计算分析、坝体变形控制、渗流控制与坝体抗震设计等。

1.2.4 工程建设

工程建设已经全面实现大型机械化和自动化，施工效率得到了很大提高，施工管理实现了现代化、数字化。糯扎渡水电工程在国内率先采用“数字大坝”技术[9,36-38]，对大坝碾压质量、坝料上坝运输过程等实施了全天候、精细化、在线实施监控，首次实现了大坝施工质量的实时、动态、全过程监控，为确保高心墙坝建设质量提供了一条新的途径。

1.2.5 安全监测与预警

对高土石坝安全监测项目、监测内容、监测布置、监测手段与方法等进行了总结，提出了四管式水管式沉降仪、电测式横梁式沉降仪等新型监测仪器，创新性地应用了弦式沉降仪、剪变形计、500mm超大量程电位器式位移计、六向土压力计组等，实现上游堆石体内部沉降、多传感器数据融合的心墙内部沉降、心墙与反滤及混凝土垫层之间的相对变形、心墙的空间应力等监测[39-41]。

依托糯扎渡心墙堆石坝等典型工程的监测资料[42]，对大坝进行分析与安全评价，总结变形、渗流及应力等发展与分布规律；同时建立多种反馈分析方法，对糯扎渡心墙堆石坝进行渗透系数反演及坝体坝基渗流计算分析、坝料模型参数反演分析、高心墙堆石坝应力变形分析与安全评价[43-46]。

研究整体和分项两级大坝安全监控指标，提出建设期、蓄水期及运行期的安全评价指标，构建了实用的综合安全指标体系，并对各种级别的预警信息提出相应的应急预案与防范措施[47]。构建安全评价与预警管理系统开发框架，将监控指标、预警体系等有机地集成起来，形成理论严密且可靠实用的高土石坝安全评价与预警信息管理系统。

1.2.6 运行维护与健康诊断

水电工程全生命周期管理涵盖了从项目的规划、勘测设计、施工和运行维护直至退役拆除/重建的完整阶段，通过集成勘测设计、施工、运营各个阶段的工程信息，实时准确地反映工程进度或运行状态，各阶段主体方共享集成信息实现协同设计，达到缩短工程开发周期、降低成本及提高工程安全和质量的目的。水电工程全生命周期管理有其自身的特点和功能，同时对企业的管理和运行提出了新的或更高的要求，其中包含了理论方法和技术上所需要研究的关键技术。

高心墙堆石坝健康诊断，是利用安全监测与评价成果、工程检查与检测成果、工程运行与管理等基础资料，然后通过构建工程健康诊断指标评价体系来综合诊断高心墙堆石坝的健康状况。高心墙堆石坝工程健康诊断体系是一个多项目、多层次的复杂递阶分析系统，目前已发展了包括数值计算、模糊统计法、专家调查法和区间平均法等度量方法，以及以层次分析法、主成分分析法、乘积标度法为主的赋权方法，由此将同层诊断指标的初始数据标准化，并分别确定同一层次中各指标相对于上层诊断指标的“相对重要性”即权重，以体现每层诊断指标的地位和作用以及它们对整个大坝健康状况诊断结果的贡献。

1.2.7 BIM 集成技术应用

随着土木、水利工程建设技术的迅速发展，BIM（Building Information Model）技术得到越来越广泛的应用。基于糯扎渡、双江口、两河口等特高土石坝工程的建设，BIM 技术在土石坝工程中得到了深度集成应用，在规划设计、工程建设和运行管理全阶段以及三维地质建模、三维协同设计、三维 CAD/CAE 集成分析、施工可视化仿真与优化、水库移民、生态景观 3S 及三维 CAD 集成设计、三维施工图和数字移交、工程建设质量实时监控、工程运行安全评价及预警、数字大坝全生命周期管理等方面均取得了创新性的研究成果。

第 2 章

高心墙堆石坝工程勘察与坝料试验

2.1 坝基勘察

2.1.1 岩石地基勘察

2.1.1.1 高心墙堆石坝对地形地质条件的要求

(1) 高心墙堆石坝除挡水坝体型很大外，还需布置岸边溢洪道、地面或地下发电厂房，工程布置场地很大，施工场面也很大。为便于水工建筑物布置和施工场面的展开，高心墙堆石坝更适宜建在河谷地形较宽阔、两岸地形不太陡峻的河流上，并应有适合布置岸边溢洪道和发电厂房的地形条件。

规划阶段需对天然土料进行普查，对于可能为高心墙堆石坝的梯级电站，防渗土料勘察应在《水电水利工程天然建筑材料勘察规程》(DL/T 5388—2007) 要求的基础上作稍高一些的要求。

(2) 高心墙堆石坝对坝基变形的适应性较好，能够承受一定的变形。坝壳堆石区与防渗心墙区对坝基要求有所不同。

坝壳堆石区对坝基岩体的强度要求相对较低，基岩坝基大都能满足要求。

防渗心墙区对坝基岩体的强度要求相对较高，一般以弱风化基岩较合适，低坝部分也可置于强风化基岩上，对坝基中的较大断层、软弱带等需作专门处理。

(3) 坝基岩体的渗透性较大时可产生大量渗漏，从而导致水库无法蓄水或产生渗透破坏危及大坝安全。因此，要求坝基岩体透水率较小，达到微透水性标准，当天然岩体达不到微透水性时，需进行防渗处理。

(4) 坝顶以上开挖边坡为永久边坡，需达到 1 级边坡稳定性的要求；坝基及上、下游侧水下边坡，为施工期临时边坡，需达到 2 级边坡稳定性的要求。

2.1.1.2 坝基勘察内容

高心墙堆石坝需要查明如下内容，以便为设计提供地质依据。

(1) 查明坝基基岩面起伏变化情况，重点查明河床深槽、古河床埋藏谷的具体范围、深度及形态。

(2) 查明影响坝基坝肩稳定性的断层、破碎带、软弱岩体、石膏夹层、夹泥层的分布、规模、产状、性状和渗透变形特性。

(3) 查明坝基水文地质结构，地下水埋深，含水层或透水层和相对隔水层的岩性、厚度变化和空间分布，岩体渗透性；重点查明可能导致强烈透水和坝基渗透变形的集中渗漏带的具体位置，提出坝防渗处理的建议。

(4) 查明地下水、地表水对混凝土的腐蚀性。

(5) 查明岸坡岩体风化带、卸荷带的分布、深度和工程边坡、自然边坡的稳定条件，重点查明防渗体地基有无断层破碎带、软弱岩带、全强风化岩带及其变形和渗透特性。

(6) 查明坝区岩溶发育规律，主要岩溶洞穴和通道的分布和规模，岩溶泉的位置、径流、排泄特征，相对隔水层的埋藏条件；提出防渗处理建议。

(7) 在上述基础上，提出坝基岩体透水率、允许渗透比降和承载力、变形模量、强度等力学参数，对地基的沉降、抗滑稳定、渗漏、渗透变形等问题作出评价，并提出处理措施建议。

2.1.1.3　坝基勘察方法及工作量要求

高心墙堆石坝勘察常采用的方法主要有：工程地质测绘、钻孔、洞探、竖井、物探、坑槽探、岩石（体）现场试验、室内试验、现场水文地质试验等。

(1) 坝基工程地质测绘结合坝址区测绘进行，在传统方法的基础上，应充分利用现代科技手段（如遥感技术、GPS 技术、地质地理信息系统、无人机等），测绘比例尺可选用 1∶5000～1∶1000。

通过工程地质测绘，查明地形地貌，对坝基岩性进行工程岩组分层，勾绘及描述断层带、软弱岩层、破碎带的分布、规模、性状，统计与描述节理裂隙发育的组数、密度、性状等。调查地表岩体的风化、卸荷情况，地下水出露情况，岩溶发育规律。

(2) 物探工作，可采用电法或地震波法探测河床基岩顶面埋深，采用综合测井测定钻孔岩体声波、电阻率、孔壁成像，测定平洞岩体的声波值。

(3) 钻孔、平洞沿坝轴线及上、下游的辅助勘探线布置，勘探点间距一般按 50～100m 考虑。基岩地基钻孔深度宜为坝高的 1/3～1/2，防渗线上河床的控制性钻孔深度不应小于坝高，两岸钻孔应深入地下水位以下或相对隔水层以下。平洞深度一般要求应穿过弱风化岩体及强卸荷岩体，并满足现场岩体试验的需要。

对于特殊工程地质条件，需要专门查明时，应有针对性地布置勘探试验工作，确保查明工程地质条件。

(4) 压水试验，坝基防渗线上钻孔应做压水试验，并确保连续 3 段透水率达到相对隔层标准才可终孔。为了解坝基岩体抗压力劈裂性能，宜在河床坝基进行岩体高压压水试验，试验最高压力不小于工作水头的 1.2 倍。为了解岩体渗透性各向异性的情况，可进行定向压水试验，试验压力可根据需要确定，一般不低于常规压水试验的要求。

(5) 岩石物理力学试验可在钻孔中取岩芯样进行，一般每工程地质岩组不少于 6 组。岩体试验包括变形试验、岩体抗剪试验、岩体/混凝土抗剪试验，一般在平洞中进行，主要在建面附近的岩体中选取试验位置，试验组数视需要而定。

(6) 为查明岩溶区坝基集中渗漏带的渗流特征、实际流速和连通情况，可根据需要进行地下水连通试验。钻孔地下水位应进行长期观测，观测周期不少于 1 个水文年。可能产生向下游渗漏的断层破碎带或其他渗漏带，应进行专门渗透变形试验，获取临界渗透比降、破碎渗透比降。

(7) 水文地质条件复杂的坝址区，宜进行渗流场数值模拟等专题研究。

(8) 应进行地下水、地表水水质分析，评价其对混凝土的腐蚀性。

2.1.1.4　坝基岩体工程地质分类及物理力学参数

(1) 岩体的结构分类。岩体结构是坝基岩体工程地质分级的基础，因此在对坝基工程地质评价时，首先需要对坝基的岩体结构进行研究。

根据岩体的结构特征，可划分为块状结构、层状结构、镶嵌结构、碎裂结构和散体结构等类型。

1）块状结构。代表岩性均一，各个方向的物理力学性能差异不大。

2）层状结构。代表岩体中含有一组连续性好，抗剪性能明显较低的结构面的岩体，一般岩体的均一性差，物理力学性具各向异性。

3）碎裂结构。代表岩体中含有多组密集分布的结构面。岩体被分割为碎块状，常为动力地质作用的产物。

水力发电工程的岩体结构类型见表 2.1-1。

表 2.1-1　　水力发电工程的岩体结构类型

类型	亚类	岩体结构特征
块状结构	整体状结构	岩体完整，呈巨块状，结构面不发育，间距大于 100cm
	块状结构	岩体较完整，呈块状，结构面轻度发育，间距一般为 100～50cm
	次块状结构	岩体较完整，呈次块状，结构面中等发育，间距一般为 50～30cm
层状结构	巨厚层状结构	岩体完整，呈巨厚层状，结构面不发育，间距大于 100cm
	厚层状结构	岩体较完整，呈厚层状，结构面轻度发育，间距一般为 100～50cm
	中厚层状结构	岩体较完整，呈中厚层状，结构面中等发育，间距一般为 50～30cm
	互层状结构	岩体较完整或完整性差，呈互层状，结构面较发育或发育，间距一般为 30～10cm
	薄层状结构	岩体完整性差，呈薄层状，结构面发育，间距一般小于 10cm
镶嵌结构	镶嵌结构	岩体完整性差，岩块嵌合紧密～较紧密，结构面发育到很发育，间距一般为 30～10cm
碎裂结构	块裂结构	岩体完整性差，岩块间有岩屑和泥质物充填，嵌合中等紧密～较松弛，结构面较发育到很发育，间距一般为 30～10cm
	碎裂结构	岩体较破碎，岩块间有岩屑和泥质物充填，嵌合较松弛～松弛，结构面很发育，间距一般小于 10cm
散体结构	碎块状结构	岩体破碎，岩块夹岩屑或泥质物，嵌合松弛
	碎屑状结构	岩体极破碎，岩屑或泥质物夹岩块，嵌合松弛

(2) 坝基岩体工程地质分类。国内外坝基岩体分级标准有很多种，国外最著名的有南非的比尼威斯基的裂隙化岩体地质力学分类法（RMR 法）和挪威的巴顿提出的岩体质量分类法（Q 系统），国内应用最普遍的是水电坝基岩体工程地质分类。这里介绍国内水电坝基岩体工程地质分类。

水电坝基岩体工程地质分类首先按岩石的饱和单轴湿抗压强度分为 A 坚硬岩（$R_b>60\text{MPa}$）、B 中硬岩（$R_b=30\sim60\text{MPa}$）、C 软质岩（$R_b<30\text{MPa}$）等三类，然后根据岩体结构、岩体完整性、结构面发育程度及其组合情况、岩体和结构面的抗滑、抗变形能力将岩体划分为五类。

该分类方案主要用于评价坝基岩体的变形和抗滑性能，确定了划分坝基岩体工程地质等别应遵循的基本原则和分类时应考虑的主要因素，各工程可根据具体的工程地质条件，按该原则制订适合于特定工程的坝基岩体工程地质分类方案。

水电坝基岩体工程地质分类标准详见表 2.1-2。

表 2.1-2　　水电坝基岩体工程地质分类标准

<table>
<tr><th rowspan="2">岩体基本质量</th><th colspan="2">A 坚硬岩（R_b＞60MPa）</th><th colspan="2">B 中硬岩（R_b＝30～60MPa）</th><th colspan="2">C 软质岩（R_b＜30MPa）</th></tr>
<tr><th>岩体特征</th><th>岩体工程性质评价</th><th>岩体特征</th><th>岩体工程性质评价</th><th>岩体特征</th><th>岩体工程性质评价</th></tr>
<tr><td>Ⅰ</td><td>Ⅰ$_A$：岩体呈整体状或块状、巨厚层状、厚层状结构，结构面不发育或轻度发育，延展性差，多闭合，具有各向同性力学特征</td><td>岩体完整，强度高，抗滑、抗变形性能强，不需作专门性地基处理。属优良各类型坝地基</td><td></td><td></td><td></td><td></td></tr>
<tr><td>Ⅱ</td><td>Ⅱ$_A$：岩体呈块状或次块状、厚层结构，结构面中等发育；软弱结构面分布不多，或不存在影响坝基或坝肩稳定的楔体或棱体</td><td>岩体较完整，强度高，软结构面不控制岩体稳定，抗滑抗变形性能较高，专门性地基处理工作量不大，属良好各类型坝地基</td><td>Ⅱ$_B$：岩体结构特征同Ⅰ$_A$，具各向同性力学特性</td><td>岩体完整，强度较高，抗滑、抗变形性能较强，专门性地基处理工作量不大，属良好各类型坝地基</td><td></td><td></td></tr>
<tr><td rowspan="2">Ⅲ</td><td>Ⅲ$_{1A}$：岩体呈次块状或中厚层状结构，结构面中等发育，岩体中分布有缓倾角或陡倾角（坝肩）的软弱结构面或存在影响坝基或坝肩稳定的楔体或棱体</td><td>岩体较完整，局部完整性差，强度较高，抗滑、抗变形性能在一定程度上受结构面控制。对影响混凝土坝岩体变形和稳定的结构面应作专门处理</td><td>Ⅲ$_{1B}$：岩体结构特征基本同Ⅱ$_A$</td><td>岩体较完整，有一定强度，抗滑、抗变形性能受结构面和岩石强度控制。属良好的当地材料坝地基</td><td rowspan="2">Ⅲ$_C$：岩石强度大于 15MPa，岩体呈整体状或巨厚层状结构，结构面不发育或中等发育，岩体具各向同性力学特性</td><td rowspan="2">岩体完整，抗滑、抗变形性能受岩石强度控制。适合当地材料坝</td></tr>
<tr><td>Ⅲ$_{2A}$：岩体呈互层状或镶嵌碎裂结构，结构面发育，但贯穿性结构面不多见，结构面延展差，多闭合，岩块间嵌合力较好</td><td>岩体完整性差，强度仍较高，抗滑、抗变形性能受结构面和岩块间嵌合能力以及结构面抗剪强度特性控制，对结构面应做专门性处理</td><td>Ⅲ$_{2B}$：岩体呈次块或中厚层状结构，结构面中等发育，多闭合，岩块间嵌合力较好，贯穿性结构面不多见</td><td>岩体较完整，局部完整性差，抗滑抗变形性能在一定程度上受结构面和岩石强度控制</td></tr>
</table>

续表

岩体基本质量	A 坚硬岩（R_b＞60MPa）		B 中硬岩（R_b＝30～60MPa）		C 软质岩（R_b＜30MPa）	
	岩体特征	岩体工程性质评价	岩体特征	岩体工程性质评价	岩体特征	岩体工程性质评价
Ⅳ	Ⅳ$_{1A}$：岩体呈互层状或薄层状结构，结构面较发育或发育，明显存在不利于坝基及坝肩稳定的软弱结构面、楔体或棱体	岩体完整性差，抗滑、抗变形性能明显受结构面和岩块间嵌合能力控制。能否作为高混凝土坝地基，视处理效果而定。适合当地材料坝	Ⅳ$_{1B}$：岩体呈互层状或薄层状，存在不利于坝基（肩）稳定的软弱结构面、楔体或棱体	同Ⅳ$_{1A}$	Ⅳ$_{C}$：岩石强度大于15MPa，结构面发育或岩体强度小于15MPa，结构面中等发育	岩体较完整，强度低，抗滑、抗变形性能差，不宜作为高混凝土坝地基。当局部存在该类岩体时，需作专门处理
	Ⅳ$_{2A}$：岩体呈碎裂结构，结构面很发育，且多张开，夹碎屑和泥，岩块间嵌合力弱	岩体较破碎，抗滑、抗变形性能差，不宜作高混凝土坝地基。当局部存在该类岩体，需作专门性处理。适合当地材料坝	Ⅳ$_{2B}$：岩体呈薄层状或碎裂状，结构面发育或很发育，多张开，岩块间嵌合力差	同Ⅳ$_{2A}$		
Ⅴ	Ⅴ$_{A}$：岩体呈散体状结构，由岩块夹泥或泥包岩块组成，具松散连续介质特征	岩体破碎，不能作为高混凝土坝地基。当坝基局部地段分布该类岩体，需作专门性处理。能否作为当地材料坝防渗体地基则需专门论证并视防渗及防渗透变形的处理效果而定	同Ⅴ$_{A}$	同Ⅴ$_{A}$	同Ⅴ$_{A}$	同Ⅴ$_{A}$

（3）坝基岩体物理力学参数取值。坝基岩体物理力学参数可按试验数值进行整理分析提出地质建议值，工程类比法可作为参考。

1）根据试验成果整理分析。岩石密度、强度、岩体变形模量等可采用试验成果的算术平均值作为标准值，根据不同建筑物地基、试件的地质代表性、尺寸效应等对标准值进行调整，提出地质建议值。

坝基岩体允许承载力，硬质岩宜根据岩石饱和单轴抗压强度，结合岩体结构、裂隙发育程度及岩体完整性，按1/3～1/10折减后确定地质建议值。软质岩、破碎岩体宜采用现场载荷试验确定，也可采用超重型动力触探试验或三轴压缩试验确定其允许承载力。

岩体的抗剪强度按试验值的小值平均值或最小二乘法小值或优定斜率法下限值作为标准值，根据试验面破坏情况、试验样品的地质代表性等进行调整提出地质建议值。

结构面的抗剪强度按试验值的小值平均值或最小二乘法小值或优定斜率法下限值作为标准值，根据试验面破坏情况、结构面粗糙度、起伏差、张开度试验等进行调整提出地质建议值。

2）工程地质类比。对比地质环境条件相似的已建且安全运行的工程，参照其参数取值，或者按照规范提供的相关参数取值。《水力发电工程地质勘察规范》（GB 50287—2016）提供了坝基岩体、结构面、一些土体的相关物理力学参数，可参照使用。

2.1.1.5 抗滑及变形稳定性评价

（1）抗滑稳定。由于高心墙堆石坝是由松散岩块、土体填筑压实而成，属柔性坝，对坝基抗滑适应性较好，坝基抗滑稳定的勘察主要还是查明坝基部位的软弱岩层的分布、近水平的薄层状岩层的分布、碎裂结构岩体分布，防止浅层发生滑动。对于深层滑动结构，主要查明以较大结构面（Ⅲ级、Ⅳ级结构面）为底滑面的组合关系，提出各结构面的力学参数。

（2）坝基不均匀变形。虽然高心墙堆石坝对坝基变形具有较强的适应能力，但如果存在过大的不均匀变形，可能导致防渗心墙开裂，引起坝体渗漏和渗透破坏，危及大坝安全，因此需对坝基岩体进行变形稳定评价。

1）根据岩性不同，对坝基岩体进行工程地质岩组分类，查明各岩组的分布范围、厚度、产状，并分析研究岩组的强度、完整性。

2）查明坝基部位的断层带、破碎带、软弱岩带、岩溶洞穴、岩溶裂隙的分布范围、规模、产状。

3）对坝基岩体进行工程地质岩体分类，圈定各类岩体的分布范围。

4）按不同类别岩体或工程地质岩组布置现场变形试验、承载力试验及取样进行室内试验，获得岩体变形参数（如承载力、变形模量、岩体声波速度等）。

5）对变形参数与周边岩体相差较大的Ⅳ类、Ⅴ类岩体（如断层带、破碎带、软弱岩带、岩溶洞穴、岩溶裂隙等）可能引起的较大不均匀变形，应提出处理措施建议。

2.1.1.6 坝基渗漏及渗透稳定评价

坝基渗漏及渗透稳定评价是高心墙堆石坝勘察的主要内容，大量坝基渗漏可能影响水库的正常蓄水功能，同时可能产生坝基渗透破坏或防渗体与建基面之间的接触冲刷破坏，危及大坝安全。坝基渗漏及渗透稳定评价要重视如下几方面内容：

（1）坝基渗漏的评价首先应结合地质勘察成果明确坝基渗漏的形式，即属集中的管道型渗漏或是一般裂隙性渗漏。

对于坝基、坝肩存在喀斯特、张性断层或张裂隙带等贯穿性的集中渗漏通道，则需结合其空间分布、规模、性状、渗透性以及上、下游水位情况等进行专门研究，必要时开展专门的水文地质试验，并对渗漏的可能性和可能的渗漏量作出评价。在查明渗漏通道的情况下，防渗处理方案一般可考虑采用混凝土塞封堵加帷幕灌浆的方式。

裂隙性渗漏，通常结合坝址工程地质勘察和钻孔压水试验成果，按规范对岩体的渗透性进行分级（表2.1-3），根据岩体透水性绘制坝轴线及主要勘探线渗透剖面图（或称水文地质剖面图）。实际工作中，由于弱透水岩体（$1Lu \leqslant q < 10Lu$）跨度较大，而此区间岩体所占比重较大，因此往往需增加 $q=5Lu$ 和 $q=3Lu$ 的界限。裂隙性渗漏岩体需结合定向压水试验查明主要的渗漏方向，考虑防渗措施时需针对主要渗漏的方向加强处理。防渗范围：垂直方向一般进入微透水岩体（$q<1Lu$）以下 5～10m 为宜，水平方向应接地下水位至正常蓄水位高程，或相对隔水层至正常蓄水位高程。

表 2.1-3　岩体渗透性分级

渗透性等级	透水率 q/Lu	岩体特征
极微透水	$q<0.1$	完整岩体，含等价开度小于 0.025mm 裂隙的岩体
微透水	$0.1\leqslant q<1$	含等价开度 0.025～0.05mm 裂隙的岩体
弱透水	$1\leqslant q<10$	含等价开度 0.05～0.1mm 裂隙的岩体
中等透水	$10\leqslant q<100$	含等价开度 0.1～0.5mm 裂隙的岩体
强透水	$q\geqslant 100$	含等价开度 0.5～2.5mm 裂隙的岩体

（2）渗透稳定评价。基岩坝基中分布有断层带、破碎带、软弱岩带、岩溶充填物等不良地质体，连通大坝上、下游时，可能产生渗透破坏，需进行渗透稳定性评价。

1）对可能产生渗透破坏的地质体进行勘察，查明分布范围、规模、组成、透水性等。

2）具备条件时，宜进行现场渗透破坏试验，获得可能渗透部位的临界渗透比降、破坏渗透比降，并依据试验成果提出允许渗透比降。

3）宜进行坝址区渗流场数值模拟等专题研究，求得坝基部位蓄水后的水力坡降。

4）当水库蓄水后水力坡降大于允许渗透比降时，则可能产生渗透破坏。

5）结合坝基地形地质条件、渗透体埋藏条件，提出防渗的处理措施，如降低地下水水力坡降的措施、改善透水层性状的措施、反滤消能措施等。

2.1.2　深厚覆盖层勘察

2.1.2.1　深厚覆盖层工程地质特性

1. *覆盖层物质组成结构*

（1）厚度特征。不同地区河床覆盖层厚度是不同的，造成厚度变化的原因有构造升降、气候变化、崩滑流、堰塞作用等。我国东部丘陵、平原地区属新构造活动稳定或下降区，河床覆盖层厚度较为稳定，而新构造持续上升强烈的西南高原、高山峡谷区河床覆盖层变化较大。例如，在大渡河流域，大岗山河段覆盖层最薄，仅 20.9m；最厚的地段为冶勒电站，覆盖层厚度达到了 420m；两个河段覆盖层厚度相差约 20 倍。这个特点在西部其他河流内也比较突出，岷江流域漩口河段覆盖层厚度为 33m，中坝河段覆盖层厚度为 104m；金沙江新庄街河段覆盖层厚度为 37.7m，虎跳峡宽谷河段覆盖层厚度为 250m。

（2）物质成分。物质成分随着搬运介质、距离以及堆积方式不同，差异很大。一般地说，短距离搬运的近源堆积，物质成分与侵蚀点原岩一致，堆积物成分单一，颗粒粗大，棱角鲜明，颜色单调；而远距离搬运的远源堆积，物质成分复杂，颗粒坚硬，粒径较小，磨圆度好，颜色混杂。

覆盖层颗粒组成主要有：①颗粒粗大、磨圆度较好的漂石、卵砾石类；②块、碎石类；③颗粒细小的中粗砂类或中细砂类；④粉土、壤土、淤泥等。各种颗粒组成界线往往不明显，漂石、卵砾石类中常夹有砂类；块石、碎石与壤土类相互充填等。

通过对诸多河流覆盖层特性的分析总结，河床覆盖层的主要物性特征差异如下：

1）成因多样。由于第四系气候、外动力和地貌多种多样，形成了多种成因的大陆、海洋堆积物。各种成因沉积层具有不同的岩性、岩相、结构构造和物理化学性质与地震效应。因此，在水电工程勘察设计和建设运行过程中，将存在不同的工程地质问题。

2）岩性岩相变化大。即使同一种成因的陆相第四系堆积物，由于形成时动力和地貌环境变化大，因此堆积物的岩性岩相结构变化也大。

3）厚度差异大。剥蚀区第四系陆相堆积物厚度一般较薄，从几十厘米到十几米，堆积区（山前、盆地、平原、断裂谷地）可达几十米到百米或数百米。

（3）结构特征。由于覆盖层物质成分的复杂性、沉积作用的多期次性、不连续性，覆盖层显示出岩相复杂、分选磨圆变化大、具架空现象、密实度的分布差异较大等结构特征。

1）岩相复杂。靠近河床部位主要为河流冲积相，层次较平缓，砂层呈夹层或透镜状分部。两岸覆盖层层次起伏变化大，多有交互沉积、尖灭等现象，可能出现崩坡积、泥石流堆积、滑坡堆积、残积等多种成因的堆积。

2）分选磨圆变化大。覆盖层的层、层面和层理是表征结构的主要内容，层是在沉积环境基本稳定的条件下形成的一个沉积单位。同一个层中沉积物都属于同一个相。不同的层既可以是不同岩相条件的产物，也可以是同一岩相条件下由于动力条件变化引起。沉积作用动力条件好的，覆盖层分选、磨圆差，如重力作用为主形成的崩坡积，组成物质大小混杂，粗颗粒呈棱角、次棱角状；而动力条件弱的，分选、磨圆好，如在静水环境形成的堰塞湖相沉积基本上为均一的粉黏粒。

3）架空现象。由于沉积时间短，特别是全新世沉积的表层冲积层、崩积层等，结构疏松，常有架空现象。架空结构的特征是组成物质以漂卵石、砾石为主，缺少砂粒等细颗粒，卵砾石间有空隙，级配曲线不连续。架空结构依其产状有：层状架空层、散管状架空层和星点状架空层。架空层在山区河流和山前河流的冲积沙砾石层中几乎普遍存在。架空层是强烈的透水层，渗透系数达 500～1000m/d，常给地基处理与基坑排水造成很大困难。

4）密实度的分布差异大。第四纪沉积物一般形成不久或正在形成，成岩作用微弱，绝大部分岩性松散，少数半固结，绝少硬结成岩。颗粒粗细不均，密实度差异较大。

（4）层次（构造）特征。一个层与上、下相邻层的界面称层面，层面是一种不连续面。层面是由于相或动力条件的变化，使沉积作用间断停息或沉积物质突变所造成的。层理是单层间的界面。它是同一沉积环境下，由于搬运物质的脉动变化造成的，单层厚度为以毫米或厘米计的最小沉积单位。层理的形态很多，在冲积砂砾石与河漫滩内，分别以斜层理和水平层理为主。

沉积作用间断是指在同一岩相条件下，动力作用发生短暂间隔，形成沉积物的不同层位，例如河床周期性洪水，即可以形成不同层的冲积物。

沉积物质突变是在沉积作用连续的情况下，由搬运介质能量变化所形成的。

河床覆盖层在大多数场合下，都与下伏前第四系地层呈不整合或假整合关系；由于其堆积物直接置于河流水下，更易遭受外力地质作用，且由于其松散，使其不断被破坏和改造，或受水流的冲刷，具有明显的移动性。

2. 覆盖层物理、水理特性

土体物理性质，如软或硬、干或湿、松散或紧密等，主要决定于组成土体的固体颗粒、孔隙中的水和气体这三相所占的体积和质（重）量的比例关系，反映这种关系的指标称为土体的物理性质指标。土体的物理性质指标是土体最基本的指标，其不仅可以描述土体的物理性质和所处的状态，而且在一定程度上反映土体的力学性质。

土体基本物理性质指标包括颗粒级配组成和土体所处的基本物理状态指标。其中土体颗粒级配组成通过室内试验对土体中各粒组含量予以测定；土体基本物理状态指标包括土体密度、比重、含水率以及孔隙比、饱和度等，其中土体密度、比重、含水率可通过现场或室内试验予以直接测定，其他指标可根据上述指标予以计算。

目前对深覆盖层土体特性的研究，前期阶段主要以依托钻孔样研究为主，成都院在长河坝、猴子岩等具深覆盖层并进行深基坑开挖的典型工程中，分别对基坑原位样与前期钻孔样进行了试验对比研究。选取的代表性土体分别为：漂（块）砂卵砾石（代表层次如猴子岩工程坝址区河床部位第①层，顶面埋深 28.5～41.19m，厚度 11.44～39.44m）、砂层（代表层次如长河坝水电工程坝址区河床部位②-a 层，顶板埋深 3.30～25.7m，厚度 0.75～12.5m）以及黏质粉土层（代表层次如猴子岩工程坝址区河床部位第②层，顶面埋深 6.2～41.20m，厚度 0.67～29.45m）。

经对 3 种典型深埋土体前期钻孔样和基坑开挖样的试验成果对比，其物理水理特性主要指标的差异及初步分析如下。经对不同颗粒组成物质的对比分析，表明钻孔样对砾粒及小于砾粒的颗粒取样时的代表性较好，而对巨粒颗粒取样的代表性较差，造成巨粒含量与实际相比偏低，影响成果的准确性。钻孔样对砂层、细粒土，在规范进行土样采取的条件下，经室内试验是能够真实表达其干密度指标的，而对于漂（块）砂卵砾石层等粗粒土，因钻孔对巨粒颗粒采取差，造成巨粒含量与实际相比偏低，将使干密度试验值偏低。前期阶段经原位动力触探、室内试验综合应用，能够准确地对粗粒土密实度进行判断。通过钻孔样能够对细粒土的稠度进行准确判断。

3. 覆盖层力学特性

土体的抗剪强度是指土体对于外荷载所产生的剪应力的抵抗能力，主要指标为土体的黏聚力和内摩擦角。对于粗粒土，测定其抗剪强度时可采用扰动样进行试验，对于细粒土，如黏性土，由于扰动对其强度影响很大，因而应采取原状的试样进行抗剪强度的测定。常用的试验方法为直接剪切试验、三轴压缩试验和十字板剪切试验。

通过对前述 3 种典型土体前期钻孔样和基坑原位样的强度特性指标试验成果对比，表明通过钻孔样对不同土体进行抗剪强度试验时，其中砂层试验成果相对较为准确，而对漂（块）砂卵砾石等粗粒土及细粒土一般偏低，其原因有所不同，前者主要是钻孔样对巨粒颗粒采样时的代表差，致使颗粒偏细，加之室内试验时采取等量替代制样等因素影响，而后者主要与钻孔样扰动或破坏了土体原有结构有关。同时，根据对多个工程的试验资料收集，目前对漂（块）砂卵砾石等粗粒土黏聚力 $c=0$ 的情况，与大量试验成果不符，待进一步研究。

4. 覆盖层压缩变形特性

地基土内各点承受土自重引起的自重应力，一般情况下，天然地基土在其自重应力下已经压缩稳定。但是，当建筑物通过其基础将荷载传给地基之后，将在地基中产生附加应力，这种附加应力会导致地基土体体积缩小或变形，从而引起建筑物基础的竖向位移，即沉降，如果地基土体各部分的竖向变形不相同，则在基础的不同部位将会产生沉降差，使建筑物基础发生不均匀沉降。基础的沉降量或沉降差过大，常常影响建筑物的正常使用，甚至危及建筑物的安全。这就要求在设计时，必须预估建筑物基础可能产生的最大沉降量和沉降差。

覆盖层的压缩变形特性就是土体在压力作用下发生体积变小或变形的性能，研究土体的压缩变形特性，就是研究土的压缩变形量和压缩过程，也就是研究土体孔隙比与压力的关系、孔隙比与时间的关系。表征覆盖层压缩特性的指标包括：压缩系数、压缩指数、回弹再压缩指数、压缩模量、变形模量和旁压模量等。各种土在不同条件下的压缩特性有很大差别，必须借助室内试验和现场原位测试方法进行研究。其中，室内压缩试验有固结试验和三轴压缩试验，现场原位测试有载荷试验、动力触探、标准贯入试验、旁压试验、静力触探试验等。

对于深埋覆盖层而言，前期研究中可选用的试验方法有限，上述的试验方法中，载荷试验可行性差，同时钻孔样的代表性、旁压试验的深度适用性，以及重力触探的经验公式适用性等问题，都给深部土体压缩特性的研究带来困扰。

通过对前述3种典型土体前期钻孔样和基坑原位样的特性指标试验成果对比研究，表明通过钻孔对不同土体进行压缩特性研究时，需采取不同的测试、试验手段综合判断。其中对砂卵砾石等粗粒土层，宜采用超重型重力触探（测试范围有限）、旁压试验（适用深度受限、变形模量经验公式有待研究）及室内压缩试验（颗粒组成代表性差）进行，需对各试验成果综合分析确定；对砂层宜采用标准贯入试验和室内压缩试验，依以往研究情况，二者试验成果较为一致；对细粒土宜采用标准贯入试验及室内压缩试验，其中标准贯入试验需采取经验修正，而室内压缩试验需采取埋深修正。

5. 覆盖层渗透特性

土体本身具有连续的孔隙，如果存在水位差的作用，水就会透过土体孔隙而发生孔隙内的流动，土体所具有的这种被水透过的性能称为土体的渗透性。水在土体孔隙中的流动，由于土体孔隙的大小和性状十分不规则，因而是非常复杂的现象，因此，研究土体的渗透性，只能用平均的概念，用单位时间内通过土体单位面积的水量这种平均渗透速度来代替真实速度，通过确定渗透系数 k 来反映土体渗透性的强弱。一般通过试验进行研究，常用的方法包括现场孔内抽水试验、注水试验，以及室内试验的方法。

经对不同颗粒组成物质的对比分析，表明通过钻孔对不同土体进行渗透特性研究时，需采取现场孔内抽水试验、注水试验和室内试验综合判断。其中对砂卵砾石等粗粒土层，因室内试验试样制备过程中的超径颗粒的等量替代、试验过程中的边壁接触等因素影响，一般室内试验值偏大；而对细粒土研究中，由于对现场标准注水试验的要求较高，人为因素影响较大，应以室内试验成果为准。

同时，目前各试验方法以测定土体的综合渗透系数为主。在大量工程勘察设计过程中，部分深埋土体因各向异性特征对渗透性的影响，尚研究不足。如太平驿工程中，根据试验成果，深部覆盖层其水平向与垂直向渗透系数相差10余倍。又如猴子岩工程中的黏质粉土层，无论是宏观现象（图 2.1-1），还是通过颗分试验成果（图 2.1-2），均表明其具各向异性特征；而对于该类土体渗透性的各向异性特征而言，对工程具有实际的应用价值，尚需进一步研究。

图 2.1-1 深埋黏质粉土成层现象

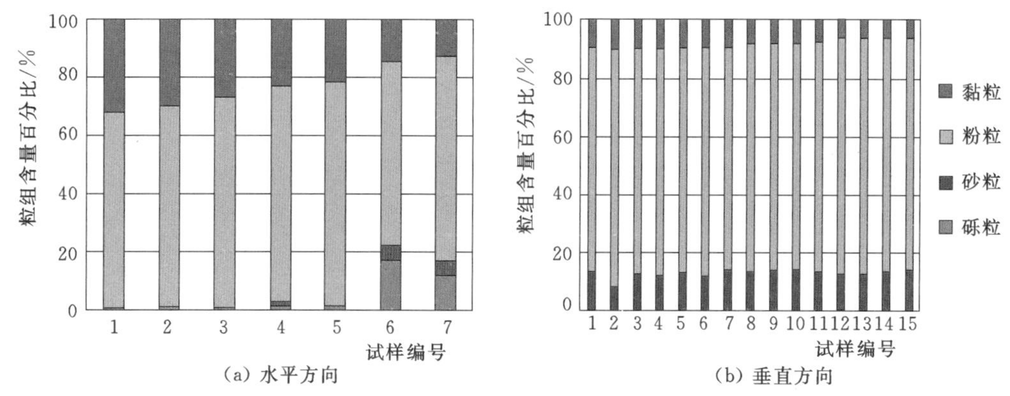

图 2.1-2 颗分试验成果

渗流对土体作用的孔隙水压力可以分为两种，即静水压力和渗透压力。这两个渗流作用力，关系到土体的渗透变形及渗透稳定性，虽然静水压力所产生的浮力不直接破坏土体，但能使土体的有效重量减轻，降低了抵抗破坏的能力，因而是一个消极的破坏力。至于动水压力所产生的渗透压力，则是一个积极的破坏力，与渗透破坏的程度呈直接的比例关系。土体抵抗渗透破坏的能力称为抗渗强度，通常以土体濒临渗透破坏时的水力坡降表示，一般称为临界水力比降，可通过室内试验直接测定，试验中可分别根据肉眼观察到细粒土移动时确定，也可根据土体的基本物理特性指标计算得出。

经对比，依据土体物理性质和室内试验，对不同土体的渗透变形类型进行判别的结果较为一致，且经复核试验表明成果较为准确。根据公式法确定的临界水力比降成果较为一致，但土体的水力比降试验成果均存在规律性差、数据离散性大等特点。

6. 覆盖层动力特性

覆盖层动力特性是指在覆盖层冲击荷载、波动荷载、振动荷载和不规则荷载这些动荷载作用下表现出的力学特性，包括动力变形特性和动力强度特性。覆盖层的动力性质试验包括现场波速测试和室内试验。室内试验是将覆盖层试样按照要求的湿度、密度、结构和应力状态置于一定的试样容器中，然后施加不同形式和不同强度的动荷载，测出在动荷载作用下试样的应力和应变等参数，确定覆盖层的动模量、动阻尼比、动强度等动力性质指标。室内试验主要有动三轴试验、共振柱试验、动单剪试验、动扭剪试验、振动台试验等，每种试验方法在动应变大小上都有相应的适用范围，在水电工程应用上常用的是动三轴试验、振动台试验。

覆盖层动力特性研究中，对水电工程而言，尤其需关注砂土液化特性。饱水砂土在地震、动力荷载或其他外力作用下，受到强振动而失去抗剪强度，使砂粒处于悬浮状态，致使地基失效的作用或现象称为砂土液化。砂土液化的危害性主要有地面下沉、地表塌陷、地基土承载力丧失和地面流滑等。

砂土液化的影响因素包括土体的形成年代、土体的物理特性（颗粒组成、松密程度等）、土体埋藏条件（埋深、地下水等）和地震动荷载（地震烈度、地震历时等）。

工程实践中砂土液化评价方法相对较多，不同行业和不同规范对砂土液化判别的规定有所不同，在不同方法中，涉及了砂土不同的物理力学参数，主要包括土体的颗粒组成、土层的剪切波速、土层的标准贯入锤击数、土体的相对密度 D_r、土体的相对含水量 W、土体的液性指数 I_L、土体的周期剪应力 τ_C及抗液化剪应力 τ_S。

7. 土体物理力学参数取值

（1）土体物理力学参数取值原则。

1）土体物理力学参数选取应以试验成果为依据。当土体具有明显的各向异性或工程设计有特殊要求时，应以原位测试成果为依据。

2）收集土体试验样品的原始结构、天然含水率，以及试验时的加载方式和具体试验方法等控制质量的因素，分析成果的可信度。

3）试验点应充分考虑地质代表性，试验成果可按土体类别、工程地质单元、区段或层位分类，并舍去不合理的离散值，分别用算数平均法、最小二乘法等进行处理。

4）试验成果经过统计整理后确定土体物理力学参数标准值。根据水工建筑物地基的工程地质条件，在试验标准值基础上提出土体物理力学参数地质建议值。根据水工建筑物荷载、分析计算工况等特点确定土体物理力学参数设计采用值。

5）对于深埋土体地质建议值，应以试验成果为依据，合理考虑深埋土体埋深效应、钻孔样扰动及试验代表性等对土体特性的影响，通过加强对深埋土体地质条件的全面分析后，对力学参数可适当提高。

（2）土体物理力学经验参数值。规划与预可行性研究阶段，试验组数较少时，可根据表2.1-4选用土体物理力学参数建议值。

（3）典型工程土体物理力学参数地质建议值，见表2.1-5。

2.1.2.2　覆盖层勘察方法及布置

1. 总体原则

水电工程地质勘察的目的是查明工程地质条件、查清工程地质问题、进行工程地质评价，为工程的规划、设计、施工及运行提供必需的地质数据和资料。

表 2.1-4　　各类土体物理力学参数建议值表

土体类别				允许承载力/MPa	压缩模量/MPa	变形模量/MPa	抗剪强度	渗透系数/(cm/s)	允许渗透坡降
室内土工定名			野外地质定名						
细粒类土		高液限黏土	黏土	0.08～0.12	4～7	3～5	0.20～0.45	$<10^{-5}$	0.35～0.90
		低液限黏土							
		高液限粉土	粉土	0.12～0.18	7～12	5～10	0.25～0.40	10^{-5}～10^{-4}	0.25～0.35
		低液限粉土							
粗粒土	砂类土	细粒土质砂	砂	0.18～0.25	12～18	10～15	0.40～0.50	10^{-4}～10^{-3}	0.22～0.35
		含细粒土砂							
		砂							
	砾类土	细粒土质砾	砾石	0.25～0.40	18～35	15～30	0.50～0.55	10^{-3}～10^{-2}	0.17～0.30
		含细粒土砾							
		砾							
巨粒类土		巨粒混合土	漂石、块石、卵石、碎石	0.40～0.70	35～65	30～60	0.55～0.65	$>10^{-2}$	0.1～0.25
		混合巨粒土							
		巨粒土							

注　1. 当渗流出口处设滤层时，表列允许渗透坡降数值可加大 30%。

2. 该表引自《水闸设计规范》(NB/T 35032—2014)

表 2.1-5　　深厚覆盖层典型工程土体物理力学参数地质建议值

工程名称（最大厚度）	分层及土名	干密度 ρ_d/(g/cm³)	允许承载力 R/MPa	变形模量 E_0/MPa	抗剪强度		渗透及渗透变形指标	
					黏聚力 c/MPa	内摩擦角 φ/(°)	允许比降 J	渗透系数 k/(cm/s)
猴子岩水电站(85m)	④孤漂（块）砂卵（碎）砾石	2.02～2.04	0.45～0.55	35～45	0	26～28	0.10～0.12	(1.9～6.6)$\times10^{-2}$
	③含泥漂（块）卵（碎）砂砾石	2.10～2.15	0.40～0.50	30～40	0	24～26	0.15～0.18	7.6×10^{-3}～1.6×10^{-2}
	③含砾粉细砂	1.60～1.65	0.17～0.18	16～18	0	18～19		
	②黏质粉土	1.55～1.60	0.15～0.17	14～16	0	16～18	0.50～0.60	1.4×10^{-6}～2.3×10^{-5}
	①含漂（块）卵（碎）砂砾石	2.10～2.15	0.50～0.60	40～50	0	28～30	0.15～0.18	2.7×10^{-3}～3.7×10^{-2}
	①卵砾石中粗砂（透镜状）	1.66～1.68	0.18～0.20	16～18	0	18～20		

续表

工程名称（最大厚度）	分层及土名	干密度 ρ_d/(g/cm³)	允许承载力 R/MPa	变形模量 E_0/MPa	抗剪强度		渗透及渗透变形指标	
					凝聚力 c/MPa	内摩擦角 φ/(°)	允许比降 J	渗透系数 k/(cm/s)
长河坝水电站（80m）	③漂（块）卵砾石	2.10～2.18	0.50～0.60	35～40	0	30～32	0.10～0.12	2.0×10^{-1}～5.0×10^{-2}
	②砂层	1.50～1.60	0.15～0.20	10～15	0	21～23	0.20～0.25	6.9×10^{-3}
	②含泥漂（块）卵（碎）砂砾石	2.10～2.20	0.45～0.50	35～40	0	28～30	0.12～0.15	$(2.0\sim6.5)\times10^{-2}$
	①漂（块）卵（碎）砾石	2.14～2.22	0.55～0.65	50～60	0	30～32	0.12～0.15	$(2.0\sim8.0)\times10^{-2}$
瀑布沟水电站（134m）	④漂（块）卵石	2.28	0.70～0.80	60～70	0	35～38	0.10～0.13	7.0×10^{-2}～1.0×10^{-1}
	③含漂卵石层	2.17	0.60～0.70	60	0	35～37		
	③上游砂层透镜体	1.69	0.20～0.25	20～25	0	29～31	0.30～0.40	
	③下游砂层透镜体	1.65	0.15	15～20	0	24～26	0.3～0.4	
	②卵砾石层	2.03	0.60	50～60	0	32～35	0.10～0.15	$(4.6\sim8.1)\times10^{-2}$
	①漂卵石层	2.14	0.70～0.80	60～65	0	36～38		9.2×10^{-2}～1
小天都水电站（70m）	⑧块碎石		0.40		0	28～31		
	⑦块碎石土	2.03～2.07	0.30～0.35	20～30	0	24～26	0.12～0.17	1.5×10^{-2}
	⑥漂卵石夹砂	2.07～2.31	0.45～0.54	40～50	0	26～29	0.12～0.13	4.1×10^{-2}
	⑤漂（块）卵（碎）石夹砂	2.06～2.14	0.50～0.60	50～60	0	29～31	0.30～0.35	3.8×10^{-3}～4.2×10^{-2}
	④-2粉土质砂	1.56～1.78	0.10～0.15	7～14	0	18～19	0.30～0.40	$(3.5\sim3.8)\times10^{-4}$
	④-1粉土	1.49～1.70	0.10～0.12	5～7	0.010	11～14		1.1×10^{-6}～7.6×10^{-4}
冶勒水电站（420m）	第五组粉质壤土	1.67	0.60～0.80	45～50	0.06	32	4.00～5.00	3.0×10^{-6}～1.5×10^{-5}
	第四组卵砾石	2.11	1.00～1.20	120～130	0.06	37	1.00～1.10	5.8×10^{-3}～1.2×10^{-2}
	第三组卵砾石	2.20	1.30～1.50	130～140	0.07	38	1.10～1.60	$(3.5\sim9.2)\times10^{-3}$
	第三组粉质壤土	1.78	0.80～1.00	65～70	0.12	34	6.10～7.10	$(1.2\sim6.9)\times10^{-6}$
	第二组碎石土	2.24	1.00～1.20	90～100	0.06	36	3.80～4.80	$(2.3\sim3.5)\times10^{-5}$
	第二组粉质壤土	1.88	0.70～0.90	55～65	0.12	33	10.40	$(1.2\sim1.5)\times10^{-7}$
	第一组卵砾石		1.30～1.50	130～140	0.07	38	1.10～1.60	$(1.15\sim5.75)\times10^{-3}$

续表

工程名称（最大厚度）	分层及土名	干密度 ρ_d/(g/cm³)	允许承载力 R/MPa	变形模量 E_0/MPa	抗剪强度		渗透及渗透变形指标	
					凝聚力 c/MPa	内摩擦角 φ/(°)	允许比降 J	渗透系数 k/(cm/s)
多诺水电站（42m）	③崩坡积块碎石土	2.05	0.25～0.30	15～20	0	25～27	0.1～0.12	5.16×10^{-3}
	②含漂砂卵砾石	2.1	0.30～0.35	30～40	0	27～29	0.07～0.1	1.0×10^{-1}
	①含漂（块）碎砾石土	2.15	0.50～0.55	50～60	0	25～27	0.15～0.2	4.27×10^{-3}
福堂水电站（93m）	⑥块碎石土		0.30～0.40	30～40	0	23～25	0.10～0.12	$(5.8\sim8.1)\times10^{-2}$
	⑤漂卵石层	2.20	0.5～0.6	55～65	0	30～31	0.10～0.12	$(3.5\sim9.3)\times10^{-2}$
	④微含粉质土砂、含砂粉质土	1.45	0.12～0.15	10～13	0	18～20	0.20～0.25	$(1.12\sim2.3)\times10^{-3}$
	③漂卵石层	2.20	0.50～0.60	55～65	0	30～31	0.12～0.15	
	②粉质砂土粉质土	1.70	0.12～0.15	10～13	0	18～20	0.25～0.30	$3.4\times10^{-5}\sim1.2\times10^{-3}$
	②含卵砾石中细砂		0.15～0.20	13～15	0	20～22	0.12～0.15	$4.1\times10^{-3}\sim2.3\times10^{-2}$
	①含块（漂）碎（卵）石层		0.35～0.45	40～50	0	27～29	0.12～0.15	$(2.9\sim5.8)\times10^{-2}$
太平驿水电站（86m）	Ⅴ：漂卵石夹块碎石层	2.06	0.49～0.69	49～59	0	27～29	0.15	$2.3\times10^{-3}\sim1.2\times10^{-2}$
	Ⅳ：含巨漂的漂卵石夹碎石层	2.06	0.49～0.69	49～59	0	27～29	0.30～0.35	$5.8\times10^{-3}\sim1.0\times10^{-2}$
	Ⅳ：砂层透镜体	1.36～1.48	0.15～0.20	10～13	0	22～23	0.20～0.30	$(1.2\sim2.3)\times10^{-3}$
	Ⅲ：块碎石、砂层及漂卵石夹砂互层	2.16～2.26	0.39	29	0	27～28	1.10～1.30	$3.5\times10^{-4}\sim4.6\times10^{-3}$
	Ⅲ：砂层透镜体	1.31～1.46	0.15～0.20	10～13	0	22～23	0.30	$(1.2\sim2.3)\times10^{-3}$
	Ⅱ：块碎石层		0.49	29～39	0	29	0.07	$(1.2\sim2.3)\times10^{-1}$
	Ⅰ：漂卵石夹块碎石层		0.49～0.69	49～59	0	29～31	0.10～0.20	$5.8\times10^{-2}\sim1.2\times10^{-1}$
	dl＋plQ：块碎石	2.10～2.13	0.29～0.39	29	0	27		
阴坪水电站（100m）	⑧褐黄色粉砂质壤土		0.15～0.20	8～10	0.002	13～15	0.50～1.00	$1.0\times10^{-5}\sim1.0\times10^{-4}$
	⑦砂卵砾石		0.40～0.50	40～50	0	30～32	0.10～0.12	$1.0\times10^{-2}\sim1.0\times10^{-1}$
	⑥深灰色粉砂质壤土		0.18～0.20	8～10	0.003	16～18	1.00～2.00	$1.0\times10^{-5}\sim1.0\times10^{-4}$

续表

工程名称（最大厚度）	分层及土名	干密度 ρ_d/(g/cm³)	允许承载力 R/MPa	变形模量 E_0/MPa	抗剪强度		渗透及渗透变形指标	
					凝聚力 c/MPa	内摩擦角 φ/(°)	允许比降 J	渗透系数 k/(cm/s)
阴坪水电站（100m）	⑤砂层		0.14～0.18	14～16	0	19～21	0.20～0.25	1.0×10^{-3}～1.0×10^{-2}
	④深灰色粉砂质壤土		0.20～0.25	8～12	0.006	16～18	1.00～2.00	1.0×10^{-5}～1.0×10^{-4}
	③块碎石土		0.35～0.40	40～50	0	28～30	0.10～0.12	1.0×10^{-2}～1.0×10^{-1}
	②深灰色粉砂质壤土		0.25～0.30	8～12	0.006	17～19	1.00～2.00	1.0×10^{-5}～1.0×10^{-4}
	①含漂砂卵砾石		0.50～0.60	50～60	0	30～35	0.10～0.12	1.0×10^{-2}～1.0×10^{-1}

工程地质测绘是水电工程地质勘察的基础工作。其任务是调查与水电工程建设有关的各种地质现象，分析其性质和规律，为评价工程建筑物区工程地质条件提供基本资料，并为钻探、洞探、井探、坑槽探、物探、试验和专门性勘察工作提供依据。水电工程地质测绘应按准备工作、野外测绘、资料整理和成果验收的程序进行。

勘探工作包括钻探、洞探、井探、坑槽探、物探等。试验工作包括室内试验和现场试验，室内试验主要是岩石和土的物理力学性质试验，现场试验主要是岩体或土体的变形试验、强度试验、水文地质试验、应力测试及地质观测等。

2. 勘探工作布置的基本原则

（1）勘探工作应在工程地质测绘基础上进行，遵循“由面到点，点面结合”的原则。

（2）考虑综合利用和适时调整的原则。无论是勘探的总体布置还是单个勘探点的布置，都要考虑综合利用；既要突出重点，又要兼顾全面，使各勘探点发挥最大的效用。在勘探过程中，要与设计密切配合，根据新发现的地质问题和情况，或设计意图修改与变更后，相应地增减或调整勘探布置方案。

（3）勘探布置应与建筑物类型和规模相适应。不同类型的建筑物，勘探布置应有所区别。水工建筑物可按建筑物类型进行勘探布置，一般情况下，土石坝应结合坝轴线、心墙、斜墙、趾板或消能建筑物布置勘探点；重力坝应结合各坝段布置勘探点。

（4）勘探布置应与地质条件相适应。一般勘探线应沿着地质条件等变化最大的方向布置。地貌单元及其衔接地段勘探线应垂直地貌单元界限，每个地貌单元应有控制点，两个地貌单元之间过渡地带应有勘探点。河谷部位勘探孔应垂直河流布置勘探线。勘探点的密度应视工程地质条件的复杂程度而定。

（5）勘探布置密度应与勘察阶段相适应。不同的勘察阶段，勘探的总体布置、勘探点的密度和深度、勘探手段的选择及要求均有所不同。一般而言，从初期到后期的勘察阶段，勘探总体布置由线状到网状，范围由大到小，勘探点、线距离由稀到密；勘探布置的依据，由以工程地质条件为主过渡到以建筑物的轮廓为主。

（6）勘探孔、坑的深度应满足地质评价的需要。勘探孔、坑的深度应根据建筑物类型、勘探阶段、特殊工程地质问题、建筑物有效附加应力影响范围、与工程建筑物稳定性有关的工程地质问题（如坝基滑移面深度、相对隔水层底板深度等）以及工程设计的特殊要求等综合考虑。对查明覆盖层的钻孔，孔深应穿过覆盖层并深入基岩，且应大于最大孤石直径，要防止把漂石当作基岩。

（7）勘探布置应合理选取勘探手段。在勘探线、勘探网中的各勘探点，应视具体条件选择物探、钻探、坑槽探等不同的勘探手段，互相配合，取长补短。一般情况下，枢纽建筑勘探中，以钻探为主，坑探、井探、物探为辅。

（8）勘探工作应遵循尽量减少对环境、安全生产不利影响的原则。

3. 深厚覆盖层坝基勘探布置

物探可采用综合测井探测覆盖层层次，测定土层的密度；可采用跨孔法测定岩体弹性波纵波、横波波速，确定动剪切模量等参数。物探剖面线结合勘探剖面布置，并充分利用勘探钻孔进行综合测井。

勘探剖面应结合坝轴线、心墙、斜墙或趾板防渗线、排水减压井、消能建筑物等布置。勘探点间距宜采用50～100m。覆盖层地基钻孔深度，当下伏基岩埋深小于坝高时，钻孔深度宜进入基岩面以下10～70m，防渗线上钻孔深度可根据需要确定；当下伏基岩埋深大于坝高时，钻孔深度宜根据透水层与相对隔水层分布及下伏岩土层的力学强度等具体情况确定。专门性钻孔的孔距和孔深应根据具体需要确定。

覆盖层每一主要土层的物理力学性质试验组数累计不应少于11组。土层抗剪强度宜采用三轴试验，土层应连续取原状样，并进行触探试验，粉细砂应进行标准贯入试验；根据需要进行可能液化土的室内三轴振动试验、现场渗透变形试验和载荷试验等专门性试验；主要岩石的室内物理力学性质试验组数累计不应少于6组；根据覆盖层的成层特性和水文地质结构进行单孔或多孔抽水试验，坝基主要透水层的抽水试验不应少于3段。

2.1.2.3 工程地质评价

深厚覆盖层工程地质条件评价内容主要包括：对天然工程场地的稳定性与适宜性进行评价，研究和评价工程地质条件与建筑物的相互影响作用，分析存在的工程地质问题，提出工程处理建议。

1. 高心墙堆石坝对覆盖层地基的利用标准

水工建筑物对深厚覆盖层地基的总体利用标准，要求地基土体（天然或工程处理后）应满足变形、抗滑稳定、抗渗透和抗液化稳定等标准。

（1）工程实践经验。对于心墙堆石坝而言，以下经验可供参考：

1）碾压式土石坝对深厚复杂覆盖层地基适应性最好，应用最为广泛。

2）对于堆石区坝基，一般可置于性状良好的粗粒土上，坝基内应尽量避免存在厚的粉细砂层、淤泥、软土层、湿陷性黄土等特殊土层。

3）对于心墙坝基，根据工程规模的不同，对土体的利用有所不同，根据以往工程经验：对于坝高大于250m的特高坝，一般挖除心墙、反滤、过渡部位覆盖层，将基础置于基岩上；对于坝高小于250m，特别是小于150m的中、低坝来说，持力层可置于以粗颗粒为主、力学强度较高的土体上，并对基底以下进行固结灌浆、加强防渗等处理。

4）对于深埋土体中的细粒土层，根据其渗透性能、空间展布特征等，在条件具备时，可作为防渗依托层。

（2）《碾压式土石坝设计规范》（DL/T 5395—2007）中对坝基处理的一般原则是：

1）坝基处理应满足渗流控制（包括渗透稳定和控制渗流量）、静力和动力稳定、容许沉降量和不均匀沉降等方面的要求。处理的标准和要求应根据工程情况在设计中具体明确。竣工后的坝顶沉降量不宜大于坝高的 1%。特殊坝基的总沉降量应视具体情况而定。

2）地基中遇下列情况时，应慎重研究和处理：①深厚砂砾石层；②软黏土；③湿陷性黄土；④疏松砂土及黏粒（粒径小于 0.005mm）含量（质量）大于 3%、不大于 15%的少黏粒土；⑤含有大量可溶盐类的土；⑥透水坝基下游坝脚处有连续的透水性较差的覆盖层。

3）砂砾石坝基的主要问题是进行流量控制，解决的办法是做好防渗和排水。对液化砂层，应尽可能挖除后换填非液化土，当挖除比较困难或很不经济时，可首先考虑采取人工加密措施。

4）软黏土一般不宜用作坝基，在经过技术论证、采取有效处理措施后，才可修建低均质坝和心墙坝。

5）有机质土不宜作为坝基。如坝基内存在厚度较小且不连续的夹层或透镜体，挖除困难时，应经过论证并采取有效措施处理。

6）湿陷性黄土可用于低坝坝基，但应论证其沉降、湿陷和溶滤对土石坝的危害，并应做好处理工作。

部分修建于深覆盖层上的典型工程见表 2.1-6。

表 2.1-6　部分修建于深覆盖层上的典型工程

工程名称	深覆盖层地基概况	坝型及规模	坝基土体利用情况
双江口水电站	河床覆盖层厚度 48～57m，局部可达 67.8m，物质组成以漂卵砾石及含漂卵砾石层为主，夹多层砂层透镜体	心墙堆石坝，最大坝高 314m	堆石区部位，对浅部砂层透镜体进行挖除处理。针对深部砂层透镜体采取坝脚压重方式处理。心墙部位挖除覆盖层
长河坝水电站	河床覆盖层厚度 60～80m，物质组成以漂（块）卵砾石层为主，浅部分布有规模较大的砂层透镜体	心墙堆石坝，最大坝高 240m	对浅部砂层透镜体予以挖除。坝体堆石区及心墙部位均建于粗粒土上，采用全封闭防渗墙进行覆盖层地基的防渗、抗渗处理
瀑布沟水电站	河床覆盖层厚度 40～75m，物质组成以卵砾石层为主，夹多层砂层透镜体	心墙堆石坝，最大坝高 186m	对浅部砂层透镜体予以挖除，对于深部砂层透镜体采用增设压重体方式进行处理。坝体堆石区及心墙部位均建于粗粒土上，采用全封闭防渗墙进行覆盖层地基的防渗、抗渗处理
泸定水电站	河床覆盖层厚度 60～149m，坝基土体层次复杂，除主要的漂卵砾石外，还广泛分布砾石砂、粉细砂及粉土等不利土体	心墙堆石坝，最大坝高 84m	对浅部砂层、粉土层予以挖除，对于深部不利土体采用坝体上、下游增设压重体方式进行处理。坝体堆石区及心墙部位均建于粗粒土上，采用悬挂式防渗墙进行覆盖层地基的防渗、抗渗处理

续表

工程名称	深覆盖层地基概况	坝型及规模	坝基土体利用情况
黄金坪水电站	河床覆盖层厚度56～134m，物质组成以粗颗粒的漂卵砾石为主，分布多个砂层透镜体，多埋藏较浅	心墙堆石坝，最大坝高95.5m	对浅部砂层透镜体予以挖除，对相对较深部位的砂层透镜体进行振冲处理。坝体堆石区及心墙部位均建于粗粒土上，采用全封闭式防渗墙进行覆盖层地基的防渗、抗渗处理
冶勒水电站	河床覆盖层厚度大于420m，土体层次复杂，以弱胶结卵砾石层为主，同时出露块碎石土、粉质壤土，以及粉质壤土夹炭化植物碎屑层	沥青混凝土心墙堆石坝，最大坝高125.5m	坝基置于形成时代早、力学性状好的层次上，利用土体内相对隔水层加防渗墙进行覆盖层地基的防渗、抗渗处理

2. 地基变形稳定

地基土体在外荷载作用下，由于地基土体的压缩变形而引起建筑物基础沉降或沉降差。如果沉降或沉降差过大，超过建筑物的允许范围，则可能引起上部结构开裂、倾斜甚至破坏。地基变形稳定评价，即通过对地基土体地质边界条件进行分析，选取物理力学参数，采用适当的计算方法，根据控制标准的要求，对地基土体承载与抗变形能力是否满足工程安全和正常使用的要求进行分析评价。

通过有效的勘察手段，前期阶段需对影响地基土体变形稳定的地质边界条件予以分析研究，主要包括：①地基土体颗粒物质组成、成因、层次划分、空间分布（顶底板埋深、厚度等）；②各层土体的矿物成分与级配、含水量和天然密度、土体结构、前期固结情况等；③动力地质作用及新构造运动的影响；④水文地质条件。

同时，需对可能引起地基土体不均匀沉降的地质条件予以重视，包括：①复杂的地基土体层次、物理力学性状相差较大，且土体空间分布不规则；②土层内部均一性差，如漂卵石层内，局部细颗粒集中、局部粗颗粒间明显架空等；③谷底基岩面形态起伏强烈，或存在深槽、深潭等。

地基压缩层厚度的确定，可按基础宽度估算，或按应力分布情况计算，常取附加应力与土自重应力之比等于0.20～0.25。基础最终沉降量的计算可按分层总和法及有限元法进行分析。

有限元法已广泛应用在坝体（坝基）应力、应变、沉降计算方面。有限元法的突出优点是适于处理非线性、非均质等困难难题。有限元法是以弹塑性理论为依据，基于有限单元法离散化特点，计算复杂的几何与边界条件、施工与加荷过程、土的应力-应变关系的非线性以及应力状态进入塑性阶段等情况。土石坝应力和变形的有限元计算采用较多的数学模型有非线性弹性和弹塑性两大类，黏弹塑性模型也有采用，线弹模型一般已不采用。我国最常见的是邓肯等提出的非线性弹性模型（包括 $E-\nu$ 和 $E-B$ 模型）和南京水利科学研究院沈珠江提出的双屈服面弹性模型[24-27]，其次是“八五”攻关期间提出的非线性解耦 $K-G$ 模型[48]。

根据《碾压式土石坝设计规范》（DL/T 5395—2007）要求，土石坝竣工后的坝顶沉降量不宜大于坝高的1%，特殊坝基的总沉降量应视具体情况而定。

3. 地基抗滑稳定

在外荷载的作用下，土体中任一截面将同时产生法向应力和剪应力，其中法向应力作用将使土体发生压密，而剪应力作用可使土体发生剪切变形。当土体某截面上由外力所产生的剪应力达到土的抗剪强度时，它将沿着剪应力作用方向产生相对滑动，该点便发生剪切破坏。水工建筑物除防止基础沉降过大而影响安全使用外，还要避免地基发生滑动破坏。

地基土的抗滑能力与其成分、结构及其受力（如挡水建筑物不仅有自身对地基土的附加应力，还有库水的水平推力及泥沙压力）方式有关。在进行抗滑稳定性评价时应重点研究控制坝基抗滑稳定的多层次粗细粒沉积物相间组合的土基中，尤其是持力层范围内黏性土、砂性土等软弱土层埋深、厚度、分布和性状，确定土体稳定分析的边界条件，分析可能滑移模式，确定计算所需的土体物理力学参数，根据现有公式选择合适的稳定性分析方法进行计算，综合评价抗滑稳定问题，提出地质处理建议。

滑动破坏类型，根据滑面深度可分为表层滑动、浅层及深层滑动；根据滑面形态可分为圆弧滑动和非圆弧滑动等类型。

大坝沿坝基接触面作浅层滑动多由于地质条件未能查清、接触面抗剪强度取值不准确或设计不周密、施工质量低劣等原因造成。

大坝深层滑动现象较少，产生深层滑动的条件大多是夹有软弱夹层等不利组合，为此应特别注意不同层次（当夹有多层软弱夹层时）的工程地质性质上的差异，软弱层次是深层滑动的主要部位，其埋深、厚度、展布状况、物理力学指标，以及软硬层次交界面处的强度指标等，是地质研究的重点。从闸坝的工作状态引起地基土的应力变化可知，蓄水时，地基的附加应力最大集中区在坝体轴线偏下游部位，剪应力则明显在下游基础脚附近最大，因此，对于这些部位的地基性能应予以特别重视。临空面的出现是影响地基稳定性的重要因素，对大坝下游地基保护的好坏（如冲刷坑的状况）很重要，所以也需要研究各类土性的抗冲性能。

坝坡（含覆盖层地基）抗滑稳定计算可采用刚体极限平衡法，对于均质坝体（基）宜采用计及条块间作用力的简化 Bishop 法，对于有软弱夹层的坝坡（基）稳定分析可采用满足力和力矩平衡的摩根斯顿-普赖斯（Morgenstern - Price）法等。

坝基稳定安全系数的计算应考虑安全系数的多极值特性，滑动破坏面应在不同的土层进行分析比较，以求得最小稳定安全系数。

4. 地基渗流与渗透变形

坝基渗流按单层透水坝基、双层透水坝基、多层透水坝基以及绕坝渗流等进行计算。

坝基渗透变形的类型主要为管涌、流土、接触冲刷和接触流失。应根据《水力发电工程地质勘察规范》（GB 50287—2016）的规定，对无黏性土渗透变形形式进行判别，还可根据土颗粒级配的累积曲线和分布曲线进行初步判别。

（1）颗粒级配均匀，累积曲线为近似直线形，分布曲线呈单峰形的土，渗透变形类型多为流土型。

（2）颗粒级配很不均匀，特别是缺乏中间粒径，累积曲线呈瀑布形，分布曲线呈双峰形或多峰形的土，渗透变形类型多为管涌型。

（3）颗粒级配介于上述二者之间，累积曲线呈阶梯形的土，渗透变形类型多为过渡型，或为流土型或为管涌型。

在工程应用中，为保证建筑物安全，通常将土体临界水力比降 J_{cr} 除以安全系数（1.5～2.0）得到允许水力比降 J。对水工建筑物危害较大时，取安全系数为 2.0，对于特别重要的工程也可取安全系数为 2.5。

高土石坝的渗流控制，由于建坝后库水位抬高，坝前、坝后附近水力梯度较大，因此防治渗透变形的意义更大，主要的防治措施有垂直截渗、水平铺盖、排水减压和反滤盖重等。在工程设计中，可采取单一的工程处理措施或联合应用。

5. 地基砂土液化

砂土液化判定工作可分初判和复判两个阶段。初判主要应用已有的勘察资料或较简单的测试手段对土层进行初步鉴别，以排除不会发生液化的土层。

《水力发电工程地质勘察规范》（GB 50287—2016）要求采用年代法、粒径法、地下水位法和剪切波速法进行初判。

对于初判为可能液化的土层，应进一步进行复判。对于重要工程，还要做更深入的专门研究。砂土液化复判的方法较多，《水力发电工程地质勘察规范》（GB 50287—2016）列出了 4 种方法，即标准贯入击数法、相对密度法、相对含水量法、液性指数法；《水电水利工程坝址区工程程地质勘察技术规程》（DL/T 5419—2009）收录了剪应力对比法、动剪应变幅法、静力触探贯入阻力法等复判方法。

除上述方法外，在工程实践中，特别是对深埋土体，还可采用振动台试验、动态离心模型试验等开展砂土液化的判别研究工作。振动台试验可以得到土体在不同应力状态、不同密实度和不同振动荷载下的动力响应特征和动孔压累积消散规律，揭示应力状态和密实度对土体动孔压的影响。动态离心模型试验技术是近年来迅速发展起来的一项高新技术，被国内外公认为研究岩土工程地震问题最为有效和先进的方法，目前这项试验技术已在岩土工程地震问题的研究中得到较好应用。通过对不同应力状态下覆盖层材料的离心振动台试验，可以研究不同埋深土体的动力响应特性和超孔压积累消散规律，进而分析深厚覆盖层地震液化特性。

2.2 料场勘察

2.2.1 土料

高心墙堆石坝土料勘察应遵循规程规范《水力发电工程地质勘察规范》（GB 50287—2016）、《水电水利工程天然建筑材料勘察规程》（DL/T 5388—2007）。

根据规程规范要求，心墙堆石坝天然防渗土料的质量技术指标见表 2.2-1。

自然界中可作为土石坝防渗心墙的土料可分为三大类。

（1）一般土料。系指常规细粒土料，主要包括原生和次生黄土及部分坡积、残积、冲积等成因的第四系松散地层，其特点是颗粒细、抗渗性良好、压缩变形较大。

根据《水电水利工程天然建筑材料勘察规程》（DL/T 5388—2007）的要求，对一般土料场的复杂程度按地形地质条件分为以下三类：

表 2.2-1　心墙堆石坝天然防渗土料的质量技术指标

序号	项　目	细粒土料质量技术指标	风化土料质量技术指标
1	最大粒径		小于150mm或碾压铺土厚度的2/3
2	击实后大于5mm碎、砾石含量		宜为20%～50%，填筑时不得发生粗料集中、架空现象
3	小于0.075mm细粒含量		应大于15%
4	黏粒（小于0.005mm）含量	15%～40%为宜	大于8%为宜
5	塑性指数	10～20	>8
6	击实后渗透系数	$<1\times10^{-5}$cm/s，并应小于坝壳透水料的50倍	
7	天然含水率	在最优含水率的-2%～+3%范围为宜	
8	有机质含量（以质量计）	<2%	<2%
9	水溶盐含量（指易溶盐和中溶盐总量，以质量计）	<3%	<3%
10	硅铁铝比（SiO_2/R_2O_3）	2～4	2～4
11	土的分散性	宜采用非分散性土	

1）Ⅰ类：场地面积大，地形平缓完整，有用层厚度大且稳定，土层成因类型、结构单一，下伏层埋深大，剥离层薄。

2）Ⅱ类：场地面积较大，地形起伏较完整，土层成因类型较复杂，有用层层次较多，结构及厚度较稳定或呈有规律变化，开采范围内下伏层表面较平整，剥离层较薄。

3）Ⅲ类：场地面积小，地形不完整，有用层层次多，土层成因类型、岩性、结构复杂，厚度变化大，夹有无用层，开采范围内下伏层表面起伏大，剥离层较厚。

（2）碎石土料。指粒径大于5mm颗粒的质量占总质量的20%～60%的宽级配砾类土。复杂程度按地形地质条件分为以下两类：

1）Ⅰ类：场地面积大，地形较平缓，有用层厚度大且较稳定，土层成因类型单一，成分、结构较简单。

2）Ⅱ类：场地面积较小，地形起伏，土层成因类型较复杂，有用层厚度、成分、结构变化较大。

（3）风化土料。指可用作防渗体的土状或碎块状，并仍保留母岩结构构造特征的全风化土层。复杂程度按地形地质条件分为以下两类：

1）Ⅰ类：地形基本完整，母岩岩性和全风化层较均一，全风化层岩性、结构简单，厚度大、分布稳定或呈有规律变化，无用夹层较少，水文地质条件较简单。

2）Ⅱ类：场地面积小，地形起伏，母岩岩性、结构复杂或虽岩性单一，但风化不均一，全风化土层岩性、结构和厚度变化大，无用夹层较多，水文地质条件较复杂。

2.2.1.1　规划阶段勘察要求

规划阶段需对天然土料进行普查，对于可能为高心墙堆石坝的梯级电站，防渗土料勘察应在《水电水利工程天然建筑材料勘察规程》（DL/T 5388—2007）要求的基础上作稍高一些的要求。

（1）考虑到高心墙堆石坝所需防渗土料用量巨大，如料场距离工程区太远，取料的运费很高，太近则对主体工程施工影响大，因此以距坝址 3～20km 较为适宜。应自坝址区由近及远展开防渗土料地质调查工作。

(2) 地质测绘比例尺 1：10000～1：5000，了解勘察范围的地形地貌、地层岩性和周边环境条件。

(3) 了解勘察范围内可利用的天然土料源的成因类型、分布位置、质量，估算其储量。

(4) 根据需要，对条件较合适的土料场可布置少量探坑和试验工作。

2.2.1.2 预可行性研究阶段勘察要求

预可行性研究阶段需对天然土料进行初查，应初步查明土料的层次、各层的厚度、物质组成及颗粒级配、夹层的分布及性质、地下水位和上覆无用层厚度等。初步查明天然土料的储量和质量，各料场的开采运输条件。天然土料的勘察储量应达到设计需用量的 2 倍。

(1) 在规划阶段对天然土料普查的基础上，选择条件较好的料场进行初查工作。如普查阶段所选料场的土料质量和储量不甚理想，则仍需进一步对工程区可能存在的较好料源进行调查，确定 2 个主要勘察场料进行研究比选。

(2) 地质测绘比例尺 1：5000～1：2000，了解勘察范围的地形地貌，初步查明覆盖层分布范围、基岩岩性、出露情况及风化程度、地表水分布情况和地下水出露情况，了解周边环境条件。

(3) 勘探工作。

1) 一般土料场的勘探工作以坑探、井探为主，槽探为辅，按方格网布置。勘探点间距和深度应根据料场的复杂程度确定。

勘探点间距：Ⅰ类场地 200～400m，Ⅱ类场地 100～200m，Ⅲ类场地小于 100m，对于 200m 级以上高心墙堆石坝应按间距范围值的下限要求布置勘探工作。勘探深度应揭穿有用层至下伏层位内 0.5～1.0m 或地下水位以下 0.5m，当有用层较厚时，勘探深度应超过最大开采深度。

2) 碎石土料场勘探工作以坑探、井探和钻探为主，槽探、洞探为辅，方格网布置。

勘探点间距：Ⅰ类场地 100～200m，Ⅱ类场地小于 100m。对于 200m 级以上高心墙堆石坝应按间距范围值的下限要求布置勘探工作。勘探深度应揭穿有用层至下伏层位内 0.5～1.0m 或地下水位以下 0.5m，当有用层较厚时，勘探深度应超过最大开采深度。

3) 风化土料场的勘探工作以坑探、井探为主，槽探为辅，按方格网布置。

勘探点间距：Ⅰ类场地 100～200m，Ⅱ类场地小于 100m。对于 200m 级以上高心墙堆石坝应按间距范围值的下限要求布置勘探工作。勘探深度应揭穿全风化层至强风化层一定深度（必要时可采取爆破）或地下水位以下 0.5m，当有用层较厚时，勘探深度应超过最大开采深度。

(4) 常规试验项目包括天然含水率、天然密度、颗粒分析、液限、塑限、膨胀、收缩、崩解、击实、剪切、压缩、渗透系数、渗透坡降、有机质含量、烧失量、水溶盐含量、黏土矿物成分、化学成分和分散性试验等。

试验取样应具有代表性，宜刻槽取样，除按分区、分层取样外，还应各层混合取样。试验取样组数见表2.2-2要求。天然含水率试验取样坑占探坑总数的40%，每个坑应每1m取1组天然含水率试验样品。测试天然密度的试验坑，占天然含水率取样坑的一半。

表2.2-2　单层（各层混合）常规试验扰动样取样组数

料场（分区）规模 /km^2	勘察级别		
	普查	初查	详查
<0.10	3～6	3～5	5～7
0.10～0.30		5～7	7～9
0.30～0.50		7～9	9～11
0.50～0.80		9～11	11～13
>0.80		>12	>14

（5）现场勘探资料收集、编录。现场勘探资料收集，应对地层按成因类型、结构及母岩风化程度进行分层。应分层描述土层的成因类型及土的统一分类名称、颜色、结构、颗粒组成及目估砾石含量、砾石的岩矿成分、土的均一性、潮湿状态、厚度等，夹层的性质和厚度，植物根系等杂质含量及分布，剥离层和无用层的物质组成、厚度；记录地下水水位及其浸润线高度、取样位置、编号、高程等。

（6）内业资料整理。应对收集的勘探点资料进行整理，绘制柱状图或展视图，图上表示母岩岩性、风化程度、土料分层、厚度、地下水位、取样位置等。

应分层对土料试验资料进行统计分析，若试验数据不均匀，则应分区进行统计分析。

1）土料颗粒级配整理应符合下列要求：①各级粒径组含量百分数，可采用算术平均值。如土层结构复杂，各层的颗粒组成变化较大，应进行加权平均值计算；②取横坐标为对数的半对数表，以颗粒直径为横坐标，累计百分数为纵坐标，根据算术平均值或加权平均值绘制土料级配曲线，并整理出上、下包络线。

2）统计分区、分层的天然含水率范围值和算术平均值。

3）统计分层的渗透系数的范围值和算术平均值；统计分层的抗剪强度与压缩系数的范围值、算术平均值和小值平均值。

4）土料的其他质量技术指标，可采用算术平均值。当试验值离散性较大时，应计算加权平均值。

5）应绘制土击实试验后干密度与渗透系数关系曲线图。取纵坐标为对数的半对数表，以干密度为横坐标，渗透系数为纵坐标，绘制 $K-\rho_d$ 曲线。必要时可以击实功能或击数为横坐标，击实土的最大干密度和最优含水率为纵坐标，依据整理的不同功能下击实土的最大干密度与最优含水率平均值资料，绘制 $\rho_{d\max}-N$、$\omega_{op}-N$ 关系曲线图。

2.2.1.3　可行性研究阶段勘察要求

可行性研究阶段应进行土料的详查工作，查明土料的成因、结构、层次、物质组成、颗粒级配、夹层的空间分布与性质、地下水位和上覆无用层厚度等。查明天然土料的质量、储量，料场的开采、运输条件，并评价开采对环境的影响。详查储量应达到设计需要量的1.5～2.0倍。

（1）在预可行性研究阶段天然土料初查的基础上，对推荐料场进行详查工作。

（2）地质测绘比例尺1∶2000～1∶1000，查明勘察范围的地形地貌，查明覆盖层分布范围、基岩岩性、出露情况及风化程度、夹层在地表的分布情况，查明地表水分布情况、地下水出露情况、流量及动态变化规律，查明周边环境条件。

（3）勘探工作。

1）一般土料场的勘探工作以坑探、井探为主，槽探为辅，按方格网布置。勘探点间距和深度应根据料场的复杂程度确定。根据《水电水利工程天然建筑材料勘察规程》（DL/T 5388—2007）之要求，勘探点间距：Ⅰ类场地200～400m，Ⅱ类场地100～200m，Ⅲ类场地小于100m。对于200m级以上高心墙堆石坝应按间距范围值的下限要求布置勘探工作。勘探深度应揭穿有用层至下伏层位内0.5～1.0m或地下水位以下0.5m，当有用层较厚时，勘探深度应超过最大开采深度。

2）碎石土料场勘探工作以坑探、井探及钻探为主，槽探、洞探为辅，方格网布置。勘探点间距：Ⅰ类场地100～200m，Ⅱ类场地小于100m。对于200m级以上高心墙堆石坝应按间距范围值的下限要求布置勘探工作。勘探深度应揭穿有用层至下伏层位内0.5～1.0m或地下水位以下0.5m，当有用层较厚时，勘探深度应超过最大开采深度。

3）风化土料场的勘探工作以坑探、井探为主，槽探为辅，按方格网布置。勘探点间距：Ⅰ类场地100～200m，Ⅱ类场地小于100m。对于200m级以上高心墙堆石坝应按间距范围值的下限要求布置勘探工作。勘探深度应揭穿全风化层至强风化层一定深度（必要时可采取爆破），或地下水位以下0.5m，当有用层较厚时，勘探深度应超过最大开采深度。

（4）土料试验，应对土料含水率随时间、深度的变化规律进行研究。

（5）现场勘探资料收集、编录及内业资料整理按2.2.1.2节（5）、（6）要求进行。

2.2.1.4 招标阶段勘察要求

招标阶段天然土料的勘察工作，根据需要而定。当料场地质情况很复杂，前期勘察工作不能完全说明土料特性的变化情况时，需要做进一步的复核勘察工作，勘察内容和精度应符合详查级别要求。

也可以针对某一特定问题进行专题研究工作，如含水率随时间、空间的变化情况，颗粒级配的空间分布情况，风化料加深开挖以改善颗粒级配等专题项目。专题研究的勘探试验工作量，以能达到查明专题项目主要问题为原则，应尽量利用前期勘探试验成果，适当补充必要的勘探试验工作。

2.2.2 石料

高心墙堆石坝堆石料勘察应遵循规程规范《水电水利工程天然建筑材料勘察规程》（DL/T 5388—2007）、《水力发电工程地质勘察规范》（GB 50287—2016）。根据规程规范要求，坝壳堆石料的质量技术指标要求见表2.2-3、表2.2-4。

天然砂砾料和天然基岩均可作为堆石料源。

（1）天然砂砾料。天然砂砾料场的复杂程度按地形地质条件分为以下三类：①Ⅰ类：分布面积广阔，有用层厚度大且稳定，上覆无用层薄或零星分布；②Ⅱ类：多呈带状分

表 2.2-3　　坝壳填筑用砂砾料质量技术指标

序号	项　目	指　标	备　注
1	砾石含量	5mm 至相当于 3/4 填筑层厚度的颗粒宜大于 60%	渗透系数应大于防渗体的 50 倍。干燥区的渗透系数尚可小些，其含泥量亦可适当增加
2	相对密度	碾压后不小于 0.85	
3	含泥量（黏粒、粉粒）	≤10%	
4	内摩擦角	碾压后不小于 30°	
5	渗透系数	碾压后大于 1×10^{-3}cm/s	

表 2.2-4　　堆石料原岩质量技术指标

序号	项　目		指标
1	饱和抗压强度/MPa	坝高不小于 70m	＞40
		坝高小于 70m	＞30
2	冻融损失率/%		＜1
3	干密度/(g/cm^3)		＞2.4
4	硫酸盐及硫化物含量（换算成 SO_3,%）		＜1

布，有用层变化不大，普遍分布有上覆无用层，或者是分布广阔，有用层厚度也大，但其中细微的相变却十分频繁，甚至层间尚有明显的无用夹层出现；③Ⅲ类：料场面积狭小，岩性层次结构复杂，相变大。

（2）天然基岩。天然基岩料场的复杂程度按地形地质条件分为以下三类：①Ⅰ类：地形完整，沟谷不发育，岩性单一，岩相稳定，没有无用夹层，断层、喀斯特不发育，风化层及剥离层较薄；②Ⅱ类：地形不完整，沟谷较发育，岩性岩相较稳定，没有或较少无用夹层，断层、喀斯特较发育，风化层及剥离层较厚；③Ⅲ类：地形陡峻，沟谷发育，岩性、岩相变化较大，夹无用层，断层、喀斯特发育，风化层及剥离层厚。

2.2.2.1　规划阶段勘察要求

规划阶段需对天然石料进行普查，对于可能为高心墙堆石坝的梯级电站，大坝堆石料勘察应在遵循《水电水利工程天然建筑材料勘察规程》（DL/T 5388—2007）的基础上进行。

（1）考虑到高心墙堆石坝所需大坝堆石料用量巨大，如料场距离工程区太远，取料的运费很高，太近则对主体工程施工影响大，因此以距坝址 3～20km 较为适宜。应自坝址区由近及远展开堆石料地质调查工作。同时应优先考虑采用天然砂砾料、人工开挖料等不同料源作为堆石料，以降低工程造价。

（2）地质测绘比例尺 1∶10000～1∶5000，了解勘察范围的地形地貌、地层岩性和周边环境条件。

（3）了解勘察范围内可用的天然石料的分布位置、质量，估算其储量。

（4）根据需要，对条件较合适的堆石料场可布置少量钻探探坑和试验工作进行勘察。

2.2.2.2 预可行性研究阶段勘察要求

预可行性研究阶段应进行堆石料的初查勘察。初步查明地层岩性、夹层分布、矿物与化学成分、风化分带、结构面发育程度及充填物、覆盖层厚度和喀斯特发育特征等。初步查明堆石料的储量和质量、料场的开采运输条件。堆石料的储量应达到设计需要量的2.0倍。

(1) 在规划阶段对堆石料普查的基础上，选择条件较好的料场进行初查工作。如普查阶段所选料场的堆石料质量和储量不甚理想，则仍需进一步对工程区可能存在的较好料源进行调查，确定2个主要场料进行勘察，研究比选。

(2) 地质测绘比例尺1：5000～1：2000，了解勘察范围的地形地貌，初步查明覆盖层分布范围、基岩岩性、出露情况、产状及风化程度、夹层的出露情况、结构面发育程度及充填物、地表水分布情况、地下水出露情况以及灰岩地区的岩溶发育特征等，了解周边环境条件。

(3) 勘探要求。

1) 天然砂砾料的勘探要求。勘探方法水上部分宜采用坑槽探、井探、钻探及物探等方法，水下部分则应以钻探为主。为了保证钻孔取样质量，孔径宜大于168mm。勘探点按方格网布置，间距：Ⅰ类场地220～300m，Ⅱ类场地100～150m，Ⅲ类场地小于100m。勘探深度应达到最大开采深度以下1m左右，必要时，布设少量控制性钻孔，以揭穿整个有用层厚度。

2) 天然基岩料场的勘探要求。勘探工作以钻孔、平洞为主，物探、坑探、竖井为辅。按方格网布置，勘探点间距根据《水电水利工程天然建筑材料勘察规程》(DL/T 5388—2007)之要求，Ⅰ类场地250～300m，Ⅱ类场地150～250m，Ⅲ类场地小于150m。对于200m级以上高心墙堆石坝应按间距范围值的下限要求布置勘探工作。勘探深度应至基岩弱风化层内，并保证可判断其下岩石质量稳定，控制性钻孔或平洞应揭穿有用层或至拟开采深度底线以下5～10m。

(4) 天然砂砾料试验项目包括颗粒分析、天然密度、紧密密度、堆积密度、表观密度、含量、自然休止角、剪切强度、渗透系数和渗透比降等。

基岩料试验项目包括天然密度、干密度、饱和密度、干抗压强度、饱和抗压强度、冻融抗压强度（视需要而定）、弹性模量、岩石矿物、化学成分、冻融损失率（视需要而定）、硫酸盐及硫化物含量（视需要而定）等。应对代表性的岩性进行取样，各类岩性的试验组数均不应少于5组。

(5) 现场勘探资料收集、编录。现场勘探资料收集包括：岩层名称、岩性、产状、构造、岩石块度、风化程度、喀斯特与充填物、岩芯获得率与岩石质量指标（*RQD*）等，并记录取样位置、高程及编号等，以及记录地下水位高程、量测日期等。

(6) 内业资料整理。应对收集的勘探点资料进行整理，绘制柱状图或展视图，图上应标示出地层岩性、风化程度、岩性分层、厚度、地下水位和取样位置等。

应对试验资料分类，并进行统计、计算、列表表示。统计分析过程中应注意剔除不具代表性及明显偏离正常值的试验数据。

绘石料场综合平面地质图，标示出地形地貌、地层岩性、地质构造、不良地质现象、地下水及地表水情况、勘探点位置、料场范围和储量计算成果等。

结合勘探点布置情况，绘制纵、横地质剖面图，内容包括：地层岩性、地质构造、不良地质现象、地下水位、有用层与剥离层界线、无用夹层、勘探点位置、试验取样和开采范围线等。

进行质量评价和储量计算，储量计算时除计算上部剥离层外，还应考虑剔除无用夹层的比例值。

2.2.2.3 可行性研究阶段勘察要求

可行性研究阶段应进行堆石料的详查勘察。查明砂砾料的成因、结构、层次、物质组成、颗粒级配、夹层的空间分布与性质、地下水位和上覆无用层厚度等。查明基岩料的地层岩性、夹层分布、矿物与化学成分、风化分带、结构面发育程度及充填物、覆盖层厚度、地下水位和喀斯特发育特征等。查明堆石料的储量和质量、料场的开采运输条件。堆石料的储量应达到设计需要量的1.5～2.0倍。对开挖渣料应按基岩料的要求布置勘探试验工作。

(1) 在预可行性研究阶段对堆石料初查的基础上，选择条件较好的2个料场进行详查工作，通过比选确定推荐料场和备用料场。

(2) 地质测绘比例尺1∶2000～1∶1000，查明勘察范围的地形地貌，查明砂砾料的无用层与有用层分界线及大致厚度、与周围基岩及覆盖层的分界线、地表水及地下水分布情况、剖面上岩性的分选性、无用夹层的分布情况，查明基岩料的覆盖层分布范围、基岩岩性、出露情况、产状及风化程度、夹层的出露情况、结构面发育程度及充填物、地表水分布情况、地下水出露情况和灰岩地区的岩溶发育特征等，查明周边环境条件及开采运输条件。

(3) 勘探要求。

1) 天然砂砾料的勘探要求。水上部分宜采用坑槽探、井探、钻探及物探等方法勘探，水下部分则应以钻探为主。为了保证钻孔取样质量，孔径宜大于168mm。勘探点按方格网布置，勘探点间距：Ⅰ类场地100～200m，Ⅱ类场地50～100m，Ⅲ类场地小于50m。勘探深度应达到最大开采深度以下1m左右，必要时，布设少量控制性钻孔，以揭穿整个有用层厚度。

2) 基岩料场的勘探要求。勘探工作以钻孔、平洞为主，物探、坑探、竖井为辅。按方格网布置，勘探点间距：Ⅰ类场地150～250m，Ⅱ类场地100～150m，Ⅲ类场地小于100m。对于200m级以上高心墙堆石坝应按间距范围值的下限要求布置勘探工作。勘探深度应至基岩弱风化层内，并保证可判断其下石料质量，控制性钻孔或平洞应揭穿有用层或至拟开采深度底线以下5～10m。

3) 开挖渣料的勘探要求。工程开挖渣料应结合工程区勘察成果，按基岩料场详查要求布置勘探工作，勘探深度一般应至建筑物开挖底板以下5～10m。由于大多数工程的地层岩性较为复杂，应注重对地层岩性的详细分类、分层，并分析无用层的分布规律、所含比例等。

(4) 原岩试验项目与初查阶段相同。应对代表性的岩性进行取样，各类岩性的试验组数均不应少于7组。

(5) 现场勘探资料收集、编录及内业资料整理。现场勘探资料收集、编录及内业资料整理的项目和内容与初查级别相同，但要求精度更高一些。

2.2.2.4 招标阶段勘察要求

招标阶段天然堆石料的勘察工作，根据需要而定，当料场地质情况很复杂，前期勘察工作不能完全说明堆石料特性的变化情况时，需要做进一步的复核勘察工作，勘察内容和精度应符合详查级别要求。

2.2.3 其他

反滤料、细堆石料勘察工作结合堆石料勘察工作进行，按各阶段堆石料勘察精度可满足反滤料、细堆石料的勘察要求，具体参考表 2.2-5。接触土料结合防渗土料的勘察进行，一般情况下，防渗土料上部含细粒料较多的细粒土可满足接触黏土料的技术要求，具体参考表 2.2-6。

表 2.2-5　反滤层用砂砾料质量技术指标

序号	项　目	指　标
1	不均匀系数	≤8
2	颗粒形状	无片状、针状颗粒
3	含泥量（黏、粉粒）	≤5%
4	渗透系数	$\geq 5\times10^{-3}$cm/s
5	对于塑性指数大于 20 的黏土地基，第一层粒度 D_{50} 的要求：当不均匀系数 $C_u\leq2$ 时，$D_{50}\leq5$mm；当 $2\leq C_u\leq5$ 时，D_{50} 为 5～8mm	

表 2.2-6　接触黏土料的质量技术指标

序号	项　目		指　标
1	颗粒组成	>5mm	<10%
		<0.075mm	>60%
		<0.005mm	不应低于 20%～30%
2	塑性指数		>10
3	最大粒径		20～40mm
4	SiO_2/R_2O_3		2～4
5	渗透系数		$<1\times10^{-6}$cm/s
6	允许坡降		宜大于 5
7	有机质含量		<2%
8	水溶盐含量		<3%
9	天然含水率		宜略大于最优含水率
10	分散性		宜采用非分散性土

2.3 坝料室内试验

2.3.1 坝料各项试验的意义及作用

坝料的各项试验检测贯穿于高心墙堆石坝建设的各个阶段，为工程勘察、设计提供了大量试验数据和试验研究论证，为施工验收评定提供了重要依据，也是施工质量控制的重要手段之一。在工程勘察设计阶段，通过坝料的各项试验，为设计坝型选择、土石料源选择、渗透及渗流稳定性计算、坝体应力和变形计算、坝体稳定性分析、设计方案比选和优化等提供基础性数据和计算参数。在施工阶段料场复查需要做大量的土工试验，以复核料源土石料的质量和储量是否满足设计要求，为料场开采规划、措施处理和开采质量控制提供依据和科学指导。在坝料填筑期，为控制好料源及填筑质量，为提供大坝填筑质量验收及评定依据，解决施工中的一些技术质量问题和指导施工，也需要进行大量的坝料现场试验研究和检测工作。

高心墙堆石坝坝料的压实特性、变形控制、渗流稳定控制、心墙拱效应、大坝危害性裂缝控制和心墙水力劈裂裂缝控制、复杂应力路径下土料的工程特性、不同坝料接触界面的力学特性等均是高心墙堆石坝设计时需要研究解决的关键技术问题，必须依靠科学的试验技术和方法，采用先进的试验设备和最佳的试验研究途径，进行大量的系统试验研究才得以解决。高心墙堆石坝由于其填筑方量巨大、施工填筑强度高、坝体上升速度快、质量控制指标多、取样频率高，为满足施工进度需要，确保填筑质量，坝料的压实控制标准、填筑质量控制的快速检测方法等也是施工阶段要解决的重要课题，必须要通过大量的试验研究才得以完成。因此，土石料的各项试验对高心墙堆石坝勘察、设计、施工尤为重要。由于土料成因的复杂性，其工程性质受诸多因素的影响，如何保证试验检测数据的代表性、准确性、可靠性、试验方法的科学性也十分重要。

高心墙堆石坝土料各项试验主要有：

(1) 含水率及密度试验：包括土料天然含水率及天然密度、坝料填筑含水率及压实密度试验。天然含水率及天然密度用于评价料场土料筑坝的适宜性及土料施工时的难易程度，估算料场土料的储量；坝料填筑含水率及压实密度用于进行坝体的沉降计算、稳定性分析和应力应变计算分析、坝体填筑压实质量控制评价等。

(2) 颗粒比重试验：包括小于5mm细粒比重和大于5mm砾石比重试验。比重是反映土料物理性的一项重要指标，并且为土的基本特性，可用于计算土的孔隙比、孔隙率和容重、土的饱和度等。

(3) 颗粒分析试验：土料颗粒组成对土的物理力学性质有着重要影响。可根据料场土料的颗粒组成分析其筑坝的适用性，进行土料的分类定名，土料级配也是坝料设计和填筑的一项重要控制指标。根据土料的颗粒组成还可概略地评价和了解土料的力学性能和透水性能。在进行粗粒土料的室内物理力学性试验时土料级配也是试验制样控制条件之一。

(4) 界限含水率试验：包括液限、塑限和塑性指数试验，可用于对土料进行分类定名，评价防渗土料筑坝的适宜性；塑限是防渗土料设计和填筑的一项重要控制指标之一，可作为确定填筑含水率控制的参考数值，此外还可由液限、塑限计算液性指数，用于评价黏性土的天然黏稠状态。

(5) 击实试验：通过击实试验得出防渗土料的最大干密度和最优含水率，用于研究或评价土料的击实或压实特性，作为室内其他物理力学性试验制样控制的依据，是防渗坝料设计、填筑质量控制和坝体设计分析的基础参数。一般情况下应进行标准击实功能和高击实功能的比较试验研究。

(6) 相对密度试验：测定无黏性土料的最大和最小干密度，用于计算压实土体的相对密度，作为坝体设计的重要参数和填筑控制的标准。按规范规定，坝体填筑的反滤料、过渡料用相对密度控制。一般情况下应进行干点和饱水点最大干密度比较试验研究。

(7) 膨胀、收缩及崩解试验：了解土料在击实情况下的抗水性、适用性，并确定坝体是否需要采用特殊工程措施解决或防止水库蓄水或水位下降后土料产生的膨胀或收缩问题。

(8) 渗透系数及渗透变形试验：包括用扰动土或原状土进行的试验、原位渗透及渗透变形试验等。测定土料的渗透系数和渗透坡降，用于评价作为各种坝料的适用性，确定防渗体尺寸，作为坝体渗透计算、固结计算的参数。也是坝料设计和填筑的一项重要控制指标。

(9) 抗剪强度试验：包括室内三轴剪切试验、现场原位大型剪切试验等，为坝体稳定性计算提供参数。用击实土进行试验时，一般应作出不同击实功能下的最大干密度与抗剪强度关系曲线，以供选择功能之用。在进行坝体填筑复核试验时，可采用部分原状土进行强度试验，也可进行现场原位大型剪切试验。

(10) 应力应变参数试验：作为坝体应力应变计算之用，包括土的应力应变（$E-\nu$）参数试验、$E-B$ 参数试验、$K-G$ 参数试验等。

(11) 固结试验：用于判断土料的压缩特性和评价坝料的适用性，为坝体沉降及固结计算提供基本参数，也可作为选择功能时考虑的因素之一。用击实土进行试验，在进行坝体填筑复核试验时，也可采用部分原状土。

(12) 载荷试验：在进行坝料的碾压试验时常进行平板载荷试验，用于评价压实土体的原位承载力和变形模量，评价压实土体的压缩特性。

(13) 矿物成分鉴定及化学成分分析（化学全分析）：矿物成分影响土的物理力学性质。

2.3.2 防渗土料试验

2.3.2.1 砾石土的击实特性及压实控制标准

现代特高心墙堆石坝填筑设计心墙防渗材料一般采用砾石土或人工掺碎石的砾石土料，采用重型薄层碾压，以增加心墙料的强度和压缩模量，减小心墙沉降量和拱效应发生概率，预防大坝由于不均匀沉降过大而导致危害性裂缝发生。为保证砾石土心墙的防渗性能，《碾压式土石坝设计规范》（DL/T 5395—2007）规定了大于 5mm 砾石含量（简称 P_5 含量）的上限值，对高心墙堆石坝设计一般还规定了 P_5 含量下限值，并要求对砾石土采用全料压实度检测。但根据有关研究及工程实践表明，当 P_5 含量较高时，细料压实效果受粗粒骨架效应影响明显，即存在细料压不密实情况。因此应同时采用全料和细料压实度双控以全面反映其压实质量，提高压实度计算的准确度和可靠性，确保细料压实质量和心墙的防渗效果。目前已建或在建的超高心墙堆石坝填筑设计，如糯扎渡水电站、长河坝水电站、两河口水电站等，均采用了全料压实度和细料压实度双控。但对掺砾土料进行全料击实时，至少需采用直径 300mm 击实仪，试验工作量大、时间长，难以满足现场施工进度要求。

为进一步简化工作量，糯扎渡水电站在进行了大量比较试验研究的基础上，提出采用小于 20mm 细料压实度控制，要求在 592kJ/m^3 击实功能下小于 20mm 细料压实度不小于

98%；同时每周坚持用300mm直径的大型击实仪，取小于60mm的替代料在2688kJ/m³击实功能下开展大型击实试验，进行全料压实度不小于95%复核；每月现场挖坑取填筑体全级配料在2688kJ/m³击实功能下开展直径600mm超大型击实试验，对全料压实度不小于95%进行校核。长河坝水电站设计采用全料压实度和小于5mm细料压实度双控，要求在击实功能592kJ/m³下小于5mm细料压实度不小于100%，在击实功能2688kJ/m³下全料压实度不小于97%，P_5含量控制在30%～50%。昆明院现场中心实验室与水电五局实验室结合长河坝水电站砾石土心墙填筑，对砾石土的击实性能和质量控制标准、全料和细料压实度检测方法进行了系统的试验研究[49-51]。

长河坝水电站大坝砾石土心墙料源主要采用汤坝砾石土料场作为主料场，新莲砾石土料场作为备用料场。击实试验采用了直径152mm、300mm和800mm三种击实仪尺寸，2688kJ/m³（重型击实）及592kJ/m³（轻型击实）两种击实功能进行对比，同时还开展了不同击实功能下击实性能的研究[52-53]。直径800mm超大型击实仪试验土料为全级配，直径300mm大型击实仪及直径152mm中型击实仪试验土料为替代级配。图2.3-1～图2.3-10为汤坝料场土料击实试验成果。研究得出：

（1）坝料在不同击实功能、不同击实仪尺寸下击实所得结果均表现为击实最大干密度$\rho_{d\max}$随P_5含量不同而变化，且随P_5含量的增加而增大；当$\rho_{d\max}$增大到一定数值后，随P_5含量的增大，最大干密度反而出现下降趋势。最大干密度峰值对应的P_5含量随击实功能及击实仪尺寸的增大有所增大。汤坝土料场砾石土用2688kJ/m³重型击实功能击实时，当击实筒直径由152mm增至300mm及800mm时，峰值对应的P_5含量由55%增至65%及70%；用相同击实筒直径152mm击实时，当击实功能由592kJ/m³增至2688kJ/m³，峰值对应的P_5含量由50%增至55%。

（2）对比直径152mm中型击实仪与直径300mm大型击实仪重型击实试验成果可得出，由于试样筒击实尺寸不同，所得最大干密度也有所不同，且随着P_5含量的增加，这种差异越趋明显。当P_5含量为0时，两种击实筒尺寸击实所得最大干密度完全一致，均为1.98g/cm³，但随着P_5含量的增大，直径300mm重型击实所得结果高于直径152mm试样筒击实测值，当P_5含量为60%时，其差值最大达0.07g/cm³。当试样筒尺寸偏小时，击实最大干密度偏低，缩尺效应影响明显，不能满足工程控制需要。对比直径300mm大型击实仪与直径800mm超大型击实仪重型击实试验成果可得出，当P_5含量小于20%时，两种尺寸击实试验成果完全一致，当P_5含量大于20%后，直径800mm超大型击实仪所得结果略高于直径300mm大型击实仪测值，且随着P_5含量的增加，这种差异有所增大。当P_5含量为50%时，两种击实筒尺寸击实所得最大干密度差值为0.02g/cm³，P_5含量为70%时差值最大为0.04g/cm³。因此，在P_5含量小于等于50%时，两种尺寸所得结果基本一致，缩尺效应影响已较小，与糯扎渡掺砾黏土心墙料采用直径300mm大型击实仪和直径600mm超大型击实仪击实成果对比结论基本一致。可以认为对于粗粒黏性土采用直径300mm大型击实仪在2688kJ/m³击实功能下通过替代料击实试验确定砾石土料的最大干密度进行压实质量控制是合适的，现行相关标准规定的粗粒土采用直径300mm大型击实仪进行击实是合理的。

（3）不同击实工况下的P_5含量与最优含水率具有良好的线性关系，最优含水率随

P_5 含量的增大而减小。汤坝土料场砾石土用直径 300mm 大型击实仪进行重型击实试验，当 P_5 由 0 增至 70%时，最优含水率则从 12.1%降至 5.3%，降低了 6.8%；用直径 152mm 中型击实仪进行重型击实试验，当 P_5 由 0 增至 65%时，最优含水率则从 11.8%降至 5.5%，降低了 6.3%；用直径 152mm 中型击实仪进行轻型击实试验，当 P_5 由 0 增至 65%时，最优含水率则从 14.8%降至 6.9%，降低了 7.9%。同一土料不同试样筒尺寸在不同 P_5 含量下的重型击实试验所得最优含水率均较为接近且随试样筒尺寸增大而略有增加，直径 300mm 大型击实仪和直径 152mm 中型击实仪击实所得最优含水率相差最大为 0.5%，直径 300mm 大型击实仪和直径 800mm 超大型击实仪击实所得最优含水率相差最大为 0.2%。用直径 152mm 中型击实仪在不同 P_5 含量下的重型击实试验所得最优含水率则明显低于轻型击实试验测值。因此砾石土最优含水率并不是一个定值，除与土料性质有关外，还与 P_5 含量、击实功能关系较大，土料填筑含水率选择应考虑与 P_5 含量及压实功能相匹配。

（4）图 2.3－3 为直径 300mm 大型击实仪不同功能击实试验成果，砾石土的最大干密度随击实功能的增大而增大，当击实功能小于 1354kJ/m^3 左右时，最大干密度随击实功能的增大而增大较为明显，当击实功能大于 2016kJ/m^3 左右后，最大干密度随击实功能的增大而增加已较小。不同击实功能下的最优含水率与击实功能呈良好的线性关系，随击实功能的增大而呈线性减小。

（5）图 2.3－5～图 2.3－10 为汤坝料场及新莲料场土料施工期在击实功能 2688kJ/m^3 下直径 300mm 大型击实仪击实试验研究成果。不同时期、不同部位砾石土击实最大干密度、最优含水率与 P_5 含量的关系曲线接近平行，且规律性较好。用各细料的最大干密度和最优含水率对图 2.3－5 及图 2.3－6 进行归一化处理，得到的归一化曲线基本重合，其归一性良好，说明不同时期、不同部位两料场砾石土中的粗料性质较为稳定，但小于 5mm 细料击实性能变化却较大。经计算比较表明，当 P_5 含量小于 60%时，用图中的归一化公式计算结果与实测值相当吻合，均在规范规定的试验平行误差允许范围内。但归一化公式中只反映了 P_5 含量和细料最大干密度两项因素，未考虑粗粒性质的影响。

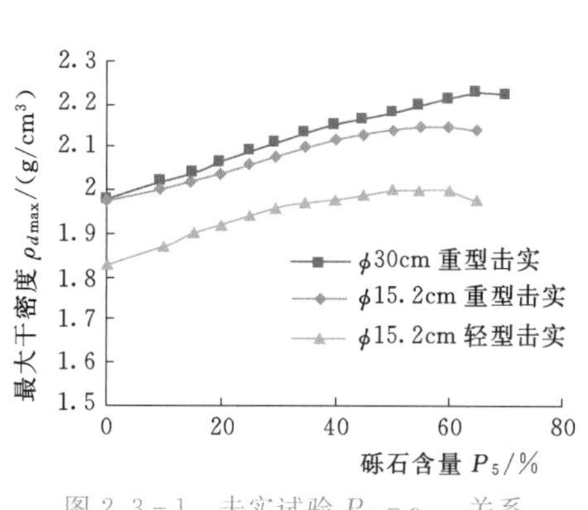

图 2.3－1　击实试验 $P_5-\rho_{d\max}$ 关系

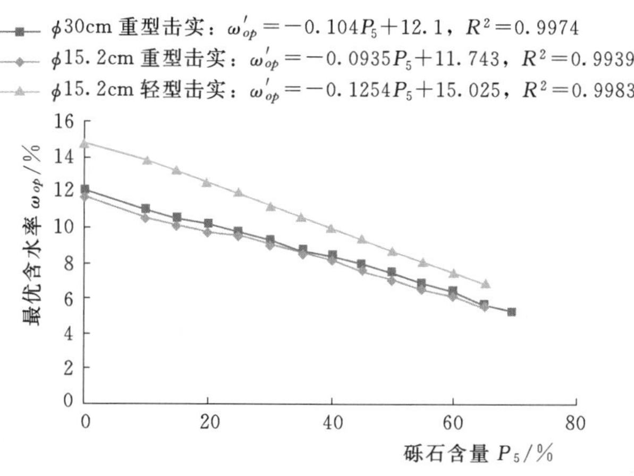

图 2.3－2　击实试验 $P_5-\omega_{op}$ 关系

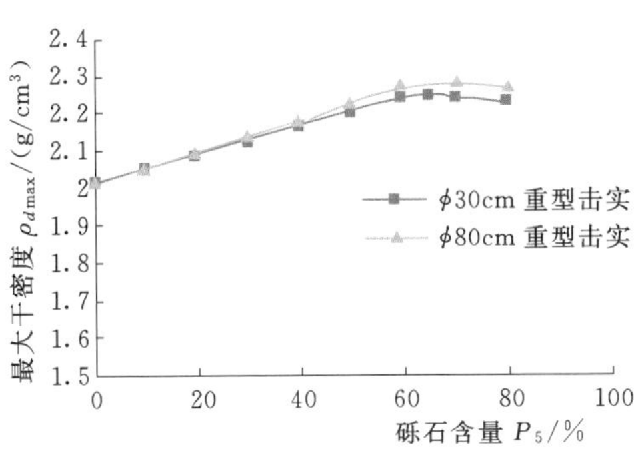

图 2.3-3　超大型击实试验 $P_5-\rho_{d\max}$ 关系

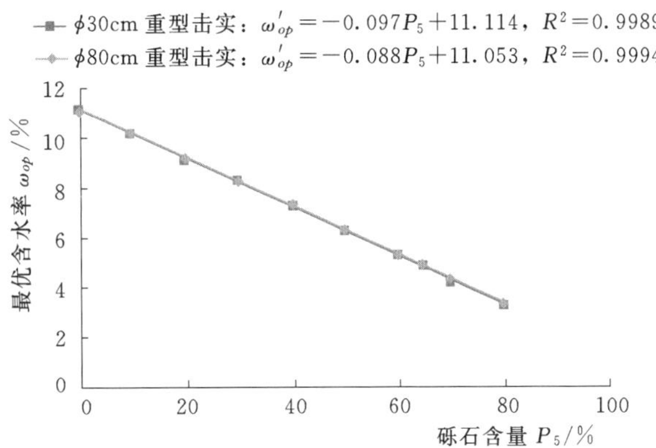

图 2.3-4　超大型击实试验 $P_5-\omega_{op}$ 关系

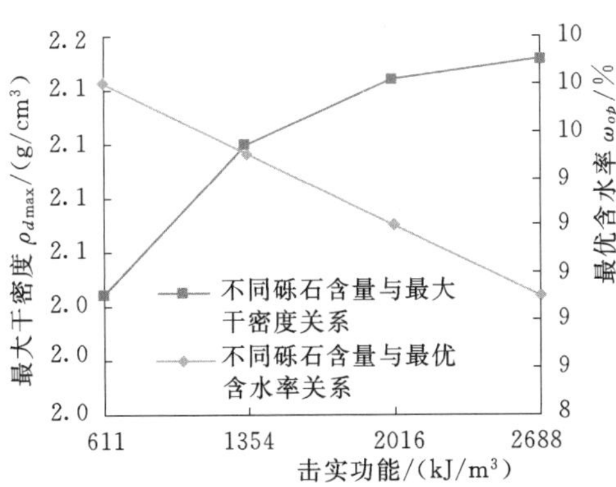

图 2.3-5　不同击实功能 $P_5-\rho_{d\max}-\omega_{op}$ 关系

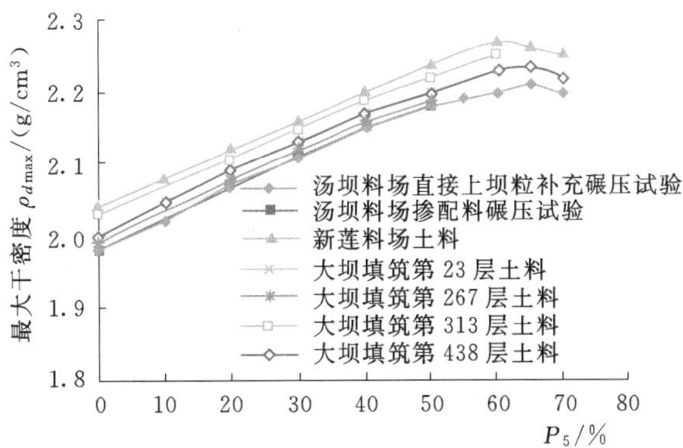

图 2.3-6　不同 P_5 含量与最大干密度关系

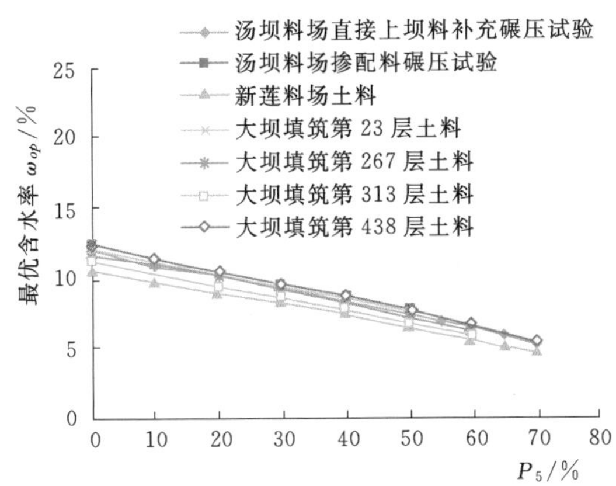

图 2.3-7　不同 P_5 含量与最优含水率关系

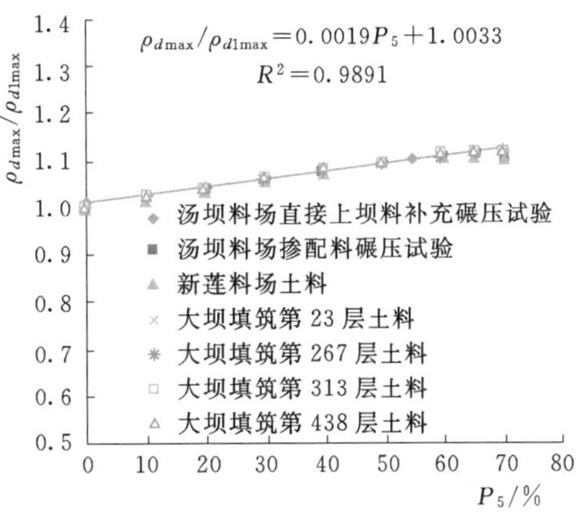

图 2.3-8　最大干密度归一化曲线

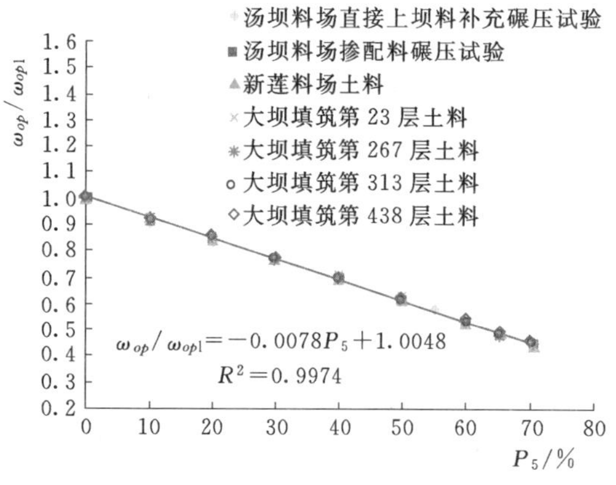

图 2.3-9　最优含水率归一化曲线

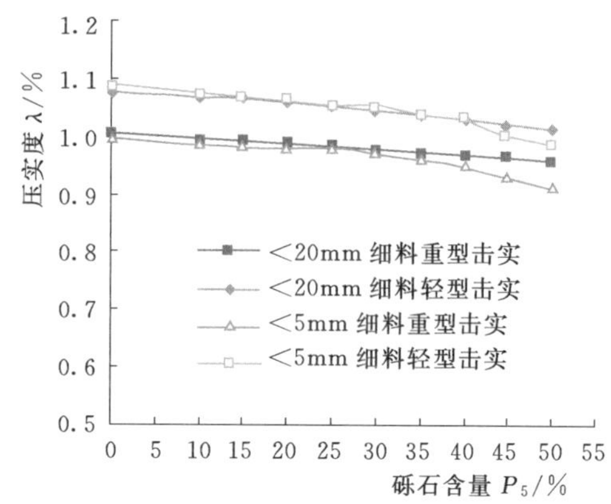

图 2.3-10　不同击实功能不同粒径细料压实度比较

(6) 表 2.3-1 及图 2.3-10 为不同 P_5 及 P_{20}(<20mm 细料) 含量时的击实试验及计算成果，表中给出了用直径 300mm 大型击实仪重型击实、直径 152mm 中型击实仪重型及轻型击实试验值，同时还计算出了全料击实最大干密度时小于 20mm 细料的干密度 ρ_{d20} 及小于 5mm 细料的干密度 ρ_{d5}，表中压实度 λ 等于 $\rho_{d20}(\rho_{d5})/\rho_{d1max}$，$\rho_{d1max}$ 为小于 20mm 细料及小于 5mm 细料用重型或轻型单独击实的最大干密度。分析得出：

1) 无论是小于 20mm 细料还是小于 5mm 细料，细料的压实度并不是一个定值，与 P_5 含量有关，且随 P_5 含量的增大而降低，说明当砾石土全料击实时，随着粗粒含量增加，细粒所受功能减小，全料中细粒击实干密度值并不能达到细料用相同功能单独击实的最大干密度，而是随着粗粒含量的增加而逐渐降低。

2) P_5 含量在 0～50%范围内小于 20mm 细料与小于 5mm 细料的重型击实压实度平均分别为 0.98 和 0.97，轻型击实压实度平均分别为 1.05 和 1.04，平均相差均为 0.07。P_5 含量由 0 增至 50%时重型击实和轻型击实小于 20mm 细料压实度分别下降了 0.05 和 0.06，小于 5mm 细料压实度均下降了 0.09。

3) 无能是重型击实还是轻型击实，在 0～50%范围内小于 20mm 细料压实度均呈近似线性变化。轻型击实当 P_5 含量小于 40%时，重型击实当 P_5 含量小于 30%时，小于 20mm 细料与小于 5mm 细料的压实度值基本一致。而轻型击实当 P_5 含量大于 40%、重型击实当 P_5 含量大于 30%以后，小于 5mm 细料的击实效果明显下降，骨架效应尤为明显；此时轻型击实小于 5mm 细料的压实度平均值低于小于 20mm 细料压实度 2.5%左右，重型击实小于 5mm 细料的压实度平均值低于小于 20mm 细料 2.7%左右。

长河坝水电站心墙填筑设计要求全料压实度不低于 97%，换算成小于 5mm 细料压实度计算值平均应不低于 101%，因此在击实功能 592kJ/m^3 下设计要求小于 5mm 细料压实度不低于 100%是基本合适的，但当 P_5 含量大于 40%左右以后，标准有所偏高，P_5 含量小于 40%左右时，标准又有所偏低，细料压实度采用一个固定值控制还不尽合理。5mm 粒径是目前岩土工程界区别粗细土料的一个较通用界限粒径，也是土料的众多物理力学性试验控制及成果比较分析的一个重要粒径。分析认为采用小于 5mm 细料压实度控制较小于 20mm 细料压实度控制更能反映粗粒骨架效应的影响，控制标准更严。

表 2.3-1　全料压实度控制与小于 20mm 及小于 5mm 细料压实度控制比较

P_5 含量 /%	P_{20} 含量 /%	全料击实最大干密度（重型）$\rho_{d\max}$ /(g/cm³)	全料击实时小于 20mm 细料的最大干密度（重型）ρ_{d20} /(g/cm³)	全料击实时小于 5mm 细料的干密度（重型）ρ_{d5} /(g/cm³)	小于 20mm 细料单独击实最大干密度 $\rho_{d1\max}$ /(g/cm³)		全料压实度为 100% 时对应的小于 20mm 细料压实度		全料压实度为 100% 时对应的小于 5mm 细料压实度		全料压实度为 97% 时对应的小于 5mm 细料压实度（轻型）
					重型	轻型	重型	轻型	重型	轻型	
0	0	1.98	1.98	1.98	1.98	1.83	1.00	1.08	1.00	1.08	1.05
10	4.9	2.02	1.99	1.96	2.01	1.87	0.99	1.06	0.99	1.07	1.04
15	7.4	2.04	2.00	1.95	2.02	1.90	0.99	1.05	0.98	1.07	1.04
20	9.9	2.07	2.02	1.95	2.04	1.92	0.99	1.05	0.98	1.07	1.03
25	12.3	2.09	2.02	1.94	2.06	1.94	0.98	1.04	0.98	1.06	1.02
30	14.8	2.11	2.03	1.92	2.08	1.96	0.98	1.04	0.97	1.05	1.02
35	17.3	2.13	2.03	1.90	2.10	1.97	0.97	1.03	0.96	1.04	1.01
40	19.7	2.15	2.04	1.88	2.12	1.98	0.96	1.03	0.95	1.03	1.00
45	22.2	2.16	2.04	1.84	2.13	1.99	0.96	1.03	0.93	1.01	0.97
50	24.6	2.18	2.04	1.81	2.14	2.00	0.95	1.02	0.91	0.99	0.96

注　表中的 P_5 为土料粒径大于 5mm 的含量，P_{20} 为土料粒径大于 20mm 的含量。

图 2.3-11 为长河坝水电站大坝心墙填筑前期检测成果，共统计 425 组。从图中可看出，小于 5mm 细料压实度与 P_5 含量关系密切，且随 P_5 含量增加而逐渐减小，击实试验的理论计算值和实测值均具有相同的变化趋势，当 P_5 含量大于 40% 以后，减小的幅度更为明显。因此当 P_5 含量较高时只有进一步提高全料压实度才可能提高其细料压实度合格率。

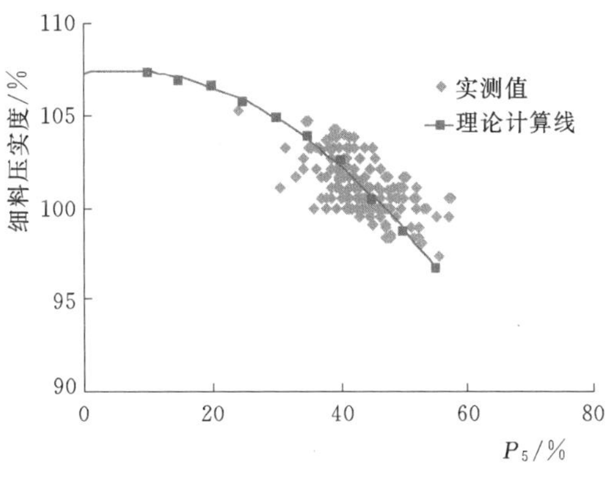

图 2.3-11　细料压实度与 P_5 含量关系

2.3.2.2　砾石土心墙填筑质量快速检测方法

长河坝水电站大坝心墙砾石土压实质量除按全料及细料压实度控制外，还规定了全料及细料的合格最小干密度、P_5 含量、填筑含水率等多项控制指标。其中土料含水率是一项重要指标，直接影响到土料的可碾性和压实质量；而压实后 P_5 含量一旦明显超出 50% 的设计上限并上下游连通时，将会在坝体内形成沿层面的集中渗漏通道。含水率常规测定用标准烘干法，对用于心墙防渗的黏质土类，按规定烘干时间不少于 8h，用时较长；特别是对于高心墙砾石土堆石坝，如果按常规试验方法要求得全料含水率和砾石含量等项指标，至少需要 12h 以上，这远不能满足施工进度要求。为此，如何快速检测填料的各项指标就显得十分关键。

经比较分析，土料含水率可按目前多部现行试验规程推荐公式计算：

$$\omega=(1-P_5)\omega_1+\omega_2 P_5 \tag{2.3-1}$$

式中：ω 为砾石土全料计算含水率，%；P_5 为大于 5mm 的砾石含量，%；ω_1 为小于 5mm 的细料含水率，%；ω_2 为大于 5mm 的砾石吸着含水率，%。

式（2.3－1）中的 P_5 含量可通过式（2.3－2）计算：

$$P_5=m_{s2}/(m_{s1}+m_{s2})\times 100 \tag{2.3-2}$$

式中：m_{s1} 为试坑土小于 5mm 的细料干质量，g；m_{s2} 为试坑土大于 5mm 的砾石干质量，g。

砾石土试坑全料干密度可分别按式（2.3－3）、式（2.3－4）计算，其计算结果完全一致。

$$\rho_d=(m_{s1}+m_{s2})/V \tag{2.3-3}$$

$$\rho_d=\rho/(1+\omega) \tag{2.3-4}$$

式中：ρ_d 为试坑土全料压实干密度，g/cm³；V 为试坑体积，cm³；ρ 为试坑土全料湿密度，g/cm³。

试坑土小于 5mm 细料湿密度及干密度可分别按式（2.3－5）、式（2.3－6）计算：

$$\rho_1=m_1/(V-m_2/G_{s1}/\rho_\omega) \tag{2.3-5}$$

$$\rho_{d1}=m_{s1}/(V-m_2/G_{s1}/\rho_\omega) \tag{2.3-6}$$

式中：ρ_1 为试坑土小于 5mm 的细料湿密度，g/cm³；ρ_{d1} 为试坑土小于 5mm 的细料干密度，g/cm³；m_1 为试坑土小于 5mm 的细料质量，g；m_2 为试坑土大于 5mm 的砾石质量，g；G_{s1} 为砾石视比重，即砾石饱和面干质量与其排开水体积之比，计算时不考虑砾石表面吸着含水率影响更符合实际；ρ_ω 为水的密度，取 1g/cm³。

现场砾石土压实密度检测采用有环试坑灌水法进行，控制试坑取样深度为层厚或略大于层厚。通过挖坑灌水，可得到试坑总体积和湿土总质量，将试坑料全部过孔径 5mm 的筛，筛下的小于 5mm 细料用酒精燃烧法快速测定含水率，同时用湿法进行轻型三点击实法试验得到细料最大干密度和最优含水率。对筛上大于 5mm 砾石部分则用孔径 5mm 筛洗筛干净，再用湿毛巾擦去表面水分，称取砾石质量，进而可算出试坑小于 5mm 细料质量及细料干质量。通过前期大量试验数据统计得出大于 5mm 砾石吸着含水率（近似用饱和面干吸水率代替）平均值和砾石的饱和面干视比重平均值，即可算出砾石干质量和砾石体积，由此可算出试坑全料干密度、P_5 含量、全料含水率、细料干密度和细料压实度。经大量比较试验和计算分析得出，用上述方法可快速检测砾石土全料和细料的各项指标，与常规方法相比，所得结果完全在试验规程规定的允许误差范围内，能满足大坝填筑质量控制需要。该方法简捷、快速、经济实用，可大幅缩短检测时间，在 2h 内可以得到全料及细料的各项检测指标，能满足高强度大方量砾石土填筑质量检测控制需要。

对于全料压实度计算，一般砾石土须确定不同粗粒含量的最大干密度，才能根据填筑压实干密度计算其压实度，而通过正规的击实试验确定土料的最大干密度和最优含水率需要 2～3 天时间，且试验工作量及需要的土样数量均较大，检测工作远不能满足施工进度要求，因此如何快速确定砾石土的最大干密度和最优含水率也显得十分关键。结合长河坝水电站砾石土心墙施工前期现场碾压试验，提出了最大干密度和最优含水率预控线，成果见图2.3－12、图2.3－13。但此方法只考虑了 P_5 含量变化对全料最大干密度的影响，仅仅适用于一段时间内影响细料及粗料的击实特性变化很小的情况。为进一步简化工作量，糯扎渡水电站采用了小于20mm细料压实度控制，同时坚持每周对其全料压实度进行1组复核。从前期已完成的汤坝料场细料击实试验成果看，27组重型击实所得最大干密度在1.84～2.04g/cm^3，434组轻型击实所得最大干密度在1.80～2.00g/cm^3，最大均相差0.20g/cm^3，细料的最大干密度变化较大。检测初期还发现，即使对同一压实层土料，各测点细料击实性能变化也较大。显然用预先确定的预控线不能完全进行有效控制，应考虑细料压实性能变化对全料压实性能的影响。图2.3－12中还同时给出了心墙填筑过程中对上坝料全料重型击实复核结果（散点），进一步证明了料场土料击实性能变化较大的特点。

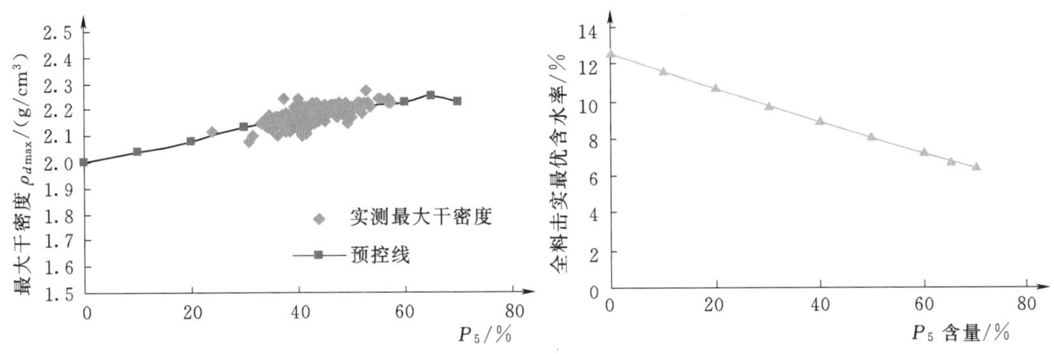

图2.3－12　全料击实最大干密度预控线　　图2.3－13　全料击实最优含水率预控线

由于上述原因，根据《碾压式土石坝设计规范》（DL/T 5395—2007）及相关建议，砾石土不同砾石含量下的最大干密度可按式（2.3－7）计算：

$$\rho'_{d\max}=1/[P_5/\rho_w/G_{s2}+(1-P_5)/\rho_{d1\max}] \tag{2.3-7}$$

式中：$\rho'_{d\max}$ 为砾石土最大干密度理论计算值，g/cm^3；G_{s2} 为砾石干比重，检测砾石干比重77组，其变化范围在2.74～2.78，由于汤坝料场砾石较为新鲜、坚硬，其砾石比重变化较小，本书计算时取其检测平均值2.76；$\rho_{d1\max}$ 为小于5mm细料用重型击实的最大干密度，g/cm^3；ρ_w 为水的密度，取1g/cm^3。

P_5 含量不等于0时，用式（2.3－7）计算的理论最大干密度均大于实测值，且随 P_5 含量的增大，这种偏差愈明显，远超试验规程允许的±0.03g/cm^3 平行试验误差要求。如果将实测值与理论计算值之比值与 $\ln(1-P_5)$ 作线性回归，则发现它们具有良好的线性关系：

$$\rho_{d\max}/\rho'_{d\max}=0.0774\ln(1-P_5)+1.0018 \tag{2.3-8}$$

$$R^2=0.9941$$

最优含水率则按相关规程建议的公式计算：

$$\omega'_{op}=\omega_{op1}(1-P_5)+\omega_2 P_5 \tag{2.3-9}$$

式中：ω'_{op} 为砾石土最优含水率计算值，%；ω_{op1} 为小于5mm细料用相同功能单独击实的最优含水率，%，可取前期已有试验结果的平均值；ω_2 为砾石吸着含水率，%，检测汤坝料场砾石吸水率77组，吸水率变化范围在1.84%～2.96%，平均2.35%，吸水率较小且变化不大，本书计算时取其检测平均值2.35%。

以上提出的砾石土填筑压实质量控制的快速检测方法需要4个已知参数，其中砾石吸水率、砾石干比重和砾石饱和面干视比重对于汤坝料场一般均比较稳定，可事先通过检测统计得出，而小于5mm细料重型击实最大干密度可结合已建立的心墙填筑细料压实度控制的轻型三点击实法成果与对应的细料重型击实成果的相关关系快速求得。该方法可大幅缩短检测时间以满足高强度大方量施工进度质量检测控制要求，同时能考虑每个测点土料压实性变化的影响。根据汤坝料场前期碾压试验重型击实试验资料，采用经验公式（2.3-7）、式（2.3-8）计算，当P_5含量不大于60%时，不同时段料场土料用经验公式计算所得不同砾石含量下的全料最大干密度与室内击实成果均十分吻合，实测值与计算值之差均在规范规定的不大于0.03g/cm^{3}试验允许平行误差范围内。

2.3.2.3　砾石土心墙填筑现场检测结果分析

长河坝水电站施工初期对金汤料场土料布点挖坑进行复查，天然料最大粒径、P_5含量、含水率合格率较低，空间分布均一性较差，天然料总体偏粗，有部分料偏干或偏湿。为充分利用土料，减少征地，确保上坝料质量，将料场分为过筛后合格直接上坝料区（30%≤P_5≤50%）、粗料区（P_5>50%）和细料区（P_5<30%），在料场设置了筛分系统以筛除大于150mm超径石，对P_5含量不满足设计要求的粗料和细料进行互掺。

昆明院现场中心实验室抽检砾石土心墙填筑1281组检测成果见表2.3-2。各项检测指标一次取样合格率在86.6%～100%，二次取样合格率在90.1%～100%，填料的含水率及小于5mm细料压实度一次取样合格率有所偏低，分别为89.0%和86.6%，但经处理后的二次取样合格率均大于90%。进一步分析细料压实度合格率偏低的原因，可得出：

（1）由于P_5含量较高（按P_5含量不小于45%统计）是导致细料压实度合格率偏低的主要原因之一，此部分占取样总数的6.5%，占细料压实度不合格样总数的60.1%。说明当P_5含量不小于45%后，砾石土骨架效应影响明显，细料所受压实功能明显减小。

（2）全料压实度虽能满足设计不小于97%要求，但富余度不多，即全料压实度偏小也是细料压实度合格率偏低的主要原因之一，此部分占取样总数的2.3%，占细料压实度不合格样总数的27.8%。也就是说全料压实度不小于97%和细料压实度不小于100%不一定完全匹配，全料压实度要有一定的富余度才可能保证细料压实度达100%。

（3）全料压实度低于设计不小于97%要求及含水率偏高导致细料压实度不合格，此部分占取样总数的1.7%，占细料压实度不合格样总数的12.1%。

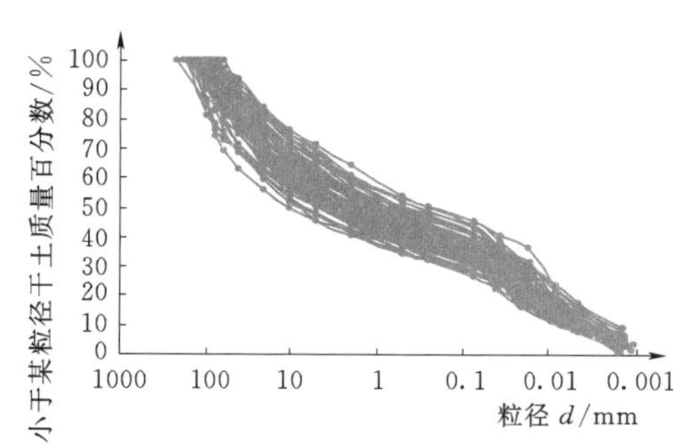

图2.3-14　全料压后不同部位取样的颗粒分析级配曲线

图2.3-14为全料压后颗粒分析级配曲线，属于典型的宽级配砾石土，级配连续性良好。图2.3-15～图2.3-18为检测的全料干密度、全料压实度、细料干密度、细料压实度频率曲线图，各项指标频率曲线基本呈正态分布，符合土料填筑压实的一般规律。图2.3-19、图2.3-20分别为全料和细料干密度关系散点图，随着填料含水率的增加，干密度逐渐减小，当含水率偏大后，填筑干密度降低明显，导致压实度不满足设

表 2.3-2　长河坝水电站大坝心墙砾石土填筑检测结果

检测项目	全料					小于5mm细料		试样最大粒径/mm	小于0.075mm颗粒含量/%	小于0.005mm粘粒含量/%	塑性指数	渗透系数k_{20}/(cm/s)	易溶盐含量/%	有机质含量/%
	与最优含水率差/%	干密度/(g/cm³)	压实度/%	设计最小干密度/(g/cm³)	P_5含量/%	干密度/(g/cm³)	压实度/%							
设计要求	−1～+2		≥97	P_5=30%，≥2.07 P_5=40%，≥2.10 P_5=50%，≥2.14	30～50	≥1.82	≥100	150	≥15	≥8	10～20	≤1×10^{-5}	≤3	≤2
组数	1281	1281	1281	1281	1281	1281	1281	1281	76	76	76	24	14	14
最大值	4.1	2.29	100.3	2.19	63.5	2.04	106.5	220	45.3	18.7	19.2	9.46×10^{-6}	0.24	0.158
最小值	−2.1	2.03	96.4	2.02	23.0	1.81	98.0	40	26.6	8.0	13.5	2.85×10^{-7}	0.10	0.034
平均值	0.9	2.16	99.0	2.11	41.9	1.93	101.3	102	35.2	11.4	16.2	5.52×10^{-6}	0.15	0.075
标准差σ	0.86	0.03	0.83	—	4.97	0.04	1.52	—	4.31	2.16	1.28	—	0.05	0.04
离差系数C_v	1.017	0.015	0.008	—	0.119	0.020	0.015	—	0.123	0.190	0.079	—	0.323	0.466
一次取样合格率/%	89.0	95.8	96.2	—	92.8	97.9	86.6	96.3	100	100	100	100	100	100
二次取样合格率/%	91.3	99.6	99.8	—	94.3	99.9	90.1	97.3	100	100	100	100	100	100

注　在碾压合格部位，挖坑进行了垂直原位渗透试验，控制试坑渗流检测面挖至压实层下部或结合层面附近，试后对渗透试验部位进行了压实密度及P_5含量检测，以资对比分析；表中设计只给出了P_5为30%、40%和50%的全料最小合格干密度，其余P_5含量下的可内查求得。

计要求，直接影响到填筑质量，所以控制好上坝土料的含水率是关键。

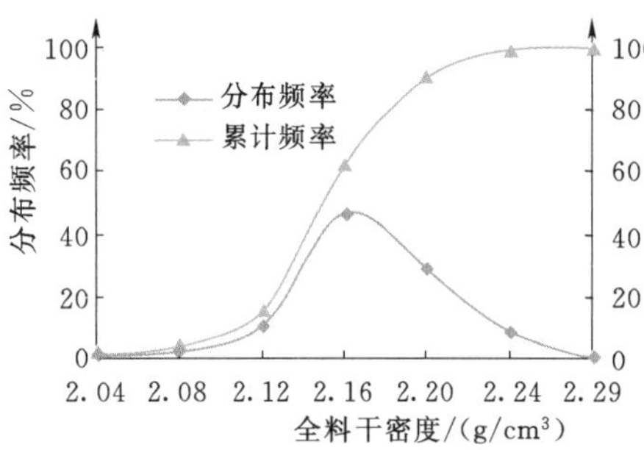

图 2.3-15　全料干密度频率曲线

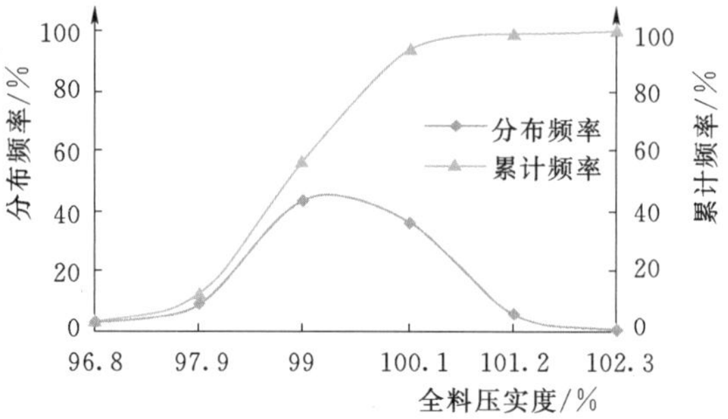

图 2.3-16　全料压实度频率曲线

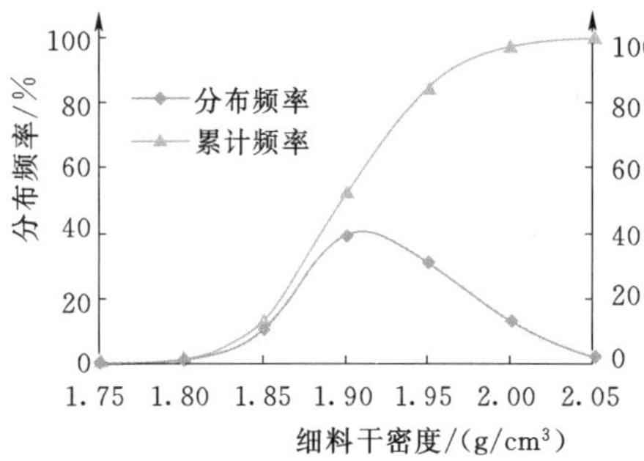

图 2.3-17　细料干密度频率曲线

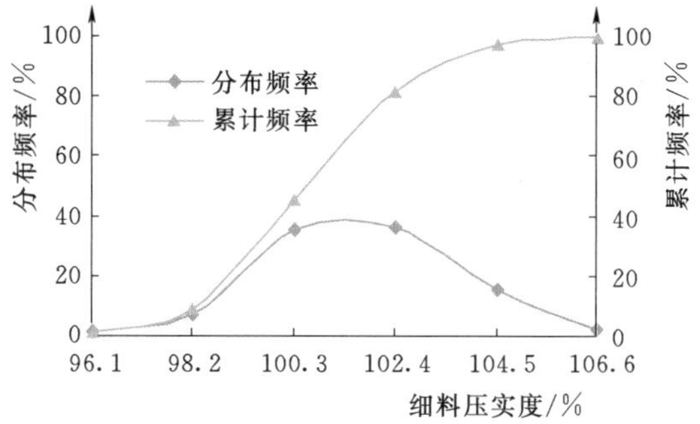

图 2.3-18　细料压实度频率曲线

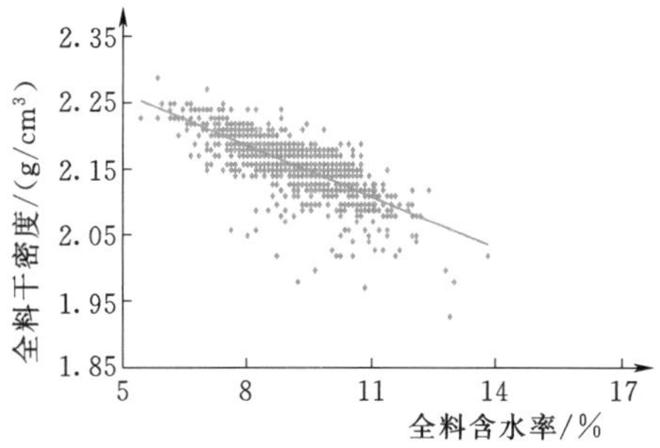

图 2.3-19　不同部位取样全料干密度与全料含水率关系散点图

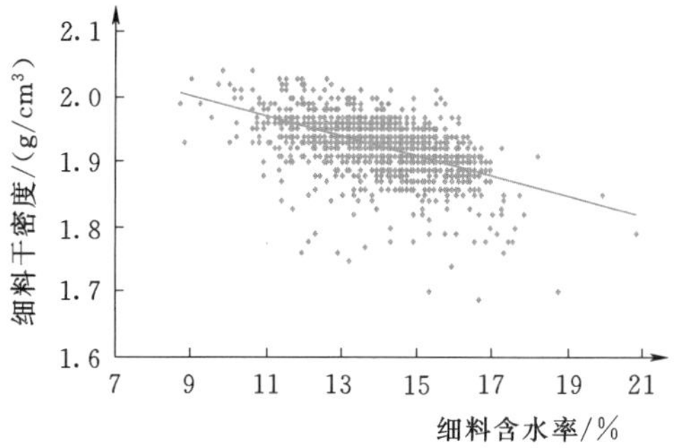

图 2.3-20　不同部位取样细料干密度与细料含水率关系散点图

2.3.3　接触黏土料试验

高心墙堆石坝一般在心墙与廊道、心墙与副墙（刺墙）、心墙与两岸混凝土盖板等接合部位设置了接触黏土。其目的在于提高心墙与坝基岸坡等接触部位抗冲刷能力和抗裂性能，保证由于心墙不均匀沉降而不至于与岸坡脱裂。接触黏土必须具备良好的塑性和黏性，适应不均匀变形的能力强，具有良好的抗渗变形能力，一般采用高塑性黏土填筑。心墙是大坝防渗的主体和核心，而与边坡等接触部位施工往往也是施工质量控制的薄弱区，其填筑质量的好坏也将直接关系到整个坝体的安全运行，更应引起高度重视。对此昆明院现场中心实验室结合长河坝水电站对高塑性黏土填筑进行了研究。

图 2.3-21、图 2.3-22 为两组土样在击实功能 592.2kJ/m³ 下的击实试验成果：两组土样采用干法和湿法击实所得最大干密度差值均为 0.04g/cm³，最优含水率之差最大为 2.1%。多项工程试验研究同样得出，心墙土料干法击实所得最大干密度一般都比湿法高，而最优含水率却比湿法低。由于土料性质的不可逆性，心墙高塑性黏土填筑宜采用湿法击实试验结果作为控制标准较为合理，也符合现场实际。

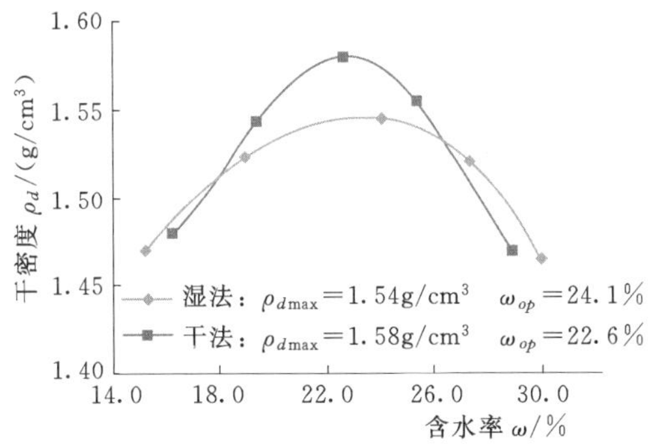

图 2.3-21 HZP-T-85 击实试验 $\omega-\rho_d$ 关系

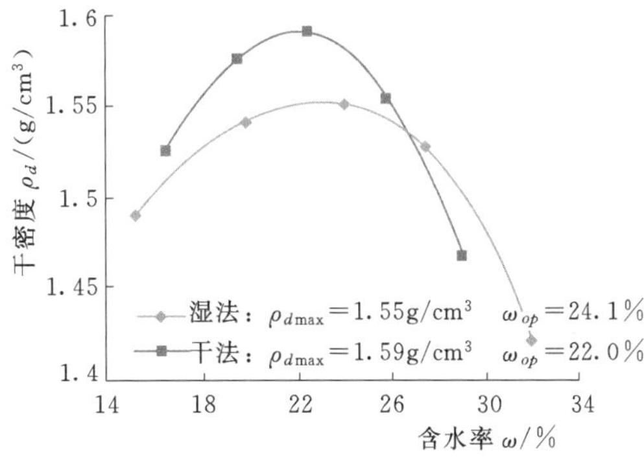

图 2.3-22 HZP-T-90 击实试验 $\omega-\rho_d$ 关系

图 2.3-23、图 2.3-24 给出了同一土样按最大干密度但不同制样含水率条件下制样所得土样渗透及饱和固结快剪试验结果。制样含水率对土样渗透系数及强度指标 c、φ 有一定影响。随着制样含水率的增大，渗透系数随之减小。当制样含水率从 20.1%（比最优含水率偏干 3%）增至 27.1%（比最优含水率偏湿 4%）时，渗透系数从 2.79×10^{-7}cm/s 降至 4.29×10^{-8}cm/s，降低了近一个多量级。随着制样含水率的增大，黏聚力 c 逐渐增大，内摩擦角 φ 逐渐减小，当制样含水率从 20.1%增至 27.1%时，黏聚力从 17.8kPa 增至 31.8kPa，增加了 78.7%；内摩擦角则从 23.7°降至 21.4°，降低了 9.7%。高塑性黏土上坝碾压时应遵循“宁潮勿干”原则，有利于增加土的塑性和黏性，减小渗透，提高心墙与坝基岸坡接触部位抗裂性能，防止接触冲刷和接触流土的发生。

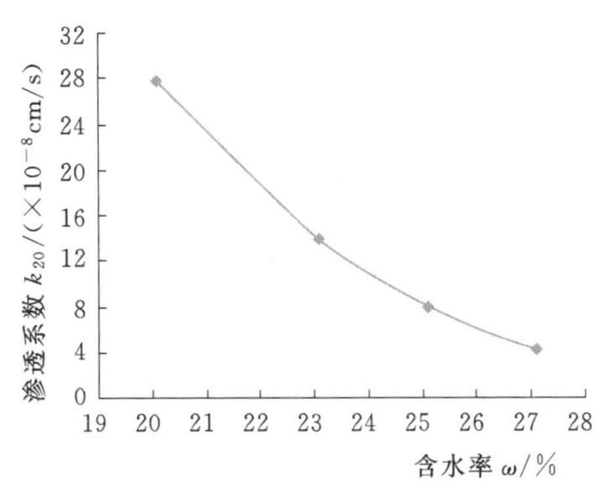

图 2.3-23 土样的 $\omega-k_{20}$ 关系

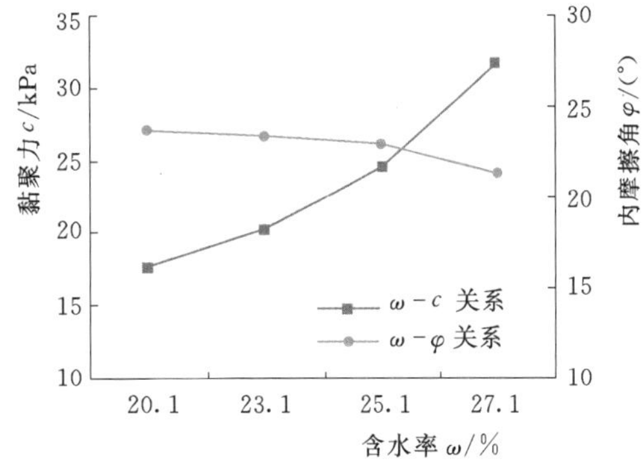

图 2.3-24 土样饱和固结快剪 $\omega-c(\varphi)$ 关系

图 2.3-25、图 2.3-26 给出了同一土样按最大干密度但不同制样含水率条件下制样

所得土样饱和固结试验结果。制样含水率对土样压缩性也有一定影响。当制样含水率从20.1%增至27.1%时，单位沉降量减少2.2%，压缩系数降低了22.6%，压缩模量则提高了29.7%。即在偏湿条件下制样或压实至相同干密度，试样经饱和后受力固结，其压缩性会比偏干状态有所改善。从减小水库蓄水后的后期坝体沉降量角度考虑，土料填筑时遵循“宁潮勿干”的原则是合理的。

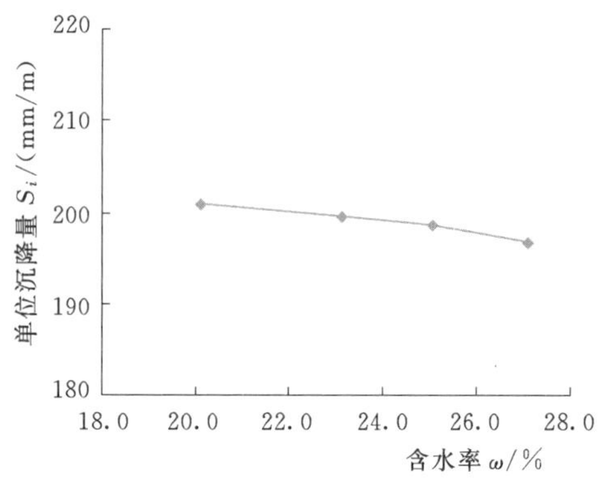

图 2.3-25　土样的 $\omega-S_i$ 关系

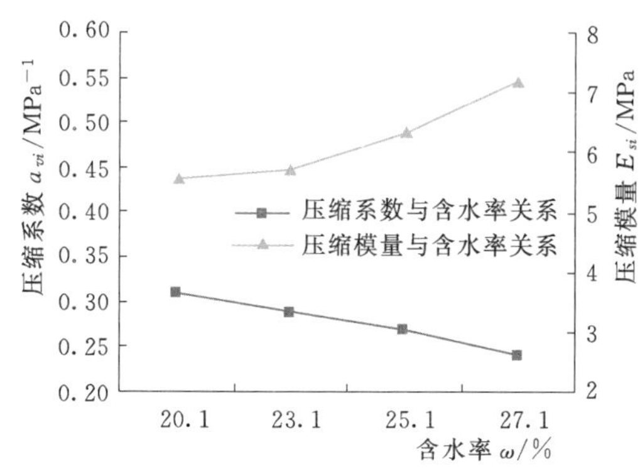

图 2.3-26　土样的 $\omega-a_{vi}-E_{si}$ 关系

图 2.3-27、图 2.3-28 给出了同一土样按最优含水率但不同制样密度即不同压实度条件下土样饱和固结试验结果。当压实度由92%逐级增至101%时，土样单位沉降量减少了10.6%，压缩系数降低了49.1%，压缩模量则提高了73.5%。当压实度小于98%左右时，这种变化较为明显。图 2.3-29、图 2.3-30 给出了同一土样按最优含水率但不同制样密度即不同压实度条件下土样渗透与剪切试验结果。随着压实度的增大，渗透系数随之减小，压实度在98%以下时渗透系数变化较为明显，之后渗透系数变化趋于平缓。随着压实度的增大，黏聚力和内摩擦角均逐渐增大，即强度随压实度增加而提高；当压实度从92%增至101%时，黏聚力从26.2kPa增至29.5kPa、内摩擦角从19.8°增至23.4°；压实度在98%以下时，黏聚力和内摩擦角增大较为明显。

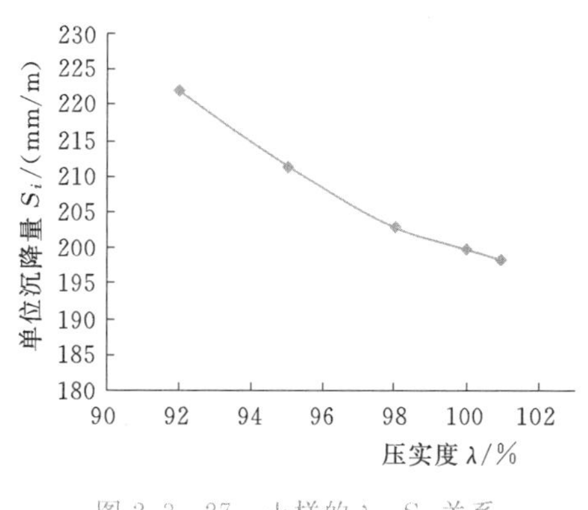

图 2.3-27　土样的 $\lambda-S_i$ 关系

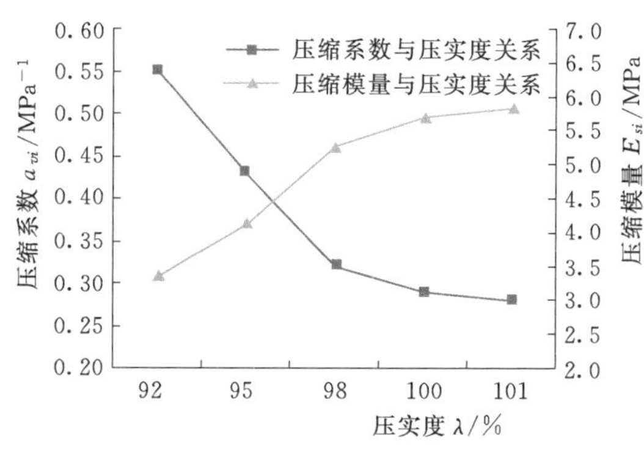

图 2.3-28　土样的 $\lambda-a_{vi}-E_{si}$ 关系

长河坝水电站大坝心墙接触黏土现场密度检测采用环刀法，控制取样深度为碾压层的下部。为满足现场施工进度需要，土料含水率测定采用酒精燃烧法。为客观分析和计算测

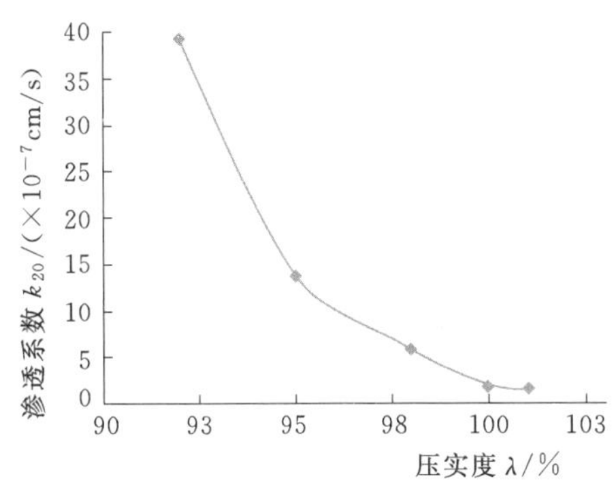

图 2.3-29　土样的 $\lambda-k_{20}$ 关系

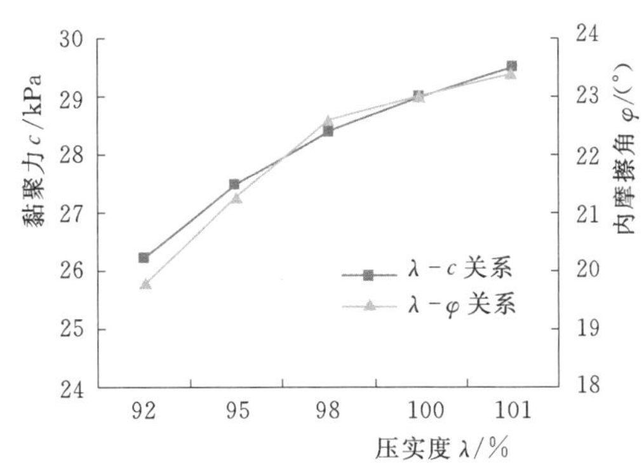

图 2.3-30　土样饱和固结快剪 $\lambda-c(\varphi)$ 关系

点压实度，每次取样时同时取试坑料进行室内轻型三点击实法试验（击实功能 592.2kJ/m^3），确定测点对应土料的最大干密度和最优含水率，以此计算该测点的压实度和判断填筑含水率合理性。

从现场中心实验室抽检的 135 组料场土料检测结果看：在 592.2kJ/m^3 击实功能下土料天然含水率比最优含水率平均小 2.2%，料场土料存在含水率不均、塑性指数有个别超标、填筑土料的压实性差异较大、有少量土样大于 5mm 颗粒含量及小于 0.005mm 黏粒含量超标情况，分类结果均为低液限黏土（CL）。在 592.2kJ/m^3 击实功能下 37 组土样渗透系数 k_{20} 在 $2.85\times10^{-8}\sim8.75\times10^{-7}$cm/s，饱和固结快剪 c 值在 9.1～96.6kPa、内摩擦角 φ 在 15.6°～26.7°，饱和固结试验 0.1～0.2MPa 之间的压缩系数在 0.17～0.50MPa^{-1}，均属中压缩性；渗透破坏坡降在 0.19～0.58，破坏坡降较高。料场土料质量总体能满足设计要求。

从抽检的 569 组接触黏土填筑检测结果看，土料经回采、摊铺混合碾压后，黏粒含量偏低部分土料有明显改善，除土料含水率及大于 5mm 超径颗粒含量合格率有所偏低（分别为 84.4%和 81.8%）、有部分土料偏干或偏湿外，其余检测指标合格率均在 95.1%以上。

图 2.3-31～图 2.3-33 为接触黏土填筑干密度与含水率、最大干密度与最优含水率、压实度与含水率关系散点图。干密度及压实度与含水率、最大干密度与最优含水率关系基本呈线性变化，均随着含水率或最优含水率增加而逐渐减小，含水率偏干后压实干密度增加，导致压实度超标，直接影响到接触黏土的塑性性能，所以控制好上坝土料的含水率是关键。

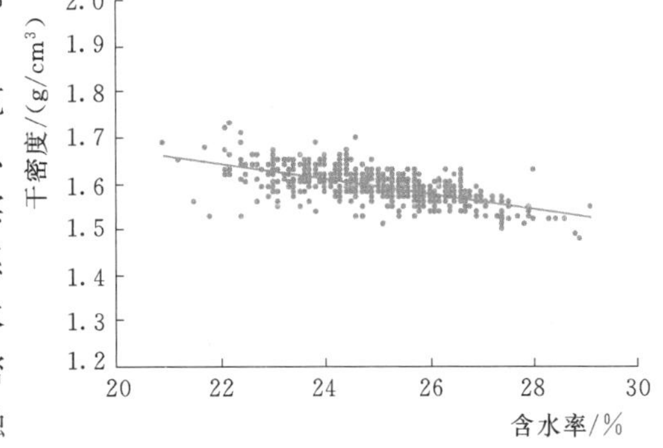

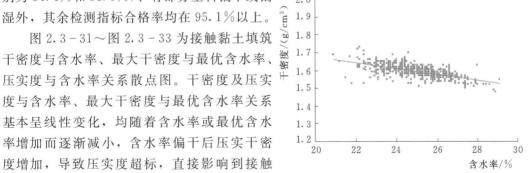

图 2.3-31　填筑干密度与含水率关系散点图

2.3.4　反滤料试验

反滤层的设置对保证心墙堆石坝的安全运行有着重要作用，是心墙坝安全的一道重要

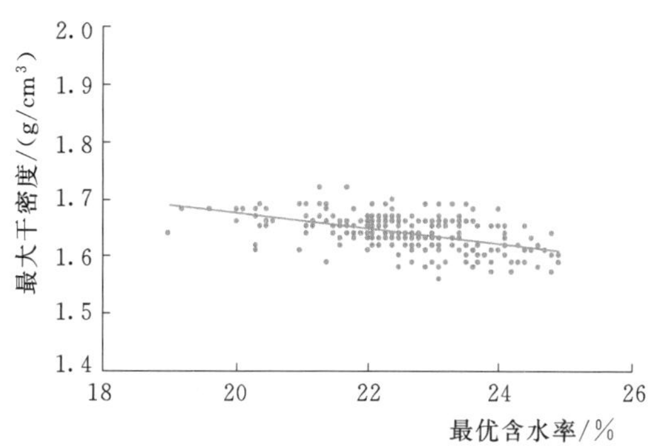

图 2.3-32　最大干密度与最优含水率关系散点图

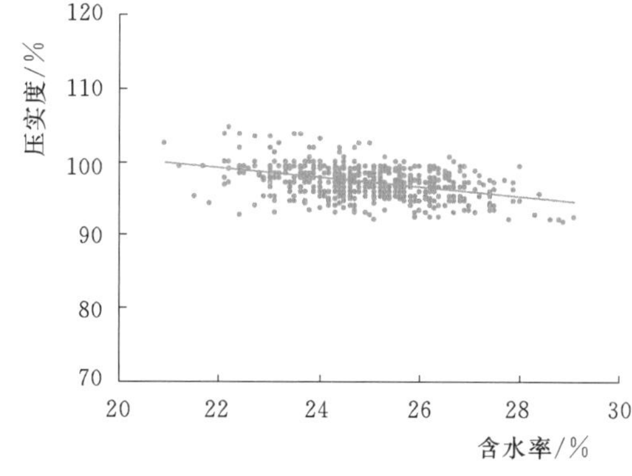

图 2.3-33　压实度与含水率关系散点图

防线。其作用是使被保护土不发生渗透变形，能通畅地排出渗透水流而不致被细粒土淤塞失效，一旦心墙发生横向裂缝，它能防止心墙土料中的细颗粒被渗流带走，并且能使心墙的裂缝自行愈合。反滤层设计必须满足反滤准则，因此控制好颗粒级配非常重要。

现场反滤料填筑密度检测一般采用试坑灌水法进行，控制试坑取样深度为层厚。对试坑料进行全筛分，取代表性试样采用标准烘干法测定含水率并计算测点干密度和相对密度。用挖出的试坑料按现场检测干密度在室内控制制样进行大型渗透试验以测定各料的渗透系数。

反滤料填筑通常以相对密度作为主要压实控制指标。常规填筑质量控制方法是事先进行填筑料的最小和最大干密度试验，再根据测点的干密度算出相对密度值，其最小和最大干密度只定期进行校核试验，未考虑每个测点级配变化的影响。对于砂砾石，实际应用中相关规范建议，可根据不同级配的室内试验结果整理出级配-密度-相对密度关系，以便现场挖坑取样检查时，能根据测出的级配和干密度，查出相对密度是否满足要求。为此结合长河坝水电站反滤料填筑，围绕如何快速确定填筑料测点最大干密度和最小干密度控制指标，开展了系列试验研究。其中最小干密度试验采用干料松填灌入法进行，最大干密度试验采用表面振动法进行，各料同时进行了干点和饱水点最大干密度试验。该法系“七五”国家科技攻关研究成果，经专家鉴定，其压实机制比较符合现场振动碾的工作实际，所得最大干密度比振动台法和击实法均高。

由于 P_5 含量对填料的最大干密度和最小干密度有重要影响，为使试验具有代表性，提出反滤料以设计平均级配为基础，按 10%的间隔等量变化小于 5mm 和大于 5mm 颗粒含量，得到不同 P_5 含量的试验级配，进行不同 P_5 含量最大干密度和最小干密度试验，试验级配曲线见图 2.3-34～图 2.3-36。各填筑料试验级配中的 P_5 含量范围值均稍大于设计级配包线范围，能全面反映填筑料的级配可能变化情况。相应成果见图 2.3-37～图 2.3-43，由图可得：

（1）在设计包线范围内，反滤料最小干密度和最大干密度均随着 P_5 含量增减而变化。在同一 P_5 含量下，反滤料饱水点最大干密度均大于干点最大干密度，反滤料 1 大 0.02g/cm³ 左右，反滤料 2 大 0.07～0.11g/cm³，反滤料 3 大 0.06～0.10g/cm³。除反滤料 1 饱

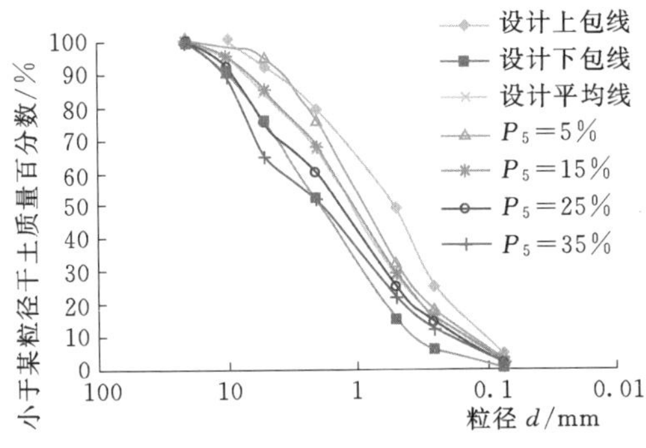

图 2.3-34　反滤料 1 试验级配

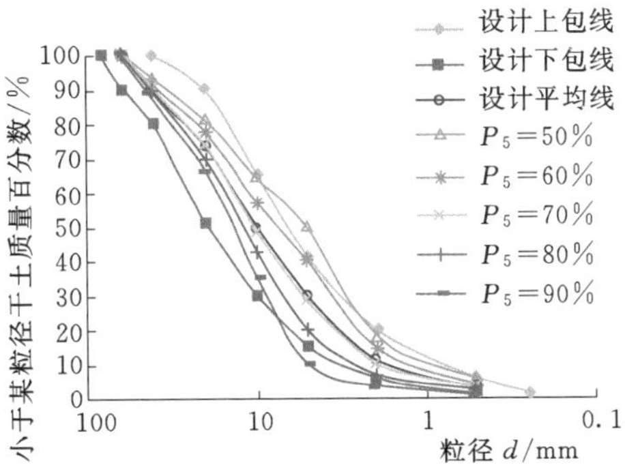

图 2.3-35　反滤料 2 试验级配

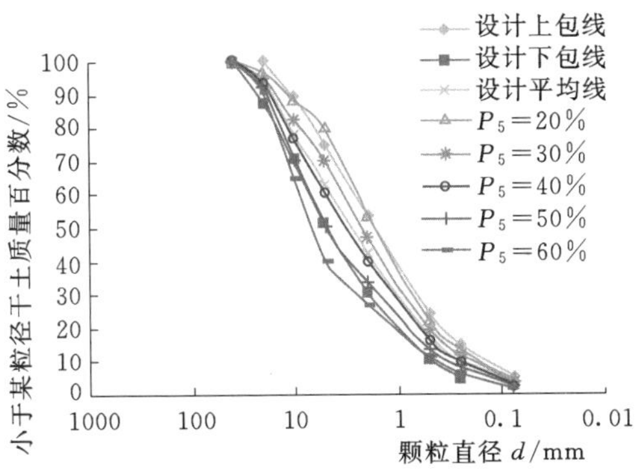

图 2.3-36　反滤料 3 试验级配

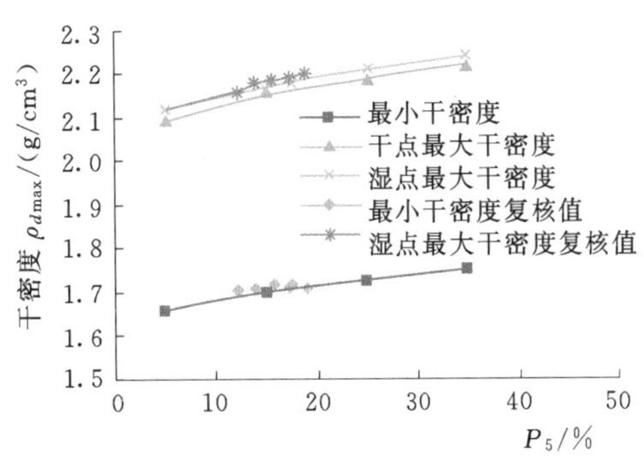

图 2.3-37　反滤料 1 干密度与 P_5 关系

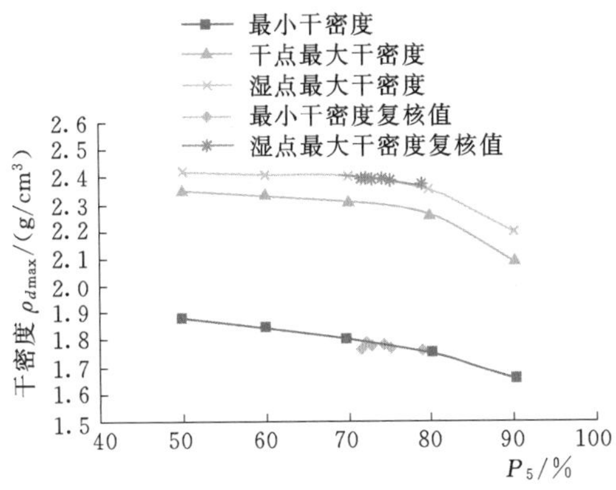

图 2.3-38　反滤料 2 干密度与 P_5 关系

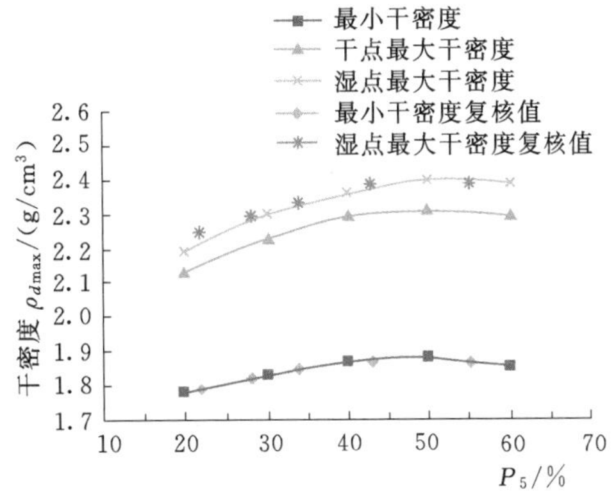

图 2.3-39　反滤料 3 干密度与 P_5 关系

水点与干点的振后最大干密度相差不大外，其余填料饱水点最大干密度均明显大于干点测值，说明通过加水可提高其压实性，减少水库蓄水后大坝的后期湿陷量，还可减少填料粗细颗粒分离。如用饱水点最大干密度计算，反滤料 1、反滤料 2 和反滤料 3 干点最大干密度对应的相对密度分别为 0.95～0.97（平均 0.96）、0.83～0.90（平均 0.88）、0.85～0.88(平均 0.87)，除反滤料 1 外，反滤料 2 和反滤料 3 的相对密度均较低。

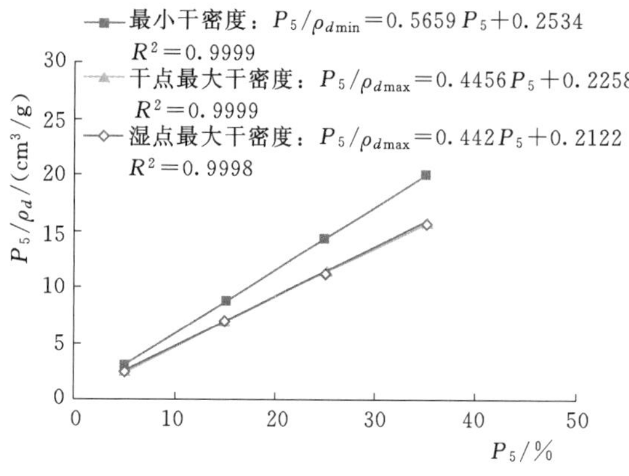

图 2.3-40　反滤料 1 的 P_5/ρ_d 与 P_5 关系

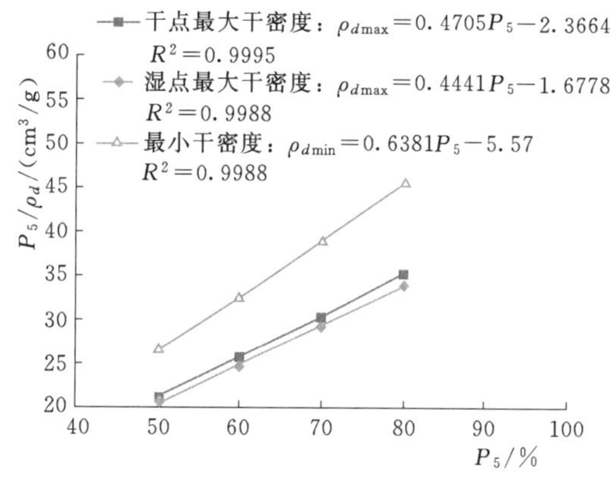

图 2.3-41　反滤料 2 的 P_5/ρ_d 与 P_5 关系

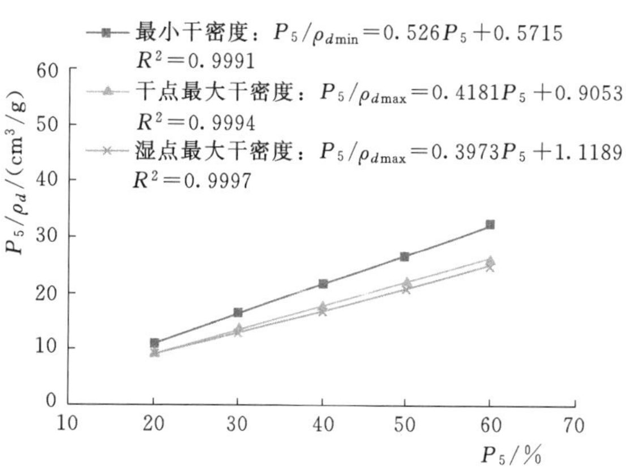

图 2.3-42　反滤料 3 的 P_5/ρ_d 与 P_5 关系

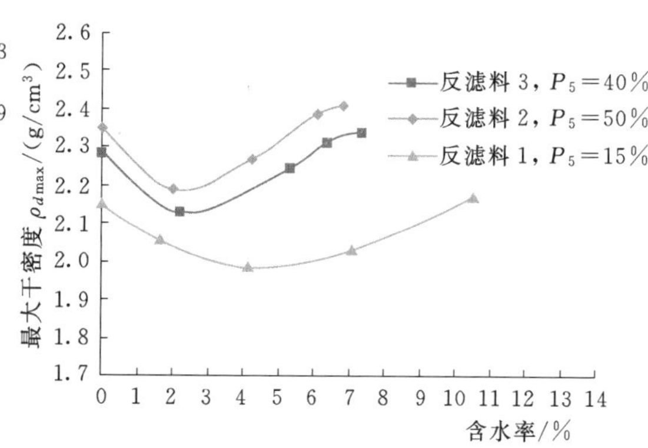

图 2.3-43　反滤料最大干密度与含水率关系

（2）反滤料的最大干密度和含水率关系密切，最大干密度随含水率从干到湿呈双峰形变化。随着含水率由干点逐渐增加，反滤料的压实性变差，随着含水率再增加，其压实性又得到改善，当含水率增大到某一数值（饱水点）后，其压实最大干密度值超过了干料的最大干密度并达到最大。如用饱水点最大干密度计算，反滤料 1、反滤料 2 和反滤料 3 谷点最大干密度对应的相对密度分别为 0.69、0.64 和 0.61，相对密度均很低。因此，反滤料填筑时，含水率应避免在谷点附近压实，否则不仅达不到最佳的压实效果，且将会出现工程特性不允许的不良变异。

如将上述各种填筑料的干密度与 P_5 含量关系曲线进行坐标变换，可以看出 P_5/ρ_d 与 P_5 关系曲线呈良好直线变化，其相关性良好，线性相关系数在 0.9988 以上。图中同时给出了各填筑料最小干密度、干点最大干密度及湿点（饱和状态）最大干密度回归计算公式。经计算比较分析，用回归公式计算结果与实测值相比，其差值均在试验允许平行误差范围内（$\leqslant 0.03g/cm^3$），完全能满足质量检测控制需要。

现场填筑质量控制时，根据测点试坑料 P_5 含量，利用本书建议的公式可算出填筑料的最小干密度和最大干密度；根据测点干密度，即可算出相对密度值。该方法快速、简捷、经济实用，可大幅缩短试验检测时间以满足施工进度要求，能考虑每个测点级配变化对最小干密度和最大干密度的影响，成果更能反映实际。从保证质量和安全角度考虑，推荐最大干密度值取湿点状态试验结果为宜。图中同时还给出了使用过程中不同时期最小干密度及湿点最大干密度复核试验结果，可以看出与原回归测值十分吻合。

现场中心实验室对长河坝水电站反滤料填筑进行了检测：反滤料1填筑抽检172组，反滤料2抽检176组，反滤料3抽检168组。以反滤料最大干密度值取湿点状态试验结果作为控制标准，采得反滤料1～反滤料3的相对密度均在0.85～1.00，反滤料1平均为0.92、反滤料2和反滤料3平均均为0.94，按设计施工碾压参数碾压所得相对密度均在合理范围，并能满足设计要求。各反滤料填筑压实后存在个别土样的颗粒级配局部超出设计级配上下包线情况，但总体控制良好。反滤料的最大粒径、小于0.075mm颗粒含量、D_{15}及D_{85}控制粒径取样合格率均较高，渗透系数满足设计要求。

2.3.5　堆石料及过渡料试验

堆石料的填筑质量以控制施工碾压参数为主要手段，但其压实后的密度既是反映压实效果的重要数据，又是坝体稳定性分析的重要参数。现场测定堆石料及过渡料密度目前常用方法是采用有环试坑灌水法进行，控制试坑取样深度为层厚，计算试坑体积时应考虑对塑料薄膜体积的校正。对试坑料进行全筛分，分级取代表性试样按标准烘干法测定含水率，加权计算全样含水率。同时进行大于5mm粗料（砾石）及小于5mm细料比重试验，并根据级配计算全料比重和孔隙率。取试坑料按现场筛分颗粒级配，对粒径大于60mm超径石采用等量替代法或综合法处理，按现场检测干密度在室内控制制样进行大型渗透试验测定土料的渗透系数。

因堆石料粒径大，粗颗粒间相互交错咬合，遇大块径石料时难以挖出，使检测出的级配不能反映实际。检测过程中任一环节处理不当都会使结果失真，如挖坑时对坑壁外侧土体扰动、试坑坑径偏小、试坑下部欠压实土层未扩挖到位（试坑呈锅底形）、未完全清除坑壁及坑底已受扰动的松动土料、坑壁未认真整修导致灌水时塑料薄膜难以紧贴坑壁等均会导致检测的密度偏大。因此应精心组织、精心检测，加强过程和细节控制，确保检测精度。

试坑灌水法检测由于堆石料试坑尺寸大、开挖料多、开挖难度大、劳动强度高、费力费时，加之堆石料检测频率低，代表性相对较差。为适应高强度大方量机械化施工质量控制需要，扩大检测范围，增加检测频率，降低劳动强度和成本，减少挖坑对堆石体的破坏，采用先进的检测仪器和快速质量检测方法就显得十分重要。目前国内外探讨采用压实沉降法、压实计法、附加质量法、核子密度法、面波法等无损检测手段进行堆石料的密度检测。压实沉降法、压实计法对控制堆石体压实质量起到了良好作用，但不能提供压实后的密度指标，只能作为质量过程控制的辅助手段。核子密度法、面波法由于受堆石材料粒径较大、填料结构组成复杂及仪器本身局限性影响，其检测精度还不能满足要求。附加质量法在国内部分工程中得到了成功应用，收到良好效果，但检测结果受检测环境和检测对象中大块石的影响。各种无损检测方法还有待进一步深入研究和探讨。

大坝过渡料及岸坡过渡料设计一般采用相对密度、孔隙率及干密度中的一项或几项作为压实控制指标，堆石料一般采用孔隙率及干密度作为压实控制指标。对于采用相对密度控制，结合长河坝水电站过渡料及岸坡过渡料前期填筑如何快速确定填筑料测点最大干密度和最小干密度控制指标开展了系列试验研究，其中最小干密度试验采用干料松填灌入法进行，最大干密度试验采用表面振动法进行，两料同时进行了干点和湿点最大干密度试验。

由于 P_5 含量对过渡料及岸坡过渡料的最大干密度和最小干密度也有直接影响，为使试验具有代表性，提出过渡料及岸坡过渡料先以设计平均级配为基础，固定小于 5mm 颗粒含量，大于 5mm 各级颗粒含量按等量替代法处理至试验仪器允许最大粒径 60mm。再按 10%的间隔等量变化小于 5mm 和大于 5mm 颗粒含量，得到不同 P_5 含量试验级配，进行不同 P_5 含量最大干密度和最小干密度试验。试验级配曲线见图 2.3-44、图 2.3-45。各填筑料试验研究级配中的 P_5 含量范围均稍大于设计级配包线范围，能全面反映填筑料的级配可能变化情况，相应成果见图 2.3-46～图 2.3-49。由图可得：

(1) 在设计级配包线范围内，过渡料及岸坡过渡料的最小干密度和最大干密度均随着 P_5 含量增减而变化，最大干密度与含水率关系密切。在同一 P_5 含量下，饱水点最大干密度明显大于干点最大干密度，过渡料大 0.13～0.16g/cm^3，岸坡过渡料大 0.06～0.12g/cm^3。说明无黏聚性粗粒填料也只有在充分加水时其压实性最佳，设计要求过渡料

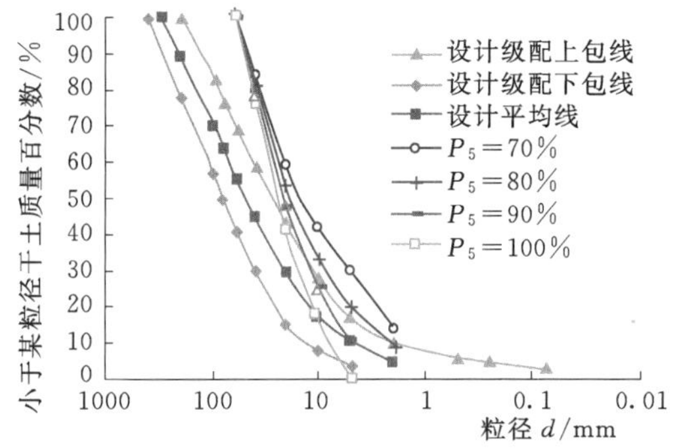

图 2.3-44　过渡料试验级配

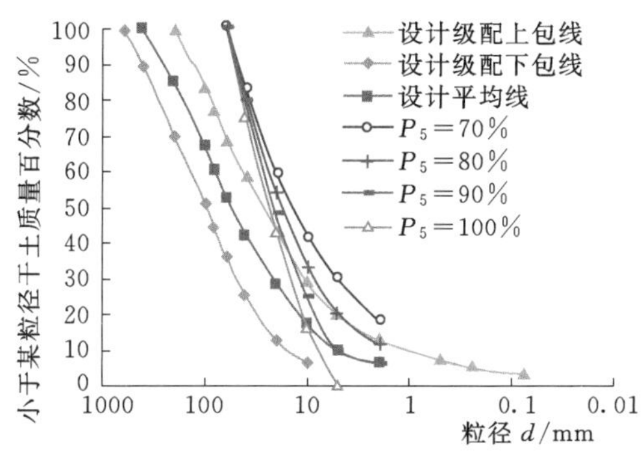

图 2.3-45　岸坡过渡料试验级配

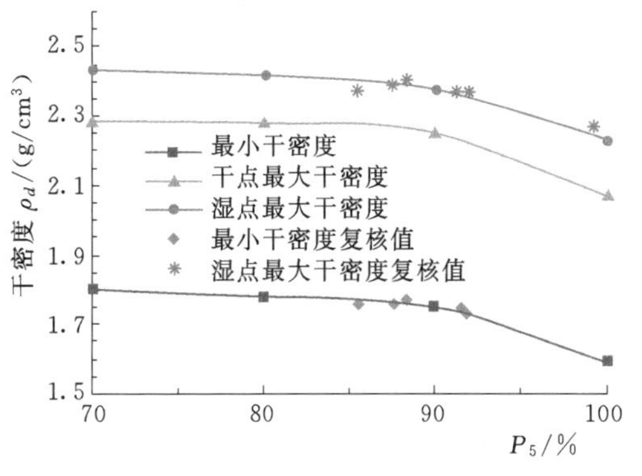

图 2.3-46　过渡料干密度与 P_5 关系

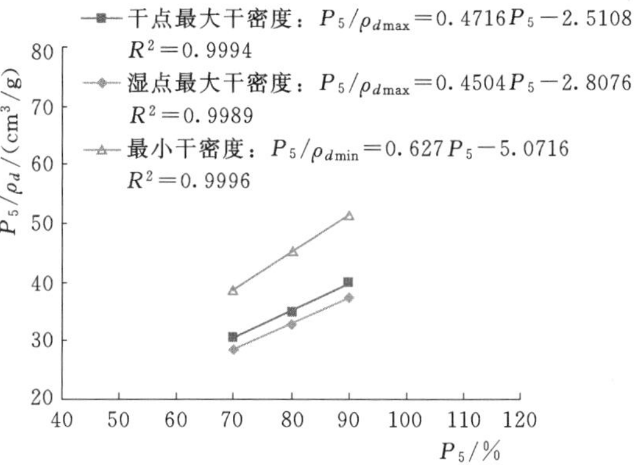

图 2.3-47　过渡料 P_5/ρ_d 与 P_5 关系

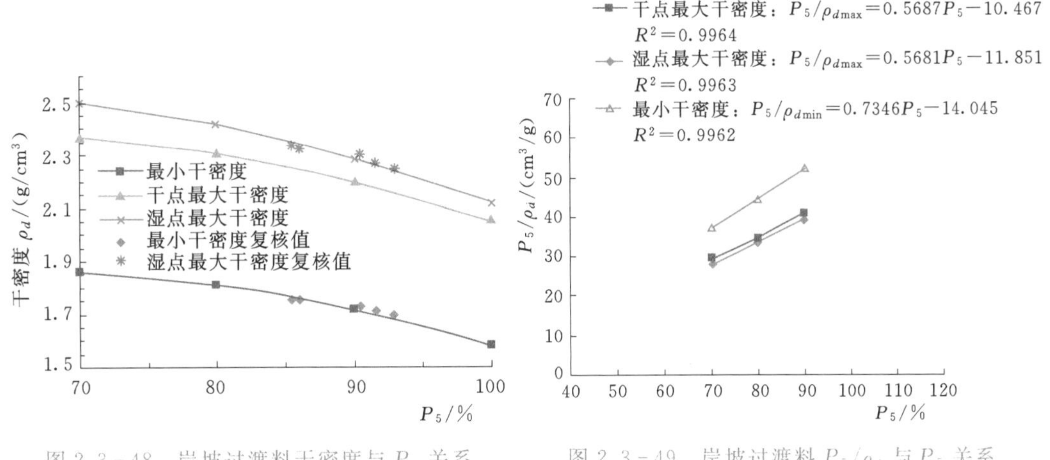

图 2.3-48　岸坡过渡料干密度与 P_5 关系　　　图 2.3-49　岸坡过渡料 P_5/ρ_d 与 P_5 关系

及岸坡过渡料碾压前要充分加水是必要的，一方面可防止填筑料粗细颗粒分离，另一方面可提高其压实效果，同时可减少水库蓄水后大坝的后期湿陷量。如用湿点最大干密度计算，过渡料及岸坡过渡料干点最大干密度对应的相对密度分别为 0.82～0.85(平均 0.84)、0.83～0.89(平均 0.85)，两种料的相对密度均较低。

(2) 如将上述两种填筑料的干密度与 P_5 含量关系曲线进行坐标变换，可以看出 P_5/ρ_d 与 P_5 关系曲线呈良好直线变化，其相关性良好，线性相关系数在 0.9962 以上。图中同时给出了两填筑料最小干密度、干点最大干密度及湿点最大干密度回归计算公式。现场填筑质量检测控制时，根据测点试坑料 P_5 含量，利用本书建议的公式可算出填筑料的最小干密度和最大干密度，根据测点干密度，即可算出相对密度值。该方法可大幅缩短试验检测时间以满足施工进度要求，能考虑每个测点级配变化对最小干密度和最大干密度的影响，成果更能反映实际。从保证质量和安全角度考虑，本书推荐最大干密度值取湿点状态试验结果为宜。图中同时还给出了使用过程中不同时期最小干密度及湿点最大干密度复核结果，可以看出与原回归测值十分吻合。

从长河坝水电站堆石料、过渡料及岸坡过渡料填筑检测结果看，现场中心实验室抽检堆石料 95 组、过渡料 161 组、岸坡过渡料 75 组。以过渡料及岸坡过渡料最大干密度值取饱水点状态试验结果作为控制标准，计算得过渡料相对密度为 0.90～1.01，平均为 0.96；岸坡过渡料的相对密度为 0.86～0.98，平均为 0.93。按设计施工碾压参数碾压所得相对密度均在合理范围并能满足设计要求。堆石料、过渡料及岸坡过渡料压后存在个别土样的颗粒级配局部超出设计级配上下包线情况，但总体控制良好。填料的干密度、孔隙率、相对密度、最大粒径、小于 5mm 颗粒含量、小于 0.075mm 颗粒含量及 D_{15} 控制粒径等检测指标取样合格率均较高。

2.3.6　坝料动力特性试验

2.3.6.1　动力弹性模量和阻尼比试验

由于土石坝中各部分土体单元的固结应力与固结比不同，而固结应力对坝料动力特性影响很大，因此选用固结应力时应当尽量覆盖坝体实际的应力范围。对200m级的土石坝而言，大坝底部最大竖向应力达4MPa，水平应力一般在2MPa左右，故动三轴试验的最大固结应力不应小于2MPa。固结应力的级数至少选择3级，否则难以确定最大动剪模量系数及指数。建议选择5级固结应力，以便直线拟合参数有更好的代表性。固结比对坝料动力弹性模量及阻尼比特性的影响较小，一般不区分固结比进行上述参数的整理等，但固结比要尽量涵盖实际坝体材料的固结比。固结比的范围一般采用1.0～2.5。对200m级的土石坝而言，固结比最好选择两种，具体数值可取1.5、2.0或2.5等。

由于需要整理坝料动剪切模量与最大动剪切模量之比随动剪切应变变化的关系曲线以及坝料阻尼比随动剪切应变变化的关系，故坝料动力弹性模量及阻尼比试验需要若干级加载，每一级加载测得稳定的应变幅值及应变时程，以便整理动剪切模量及滞回圈阻尼比。根据不同固结应力下坝料小应变（1×10^{-6}）时的动剪切模量，可以整理最大动剪切模量系数与指数。然后根据不同动应变时的剪切模量及阻尼比，整理动剪切模量比与动剪切应变的关系曲线，以及阻尼比与动剪切应变的关系曲线。

《水工建筑物抗震设计标准》（GB 51247）第1.0.4条规定：基本烈度为Ⅶ度或Ⅶ度以上地区坝高超过200m的大型工程，其设防依据应根据专门的地震危险性分析提供的基岩峰值加速度成果评定。

鉴于200m级心墙堆石坝抗震问题的重要性，以及坝料动力弹性模量及阻尼比成果的特点，建议进行2组以上的动力弹性模量及阻尼比试验，并与以往试验结果进行比较，以确定土石坝料的动力特性参数。

2.3.6.2 残余变形试验

进行地震残余变形试验需要结合土石坝实际的固结应力、固结比确定试验采用值。由于涉及整个坝体材料，因此200m级心墙堆石坝料残余变形试验固结应力及固结比参考坝料动力弹性模量及阻尼比试验的采用值。实际坝体单元的固结比及围压在一定范围内变化，坝体地震永久变形计算需要对围压及固结比进行插值，插值需要的数据点最好选3个。因此，最有效的固结比与围压最好各选3个，至少也应当采用2个固结比及3个围压。最大固结应力不应小于2.0MPa，固结比的范围一般采用1.5～2.5。

残余变形试验得到不同固结应力条件（固结比与固结应力）以及不同动剪切应力情况下的残余体积应变、残余剪切应变随振动次数的变化关系式。目前国内外残余应变的整理方法有两类，即南京水利科学研究院方法和沈珠江方法。

南京水利科学研究院的整理方法简述如下：残余体应变与土的类型、固结应力条件和动剪切应力等有关，在一定的固结应力条件和动剪切应力作用下，残余体应变随振动次数N的增大而增大，其增长速率随振动次数的增大而减小。固结应力条件和振动次数N一定时，作用在试样上的动剪切应力越大，所引起的残余体应变就越大。

沈珠江提出的地震残余变形整理方法简述如下：试验得到残余体应变和剪切应变与振动次数间的关系曲线。根据这些试验曲线可找出每一荷载循环下的残余体应变和残余剪切应变，并画出与振动次数的关系。采用经验公式拟合残余体积应变和残余剪切应变与振动次数的关系。

对地震残余变形试验报告，建议试验单位提供不同固结应力条件（固结比与固结应力）以及不同动剪切应力情况下的残余体积应变、残余剪切应变随振动次数的变化试验曲线，以便使用单位根据不同模型整理不同的参数。

2.3.6.3　动强度试验

动强度试验主要针对坝体的上游反滤料及心墙料进行试验。当坝基存在层状砂层时，要通过动强度试验研究砂层的液化问题以及孔压升高引起的有效应力降低问题。下面主要讨论坝料动强度问题。

动强度试验需涵盖可能出现动强度不足区域实际土体单元的固结应力及固结比。由于高土石坝动强度不足首先发生在坝顶部，坝体底部由于固结压力大一般不会出现动强度不足问题，因此土石坝料动强度试验的固结应力可安排低围压阶段，一般在1MPa内分3～5级变化即可满足要求。固结比则需要考虑心墙及上游反滤料实际固结比，一般在1.5～2.5范围内。

土石料的动强度问题需要讨论土体的动力破坏标准。土体动力破坏标准是目前学术界仍在继续探讨的问题。水利行业标准《土工试验规程》（SL 237—1999）中第5.5条关于振动三轴试验规定：对等压固结的试样，采用孔隙压力等于侧向压力；不等压固结试样以动应变达到10%为土体动力破坏标准。在实际工程项目中，一般采用破坏标准为全幅应变等于5%或超静孔隙水压力等于周围压力。显然对偏压固结的土体而言，采用全幅应变等于5%的破坏标准是偏于保守的。

土石料动强度试验需要整理的成果主要包括：不同固结比、不同固结应力条件下，动剪切应力与破坏振动次数的关系曲线以及动孔隙压力比与振动次数的关系曲线，或是进一步整理成为动强度指标参数-摩擦角及黏聚力表达式。

动强度成果报告应当包括：不同固结比、不同固结压力下的动剪切应力与振动次数关系曲线图及数值表格，动孔隙水压力比与振动次数的关系曲线图及数值表格。有的报告只给出动剪切应力与振动次数关系曲线，没有给出数值表格以及动孔隙水压力比与振动次数的关系曲线等是不全面的。

对高土石坝而言，地震可能的破坏形式是坝体土料的动强度不足引起的裂缝，进而发展为滑坡。坝料动强度确定是判断土石坝的抗震安全性、进行土石坝极限能力分析的基础与前提。因此，高土石坝坝料动强度曲线及指标需要准确把握，试验结果需有足够的精度。故建议今后高土石坝设计应当重视上游反滤料及心墙料动强度试验成果，并有足够的试验组数。对200m级高心墙堆石坝而言，建议每种坝料至少进行3组平行试验，以准确把握上游反滤料及心墙料的动强度指标。

2.3.7　高坝坝料试验合理组数

为准确把握筑坝材料的工程特性，高心墙堆石坝在不同的设计阶段均应对各种坝料开展相应的试验研究工作。在料场勘探和试验的基础上，在预可研阶段可针对性地进行必要的试验项目，可研阶段应开展足够的试验研究，全面掌握筑坝材料的物理力学特性，在招标施工图中适当补充一定的试验，并在施工过程中取代表性坝料进行复核试验。根据研究成果，200m级以上高心墙堆石坝的坝料试验内容及合理组数建议如下：

（1）心墙料、接触黏土料所需进行的试验项目：含水率试验、比重及界限含水率试验、颗粒级配分析试验、击实试验、胀缩性试验、渗透及渗透变形试验、固结试验和三轴剪切试验，建议组数为12组。

（2）反滤料所需进行的试验项目：相对密度试验、渗透试验、固结试验和三轴剪切试验，每种反滤料建议组数各为8组。

（3）堆石料所需进行的试验项目：渗透试验、固结试验和三轴剪切试验，试验组数按堆石料不同岩性、不同试验状态均进行11组。

（4）坝料动力试验所需进行的项目：细粒土的动力剪切模量和阻尼比试验、残余变形试验和动强度试验；粗粒土的动力剪切模量和阻尼比试验及残余变形试验。建议的试验组数：动力剪切模量及阻尼比试验进行2组以上；动强度试验每种坝料至少进行3组平行试验；残余变形试验的固结比与围压最好各选3个，至少应采用2个固结比及3个围压。

（5）坝料特性复核试验，各种坝料所需进行的项目及组数：

1）心墙料、接触黏土料：现场密度及含水率试验、比重及颗粒级配分析试验、渗透及渗透变形试验、固结试验和三轴剪切试验，建议每隔10m高差做1组。

2）堆石料：现场密度及孔隙率试验、颗粒级配分析试验、渗透试验、固结试验和三轴剪切试验，建议组数为10组。

3）反滤料：现场密度试验、比重及颗粒级配分析试验、相对密度试验、渗透试验、固结试验和三轴剪切试验，建议每隔10m高差做1组。

2.4 坝料现场试验

2.4.1 土料掺配工艺试验

2.4.1.1 土料掺配工艺试验的必要性和重要性

糯扎渡心墙堆石坝可研阶段设计计算分析显示：如防渗体采用农场土料场混合土料填筑，当心墙采用1470kJ/m^{3}击实功能时，心墙最终沉降量为16.289m，占坝高的6.23%。当击实功能提高至2690kJ/m^{3}时，心墙最终沉降量为13.62m，占坝高的5.2%，竣工后沉降量为2.957m，占坝高的1.13%，不能满足坝体后期沉降量与坝高之比小于1%的规范要求。当农场土料场混合土料掺砾35%时，在1470kJ/m^{3}击实功能下，竣工后心墙区后期沉降量为1485mm，占坝高的0.57%。试验研究表明：掺砾35%后最大干密度在1470kJ/m^3、2690kJ/m^{3}两种击实功能下平均比混合料增大0.19g/cm^3，渗透系数分别为$1.04\times10^{-6}\sim2.58\times10^{-6}$cm/s、$8.98\times10^{-7}\sim5.46\times10^{-6}$cm/s，抗渗坡降平均值为106。混合料掺砾35%在1470kJ/m^{3}功能条件下制样，非饱和状态时的压缩模量在39.89～51.54MPa，饱和状态时的压缩模量在21.88～38.35MPa，不同试验状态下均为低压缩性，土料的压缩性有明显改善。混合料经掺砾后，在1470kJ/m^{3}击实功能下的UU、CU和CD三种状态下的三轴剪力试验黏聚力c提高了6～18kPa，摩擦角提高了1°～5°，各种试验状态下的强度指标均有不同程度提高。当防渗体采用掺砾35%的土料填筑时，土料的强度、变形性能及渗透稳定性等方面均较优。农场土料场土料颗分试验研究表明，天然土料明显偏细，黏粒含量偏大。其中大于5mm砾石含量为10.6%～57.2%，平均

24.0%，由于天然砾石易破碎及遇水软化，击后大于5mm砾石含量较低。虽土料的防渗性能很好，但力学性能特别是压缩性能难以满足260m级高坝的要求，因此糯扎渡心墙堆石坝心墙料场天然土料设计采用了人工掺碎石方案，规定了掺砾后的上坝土料压后P_5含量在20%～50%。

长河坝心墙堆石坝心墙料源汤坝料场土料砾石含量在料场分布不均匀。根据现行设计技术要求，即限制心墙料最大粒径不超过150mm、P_5含量为30%～50%的情况时，汤坝料场部分条带范围内的土料约290万m^3，通过简单筛分剔除超径后可直接上坝；剩余偏粗料（$P_5>50\%$）约110万m^3、偏细料（$P_5<30\%$）约70万m^3。由于天然料空间分布均一性较差且总体偏粗，为充分利用土料，减少征地，确保上坝料质量，将料场过筛后合格分为直接上坝料区（$30\%\leqslant P_5\leqslant 50\%$）、粗料区（$P_5>50\%$）、细料区（$P_5<30\%$），对$P_5$含量不满足设计要求的粗料和细料进行互掺，满足设计要求后才能上坝。掺配料力学性能试验表明，掺配后P_5含量平均值为42.0%，渗透系数k_{20}为$2.4\times10^{-6}\sim8.5\times10^{-6}$cm/s，非饱和状态在0.1～0.2MPa压力下压缩模量为31.5～46.5MPa，饱和状态在0.1～0.2MPa压力下压缩模量为26.8～30.2MPa，均属低压缩性，不同状态下的压缩模量均较高。

显然对于高土石心墙堆石坝特别是超高心墙堆石坝，为提高心墙的强度和变形模量，降低心墙沉降量，满足防渗和抗渗稳定性要求，除按规范规定要满足砾石土心墙填料的P_5含量上限要求外，设计一般还规定了P_5含量下限要求。而料场料源土料往往分布比较复杂，各项指标的波动范围较大，难以满足要求，必须对土料进行掺配工艺试验。

2.4.1.2 掺配工艺试验的目的和基本原则

掺配工艺试验主要验证土料掺配工艺流程的可行性，确定土料掺配工艺流程和掺配工艺参数，提出确保掺配土料质量的措施和建议。掺配工艺试验目的一般为：

（1）验证土料掺配工艺流程的可行性。

（2）确定土料最佳掺配设备、铺料厚度、铺料方式、土牛堆高。

（3）确定土料掺拌方式、最优掺配遍数。

（4）制定土料掺配工艺。

（5）提出确保掺配土料质量的检测方法、质量控制措施和建议。

无论采用何种掺配工艺，掺配工艺试验必须满足以下基本原则：掺配后的土料级配要良好，其P_5含量、小于0.075mm含量、小于0.005mm含量及其他物理性指标能满足规范及设计要求，掺配料的强度、压缩性及抗渗稳定性能得到明显改善，渗透性满足要求。当料场无合适的直接上坝料，上坝料偏细或偏粗，或直接上坝料不足但通过对料场现有偏粗和偏细料互掺可充分利用料场土料时，可研究使用掺配料。

2.4.1.3 土料掺配工艺

1. 长河坝水电站

长河坝水电站大坝心墙砾石土料采用两种全级配土料进行互掺，也即采用$P_5>50\%$的偏粗料及$P_5<30\%$的偏细料进行互掺。由于料场内粗、细料各项指标变化幅度较大，若固定粗、细料掺配比不能有效控制掺配后土料质量，需采用动态控制掺配比例的方法进行土料掺配，长河坝水电站大坝心墙砾石土料主要掺配工艺如下：

（1）对采区内进行掺配料原料检测，鉴定出粗、细料及初步指标情况。

（2）将粗、细料过筛剔除超径块石后分类、分层备存至掺配场，备存过程中试验检测人员须进行掺配前的指标检测，主要检测土料的含水率、P_5 含量，部分还需检测小于0.075mm 含量、小于 0.005mm 含量。

（3）掺配料原料分层备存并检测完成后，进行粗、细料互层立采装车摊铺，分层取样确定动态掺配比例，粗、细料互层平铺 10 层，粗料铺料厚度固定为 50cm，细料铺料厚度根据粗、细料相关检测结果计算确定。现场每铺完一层掺配料，均采用试坑法对掺配料进行 P_5 及干密度检测，以此复核掺配比，并计算下一层掺配料细料铺料厚度。铺料时采用装载机（或反铲）装 20t 自卸汽车运输至掺配场，SD－320 推土机按计算确定的铺料厚度进行平料，平料过程中测量人员对铺料厚度及铺料范围进行跟踪控制，铺料时按照先粗后细的顺序进行铺筑。粗、细料铺筑过程中每一层进行 5 组干密度及颗粒级配检测。

细料铺料厚度计算公式如下：

$$H_{细}=(H_{粗}\times P_{粗}\times\rho_{粗}-H_{粗}\times\rho_{粗}\times P_5)/(P_5\times\rho_{细}-P_{细}\times\rho_{细}) \qquad (2.4-1)$$

式中：$H_{粗}$ 为掺配料粗料铺料厚度，cm，按 50cm 进行铺料；$H_{细}$ 为掺配料细料铺料厚度，cm；$P_{粗}$ 为每层掺配料粗料 P_5 含量加权平均值，%；$P_{细}$ 为每层掺配料细料 P_5 含量加权平均值，%；$\rho_{粗}$ 为每层掺配料粗料摊铺后的干密度加权平均值，g/cm^3；$\rho_{细}$ 为每层掺配料细料摊铺后的干密度加权平均值，g/cm^3；P_5 为掺配料掺配后 P_5 含量加权平均值，由于土料掺配后 P_5 含量会有一定波动，为了保证土料掺配后 P_5 含量控制在设计要求范围，计算时 P_5 取设计中间值 40%。

（4）粗、细料互层铺筑及试验检测完成后进行现场掺拌。掺配设备为正铲或反铲，共掺拌 5 遍，每掺拌 1 遍后按每 100m^3 取样检测一组颗粒级配；各项指标检测结果趋于稳定时，表示掺拌料掺拌均匀，不再进行掺拌。

（5）对掺配合格料，进行运输上坝或备存。不合格料，则制定处理措施并进行现场处理。

通过试验得出：汤坝料场防渗料黏粒含量适中，同一料场中的偏粗料、偏细料性质及成因相近，可掺性好，掺配易于施工。取样结果表明各指标设定的理论掺配平均值与现场实际掺配平均值较为接近，掺拌后的土料检测指标总体能满足设计要求，且 P_5 含量分布较为均匀，平铺立采的掺拌工艺可行。正铲和反铲对掺拌土料均匀性能均能满足设计要求，且均匀程度基本一致，掺拌产能接近，掺拌高度都能满足要求。考虑到土料掺拌后还有装车转运及上坝铺料等后续工序，实际掺抖场地就地掺抖遍数取 4 遍。控制铺料堆高5～7m为掺配设备的经济作业高度。为了既保证掺拌料均匀，又能适当提高工效，当掺配比低于 1∶1.0 时，粗料固定厚度取 70cm；当掺配比为 1∶1.0～1∶1.5 时粗料固定厚度取 60cm；当掺配比超过 1∶1.5 时粗料固定厚度取 50cm。

由于掺配试验过程中分层复核取样检测频次较大，影响铺料效率和产能，实际规模生产时加大了备料生产过程中的检测，从而适当降低分层复核取样检测频次。

按规划，长河坝水电站大坝砾石土心墙填筑高程 1585.00m 以下采用汤坝料场土料，高程 1585.00m 以上采用新莲土料场土料。由于充分利用了汤坝料场掺配料，并部分采用了该料场扩采土料，实现了仅一个料场就完成坝料供料的目的，充分利用了土料，减少了征地，经济和社会效益十分显著。掺配料生产、碾压试验和坝体填筑检测结果：除 P_5 含量、含水率有个别超标外，掺配料小于 0.075mm 含量、小于 0.005mm 含量、渗透系数及其他物理性指标均能满足设计要求，掺配料可碾性好，碾压后密实，砾石分布均匀，层间结合良好。

2. 糯扎渡水电站

糯扎渡水电站心墙砾石土料掺配采用天然混合土料与人工骨料加工系统生产的砾石料按照重量比掺配而成，掺配比例为：土料∶砾石料＝65∶35。主要掺配工艺如下：

(1) 对掺配料料源质量进行检测。

(2) 根据现场试验确定互层铺料的厚度为：土料 110cm，砾石料 50cm。

(3) 料仓铺料时铺料顺序为：第一层铺人工级配碎石料（≤120mm），厚 50cm；第二层铺农场土料场立采获得的混合料，厚 110cm；第三层铺碎石料，厚 50cm；第四层铺土料，厚 110cm。如此相间铺料 3 个互层，形成堆高约 5m 的土牛。

(4) 根据明确的厚度控制网格进行过程铺料厚度控制，以及时控制、调整铺料层厚。

(5) 掺配料铺筑完成后采用 $4m^3$ 正铲挖掘机立采混料 3 遍，以保证掺砾土料掺配均匀。

掺配料碾压后的试坑和挖槽检验结果表明，获得的掺砾土料砾石分布均匀，铺层之间无显见接缝，是一种简单而有效的土料掺砾工艺。

2.4.2 现场碾压试验

2.4.2.1 现场碾压试验的目的和试验检测内容

由于室内试验仪器尺寸的限制，室内试验有一定的局限性。而土石坝的设计和施工参数多来源于工程实践，其参数的选用与筑坝材料的物理力学特性密切相关。因此根据工程料源情况，开展现场碾压试验是必要的，它是室内试验的重要补充，更能全面、真实、客观地反映坝料的工程特性，满足工程建设的需要。实践证明，现场碾压试验是取得科学合理的设计和施工参数的有效方法之一，在工程中得到了广泛应用，取得了科学实用的研究成果，解决了工程实际问题。

依据坝料不同，现场碾压试验可分为堆石料及过渡料现场碾压试验、垫层料及反滤料现场碾压试验、防渗土料现场碾压试验及改性土料现场碾压试验等。按工程建设不同阶段又可分为设计阶段的现场碾压试验和施工阶段的现场碾压试验等。设计阶段的现场碾压试验重点研究筑坝材料的填筑碾压工程特性，评价筑坝材料的质量、可行性和适用性，并为设计提供基本参数。施工阶段的现场碾压试验重点是核实坝料设计填筑标准的合理性，确定达到设计填筑标准的压实方法和施工参数。各阶段不同土料碾压试验的目的、内容不尽相同，各有所侧重。高心墙堆石坝的防渗料是现场碾压试验的重点和难点。

长河坝水电站大坝砾石土心墙料施工阶段现场碾压试验按设计要求，其主要试验目的如下：①复核心墙防渗料设计技术要求及填筑标准的合理性；②确定心墙防渗料最佳压实方法，包括选择碾压设备类型、机械参数、施工参数等；③分析防渗土料场的最佳开采方式；④分析含水率对填筑和压实的影响，选择满足土料可碾的合适含水率控制范围及料场土料含水率调整方法；⑤分析砾石土料碾压前后颗粒级配的变化，了解砾石土料是否需进行级配调整并研究相应的调整方法；⑥研究土料压实后的各项物理、力学及渗透性质，为设计提供合理的计算参数；⑦研究土料填筑施工质量控制的快速检测方法及手段。

施工阶段各坝料配套的室内试验检测内容包括岩石的颗粒密度、块体密度、吸水率、干湿抗压强度等，土石料的比重、含水率、界限含水率、击实、颗分、相对密度、压缩试验、渗透及渗透变形试验、三轴剪切试验等。现场试验检测内容包括沉降、铺料厚度、含水率、干密度、压后颗分、孔隙率、粗料和细料的压实度、相对密度、破碎度或破碎率、原位垂直渗透及渗透变形试验、原位水平渗透及渗透变形试验、原位载荷试验和原位直剪试验等。试验检测的内容各项工程不尽相同，具体应根据坝料的类别、性质、工程的规模和重要程度、土石料的复杂性、设计的具体要求等因素而定。

2.4.2.2 现场碾压试验工作量基本组合

现场碾压试验工作量组合参数包括料源参数与施工参数。料源参数包括料场、岩性、级配、强度及掺混比例的堆石料（包括砂砾料），由不同黏粒含量、含砾量的砾质土、风化岩组成的心墙料和过渡料、人工扎制或筛分天然砂砾料生产的反滤料。施工参数包括振动碾型号、铺填厚度、碾压遍数、行车速度、洒水量等。设计阶段的现场碾压试验主要研究当地材料利用的技术可行性，工程量组合以料源参数为主。施工阶段的现场碾压试验主要是复核设计参数和验证设计施工工艺，工程量组合以施工参数为主。

2.5 数值模拟试验

缩尺级配堆石与原型级配堆石的变形特性差异是多个物理机制交织影响的结果。缩尺后可能导致级配、颗粒形状、颗粒抗破碎强度、接触力学特性的变化。其中，破碎实质上引起级配和形状的进一步变化，可归结于级配和形状的影响，关键是获得破碎过程中级配和形状的演变规律。接触力学特性本质上取决于矿物成分（影响颗粒接触刚度）和颗粒表面的粗糙度（影响颗粒间摩擦）；若假设缩尺不改变矿物成分和表面糙率，则可认为接触力学特性不变。在室内试验中，很难获得单一因素变化的试验条件，在不同缩尺条件下，试验结果通常是级配、形状、颗粒力学特性同时变化条件下的结果，因此很难拓清堆石变形特性的级配效应及其物理本质。离散元数值分析方法可以在细观尺度上精确控制颗粒尺寸、形状和粒间接触力学特性，并在一定程度上合理描述颗粒材料宏微观力学行为。因次，本节采用离散元方法作为室内模型试验的辅助分析工具，揭示不同级配的理想堆石在高度可控条件下的变形特性。

2.5.1 平面应变条件下的离散元数值试验

宽级配颗粒材料二维离散元数值试验分析采用 PFC2D（Particle Flow Code in 2 Dimensions）离散元程序，主要研究级配的缩尺效应对试样宏观力学特性的影响，探讨缩尺后试样的力学参数和原级配料的力学性质的关系。二维颗粒流程序 PFC2D 是基于离散元模拟颗粒介质的运动及其相互作用的商用程序，该程序是将土颗粒假设成圆球或圆盘，适合用来研究颗粒类材料的力学特性。

试验用的原级配最大粒径为 800mm，采用相似级配缩尺方法，按照控制最大粒径为 600mm、400mm、200mm、100mm 及 60mm 进行缩尺，得到的缩尺级配见图 2.5-1。

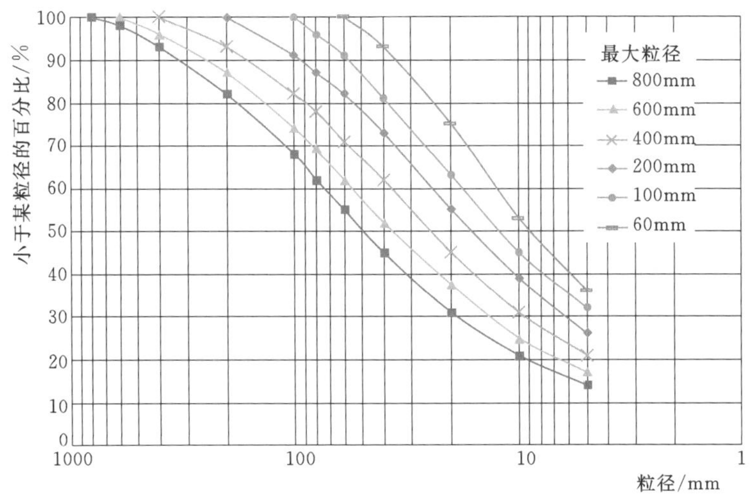

图 2.5-1　相似级配法缩尺后级配曲线

数值试验采用顶部、底部、左侧、右侧共 4 个墙边界模拟双轴试验机，试验模型的尺寸为 4m×8m，各个级配试验保持相同。控制顶部墙以固定速度向下运动来模拟轴向应变控制加载方式，采用侧面墙模拟围压，并编制程序自动控制左右两侧墙的运动速度，以保持试验过程中围压恒定。研究中暂不考虑颗粒破碎对变形的影响，假定在试验过程中土颗粒未发生破碎。将砂砾料颗粒简化为可压缩不可破碎圆形颗粒，按照相同的二维孔隙率（20%）采用充填法生成试样，见图 2.5-2。

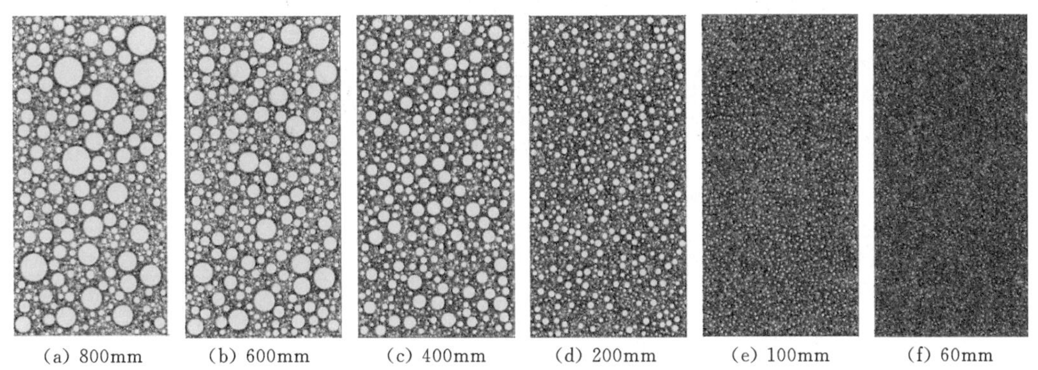

图 2.5-2　采用充填法生成的不同级配的数值试验模型

对各个试样进行双轴剪切数值试验，按照应变控制方式，每组试样分别进行 4 个围压（0.4MPa、0.8MPa、1.2MPa 及 1.6MPa）的试验，当轴向应变达到 15%时，试验结束。

试验中部分试样的位移矢量见图 2.5-3。试验成果表明，试样在剪切过程中符合实际的变化规律；开始阶段，颗粒表现为向中间挤压的现象，随着轴向压力的增大，逐渐克服了颗粒之间的摩擦力，当达到峰值强度时，试样内部出现和轴向成 45°夹角的破裂面；继续对试样进行加载时，试样表现为明显的应变软化现象。

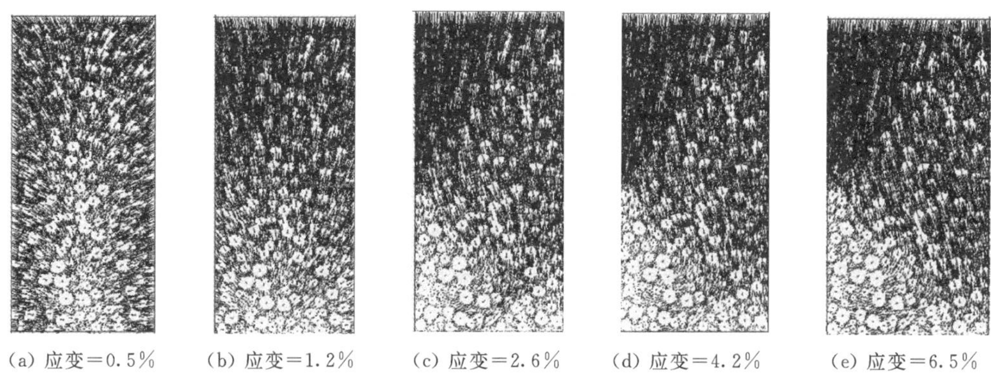
(a) 应变=0.5%　(b) 应变=1.2%　(c) 应变=2.6%　(d) 应变=4.2%　(e) 应变=6.5%

图 2.5-3　部分试样的位移矢量图

图 2.5-4 给出了不同时刻试样内部颗粒之间的接触力分布（其中试样内部线条越粗的地方，表示该处的颗粒之间的接触力越大）。试验成果表明，在刚开始试验时，水平向和竖直向接触力分布基本相当，随着试验的进行，水平向颗粒接触力逐渐减弱，竖直向接触力增强；当试样破坏时，水平向的力链分布最弱，试样内部的力链主要沿着剪切带分布；试样破坏后，力链分布则较为分散。

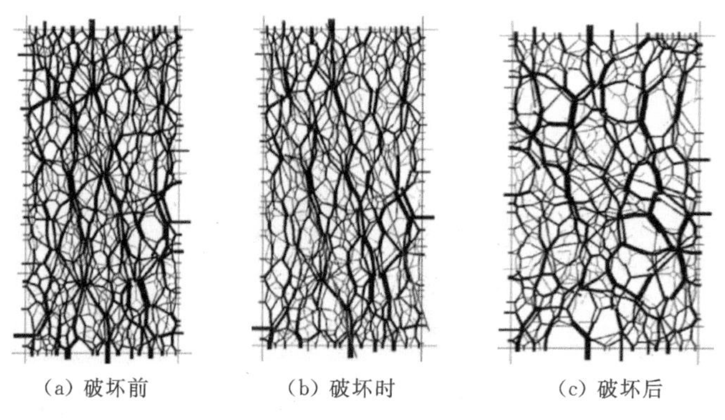
(a) 破坏前　(b) 破坏时　(c) 破坏后

图 2.5-4　部分试样试验过程中内部颗粒之间的接触力分布

试验结果（图 2.5-5）表明，当轴向应变达到 2%～4%时，各组试验结果偏应力有明显的峰值出现，当轴向应变继续增加后偏应力值明显降低。随着试样最大粒径的增大，初始弹性模量有显著增加，峰值强度基本无变化。实际砂砾料的三轴剪切试验通常无明显峰值强度出现，实际试验的变形主要由堆石颗粒的位置调整及颗粒破碎产生，而数值试验试样的变形主要由颗粒本身的弹性变形及颗粒间滚动、滑动产生，轴向应变的初期阶段主要由颗粒自身的弹性变形产生，颗粒位置基本不发生变动，当颗粒间开始滑动或滚动时，偏应力急剧降低。当轴向应变小于 3%左右时，各组试验呈现单调的体缩趋势，此阶段体变主要由颗粒自身的压缩变形产生，当颗粒间产生滑动或滚动后，体缩量急剧减小。试验结束时，对比相同围压条件下的各组试验结果，最大粒径相对较大（800mm、600mm）的试样比最大粒径相对较小（100mm、60mm）的试样的体胀量大，有的粒径较小的试样最后呈体缩现象。主要由于相对较大颗粒，可以架空形成相对较大孔隙，因此，相对较大粒径的试样出现体胀，而相对较小粒径的试样出现体缩。

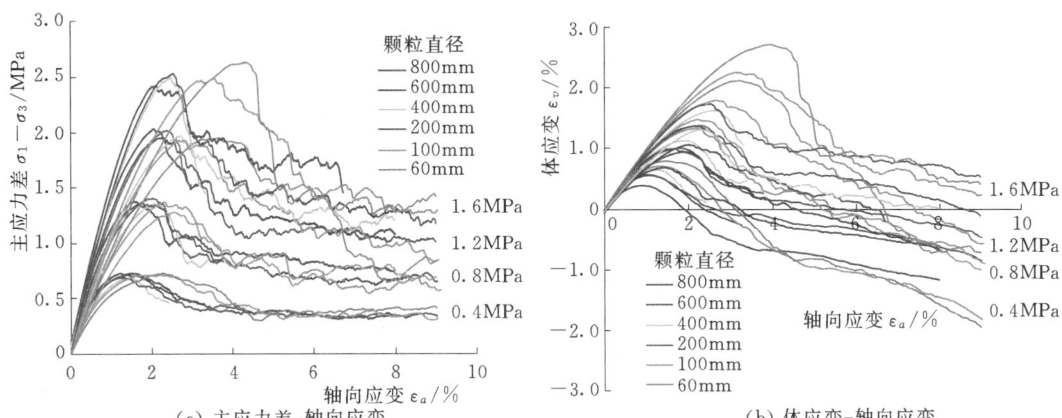

图 2.5-5　各围压条件下应力应变关系曲线

对各组试样整理得到了初始弹性模量和表观峰值强度，定义径径比 D_{max}/d_{max} 为原级配最大粒径和缩尺级配最大粒径的比值，图 2.5-6 给出了初始弹性模量随着径径比变化的关系曲线。试验结果表明，在同一围压下得到的表观峰值强度基本无明显的变化，围压越高峰值强度越大；试样的弹性模量在缩尺前后，则有很大变化，表现为初始弹性模量和初始体积模量随着径径比的增大而减小，基本呈幂函数变化趋势。

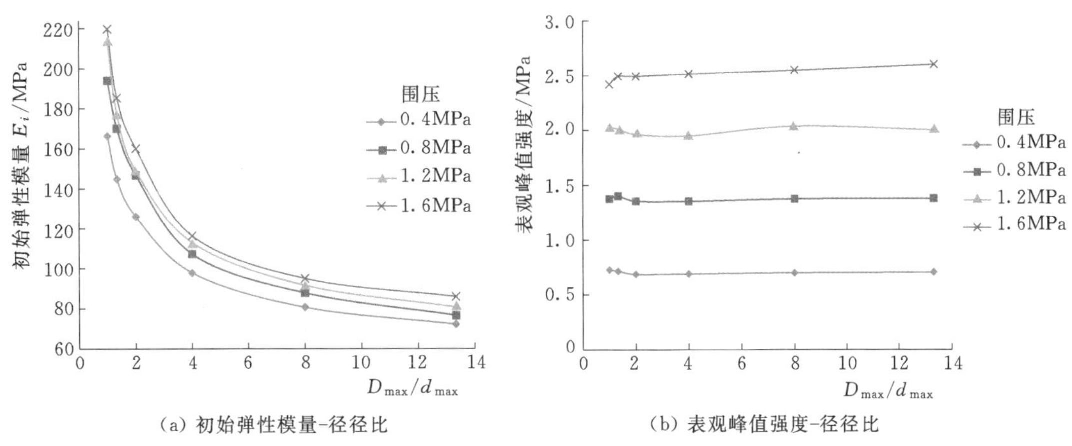

图 2.5-6　初始弹性模量 E_i 及表观峰值强度随径径比 D_{max}/d_{max} 的变化曲线

2.5.2　三维离散元数值试验

三维离散元分析采用 YADE 离散元开源程序，主要分析相似级配试样的三轴剪切试验规律。共分析了 3 组完全相似级配（SA1～SA3）及 4 组小粒径缺失级配（SA4～SA7），各级配曲线见图 2.5-7（a），各试样的颗粒数目约为 20000，图 2.5-7（b）为典型离散元试样。

对于 3 组相似级配试样，共模拟了松密 2 组孔隙比情况。图 2.5-8 是相似级配试样

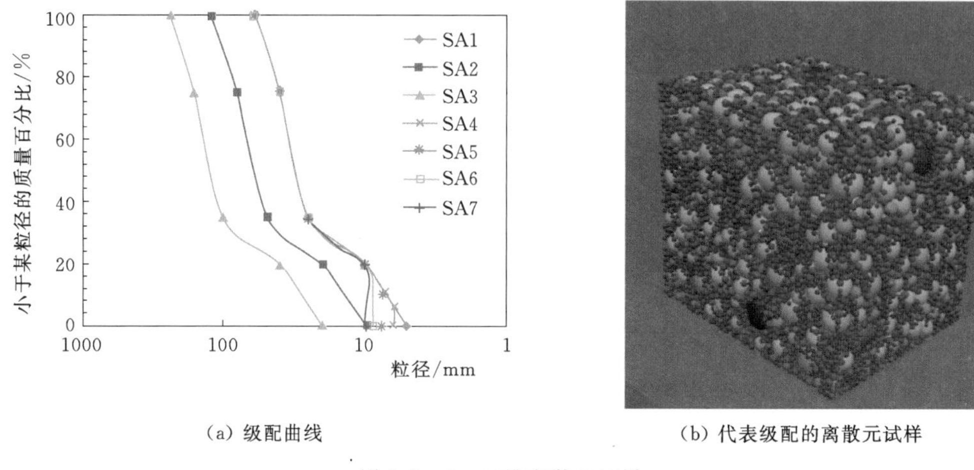

(a) 级配曲线　　(b) 代表级配的离散元试样

图 2.5-7　三维离散元试样

密样和松样的三轴剪切试验模拟所得到的应力-应变曲线。试验成果表明，在孔隙比保持不变的情况下，不同级配试样的结果基本相同；当级配进行相似缩尺时，变形特性与原型级配试样基本一致。

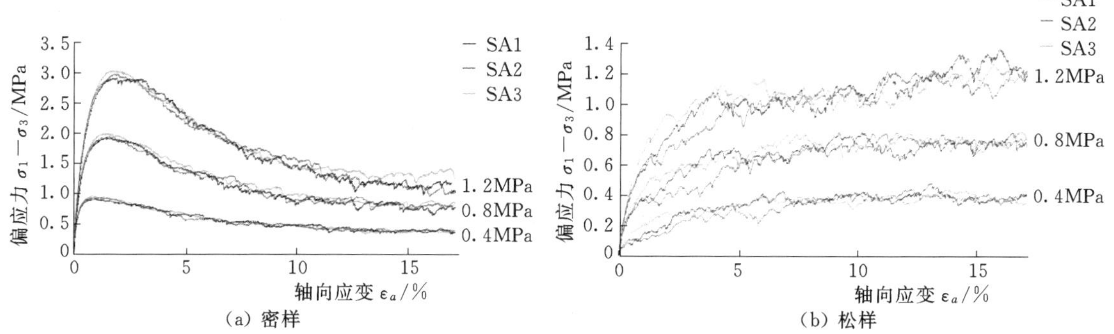

(a) 密样　　(b) 松样

图 2.5-8　相似级配缩尺试样的三轴压缩试验模拟结果

第 3 章

高心墙堆石坝计算理论与方法

3.1 大坝静力应力变形分析

3.1.1 坝料静力本构模型

3.1.1.1 概述

土体本构模型是反映其应力应变关系的数学模型，模型反映应力应变关系的准确程度很大程度上决定了土工结构物应力变形的计算精度。因此，进行土石坝应力变形分析时，对坝料土体选择合理的本构模型及其参数才能保证计算结果的可靠性与准确性。

土体本构模型主要有弹性模型和弹塑性模型两类。弹性模型可分为线弹性模型和非线弹性模型。依据弹性理论，弹性模型分为 Cauchy 型弹性模型、Green 型超弹性模型和亚弹性模型等，广义胡克定律是这些模型的特例。

对坝料土体，在很小变形时就会表现出非线性，宜采用能反映其应力应变非线性特性的非线性弹性模型或弹塑性模型。

建立非线弹性模型的方法主要有两种。第一种方法采用更高阶应变或应力分量（或它们的不变量）弹性函数，做级数展开，得到应力应变关系式；第二种方法是将线弹性模型推广为变模量弹性模型，如将广义胡克定律中的弹性常数用应力或（和）应变函数代替，目前常用的土体非线弹性模型大多采用这种方法得到。国内土石坝计算中应用较多的非线性弹性模型有邓肯 $E-\nu$ 模型、邓肯 $E-B$ 模型、清华大学解耦 $K-G$ 模型等。

国内土石坝计算中应用较多的弹塑性模型主要有南水模型、河海大学椭圆-抛物双屈服面模型等。国际上比较著名的弹塑性模型还有剑桥模型、修正剑桥模型、Lade - Duncan 模型、Desai 模型等，由于国内土石坝中应用较少，在此不做介绍。

3.1.1.2 非线性弹性模型

1. 邓肯模型[24-26]

常规三轴固结排水剪切试验中，在围压 σ_3 不变条件下不断增加偏应力 $(\sigma_1-\sigma_3)$，并测出轴向应变 ε_a 和体积应变 ε_v，从而得到径向应变 $\varepsilon_r=(\varepsilon_v-\varepsilon_a)/2$。邓肯（Duncan）和张（Chang）假定 $(\sigma_1-\sigma_3)-\varepsilon_a$ 和 $\varepsilon_a-(-\varepsilon_r)$ 关系都为双曲线，利用这两个关系曲线确定切线弹性模量 E_t、切线泊松比 ν_t，这就是所谓的邓肯 $E-\nu$ 模型。后来，邓肯等又基于三轴试验提出了体积模量 B_t 的确定方法，从而，得到了人们所熟知的邓肯 $E-B$ 模型。

无论是邓肯 $E-\nu$ 模型，还是邓肯 $E-B$ 模型，只要知道了 E_t 和 ν_t 或 E_t 和 B_t，即可以在假定土体为均质各向同性介质条件下，采用广义胡克定律确定其应力应变关系。

(1) 邓肯 $E-\nu$ 模型及参数确定。邓肯 $E-\nu$ 模型的切线弹性模量 E_t 为

$$E_t=(1-R_fS)^2E_i \tag{3.1-1}$$

$$E_i=Kp_a\left(\frac{\sigma_3}{p_a}\right)^n \tag{3.1-2}$$

$$S=\frac{\sigma_1-\sigma_3}{(\sigma_1-\sigma_3)_f} \tag{3.1-3}$$

式中：R_f、K、n 为模型参数；p_a 为大气压力；E_i 为初始切线模量；S 为应力水平，反映强度发挥程度，在进行土体应力变形分析时经常用到；$(\sigma_1-\sigma_3)_f$ 为在小主应力 σ_3 条件下破坏时的应力差，可由莫尔-库仑破坏准则得到：

$$(\sigma_1-\sigma_3)_f=\frac{2c\cos\varphi+2\sigma_3\sin\varphi}{1-\sin\varphi} \tag{3.1-4}$$

式中：c、φ 为黏聚力和内摩擦角。

切线泊松比 ν_t：

$$\nu_t=\frac{G-F\lg\dfrac{\sigma_3}{p_a}}{(1-A)^2} \tag{3.1-5}$$

$$A=\frac{D(\sigma_1-\sigma_3)}{Kp_a\left(\dfrac{\sigma_3}{p_a}\right)^n\left[1-\dfrac{R_f(1-\sin\varphi)(\sigma_1-\sigma_3)}{2c\cos\varphi+2\sigma_3\sin\varphi}\right]} \tag{3.1-6}$$

式中：G、F、D 为模型参数。

由式（3.1－5）计算得的 ν_t 有可能大于 0.5，在试验中测得的土体泊松比 ν 值也确有可能超过 0.5，这是由于土体存在剪胀性。然而，在有限元计算中，若 $\nu_t\geqslant0.5$，劲度矩阵会出现异常。因此，实际计算中，当 $v_t>0.49$ 时，可令 $\nu_t=0.49$。

邓肯 $E-\nu$ 模型共有 8 个模型参数，即 R_f、K、n、G、F、D、c 和 φ。可采用如下方法确定。

c、φ 一般可根据土体三轴固结排水剪切试验由莫尔-库仑破坏准则确定。需要注意的是，这里的强度指标应为有效强度指标，为表示方便，没有采用 c' 和 φ' 表示。同样，应力也应该是有效应力。因此，固结排水剪切试验确定的 c、φ 可直接应用，也可采用测孔隙水应力的固结不排水剪切试验确定的有效强度指标。在缺乏三轴试验资料时，也可借用直剪试验的慢剪指标。在进行有效应力分析时，不固结不排水剪指标、固结不排水总应力强度指标或直剪的快剪、固结快剪指标理论上是不适合使用的。若采用有限元总应力分析法，对渗透性较低且荷载施加较快的情况，可近似针对实际情况取用这些总应力强度指标，但这时其他参数是很难确定的。

对堆石料等粗粒土，考虑到由于颗粒破碎等原因引起的强度非线性，其内摩擦角常用下式表示：

$$\varphi=\varphi_0-\Delta\varphi\lg\frac{\sigma_3}{p_a} \tag{3.1-7}$$

式中：φ_0、$\Delta\varphi$ 为非线性强度指标参数。必须指出，使用式（3.1－7）计算土体内摩擦角时，黏聚力 c 应为 0；如果 $c>0$，则意味着采用线性强度指标，这时的内摩擦角取常数，即强度指标参数为 c 和 φ。

土体在加载及卸载条件下表现出显著的变形性质差异，为反映这种变形性质的差异，非线性模型常对加载和卸载时采用不同的弹性参数，如不同的变形模量或不同的泊松比等。对卸载和再加载的情况，其变形模型常称为回弹模量。邓肯 $E-\nu$ 模型采用的回弹模量可由下式计算：

$$E_{ur}=K_{ur}p_a\left(\frac{\sigma_3}{p_a}\right)^n \tag{3.1-8}$$

式中：参数 n 与加载时 n 大小相近，故可取同一值；K_{ur} 为模型参数，且一般情况下 $K_{ur}=(1.2\sim3.0)K$；对于密砂和硬黏土，$K_{ur}=1.2K$；松砂和软土 $K_{ur}=3.0K$；一般土介于其间。对堆石料等粗颗粒土，朱俊高等的研究表明，K_{ur} 的取值范围与一般黏土和砂土不同，可取 $K_{ur}=(3.0\sim5.0)K$。

式（3.1-1）适用于加载条件，而式（3.1-8）适用于卸载情况。那么，还缺少一个判定条件，即什么时候土体单元处于加载条件，什么时候属于卸载情况。邓肯建议：当 $(\sigma_1-\sigma_3)<(\sigma_1-\sigma_3)_0$，且 $S<S_0$ 时，处于卸载或再加载状态用 E_{ur}，否则用 E_t。这里 $(\sigma_1-\sigma_3)_0$ 为历史上曾经达到的最大偏应力，S_0 为历史上曾达到的最大应力水平。该准则没有考虑到固结压力降低而可能引起的卸载。固结压力降低后为超固结土，其弹性模量与先期固结压力有关。在有限元计算中可做这样的处理：当 σ_3 降低时，用历史上最大固结压力 σ_{30} 由式（3.1-1）求 E_t，但式（3.1-8）中的应力水平 S 仍用当前固结应力 σ_3。另外，计算 E_{ur} 也应用 σ_{30}。

邓肯等经过多年探索，新近提出了一个加载函数来判定土体单元是处于加载还是卸载状态，表示为

$$f_l=\frac{\sigma_1-\sigma_3}{(\sigma_1-\sigma_3)_f}\sqrt[4]{\sigma_3} \tag{3.1-9}$$

当前值 f_l 大于历史上最大值 $(f_l)_{\max}$ 时，判为加载，否则判为卸载再加载。基于此，卸载时的回弹模量与加载时变形模量之差可达 2 个数量级以上，常引起迭代过程的不稳定。因此，具体计算是常采用下列办法，即当 $f_l<0.75(f_l)_{\max}$ 时，判为完全卸荷，而当 f_l 介于（0.75～1.0）$(f_l)_{\max}$ 时，则计算所用的变形模量按下式内插：

$$E=E_t+(E_{ur}-E_t)\frac{1-f_l/(f_l)_{\max}}{1-0.75} \tag{3.1-10}$$

（2）邓肯 $E-B$ 模型及参数确定。邓肯 $E-B$ 模型切线弹性模量 E_t 仍采用式（3.1-1）计算。切线体积变形模量 B_t 由下式计算：

$$B_t=K_bp_a\left(\frac{\sigma_3}{p_a}\right)^m \tag{3.1-11}$$

式中：K_b、m 为参数。

邓肯 $E-B$ 模型参数有 R_f、K、n、K_b、m 和强度指标 c、φ。其中 R_f、K、n 和 c、φ 与邓肯 $E-\nu$ 模型中一样，参数 K_b、m 也可由三轴固结排水剪切试验确定。

由于泊松比 ν 一般应限制在 0～0.49 之间变化，因此 B_t 需限制在 $(0.33\sim17)E_t$。

（3）讨论。邓肯模型因其结构简单，参数易于确定，在国内得到广泛应用，而且对于各参数的取值范围积累了丰富的经验。表 3.1-1 列出了主要土类参数的大致变化范围。

2. 清华大学解耦 $K-G$ 模型[48]

在堆石料三轴固结排水剪切试验中，试样接近剪切破坏之前往往先出现剪胀，同时应力比出现最大值，此时的应力比称为临胀应力比 η_d（即临胀强度）。由于材料在到达临胀

表 3.1-1　主要土类邓肯模型参数一般变化范围

参数	软黏土	硬黏土	砂	砂卵石	堆石料
c/kPa	0～10	10～50	0	0	0
φ 或 φ_0/(°)	20～30	20～30	30～40	30～40	40～55
$\Delta\varphi$/(°)	0	0	3～6	3～6	6～13
R_f	0.7～0.9	0.7～0.9	0.6～0.85	0.65～0.85	0.6～1.0
K	50～200	200～500	300～1000	500～2000	500～1300
n	0.5～0.8	0.3～0.6	0.3～0.6	0.4～0.7	0.1～0.5
G	0.2～0.5				
F	0.01～0.2				
D	1～15.0				
K_b	20～100	100～500	50～1000	100～2000	200～1000
m	0.4～0.7	0.2～0.5	0～0.5	0～0.5	0～0.4
K_{ur}	(1.2～3.0)K				

强度前后的应力-应变规律完全不同，因此应以材料在三轴剪切试验中的临胀强度作为临界点，建立土体在到达临胀强度前的应力-应变关系。

土体临胀强度 η_d 与平均正应力 p 在双对数坐标中具有直线关系：

$$\eta_d=\eta_0\left(\frac{p}{p_a}\right)^{-\alpha}\tag{3.1-12}$$

式中：η_0、α 为模型参数，可由常规三轴固结排水试验（σ_3 恒定）确定；p_a 为大气压力。

解耦 $K-G$ 模型建立的比例加载条件下的全量应力-应变关系如下：

$$\varepsilon_V=\frac{1}{K_V}(1+\eta^2)^m\left(\frac{p}{p_a}\right)^H,\eta<\eta_d\tag{3.1-13}$$

$$\varepsilon_S=\frac{1}{G_s}\left(\frac{p}{p_a}\right)^{-d}F_s\left(\frac{q}{p_a}\right)^B,\eta<\eta_d\tag{3.1-14}$$

$$F_s=\left(\frac{1}{1-\eta/\eta_u}\right)^s\tag{3.1-15}$$

式中：F_s 为强度发挥度因子；K_V 为体积模量数；H 为体应变指数；m 为剪缩指数，其大小反映剪应力通过应力比（$\eta=q/p$）对体应变的影响；G_s 为剪切模量数；B 为剪应变指数；d 为压硬指数，反映材料在加载过程中平均正应力 p 对土料压硬性的影响；η_u 为双曲函数的极限应力比；s 为试验参数。K_V、H、m、G_s、B、d、s、η_u 均为无因次的试验参数，可由一组单调加载的等应力比或常规三轴剪切试验确定。

假定在常规三轴剪切试验中应力比 η 与广义剪应变 ε_S 之间为双曲线函数关系：

$$\eta=\frac{\varepsilon_S}{a+b\varepsilon_S}\tag{3.1-16}$$

从（ε_S/η）-ε_S 的坐标图中，可以很方便地确定出 b 值，$1/b$ 即为 η_u。在常规三轴剪切试验（σ_3 恒定）中，η_u 随 p 的增大而减小，可用下式拟合从而计算得 η_u：

$$\eta_u = \eta_{u0}\left(\frac{p}{p_a}\right)^{-\beta} \tag{3.1-17}$$

式中：η_{u0}和β为试验参数。

以p、η为自变量，对式（3.1-13）取微分，可得加载时体应变增量表达式为

$$d\varepsilon_V = \frac{1}{K_V}(1+\eta^2)^m\left(\frac{H}{p_a}\right)\left(\frac{p}{p_a}\right)^{H-1}dp + \frac{1}{K_V}\left(\frac{p}{p_a}\right)^H m(1+\eta^2)^{m-1}2\eta d\eta, \eta<\eta_d \tag{3.1-18}$$

同样，以q、η为自变量，对式（3.1-14）取微分，可得加载时剪应变增量表达式：

$$d\varepsilon_S = \frac{1}{G_s}\left(\frac{p}{p_a}\right)^{-d}F_s\left(\frac{B}{p_a}\right)\left(\frac{q}{p_a}\right)^{B-1}dq + \frac{1}{G_s}\left(\frac{p}{p_a}\right)^{-d}\left(\frac{q}{p_a}\right)^B F_s\frac{s}{\eta_u-\eta}d\eta, \eta<\eta_d \tag{3.1-19}$$

对于某加载增量段，可利用增量型广义胡克矩阵建立应力分量与应变分量的关系，按下式计算加载时的耦合切线体积模量K_t及耦合切线剪切模量G_t：

$$K_t = \frac{dp}{d\varepsilon_V};\quad G_t = \frac{dq}{3d\varepsilon_S} \tag{3.1-20}$$

其中，K_1、K_2、G_1、G_2与应力状态的关系由下式决定：

$$K_1 = \frac{p_a K_V}{H}(1+\eta^2)^{-m}\left(\frac{p}{p_a}\right)^{1-H}; K_2 = \frac{K_V}{m}(1+\eta^2)^{1-m}\frac{1}{2\eta}\left(\frac{p}{p_a}\right)^{-H} \tag{3.1-21}$$

$$G_1 = \frac{p_a G_s}{B}\left(\frac{p}{p_a}\right)^d\left(1-\frac{\eta}{\eta_u}\right)^s\left(\frac{p}{p_a}\right)^{1-B}; G_2 = \frac{G_s}{s}\left(\frac{p}{p_a}\right)^d\left(1-\frac{\eta}{\eta_u}\right)^s(\eta_u-\eta)\left(\frac{p}{p_a}\right)^{-B} \tag{3.1-22}$$

卸载或再加载时，切线体积模量K_{ur}和切线剪切模量G_{ur}可按下式计算：

$$K_{ur} = K_{u0}p_a\left(\frac{\sigma_3}{p_a}\right)^n; G_{ur} = G_{u0}p_a\left(\frac{\sigma_3}{p_a}\right)^n \tag{3.1-23}$$

式中：K_{u0}、G_{u0}分别为卸载和再加载时的体积模量数和剪切模量数；n为模量指数，可由三轴卸载试验求得。

至于加载准则，考虑到平均应力p及广义剪应力q对体积应变ε_V及广义剪应变ε_S的相互作用，该模型采用了分别针对ε_V及ε_S的双重加载条件：

（1）对体积应变ε_V的加载条件。

$$(p>p_{max}\text{或 }q>q_{max})\text{或}(q=q_{max}\text{且 }p<p_{max}) \tag{3.1-24}$$

（2）对广义剪应变的加载条件。

$$(q>q_{max})\text{或}(q=q_{max}\text{且 }p<p_{max}) \tag{3.1-25}$$

该模型共有11个参数，即K_V、H、m、G_s、B、d、s、η_{u0}、β、η_0、α。它们可以根据不同应力路径的单调加载试验（如σ_3恒定，或η恒定等）的结果回归得到。

3.1.1.3 弹塑性模型

1. 南水模型[27]

南水模型是一种双屈服面弹塑性模型，由沈珠江院士提出，后来又做了改进。这里介绍改进后的南水模型。该模型只把屈服面看作弹性区域的边界，不再把它与硬化参数联系

起来。两个屈服面分别表示为

$$f_1 = p^2 + r^2 q^2 \tag{3.1-26}$$

$$f_2 = q^s / p \tag{3.1-27}$$

式中：r、s 为土性参数，参数 r 可令其等于 2；对于 s，黏土取 3，堆石料取 2；p、q 分别为平均正应力和广义剪应力。

根据正交流动法则，弹塑性应力应变关系为

$$\{\Delta\boldsymbol{\varepsilon}\} = [\boldsymbol{D}]_e^{-1}\{\Delta\boldsymbol{\sigma}\} + A_1\left\{\frac{\partial f_1}{\partial \sigma}\right\}\Delta f_1 + A_2\left\{\frac{\partial f_2}{\partial \sigma}\right\}\Delta f_2 \tag{3.1-28}$$

式中：$[\boldsymbol{D}]_e$ 为弹性矩阵；$\Delta\boldsymbol{\varepsilon}$、$\Delta\boldsymbol{\sigma}$ 分别为应变和应力增量；A_1 和 A_2 分别为对应于屈服面 f_1 和 f_2 的塑性系数，为非负数，但在卸载和中性变载时等于 0。

双屈服面模型的弹塑性矩阵可由式（3.1-28）求逆得出，即

$$\{\Delta\boldsymbol{\sigma}\} = [\boldsymbol{D}]_{ep}\{\Delta\boldsymbol{\varepsilon}\} \tag{3.1-29}$$

但 $[\boldsymbol{D}]_{ep}$ 的表达式相当复杂。为简单起见，在 π 平面上采用了 Prandtl - Reuss 流动法则，可推得三维应力条件下弹塑性矩阵元素 d_{ij}（$i=1,2,3\cdots6$；$j=1,2,3\cdots6$）为

$$\begin{gathered}
d_{11} = M_1 - P\frac{s_x + s_x}{q} - Q\frac{s_x s_x}{q^2},\ d_{22} = M_1 - P\frac{s_y + s_y}{q} - Q\frac{s_y s_y}{q^2},\\
d_{33} = M_1 - P\frac{s_z + s_z}{q} - Q\frac{s_z s_z}{q^2}\\
d_{44} = G_e - Q\frac{s_{xy}^2}{q^2},\ d_{55} = G_e - Q\frac{s_{yz}^2}{q^2},\ d_{66} = G_e - Q\frac{s_{zx}^2}{q^2},\ d_{12} = d_{21} = M_2 - P\frac{s_x + s_y}{q} - Q\frac{s_x s_y}{q^2}\\
d_{13} = d_{31} = M_2 - P\frac{s_x + s_z}{q} - Q\frac{s_x s_z}{q^2},\ d_{23} = d_{32} = M_2 - P\frac{s_y + s_z}{q} - Q\frac{s_y s_z}{q^2}\\
d_{14} = d_{41} = -P\frac{s_{xy}}{q} - Q\frac{s_x s_{xy}}{q^2},\ d_{15} = d_{51} = -P\frac{s_{yz}}{q} - Q\frac{s_x s_{yz}}{q^2},\ d_{16} = d_{61} = -P\frac{s_{zx}}{q} - Q\frac{s_x s_{zx}}{q^2}\\
d_{24} = d_{42} = -P\frac{s_{xy}}{q} - Q\frac{s_y s_{xy}}{q^2},\ d_{25} = d_{52} = -P\frac{s_{yz}}{q} - Q\frac{s_y s_{yz}}{q^2},\ d_{26} = d_{62} = -P\frac{s_{zx}}{q} - Q\frac{s_y s_{zx}}{q^2}\\
d_{34} = d_{43} = -P\frac{s_{xy}}{q} - Q\frac{s_z s_{xy}}{q^2},\ d_{35} = d_{53} = -P\frac{s_{yz}}{q} - Q\frac{s_z s_{yz}}{q^2},\ d_{36} = d_{63} = -P\frac{s_{zx}}{q} - Q\frac{s_z s_{zx}}{q^2}\\
d_{45} = d_{54} = -P\frac{s_{yz}}{q} - Q\frac{s_{xy} s_{yz}}{q^2},\ d_{46} = d_{64} = -P\frac{s_{zx}}{q} - Q\frac{s_{xy} s_{zx}}{q^2},\ d_{56} = d_{65} = -P\frac{s_{zx}}{q} - Q\frac{s_{yz} s_{zx}}{q^2}
\end{gathered} \tag{3.1-30}$$

其中

$$s_x = \sigma_x - p,\quad s_y = \sigma_y - p,\quad s_z = \sigma_z - p P = \frac{2}{3}\frac{B_e G_e \chi}{1 + B_e\alpha + G_e\delta},\ Q = \frac{2}{3}\frac{G_e^2\delta}{1 + B_e\alpha + G_e\delta}$$

$$M_1 = B_p + 4G_e/3,\quad M_2 = B_p - 2G_e/3$$

$$B_p = \frac{B_e}{1 + B_e\alpha}\left(1 + \frac{2}{3}\frac{B_e G_e \chi^2}{1 + B_e\alpha + G_e\delta}\right)$$

$$\alpha = 4A_1 p^2 + \frac{q^{2s}}{p^4}A_2,\quad \beta = 4r^2 q^2 A_1 + \frac{s^2 q^{2s-2}}{p^2}A_2,\quad \chi = 4r^2 pqA_1 - \frac{sq^{2s-1}}{p^3}A_2$$

$$\delta=\frac{2}{3}(\beta+B_e\alpha\beta-B_e\chi^2),\eta=q/p \tag{3.1-31}$$

弹性剪切模量 G_e 和弹性体积模量 B_e 可分别用下式计算：

$$G_e=E_{ur}/[2(1+\nu_{ur})] \tag{3.1-32}$$

$$B_e=E_{ur}/[3(1-2\nu_{ur})] \tag{3.1-33}$$

式中：ν_{ur} 为弹性泊松比，可假定等于 0.3。

A_1 和 A_2 为两个塑性系数，假定 A_1 和 A_2 为应力状态的函数，与应力路径无关。在常规三轴压缩试验下令切线弹性模量 $E_t=\Delta\sigma_1/\Delta\varepsilon_a$，切线体积比 $\mu_t=\Delta\varepsilon_v/\Delta\varepsilon_a$，则可以推得

$$A_1=\frac{1}{4p^2}\frac{\eta\left(\frac{9}{E_t}-\frac{3\mu_t}{E_t}-\frac{3}{G_e}\right)+\sqrt{2}\,s\left(\frac{3\mu_t}{E_t}-\frac{1}{B_e}\right)}{\sqrt{2}(1+\sqrt{2}r^2\eta)(s+r^2\eta^2)} \tag{3.1-34}$$

$$A_2=\frac{p^2}{q^{2s-2}}\frac{\left(\frac{9}{E_t}-\frac{3\mu_t}{E_t}-\frac{3}{G_e}\right)-\sqrt{2}r^2\eta\left(\frac{3\mu_t}{E_t}-\frac{1}{B_e}\right)}{\sqrt{2}(\sqrt{2}s-\eta)(s+r^2\eta^2)} \tag{3.1-35}$$

式中：偏差应力（$\sigma_1-\sigma_3$）与轴向应变 ε_a 的关系仍然采用邓肯 $E-\nu$ 模型的双曲线关系，切线模量 E_t 的表达式与邓肯 $E-\nu$ 模型式（3.1-1）相同。体应变 ε_V 与轴向应变 ε_a 关系采用抛物线描述，见图 3.1-1。切线体积比 μ_t 为

$$\mu_t=2c_d\left(\frac{\sigma_3}{p_a}\right)^{n_d}\frac{E_iR_f}{(\sigma_1-\sigma_3)_f}\frac{1-R_d}{R_d}\left(1-\frac{R_s}{1-R_s}\frac{1-R_d}{R_d}\right) \tag{3.1-36}$$

式中：$R_s=R_f\dfrac{\sigma_1-\sigma_3}{(\sigma_1-\sigma_3)_f}$；$R_f$ 为破坏比；E_i 为初始切线模量。

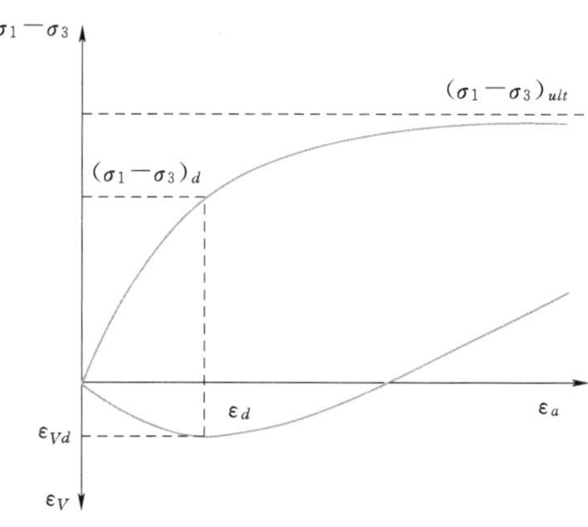

图 3.1-1　南水模型的应力应变曲线

模型中有 K、n、R_f、c、φ 和 c_d、n_d、R_d 共 8 个计算参数。前 5 个参数的含义与邓肯模型相同，后 3 个参数的含义是：c_d 为 $\sigma_3=p_a$ 时的最大体积应变；n_d 为剪缩体积随应力 σ_3 增加而增加的幂次；R_d 为发生最大剪缩体积时的偏应力$(\sigma_1-\sigma_3)_d$ 与偏应力的渐进值$(\sigma_1-\sigma_3)_{ult}$的比值，分别由下式确定：

$$\varepsilon_{Vd}=c_d\left(\frac{\sigma_3}{p_a}\right)^{nd} \tag{3.3-37}$$

$$R_d=\frac{(\sigma_1-\sigma_3)_d}{(\sigma_1-\sigma_3)_{ult}} \tag{3.1-38}$$

其中，参数 c_d、n_d 的确定方法是：将三轴 CD 试样在不同围压下的最大剪缩体应变 ε_{Vd}（图 3.1-1）和（σ_3/p_a）的值在双对数坐标上点出，用直线拟合，截距和斜率即分别为 c_d、n_d。

该模型采用如下加卸载准则：若 $f_1>(f_1)_{\max}$，则 $A_1\neq0$，否则 $A_1=0$；若 $f_2>(f_2)_{\max}$，则 $A_2\neq0$，否则 $A_2=0$。两式同时成立则表示全加荷，都不成立则表示卸荷，

其中之一成立表示部分加荷。

2. 河海大学椭圆-抛物双屈服面模型[54-55]

河海大学椭圆-抛物双屈服面模型由殷宗泽提出。该模型假定土体的塑性变形 $d\varepsilon^p$ 由两部分组成：$d\varepsilon^{p_1}$ 与土体的压缩相联系，主要表现那些滑移后引起体积压缩的颗粒的位移特性；$d\varepsilon^{p_2}$ 与土体的膨胀相联系，体现滑移后引起体积膨胀的颗粒位移特性。因而，用不同形式的屈服准则和硬化规律来反映这两种不同的塑性应变。椭圆-抛物双屈服面模型假定两屈服面（图 3.1-2）对应的塑性变形均满足相关联的流动法则。

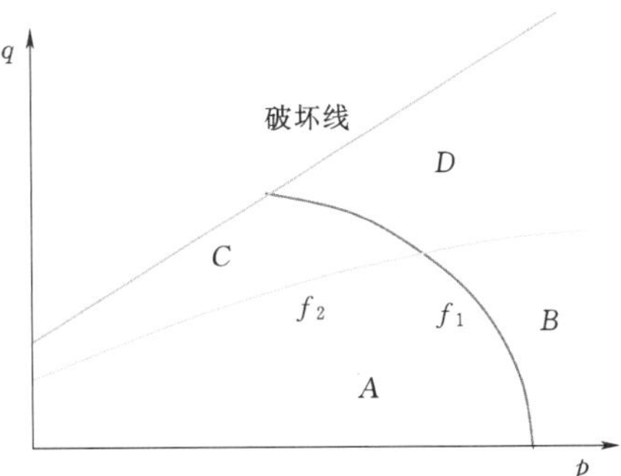

图 3.1-2 椭圆-抛物双屈服面模型的屈服面

与压缩相应的屈服方程 f_1 为

$$p+\frac{q^2}{M_1^2(p+p_r)}=p_0=\frac{h\varepsilon_V^{p_1}}{1-m\varepsilon_V^{p_1}}p_a \tag{3.1-39}$$

式中：h、m、p_r、M_1 为参数；p_a 为大气压力。

与剪切膨胀相应的屈服面是抛物线型的，方程 f_2 为

$$\frac{\alpha q}{G}\sqrt{\frac{q}{M_2(p+p_r)-q}}=\varepsilon_S^{p_2} \tag{3.1-40}$$

式中：α、M_2 为参数；G 为弹性剪切模量，随 p 而变，由下式计算：

$$G=k_G p_a\left(\frac{p}{p_a}\right)^n \tag{3.1-41}$$

因此，椭圆-抛物双屈服面模型有 p_r、M_1、M_2、h、m、α、k_G 及 n 共 8 个参数。实际应用时，确定弹性应变除了需要弹性剪切模量 G 外，还需要有另外一个弹性参数，一般可假定泊松比 $\nu=0.3$。

3.1.2 大坝静力应力变形分析方法

3.1.2.1 概述

大坝结构及边界条件复杂，即使是完全均质弹性材料，也不可能通过解析解方法获得大坝内应力变形。目前为止，要准确分析其应力变形，最有效方法还是数值计算方法。数值计算方法（如有限元法）的计算结果能在一定程度上反映结构应力变形，有时甚至效果很好。这主要取决于土体本构模型的选取及参数的确定，尤其是模型参数的取用。因此，对重要工程，应十分重视计算参数的确定。

进行大坝应力变形计算分析时，可针对实际情况，采用二维（平面）有限元法或三维有限元法。对重要性相对较小、需初步估算应力变形、大坝轴线较长的情况，可采用二维有限元法进行计算。

土体是一种散粒体结构，孔隙水应力存在对其变形有较大影响。因此，采用有限元法计算时，是否考虑孔隙水应力的增长与消散，就形成了两种不同的计算分析方法，即总应

力法和有效应力法。

总应力法不区分土体单元中由土颗粒骨架和孔隙水分别传递和承受的应力（即有效应力和孔隙水应力），而是将土体（土粒和孔隙水）当作一种均质的连续介质（单相介质）处理，即它不能考虑孔隙水应力的增长与消散，其应力为总应力。因此，土体总应力有限元分析的方法原理与一般固体力学有限元法相同。它与弹性力学有限元不同的是土体常常作为一种非线性材料或弹塑性材料进行计算，即其应力应变关系常采用非线性模型或弹塑性模型来描述。

有效应力法则区分土体中的有效应力和孔隙水应力（亦简称孔压），将土骨架变形与孔隙水渗流同时考虑，因而比总应力法能更真实地反映土体的自身特性，能更合理地计算土体对荷载的响应。由于这时土体是作为二相介质考虑的，存在变形与渗流的耦合作用，因此，其有限元控制方程与一般固体力学有限元法的方程不同。

有效应力法比总应力法复杂，且工作量大。就计算量而言，总应力有限元法的未知量只是节点位移，而有效应力有限元法的未知量除节点位移外，还有节点孔压。

由于土体变形的复杂性，对土体或土工建筑物进行有限元应力变形分析时，应特别注意本构模型的选用，尤其是模型参数的取值。另外，对土石坝的应力变形分析，一般应考虑土体非线性，同时，还有些特殊问题，如长期变形、湿化变形、分期施工、接触等问题需要做特殊处理。

3.1.2.2 总应力法

理论上，下列两种情况采用总应力法计算可得到准确结果：

（1）没有孔压变化的完全排水情况。这时，土体内孔隙水应力始终为0，总应力等于有效应力。计算采用一般的本构模型即可，因为一般的本构模型反映的是有效应力与应变之间的关系。实际上，对透水性强的地基或土工建筑物，如砂土地基或土石坝堆石体，总应力法计算结果与有效应力法结果基本一致。

（2）完全不排水情况。此时，土体的本构关系应该用（不排水条件下）总应力与应变的关系。目前，专门针对不排水条件下土体应力应变关系的本构模型很少，使用时应慎重。事实上，实际工程中完全不排水情况极少遇见，只有试验条件下或某些特殊的人为控制不排水的情况。实际工程如土石坝总是有一定的排水边界，即坝体或地基内超静孔压会逐渐消散。

如果土工建筑物由黏土和堆石体构成（如土石坝）或全部由透水性差的黏土组成，则采用有效应力法计算较为准确。但是，和有效应力法相比，总应力法相对简单，且计算量较小，因此常常采用总应力法分析含黏土的结构物的应力变形。当然，总应力法计算结果只能给出最终应力变形，不能反映变形随时间变化的过程；而且，由于土体处于（部分）排水条件下，没有哪个本构模型能反映这种情况下土体的总应力与应变的特性，通常采用有效应力法的本构模型，此时总应力法计算结果肯定是近似的。

因此，对于（含）饱和黏土等透水性较弱的地基或土工建筑物，较严密的方法为有效应力法。目前，比较成熟的方法是基于比奥固结理论的有限元法。

3.1.2.3 有效应力法

有效应力法耦合了孔隙水应力的变化和土体的应力应变性状，它将土体骨架中孔隙水流动控制方程与加载引起的土体变形控制方程（平衡方程、本构方程、几何方程）结合起来，从而能模拟与时间有关的土体性状，即能得到变形随时间的变化过程。

比奥在较严格固结机理基础上推导了反映孔隙水应力消散与土骨架变形之间相互关系的三维固结方程，是比较完善的多维固结理论。基于比奥固结理论的有限元法是目前比较有效的分析方法。

必须指出，在利用有效应力法进行土体应力应变分析时，强度指标应该采用有效强度指标。同时，应注意以下几个问题。

1. 初始条件

计算时必须将计算的时间域划分为若干时段（步长）Δt。计算从 $t=0$ 开始，每增加一个 Δt，求解一次有限元方程组。$t=0$ 时刻的荷载、位移、孔压等必须已知，才能推求下一时段的位移、孔压的变化。

2. 边界条件

边界条件有位移和孔压两种。对位移边界，与普通有限元法处理办法相同；孔压边界主要有透水边界、不透水边界。

透水边界的孔隙压力是已知的，对这些结点不建立连续性方程。不透水边界需建立连续性方程，但边界流量为0。这些点与内部结点没有差异。

对地基固结问题，由于地基无限大，实际计算区域有限。这时，对截断边界，可以通过外插法确定边界孔压；在边界截取范围较大时，也可取为不透水边界或透水边界。

3. Δt 选取

在有限元固结计算中，要注意时间步长 Δt 的选取。若 Δt 太小，有时会引起计算不稳定，计算结果失真。但在固结开始时段，如果 Δt 取得太大，会引起较大计算误差。Verruijt 建议了一个估计时间步长的公式，可以参照取用。

$$\Delta t=\frac{L^2}{\frac{K}{\gamma_w}\left(B+\frac{4}{3}G\right)} \tag{3.1-42}$$

式中：L 为单元排水方向的尺寸；K 为渗透系数；γ_w 为水的容重；B 为土体体积模量；G 为土体剪切模量。

固结后期，Δt 可以逐步增大。固结计算中，一般荷载增量与时间增量是结合在一起的，而且通常是每级荷载增量下有1个或1个以上的时间步长。在每个时间步长中，根据实际外荷载的情况施加各时间步长内的荷载。实际上，当前荷载级的外荷载一般是在其第一个时间步长内施加，而该荷载级内的其他时间步长仅有孔压对应的荷载，而没有其他外荷载。

3.1.2.4　土石坝有限元计算中特殊问题的处理

1. 地基或新填土的初始应力状态

土体非线性有限元计算时劲度矩阵［$\boldsymbol{D}$］与应力状态密切相关。初始应力状态除影响初次加荷的计算结果外，对以后各级荷载的应力变形也有一定影响，如果某级荷载下的单元土体厚度较大，则可能有较大影响。因此，必须合理确定初始应力状态。第一次建立有限元方程时，如何确定劲度矩阵［$\boldsymbol{D}$］，需要合理考虑。

(1) 假定初始应力状态。对既有地基，一般已经固结完成，即自重作用下不再发生变形。因此，对现有地基，可以作为第一级荷载，直接假定其（初始）应力状态及变形（等于 0），而不进行有限元求解。以后各级荷载增量下的应力增量直接叠加到初始应力而获得当前应力，从而确定当前荷载级的劲度矩阵 $[\boldsymbol{D}]$。

土体实际初始应力状态难以精确计算。一般假定其处于 K_0 状态，近似由下式估计：

$$\left.\begin{aligned}\sigma_z&=\gamma z\\ \sigma_x=\sigma_y&=K_0\gamma z\end{aligned}\right\}\tag{3.1-43}$$

式中：σ_z 和 σ_x、σ_y 分别为竖向和两水平向正应力；γ 为土体重度；z 为单元形心到土体表面的距离；K_0 为静止侧压力系数，正常固结地基可用 $K_0=1-\sin\varphi'$ 估算，如果已知地基为超固结地基，则 K_0 要考虑超固结影响，同时，假定剪应力 $\tau_{xy}=\tau_{yz}=\tau_{xz}=0$。

对新填土层，如厚度较薄或水平分布均匀，同样可以用式（3.1-43）计算初始应力，并使这些土层的单元参与有限元方程的建立。但计算后，这些单元的应力增量被抛弃而直接取用式（3.1-43）的计算值作为其（在该层土填筑完成后的）初始应力。

(2) 初始应力取用有限元计算结果。对地面倾斜的地基或其他复杂边界情况，土体内剪应力可能较大，则宜将地基在自重荷载作用下作一级或多级有限元计算，第一次计算用到的初始应力由式（3.1-43）确定劲度矩阵 $[\boldsymbol{D}]$。但以后该应力被抛弃，而用有限元计算新得到的应力作为后一级荷载计算的初始应力，且累加到下一级荷载计算的应力中。

实际上，如果初始应力取用有限元计算结果，则第一次计算时用到的劲度矩阵 $[\boldsymbol{D}]$ 也可以不用式（3.1-43）估算初始应力，而通过直接假定弹性常数（如弹性模量和泊松比）的方法来确定。

对新填土层，如果分布厚度不均或倾斜，单元剪应力预计较大时，可用式（3.1-43）计算初始应力，并使新填土层的单元参与有限元方程的建立，同时将计算得到的这些单元的当前荷载级的应力增量作为其（在该层土填筑完成后的）初始应力。

在土石坝中，由于坝料填筑都使用大型振动碾碾压，碾压后新填土层实际为超固结。计算时，如考虑这种碾压引起的超固结则更合理。

2. 填土施工过程的模拟

土石坝等填方工程中，土体一般是分层填筑。土坝填筑时，逐级加荷与一次加荷的变形机理是不同的。对逐级加荷，如果不考虑固结等时间因素对变形的影响，即假定变形在施工中瞬时完成，则下部土体的自重不影响上部土体的变形。施工进行到某一高度，该高度以下土重引起的位移已经发生，这个高度以下各点如果发生位移，仅仅是其上土重作用引起的。坝顶以上不再有荷载，也就不再有位移，故坝顶位移为 0。而若采用一次全部加荷，则任一点位移都是坝体全部自重荷载作用的结果，因坝顶处土层最厚，沉降（垂直位移）最大。

图 3.1-3 中 S_z' 和 S_z 曲线分别为逐级加荷与一次全部加荷的坝体垂直位移沿高度分布曲线。两种情况下变形差异很大。S_z' 沿 z 深度从 0 增大到最大值再减小到 0，在坝顶和坝底处均为 0，最大 S_z' 在 $h/2$ 处（一维问题、弹性材料情况）。实际土坝问题不是一维问题，应力不呈三角形分布，且由于材料有多个分区、应力应变关系为非线性等因素，最大

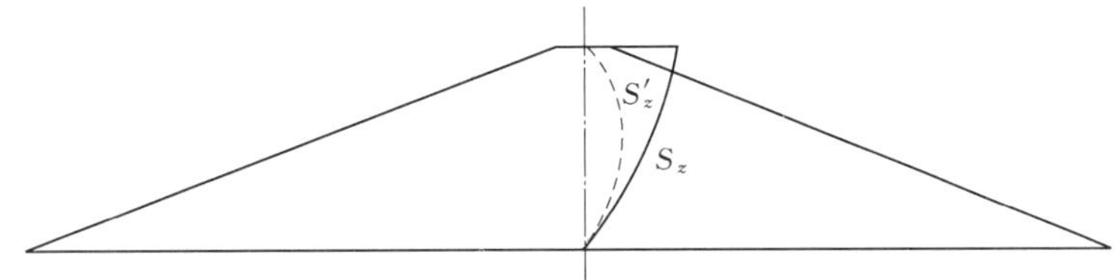

图 3.1-3　逐级加荷与一次全部加荷沉降比较

S'_z常在 $h/3\sim2/3h$。

实际上，土石坝施工逐级加荷时，由于每级荷载的填土厚度一般较大，计算时该级荷载增量是一次施加的，对于该级荷载的新填土层，仍相当于一个小的坝体作一次全部加荷计算。其顶面位移不为 0，则各级荷载下的位移累加起来就出现阶梯状，见图 3.1-4。台阶的大小与计算分层的厚度有关，若对新填土层又分若干层次逐级施加，当分层无穷多时，顶面位移就是 0。

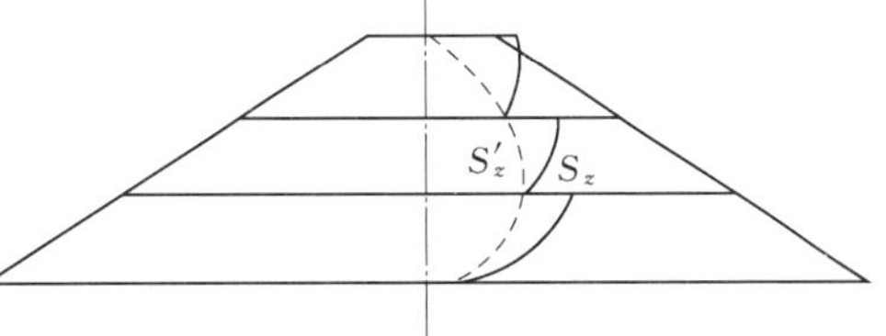

图 3.1-4　逐级加荷沉降分布

为了避免累计位移的台阶状，应对每一新填土层一次加荷算出的位移 w 进行修正，修正到分级无穷多时的位移 w'。近似的修正关系式为

$$w'=\frac{S'_z}{S_z}w=\frac{2z}{h+z}w \tag{3.1-44}$$

当 $z=0$ 时，$w'=0$；当 $z=h$ 时，$w'=w$。修正后的曲线见图 3.1-4 中的虚线。式（3.1-44）是对垂直位移推导得出的，对水平位移也可近似采用。

上述修正是以各级荷载下的位移在施工过程中瞬时完成为前提的，即宜用于砂性土或总应力的分析方法。对于黏性土，考虑孔隙水应力增长与消散即考虑固结的有限元计算时，土体变形并非瞬时发生，而是随孔压消散逐渐增大。因此，施工完成后坝顶仍有位移，甚至主要位移发生在完工后，这时，位移不必修正。

采用有限元增量法可以模拟填土施工的荷载逐级施加过程，把施工各阶段的应力变形都计算出来。计算中，可只对已填筑的土体划分单元形成劲度矩阵求解有限元方程。在很多商业程序中，通过所谓“生死单元”来控制，即网格是一次性全部生成，但填筑到某高程时，只有此时已经填筑的单元是“生单元”，才参与劲度矩阵的形成；未填筑的单元设为“死单元”，不参与当前级的劲度矩阵的形成和有限元方程的建立。

3.2　坝体筑坝材料动力本构模型

地震时，筑坝土石料的动应力应变关系表现出非线性、滞后性和变形累积特性。动应力应变滞回圈顶点的连线（简称骨干曲线）表示不同应力循环的最大动应力与最大剪应变之间的关系，反映了筑坝土石料的动力非线性；滞回曲线表示一个应力循环内各时刻动应力与应变的关系，反映了应变对应力的滞后性；当作用的动应力较大时，土石料的塑性变形使滞回曲线不再封闭与对称，滞回曲线的中心向应变增大的方向移动，显示了应变逐步累积的特征。筑坝土石料的动力本构模型主要反映材料的以上动力特性。

土石料动力特性主要受动应变幅度和循环振动次数等因素的影响。和工程有关的土的动应变幅度约在 $10^{-6}\sim10^{-1}$ 范围内变化。当动应变幅度小于 10^{-5} 时，筑坝土石料一般表现为弹性。强震时土工建筑物中土的应变幅度可在 $10^{-4}\sim10^{-1}$ 范围内变化，应变幅度超过 5×10^{-2} 以后，土工建筑物将不能保持原形，会产生永久变形，表现为出现裂缝、不均匀沉降，甚至发生破坏等。

可以看出，由于土石料的动力特性的复杂性，要建立一个能够适用于各种不同条件的动本构模型普遍公式是不切实际的。现实的方法是对于不同的工程问题，根据土体的不同要求和具体条件，有选择地舍弃部分次要因素，保留主要因素，建立一个能够反映实际情况的动力本构模型。目前国内土石坝料的动力本构关系模型大多采用非线性黏弹性动力模型和弹塑性动力模型两大类。

3.2.1 非线性黏弹性动力模型

非线性黏弹性模型视土石料为黏弹性体，即认为土石料的动力学特性由非线性弹簧和变参数的黏壶组成。若不寻求滞回曲线的具体数学表达式，认为加荷与卸荷时模量相同，则为等效线性黏弹性模型。它用骨干曲线的斜率表示剪切模量，用滞回圈面积与弹性应变能的比值表示阻尼比。在试验数据基础上建立剪切模型和阻尼比与滞回圈应变的关系。非线性黏弹性模型若寻求滞回圈的表达式，则属于 Masing 类模型。

3.2.1.1 等效线性黏弹性模型

土石料的动应力应变滞回圈见图 3.2-1。最大剪切模量 G_0 的表达式为

$$G_0=K(\sigma_0'/P_a)^n \tag{3.2-1}$$

式中：K 和 n 为试验常数；σ_0'为初始平均静有效应力；P_a 为大气压力。

为反映筑坝土石料的动力非线性，需给出骨干曲线上各应变点的剪切模量 G（即骨干曲线上各点与原点连线的斜率）与动剪应变 γ 之间的关系曲线，见图 3.2-2(a)、(c)。

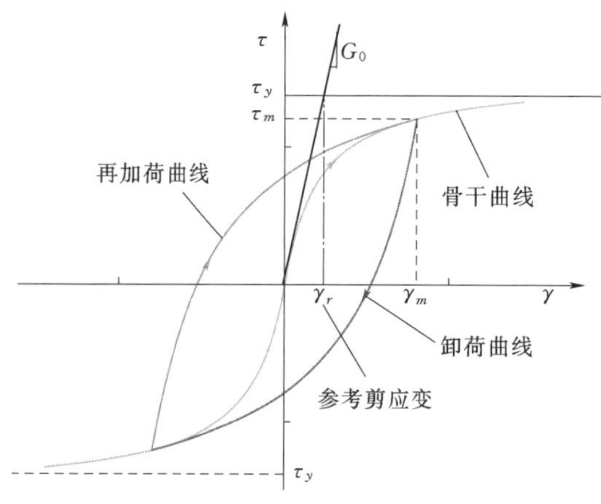

图 3.2-1 土体动力骨架曲线与滞回曲线示意图
τ—动剪应力；γ—动剪应变；G_0—最大剪切模量；
τ_m—滞回圈动应力幅值；γ_m—滞回圈动应变幅值；
γ_r—参考剪应变；τ_y—最大动剪应力

剪切模量 G 与动剪应变 γ 之间的关系一般采用$\dfrac{G}{G_0}$-γ 表示。在实际工程中，$\dfrac{G}{G_0}$有两种处理方式，一种是直接根据试验骨干曲线求出 G，整理$\dfrac{G}{G_0}$，并绘制成曲线，供动力有限元计算直接采用；另一种是借鉴 Hardin 关于土体动力骨干曲线为双曲线的假设，将试验成果整理成公式与参数的形式，以便工程计算使用。

$$G=k_2P_a\left(\frac{\sigma_3}{P_a}\right)^n\frac{1}{1+k_1\overline{\gamma}} \tag{3.2-2}$$

$$\overline{\gamma}=\frac{\gamma}{\left(\frac{\sigma_3}{P_a}\right)^{1-n}} \tag{3.2-3}$$

式中：k_1、k_2、n 为试验参数；$\overline{\gamma}$ 为归一化动剪应变；σ_3 为试验围压。

阻尼比反映了筑坝土石料的耗能特性，其计算公式如下：

$$D=\frac{1}{4\pi}\frac{\Delta W}{W} \tag{3.2-4}$$

式中：ΔW 为滞回圈的面积，即振动一周的能量损耗；W 为该循环所储存的应变能，即水平阴影线的面积，见图 3.2-2（b）。

工程计算中采用的阻尼比，可直接将实测阻尼比与动剪应变的关系曲线作为输入进行计算。也可以拟合实测阻尼比曲线，得到坝料的最大阻尼比 $D_{\max}$，其可按下式计算：

$$D=D_{\max}\frac{k_1\overline{\gamma}}{1+k_1\overline{\gamma}} \tag{3.2-5}$$

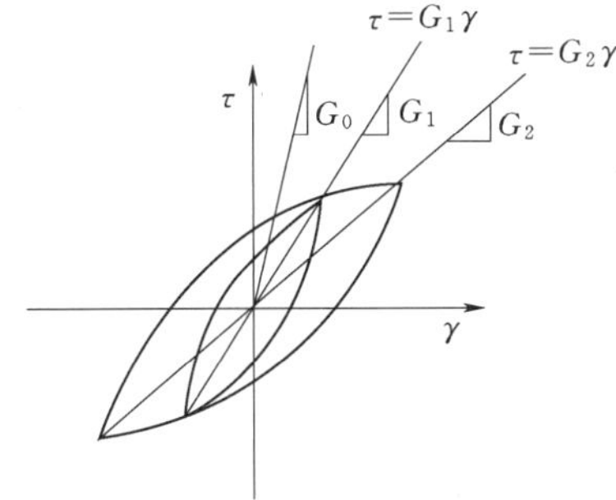

(a) 土的动应力-动应变关系滞回曲线

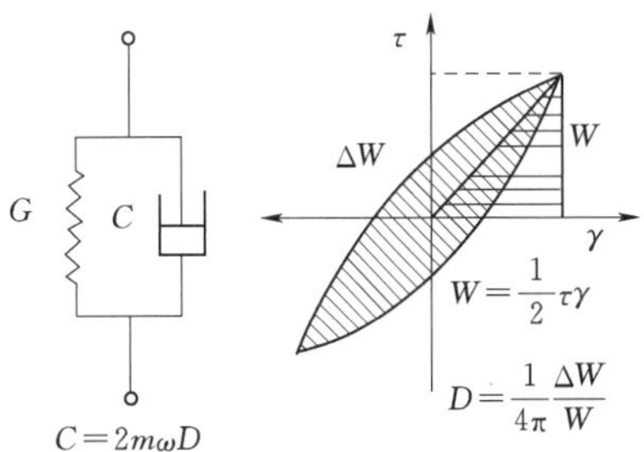

(b) 黏弹性动力模型

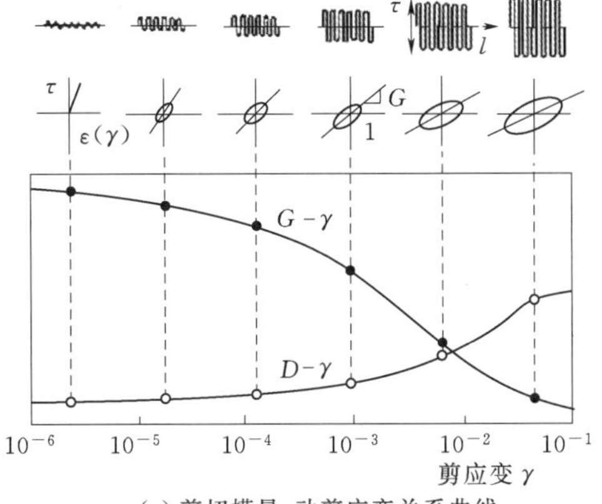

(c) 剪切模量-动剪应变关系曲线

图 3.2-2　土的动应力-应变关系的非线性和滞回性

由于等效线性模型是试验结果的归纳，形式上比较简单，因此在实际计算中得到广泛应用，特别是应用于中小地震作用下坝体动力反应分析效果较好。但其不足是强震时土体承受的动应变较大，会导致较大的计算误差，且不能预测地震永久变形。

3.2.1.2 Masing 类模型

Masing 类模型需给出滞回圈的动应力-应变表达式[56]。一般是在给出初始加载条件下的动应力-应变关系的骨干曲线表达式后，再利用 Masing 二倍法得出卸载和再加载的滞回曲线方程[57-60]。这类模型根据骨干曲线方程中自变量不同，可以分为以应变表达应力的 Davidenkov 型模型和以应力表达应变的 Ramberg - Osgood 类模型[58-65]，典型的 Davidenkov 型模型如 Hardin - Drnevich 模型[66-67]。但是以上 Masing 类模型都具有以下缺点：滞回曲线的形状仅由骨干曲线确定，没有体现土的阻尼比试验值；应用 Masing 准则所预估的阻尼比过大；不适合不规则加载情形。

为了使这类模型更接近实测的动应力-应变曲线，很多学者做了大量的工作。如大崎顺彦提出了同时迁就 $G_s-\gamma$ 与 $\lambda_{eq}-\gamma$ 两类试验数据的简易方法，权衡选定 Ramberg - Osgood 模型中的有关参数[68]；李小军等提出修正骨架线法[69]；王志良等引进了阻尼比退化系数的概念[70]，对 Masing 准则进行修正，以使其能够描述不规则循环荷载作用下的动本构关系；Prevost 和 Catherine 分别对双曲线模型进行改进[71]；Pkye 用变参数 C 代替 Masing 准则中的二倍关系[72]；吴仲谋将试验曲线中的阻尼比值与按 Masing 滞回圈估算的阻尼比值之差定义为补偿阻尼比，并近似地作为黏性耗能机制列入运动方程中[73]；栾茂田和林皋针对不规则荷载条件引入 3 个随应变幅而变化的参变数 $\beta_1(\gamma)$、$\beta_2(\gamma)$[64,74]，由试验样本曲线确定其变化规律，并由相应条件下的 β_1、β_2 值所定义的虚拟瞬态骨干曲线方程，再根据 Masing 准则来形成滞回曲线；张克绪等引入两个参数 n_1、n_2，提出更一般化的控制最终强度模型和耗能协调模型[75]。

由上述可知，对 Masing 类模型中的定常参数加以改造，以期用动态曲线来逼近离散试验数据点和跟踪复杂加载路径。

Masing 类模型在土石坝计算中较少应用，主要是难以兼顾模型的复杂性和适应性。计算土石料的应力应变跟踪滞回圈时，在实际操作中较难实现，且效果不理想。

3.2.2 弹塑性动力模型

自 20 世纪 70 年代以来，学者们对弹塑性本构模型展开了较为广泛的研究，所采用的途径一般有：

（1）仍采用单调加载条件下所建立的模型，但仅选用较为复杂的硬化规律。如建立于修正的剑桥模型基础之上的 Carter 模型[76]，建议改变椭圆形帽子长短轴之比的 Baladi 模型及具有单一屈服面的 Desai 系列模型[77]。

（2）以其他形式的塑性理论为基础所建立的动本构模型，如塑性模量场理论、边界面理论等。

基于塑性模量场理论所建立的塑性土模型，常称之为多面模型或多屈服面模型。目前已有的多屈服面模型是由 Prevost 和 Mroz 等提出[78-79]。他们的模型的主要差别在于边界面与套叠面的形状及其移动规则以及硬化模量场的研究方法不同。Prevost 先提出了针对饱和砂土和黏性土的不排水模型[78]，后又将静水压力项引入到屈服函数中，从而成为针对黏土的排水模型。Mroz 等的模型不仅适用于反映不排水条件下砂土的往返活动性[79]，也适用于描述排水条件下砂土的振动压密特性。为了描述循环加载过程中的记忆消失现象，Mroz 等对多面模型进行数学上的修正而进一步发展了无限多面模型。这样，在循环加载过程中，当前较大振幅的加载会消除对过去较小振幅加载的记忆，而较小振幅加载仍能记忆过去较大振幅的加载过程。该模型尽管有多方面的适应性，但常要记忆多个反向的套叠曲面，而且在不排水循环加载条件下不出现液化。

上述多屈服面塑性模型为描述土体的真实特性提供了极大的普遍性和灵活性，但它们要求在数值计算时对每一个高斯积分点所有屈服面的位置、尺寸及塑性模量进行记忆，对计算机的内存要求过高。为了避免在有限元计算时对应力空间中所有屈服面进行跟踪，一些学者提出了两面模型，即只采用初始加载面和边界面，在这两个面之间的套叠屈服面场用解析内插函数来代替，加载面上的塑性模量取决于加载面上的应力点与边界面上相应共轭点之间的距离。两面理论首先由 Dafalias 和 Krieg 分别于 1975 年独立提出[80-81]。此后，基于各类土的显著特性分别提出了使用于黏土和砂土的边界面模型。

各种边界面模型的本质区别在于边界面的形状、流动和硬化规则以及应力状态处于边界面之内时模量的插值关系的确定等。

20 世纪 80 年代以来，国内在动力弹塑性模型方面也取得了长足的进展。沈珠江在借用理论力学及内时理论中的减退记忆原理和老化原理的同时[92]，提出了塑性应变的惯性原理、协同作用原理及驱动应力等概念，在此基础上建立了一个反映砂土在循环荷载作用下的广义弹塑性模型，数值计算与多种应力路径下试验结果的对比表明了其合理性。谢定义及其课题组经过多年的不懈努力[83]，建立了饱和砂土的瞬态动力学理论体系。该理论体系的一个重要特点是将循环荷载下饱和砂土的应力、应变、强度及破坏视为一个有机联系的发展过程，并针对这一过程的不同点提出反向剪缩、空间特性域、时域特性段及瞬态模量场等具有理论和实际意义的新概念，开辟了对动强度变形瞬态变化过程进行定量分析的新途径。

3.2.2.1　量化记忆模型[84-86]

量化记忆模型的实质是对加卸载曲线做一种映射变换，属于土体动力弹塑性边界面模型的一种。

对量化记忆（Scale Memory，SM）模型的理解可以从以下三个步骤来理解：

第一步：由单调加载曲线（即骨干曲线）建立初始的量化记忆。

土体应变可分为弹性应变和塑性应变：

$$d\varepsilon = d\varepsilon^{e} + d\varepsilon^{p} = \frac{d\sigma}{E} + \frac{d\sigma}{H} \tag{3.2-6}$$

结合土的实际非线性特性，将塑性模量 H 作为一个无量纲因子 δ 的函数，即

$$H = H(\delta) = h_0 \frac{E\delta^{r}}{(1-\delta)^{s}} \tag{3.2-7}$$

其中

$$\delta = \begin{cases} 1 - \dfrac{\sigma}{\sigma_{\max}}, \sigma \geqslant 0 \\ 1 - \dfrac{\sigma}{\sigma_{\min}}, \sigma < 0 \end{cases} \tag{3.2-8}$$

式中：h_0、r、s 为材料常数，可以由试验数据拟合得到。

可以看出，$\sigma=0$ 时，$\delta=1$，$H\to\infty$，此时为完全弹性状态；$\sigma\to\sigma_{max}$ 或 σ_{min} 时，$\delta=0$，$H=0$，此时增量应变为无穷大。通过函数 $H(\delta)$，将 H 随 σ 的非线性变化转变成 δ 随 σ 的双线性变化［图 3.2-3（c）中的 C_1C_2、T_1T_2 两条线段］。

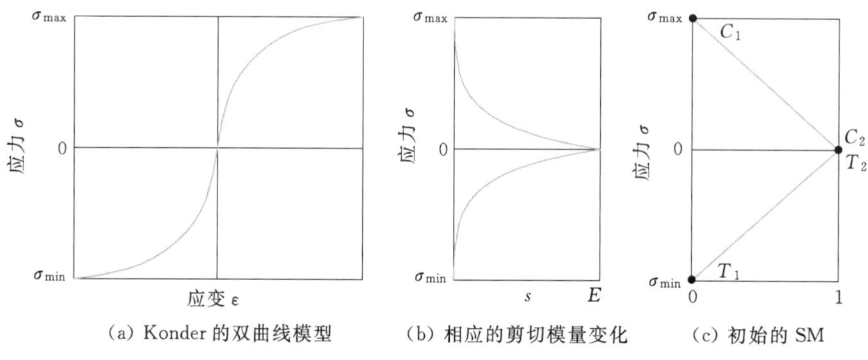

(a) Konder 的双曲线模型　(b) 相应的剪切模量变化　(c) 初始的 SM

图 3.2-3　量化记忆模型

两条线段 C_1C_2、T_1T_2 即为初始的 SM，它表示出了单调加载情况下 δ 在应力空间的分段线性分布。在 SM 中，δ 被称作量化模量，$H(\delta)$ 被称作量化函数。为方便计，用点对 $D_i(c_i,\ t_i,\ \delta_i)$ 表示两个点 $C_i(c_i,\ \delta_i)$ 和 $T_i(t_i,\ \delta_i)$（$i=1,\ 2,\ 3\cdots m$），c_i 与 C_i、t_i 与 T_i 分别表示压缩和拉伸，点对 D_i 的数目 m 称为量化记忆尺寸，线段 C_1C_2、T_1T_2 分别为压缩和拉伸记忆分支。从图 3.2-3（c）中可以看出，初始 SM 有两个点对 D_1、D_2，分别为

$$(c_1,t_1,\delta_1)=(\sigma_{max},\sigma_{min},0),(c_2,t_2,\delta_2)=(0,0,1) \tag{3.2-9}$$

第二步：在循环加载情况下，改变 δ 的分布，即对线性 SM 结构进行基本的几何变换，从而控制塑性模量的非线性变化。

（1）当加载至点 $A(\varepsilon_A,\sigma_A)$ 开始卸载时。假设骨干曲线为 $\sigma=f(\delta)$，斜率为 S，则根据 Masing 相似准则，卸载曲线为 $\sigma_A-\sigma=2f[(\varepsilon_A-\varepsilon)/2]$，卸载曲线的斜率 $S_1=S[(\sigma_A-\sigma)/2]$。卸载点 A 处的斜率 $S_1(\sigma_A)=S_1(0)=E$，卸载至相反一侧对称点 $F(\varepsilon_F,\sigma_F)$ 处，卸载分支曲线与拉伸曲线相切，即 $\sigma<\sigma_F$ 时，用拉伸骨架曲线段 FE 代替由 Masing 准则生成的卸载曲线段 FE'，见图 3.2-4（a）。

根据以上假设，可以重新构建 SM，使得

$$\delta=\begin{cases}\dfrac{1+\sigma-\sigma_A}{2\sigma_{max}},-\sigma_A\leqslant\sigma\leqslant\sigma_A\\[2ex] 1-\dfrac{\sigma}{\sigma_{max}},\sigma_{min}\leqslant\sigma_A\end{cases} \tag{3.2-10}$$

在 SM 上可以很容易地实现以上变化：在 SM 上插入一个新的点对 $D_r(c_r,\ t_r,\ \delta_r)$（$r,1,2\cdots k$），其中，$c_r=\sigma_A$，$t_r=\sigma_F=-\sigma_A$，$\delta_r=\delta_A$，见图 3.2-4（c），让 D_1 保持不变，$D_2=D_r$，D_3 变成 $(c_3,t_3,\delta_3)=(c_r,c_r,1)$，更新后的 SM 见图 3.2-4（d）。

$$\delta=\begin{cases}\delta_2+\dfrac{\delta_3-\delta_2}{t_3-t_2}(\sigma-t_2),t_3\leqslant\sigma\leqslant t_2\\[2ex] \delta_1+\dfrac{\delta_2-\delta_1}{t_2-t_1}(\sigma-t_1),t_2<\sigma\leqslant t_1\end{cases} \tag{3.2-11}$$

式（3.2-11）不仅可以计算准则产生的规则卸载曲线，还可使用于不对称（$\sigma_{max} \neq -\sigma_{min}$）情况。

（2）假设卸载至 $B(\varepsilon_B, \sigma_B)$ 点时，发生荷载反向，即再加载情况。B 点在 SM 上对应的点对 $D_s(c_s, t_s, \delta_s)$ 坐标为：$t_s=\sigma_B$，$\delta_s=\delta_B$

$$c_s=\begin{cases} c_1+\dfrac{c_2-c_1}{\delta_2-\delta_1}(\delta_s-\delta_1), t_1\leqslant\sigma_B\leqslant t_2 \\ c_2+\dfrac{c_3-c_2}{\delta_3-\delta_2}(\delta_s-\delta_2), t_2<\sigma_B\leqslant t_3 \end{cases} \tag{3.2-12}$$

当 $t_2\leqslant\sigma_B\leqslant t_3$ 时，SM 有 4 个点对（即 $m=4$），点对 D_1、D_2 不变，让 $D_3=D_S$、D_4（c_4，t_4，δ_4）$=(t_s, t_s, 1)$，见图 3.2-4（e）。当 $t_1\leqslant\sigma_B\leqslant t_2$ 时，SM 将只有 3 个点对（即 $m=3$），D_1 不变，$D_2=D_S$，$D_3(c_3, t_3, \delta_3)=(t_s, t_s, 1)$。可见，只有在 $t_{m-1}<\sigma<c_{m-1}$ 时，记忆尺寸 m 才会增加；当 $c_k<\sigma$ 或 $\sigma<t_k$ 时，点对 D_k 被消除。

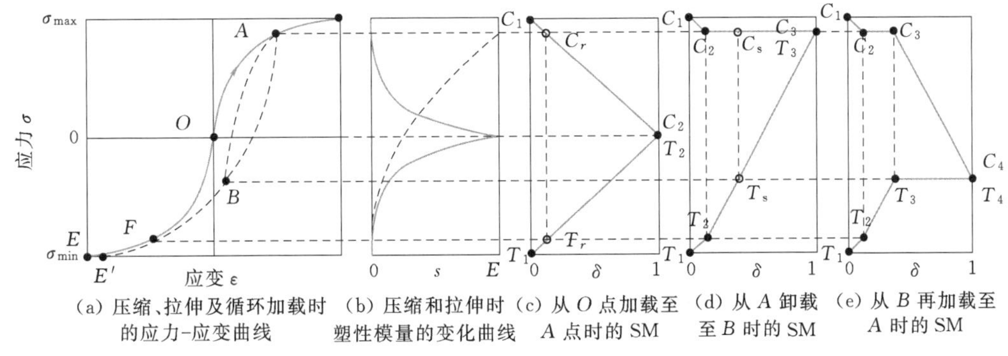

图 3.2-4　量化记忆模型

第三步：SM 的近似化处理。由上述可知，当加载在 t_{m-1} 和 c_{m-1} 之间发生反向时，记忆尺寸 m 增加。如果荷载幅度逐渐减小（例如地震加速度的衰减），点对的数目会无限多。因此，需要对 SM 的线性结构进行处理，从而控制点对的数目。

假设欲控制点对最大数目为 M，则当 $m>M$ 时，消除给 SM 造成最小改变的点对 D_k，这里，相对于破坏应力和最后一次方向应力点的第一个和最后一个点对除外。具体做法如下：由点对 D_k 的量化模量 δ_k 在 D_{k-1} 和 D_{k+1} 之间进行线性插值，得一点对 $D_p(c_p, t_p, \delta_p)$：

$$\begin{aligned} t_p&=t_{k-1}-\frac{t_{k+1}-t_{k-1}}{\delta_{k+1}-\delta_{k-1}}(\delta_k-\delta_{k-1}) \\ c_p&=c_{k-1}-\frac{c_{k+1}-c_{k-1}}{\delta_{k+1}-\delta_{k-1}}(\delta_k-\delta_{k-1}) \end{aligned} \tag{3.2-13}$$

由于 D_p 是由 D_{k-1}、D_{k+1} 线性插值得到的，如果没有 D_k 的话，D_p 的存在并不会影响量化记忆的形状。因此，使式（3.2-14）A_k 取得最小值的 D_k 对 SM 贡献最小，可以消除影响。

$$A_k^2=(t_k-t_p)^2+(c_k-c_p)^2 \tag{3.2-14}$$

3.2.2.2 Pastor－Zienkiewicz－Chan 动力弹塑性模型

近年来，国内学者引进了土体 Pastor－Zienkiewicz－Chan 动力弹塑性模型（以下简称 PZC 模型）[87]，用于分析土石坝的静动力反应。这一模型是 Pastor、Zienkiewicz 和 Chan 基于广义弹塑性理论提出的，它直接定义塑性流动与加载方向，给出了塑性模量表达式，再引入不同修正项以考虑各种因素对塑性模量的影响，使模型的概念清晰便于理解应用。

PZC 模型中非线性弹性关系中的弹性剪切与体积模量的表达式为

$$G=G_0(p'/p_0),K=K_0(p'/p_0) \tag{3.2-15}$$

式中：G_0、K_0 为剪切与体积模量参数；p'为平均有效应力；p_0 为大气压力，为 101kPa。

Frossard 根据剪胀比 d_g 和应力比 η 的试验结果发现剪胀方程近似表示为

$$d_g=\frac{d\varepsilon_v^p}{d\varepsilon_s^p}=(1+\alpha_g)(M_g-\eta) \tag{3.2-16}$$

式中：$d\varepsilon_v^p$ 为塑性体应变增量；$d\varepsilon_s^p$ 为塑性剪应变增量；η 为应力比，$\eta=q/p'$，p'为有效体应力，q 为偏应力；α_g 为模型参数；M_g 为 $p'-q$ 平面上的特征状态线的斜率，在特征线上$\eta=M_g$，且残余状态下应力状态点也将落于该线，其表达式为

$$M_g=\frac{6\sin\varphi_c}{3+\sin\varphi_c(1-\sin3\theta)} \tag{3.2-17}$$

式中：φ_c 为砂土残余内摩擦角；θ 为罗德角。

塑性流动方向为

$$n_{gL}=\frac{1}{\sqrt{1+d_g^2}}(d_g,1)^{\mathrm{T}} \tag{3.2-18}$$

卸载时的塑性流动方向：

$$n_{gU}=\left(-\left|\frac{d_g}{\sqrt{1+d_g^2}}\right|,\frac{1}{\sqrt{1+d_g^2}}\right)^{\mathrm{T}} \tag{3.2-19}$$

式中：T 为向量转置。

在 PZC 模型中，模型采用非相适应的流动法则，其加载方向与塑性流动方向是分别定义的，加载方向 n_f 具有和塑性流动方向 n_g 相似的形式：

$$n_f=\frac{1}{\sqrt{1+d_f^2}}(d_f,1)^{\mathrm{T}} \tag{3.2-20}$$

$$d_f=(1+\alpha_f)(M_f-\eta) \tag{3.2-21}$$

式中：α_f 和 M_f 为模型参数。

加载时的塑性模量 H_L 表达式如下：

$$H_L=H_0p'H_f(H_v+H_s)H_{DM} \tag{3.2-22}$$

H_f、H_v、H_s、H_{DM}的表达式为

$$H_f=\left(1-\frac{\eta}{\eta_f}\right)^4, H_v=1-\frac{\eta}{M_g}, H_s=\beta_0\beta_1\exp(-\beta_0\xi), \eta_f=\left(1+\frac{1}{\alpha_f}\right)M_f, \xi=\int|d\varepsilon_s^p| \tag{3.2-23}$$

式中：H_0 为初始加载时的塑性模量；β_0 与 β_1 为考虑剪切硬化的模型参数；ζ 为塑性等效剪应变累计值。

土体卸载完成后再加载时，土体为超固结土，需记录土体的应力历史，故引入应力历史函数 H_{DM}，可考虑应力历史对加载塑性模量的影响，初始加载时为1，再加载时表达式为

$$H_{DM}=\left(\frac{\zeta_{\max}}{\zeta}\right)^{\gamma_{DM}} \tag{3.2-24}$$

式中：γ_{DM}为模型参数；ζ 表达式如下：

$$\zeta=p'\left[1-\left(\frac{\alpha_f}{1+\alpha_f}\right)\frac{\eta}{M_f}\right]^{-\frac{1}{\alpha_f}} \tag{3.2-25}$$

卸载时的塑性模量根据当前应力是否到达临界状态区分为以下两种情况：

$$H_u=\begin{cases}H_{u0}\left(\dfrac{M_g}{\eta}\right)^{\gamma_u}, & \left|\dfrac{M_g}{\eta}\right|>1\\ H_{u0}, & \left|\dfrac{M_g}{\eta}\right|\leqslant 1\end{cases} \tag{3.2-26}$$

式中：H_{u0}和 γ_u 为模型参数。

塑性应变增量与应力增量之间的关系为

$$\mathrm{d}\varepsilon^p=\begin{Bmatrix}\mathrm{d}\varepsilon_v^p\\ \mathrm{d}\varepsilon_s^p\end{Bmatrix}=\frac{n_{gL/U}n^{\mathrm{T}}\mathrm{d}\sigma}{H_{L/U}} \tag{3.2-27}$$

通过PZC弹塑性本构模型公式分析可知，其弹性部分参数为 K_0、G_0、p_0、塑性势面的参数为 α_g 和 M_g，屈服面的参数为 α_f 和 M_f，塑性模量的参数为 H_0、β_0、β_1、H_{u0}、γ_u、γ_{DM}。

3.3　大坝后期变形分析

3.3.1　坝料湿化变形

3.3.1.1　湿化变形机理

所谓湿化变形，是指坝料在一定的应力状态下浸水，由于颗粒间被水润滑及颗粒矿物浸水软化等原因而使颗粒发生相互滑移、破碎和重新排列，从而发生变形，并使坝体中的

应力重新分布的现象。

3.3.1.2 湿化变形特性

许多心墙堆石坝的上游坡在初次蓄水后都发生了显著的沉降，见表3.3-1。新疆引额济克工程中“635”水利枢纽大坝为黏土心墙砂砾石坝，最大坝高73m，坝顶长320m。大坝工程于1998年6月开始填筑，1998年11月至1999年4月因气温低而停工，1999年10月坝体填筑到顶。水库于2000年5月22日开始下闸蓄水，2001年7月5日最高库水位达到645.17m，并在此高水位下运行15天。蓄水后上游面发生了明显的沉陷和指向上游的水平变形。上述观测资料表明，蓄水时上游坝壳表面往往产生向上游的位移，这与水压力作用的方向正好相反，同时还伴随一定的沉陷，而不是在浮托力的作用下发生上抬。

表3.3-1　心墙堆石坝初次蓄水时的特性

大坝名称	坝高/m	蓄水历时	最大沉降/m	备　注
Canales，西班牙	158	—	0.85	坝壳料碾压厚度1.5m
Infiernillo，墨西哥	148	21天	0.3	心墙出现裂缝，左坝肩出现拉应力
Cogswell，美国	85	—	2.6	坝壳料为干样压实
Cougar，美国	158	4天	0.3	心墙出现裂缝并向上游侧变形
Gepatsch，澳大利亚	120	1个月	0.5	坝顶出现纵向裂缝
South Holston，美国	87	4个月	0.4	心墙向上游向位移8cm
LG-2，加拿大	156	—	1.3～1.5	心墙和上游坝壳料界面处出现裂缝

3.3.1.3 湿化变形试验方法

按照试验方法的不同，浸水变形试验可分为单线法和双线法两种。所谓单线法就是将干样先剪切到一定的偏应力后保持不变，然后使试样浸水饱和，测定饱和过程中的体积应变和轴向应变增加量，见图3.3-1(a)，图中水平直线段即为浸水变形引起的应变增量。所谓双线法就是分别对干样和饱和样进行三轴剪切试验，见图3.3-1(b)，在某一应力状态下，饱和样和干样之间的应变差值即认为是浸水变形引起的应变增量。

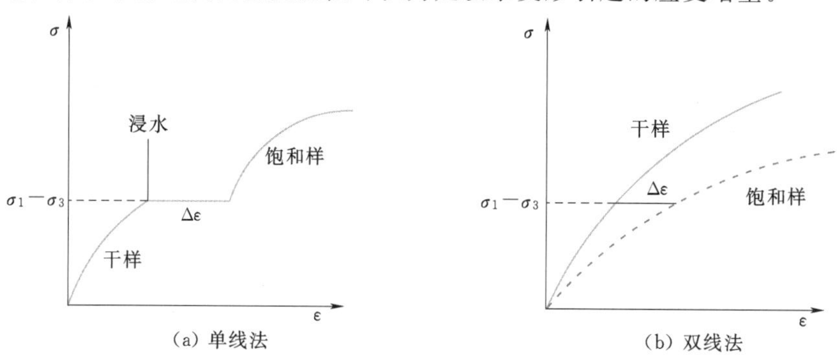

图3.3-1　湿化变形试验方法示意图

左元明和沈珠江对横山坝壳砂砾料进行浸水变形试验后认为[88]，单线法测定浸水后的轴向应变和体应变增量与双线法干样、饱和样两条曲线的差值是不同的。单线法测定的轴向应变增量较双线法大，后者通常仅为前者的20%～77%；单线法测定的体积应变增量较双线法小，前者通常仅为后者的54%～100%。

3.3.1.4　湿化变形试验停机稳定标准

为进行湿化变形试验，需将通常采用的应变控制式三轴剪切仪器改作采用应力控制。当既定的轴向应力施加到试样上时，试样将发生瞬时变形，并将产生类似蠕变的持续变形，称之为停机变形，如果达到某应力状态时立即进行湿化试验，试验所得湿化变形将包含停机变形，从而夸大了坝料的湿化变形。

目前对湿化试验中停机变形标准的研究较少，一般来讲湿化试验中停机变形的稳定标准可采用平均应变率为0.001%/min。现有试验结果表明，达到该标准的时间在3～5h，停机变形约占湿化变形的25%～33%。由于室内试验中坝料流变变形主要是在前几个小时内完成的，因此采用该标准不会带来较大的误差。

3.3.1.5　湿化变形计算方法

与湿化变形试验方法相对应，湿化变形的计算方法可分为两类，一类是基于双线法的试验结果，另一类是基于单线法的试验结果。

1. 基于双线法试验结果的计算方法

Nobari和邓肯基于双线法试验结果[89]，由干-湿两种应力应变曲线来求浸水变形。在有限元计算中，浸水湿化变形采用初应力法进行计算。先由浸水前的应力状态$\{\sigma_d\}$，从干样应力应变关系曲线可求得$\{\varepsilon_d\}$。假定浸水前后坝体的节点位移受到约束，则应力就要改变。根据湿样应力应变关系曲线可由$\{\varepsilon_d\}$求得$\{\sigma_w\}$，$\{\sigma_d\}$与$\{\sigma_w\}$之差即为应力改变量，也即初应力。实际中节点位移并未约束，故将初应力所对应的荷载施加于结构，以消除约束，这种荷载所引起的变形就是湿化变形。

殷宗泽等分析了Nobari等湿化变形计算方法的缺点[90]，认为Nobari等采用全量应变确定应力只适用于应力增加的情况，与浸水后上游坝壳内应力降低的实际情况不同。另外全量的应力应变关系，指的是主应力和主应变之间的关系，而不是应力各分量与应变各分量之间的关系。为了求应力分量和应变分量，需假定浸水前后主应力的方向角不变，这与实际情况不符。在此基础上，提出采用椭圆-抛物双屈服面弹塑性模型来代替邓肯模型计算湿化变形。

李广信提出了计算湿化变形两种模型[91]：①割线模型，与邓肯双曲线模型配合使用；②塑性模型，与清华弹塑性模型配合使用。两者均可用于土石坝初次蓄水时的应力变形分析。

2. 基于单线法试验结果的计算方法

由于双线法应力路径与实际不符，且其试验结果与单线法有较大差别，基于干、湿两种土样应力应变关系曲线上的差值来计算湿化变形必然带来较大的误差。基于单线法的试验结果主要采用经验公式进行分析，湿化变形可区分为湿化体积变形ε_{VS}和湿化剪切变形γ_S两部分，沈珠江等基于砂砾料的浸水变形试验结果[92]，认为ε_{VS}与围压无关，建议采用如下公式计算ε_{VS}和γ_S：

$$\Delta\varepsilon_{VS}=c_w \tag{3.3-1}$$

$$\Delta\gamma_S=d_w\frac{S_l}{1-S_l} \tag{3.3-2}$$

式中：S_l 为应力水平；c_w、d_w 为计算参数。

假定应变主轴与应力主轴重合，可采用 Prandtl - Reuss 流动法则将上述湿化剪切应变和体应变转换成 6 个应变分量，再用初应变法计算湿化变形：

$$\{\Delta\boldsymbol{\varepsilon}\}=\frac{[\boldsymbol{I}]}{3}\Delta\varepsilon_{VS}+\frac{\{\boldsymbol{S}\}}{q}\Delta\gamma_S \tag{3.3-3}$$

式中：$\{\Delta\boldsymbol{\varepsilon}\}$ 为应变张量；$\{\boldsymbol{S}\}$ 为偏应力张量；$\{\boldsymbol{I}\}$ 为前三行对角线为 1、其他都为 0 的二维 6×6 矩阵；q 为广义剪应力。

大量的湿化试验结果表明，湿化体积变形随围压的增大而增大，李国英将式（3.3 - 1）修改为幂函数的表达式[93-94]：

$$\Delta\varepsilon_{VS}=c_w\left(\frac{\sigma_3}{P_a}\right)^{n_w} \tag{3.3-4}$$

式中：c_w、n_w 为计算参数。

李全明等则将式（3.3 - 1）修改为湿化体积变形与围压的双曲线表达式[95]。程展林等发现湿化轴向应变是与湿化应力水平有关的指数函数[96]，并采用线性方程拟合湿化体积应变与湿化应力水平间的关系。迟世春等通过分析魏松和朱俊高等的试验成果[97-99]，发现湿化体变与湿化轴变的比值近似为常数，由此得出泊松比为常数的结论，进而提出了坝料湿化变形的湿化割线模量及泊松比模型。

3.3.2 坝料流变变形

土的流变现象主要包括以下几项：

（1）蠕变，即恒定应力作用下变形随时间的增长现象。

（2）松弛，即变形恒定情况下应力随时间衰减的现象。

（3）流动，即给定时间的变形速率随应力变化的现象。

（4）长期强度随受荷历时变化的现象。

对高土石坝而言，重点关注的是坝料的后期变形，研究的重点是蠕变变形，习惯上一般将蠕变称为流变。

3.3.2.1 流变变形机理

不仅黏性土存在流变变形，粗粒料也存在流变变形。相比较黏性土，粗粒料排水自由，故不存在固结现象。一般将荷载作用上去后的变形随时间的变化关系统称为流变，即粗颗粒料的流变是荷载作用上去后就发生的。

从机理上说，在荷载作用下组成粗粒料的破碎对其流变过程有非常大的影响，这种影响在流变的初期阶段尤为明显，虽然这种影响难以通过微观分析进行定量研究，但并不妨碍人们对粗粒料的流变进行宏观上的把握。粗粒料的流变在宏观上表现为：高接触应力-颗粒破碎和颗粒重新排列-应力释放、调整和转移的循环过程，在这种反复过程中体变的增量逐渐减小最后趋于相对静止，但总的趋势非常明显，所以这个过程需要相当长的时间才能完成，直至不再发生破碎；在这个过程结束后，粗粒料在应力作用下基本上只有颗粒重新排列过程，慢慢趋近于较高的密实度和较小的孔隙比，因此这个阶段的变形量较小而且比较平稳，所需时间较长。

在粗粒料流变的室内试验中，由于试样尺寸及其最大粒径的限制，这种颗粒间高接触应力-颗粒破碎和颗粒重新排列-应力释放、调整和转移的循环过程很快结束，并进入单纯的颗粒重新排列过程，同样由于试样体积有限，这种单纯颗粒重新排列过程引起的变形效应难以测出，因此粗粒料的室内流变试验宏观上表现为变形平稳时间较短。

3.3.2.2　流变变形特性

坝料的流变变形特性主要受颗粒破碎的影响，Daouadji 等将颗粒破碎的方式大致分为如下三种[100]：①碎裂，大颗粒分解为许多小颗粒；②磨损，大颗粒分解为一个相对小的颗粒和许多小颗粒；③表面磨蚀。具体见图 3.3-2。根据上述划分，尖角的破碎属于磨损，而颗粒在滑动过程中微小的破碎属于磨损，通常发生在应力不大的情况。前两种情况通常会引起粒径分布曲线发生较大的变化从而引起其力学性质的变化，是研究的重点。颗粒体的力学特性与组成其颗粒的特性（如形状、尺寸、成分等）相关，其影响因素可大致概括为内部因素和外部因素。

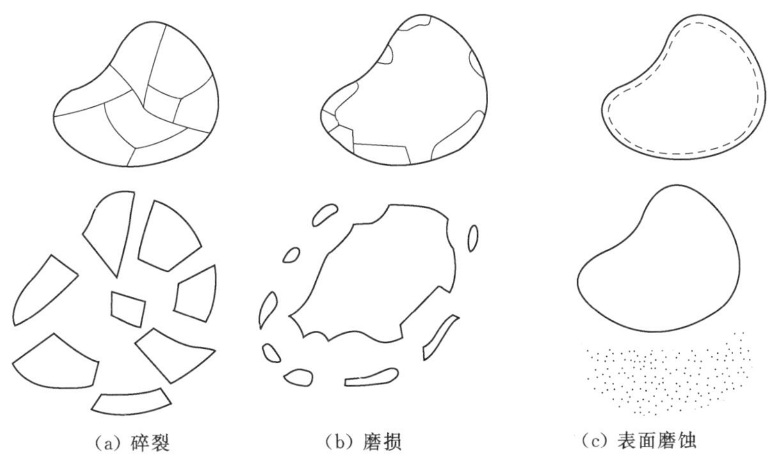

图 3.3-2　颗粒破碎的三种模式

1. 内部因素——颗粒自身特性参数的影响

颗粒自身的力学特性主要是指颗粒体作为不连续介质，其颗粒间的摩阻力、形状、尺寸和粒径分布对其的影响。Hicher 等对某一花岗岩进行了不均匀系数（$C_u=d_{60}/d_{10}$）分别为 10 和 2 的压缩试验[101]，表明级配良好的堆石体更不容易发生颗粒破碎，也即流变变形较小。梁军等的流变试验成果也表明[102]，坝料的流变特性与颗粒破碎程度密切相关，在某一应力条件下颗粒破碎率随时间缓慢增加并最终趋于稳定。

2. 外部因素——应力路径的影响

Hicher 等对某一花岗岩进行了三轴剪切试验、等向压缩试验和一维压缩试验[101]，试验表明，三轴剪切试验的颗粒破碎量较大，说明剪应力使得颗粒之间滑移增大，从而使得颗粒破碎量增加。

李国英、程展林等的流变试验成果表明[103-104]，坝料流变特性与颗粒级配和颗粒形状，母岩的岩性和硬度、坝料的密度和含水率以及应力状态有关。

3.3.2.3 流变变形试验方法

按照试验方法的不同，流变变形试验可分为单级加载和多级加载两种。所谓单级加载，是对采用同一制样标准的不同试样分别施加不同的偏应力进行流变试验；所谓多级加载是采用同一试样先剪切到某一偏应力水平，在该偏应力作用下待流变达到稳定后，再直接施加到下一级偏应力水平进行流变试验。

张丙印等在三轴流变仪上对糯扎渡心墙坝筑坝堆石料开展了常规三轴剪切试验以及多级加载流变试验[105]，图 3.3-3 是围压为 1.0MPa 时的试验结果。由图可见，堆石料经过流变后再加载时，变形模量会增大；当加载到一定应力水平时，应力应变曲线的趋势方与常规三轴试验曲线一致。这一现象与 Lade 和 Karimpour 等对砂土的流变试验结果基本一致[106-108]。这是由于在应力状态恒定时流变使屈服面继续扩张（塑性硬化），从而使应力状态点落入屈服面之内，再加载的初始阶段仅产生弹性变形，只有当应力状态重新达到扩张后的屈服面时，方可产生新的塑性变形。另外亦可看出流变过程中堆石料的剪缩性比三轴压缩试验中的剪缩性更为强烈。

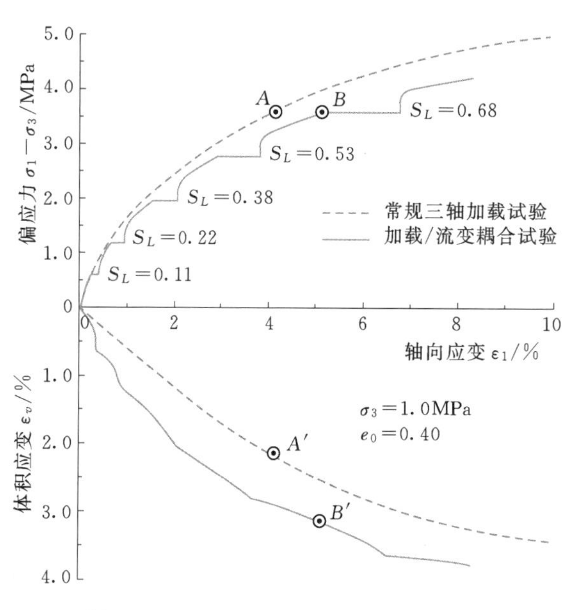

图 3.3-3 堆石料常规三轴剪切试验与多级加载流变试验结果

鉴于流变会产生塑性硬化，流变变形试验宜采用单级加载方法。

3.3.2.4 流变变形计算方法

流变模型大致可分为两类，一类是弹黏塑性模型，另一类是经验流变模型。弹黏塑性模型可细分为过应力模型和流动面模型两类，其数学关系式通常是增量形式，与经验流变模型不同，一般不需要通过初应变法求解，且不受边界条件的影响，可模拟应力路径的影响。但弹黏塑性模型参数确定较为困难，在实际工程应用中存在诸多不便，目前主要采用经验流变模型。

经验流变模型中最著名的当属沈珠江建立的三参数流变模型[109]，该模型选用以指数型衰减的 Merchant 模型来模拟常应力下的应变 ε 与时间 t 的关系：

$$\varepsilon=\varepsilon_i^{ep}+\varepsilon_f[1-\exp(-\alpha t)] \tag{3.3-5}$$

式中：α 为初始相对变形率；ε_i^{ep} 为瞬时变形，假定由弹塑性模型求得的变形为此瞬时变形；ε_f 为最终流变量，沈珠江建立的最终体积流变 ε_{Vf} 和最终剪切流变 γ_f 表示为

$$
\left.\begin{aligned}
\varepsilon_{Vf}&=b\ \frac{\sigma_3}{Pa}\\
\gamma_f&=d\ \frac{S_l}{1-S_l}
\end{aligned}\right\}\tag{3.3-6}
$$

对式（3.3-6）求导后，可求得体积流变变形和剪切流变变形速率为

$$
\left.\begin{aligned}
\dot{\varepsilon}_v&=\alpha\varepsilon_{Vf}\left(1-\frac{\varepsilon_{vt}}{\varepsilon_{vf}}\right)\\
\dot{\gamma}&=\alpha\gamma_f\left(1-\frac{\gamma_t}{\gamma_f}\right)
\end{aligned}\right\}\tag{3.3-7}
$$

其中，ε_{vt} 和 γ_t 为 t 时段已积累的体积变形和剪切变形，表达式为

$$
\left.\begin{aligned}
\varepsilon_{vt}&=\sum\dot{\varepsilon}_v\Delta t\\
\gamma_t&=\sum\dot{\gamma}\Delta t
\end{aligned}\right\}\tag{3.3-8}
$$

式（3.3-5）、式（3.3-6）中共包含 α、b、d 三个参数，称之为三参数流变模型。式（3.3-8）中由于是采用了相对时间而不是绝对时间的策略，克服了由于实际坝体填筑的复杂性导致流变的初始时间难以确定的问题。

沈珠江建立的三参数流变模型使用方便，在土石坝流变变形分析中得到了广泛应用，后来又有许多人对式（3.3-6）进行了改进[110-112]。李国英等在大量流变试验研究的基础上[103,113]，发现体积流变与围压并不呈线性关系，另外剪应力对体积流变也有较大影响，将式（3.3-6）修改为如下表达式：

$$
\left.\begin{aligned}
\varepsilon_{Vf}&=b\ \left(\frac{\sigma_3}{Pa}\right)^{m_1}+c\ \left(\frac{q}{Pa}\right)^{m_2}\\
\gamma_f&=d\ \left(\frac{S_l}{1-S_l}\right)^{m_3}
\end{aligned}\right\}\tag{3.3-9}
$$

式中：b、c、d、m_1、m_2、m_3 均为流变模型参数。

3.4 大坝接触分析

在高心墙堆石坝中，堆石体、黏性土心墙、基岩以及各种混凝土结构的变形及强度特性差别较大，在其接触面附近可出现较大的相对位移。在荷载作用下可能会在接触面处出现局部脱开、滑动等非连续性变形现象，使接触面附近土体发生既不同于黏土、又不同于粗粒土的力学响应。不同材料接触界面的存在对坝体相关部位应力和变形的性状有较大影响，经常发生不连续变形以及由之引起的拱效应现象。这些部位通常是坝体易发生事故的薄弱环节，需要得到足够的重视。

3.4.1 坝料接触面特性及本构模型

接触面力学性质的研究是解决土与结构相互作用问题的前提和基础，具有重要的理论

和实际意义。从20世纪70年代初开始，土与结构物的接触面力学特性研究就受到了人们的关注。研究者们对不同材料接触面力学特性进行了大量的室内与现场试验研究，其成果也逐渐应用到生产实际中。

土与结构物接触面试验是接触面力学特性研究的基础。直剪式和单剪式接触面剪切仪是广泛应用于测试接触面力学特性的试验仪器。扭剪仪、动三轴仪和共振柱仪等也曾被用于接触面力学特性的试验研究。

直剪式接触面试验仪是应用最为广泛的进行结构物和土体接触面力学特性试验研究的仪器。图3.4-1为由清华大学设计和研制的大型土与结构接触面循环加载剪切试验机。该设备可提供较大的接触面试验尺寸，施加较大的荷载和相对位移。

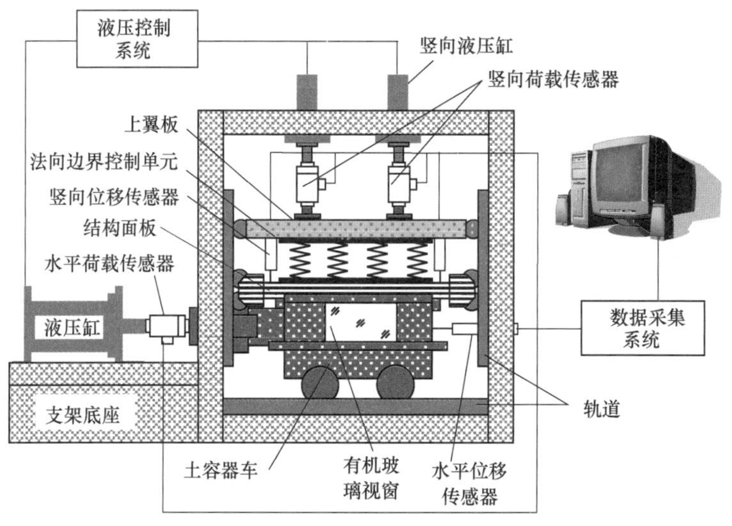

图3.4-1　清华大学大型土与结构接触面循环加载剪切试验机

直剪式接触面试验仪的主要缺点之一是为结构物与土体的接触面限定了固定单一的剪切面。对两种散粒体材料间的接触问题单剪式接触面试验仪更为合适。单剪式接触面试验仪常采用叠环式。其核心结构为叠放在一起的环片和环片间减少摩阻力的机构。图3.4-2中系统在清华大学大型接触面试验机基础上，为进行两种散粒体接触面试验开发研制的叠环式单剪试验系统。其核心部分为设置在两种散粒体交界面上部和下部的滚针叠环系统。该系统由叠在一起的9片厚5mm的钢环组成，为了减少环间的摩擦力，在每个环两边的上下两面开有浅槽，槽内放置直径为3mm的滚针轴承，以减小环间的摩擦力。切向位移可在每一个环间自由发生，产生剪切面的具体位置由上下两种材料的特性及其接触面的性质决定。因而，采用上述的滚

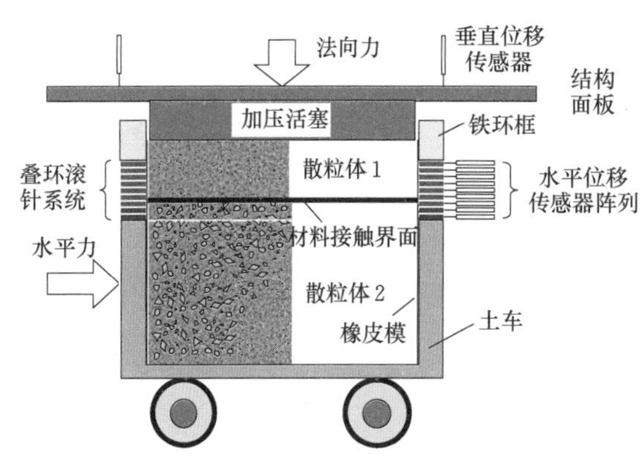

图3.4-2　叠环式单剪试验系统示意图

针叠环系统不必人为限定剪切面的位置，可较好模拟两种散粒体材料的接触特性。

接触面本构关系是指接触面位移和接触面应力之间的关系。目前，常用的接触面本构模型有：理想弹塑性模型、非线性弹性模型、弹塑性本构关系、损伤模型等。

在土石坝工程分析中，Clough 和 Duncan 非线性弹性模型是目前应用最为广泛的接触面本构模型[114]。该模型认为接触面剪应力-切向位移关系可以用式（3.4－1）所表示的双曲线方程来表达。

$$\tau=\frac{s}{a+b\cdot s} \tag{3.4-1}$$

式中：τ 为剪应力；s 为切向位移；a 和 b 为试验常数，可由接触面试验的 $s/\tau-s$ 关系曲线拟合得到，a 为拟合直线的截距，b 为拟合直线的斜率。

接触面的起始剪切模量 k_i 不是常数，与接触面法向正应力大小有关。可参照土体的 Janbu 公式，用下式来表示：

$$k_i=\frac{1}{a}=k_1\gamma_w\left(\frac{\sigma_n}{P_a}\right)^n \tag{3.4-2}$$

式中：k_i 为初始剪切模量；γ_w 为水的重度；σ_n 为接触面法向正应力；P_a 为大气压；k_1 和 n 为试验常数。接触面强度采用莫尔-库仑强度准则，联立各式可得接触面剪切模量 k_{st} 的表达式：

$$k_{st}=k_1\gamma_w\left(\frac{\sigma_n}{P_a}\right)^n\left(1-\frac{R_f\tau}{\sigma_n\operatorname{tg}\delta+c}\right)^2 \tag{3.4-3}$$

式中：δ 为接触面摩擦角；c 为接触面黏聚强度；R_f 为破坏比，其值为破坏剪应力与剪应力-切向位移曲线趋近值之比。

由式（3.4－3）可以看出，Clough－Duncan 模型共有 5 个模型常数，分别为试验常数 k_1、n，破坏比 R_f，摩擦角 δ 和黏聚力 c，均可由一组接触面直剪试验确定。

3.4.2　接触面问题数值模拟计算方法

对接触面问题进行有限元数值分析，通常需要一定的有限单元形式模拟接触面的几何和物理特征，进而结合接触面本构关系进行数值分析。在目前的计算分析中，设置接触面单元是模拟接触关系的通常做法。常用的接触单元形式有以 Goodman 单元为代表的无厚度接触面单元和以 Desai 薄层单元为代表的有厚度接触面单元[115-116]。

Goodman 单元是一种无厚度的接触单元。假定接触面上的法向应力 σ 和剪应力 τ 与法向相对位移 v 和切向相对位移 u 之间无交叉影响。应力与相对位移的关系式为

$$\begin{Bmatrix}\tau\\\sigma\end{Bmatrix}=\begin{bmatrix}k_s&0\\0&k_n\end{bmatrix}\begin{Bmatrix}v\\n\end{Bmatrix} \tag{3.4-4}$$

式中：k_s 和 k_n 分别为切向和法向的单位长度劲度系数。

Goodman 单元能够模拟接触面的滑移和张裂，概念明确，应用方便，可以推广为高阶节理元和二维单元，用于三维分析。但对于受压情况，会出现相邻单元材料的叠合嵌入，为避免这种情况发生，法向劲度需要取得很大值。受拉时，法向劲度又要取很小的值，因此法向应力和位移的计算不准确。

Desai 认为两种材料接触面存在一个涂抹区，其力学性质与周围实体单元不同，而剪应力传递和剪切带的形成均发生在接触面附近这一薄层土体中，薄层土体的本构关系对接触面力学特性有很大影响。他明确提出薄层单元的概念，可以模拟土与结构物接触面的黏结、滑动、张开和闭合等各种接触状态。其剪切刚度由试验确定，而法向刚度则由薄层单元及其相邻的实体单元的性质共同确定。薄层单元本构方程形式与其他实体单元相同，只是本构模型参数有所差别。Desai 认为单元厚度与有限元网格尺寸有关，建议单元厚度与有限元网格尺寸之比为 $t/B=0.1\sim0.01$。

Desai 建议的薄层单元能够较好地模拟接触面剪切带的性质，本构矩阵非对角线元素取非零值可以反映切向和法向相互耦合的特性，但单元厚度的选取没有明确的物理意义，表示耦合特性的模型参数也较难确定。

上述两种接触面单元法多年来在土石坝应力变形分析计算中被普遍所采用。该类方法将变形特性相差较大的不同材料分别当作同一个连续体的两个不同材料分区，并在两者之间设置接触面单元以模拟材料性质的突变。接触面单元法本质上是用连续介质模拟不连续界面力学特性的一种近似方法。该种方法侧重于描述不同材料界面上应力的传递，而对于材料界面上位移不连续现象的描述则较为粗糙，尤其是对发生大规模滑移和脱开问题的描述常难以得到合理准确的计算结果。计算经验表明，接触面单元虽然概念简单、实用性强，但是在计算过程中却经常遭遇矩阵病态、计算结果不收敛、积分点处应力值不稳定等问题，对于无厚度类型的接触面单元尤其如此。在有限元计算中，如果相邻单元间的刚度矩阵在数值上相差很大，则集成的总体刚度矩阵易成为病态矩阵。在这种情况下，会导致计算精度的极大降低。

图 3.4-3 给出了采用不同接触面单元法和接触力学法计算得到的面板脱空现象以及面板-坝体接触应力的计算结果。从图中可以看出，Goodman 接触面单元法计算得到了震荡型的法向应力分布，且不易消除，以往也有其他学者得到了类似的结论。薄层单元参数不易选取，计算结果无法严格模拟非连续变形，在面板顶部的脱空区得到了拉应力。

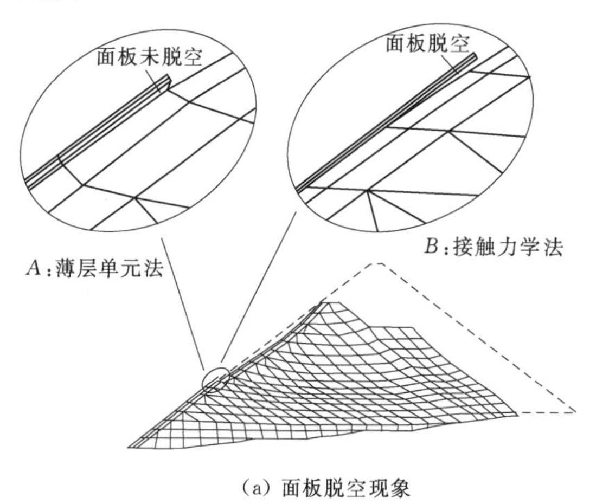

(a) 面板脱空现象

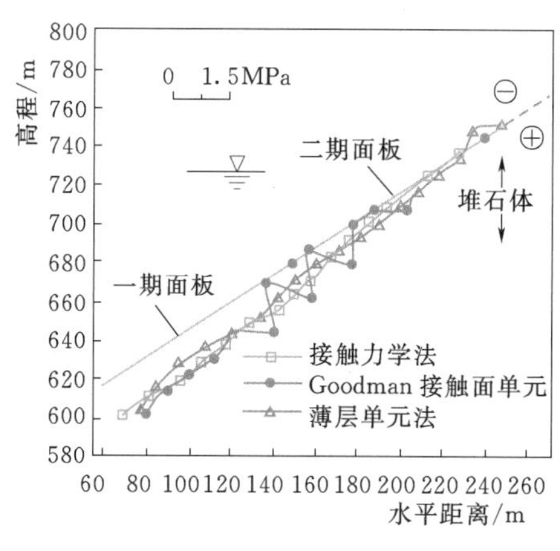

(b) 面板-坝体接触应力计算结果

图 3.4-3 不同接触面模型计算结果对比图

近年来，非线性计算接触力学得到了飞速发展。非线性计算接触力学将接触问题看成是相互作用的不同物体，通过物理几何关系的准确描述来判别物体之间的接触关系，这类方法对处理位移不连续现象具有本质上的优越性。目前，基于非线性接触力学的模拟方法已被逐步应用于岩土工程领域。下面重点介绍接触分析方法。

3.4.3　基于非线性接触力学的多体接触模拟方法

接触问题是非线性数值分析中最具挑战性的课题之一。计算接触力学方法自提出以来就一直受到广泛关注，目前仍是数值计算领域内的研究热点，不断有最新的研究成果涌现[117-120]。已有计算成果证明，该法能够对发生不连续剪切滑移大变形条件下的多体接触问题做出合理的模拟。

3.4.3.1　接触问题的基本定义和求解方法

两个物体 A 和 B 接触的一般情形见图 3.4－4。接触边界条件可概括为：①不可贯入条件，即运动过程中独立的固体间不会发生相互贯穿；②法向压力条件，指在不考虑界面黏结作用的情况下，接触面间的法向应力不能为拉应力；③摩擦力条件，指接触点对间的切向相互作用力应由法向压力和相对运动模式决定。基于工程上普遍采用的库仑摩擦定律来描述，包括静摩擦（即黏结状态）和滑动摩擦（即滑移状态）。

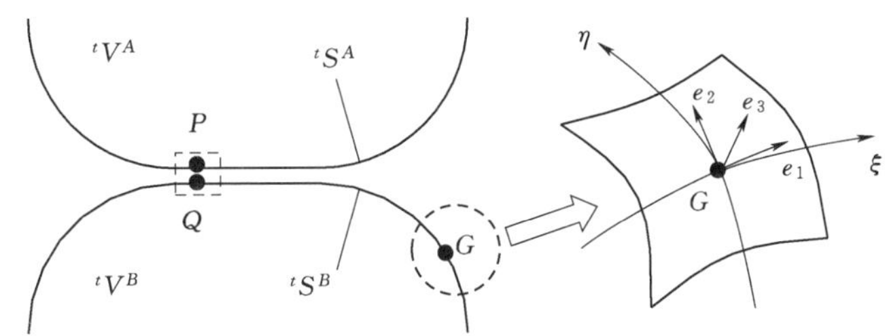

图 3.4－4　物体间的相互接触

在有限元范畴内，现代接触分析算法的核心在于构建相应的虚功原理。考虑 $A-B$ 两物体间的接触问题，忽略一般的阻尼因素，将接触面边界视为面力边界，则该问题在 $t+\Delta t$ 时刻位形下的虚功原理可以表示为

$$\sum^{A,B}\left[{}^{t+\Delta t}\delta W_{\text{int}}^{r}-{}^{t+\Delta t}\delta W_{L}^{r}-{}^{t+\Delta t}\delta W_{I}^{r}-{}^{t+\Delta t}\delta W_{C}^{r}\right]=0 \tag{3.4-5}$$

式中：δW_{int}、δW_L、δW_I 和 δW_C 分别为内能、外荷载虚功、惯性力虚功和接触力虚功的变分。特别地，将接触力虚功的变分 δW_C 展开如下：

$${}^{t+\Delta t}\delta W_C=\sum^{A,B}\int^{t+\Delta t S_C^r}{}^{t+\Delta t}F_i^r\,\delta u_i^r\,{}^{t+\Delta t}\mathrm{d}S \tag{3.4-6}$$

式中：${}^{t+\Delta t}F$ 为接触力分布；δu 为质点位移的变分。

接触分析区别于一般有限元分析的根本问题是需要求解接触力虚功，其主要困难来自接触非线性，即平衡时刻的接触边界条件在计算前是未知的。目前常用的非线性接触求解方法包括：罚函数方法、Lagrange 乘子法和直接迭代法等。

直接迭代法是常用的求解非线性方程的方法，在接触问题的研究中起步较早。其缺点是算法的收敛性不能得到完全保证，增量步的设置对收敛与否影响较大，其优点是在有限元范畴内的具体实现较为简单，理论上可精确满足接触边界条件，且不增加方程的自由度规模。

本研究选用直接迭代法求解接触非线性方程，相应迭代层的主要步骤如下：

（1）对所有接触点对的接触状态做出预设，根据预设的接触状态和不平衡力的具体分布给出接触边界条件。

（2）求解方程并记录得到的位移增量和内力增量，同时得到新的不平衡力分布和相对位移分布。

（3）根据新的不平衡力分布和相对位移分布对步骤（1）中假设的接触状态进行校核，若不满足表 3.4-1 中的校核条件，则转换为相应的修正状态。若接触点对的接触状态符合预设则认为假设正确，并转入后续的增量求解。否则，回到步骤（1），对初始假设进行修正后重新计算。

表 3.4-1　　接触问题的定解条件和校核条件

接触状态	约束条件	校核条件	修正状态
黏结	${}^{t+\Delta t}g_N^P=0$ $\overline{\boldsymbol{u}}_T^P=0$	${}^{t+\Delta t}\boldsymbol{F}_N^P>0$	分离
		$\lvert {}^{t+\Delta t}\boldsymbol{F}_T^P \rvert<\mu \lvert {}^{t+\Delta t}\boldsymbol{F}_N^P \rvert$	滑移
滑移	${}^{t+\Delta t}g_N^P=0$ $\lvert {}^{t+\Delta t}\boldsymbol{F}_T^P \rvert=\mu \lvert {}^{t+\Delta t}\boldsymbol{F}_N^P \rvert$ $\overline{\boldsymbol{u}}_T^P\times {}^{t+\Delta t}\boldsymbol{F}_T^P<0$ $\overline{\boldsymbol{u}}_T^P\times {}^{t+\Delta t}\boldsymbol{F}_T^P=0$	${}^{t+\Delta t}F_N^P>0$	分离
		$\overline{\boldsymbol{u}}_T^P\times {}^{t+\Delta t}\boldsymbol{F}_T^P<0$ $\overline{\boldsymbol{u}}_T^P\times {}^{t+\Delta t}\boldsymbol{F}_T^P=0$ $\lvert \overline{\boldsymbol{u}}_T^P \rvert>\varepsilon_s$	黏结
分离	${}^{t+\Delta t}\boldsymbol{F}^P={}^{t+\Delta t}\boldsymbol{F}^Q=0$	${}^{t+\Delta t}g_N^P>\varepsilon_d$	黏结

注　表中 ε_s 和 ε_d 是人为给定的切向和法向接触容差。

3.4.3.2　接触面数据结构和接触搜索定位算法

若采用整体坐标系下的绝对位移作为与接触边界条件相关的自由度，即常规自由度，则在使用罚函数法施加接触边界条件时，刚度矩阵的主元位置和非主元位置均出现大数，增加了线性方程组的求解难度。本研究采用局部坐标系下的相对位移作为与接触相关的自由度，即广义自由度，集成的总体刚度矩阵只在主元位置出现大数，因而可使用求解线性方程组的常规算法。

提出采用双向链接边表（Doubly Connected Edge List，DCEL）作为基础数据结构以提高接触邻接搜索的效率及可靠性。完整的 DCEL 数据结构除了边-边关系外还包括面-边和点-边的关联法则。图 3.4-5 给出了一个简单网格的 DCEL 结构示意图。

应用于高土石坝的接触数值算法需具备描述土体-结构间位移不连续现象的能力，需充分考虑发生大面积分离和滑移时算法的精确性、稳定性和运行效率。为此，清华大学岩土工程研究所对接触面的重建算法及相应的搜索定位算法进行了专门的研究，创建了一套适用于描述面板和粗粒料间接触关系的几何算法系统。该系统采用径向基点插值法（Radial Point Interpolation Method，RPIM）作为 3D 曲面重建方法以减少滑移情况下接触状态的振荡，并提高接触面的描述精度。

搜索定位算法从阶段上可分为初始搜索阶段和追踪搜索阶段，在层次上可分为全局搜

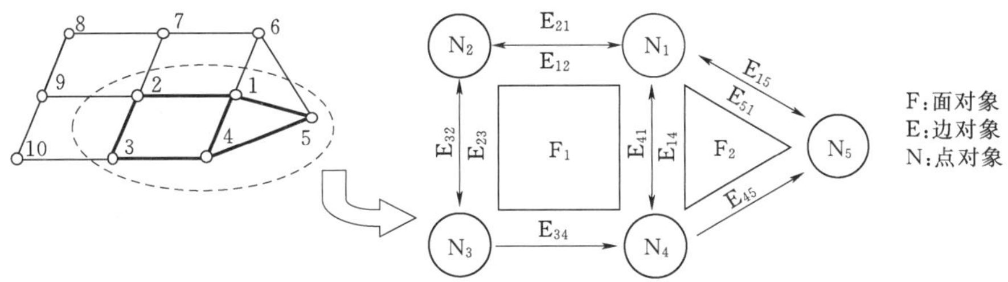

图 3.4-5 局部网格及对应的 DCEL 数据结构示意图

索和局部搜索。在初始搜索阶段，依次调用全局搜索算法、局部曲面重建算法和曲面定位算法。追踪搜索阶段分为 3 个子过程，依次为局部曲面更新过程、试定位过程及终定位过程。

3.4.3.3 基于对偶 mortar 元的面对面方法

在界面离散形式方面，点对面方法由于其简便性而得到广泛应用，但无法通过分片试验，且容易引起投影奇异性和接触力的波动。mortar 元是一种可克服这些缺陷的面对面方法，而近年发展起来的对偶 mortar 元则为数值求解接触方程提供了极大的便利。

周墨臻等通过引入对偶 mortar 元[121-122]，发展了一种高精度的接触界面离散形式。提出了一种新的基于局部正交变换的接触约束引入方法，可高效凝聚 Lagrange 乘子，避免求解鞍点问题，且能得到完全解耦的接触约束，从而方便接触约束的施加。在此基础上，推导了对偶 mortar 元的相应接触计算格式，包括用于硬接触问题的 Lagrange 乘子格式和用于软接触问题的摄动 Lagrange 格式。

3.4.3.4 基于接触面单元法的糯扎渡心墙堆石坝岸坡接触变形计算分析

糯扎渡心墙堆石坝接触变形监测资料整理和分析，证实在糯扎渡心墙堆石坝心墙与岸坡混凝土垫层接触面上存在集中的剪切变形。依据糯扎渡心墙堆石坝现场坝体变形和接触面变形监测成果，进行了三维接触变形有限元计算分析，研究了接触面试验模型参数和接触面计算方法对高心墙堆石坝的适用性。

依据糯扎渡心墙堆石坝的坝体材料分区、施工过程和上游蓄水过程等构建了大坝的三维有限元计算网格。为研究接触面变形对坝体应力变形的影响，分别在心墙、上游堆石及过渡料与岸坡基岩的接触部位设置了 Goodman 接触面单元。

各坝料均采用邓肯 $E-B$ 模型模拟，模型参数根据坝体施工期监测所得实际变形经反演分析得到。接触面均用 Clough-Duncan 非线性弹性模型进行模拟，模型参数根据相关接触面直剪试验成果确定。

图 3.4-6 给出了计算所得坝体完工时心墙与岸坡混凝土垫层接触面顺坡向剪切变形分布。图 3.4-7 给出了岸坡接触面剪切变形计位移过程曲线计算值与实测值的对比。计算结果表明，目前常用的接触面单元法可总体反映高心墙堆石坝中接触面变形的规律，计算所得接触面变形的大小和分布能和现场监测结果大体符合，但计算结果受接触面本构模型变形参数影响较大。同时，接触面单元法的计算稳定性较差，计算结果较易发生震荡现象。

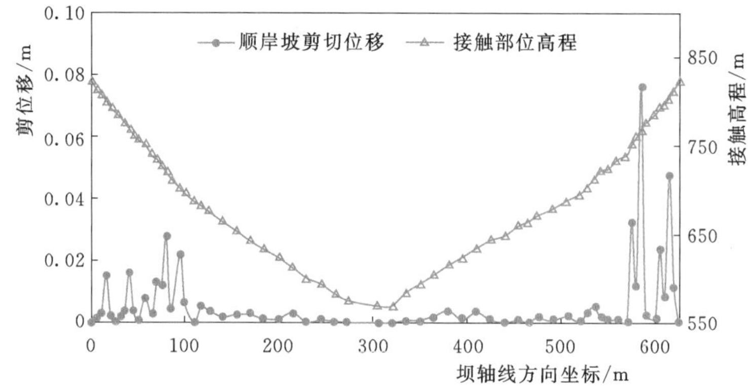

图 3.4-6　竣工期岸坡接触面顺坡向剪切位移计算结果

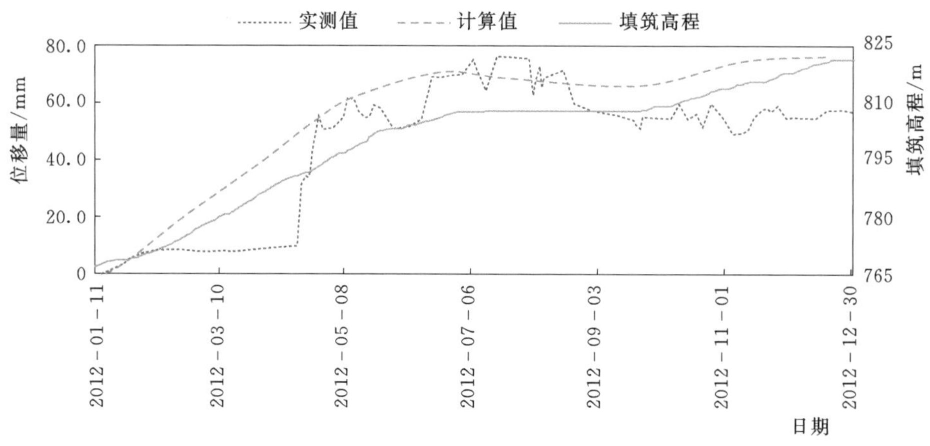

图 3.4-7　岸坡剪变形计位移过程曲线对比图（测点 DB-SD1-06）

3.4.3.5　基于非线性接触算法的如美高心墙堆石坝观测廊道多体接触分析

如美高心墙堆石坝工程中，在心墙内部布置有混凝土观测廊道。观测廊道分上下两层。上层观测廊道在坝轴线方向总长约 431m，通过设置沉降缝，将整体廊道划分成为 37 块相互接触的混凝土块体。下层观测廊道在坝轴线方向总长约 269m，通过设置沉降缝，将整体廊道划分成为 27 块相互接触的混凝土块体。在廊道块体之间填充了宽度为 5cm 的柔性止水材料。这是一个典型的多体接触问题，采用传统的接触面方法来进行模拟是非常困难的。

计算采用非线性接触力学的模拟算法，分别将坝体、64 块混凝土廊道以及包裹混凝土廊道的反滤料作为不同的物体，将整个系统看作是由坝体-64 块混凝土廊道-反滤料之间的多体相互作用问题进行计算分析。除了在模拟混凝土结构和土体间相互作用方面的优越性以外，采用非线性接触力学的模拟算法，也可为单元的划分提供巨大的方便。将整个系统看作是多体相互作用问题之后，每个物体可以单独划分有限元计算网格，不必考虑它们之间有限元计算网格的协调。每块混凝土廊道均可以单独划分成较为细致的计算网格，以满足计算分析精度的要求。图 3.4-8 为有限元计算网格。

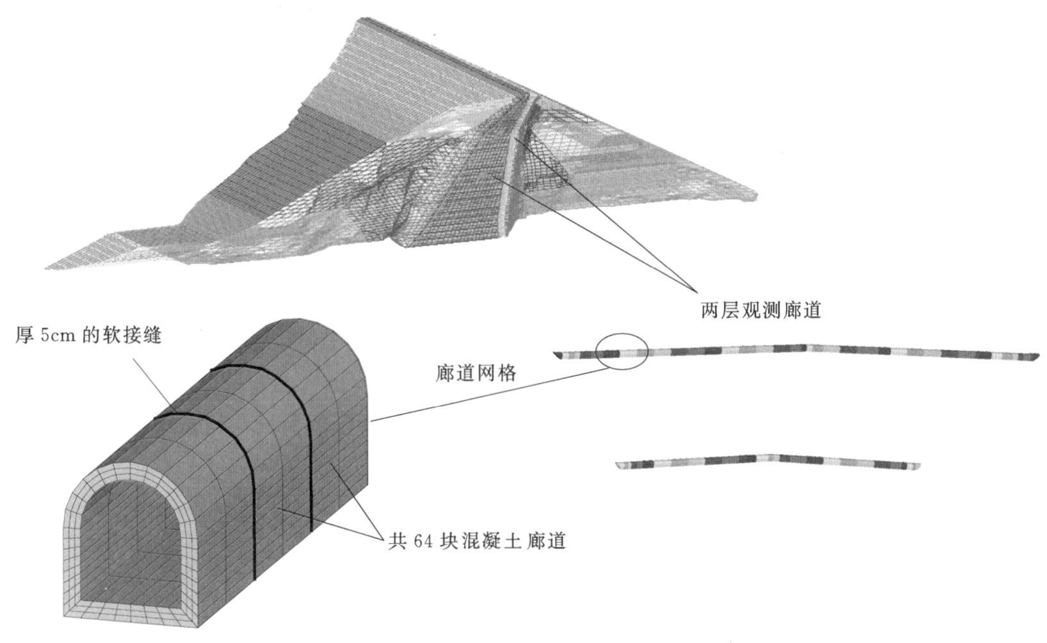

图 3.4-8　有限元计算网格

采用非线性接触力学的模拟算法给出了非常合理的应力和变形的计算结果，尤其是可以得到廊道块体细观应力的分布。图 3.4-9 为计算所得满蓄期上层观测廊道不同部位廊道块体表面小应力计算结果。

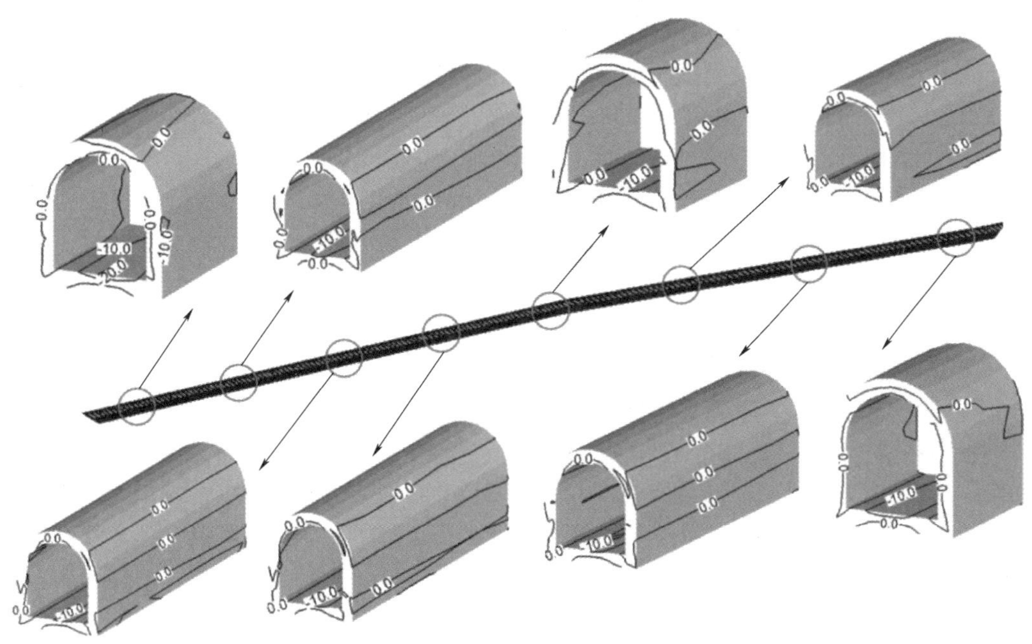

图 3.4-9　满蓄期上层观测廊道不同部位廊道块体表面小应力计算结果（单位：MPa）

3.5 大坝裂缝分析

裂缝是土石坝常见的隐患和主要破坏类型之一，裂缝的存在与出现，使水库的效益不能充分发挥，甚至使整个坝体溃决，造成严重灾害。据有关资料统计，土石坝由裂缝造成的事故占事故总数的25%，小型水库土坝裂缝破坏更多。因此，分析土石坝裂缝的成因，及其发生和发展的机理规律，预测裂缝的发生，探讨裂缝的防治措施，无疑是土石坝研究的重要课题。

3.5.1 心墙土料抗裂特性及本构模型

通过对糯扎渡、双江口和两河口心墙堆石坝等心墙土料所进行的单轴拉伸试验，可以总结出压实黏土在受拉和发生断裂破坏时具有如下特点[123-126]：

(1) 同金属和玻璃等脆性材料的断裂形式相比，压实黏土尤其是当其含水量较大时，其拉伸曲线在达到抗拉强度后表现出明显的应变软化特性，也即压实黏土在达到其抗拉强度后，其承载能力具有一个随着拉伸位移的不断增加而逐步丧失的过程。

(2) 压实黏土拉伸过程中应力与应变之间的关系表现出明显的非线性。其卸载模量近似平行于初始切线模量，拉伸过程中土体发生不可恢复的塑性变形。

(3) 含水量对压实黏土的拉伸特性具有较大的影响，在干密度相同的条件下，随含水量的增加，土体的脆性逐渐减小、韧性逐渐增加。尽管抗拉强度降低，但是峰值应变以及完全断裂时的极限拉伸位移均有较大的增加。

(4) 干密度是压实黏土拉伸特性的一个重要影响因素。对同一种土，当土样的含水量不变时，随着干密度的降低，土体抗拉强度明显降低，韧性略有增加。

(5) 不同土料拉伸特性的差异较大，其拉伸特性受含水量和干密度影响的程度也不尽相同。当需要研究某种土的拉伸特性时，需要对其进行拉伸试验。

压实黏土作为一种天然材料或者经过简单人工混合的半人工材料，主要包括黏土颗粒、石子、孔隙水以及孔隙气等。压实黏土的变形特性和破坏发展过程与材料中的微裂隙、孔隙的变形等都有密切的联系。当拉应力较小时，压实黏土的破损程度较低，宏观上呈现近似线弹性。随着拉应力的增加，土体颗粒边界上的微裂缝会逐渐发展、变长或变宽，因而会呈现拉伸曲线上升段的非线性。当拉应力继续增加时，微裂缝继续发展，通过合并和交叉可在土体中形成较大的裂纹和连通的孔隙系统，且数目逐渐增加。当拉应力达到土体的抗拉强度后，微裂纹会扩展连通为宏观裂缝，使得土体的承载力逐渐降低并导致最终的拉伸破坏。实际上，压实黏土在受拉状态下裂缝的发展可以认为是微孔隙不断扩张和沿着土粒之间黏聚薄弱部位向前逐步扩展的过程。在上述的扩展过程中由于石子自身的较高强度，其“镶嵌”效果往往使裂缝的发展路径绕过石子沿着石子和黏土颗粒结合的薄弱面向前扩展。

图3.5-1中，黏土材料的裂缝扩展过程可划分为微裂、亚临界扩展和失稳扩展3个阶段。微裂阶段对应拉应力水平较低的情况，此时压实黏土中微孔隙刚刚开始发生扩展和连通，土体宏观变形模量降低不明显。亚临界扩展阶段为压实黏土极限抗拉强度两侧附近

的阶段，该阶段发生了数目较多的孔隙连通、裂纹合并和交叉，在宏观上表现为承载能力的缓慢增加或者缓慢降低。当孔隙继续连通时，会逐步形成宏观连通的裂缝，此时土体的抗拉能力会快速地降低直至完全丧失，这一阶段称失稳扩展阶段。

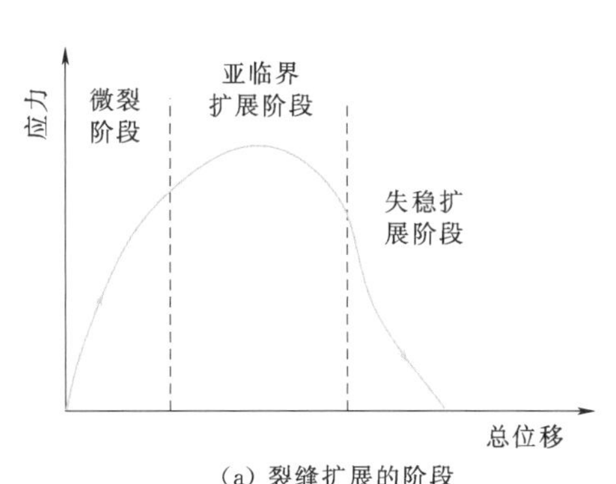

(a) 裂缝扩展的阶段

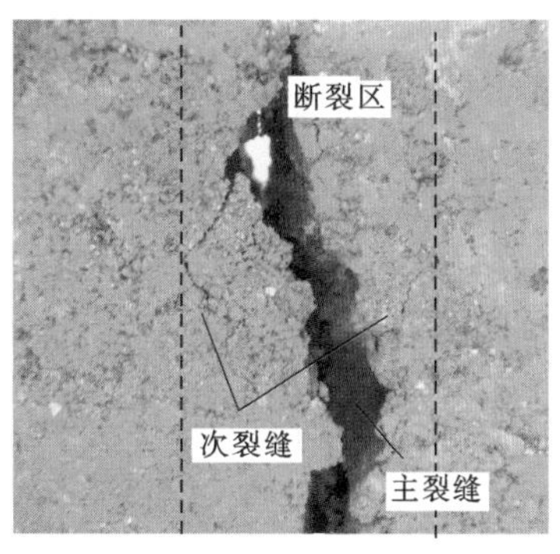

(b) 断裂区形态图

图 3.5-1　压实黏土裂缝扩展的阶段和断裂区形态图

图 3.5-1 还给出了拉伸试验断裂发生后试样的照片。可见对于压实黏土，从宏观裂缝向土样内部延伸时存在着一个损伤软化的过程区。裂缝扩展过程就是损伤过程区在土体中的延伸和扩展的过程。图 3.5-2 给出了土体裂缝端部断裂区的应力分布情况。

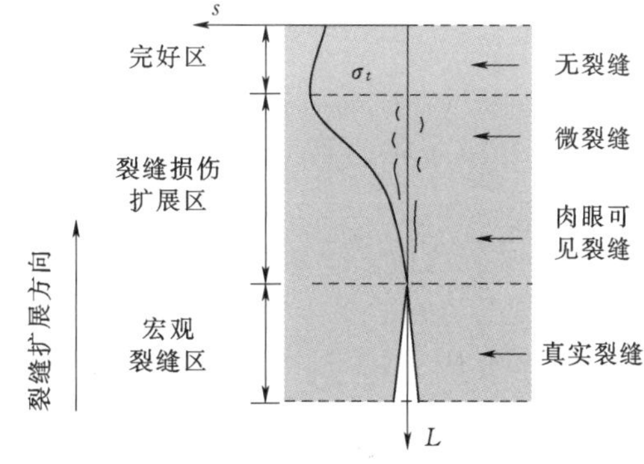

图 3.5-2　土体裂缝端部断裂区的应力分布

由前面的分析可知，土体在拉应力达到抗拉强度的前后，其应力应变关系表现出明显不同的特性，为此对拉伸曲线的上升和下降段分别建立了不同的数学表达式：

(1) 拉伸曲线上升段的数学描述方法。建议用如下形式的关系式来描述其应力和应变间的关系：

$$\sigma=E\varepsilon\left[\mu_0-A_1\left(\frac{\varepsilon}{\varepsilon_f}\right)^{B_1}\right],\quad 0<\varepsilon<\varepsilon_f \tag{3.5-1}$$

式中：E 为拉伸段初始弹性模量；μ_0 为初始切线弹性模量折减系数，用于表述土体在承受拉应力前的初始损伤程度；A_1 和 B_1 为材料常数；ε_f 为峰值拉应变。

(2) 拉伸曲线软化段的数学描述方法。当压实黏土的含水量大于最优含水量时，其应力-位移曲线或应力-应变曲线在达到峰值强度后存在明显的软化过程，即压实黏土在达到抗拉强度后，其应力并不是瞬间全部释放，而是表现出一个抗拉能力逐步丧失的过程，为此认为压实黏土拉伸曲线的软化段可采用负指数函数进行描述：

$$\sigma=\sigma_t e^{-\alpha(\varepsilon-\varepsilon_f)},\quad \varepsilon_f<\varepsilon<\varepsilon_u \tag{3.5-2}$$

式中：ε_u 为极限拉应变；α 为材料参数，表示软化段曲线的倾斜程度。

3.5.2 变形倾度有限元法

变形倾度有限元法是根据坝体现场沉降观测资料来预测坝体裂缝的一种方法。通过对大量土坝变形观测资料分析表明，由于可压缩土层厚度和土料性质的不一致，坝体不同区域会产生不均匀沉降，坝体横断面因不均匀沉降，会在近于铅直的方向上相互错动，当错动达到一定的限度时，坝体就沿错动方向发生破坏。同时由于坝体纵向不均匀水平位移的发展，破坏面两侧坝体相互分离，形成有一定宽度的裂缝。

在坝身同一高程处，有两个观测点 a、b，两点间的水平距离为 Δy。假设两点测得的累积沉降量分别为 S_a、S_b。于是定义 a、b 两点在时刻 T_j 的倾度为

$$\gamma \approx \tan\gamma = \frac{\Delta S}{\Delta y} \times 100 = \frac{S_a - S_b}{|y_a - y_b|} \times 100 \tag{3.5-3}$$

式中：γ 为 a、b 两点间的倾度，%；Δy 为 a、b 两点间的水平距离，mm；ΔS 为 a、b 两点间的累计沉降差，mm。

设土层的破坏临界倾度为 γ_c，如果计算出来的倾度 $\gamma > \gamma_c$，则认为该处的土层要发生错动破坏面；如果 $\gamma = \gamma_c$，该处的土层处于产生破坏的极限状态；如果 $\gamma < \gamma_c$，则认为该处土层将不产生破坏。关于 γ_c 的变化范围，还研究得不多。国内几个发生了裂缝的土坝的计算结果表明，γ_c 值约在 1%～2%。

变形倾度是坝体沉降变形沿某一方向的变化率，反映的是坝体不均匀沉降变形的大小，它同坝体某一时刻的沉降变形分布相联系，坝体沉降变形分布可以通过有限元数值计算得到。因而可以将变形倾度法与有限元计算相结合，通过数值计算得到各点的变形倾度值。如用 x 表示坝轴线方向，y 表示顺河向，S 为沉降变形，则 x 和 y 两个方向的倾度可分别表示为

$$\gamma_x = \frac{\partial S}{\partial x}, \gamma_y = \frac{\partial S}{\partial y} \tag{3.5-4}$$

清华大学岩土工程研究所将基于现场监测变形的变形倾度法进行了扩展[127]，将该法同有限元数值计算方法相结合，在有限元计算程序中嵌入了进行变形倾度计算的模块，在坝体变形有限元计算分析结果的基础上，可以得到坝体在施工期或运行期的变形倾度，据此可以进行坝体发生裂缝可能性的判断。图 3.5-3 为高土石坝坝体表面横河向变形倾度分布的典型计算结果。

3.5.3 基于有限元-无网格耦合的土石坝张拉裂缝分析方法

基于心墙压实黏土拉伸应力应变特性及断裂机理的研究成果，清华大学岩土工程研究所发展了基于有限元-无网格耦合的高土石坝坝体张拉裂缝三维模拟计算方法和计算程序系统[128-135]，可应用于高土石坝张拉裂缝发生和扩展过程的计算分析。

3.5.3.1 有限元-无单元耦合计算方法

为了发挥无单元法和有限元法各自的优势，提出了点插值无单元法与有限元直接耦合的计算方法。

点插值无单元法与以往无单元法的一个本质区别就是其形函数具备插值特性。该特性

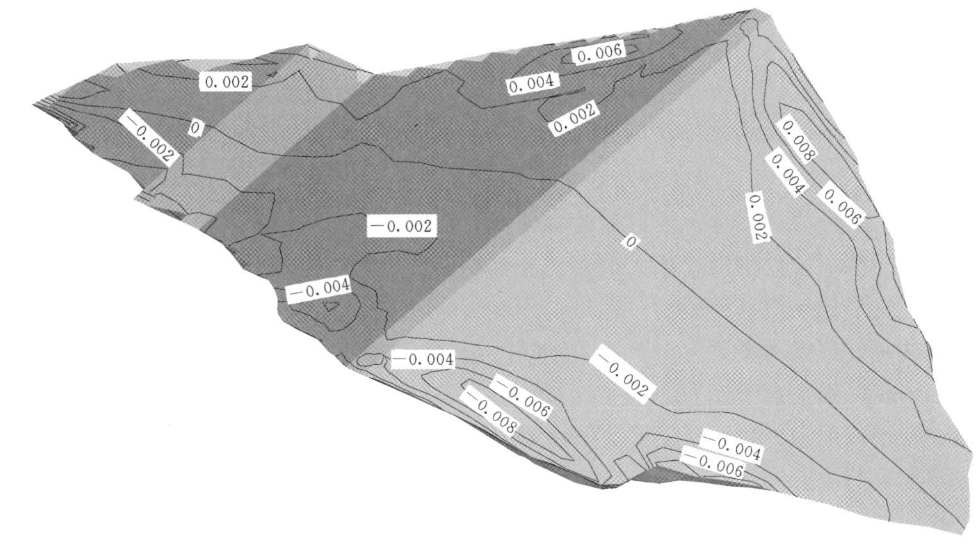

图 3.5-3 高土石坝坝体表面横河向变形倾度分布

可使点插值无单元法与有限元法进行直接耦合。耦合界面上的节点既是有限元的节点，也可作为无单元法的影响节点。在对点插值无单元法与有限元直接进行耦合时，无需保证有限元单元与无单元域的背景积分单元重合，两者可分别在各自的域内进行积分计算。为了提高耦合面处的计算精度，无单元域内节点的影响域往往延伸至有限元区域内。

对于点插值无单元法来说，本质边界条件也可以如有限元法一样直接施加。在计算效率方面，虽然点插值无单元法较以往的无单元方法有了较大的提高，但仍不及传统的有限元法。在较大规模的计算中，例如高土心墙堆石坝三维计算，在精度要求高的区域或者需要模拟裂缝扩展的区域采用无单元法，其他区域仍采用有限元法，可以发挥两者各自的优势，从而达到较好的计算效果。

3.5.3.2 基于无单元法的弥散裂缝模型

弥散裂缝模型以连续介质力学为基础，裂缝是否开裂和开裂方向都直接由计算得到的应力或应变判断，开裂材料仍视为连续体，通过调整材料特性来描述裂缝的开展行为。在有限元法中，弥散裂缝的扩展是基于单元的。单元开裂后，认为该区域是含有密集、平行裂纹的裂缝带，裂缝带外材料保持原有的材料属性，而裂缝带内材料则在垂直于裂缝的方向上发生应变软化。裂缝扩展和能量耗散都以单元为单位。

与有限元法不同，无单元法不存在单元，因而基于单元概念的弥散裂缝模型无法直接应用于无单元法。无单元法中通过影响域建立近似函数。因此，无单元法中积分点的影响域和有限元中的单元具有某些相似的功能属性。根据这一特点，发展了基于无单元法的弥散裂缝模型。在基于无单元法的弥散裂缝模型中，将裂缝弥散于积分点的影响域内，裂缝的扩展过程通过调整开裂积分点所在影响域的刚度矩阵来实现。当积分点发生开裂后，开裂应变根据影响权重分布于影响域内，开裂过程释放的能量也根据影响权重作用在影响结点的裂缝面法向上。

点插值无单元法的形函数具有局部紧支特性，即影响节点距离插值点越近，其影响权重越大，随着影响节点与插值点之间距离的增大，其影响权重逐渐减小。在压实黏土张拉断裂损伤区内，土体张拉损伤程度由主裂缝向两侧逐渐减弱的特性与无单元法形函数的局部紧支特性具有较好的一致性。因此，弥散裂缝模型与无单元法相结合，能够更加真实地模拟断裂损伤区内土体的张拉损伤过程。

3.5.3.3 三维裂缝扩展过程的自动跟踪

在实际土工计算中，由于模拟的是大规模的结构，因此采用的网格一般尺寸较大，如在土石坝的计算中，网格尺寸可达十几米甚至几十米。由于弥散裂缝以积分点影响域为单位，若采用这样的模型进行裂缝计算，积分点影响域的尺寸将会十分巨大，难以准确模拟裂缝可能的起始位置和发展方向。对于该问题，解决的方法之一是在裂缝可能的开裂位置进行局部加密以提高裂缝计算的精度。当使用有限元和无网格耦合方法时，可以仅在无网格区域进行局部加密，而有限元区域保持不变，可避免有限元局部加密的复杂处理过程。

为了实现裂缝扩展过程的自动跟踪模拟，提出了在裂缝计算过程中自动判别可能开裂区域并在开裂区域进行有限元网格至无网格节点的转化和节点自动加密的方法。计算开始时使用应力变形分析常用的有限元模型。计算中通过一定的标准来判断裂缝可能开裂区，并将该区域从有限元网格转化为无网格节点，然后进行局部自动加密。通过这样的处理，可以自动在敏感区域实现无网格计算和节点加密，将该方法和无网格中弥散裂缝的计算方法相结合，可以实现土体裂缝扩展过程的自动模拟计算。

1. 有限元法到无网格法的自动转化

在较为复杂的问题中，难以事先估计开裂的位置，因此难以恰当地区分有限元区域和无网格区域，无法实现裂缝的自动跟踪。

为克服上述困难，可在计算开始时全部使用有限元，在计算过程中根据应力计算结果随时判断可能的开裂位置，并将敏感区域从有限元转化为无网格，见图 3.5－4。在转化过程中，转换区的有限元节点变为无网格节点，有限元区域和无网格区域的边界变成耦合界面，在有限元区仍然使用有限元法，在无网格区域使用径向基点插值无网格法。此时无网格区域的原有限元拓扑也不必去除，可直接作为无网格法的背景积分单元。采用这种处理方式时，在新的无网格区域内，节点和积分点的位置都未发生变化，状态变量如节点位移、积分点应力等仍然为转化前的值，无需重新计算。

进行有限元到无网格的转化是为了更方便地计算裂缝，因此转化的触发条件应与裂缝开裂条件相联系。在裂缝计算中，当小主应力达到抗拉强度时裂缝开始扩展，采用如下的转化标准：

$$\sigma_3 < \lambda_1 \sigma_t \tag{3.5-5}$$

式中：σ_3 为有限单元中的小主应力；σ_t 为材料抗拉强度；λ_1 为转化的比例系数，当有限元法计算得到的小主应力达到抗拉强度的某个比值时，就将该单元从有限元转化为无网格。本书中采用的转化比例系数为 $\lambda_1=0.85$。

在实际计算中该方法可较为准确地捕捉到可能开裂区域，并使采用无网格法的区域只出现在开裂可能发生的一小部分区域，并随着裂缝的扩展自动扩张，形成一个随裂缝发展而不断变化的裂缝分析无网格计算区域。

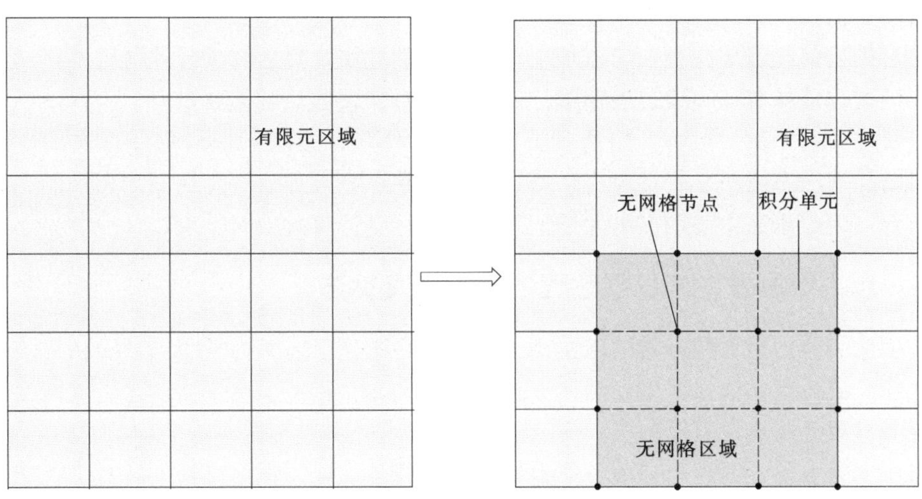

图 3.5-4　计算方法转化

2. 无网格节点自动加密

将敏感区域从有限元区域转化为无网格区域后，节点本身的密度并没有变化，难以进行裂缝扩展计算，因此需要在无网格区域进行自动加密。无网格的加密由于无需满足单元拓扑关系，较为简单，也可较方便地控制加密的密度和节点分布，因此，提出了一种基于背景积分单元的节点自动加密方法，下面予以介绍。

无网格节点自动加密是为了增加裂缝附近局部的节点密度，使得裂缝的开裂位置和发展路径得到更准确模拟。在此采用了和开裂标准相联系的加密准则：

$$\overline{\sigma}_3<\lambda_2\sigma_t \tag{3.5-6}$$

式中：$\overline{\sigma}_3$ 为无网格背景积分单元的平均小主应力；λ_2 为加密的比例系数，由于加密仅发生在无网格区域，因此有：

$$\lambda_1\leqslant\lambda_2<1 \tag{3.5-7}$$

节点加密可采用图 3.5-5 中基于背景积分单元的等参变换加密法进行。

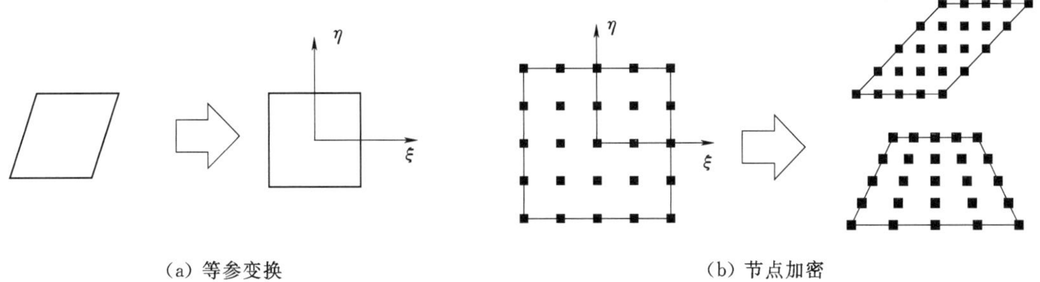

图 3.5-5　等参元逆变换加密示意图

在等参单元中生成新节点时，需要根据原背景积分单元的大小和形状来调整节点密度和分布方式。新生成节点的实际间距最好和材料的断裂带宽度一致，以便于裂缝计算。按照上述过程对需要加密的背景积分单元进行循环，即可完成可能开裂区域的节点加密。

土工数值计算中材料的本构模型一般采用非线性弹性模型或弹塑性模型。在这种情况下，一点的当前状态如应力、应力水平、加载函数值等，对后续的计算有重要影响。为了进行连续的自动加密和裂缝扩展模拟，还需要映射加密区的状态变量。

需要映射的变量一般有：新增计算节点上的位移、孔压；新增积分点上的应力、应变，当前加载状态或屈服状态等。新增计算节点和积分点都是在相应的加密前的背景积分单元内部，因此研究中使用有限元插值的方式进行变量映射。

3.5.4 水力劈裂发生与扩展过程的数值仿真算法

将弥散裂缝理论和所建立的压实黏土脆性断裂模型引入水力劈裂问题的研究中，扩展了弥散裂缝的概念，并与比奥固结理论相结合，推导和建立了用于描述水力劈裂发生和扩展过程的有限元数值仿真模型。

当压实黏土单元的最小有效主应力达到土体的极限抗拉强度后，土体在平行于最小有效主应力的方向发生裂缝。裂缝发生后土体即在裂缝的法向丧失抗拉刚度，但在另一方向刚度基本不变，可将发生裂缝后的土体处理成各向异性体，以模拟土体在裂缝法向抗拉刚度丧失的情况。

开裂土体除在应力应变关系方面表现出各向异性外，在渗透特性方面也具有各向异性。在流固耦合的计算分析中，将弥散裂缝的概念进行了推广，将其应用于开裂土体各向异性渗透特性的描述。这里对单元的渗透系数矩阵进行类似的处理，通过增大单元在裂缝方向的渗透系数，模拟单元开裂后水压力沿裂缝方向的渗入过程。整体坐标系中渗透系数向量同局部坐标系中渗透系数向量之间关系如下：

$$\{\boldsymbol{K}\}=[\boldsymbol{T}_c]\{\boldsymbol{K}'\} \tag{3.5-8}$$

式中：$\{\boldsymbol{K}\}$ 和 $\{\boldsymbol{K}'\}$ 分别为整体坐标系和局部坐标系下的渗透系数向量；$[\boldsymbol{T}_c]$ 为转换矩阵，可表示为

$$[\boldsymbol{T}_c]=\begin{bmatrix}\cos\beta_j & \sin\beta_j \\ -\sin\beta_j & \cos\beta_j\end{bmatrix} \tag{3.5-9}$$

在垂直和平行裂缝面方向的局部坐标系下，渗透系数矩阵 $\{\boldsymbol{K}'\}$ 可表示为

$$\{\boldsymbol{K}'\}=\{k_p \quad k_t\}^{\mathrm{T}} \tag{3.5-10}$$

式中：k_p 为垂直于裂缝面方向的渗透系数分量；k_t 为平行于裂缝面方向的渗透系数分量。

研究表明，压实黏土在受拉状态下，表征单元体的渗透系数与裂缝面的法向有效应力之间存在耦合关系，即平行于裂缝面方向的渗透系数分量 k_t 与裂缝面法向有效应力 σ_y' 之间存在一定的对应关系。研究中假定两者满足如下的负指数方程：

$$k_t=k_0\mathrm{e}^{-\alpha\sigma_y'} \tag{3.5-11}$$

式中：k_0 为压实黏土受压状态下的渗透系数；α 为耦合参数。图 3.5-6 给出了 $\alpha=0.1$ 时受拉和受压渗透系数的比值与法向有效应力 σ_y' 的关系曲线。

图 3.5-7 给出了用于有限元算法的计算模式流程简图。在计算中，每个荷载增量步都要判断处于受拉状态的土体单元个数，根据裂缝法向有效应力值确定其渗透系数矩阵。一旦发现单元发生张拉裂缝，则需要首先计算裂缝张开方向，修改开裂单元的刚度矩阵，

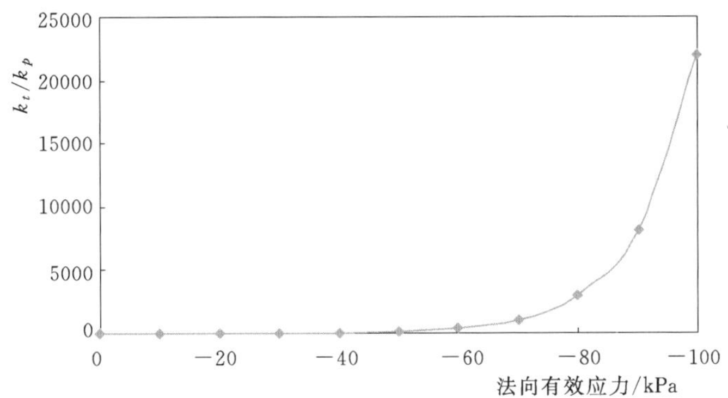

图 3.5-6　渗透系数与法向有效应力的关系曲线

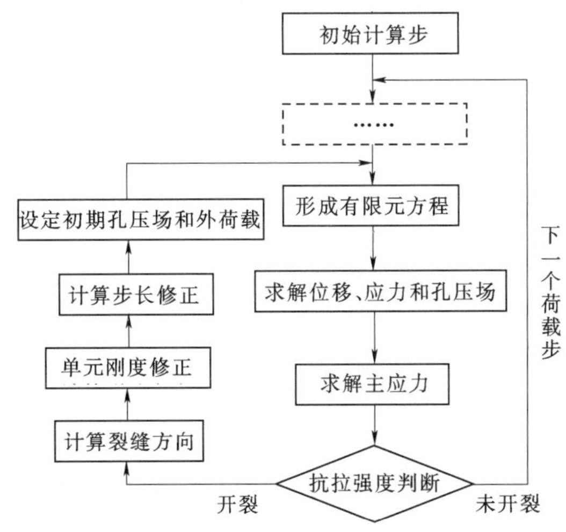

图 3.5-7　水力劈裂发生与扩展过程有限元算法的计算模式流程简图

并根据裂缝法向有效应力值，计算裂缝及其前缘单元的渗透矩阵；同时要修正初始孔压场和外荷载，修改计算时间，进行迭代计算，直到无单元开裂为止。

3.6　高心墙堆石坝渗流分析

3.6.1　渗流分析发展概况

渗流力学是流体力学的一个分支，它是多种科学和工程技术的理论基础。1856 年，法国工程师达西通过试验提出了线性渗透定律，为渗流理论的发展奠定了基础。1889 年，茹可夫斯基首先推导了渗流的微分方程。此后，许多数学家和地下水动力学科学工作者对渗流数学模型及其解析解法进行了广泛和深入的研究，并取得了一系列研究成果。但解析解毕竟仅适用于均质渗透介质和简单边界条件，在实用上受到很大限制。

1922 年，巴甫洛夫斯基提出了求解渗流场的电拟法，为解决比较复杂的渗流问题提供了一个有效的工具。起初，电拟法多采用导电液模型进行试验，但它无法模拟各向异性渗透介质，对复杂的地质和边界条件也不尽适应。为了解决更复杂的渗流问题，逐步发展和研究了电网络法。电网络法是基于差分原理或基于变分原理。苏联科学家在这方面做了大量工作，在电模拟试验的模拟理论及试验方法、造型技术、模型材料、仪器设备等方面进行研究。

随着电子计算机的迅速发展，数值方法（如有限差分法、有限单元法和边界元法等）在渗流分析中应用越来越广泛。有限差分法在1910年由理查森首先提出，经过长期的研究和广泛应用，目前该方法已具有较完善的理论基础和实用经验。有限单元法的基本思想早在1913年由柯朗提出，1960年Clough最先采用有限单元法这个名称，以与有限差分法相区别。1965年，津克维茨和张提出有限单元法适用于所有可按变分原理进行计算的场问题，为该方法在渗流分析中的应用提供了理论基础。随后该方法在渗流分析中逐步推广应用。边界元法建立在经典力学理论基础上，初见于20世纪60年代后期，当时被称为边界积分方程法（Boundary Integral Equation Method）。直到1978年，边界元法（Boundary Element Method）这个名称才被确立并得到公认。后来许多学者针对所研究问题的不同特点，研究和提出了能集合上述各数值方法优点的杂交元法（Hybrid Element Method），更合理地解决实际的工程渗流问题。

国内水电行业开展数值计算起步比国外晚十余年，南京水利科学研究院、黄河水利科学研究院、中国水利水电科学研究院等研究机构在20世纪70年代，率先学习引进国外渗流有限元数值计算方法。接下来的十年（70—80年代）是数值计算方法推广发展的时期，这个时期电模拟技术和有限元数值计算并存，在解决工程渗流问题上两种方法同台共舞。在此期间，国内定期召开了多次水利水电工程渗流学术会议，渗流力学及土体的渗流场有限元分析得到了广泛的宣传、推广和应用，学术界和工程界对于渗流对水工建筑物安全的影响的认识大大提高。20世纪90年代，是水电行业开始快速发展的时期，也是渗流数值计算发展完善和进一步推广的重要时期。这时，解决工程渗流问题已开始逐渐依靠初步完善的三维渗流有限元计算方法。

3.6.2 心墙堆石坝坝体坝基系统渗流控制分析

3.6.2.1 渗流有限元基本方程及分析基本方法

1. 渗流有限元基本方程

众所周知，对于饱和稳定-非稳定渗流基本方程为

$$\frac{\partial}{\partial x}\left(K_x\frac{\partial H}{\partial x}\right)+\frac{\partial}{\partial y}\left(K_y\frac{\partial H}{\partial y}\right)+\frac{\partial}{\partial z}\left(K_z\frac{\partial H}{\partial z}\right)=\rho g(\alpha+n\beta)\frac{\partial H}{\partial t}=S_s\frac{\partial H}{\partial t} \tag{3.6-1}$$

式中：x、y、z为渗透主方向；$H=H(x,y,z,t)$为待求水头函数；K_x、K_y、K_z为主向渗透系数；S_s为单位储水量或储存率。

在稳定渗流状态且均质的条件下，式（3.6-1）退化为

$$K_x\frac{\partial^2 H}{\partial x^2}+K_y\frac{\partial^2 H}{\partial y^2}+K_z\frac{\partial^2 H}{\partial z^2}=0 \tag{3.6-2}$$

式（3.6-2）为饱和稳定渗流的基本方程。

2. 渗流有限元分析基本方法

取 8 节点等参单元离散渗流场，则单元内的水头分布为

$$H(x,y,z)=\sum_{i=1}^{8}N_iH_i \tag{3.6-3}$$

应用 Galerkin 方法将微分方程式（3.6－2）离散，经推导整理得到：

$$\begin{aligned}&\sum_e\iiint_{\Omega_e}\left(K_x\frac{\partial N_i}{\partial x}\frac{\partial H}{\partial x}+K_y\frac{\partial N_i}{\partial y}\frac{\partial H}{\partial y}+K_z\frac{\partial N_i}{\partial z}\frac{\partial H}{\partial z}\right)\mathrm{d}x\mathrm{d}y\mathrm{d}z\\&=\sum_{\Gamma_e}\iiint_{\Gamma_e}\left[K_x\frac{\overline{\partial H}}{\partial x}\cos(n,x)+K_y\frac{\overline{\partial H}}{\partial y}\cos(n,y)+K_z\frac{\overline{\partial H}}{\partial z}\cos(n,z)\right]\mathrm{d}\Gamma\end{aligned} \tag{3.6-4}$$

显然，当整个区域全部处于承压状态（如混凝土坝坝基渗流），便可直接依式（3.6－4）建立代数方程组，进行求解即得到所要求的渗流水头场。然而，对于具有自由面的渗流问题，其实际渗流区域往往小于整个渗透介质的区域。由于自由水面正是渗流分析所需要求解的问题，因而，实际渗流域是未知的。这一点便是渗流分析较固体力学问题求解复杂的根本点，从而也决定了具有自由面渗流场不可能一次性直接解出，而必须反复迭代计算获得逼近于真解的数值解。另外，渗流计算问题是典型的边值问题，边界条件对计算结果影响极大。为了得到较准确的渗流场，计算中尽量选用明确可靠的边界条件，如河流边界、分水岭等。这也导致渗流场计算区域比结构计算截取的范围大得多，使计算的前期准备工作量也大大增加。

具有自由面渗流场的数值分析计算，由于在计算中自由面边界是未知的，使得渗流计算变得复杂和困难，通常用迭代逼近的方法来求其近似解。河海大学渗流实验室研究了改进的初流量法和基于不等式求解渗流自由面，并开发了相应的数值程序。

3.6.2.2　三维渗流场反演分析基本方法

在大型的水利水电工程中，通常在工程区的关键部位布置一定数量的渗压计、测压管、量水堰、地下水位长观孔等，以便长期监测工程运行情况，防患于未然。因此，根据渗流观测系统的数据可以开展工程渗流场的反演和反馈分析，以便做出工程渗流安全评价和提出进一步保证工程安全的措施。

根据渗流观测资料，开展渗流场反演拟合分析，原先的方法是把目标函数在设计点处作线性化，但是求解时往往会出现设计点跳动，收敛较困难。目前改进的主要方法有：把目标函数序列二次化，引入序列二次规划方法来进行渗流场的反演；有选择地确定反演变量类型；提出更方便的水头函数对反演变量一阶、二阶导数的计算方法，使问题的求解效果好，速度快。

下面简要介绍离散-优化方法的主要求解思路。

1. 目标函数

反求渗流参数一般是根据研究的渗流区域内若干已知坐标位置的水头观测值与计算值之间的误差，应用最小二乘法建立目标函数：

$$F(K_{ij})=\sum_{k=1}^{n}\omega_k\sqrt{(H_k^c-H_k^o)^2} \tag{3.6-5}$$

式中：K_{ij} 为第 i 区中的第 j 个渗流参数；ω_k 为第 k 个观测点的权函数；H_k^c 为第 k 个观

测点的水头计算值；H_k^o 为第 k 个观测点的水头观测值。

数学上已经证明式（3.6-5）存在极小值。显然，求解的目标是寻求一组渗流参数，使得目标函数值达到最小，这是需要直接解决的问题。应当指出，目标函数中的待求解变量，即地层及断层的渗透参数，还必须满足相应的工程意义。因此，提出以下约束条件。

2. 约束条件

反分析渗流参数应在已知渗流参数附近：

$$0.2 \leqslant \alpha_i \leqslant 5.0 \tag{3.6-6}$$

式中：α_i 为反分析渗流参数与已知的渗流参数的倍比，即反分析渗流参数最多只在已知的参数基础上缩小 5 倍或扩大 5 倍。

3. 反分析变量的正交搜索法

如前所述，由于实际工程问题反分析的极端复杂性，只能采用离散-优化方法来求解式（3.6-5）目标函数在约束式（3.6-6）条件下的极小值问题。尽管如此，原则上可采用诸如单纯形或最速下降等方法求解，但由于偏导数的计算，不仅增加正分析计算量，同时增加实际问题的复杂性，包括大型数值问题计算自身产生的误差等因素，常常使得偏导数不再单调，产生伪多值情况。为保证反分析的有效性和正确性，提出正交搜索法。实际计算表明，尽管此方法非常原始，但却非常有效。其基本思路是按约束区间作等距划分，从第一个变量开始搜索，根据目标函数值的大小，搜索出第一个变量的相对最优解。在第一个变量最优解搜索完成后，即固定该变量。如此依次对每个变量单独搜索，尤如正交模型实验一样，故称之为正交搜索法。通过与单纯形法比较，不仅最终优化结果相近，而且分析次数减少 20%左右。

3.7 坝坡抗滑稳定计算分析

3.7.1 概述

坝坡抗滑稳定分析是土石坝设计的一项重要内容。常见的坝坡抗滑稳定分析方法有刚体极限平衡法、有限元法等，但在工程设计中常用的方法仍是规范建议的刚体极限平衡法。这一方法需要事先假定一个初始滑裂面，然后将滑坡体离散为一系列具有垂直界面的条块，利用整体静力平衡或力矩平衡方程求解边坡的安全系数。根据所引入的假定的不同，发展了一系列的稳定分析方法，如适用于圆弧滑裂面的瑞典法、简化 Bishop 法[136]，以及适用于任意形状滑裂面的滑楔法、Spencer 法与 Morgenstern-Price 法等[18,137]。极限平衡法计算原理清楚，具有长期的工程实践经验，并在安全判据、参数选取、稳定分析方法等方面形成了一个比较成熟的体系，在实际工程中获得了极为广泛的应用。

自 20 世纪 60 年代以来，有限元法开始应用于土石坝坝坡抗滑稳定分析，为这一问题的求解开辟了一条新的思路。有限元法的基本思想是将连续介质离散为有限元单元，相邻单元之间通过节点进行连接，通过计算在外力作用下各节点处的位移，得到各单元的应力与应变分布。这一方法的理论基础严密，不必对内力与滑裂面形状作出假定，且可以模拟复杂的应力应变关系，但在将计算成果与传统的安全系数判据接轨等方面还存在一定的问题。

3.7.2 建立在极限平衡分析基础上的坝坡抗滑稳定分析方法

3.7.2.1 确定性分析方法

1. 关于安全系数的定义

单一安全系数法在岩土工程中通常还遇到的一个问题是关于安全系数的定义。传统意义上的安全系数定义为结构抗力与作用的比值，但将这一定义式运用于边坡与土石坝抗滑稳定分析时存在诸多问题，例如，土的重量既是作用又是抗力；力是矢量，无法直接比较大小，必须将力投影到某一方向才能进行计算等。为此，在边坡与坝坡抗滑稳定分析领域，一般采用 Bishop 于 1955 年提出的基于强度储备基础上的安全系数的定义，即将抗剪强度指标按照安全系数进行折减后，土体沿着滑裂面处处达到极限平衡，定义如下：

$$\tau = c_e' + \sigma_n' \tan\varphi_e' \tag{3.7-1}$$

$$c_e' = \frac{c'}{F} \tag{3.7-2}$$

$$\tan\varphi_e' = \frac{\tan\varphi'}{F} \tag{3.7-3}$$

式中：c'为土体的黏聚力；φ'为有效内摩擦角；F 为安全系数；c_e'为折减后的黏聚力；φ_e'为折减后的有效内摩擦角；τ 为根据折减强度指标计算所得抗剪强度；σ_n'为滑裂面上的正应力。

上述以强度折减为基础的安全系数法提出后，在边坡稳定分析领域中获得了越来越广泛的应用。采用这一定义，可以很好地解决传统意义上安全系数定义的诸多缺点。大量的工程实践表明，根据这一定义获得的安全系数，可以较好地给出建筑物安全储备的定量判据。

2. 抗滑稳定分析方法

在边坡与坝坡抗滑稳定分析领域，基于极限平衡理论的垂直条分法是工程中应用最为广泛的分析方法。常用的稳定分析方法包括适用于圆弧滑裂面的简化 Bishop 法、瑞典法，以及适用于任意形状滑面的 Morgenstern - Price 法、Spencer 法、滑楔法等。

3.7.2.2 风险分析方法与可靠度

1. 风险分析方法

在土石坝坝坡抗滑稳定分析中，参数的不确定性所包含的风险可以近似地表达为一系列自变量的函数关系，包括强度指标、自重、孔隙水压力等。可以将这些自变量分为作用和抗力两大类，分别用 R 和 S 来表示。在可靠度分析中，定义系统的功能函数 G 为

$$G = g(R, S) = R - S \tag{3.7-4}$$

式中：R 和 S 分别为结构抗力和荷载效应。相对应的极限状态方程为

$$G = R - S = 0 \tag{3.7-5}$$

在边坡稳定分析领域，通常用安全系数来评价边坡的稳定性。安全系数可以表达为输入参数的函数：

$$K = g(x_1, x_2 \cdots x_n) \tag{3.7-6}$$

式中：x_1，$x_2 \cdots x_n$ 为计算安全系数时输入的强度指标、孔隙水压等一系列参数。由于这些参数都是随机变量，因此，K 也是随机变量。系统的极限状态方程为

$$G=K-1=g(x_1,x_2\cdots x_n)-1=0 \tag{3.7-7}$$

R、S 和 x_1，$x_2 \cdots x_n$ 均为随机变量。因此 G 也是随机变量，其直方图见图 3.7-1 (a)。当 $G<0$ 时，系统失效。由参数的不确定因素导致的失效概率 P 可具体化为参数变异特性导致的功能函数小于 0 或安全系数小于 1 的概率。通常通过计算功能函数的可靠指标来求解这一问题。直方图中 $K<1$(即 $G<0$) 的面积（图 3.7-1 中的阴影区）就是失效概率 P。

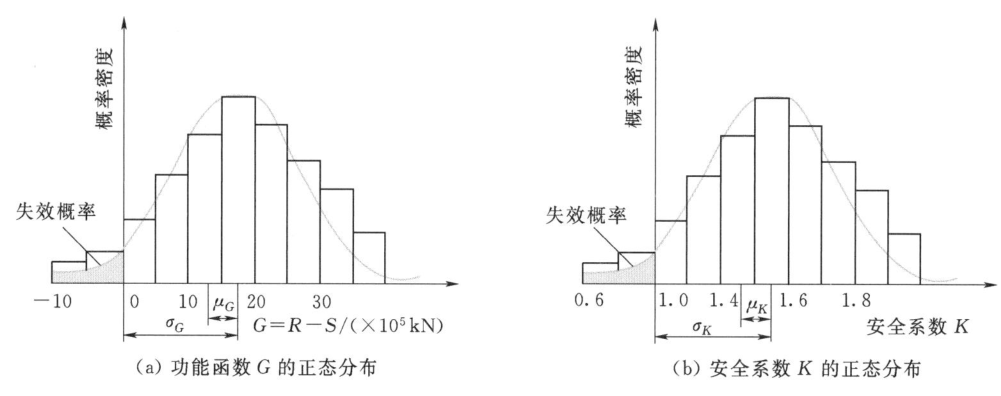

(a) 功能函数 G 的正态分布　　(b) 安全系数 K 的正态分布

图 3.7-1　功能函数的直方图及失效概率

若根据上述途径确定真实的失效概率，需要知道每个随机变量真实的概率分布曲线，这种计算方法称为完全概率方法，也称“水平Ⅲ”可靠度方法。但是，在大部分情况下，这一做法难以实现。在可靠度分析领域，更多的是使用一种近似的做法，即通过计算可靠指标来确定风险。

2. 可靠度指标及其计算方法

在前面的分析中，采用“水平Ⅲ”的完全概率方法，要求知道每个随机变量真实的概率分布曲线。近似概率方法，也称“水平Ⅱ”可靠度方法，这一方法并不要求知道所有随机变量真实的概率分布情况，但需定义作用和抗力的分布形状或类型。这些分布曲线可用已有数据的分布结果来近似拟合，而且假定作用和抗力在统计上是独立的，一般采用正态和对数正态分布。

分布曲线的类型一旦确定，其均值 μ_F 和标准差 σ_F 即可唯一地表达其失效概率。也就是说，如果定义可靠指标 β 为

$$\beta=\frac{\mu_G}{\sigma_G}=\frac{\mu_F-1}{\sigma_F} \tag{3.7-8}$$

那么，失效概率就可表达为

$$P=\Phi(-\beta) \tag{3.7-9}$$

如果 R 和 S 为正态分布，则其可靠指标 β 为

$$\beta=\frac{\mu_R-\mu_s}{\sqrt{\sigma_R^2+\sigma_S^2}} \tag{3.7-10}$$

若 R 和 S 为对数正态分布，则其可靠指标 β 为

$$\beta=\frac{\ln\frac{\mu_R}{\mu_S}}{\sqrt{V_R^2+V_S^2}} \tag{3.7-11}$$

式中：V_R 和 V_S 分别为 R 和 S 的变异系数。

3. 可靠度指标的物理意义

现从一般情况讨论可靠度指标 β 的几何意义。引入无量纲的标准化变量：

$$x_i'=\frac{x_i-\mu_x}{\sigma_x} \tag{3.7-12}$$

则极限状态方程可表达为

$$G=K-1=g(x_1',x_2'\cdots x_m')-1=0 \tag{3.7-13}$$

则可靠度指标 β 为标准化正态变量空间中原点到极限状态线的最短距离，见图 3.7-2。

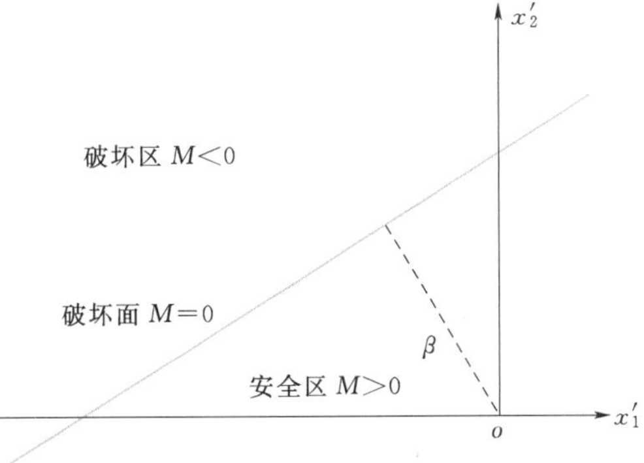

图 3.7-2　标准化变量空间上的极限状态面

4. 可靠度指标的计算方法

可靠度指标的计算方法有 Monte-Carlo 法、一次二阶矩法、Rosenblueth 法、Taylor 级数法等[138]。这里仅介绍 Rosenblueth 法[139]。

Rosenblueth 法于 1975 年提出，其基本思想是在某几个点上估计功能函数的值，然后根据这几个值即可通过简单的计算公式确定可靠度指标 β。这里以包含 3 个随机变量的功能函数为例说明 Rosenblueth 法的计算过程。

定义功能函数为 $g(x_1, x_2, x_3)$，则它的一阶、二阶矩阵 $E(g)$ 和 $E(g^2)$ 的计算公式为

$$E(g)\approx P_{+++}g_{+++}+P_{++-}g_{++-}+P_{+-+}g_{+-+}+\cdots \tag{3.7-14}$$

$$E(g^2)\approx P_{+++}g_{+++}^2+P_{++-}g_{++-}^2+P_{+-+}g_{+-+}^2+\cdots \tag{3.7-15}$$

式中：g 为随机变量 x_1、x_2、x_3 的目标函数（功能函数）。

g 和 P 的下标及正负号分别定义为

$$g_{+++}=g(\mu_{x_1}+\sigma_{x_1},\mu_{x_2}+\sigma_{x_2},\mu_{x_3}+\sigma_{x_3}) \tag{3.7-16}$$

$$g_{++-}=g(\mu_{x_1}+\sigma_{x_1},\mu_{x_2}+\sigma_{x_2},\mu_{x_3}-\sigma_{x_3}) \tag{3.7-17}$$

$$g_{+-+}=g(\mu_{x_1}+\sigma_{x_1},\mu_{x_2}-\sigma_{x_2},\mu_{x_3}+\sigma_{x_3}) \tag{3.7-18}$$

$$P_{+++}=(1+\rho_{12}+\rho_{23}+\rho_{31})/8 \tag{3.7-19}$$

$$P_{++-}=(1+\rho_{12}+\rho_{23}-\rho_{31})/8 \tag{3.7-20}$$

$$P_{+-+}=(1+\rho_{12}-\rho_{23}+\rho_{31})/8 \tag{3.7-21}$$

式中：ρ_{ij} 为随机变量 x_i 与 x_j 的相关系数。

Rosenblueth 法的可靠度指标 β 计算公式为

$$\beta=\frac{E(g)}{\sqrt{E(g^2)-E(g)^2}} \tag{3.7-22}$$

5. 允许可靠度指标

国内外均有不少标准对允许可靠度指标作出规定。《水利水电工程结构可靠度设计统一标准》(GB 50199—1994) 中对允许可靠度指标的规定见表 3.7-1。表中第一类破坏指非突发性破坏；第二类破坏指突发性破坏，破坏前无明显征兆，结构一旦发生事故难于补救或修复。

表 3.7-1　　规范规定的持久结构承载能力允许可靠度设计指标 β

结构安全级别	Ⅰ级	Ⅱ级	Ⅲ级
第一类破坏	3.7	3.2	2.7
第二类破坏	4.2	3.7	3.2

3.7.2.3 分项系数极限状态设计方法

1. 基本原理

分项系数是应用于设计变量上的设计系数。这一方法要求将功能函数中包含的自变量 μ_{x1} 按其变异特征乘上一个分项系数 γ_{xi}，使以下不等式成立：

$$G(\gamma_1\mu_{x1},\gamma_2\mu_{x2}\cdots\gamma_n\mu_{xn})\geqslant 0 \tag{3.7-23}$$

式中：μ_{x1} 为 x_i 的标准值，在不同场合下规定其为均值或某个分位值。

《水利水电工程结构可靠度设计统一标准》(GB 50199—1994) 和《碾压式土石坝设计规范》(DL/T 5395—2007) 以附录的形式提出了按承载能力极限状态进行抗滑稳定计算的表达式：

$$\gamma_0\psi S(\gamma_G G_K,\gamma_Q Q_K,\alpha_K)\leqslant\frac{1}{\gamma_{d1}}R\left(\frac{f_k}{\gamma_m},\alpha_K\right) \tag{3.7-24}$$

式中：γ_0 为结构重要性系数；ψ 为设计状态系数；$S(\cdot)$ 为作用效应函数；$R(\cdot)$ 为结构抗力函数；G_K 为永久作用的标准值；γ_G 为永久作用的分项系数；Q_K 为可变作用的标准值；γ_Q 为可变作用的分项系数；α_K 为几何参数的标准值；f_k 为材料性能的标准值；γ_m 为材料性能分项系数；γ_{d1} 为承载能力极限状态的结构系数。

如果采用无量纲的表达形式，则式 (3.7-24) 可变换为

$$F_p=\frac{R\left(\frac{f_k}{\gamma_m},\alpha_K\right)}{S(\gamma_G G_K,\gamma_Q Q_K,\alpha_K)}\geqslant\gamma_0\gamma_{d1}\psi \tag{3.7-25}$$

根据传统意义上安全系数的定义方式，可知 F_p 为使用分项系数方法的安全系数，而 $\gamma_0\gamma_{d1}\psi$ 为使用分项系数方法的安全系数允许值。

结合《碾压式土石坝设计规范》(DL/T 5395—2007) 对各分项系数的规定，可以获得 1 级建筑物在不同工况条件下使用分项系数方法的安全系数允许值，见表 3.7-2。

表 3.7-2 分项系数允许安全系数 F_p

计算工况	持久状况	短暂状况	偶然状况
γ_0	1.1	1.1	1.1
ψ	1.0	0.90	0.85
γ_d	1.2	1.2	1.2
$F_p=\gamma_0\psi\gamma_d$	1.320	1.188	1.122

2. 坝坡稳定分析中分项系数的极限状态表达式

前文讨论了坝坡稳定分析的各种计算方法，如简化 Bishop 法、滑楔法、Morgenstern - Price 法等，这些方法的安全系数的求解无法写成显示表达式的形式，需要采用迭代法才能进行求解。如果严格按照式（3.7-24）以结构与抗力的形式进行改造，即所谓“套改”，可能会破坏这些公式推导过程中原有的力学基础。事实上，在坝坡稳定分析中，只需要将材料抗剪强度指标 f'、c'的标准值除以各自的分项系数 γ_f、γ_c 得到设计值，然后代入相应的稳定分析计算公式即可。例如，对简化 Bishop 法，相应的分项系数的公式为

$$F_p=\frac{\sum\left[(W\sec\alpha-ub\sec\alpha)\dfrac{\tan\varphi'}{\gamma_f}+\dfrac{c'}{\gamma_c}b\sec\alpha\right]\left[1\Big/\left(1+\tan\alpha\,\dfrac{\tan\varphi'}{\gamma_f}/F_p\right)\right]}{\sum W\sin\alpha} \tag{3.7-26}$$

式中：F_p 为采用分项系数方法的安全系数，并要求：

$$F_p\geqslant\gamma_o\gamma_d\psi \tag{3.7-27}$$

对于其他稳定分析方法，也可以采用与之相同的处理方式。

特别地，对于堆石料等采用邓肯非线性强度指标的情况，由于摩擦系数 $\tan\varphi$ 与小主应力 σ_3 有关，无法直接除以分项系数得到设计值，可针对每一个土条，先根据底滑面的 σ_3 的大小计算 φ，然后将 $\tan\varphi/\gamma_f$ 作为设计值进行计算。

3.7.3 抗滑稳定有限元法

3.7.3.1 基本原理

近几十年以来，以有限元法为代表的数值分析方法在水利水电工程中获得了广泛的应用。有限元法可以模拟坝体材料复杂的非线性本构关系，可以考虑施工过程、蓄水、水位骤降、地震等荷载工况，理论基础更为严格。然而，如何将有限元法的分析成果与在工程中应用广泛的安全系数建立联系，成为抗滑稳定的直接判据，是这一数值分析方法应用于实际工程中普遍面临的问题。目前主要有两种方法，其一是根据有限元计算获得坝体内部的应力场，采用应力积分的方式获得滑裂面的抗滑力与滑动力，两者之比即为沿该滑裂面滑动的安全系数；其二是强度折减有限元法，其基本原理是对坝体材料的抗剪强度指标 f 与 c 按同一系数 F 进行折减，得到一组新的强度参数后重新计算。当计算不收敛、特征点位移发生突变或塑性区贯通时，认为坝坡处于极限状态，此时对应的 F 值即为坝坡的抗滑稳定安全系数。现阶段，在工程中应用最为广泛的仍是建立在强度储备基础上的强度折减有限元法。

与传统的刚体极限平衡法相比，强度折减有限元法无需对滑裂面的位置与形状作出假定，也不需要进行条分。Griffith 等将强度折减法应用于边坡稳定分析领域[140]，并通过

几个具体算例的分析计算，发现该方法得到的安全系数与传统的简化 Bishop 法的计算结果一致。近数十年以来，强度折减法成为边坡稳定分析的一个新的发展方向与热点，诸多学者在这方面开展了深入而系统的研究工作。

尽管与传统的刚体极限平衡法相比，强度折减有限元法的优点十分突出，但也存在一些缺点，主要表现为：

（1）在计算过程中仅对材料的强度参数进行折减而保持变形参数不变，在一定程度上会破坏材料的强度参数与变形参数之间的协调性。

（2）结构处于极限状态的判据缺乏严格的理论依据，存在一定的随意性。

（3）强度折减法获得的大坝破坏时的应力是一种假想的状态，与大坝破坏时的真实应力状态存在差异。

3.7.3.2 基于邓肯对数模式的非线性强度的强度折减法

目前强度折减有限元法一般采用 Mohr - Coulomb 线性强度准则，但将该方法应用于土石坝坝坡抗滑稳定分析时，一个不可回避的问题是如何考虑堆石料的非线性强度。如前所述，堆石材料在高围压时具有明显的非线性的特点，其强度包线不再是一条直线，而是一条向下弯曲的曲线。同时，现行土石坝规范中也要求对堆石、砂砾石等粗颗粒料采用邓肯对数模式的非线性强度指标进行坝坡抗滑稳定分析。

目前常用的商用计算程序，如 ANSYS、ABAQUS、FLAC3D 等均缺乏内置的 Duncan - Chang 非线性弹性本构模型，需要进行二次开发。

Duncan - Chang 本构模型中初始变形模量 E_i 为

$$E_i = KP_a\left(\frac{\sigma_3}{P_a}\right)^n \tag{3.7-28}$$

切线变形模量为

$$E_t = KP_a\left(\frac{\sigma_3}{P_a}\right)^n\left[1-\frac{R_f(\sigma_1-\sigma_3)(1-\sin\phi)}{2c\cos\phi+2\sigma_3\sin\phi}\right]^2 \tag{3.7-29}$$

式中：P_a 为大气压；K、n 为试验常数，分别表示 $\lg(E_i/P_a)$ 与 $\lg(\sigma_3/P_a)$ 直线的截距与斜率；R_f 为破坏比。

体积模量 B 为

$$B = K_b P_a\left(\frac{\sigma_3}{P_a}\right)^m \tag{3.7-30}$$

式中：K_b、m 为材料常数，分别为 $\lg(B/P_a)$ 与 $\lg(\sigma_3/P_a)$ 直线的截距与斜率。

卸载-再加载模量 E_{ur} 为

$$E_{ur} = K_{ur} P_a\left(\frac{\sigma_3}{P_a}\right)^n \tag{3.7-31}$$

式中：K_{ur}、n 为材料常数，分别为 $\lg(E_{ur}/P_a)$ 与 $\lg(\sigma_3/P_a)$ 直线的截距与斜率。

对于粗粒料，其内摩擦角 φ 与围压 σ_3 的关系为

$$\varphi = \varphi_0 - \Delta\varphi\lg(\sigma_3/P_a) \tag{3.7-32}$$

计算程序流程见图 3.7 - 3。

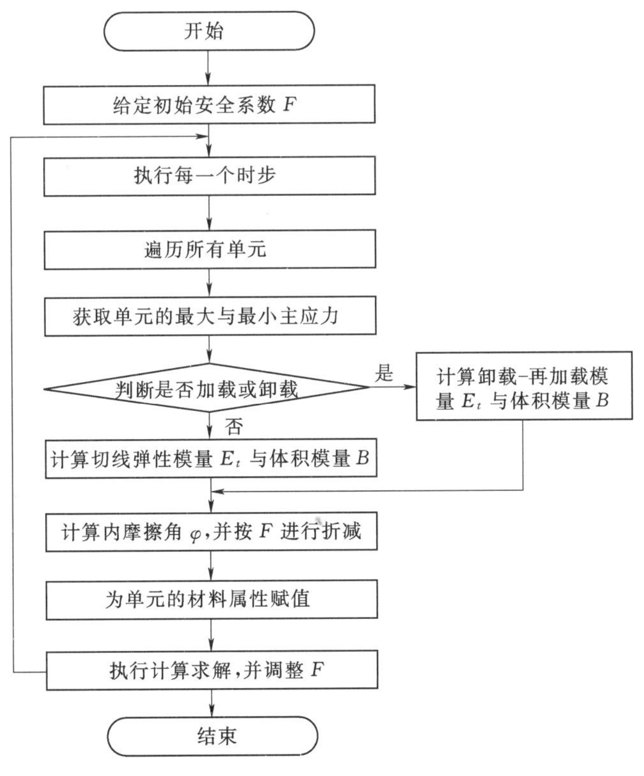

图 3.7-3 计算程序流程图

3.8 坝体变形反演分析

土石坝的变形分析和预测是一个复杂的系统工程。首先，在变形计算过程中的影响因素包括工程现场土石料样料的代表性、实验室制样的尺寸效应、本构模型的缺陷等。其次，在施工方面的影响因素包括与设计条件的偏差、坝料填筑的不均匀性、碾压程度和设计标准的差别、降雨造成的含水量变化、施工对监测仪器的干扰等。因而，根据施工和运行期的实测资料反演坝料特性参数可更准确地进行大坝安全性评价，并及时对施工、设计方案提出反馈意见，从而达到优化设计和施工的目标。此外，随着填筑的进行，颗粒间挤压破碎、遇水软化等会导致本构模型参数随着时间发生明显变化。因此，根据大坝现场变形监测结果进行实时动态地变形反演分析确定材料力学变形特性非常重要。

3.8.1 变形反演分析方法

反演分析方法可分为三类：确定性反演分析方法、非确定性反演分析方法和智能反演分析方法。其中智能反演分析方法近年来得到了广泛的应用，一般用到人工神经网络和演化算法。以下重点阐述人工神经网络和演化算法的基本原理。

3.8.1.1 人工神经网络模型概述

人工神经网络模拟人脑的结构及其智能特点，是在研究生物神经系统的启发下发展起来的一种信息处理方法[141-144]。人工神经网络的出现已有半个多世纪的历史。其中 1986 年学者所提出的多层网络的误差反传（Back Propagation，BP）算法是神经网络研究中最为突出的成果之一。

多层前向神经网络概念简单，容易实现，且有很强的非线性映射能力，在工程中应用最多。它由输入层、隐含层和输出层组成。隐含层可以是一层或多层。图 3.8-1 所示为一个普通多层前向神经网络模型的拓扑结构，它只有相邻层之间存在连接关系。

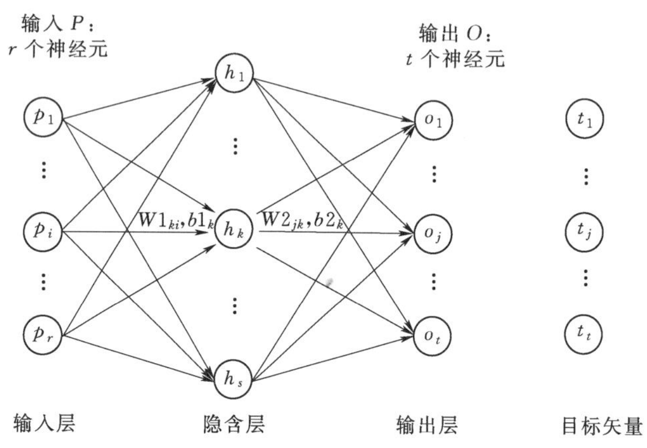

图 3.8-1 具有一个隐含层的简化神经网络

采用 BP 算法的多层前向神经网络模型一般称为 BP 网络。BP 算法具体由信息的正向传递与误差的反向传播两个过程组成。当正向传播时，输入信息从输入层经隐单元层处理后传向输出层。如果在输出层得不到希望的输出，则转入反向传播，将误差沿原来的神经元通路返回。返回过程中，逐一修改各层神经元连接的权值。这种过程不断迭代，最后可将误差控制在允许的范围之内。

设输入为 P，输入神经元有 r 个，隐含层内有 s 个神经元，激活函数为 f_1。输出层内有 t 个神经元，对应的激活函数为 f_2，输出为 O，目标矢量为 T。BP 网络要求采用连续可导的激活函数，现通常在隐含层采用 S 型激活函数 $f(x)=1/(1+e^{-x})$，输出层采用线性激活函数。当希望对网络的输出进行限制时，也可在输出层采用 S 型激活函数。

对于含有多个隐含层的神经网络，其权值变化公式以此类推。在人工神经网络模型中，利用已知的输入和输出确定输出层和隐含层的权值 w 和域值 b 的过程通常称为人工神经网络的“训练”或“学习”。为了训练一个 BP 网络，需要计算网络的输出误差的平方和。当所训练矢量的误差平方和小于误差目标时，训练停止，否则在输出层计算误差变化，并采用反向传播学习规则来调整权值。

BP 算法自提出以来得到了广泛的应用。但该法也存在一些限制与不足之处。对于一些复杂的问题，BP 算法需要较长的训练时间。当初始权值选取不当时，网络可能出现麻痹现象，完全不能训练。另外，由于 BP 算法采用梯度下降法，在训练过程中可能陷入局部极小值，无法跳出。针对 BP 算法的上述缺点，Vogl 提出了根据所有样本的总误差修正权值的方法。与 BP 算法相比，Vogl 算法具有以下两点改进：降低了权值的修改频率，使权值沿着总体误差最小的方向调整，提高了学习训练的效率；根据具体情况自适应调整学习速率，即让学习速率 η 和动量项 α 可变。如果当前的误差梯度修正方向正确，就增大学习速度，加入动量项。否则减小学习率，甩掉动量项，从而使学习效率大大提高。

人工神经网络模型的建立一般包括4个步骤：

（1）输入与输出层的设计。根据实际问题确定输入和输出向量的维数，从而确定输入层和输出层的节点个数。

（2）隐含层数和隐节点数的选择。到目前为止，人们尚无法根据问题的要求以及输入输出节点数的多少来直接确定合适的隐含层数和隐节点数。隐节点数太少可能会导致训练的困难，且容错性差。隐节点数太多又会使得学习时间太长，误差不一定最佳。隐含层数亦是如此。通常的方法是采用不同的网络结构进行训练，找出最优的隐含层数和隐节点数。

（3）学习样本规范化。由于 S 型激活函数具有中间高增益、两端低增益的特性，当数据在远离0的区域里学习时，收敛速度较慢。因此需将输入输出节点值规范化。

（4）初始值和控制参数的选取。由于系统是非线性的，初始值、学习速率 η 和动量项 α 等的取值会直接影响到训练的时间和计算结果的精度。当采用 Vogl 算法进行训练时，建议在开始时采取较小的学习速率，在训练的过程中进行自适应调整。

3.8.1.2　演化算法基本原理

演化算法（Evolutionary Algorithm），又称为进化算法，是一种借鉴生物界自然选择和进化机制发展起来的高度并行和随机的自适应搜索算法[145-146]。由于其具有健壮性，特别适合于处理传统搜索算法解决不好的较为复杂的非线性问题。

工程实践中的许多最优化问题性质非常复杂，很难用传统的优化方法来求解。演化算法在求解这类问题时显示出了优越的性能。演化算法通常包括遗传算法、遗传程序设计、演化策略和演化规划4个分支。

目前，遗传算法已不再局限于二进制编码。Michalewics 将不同的编码策略（即不同的数据结构）与遗传算法的结合称为演化程序。目前，在实际的工程应用当中，大多会同时采用多种不同的演化算法，且往往称为遗传算法或改进的遗传算法。演化算法各分支之间的差别已经很难区分。

演化计算在求解问题时是从多个解开始的，然后通过一定的法则进行逐步迭代后产生新的解。将种群记为 $P(t)$，其中 t 为迭代步。$P(t)$ 中的元素记为 $x_1(t)$、$x_2(t)$ …。在进行演化时，选择当前解进行交配以产生新解，当前解称为新解的父代解，产生的新解称为后代解。演化算法一般需要将问题的解进行编码，即通过变换将 X 映射到另一空间 X_g（称为基因空间），这一变换必须是可逆的。通常，X_g 中的点是字符串（如位串或向量等）的形式。不同的编码方案、选择策略和遗传算子相结合构成了不同的演化算法，其基本结构见图3.8-2。

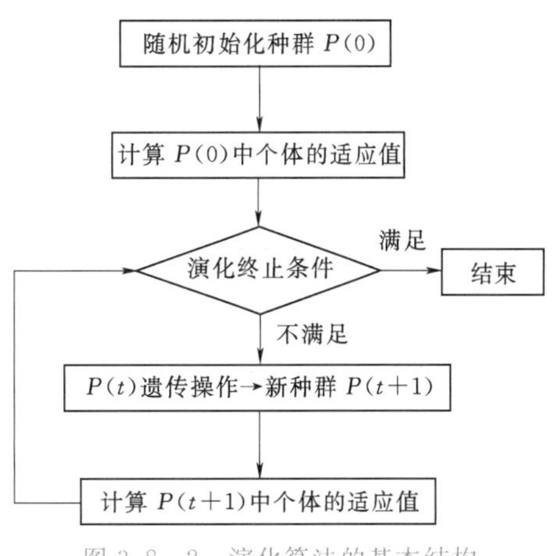

图3.8-2　演化算法的基本结构

1. 演化计算特征

演化计算是一种模拟生物种群进化过程的寻优过程，与传统搜索算法相比具有以下不同点：

（1）演化计算并不是直接作用在解空间上，而是利用解的某种编码来进行。

（2）演化计算从一个群体即多个点而不是从一个点开始搜索，因此它能以较大的概率找到整体最优解。

（3）演化计算只使用解的适应性信息（即目标函数），并在增加收益和减小开销之间进行权衡，而传统搜索算法一般要使用导数等其他辅助信息。

（4）演化计算使用随机转移而不是确定性的转移规则。

在设计演化算法时，通常要考虑适用性原则、可靠性原则、收敛性原则、稳定性原则和生物类比原则等。一个算法的适应性是指该算法所能适应的问题种类，如当优化问题的约束条件不同时相应的处理方式也不同。一个算法的可靠性是指对大多数问题能提供可靠的解。演化算法的结果带有一定的随机性和不确定性，在设计算法时应尽量经过较大样本的检验，以确认算法是否具有较高的可靠度。演化算法的收敛性通常是指能否以概率1收敛到全局最优解。演化算法的稳定性是指算法对其控制参数及问题数据的敏感性。一个好的算法应该能在较广泛的问题数据范围内求解，并对其控制参数的微小扰动不甚敏感。演化算法的设计思想是基于生物的演化过程，那些在生物界被认为是行之有效的方法及操作可以通过类比的方法引入到算法中。

2. 演化算法步骤

演化算法的设计，一般按以下的步骤进行：

（1）确定编码方案。演化算法求解问题时要对所需求解问题的变量进行编码，所采用的编码方式有时可对算法的性能和效率产生很大的影响。

（2）确定适应值函数。适应值是对解的质量的一种度量，一般以目标函数或费用函数的形式来表示。解的适应值是演化过程中进行选择的唯一依据。

（3）确定选择策略。优胜劣汰的选择机制使得适应值大的解有较高的存活概率，不同的选择策略将导致不同的选择压力，即下一代中父代个体复制数目的不同分配关系。

（4）选取控制参数。控制参数主要包括种群的规模、算法执行的最大代数、执行不同遗传操作的概率以及其他一些辅助性的参数。

（5）设计遗传算子。演化算法中的遗传算子主要包括繁殖或复制、杂交、变异以及其他高级操作。

（6）确定算法的终止准则。由于演化计算没有利用目标函数的梯度等信息，在演化过程中无法确定个体在解空间中的位置，从而无法用传统的方法来判定算法的收敛与否以终止算法。常用的方法是预先规定一个最大的演化代数或者规定当算法在连续多少代以后解的适应值没有得到明显改进时，即终止计算。

（7）编程及求解。实际上，以上各个步骤是密切相关的，编码方案的选择与遗传算子的设计等通常需要同步考虑，有时甚至需要将上机运行与算法设计交替进行。

3.8.1.3 土石坝位移反演分析方法

由于问题的复杂性，土石坝位移反演分析常需采用数值计算的方法进行，也即采用正分析的过程，利用最小误差函数通过迭代逐次逼近待定参数的最优值。传统的最优化方法需多次反复调用有限元计算程序，计算时间长，收敛速度慢，计算结果受给定初值的影响，易陷入局部极小值，解的稳定性差，使得其在土石坝位移反演分析中的应用受到限制。

可使用具有强非线性映射能力的人工神经网络模型代替有限元计算，采用全局优化的演化算法和 Vogl 快速算法同时优化神经网络的结构和权值，并使用演化算法代替传统优化算法进行参数的反演分析，建立适用于高土石坝工程的位移反演分析方法[147-148]。

该法主要包括 4 个计算流程：

（1）代替有限元计算的模拟神经网络模型的形成和优化。

（2）模拟神经网络模型的误差校验。

（3）应用建立的神经网络模型进行坝料模型计算参数的反演计算。

（4）应用反演获得的坝料参数进行坝体应力变形的计算分析。

1. 模拟神经网络模型的形成和优化

在有限元网格确定的情况下，有限元计算的目的即为求解方程式 $u=u(\varphi)$，其中，φ 为模型参数，u 为节点位移值。由于在反演分析过程中需要反复进行结构的正分析，即调用有限元程序，其计算工作量一般较大，对于大型的非线性问题尤其如此，有时可使得反演分析无法进行。利用神经网络建立一种模型参数与位移之间的映射关系，代替有限元计算，计算效率将大为提高。

所建立的基于神经网络和演化算法的土石坝位移反演分析方法的第 1 个流程为形成和优化代替有限元计算的模拟神经网络模型。为此，需要首先形成训练样本，然后使用所生成的训练样本对初始设定的神经网络模型进行结构优化和训练，图 3.8-3 为该计算流程的过程图。

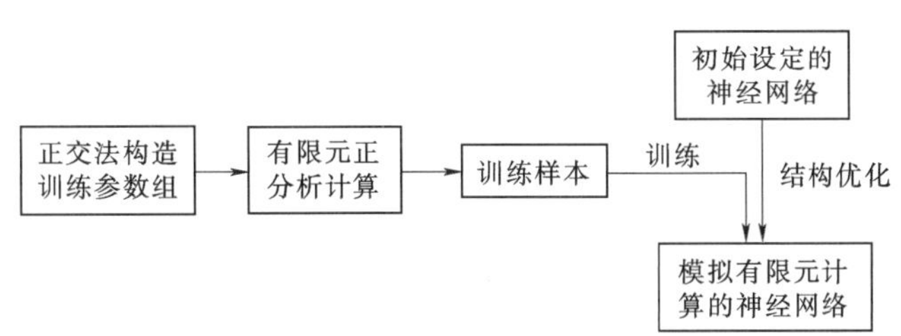

图 3.8-3　模拟神经网络的形成和优化过程图

2. 模拟神经网络模型的误差校验

对采用训练样本优化得到的神经网络模型，需要测试将其应用于非训练样本时的计算情况，以估计神经网络可能的计算误差。测试样本的输入参数组采用随机的方法进行构造，对各输入参数组分别进行有限元的正分析计算，其结果作为判断神经网络计算精度的标准。当神经网络输出的模拟结果与有限元计算的结果误差较大时，需增加训练样本的数量和密度，并重新对神经网络进行优化和训练。图 3.8-4 为模拟神经网络模型的校验过程。

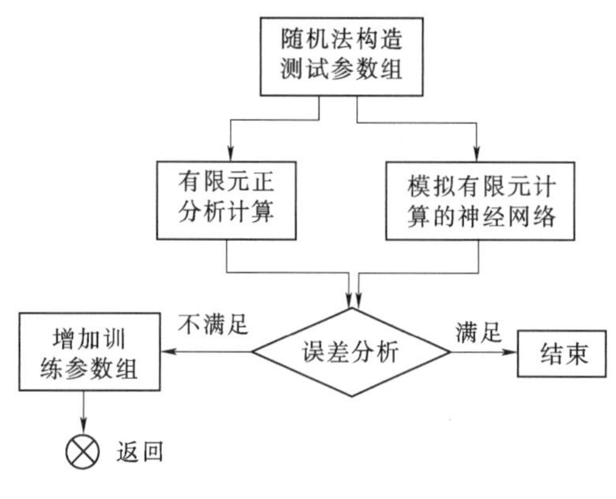

图 3.8-4　模拟神经网络模型的校验过程

3. 模型计算参数的反演计算和坝体的应力变形分析

用优化好的神经网络代替有限元计算，采用演化算法对模型参数进行优化。种群中的个体（实数数组）代表模型参数，具体的优化过程与上文优化神经网络的过程基本相同，只是减少了采用 Vogl 算法对神经网络训练的过程。另外，所采用的适应值函数也不相同，适应值函数为 $f=1/E$，E 代表将个体（一组模型参数）输入优化好的神经网络所得结果与实测结果之间的误差。

由于反演分析的不唯一性，一般给出几组较好的模型参数，用户根据经验选取合理的模型参数组。

3.8.2　反演分析程序简介

土石坝位移反演分析程序系统 DBA _ Earthdam 是基于前述反演分析方法，采用面向对象的编程思想，利用 Visual C++语言编制[148]。整个程序系统基于类的设计，每个类可以单独使用，具有很强的可移植性和通用性。同时，为了便于用户使用，设计了较友好的人机交互界面。

DBA _ Earthdam 程序系统可以完成生成训练样本、优化神经网络、测试神经网络和优化模型参数 4 种功能，分别由相应的 4 个程序模块完成，各模块之间的数据传递通过数据文件完成，没有直接的数据联系。而且，模块所需的输入数据文件也可以不由本程序提供而通过其他方法得到。表 3.8-1 为各功能模块的简要说明。

表 3.8-1　　DBA _ Earthdam 程序系统的程序模块和数据流程

模块名称	主　要　操　作	输入数据	输出数据
生成训练样本	调用有限元及其后处理程序	有限元程序输入数据文件	训练样本文件
优化神经网络	采用演化算法优化神经网络的结构和权值	训练样本文件	神经网络信息文件
测试神经网络	神经网络模拟计算；有限元计算	神经网络信息文件；测试参数文件	模拟结果； 有限元计算结果
优化模型参数	采用演化算法优化模型参数	实测位移数据；神经网络信息文件	反演计算结果

DBA _ Earthdam 程序系统采用了外挂有限元计算程序的模式，使得它成了一个相对通用的基于神经网络和演化算法的反演分析程序系统。通过使用不同的外挂应用计算程序，可将 DBA _ Earthdam 程序系统应用于不同本构模型和基于不同有限元计算程序系统的反演分析，甚至也可以简单地将其应用于其他问题的反演分析。

3.8.3　糯扎渡心墙堆石坝位移反演分析

采用前述的位移反演分析方法和软件，选用实测数据对糯扎渡心墙堆石坝粗堆石料Ⅰ、粗堆石料Ⅱ和心墙掺砾料的邓肯 $E-B$ 模型参数进行了反演分析[149]。

3.8.3.1　监测仪器布置情况和反演分析概况

糯扎渡心墙堆石坝在填筑期间，在不同填筑高程和不同横断面埋设了大量位移监测仪器，如水管式沉降仪、弦式沉降仪、电磁沉降环、引张线式水平位移计等（图 3.8-5）。截至蓄水初期，现场监测人员已取得了大量监测数据，如坝体内部堆石料和掺砾料的水平和竖直位移、大坝表面的测点位移。根据这些监测资料，先后在 3 个不同的填筑期进行了反演分析，其中前两期尚未蓄水，上游水位为 610.00m，第三期反演在初次蓄水后，上游水位为 666.00m。

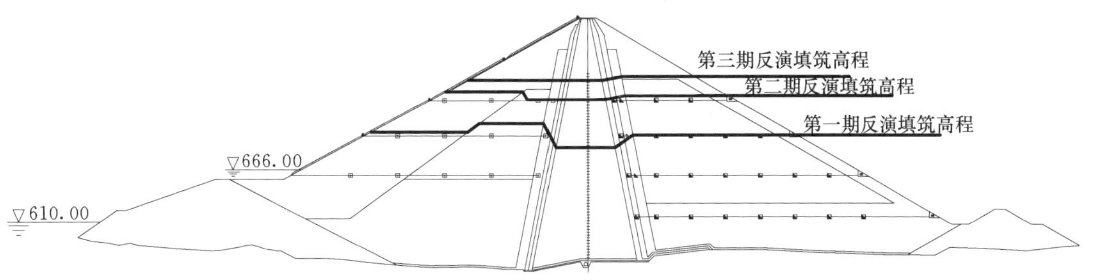

图 3.8-5　糯扎渡心墙堆石坝最大断面监测仪器布置（单位：m）

3.8.3.2　计算分析概况

在训练、优化神经网络的过程中，通过有限元计算得到训练样本。在计算中，堆石料和心墙掺砾料均采用邓肯 $E-B$ 模型。通过对模型参数进行敏感性分析，对 3 种坝料的 4 个参数 K、n、K_b、m 进行了反演计算。表 3.8-2 给出了坝料邓肯 $E-B$ 模型可研参数与各期反演参数。

表 3.8-2　坝料邓肯 $E-B$ 模型可研参数与各期反演参数

材料		加载弹模基数 K	体积模量 K_b	弹模指数 n	体积模量指数 m
粗堆石料Ⅰ	可研参数	1425	540	0.260	0.160
	第一期反演参数	1171	555	0.101	0.059
	第二期反演参数	1266	554	0.220	0.120
	第三期反演参数	1246	411	0.140	0.110
粗堆石料Ⅱ	可研参数	1400	620	0.170	0.050
	第一期反演参数	1129	553	0.297	0.011
	第二期反演参数	1002	400	0.245	0.013
	第三期反演参数	1188	393	0.145	0.043
心墙掺砾料	可研参数	320	210	0.480	0.260
	第一期反演参数	489	222	0.357	0.297
	第二期反演参数	371	226	0.296	0.105
	第三期反演参数	368	244	0.226	0.038

3.8.3.3 各期参数反演

在参数反演计算中，若同时对粗堆石料Ⅰ、粗堆石料Ⅱ和心墙掺砾料的参数进行反演，则共有 3×4=12 个参数待反演。考虑采用全组合的方式构造样本，并假设每个参数取 3 个不同的值，则训练样本数可达 312 个，计算量过于庞大。因此，在反演分析过程中，结合坝体材料分区、施工进度及测点的布置情况对不同材料参数的反演计算进行了“解耦”。首先，根据 626.00m 高程水管式沉降仪的沉降监测数据单独反演粗堆石料Ⅰ的模型参数。在求出粗堆石料Ⅰ的模型参数后，可将其视为真实值固定不变，再结合 660.00m 和 701.00m 高程上游弦式沉降仪和下游水管式沉降仪和引张线式水平位移计的位移测量值反演粗堆石料Ⅱ的模型参数。最后，根据心墙电磁沉降环的沉降测值对心墙掺砾料的模型参数进行反演计算。这样只需构造 34×3 个样本，样本数大大减少。

模型参数的实际反演过程较为烦琐，这里不再赘述。三期反演时的上游蓄水位、填筑高程见图 3.8-6。三期反演得到的材料 $E-B$ 模型参数见表 3.8-2。其中，粗堆石料Ⅰ和粗堆石料Ⅱ的反演参数与可研参数相比偏小，心墙掺砾料的反演参数稍大于可研参数。

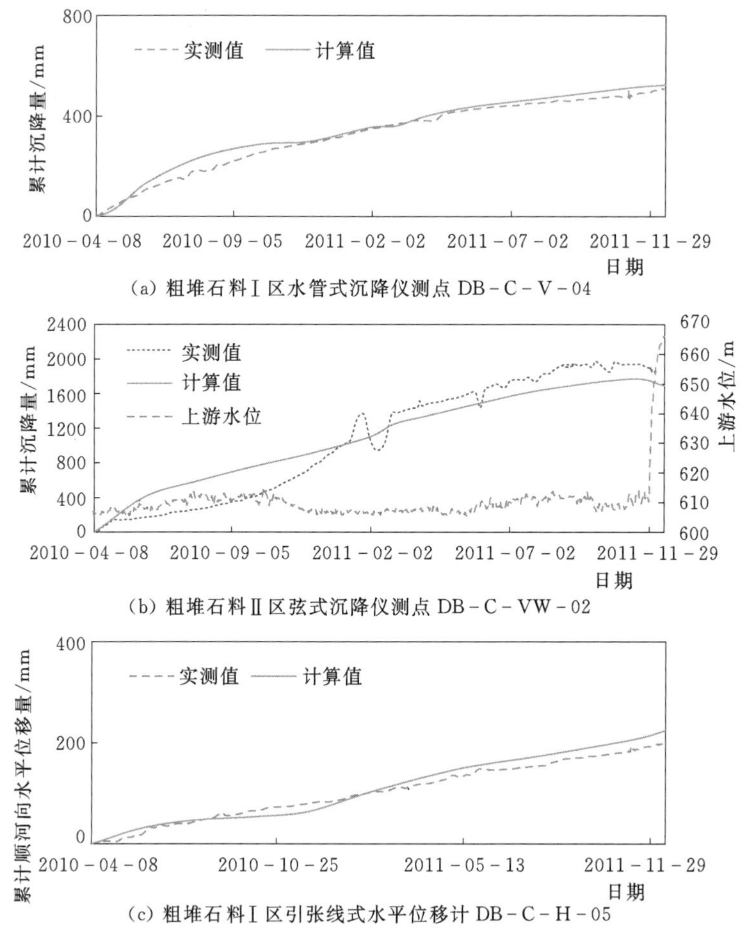

(a) 粗堆石料Ⅰ区水管式沉降仪测点 DB-C-V-04

(b) 粗堆石料Ⅱ区弦式沉降仪测点 DB-C-VW-02

(c) 粗堆石料Ⅰ区引张线式水平位移计 DB-C-H-05

图 3.8-6（一） 各区典型测点实测沉降与反演参数计算沉降对比图

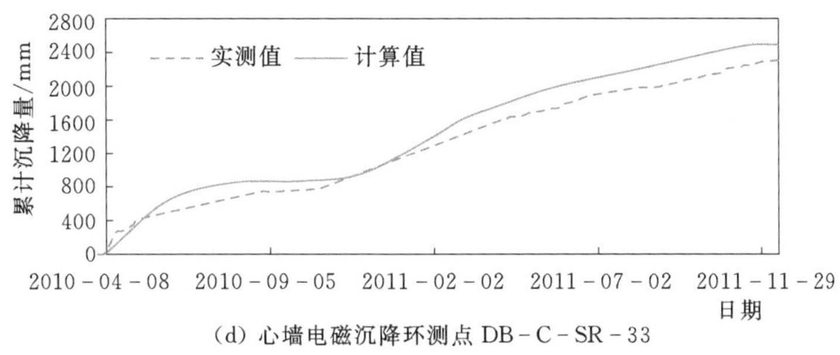

(d) 心墙电磁沉降环测点 DB-C-SR-33

图 3.8-6(二) 各区典型测点实测沉降与反演参数计算沉降对比图

表 3.8-3 部分监测仪器测点实测值与计算值对比

测点编号	DB-C-V-04	DB-C-VW-02	DB-C-H-05	DB-C-SR-33
实测值/mm	158.1	405.1	49.7	782.5
反演参数计算值/mm	150.1	384.6	49.1	796.3
可研参数计算值/mm	105.3	270.8	35.0	541.0

为验证反演参数的合理性，图 3.8-6 给出了采用第三期反演参数的各典型测点计算值与实测值的时程曲线对比，可以看出各类型监测仪器测点的反演结果与实测结果吻合良好；表 3.8-3 给出了部分监测仪器测点实测值与计算值的对比情况，可以看出反演参数计算值与实测值更为接近，而可研参数计算值是偏小的。

通过对实测值和计算值的时程和位移增量对比，验证了反演分析的合理性，说明基于人工神经网络和演化算法的位移反演分析方法是有效的，所开发的软件是进行土石坝变形反演计算分析的有效工具。

第 4 章

高心墙堆石坝设计

4.1 设计概述

《碾压式土石坝设计规范》(DL/T 5395—2007) 界定："高度 100m 及以上为高坝"。由于 100～200m 的高心墙堆石坝已有若干建设，且在已有规范指导范围内，而"200m 以上的高坝应进行专门研究"，故本书除特别说明外，对象均指 200m 以上的高坝。高心墙堆石坝的级别根据《水电枢纽工程等级划分及设计安全标准》(DL/T 5180—2003) 中的有关规定确定；设计条件划分同《碾压式土石坝设计规范》(DL/T 5395—2007)；设计参数除参考本书结论及建议外，尚应符合中国国家和行业现行有关标准的规定。

心墙堆石坝的心墙材料通常有 3 种：土料、沥青混凝土、土工膜。目前已建和在建的最高沥青混凝土心墙和土工膜心墙堆石坝坝高均未超过 200m。本书设计对象主要是 200m 以上的高土质心墙堆石坝，而沥青混凝土或土工膜等材料作为防渗心墙的堆石坝，可参考除心墙材料外的其他内容。

4.2 筑坝材料选择与填筑碾压要求

4.2.1 防渗土料

4.2.1.1 心墙渗透性能指标

1. 渗透系数

防渗体的防渗性能关系到坝体渗漏量的大小，直接影响到坝的经济效益，渗漏量大意味着大量的库水将白白流失而不能产生效益，极大地降低了坝的运行效益。根据一般经验，当防渗体的渗透系数降低到 10^{-5}cm/s 数量级及以下时，渗漏量一般不大，在水量较丰富的地区，一般是可以接受的。根据国内外已建的 150m 级以上高心墙堆石坝的防渗体渗透系数资料，约 32%的堆石坝防渗体渗透系数在 10^{-5}cm/s 数量级水平，约 68%的堆石坝的防渗体渗透系数在 10^{-6}cm/s 数量级，少数坝渗透系数更小。对于 200m 以上高心墙堆石坝，防渗体渗透系数建议控制在 10^{-6}cm/s 数量级。

试验表明，砾石土的渗透系数与小于 0.075mm 的颗粒含量密切相关。一般情况下，当砾石土小于 0.075mm 的颗粒含量小于 10%时，渗透系数就会大于 10^{-5}cm/s，不适于作防渗材料。根据有关资料，当防渗土料的渗透系数在 10^{-6}cm/s 数量级以内时，防渗土料中小于 0.075mm 的细颗粒含量在 20%以上的堆石坝占 80%左右。国内鲁布革心墙堆石坝，其防渗体土料选用黏土掺白云岩风化砂砾料，小于 0.075mm 的细颗粒含量为 40%左右，大于 5mm 的粗粒含量为 40%，试验表明其渗透系数与细料渗透系数相近，达到 4×10^{-7}cm/s。糯扎渡心墙堆石坝，其防渗土料采用掺砾石土料，小于 0.075mm 的细颗粒含量为40%左右，大于5mm的粗粒含量为25%左右，其渗透系数为5×10^{-6}cm/s。

建议当渗透系数控制在10^{-6}cm/s数量级以内时，防渗土料中小于0.075mm的颗粒含量不宜小于15%～20%。具体工程不同土料及级配情况都应通过室内外不同的试验方法研究确定。

2. 允许渗透坡降

据统计，20世纪60年代以前防渗体的平均允许渗透坡降为0.7～1.3，即心墙底宽约为坝高的0.8～1.4倍。随着对土体渗透破坏机理的深入研究，太沙基提出了反滤设计准则，反滤层具有滤土和排水的作用，由此使得防渗体的“抗渗”功能得到保障。在20世纪60年代之后，反滤层得到了大力推广，在反滤层的保护下，防渗体的抗渗性能得到了提高。当防渗体出现裂缝时，在无反滤层的情况下防渗体的抗渗强度将急剧下降并可能导致失事；而在有合适反滤层保护的情况下防渗体裂缝将可能自愈，由此大大提高了防渗体的抗渗强度。

据统计，20世纪60年代之后，在反滤层的保护下防渗体的平均允许渗透比降为2.5左右，有些坝甚至更高，比60年代之前的允许抗渗比降有了较大提高。如希腊的克瑞乌斯克心墙堆石坝，心墙土料为粉质黏土，其平均允许渗透比降为2.5；日本御母衣堆石坝，心墙土料为黏土及花岗岩风化混合物，其平均允许渗透比降为2.6；瓜维奥坝，坝高247m，心墙厚度在任何高程均为相应水头的0.3倍，即平均允许渗透比降为3.33；奇科森坝，坝高240m，心墙底厚98m，相应地坝高与心墙底厚之比为2.42；凯班坝，坝高207m，心墙底宽70m，相应地坝高与心墙底厚之比为2.96；英菲尔尼罗土石坝，是当前世界最薄的心墙堆石坝，坝高148m，其允许平均水力比降为4.1；我国糯扎渡堆石坝，坝高261.5m，心墙底宽111.8m，相应地坝高与心墙底厚之比为2.34；我国正在设计阶段的双江口堆石坝，心墙土料采用砾质土，渗流计算分析中其心墙平均允许渗透比降采用4.0；我国1974年建成的坝高54m的柴河土坝，其最大平均水力比降高达8.4，中央心墙的坡比为1∶0.064，心墙底宽只有5m。

对于200m级以上高心墙堆石坝而言，在设计中，防渗心墙的平均允许渗透比降可以控制在2.5左右，若有先进技术支持并经过专门论证亦可提高到3.5左右。具体平均允许渗透比降应该根据试验确定，而试验方案中必须包含防渗土体出现裂缝情况的专门试验。因此，在设计中必须考虑设置可保证心墙裂缝自愈的保护措施，并开展相应的试验研究。

4.2.1.2　砾石含量范围

糯扎渡心墙堆石坝的设计实践结果表明：从压实特性角度考虑，土料掺砾量在30%～40%范围内较为合适；从压缩变形的角度来分析，掺砾量在20%以下时，对心墙料的压缩模量影响不大，掺砾量为50%应是上限值；从渗透系数和抗渗角度考虑，掺砾量宜低于40%～50%；而抗剪强度及变形参数随掺砾量的增加而有所提高。综合而言，对于高心墙堆石坝，土料合适的砾石含量范围宜为30%～40%，极限掺砾量不超过50%。其他高土石坝可以此范围为参考，经试验确定心墙料的掺砾量。

4.2.1.3　压实功能标准

从不同级配土料在2690kJ/m^3击实功能和1470kJ/m^3击实功能下的试验成果看，提高击实功能，对提高混合土料、掺砾土料的干密度和细料的压实密度效果明显，压缩变形明显减小，渗透系数减少约一个数量级，抗剪强度和变形参数亦有显著提高。故不论是混合料还是掺砾料，对于200m级以上高心墙堆石坝而言，均宜采用2690kJ/m³击实功能作为土料的压实功能标准。

4.2.1.4 压实度控制标准

防渗体施工的填筑压实质量直接关系到防渗体实际能达到的防渗、抗渗性能，因此土料的填筑压实标准很重要。

碾压式土石坝施工的关键工序是对坝体土石料的分层填筑压实，压实效果最初是用测得的干密度反映，但实践表明，由于土石坝的土石料一般是取自一个至数个料场，不同料场甚至同一料场的不同部位、不同深度的土石料，其压实性能并不相同，甚至差别很大。因此，若以一个最大干密度乘以压实度计算出的干密度作为填筑控制标准，必然出现此种情况：对于易于压实的土石料，干密度容易达到要求，但压实度可能不满足要求；而对于不易压实的土石料，压实度易满足要求，但干密度可能达不到要求。因此应采用压实度作为控制指标，而压实干密度随土料的压实性能不同而浮动。实践发现土料的含水率与施工压实有密切的关系，在工程中多以最优含水率上下一定范围，且能满足压实度要求的含水率作为填筑控制标准。

《碾压式土石坝设计规范》(DL/T 5395—2007) 中规定含砾和不含砾的黏性土的填筑压实标准以压实度和最优含水率作为设计控制指标。设计干密度应以击实试验的最大干密度乘以压实度求得。对于200m级高堆石坝，其心墙为黏性土时，若采用轻型击实试验，则压实度应不小于98%～100%，如采用重型击实试验，压实度可适当降低，但不低于95%。黏性土的最大干密度和最优含水率应按照规定的击实试验方法求取。对于砾石土应按全料压实度作为控制指标，并复核细料压实度。经统计一些150m级以上高堆石坝的心墙填筑参数资料，其中防渗土料为宽级配土料的堆石坝，70%以上堆石坝的心墙干密度在1.87g/cm³以上。

推荐现场检测采用小于20mm细粒595kJ/m³击实功能进行三点快速击实的细料压实度控制方法，细料压实度应与全料压实度标准相匹配。

4.2.1.5 关键级配指标

土石坝无论高低，防渗土质心墙在其中的核心地位都是毋庸置疑的。美国在1941年建成有标志性意义的130m高的尼山心墙堆石坝就因细料较少、土料级配不太合理，从而导致许多部位的心墙细料被冲蚀而空，使大坝产生严重险情，后来在防渗心墙中设混凝土防渗墙达125m深。可见，防渗性能的好坏对土石坝的安全是至关重要的，对高土石坝而言就更是如此。在高土石坝更高水头的作用下，细颗粒将被迫迁移，防渗土料的渗透稳定性问题将更为突出，因而要求防渗体土料级配必须连续，且小于0.075mm的细颗粒含量应比中低坝要求更高，即不宜小于15%～25%。

4.2.2 反滤料

4.2.2.1 级配设计

谢拉德等的研究成果、美国垦务局的反滤准则、我国规范要求以及国内的试验研究成果表明[150]：采用“开裂-自愈”假设，将土分为“骨架粗料”和“填充细料”两部分。

“骨架粗料”是土体的承载骨架，不存在单纯渗透力作用下的渗透变形稳定问题，渗透变形稳定问题只对“填充细料”提出。用反滤料的“填充细料”来保护基土的“填充细料”是反滤料设计的本质，而“填充细料”刚好填满“骨架粗料”的孔隙，共同发挥承载和防渗作用。粗、细颗粒的临界含量与分界粒径是反滤料设计的核心概念，对级配连续的土料，一般取5mm为分界粒径，如级配不太连续，则取“间断”区间下限粒径作为分界粒径，并以分界粒径以下“填充细料”作为保护对象进行反滤料级配设计。

反滤料级配设计指标具体如下：

(1) 用5mm作为防渗料的“骨架粗料”和“填充细料”的分界粒径。美国垦务局的反滤准则用“填充细料”的$\eta_{0.075}$百分数对被保护基土的四个分类及各类的反滤关系同样适用，但得到的反滤料的D_{15}应视为反滤料的“填充细料”的D_{15}。

(2) 鉴于对反滤料临界状态的试验研究都是建立在均匀级配基础上，因此，反滤料的“骨架粗料”和“填充细料”都应满足不均匀系数$C_u \leqslant 5$的要求。

(3) 为保证反滤料的半透水性，鉴于细粒组的含量$\eta_{0.075}<5\%$将对粗粒土的性能不产生影响，可对反滤料的级配提出$\eta_{0.075}<5\%$、塑性指数$I_P=0$的要求。若反滤料的细粒组中不含有黏粒，那么也可突破这一要求。

(4) 反滤料的“骨架粗料”的D_{15}应不大于“填充细料”的d_{85}的4倍，以保证其内部的颗粒结构是稳定的。

(5) 对反滤料，用式$d_f=\sqrt{d_{70}d_{10}}$确定“骨架粗料”和“填充细料”的分界粒径，而“填充细料”的临界含量η_f按25%～35%选取，可取30%。

(6) 将反滤料的“骨架粗料”的级配曲线和“填充细料”的级配曲线合成为反滤料的全料级配曲线时，级配曲线要求连续，且大体上光滑，满足良好级配曲线的曲率系数$C_C=1\sim3$的要求。

(7) 同一层反滤的d_{15}间满足关系式$D_{15}/d_{15}<5$。

(8) 不同土层的d_{15}间满足关系式$D_{15}/d_{15}>5$。

4.2.2.2　合适的相对密度标准

在糯扎渡水电工程中大坝反滤料的压实要求为：反滤料Ⅰ相对密度$D_r>0.80$，参考干密度平均为1.80g/cm^3；反滤料Ⅱ相对密度$D_r>0.85$，参考干密度平均为1.89g/cm^3。从强度指标来看，反滤料Ⅰ、Ⅱ都具有较高的强度指标，这对高心墙堆石坝坝坡稳定是有利的。在反滤料Ⅰ相对密度为0.8、反滤料Ⅱ相对密度为0.85时变形参数较为协调，有利于从心墙到坝壳的应力应变过渡。此外，反滤料Ⅰ的渗透系数比心墙防渗料大两个量级，反滤料Ⅱ又比反滤料Ⅰ大两个量级，坝壳堆石料比反滤料Ⅱ大一个量级，坝料间的排水条件能够完全满足。因此，以糯扎渡水电工程为典型实例，可以得出结论：高心墙堆石坝反滤料的压实要求，反滤料Ⅰ的相对密度取$D_r>0.80$、反滤料Ⅱ的相对密度取$D_r>0.85$是合适的。

4.2.3　过渡料

过渡料场勘察要求、试验内容及合理组数，以及试验参数的整理与选用均可参考反滤料和堆石料进行。其级配可根据土料、过渡料以及堆石料岩性、模量的差异程度等确定，通常介于反滤层和堆石料之间，要求级配连续，最大粒径不宜超过 300mm，顶部宽度不宜小于 3m，渗透系数一般应大于 1×10^{-3}cm/s。压实度要求参考前文反滤料Ⅱ。

4.2.4 堆石料

4.2.4.1 碾压基本要求

堆石料设计指标主要是孔隙率控制标准。由于不同高坝堆石料的岩性有所不同，其孔隙率控制标准也不尽相同。在糯扎渡水电站工程中建议坝体堆石料Ⅰ区的孔隙率 $n<24\%$，堆石料Ⅱ区的孔隙率 $n<22\%$，细堆石料的孔隙率可与堆石料Ⅰ区相同或稍微偏大。堆石料的孔隙率应考虑堆石料的渗透性、强度指标和变形参数在上下游各坝料间的过渡性和协调性而最终确定。对高心墙堆石坝而言，不论从控制总体沉降还是不均匀沉降来讲，均应对软岩堆石料的孔隙率标准提出更高的要求，如 $n<21\%$。

碾压后，含工程开挖料的堆石区渗透系数不宜小于最外一层反滤或过渡层的渗透系数，一般宜大于 1×10^{-2}cm/s，以保证浸润线快速下降；排水区则要用强度高、抗风化的中到大块石为主的石料填筑，在各分区中渗透系数最大，要求在 1cm/s 附近。

4.2.4.2 利用软岩料筑坝的注意事项

堆石料风化程度加剧会使其压缩模量、渗透系数和变形模量降低，使其湿化变形和流变变形增大。由于堆石料变形模量降低造成坝壳变形增大以及其湿化变形和流变变形增大，带来了坝体总体变形量增加，特别是心墙沉降量增加较多。堆石料变形模量的降低，使得其对心墙的拱效应的作用有所减少，心墙上、下游面的竖向应力及主应力均有所增加，这对于防止心墙发生水平裂缝是有利的。由于拱效应减少使得心墙上、下游面的主应力均有所增加，大主应力增加较多，小主应力增加较少，从而使得心墙上游面的应力水平有所增加，但不会出现塑性极限状态。例如糯扎渡心墙堆石坝堆石料Ⅱ区中的泥岩、粉砂质泥岩以及泥质粉砂岩均已完全风化（对比方案），计算出心墙应力水平最大值也只有 0.84。其他工程需具体分析其不利影响。

因此，含有部分软岩的堆石料是可以利用的，无论是用在上游坝壳还是下游坝壳。但必须注意两点：

（1）劣化后渗透系数必须满足其所利用部位的设计要求，首先宜利用于下游坝壳干燥区，其次是上游坝壳死水位以下部位（最好是低高程部位），若用在透水性要求较高的部位要慎重。

（2）由于不同工程的坝料特性、坝体结构不尽相同，具体工程应具体分析论证，应保证心墙上游面的应力水平在安全范围，并保证大坝的抗震安全。

4.3 坝体结构

4.3.1 坝体分区

坝体应在满足渗流、应力变形、坝坡稳定、抗震的要求上，根据结构要求、天然料源和建筑物开挖料种类、数量，合理进行分区，各区应满足功能要求，保证大坝安全。

坝体一般分为坝壳、防渗体、反滤及过渡、护坡、排水等区。对坝壳和防渗体根据料源情况，可进一步细化分区，坝壳可分为主堆石区和位于内部的次堆石区。对于高陡河谷的高坝，可在岸坡部位的坝壳区域设置过渡区。下游坝壳次堆石区底部应高于下游最高水位5m。

对于主堆石区要求坝料除具有高强度、低压缩性外，应具有良好的透水性，下游主堆石区的堆石材料宜具有较高抗冲刷性能，上游主堆石区底部可降低对坝料渗透性的要求。次堆石区对强度要求可降低，可进一步降低对渗透性的要求。

高坝坝壳宜采用中、硬岩填筑；特高坝坝壳宜采用硬岩填筑。经过技术论证后，高坝、特高坝次堆石区也可采用含软岩的堆石料填筑，软岩含量应通过试验确定。软岩宜适当提高压实标准。

主堆石区透水性良好的坝料数量不能满足要求时，可在水位变动区设置排水体，加强坝体排水，并做好排水体的反滤。

坝体各区填料的变形模量宜从中心防渗体向外逐步增加。各区之间应根据各种运用条件下坝体的渗透比降确定适合的反滤要求。

对存在多个料源的情况，应根据防渗、变形、抗裂、抗震要求，在满足坝体安全、方便施工、有利于环保和降低工程投资的前提下，开展土料分区研究。防渗体中、下部在满足防渗要求前提下，填筑压缩性较低的土料。

高土石坝分区设计时应考虑坝料的流变和湿化影响。

坝体分区宜充分利用建筑物开挖料，减少料场征地，降低弃渣量，并利于环保和水土保持；应合理安排施工进度，提高开挖料直接上坝率，减少渣料转存。坝体分区应方便施工，满足机械化施工要求，利于加快施工进度，便于填筑质量控制。

可根据坝基砂层抗液化、坝体抗深层滑动、减少弃渣场容量等要求，在上、下游坝趾设置压重区，采用建筑物开挖弃料填筑，压重的填筑范围和高度应满足设置目的要求，填料应碾压密实。

4.3.1.1　防渗心墙

对于可全部采用天然土料填筑的心墙，应结合土料场的开采规划，将级配较粗、力学指标较高的土料用于心墙下部，将级配较细、力学指标较低的土料用于心墙上部，以尽量减小心墙的沉降变形；对于需采用人工掺砾石土料填筑的心墙，应通过比较研究确定一个分区界线，以下采用人工掺砾石土料，以上可采用天然土料，以尽量降低工程造价。一般来说，心墙上部坝高100～150m范围可采用不掺砾天然土料。由于各具体工程的坝料参数有所差异，心墙分区界线应通过具体分析比较来确定。心墙分区设计需考虑的主要因素为：①采用分层总和法计算的心墙后期沉降应小于坝高的1%；②满足坝坡稳定要求；③满足心墙抗水力劈裂要求；④满足心墙抗震要求。

4.3.1.2　反滤层

土体产生裂缝后，在很小的流速下，缝壁就会发生冲蚀，被冲蚀的土颗粒流失，将导致裂缝无法自愈，且逐步加大；若下游反滤层能将冲蚀的土颗粒聚集在裂缝出口而不发生流失，裂缝将逐步被填充，实现自愈，防止防渗体渗透破坏的发生。英国巴特海德坝防渗土料采用了宽级配的冰碛土，按太沙基准则设计了反滤，水库蓄水后心墙因水力劈裂发生裂缝，反滤层在此种情况下未起到阻止土颗粒流失的作用，心墙发生冲蚀，造成渗透破坏。昭平台水库35.5m高的斜墙坝在正常运行9年后，当库水位超过某一水位后，下游出现渗流，在随后的几年内，随库水位的升降，渗漏反复出现、消失，但渗流清澈，无土颗粒带出，随着时间推移，渗漏量逐渐减少，出现渗漏的库水位也缓慢增加，最终渗漏消失，渗漏的产生是由于斜墙出现裂缝，但由于斜墙反滤层比较严格，保证了大坝的安全，并最终使裂缝自愈。因此，在设计反滤时，应考虑防渗体出现裂缝时，对土料的反滤保护。

20世纪50年代提出的“防渗与排渗相结合，以反滤层为坚实后盾”渗流控制理论，及关键反滤层概念的出现，同时为满足坝工建设的需求，促进了对反滤准则的研究，太沙基反滤准则作为第一个提出的准则在许多工程中发挥了保护作用，准则中的“滤土”和“排水”原则也奠定了以后反滤准则研究的基础。但英国的巴特海德坝应用太沙基准则却出现了渗透破坏，原因在于太沙基准则适用于均匀级配的无黏性土料，不适用于级配较宽的砾质土和心墙出现裂缝的情况。

在太沙基准则之后，对宽级配土料的反滤准则又进行了深入研究，出现了三四十种反滤准则，包括谢拉德、中国水利水电科学研究院刘杰等提出的反滤准则，以保护坝料中的细料不发生流失为原则，并考虑了非黏性土料不连续级配、黏性土开裂等情况下的反滤保护。这些准则都有一定的适应范围，需要根据被保护土料的种类和性质合理选择使用，才能保证大坝的渗流安全。对于高坝、特高坝和重要的大坝应对按相关准则设计的反滤进行试验研究，尤其是对土体裂缝情况下的反滤保护效果进行研究。随着土石坝机械化施工的发展和要求，越来越多的工程采用了级配宽泛的砾质土作为防渗土料，并且反滤料也逐步由均匀级配发展到宽级配，如何选择适用的准则设计可靠的反滤成为关键。对于宽级配土，要求反滤对其中小于5mm的细粒部分进行保护，防止发生流失，根据工程实践和反滤准则研究成果，对不同土料应采用相应合理的反滤设计方法。反滤层设计方法分为保护无黏性土和保护黏性土两大类。反滤层设计包括掌握被保护土、坝壳料和料场砂砾料的颗粒级配（包括级配曲线的上、下包络线），可根据反滤层在坝的不同部位确定反滤层的类型，计算反滤层的级配、层数和厚度。

4.3.1.3 过渡层

过渡层的主要功能是协调相邻两侧材料变形。土质心墙防渗体分区坝是否设过渡层应根据防渗体和坝壳材料特性、反滤层厚度以及大坝高度等综合研究确定。对高坝、特高坝而言，由于变形量一般较大，且受拱效应的影响，心墙因水力劈裂出现裂缝的风险性较大，需要通过过渡层协调心墙和坝壳的沉降变形，以降低出现心墙发生破坏的可能性，故一般都需要设置过渡层。有时因土料和堆石料模量悬殊，还需要设置两道或更多过渡层，如小浪底、瀑布沟、双江口和两河口等坝；有时根据需要，个别过渡层还要兼具反滤功能。

4.3.1.4 堆石区

坝顶部位、坝壳外部及下游坝壳底部、上游坝壳死水位以上，是对坝体抗震、坝坡稳定、坝体抗风化、坝体透水性要求较高的关键部位，设置为堆石料Ⅰ区，采用具有较高强度指标、透水性好的优质堆石料；其他部位对石料强度指标及透水性要求可适当降低，设置为堆石料Ⅱ区，采用强度指标稍低的次堆石料。堆石料Ⅱ区的范围尽可能扩大，以充分利用开挖料，但以满足坝坡稳定、坝壳透水、坝体应力应变及坝体抗震等要求为准。各主要因素对坝壳堆石料分区的影响如下：

（1）坝坡稳定因素对坝料分区有一定影响，但不是制约性的，可通过提高次堆石料的碾压密实度及适当放缓坝坡来保证坝坡的稳定性。

（2）一般情况，坝体应力及变形因素对坝料分区影响不大。但不同工程由于坝体结构、坝料特性不尽相同，需通过具体的有限元计算分析并结合料源情况来确定具体合适的分区界限。

（3）一般情况，坝体次堆石料分区的大小和位置对坝体动力反应计算结果的影响很小，而且也没有明显的规律可循。相对而言，采用不同地震波输入作用对坝体动力反应的影响更大。但由于算例较少，且不同工程坝料的特性可能相差很大，确定分区方案后，仍需通过有限元动力分析来论证。

（4）施工规划及工程造价是影响分区的最重要因素。各个工程应根据自身开挖料性质、开挖料位置、开挖料数量、运输道路布置、存渣场布置以及料物调运方案等方面的具体情况，通过详细的料物平衡分析以最经济的原则确定最合适的分区方案。

凡围堰能与坝体结合的，应予以结合。

4.3.2　坝坡

由于坝料强度指标的非线性特性，随着坝高的增加，最危险滑裂面深度增加，沿滑裂面坝料的总体强度指标降低，导致坝坡稳定安全系数均不同程度地降低。因此，随着坝高的增加，应适当放缓坝坡坡度。

4.3.3　坝顶超高

坝顶超高计算除遵照规范执行外，宜结合实际高度、沉降超高计算的可靠程度、泄洪设施的可靠程度等综合确定，对特高坝及特别重要的工程，安全超高可大于规范数值。

4.3.4　坝体构造

土石坝泄洪安全控制关键是防止漫顶，除要求泄水建筑物有足够的超泄能力外，还应保证坝顶留有相适应的安全超高。目前我国实施的洪水标准规范以等级划分为主，将水库库容、装机容量、防洪作用等作为枢纽工程分等指标，按不同坝型确定洪水标准和安全标准。这个标准结合我国实际情况逐步制订并完善，比较符合我国国情，以后还将长期使用。具体到高土石坝的洪水标准，由于其工程的重要性及失事后产生的危害性都很大，因此在选择洪水标准时一般取其上限值，即采用可能最大洪水（PMF），洪水指标采用水文气象法与频率分析法的较大者；在确定泄洪建筑物规模和挡水建筑物安全超高时，应适当留有余地，将部分泄水建筑物的泄水能力作为安全储备，或增设紧急（自溃）泄洪建筑物，确保库水不会漫过主坝坝顶。

4.3.4.1　坝顶构造

对地震作用下易遭受破坏的坝顶部位采取必要的抗震加固措施，这是目前高土石坝抗震设计的主要研究内容。目前工程中广泛采用的抗震加固措施主要有：土工格栅、抗震钢筋、混凝土框架梁、胶凝材料胶结等。土工格栅作为特种土工合成材料，由于其良好的结构稳定性、耐冲击性及便于施工等显著特点而被广泛应用于土石坝坝顶加固，以提高坝体的整体性和坝顶的抗震稳定性。与土工格栅加筋属于柔性加筋不同，钢筋加筋则属于刚性加筋，二者的弹性模量和极限拉伸相差悬殊，其复合体的力学性能也各具特点。抗震钢筋目前也广泛地应用于土石坝抗震加固工程中。

坝顶宽度应在高坝基础上再放宽，200m 以上超高坝宜为 15～25m。坝顶盖面、顶面放坡以及防浪墙等结构应遵照规范执行。

4.3.4.2　防渗体

一般而言，直心墙堆石坝在坝坡稳定、基础处理难度以及工程造价方面优于斜心墙堆石坝，而斜心墙堆石坝仅心墙拱效应比直心墙堆石坝略小一些。因此只要地形、地质条件不限制以及抗水力劈裂能满足要求，应尽量采用直心墙型式。

初次确定大坝心墙轮廓尺寸时，选用的心墙土料平均水力梯度控制在 2.5 左右，若有先进技术支持并经过专门论证亦可提高到 3.5 左右。

对具体的工程所用土料或掺合土料的设计参数都应通过多种方法试验检验最终选定。宜在预可行设计阶段中就充分发挥和利用渗流分析技术获得阶段性分析成果（坝体坝基的渗控初步方案），再匹配相应的试验来确定，而试验方案中必须包含防渗体出现裂缝的情况，并通过试验选择能使心墙裂缝自行愈合的反滤层来保障心墙的抗渗稳定。

在高土石坝心墙的施工过程中，尽量减少产生渗透弱面。形成心墙渗透弱面的一些可能情况，包括偶然局部掺入的堆石料、未充分压实的局部土层、由偶然因素产生的初裂缝、掺砾石不均形成局部架空，以及雨后碾压表面的处理不当等。

在高土石坝的设计和施工过程中，应当采取适当措施控制心墙土料和坝体堆石体的模量比（变形差），或提高心墙土料的变形模量，使其值不应过低，以降低坝壳堆石料对心墙的拱效应。建议一般情况下应控制心墙土料变形模量的中值平均值 $K>350$ 为宜。此外，设计合适的反滤料和过渡细堆石料的变形参数，也可起到一定的降低心墙拱效应的作用。

不宜采用降低坝壳堆石料压实度的方法来减少坝壳堆石料对心墙的拱效应。

从防止心墙发生水力劈裂的角度看，应控制心墙堆石坝的蓄水速度。

4.3.4.3　反滤、排水、过渡

对于不均匀系数 $C_u>5$ 的宽级配土石料，应重点注意考虑保护细粒土。建议采用缩窄宽级配土的级配曲线的办法，取 $C_u<5$ 的细粒部分的级配曲线，再应用太沙基准则设计反滤层。设计的反滤层必须经过试验验证，必须考虑心墙开裂的情况，设计选用的反滤层必须能保护开裂的心墙，且能使心墙裂缝自行愈合。

反滤料不但设在渗流下游出口部位，还应设计在内部所有可能存在的渗流“出口”部位。反滤层的层数应根据实际需要来设计，而不是层数越多越好，一般反滤层层数不超过 3 层。反滤层的厚度应按人工施工和机械化施工进行区分。

坝基岸坡地下水位较高时，应设排水孔以降低地下水位。排水孔距初定时可选择为 3～6m；排水孔方向应选择尽可能多地串通透水裂隙结构面，提高排水孔功效，具体工程仍应紧密结合水文地质情况，进行防排设施优化配合的渗流分析计算，才能最终选定排水设计参数。

4.3.4.4　护坡

上游护坡既要能防止库水掏蚀，又要能快速排水，下游护坡要能防止雨水冲刷。

4.3.4.5　混凝土垫层

垫层和廊道混凝土在顺河向的裂缝对渗流控制影响是最敏感的，但局部顺河向裂缝并不对坝体坝基的渗流控制构成严重的不利影响，其引起的渗流量增加总体也不大；垫层和廊道混凝土最不利的影响是加大了廊道上游侧的渗流入口端和廊道顶部高塑性黏土的渗流梯度，影响高塑性黏土的渗透稳定。

1. 混凝土垫层拉应力产生机理

在顺坝轴线方向，由于坝体总体从两岸向河床变形，受坝体变形的挤压和剪切作用，混凝土垫层在该方向总体处于压应力状态，基本不会出现拉应力。

在垂直于坝轴线方向（顺河向），由于坝体自重作用，引起坝壳、心墙以坝轴线为界分别向上、下游位移，从而带动混凝土垫层向外张拉，引起顺河向拉应力。当心墙基础岩体出现中间硬、上下游两侧软的情况时，更会加剧这种作用。同时，由于坝体拱效应，心墙自重会不同程度地传递到反滤层、过渡层，使得混凝土垫层上的竖向应力分布不均，边缘处较大，使得边缘处的上层单元受轻微弯拉作用。这两方面的原因导致垫层边缘出现顺河向拉应力。

2. 坝基岩体对混凝土垫层拉应力影响

坝基岩体对混凝土垫层拉应力存在很大的影响。坝基岩体刚度越大，其对混凝土垫层的约束就越大，混凝土垫层与基岩整体性就越强，就更能一起抵抗坝体自重作用对混凝土垫层向上、下游方向的推力，从而降低混凝土垫层的拉应力值。

坝基岩体的不均匀性特别是突变会使混凝土垫层产生较大的拉应力，尤其是在突变处，应尽量避免这种情况发生。

因此，当坝基岩体变形模量较低，特别是不均匀时，应采取局部挖出置换、加强固结灌浆等措施提高坝基岩体刚度，尤其是坝基岩体均匀性。

3. 混凝土垫层宽度

从混凝土垫层拉应力产生机理看，混凝土垫层在上、下游方向越宽，坝体自重作用对混凝土垫层向上、下游方向的推力就越明显，混凝土垫层产生拉应力的范围及拉应力值就会越大。因此仅从这点来说，混凝土垫层应该越窄越好。

但混凝土垫层作为坝基固结灌浆的压重，其宽度应覆盖整个坝基固结灌浆的范围。

4. 混凝土垫层厚度

根据混凝土垫层的受力机理，当坝体体型确定时，坝体自重作用对混凝土垫层向上、下游方向的推力也已经确定。因此混凝土垫层越厚，其承受的拉应力也就越小。在坝基岩体质量较差的部位可考虑局部适当增加垫层的厚度。但混凝土垫层的厚度应从其功能要求、防裂要求以及经济性等方面综合考虑确定。混凝土垫层应配适当的钢筋以限制裂缝的开展。

5. 混凝土垫层分缝设计

分缝应有针对性地在垂直于拉应力的方向设置，才能起到释放拉应力的作用。以往常规的“豆腐块”式分块分缝方式对降低垫层拉应力起不了多少作用。

根据混凝土垫层拉应力产生机理，在反滤层与心墙交界部位及在顺坝轴线方向设置结构纵缝，可以较大幅度地降低垫层的拉应力。

4.4 坝基处理

4.4.1 建基面选择

即使是强风化岩体，其变形模量仍远大于坝体材料，坝基岩体的变形量相当于坝体来说很小（厘米级），其对坝体变形及应力的影响也就很小。即使坝基岩体模量发生突变，其造成坝基位移的突变只是毫米级，其对于坝体的变形来说微乎其微，完全可以被坝体吸收，而不会对坝体变形及应力产生明显的影响。因此仅就坝体本身的变形和应力而言，坝基岩体刚度对其影响很小，即使坝基岩体发生突变也是如此。

但坝基岩体对混凝土垫层拉应力存在较大的影响。坝基岩体刚度越大，其对混凝土垫层的约束就越大，混凝土垫层与基岩整体性就越强，就更能一起抵抗坝体自重作用对混凝土垫层向上、下游方向的推力，从而降低混凝土垫层的拉应力值。坝基岩体的不均匀性特别是突变会使混凝土垫层产生较大的拉应力，在突变处尤其如此。混凝土垫层拉应力超过容许值之后会产生开裂，通过裂缝的渗水可能会冲蚀心墙土料，从而危及大坝的安全。

因此，大坝心墙建基面设计主要从混凝土垫层应力状态及坝基渗流控制方面考虑，对于坝高大于 200m 的范围，宜置于新鲜或微风化基岩上。

大坝反滤层建基面设计宜采用与心墙相同的标准。坝壳堆石料对建基面的要求不高，置于强风化顶部基岩或密实的全风化基岩上即可。

4.4.2 基础表面处理

心墙及反滤层区开挖后，对出露的断层及其两侧的蚀变带、张开节理裂隙逐条进行开挖清理，并用 C15 混凝土塞进行回填封堵，对其中规模较大的断层采用梯形断面挖槽并回填混凝土处理。

对心墙基础开挖后仍存在的地质钻孔，采用水泥砂浆回填封堵，对探洞采用 C15 混凝土进行回填，并在顶拱部位作回填灌浆。对开挖后坝壳基础范围内的探洞，在洞口约 30m 范围采用干砌石回填。

对局部软弱岩带，进行加强固结灌浆处理，以降低岩体的透水率及改善岩体的完整程度和均匀性。

在下游坝壳基础面上约 1/3 水头范围内铺设反滤层，与心墙下游反滤相连，以提高坝基的渗透稳定性。

对坝基中砂层、软弱土层等可液化土层进行处理，防止其液化。主要的处理方式有：对可液化土层进行振冲压实；在土层中布置碎石桩，增强排水能力，提高承载力。

4.4.3 深厚覆盖层基础处理及防渗

根据已有勘查和文献资料，河谷覆盖层厚度一般为数十米至百余米的第四纪松散沉积物，个别可达数百米。覆盖层成因类型复杂，通常具有结构松散、岩层不连续的性质，岩性在水平和垂直两个方向上变化较大，其物理力学性质呈现较大的不均匀性。利用覆盖层做坝基，有其坝体工程量省、施工条件简便、经济、环保等优势，但也有其限制条件和技术复杂性。深厚覆盖层基础处理关键技术问题大致可分为渗漏与渗透稳定、变形与抗滑稳定、地震液化三类，针对不同的关键技术问题，采用不同的加固处理方法。

4.4.3.1　渗漏与渗透稳定

深厚覆盖层地基通常同时存在渗漏及渗透稳定问题，应采用适宜的防渗技术，一是控制渗漏量至允许范围；二是降低渗透坡降，保证地基不发生渗透破坏。

当利用覆盖层作为大坝基础时，坝基覆盖层防渗主要有水平防渗及垂直防渗两种型式，水平防渗用以延长坝基渗径，单独的水平防渗适用于组成比较简单的深厚覆盖层上的中低坝，如水平铺盖；垂直防渗适用于多种地层组成的坝基、各种坝高或对坝基渗漏量控制比较严格的情况，主要有截水槽、混凝土防渗墙、帷幕灌浆等型式，结合工程要求并能达到的截水、防渗深度，可进一步划分为悬挂式和全封闭两种。

水平铺盖用黏土或土工膜筑成，设于上游坝基，与土石坝防渗体相连，以延长覆盖层坝基渗径，使渗透坡降不超过允许值。水平铺盖配合下游排渗措施，能保证坝基渗流稳定，但在减少坝基渗漏量、防止下游浸没方面的效果，远不如垂直防渗。单独的水平铺盖适用于比较厚、组成比较简单的均质或双层覆盖层坝基上的中低坝，而对于组成比较复杂的多层覆盖层坝基、高坝，或对控制坝基渗漏量有严格要求时，单独的水平铺盖就不适用。如小浪底土斜心墙堆石坝，建成于2000年，坝高154m，坝基覆盖层厚70余m，坝基防渗采用坝前淤积铺盖＋内铺盖＋混凝土防渗墙型式，坝基混凝土防渗墙厚度1.2m，与土斜心墙采用插入式连接。

截水槽是在覆盖层坝基中开挖明槽，切断覆盖层，再用与防渗体相同的土料回填压实，并同防渗体相连，形成可靠的垂直防渗，其效果显著。国内截水槽深度一般不超过20m，再深可能不经济。

覆盖层灌浆帷幕可直达基岩，达到坝基封闭防渗的目的，可适用于各种坝高的深厚覆盖层。这种处理方法在国内外都已取得成功经验。最深的为埃及阿斯旺坝，灌浆帷幕深达250m，共15排，坝基渗透系数由灌前$1\times10^{-3}\sim5\times10^{-5}$m/s降至灌后$3\times10^{-6}$m/s。法国谢尔·邦松坝，覆盖层深达115m，夹有大砾石，采用帷幕灌浆，深115m，共19排，坝基渗透系数由灌前$3\times10^{-3}\sim9\times10^{-4}$m/s降至灌后$2\times10^{-7}$m/s。

混凝土防渗墙防渗应用于多层、强透水、不均匀深厚覆盖层坝基，可在不同覆盖层内形成渗透系数为$1\times10^{-7}\sim1\times10^{-6}$cm/s或更小的混凝土墙体，防渗效果好、工程量可控、施工工期保障性较高，适用于各种坝高的深厚覆盖层。近年来西南地区陆续建成了一批深厚覆盖层上的高土石坝，深厚覆盖层采用混凝土防渗墙防渗得到了广泛的应用和发展。随着施工工艺的进步，单道坝基防渗墙最大厚度已达1.4m，深度已达158m；为满足高坝挡水防渗水力坡降的需要，已有工程采用两道以上防渗墙的联合防渗型式。因此，近年来，越来越多的深厚覆盖层建坝工程选择采用混凝土防渗墙防渗。

4.4.3.2　变形与抗滑稳定

坝基如存在深厚、不均匀的砂砾石或软弱土地层，在上部坝体荷载和水压力的共同作用下会产生压缩变形，特别是相对于高土石坝工程、其绝对变形值和变形梯度尤为明显，这些均可能会导致坝体产生裂缝、恶化坝基防渗墙受力条件，破坏大坝整体防渗安全和稳定性，危害性很大。同时，深厚覆盖层中若存在软弱土层，因其抗剪强度低，在坝体荷载及水压力的作用下极容易出现局部破坏或整体滑动问题。鉴于此，为了提高坝基强度、保证大坝防渗系统完整和坝体稳定性，需要根据工程具体情况对一定深度范围内的坝基覆盖层进行加固处理。坝基加固处理工程措施主要包括高压旋喷桩、灌注桩和地下连续墙、振冲碎石桩加固、强夯、固结灌浆和挖除软弱层等。

不同的地基加固措施适用的土层不同，高压旋喷桩法适用于淤泥、淤泥质土、黏性土、粉土、黄土、砂土、人工填土和碎石土等地基，当含有较多大块石或地下水流速较快或有机质含量较高时，其适用性相对较差，高坝上应用较少。强夯法适用于碎石土、砂土、低饱和度的粉土与黏性土、湿陷性黄土、杂填土和素填土等地基，由于其影响深度有限，特别不适于粗粒土层，对于具有一定上覆厚度的土层适用性也不理想，高坝应用较少。固结灌浆适用于中砂、粗砂、砾石地基，由于其可处理不同深度地基，在水电工程中被广泛应用。振冲碎石桩加固适用于砂土地基，对于变形模量、承载力较低砂层和软土地基有很好的加固作用，很多高土石坝采用了此处理方法。灌注桩是一种较早使用的地基处理方法，实践经验较多，在提高地基承载力、减少沉降量方面作用显著。地下连续墙可以看作不封底的沉井，也可以看作连续相接的灌注桩，它比沉井施工方便、安全，与灌注桩相比，因有围封作用，在防渗和抗液化方面，优于一般的灌注桩。

目前深厚覆盖层上高土石坝应用较多的地基加固处理措施主要有固结灌浆、振冲碎石桩加固、强夯、高压旋喷桩、灌注桩以及地下连续墙等。

4.4.3.3 地震液化

河床深厚覆盖层地基内常存在连续或不连续的砂层等，在工程设防地震情况下土层可能发生液化。为保障工程安全，须对建筑物基础采取有效的抗液化措施。工程中可选用的抗液化处理措施有很多，大体可分为两类。

第一类是防止地基发生液化的方法（通过地基加固的方法），如改变地基土的性质，使其不具备发生液化的条件；加大、提高可液化土的密实度；改变土体应力状态，增大有效应力；改善土体以及边界排水条件，限制地震时土体孔隙水压力的产生和发展。

第二类是即使发生液化也不使其对结构物的安全和使用产生过大影响的方法（通过结构设计的方法），如封闭可液化地基，减轻或消除液化破坏的危害性；将荷载通过桩传到液化土体下部的持力层，以保证结构的安全稳定。

表 4.4-1 列出了代表性的液化防治措施及其特点。

表 4.4-1　液化防治措施及其特点

方法	简　述	适用深度	抗液化效果	优　点	缺　点
开挖换填	将基础范围内的液化土层清除，用稳定性好、强度高的材料回填	受基坑开挖深度控制	好	抗液化效果好，施工简单可靠、浅层处理较经济，是浅层液化土层处理首选方法	施工难度、风险以及工程投资随液化土层深度显著增加

续表

方法	简　述	适用深度	抗液化效果	优　点	缺　点
振冲碎石桩	通过振冲器以碎石作填料在液化土层内形成碎石桩	一般处理深度不超过 30m，如加深需进行设备改造	好	抗液化效果好，质量可靠，施工速度快，造价较经济	施工深度有限，遭遇特殊地层（大块石）时可能施工困难
混凝土连续墙	在地下浇注混凝土形成具有防渗和承重功能的连续地下墙体	国内最大施工深度达 140m	较好	墙体刚度大，质量可靠，可直接在原地面施工	可能出现相邻墙段不能对齐；造价高，并随处理深度显著提高
压重	通过填土压重增加基础可液化土层有效应力	受地层条件与上覆压重厚度控制	一般	施工简单，可利用弃土、弃渣料源	一般用于土石坝上、下游地基，对主体建筑基础改善有限
高压旋喷	以高压旋转的喷嘴将水泥浆喷入土层与土体混合形成水泥加固体	国内最大施工深度达 80m	一般	基础处理深度深，施工速度较快，固结体强度较高，可直接在原地面施工	造价较高，施工质量受地层影响较大
沉井基础	以沉井作为基础结构，将上部荷载传至地基	施工难度随深度增加	好	整体性好，稳定性好，能承受较大的垂直和水平荷载	沉井下沉遇到的大孤石施工较困难；造价较高

遭遇可液化土层时，根据其分布范围、危害程度，选择合理工程措施，对判定可能液化的土层，应尽可能采用挖除置换法。当挖除比较困难或很不经济时，对深层土可以采取振冲碎石桩加固法、围封法、灌浆法等。

4.5　计算分析

4.5.1　渗流计算

4.5.1.1　计算方法

渗流计算的内容、水位组合工况以及渗透系数的取值应遵循规范有关条款。各水位组合工况下，坝体渗流场、岸边绕坝渗流应按三维数值分析法计算。

渗流三维数值计算应首先满足两类边界条件：水头边界、流量边界。对特殊情况，还应满足混合边界条件，即含水层边界内外水头差与交换的流量存在线性关系的边界条件。对非稳定渗流，还应满足初始条件要求。

从满足设计要的角度出发，对裂隙发育的基岩可考虑按“等效”原则，将有限范围内的基岩视为连续渗透介质进行计算。对不能看作“等效连续介质”的基岩，应做专门研究。

复杂地基上大型枢纽渗流控制优化设计布置必须有正确的工程地质水文地质参数、正确的渗透系数及合理截取的边界条件，这是渗流有限元计算成果有价值的前提。为此，计算分析工作应贯穿于整个工程设计的各个阶段，但各个时期的分析重点不同，随着工程开展，对坝区的地质条件的不断深入、揭示和认识，将这种最接近工程实际的条件纳入渗流场分析，渗流控制的优化布局才更具客观实效性。

渗流控制效果会在工程运行中逐渐反映出来，这要依靠优良的原型观测系统的设计布置和施工；运行管理中强化资料分析，这项工作必须重视，它不但为工程安全提供确切保障，而且反过来也促进渗流分析理论及有关技术的发展。因此，对高心墙堆石坝，应重视在其关键部位布置渗流监测仪器，并根据监测数据开展渗流场的反演和反馈分析，为工程渗流安全评价提供支撑。

4.5.1.2 渗流量控制指标

大坝渗流量应不超过多年平均来水量的5%，并且在满足该基本要求下，大坝总的平均单宽渗流量大约控制在15.0～20.0m^3/(d·m)。有关这方面的控制值应继续关注高坝工程成功运行的实测资料，并进行总结分析，以便提出更全面合理的控制值。

4.5.2 抗滑稳定计算

4.5.2.1 坝坡稳定计算方法

抗滑稳定计算内容、计算工况，土体、粗颗粒料的抗剪强度指标以及孔隙压力值的确定应遵循《碾压式土石坝设计规范》(DL/T 5395—2007) 有关条款。

目前国内抗滑稳定计算可采用以下3种方法：①刚体极限平衡法；②弹塑性有限元法；③可靠度分析方法。

对上述3种方法，应该了解它们各自的特点，有区别地加以应用。目前常用的坝坡稳定分析方法各有优缺点：

(1) 刚体极限平衡法较为简便，应用范围较广，积累了丰富的工程经验。

(2) 弹塑性有限元法对坝坡的应力状态描述准确，对坝坡稳定性的反映也更接近实际，但是，该方法在实际工程中应用时间短，缺少一定的经验积累，现行的《碾压式土石坝设计规范》(DL/T 5395—2007) 还没有规定与之相适应的设计控制标准，其中，近年来得到广泛应用的强度折减有限元法的稳定分析结果不仅能计算出坝坡抗震稳定安全系数，还可以了解坝坡失效的演变过程，但强度折减有限元法的土坡临界状态破坏标准以及安全系数控制值仍有待深入研究。

(3) 可靠度分析方法考虑了各种计算参数的不确定性及其包含的风险，在评价建筑物结构安全方面具有理论优势，但是由于能够反映水工结构特性的统计资料不足、研究对象千变万化，人为影响因素错综复杂，有些水工建筑物极限状态复杂、不确定性因素多等原因，研究水工结构可靠度问题要比研究其他领域的问题困难得多，因此，可靠度分析方法在水工结构方面的应用远远落后于结构可靠度理论的发展。对于像土石坝坝坡稳定等岩土工程问题，由于坝体材料变异性大，荷载、结构抗力和运行情况复杂，经验成分较多，相关研究成果很少。因此，暂不推荐对高堆石坝采用可靠度分析方法。

对于地震工况下高土石坝的抗滑稳定分析，拟静力的刚体极限平衡法是目前进行土石坝工程抗震稳定分析的主要算法，弹塑性有限元法、可靠度分析方法在国内外已有所应用，积累了一定的工程经验，但均缺少相应的安全控制标准研究成果，尚需进行深入研究。其中，弹塑性有限元法分析坝坡的地震稳定安全时，与地震沉降、永久变形、裂缝开展、砂层液化等内容密切相关，工程中通常采用地震滑移量大小进行土石坝抗震安全评价，其中 Newmark 滑块位移法是目前国外常用的方法，能够反映各种因素对坝坡稳定的影响，国外也提出了相应于低坝的控制标准，但对高土石坝而言，地震滑移变形的控制标准尚需深入研究。也有国内学者认为 Newmark 滑块位移法假定滑动体为刚体，与散粒体堆石材料的特性不同，因此不适用于具有散粒体特征的土石坝抗震评价分析。

4.5.2.2　坝坡稳定安全指标

通过对糯扎渡心墙坝多种坝料的大型三轴试验，证实了堆石等粗粒料随着围压的升高会发生颗粒的破碎现象，内摩擦角降低，其摩尔强度包线是向下弯曲的。即在比较大的应力范围内堆石的抗剪强度（内摩擦角 φ 值）与法向应力之间的比例关系并不是常数，而是随法向应力的增加而降低，呈现明显的非线性特征。因此，采用非线性抗剪强度理论进行描述更为合理，我国《碾压式土石坝设计规范》（SL 274—2001）中也对此进行了规定，坝料强度参数采用非线性指标的必要性已得到确认。

糯扎渡水电站研究报告中共收集了 37 个水利工程大坝堆石料的三轴固结排水试验资料。采用矩法和改进的线性回归方法统计了这些水利工程中硬岩堆石（主堆石、次堆石）和软岩堆石抗剪强度的线性指标、邓肯非线性对数指标的均值与标准差，得到以下结论：

（1）硬岩堆石的邓肯非线性对数抗剪强度指标 φ_0 和 φ 的均值一般可取 53.8°和 10°，而标准差一般可取 1.5°和 1.0°，两个参数比较符合正态分布。φ_0 基本介于 50°～56°，而 φ 介于 8°～12°。

（2）硬岩堆石的线性抗剪强度指标，内摩擦角 φ 绝大部分在 38°～42°，黏聚力 c 一般在 150～180kPa。

（3）次堆石的强度参数略低于主堆石的抗剪强度，φ_0 和 φ 的均值一般可取 50.7°和 8.8°，标准差可取 1.5°和 1.3°。

（4）软岩堆石的 φ_0 和 φ 的均值原则上应通过试验确定，在没有试验成果的情况下，可参考以下标准：均值分别为 44°和 6°，标准差分别为 1.8°和 1.5°。

通过对典型土石坝的坝坡稳定分析得出，采用坝料强度非线性指标的小值平均值计算得到的坝坡稳定安全系数与线性指标、分段线性指标比较接近，现行规范对坝坡允许安全系数规定的标准可以直接使用，不需要调整。

传统的基于极限平衡法的安全系数评价标准因在工程实践中得到了广泛应用，使人们在这方面积累了丰富的经验与教训。因安全系数是利用滑面上的抗剪强度参数，并在 Mohr - Coulumb 屈服准则的基础上求解的，故其允许标准与滑面上的抗剪强度参数的取值有关。关于这一点，水工设计规范中对此有明确的说明，即设计强度指标并不是该强度试验成果的均值。以相对成熟的土石坝设计为例，我国规范规定强度指标应采用小值平均，在《水利水电工程地质勘察规范》（GB 50487—2008）中则规定取 0.1 分位数。美国陆军工程师兵团对土石坝设计强度指标的规定为 2/3 以上的试验数据大于采用值。如果假定强度参数按正态分布，取强度指标值为 k，则此三个文件规定的分位数 0.25、0.1 和

0.33分别相当于$k=0.675\sigma$、1.28σ和0.43σ（图4.5-1）。目前有关分位数标准的研究还不多，总体来讲，在没有明确规定时，建议可用均值（期望值）减1.0倍的标准差作为强度指标的设计值。

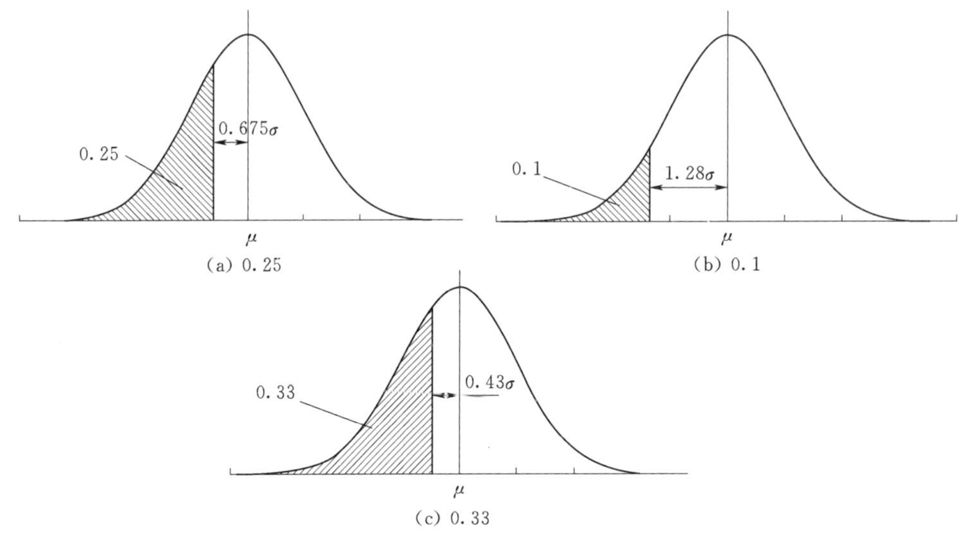

图4.5-1　不同分位数相应的强度参数取值

关于允许安全系数标准，我国土石坝设计规范作了以下规定："静力稳定计算应采用刚体极限平衡法；对于均质坝、厚斜墙坝和厚心墙坝，宜采用计及条块间作用力的简化Bishop法；对于无黏性土以及有软弱夹层、薄斜墙、薄心墙坝的坝坡稳定分析及任何坝型，可采用满足条块间作用力和力矩平衡的摩根斯顿-普赖斯法等方法，计算坝坡抗滑稳定安全系数。"

相应计算条块间作用力的计算方法，土石坝设计相关规范对允许安全系数作了如表4.5-1的规定。采用不计及条间力的瑞典圆弧法，其允许安全系数对1级坝正常运用条件为1.3。其余情况在表4.5-1基础上降低8%。

表4.5-1　土石坝坝坡抗滑稳定最小安全系数（计条间作用力）

运用条件	工程等级			
	1	2	3	4，5
正常运用条件	1.50	1.35	1.30	1.25
非常运用条件Ⅰ	1.30	1.25	1.20	1.15
非常运用条件Ⅱ	1.20	1.15	1.15	1.10

4.5.3　应力和变形计算

4.5.3.1　计算参数

高心墙堆石坝应力变形计算分析本构模型，建议以邓肯$E-\nu$模型作为主算模型，尤其是作为方案的比较和论证时。此外，还应结合具体工程的特点，选定1～2个其他的模型（沈珠江双屈服面弹塑性模型、清华非线性解耦 $K-G$ 模型、清华弹塑性模型、殷宗泽双屈服面弹塑性模型等）进行对比计算分析，以对比不同本构模型计算结果的差异。尤其是当需要研究和分析一些复杂应力区域坝体或结构的应力或变形性状时。

坝料的模型计算参数一般可根据室内常规三轴试验确定。确定模型参数后应进行相应的反算，以检查模型参数和试验结果的符合程度。建议应用相同级配和压实密度条件下压缩试验和其他复杂应力路径三轴试验的结果对确定的模型参数进行复核计算，以分析不同应力路径的影响。

进行坝体的应力变形分析时，应参照多组室内试验确定的模型参数和工程类比经验，针对不同的研究目标（如坝体变形规律、心墙拱效应、不均匀沉降变形等），确定不同的坝料模型参数组合进行计算分析。

4.5.3.2 计算方法

坝顶后期沉降建议以土力学分层总和法进行计算。

在高心墙堆石坝工程中，建议对坝料设置初始应力状态变量，考虑土石料初始超固结特性进行大坝变形计算的方法。

土石坝张拉裂缝发生和扩展过程的计算分析可采用基于有限元-无单元耦合方法的压实黏土张拉裂缝三维模拟计算程序系统。例如，在对糯扎渡高心墙堆石坝坝体发生横向张拉裂缝的可能性进行三维计算分析时，在整体上采用三维有限元计算网格，在可能的开裂区域布置无单元结点并进行适当加密。计算分析糯扎渡坝顶在不同后期变形条件下发生横向张拉裂缝的过程和规模。结果表明，该模拟方法对于土石坝表面张拉裂缝问题具有较好的适用性，可用于土石坝坝体发生张拉裂缝和裂缝发生规模的计算分析。

三轴拉伸条件下，拉伸曲线分压缩变形段、曲线上升段、软化段以及压缩卸载-拉伸耦合段四段，分别采用不同的公式予以表达。

4.5.3.3 变形控制指标

经对国内外55座土石坝的水平位移、竖向位移和裂缝资料的统计，结果表明：竣工后坝顶最大竖向位移为坝高的1%以下的坝都没有裂缝；坝顶最大竖向位移为坝高的3%以上的坝都有裂缝；坝顶最大竖向位移大于坝高的1%、小于坝高的3%时，有的坝有裂缝，有的坝没有裂缝，与土料的性质和其他因素有关。因此，竣工后坝顶最大竖向位移应按小于坝高的1%控制（分层总和法计算成果）。

在调查国内外多座土石坝的不均匀沉降后认为，若坝体不均匀沉降的斜率（倾度）大于1%，坝体就将产生裂缝；小于1%，坝体一般不出现裂缝。因此可用变形倾度有限元分析法判别土石坝是否会发生表面张拉裂缝，临界倾度 c 值可取1%。

4.5.4 抗震计算

4.5.4.1 计算方法

国内外土石坝震害调查显示：裂缝、渗漏、滑坡及沉降为土石坝的主要震害形式，特别是地震裂缝最为常见。以平行坝轴线的纵缝居多，大多分布于坝顶中部及坝顶近坝坡两侧。地震滑坡是裂缝发展的结果，多与坝坡材料的超静孔隙水压力升高甚至液化有关。地震沉降变形特别是不均匀地震变形是裂缝产生的前提，应作为设计控制的主要指标。

堆石坝为散粒材料集合体，在地震作用下的另一类破坏形式是坝坡堆石料震松丧失结构性，颗粒滚落与滑动，坍塌震陷。汶川地震中紫坪铺面板堆石坝经受了烈度为Ⅹ度的地震检验，下游坝坡堆石料出现了震松丧失结构性现象，但并没有形成大规模颗粒滚落及坍塌等严重破坏。当然这与紫坪铺受震方向有利有关，但也说明采用现代施工方法修建的堆石坝坡具有较好的抗震性能。

因此，高心墙堆石坝抗震设计应重点关注坝体地震变形、坝坡地震稳定以及坝基与坝料的超静孔隙水压力升高甚至液化等问题。相应抗震计算分析应该包括以下内容：地震动力反应分析、地震永久变形分析、坝坡抗震稳定分析、坝基砂层及反滤料液化判别、心墙动强度验算。

输入地震波的峰值加速度按《水工建筑物抗震设计规范》（DL 5073—2018）及《水电工程防震抗震研究设计及专题报告编制暂行规定》（水电规计〔2008〕24号）相关要求执行。对校核工况输入地震加速度峰值按《水电工程防震抗震研究设计及专题报告编制暂行规定》（水电规计〔2008〕24号）执行。输入地震波建议采用1条场地谱人工模拟地震波、1条规范谱人工模拟地震波以及1条实测地震波，但采用的目标场地谱建议按照陈厚群提出的基于设定地震的重大工程场地设计反应谱的确定方法进行。

建议高土石坝设计地震反应谱仍然采用《水工建筑物抗震设计规范》（DL 5073—2018）所规定的形状，对坐落在基岩上的土坝和堆石坝，其最大地震加速度反应谱值$\beta_{max}=1.60\sim1.80$，并结合高土石坝动力特性，考虑近、远震影响，合理确定设计规范反应谱。

4.5.4.2 控制指标

1. 地震永久变形标准

“八五”期间，我国学者提出的地震永久变形的控制标准为：坝高100m以下的坝，允许震陷量可取坝高的2%；100m以上的坝，可适当降低到1.5%。当时土石坝坝高较低，坝高不超过200m，采用强度折减技术对坝体施加了《水工建筑物抗震设计规范》（DL 5073—2018）规定的拟静力地震荷载，讨论了糯扎渡心墙堆石坝破坏状态的最大塑性位移，得到了坝坡破坏时的塑性位移为坝高的1.2009%～1.2785%。要使坝坡不发生塑性破坏，则地震永久变形在坝高的1.2%即可。考虑到地震永久变形的梯度沿坝高的分布是不同的，坝顶部地震残余变形等值线密集，也是地震裂缝较为集中的部位。因此，对200m级高土石坝地震残余变形控制标准，也可以以上部坝体的地震变形占该部分坝高的比值进行控制。即以上部1/2（或1/3）坝高的坝体为研究对象，若这部分坝体的震陷率小于1.5%，则认为坝体可以承受。

不均匀震陷是地震裂缝产生的原因，也需要进行控制。初步建议不均匀震陷的倾度控制标准为1.2%。

2. 坝坡抗震稳定标准

高心墙堆石坝坝坡抗震稳定分析以现行规范规定的拟静力极限平衡法和Newmark滑块位移法为主。现行《水工建筑物抗震设计规范》（DL 5073—2018）中，土石坝坝坡抗震稳定分析以拟静力的瑞典圆弧法为主，并辅以简化 Bishop 法，并规定了简化 Bishop 法结构系数的选取规定。建议增加摩根斯顿-普赖斯法以及可靠度分析方法进行坝坡抗震稳定分析等有关内容，以便与《碾压式土石坝设计规范》（DL/T 5395—2007）相适应。坝坡抗震稳定安全系数的控制标准仍按相关规范执行，但地震输入荷载则参照《水电工程防震抗震研究设计及专题报告编制暂行规定》（水电规计〔2008〕24 号）执行。即一般取基准期 50 年超越概率 10%的地震动参数作为设计地震；大型水电工程中，1 级挡水建筑物取基准期 100 年超越概率 2%的地震动参数作为设计地震；校核地震工况对 1 级挡水建筑物可取基准期 100 年超越概率 1%或最大可信地震（Maximum Gredible Earthquake，MCE）的动参数。

值得注意的是震后坝坡稳定分析，地震可触发上游反滤及坝基砂孔隙水压力上升甚至液化，非液化土地震作用下也可能存在强度降低等现象，甚至导致坝体裂缝，这些均削弱了坝体稳定性，因此需要进行震后上、下游坝坡的静力稳定验算。此时坝体材料强度应采用残余强度的下限值，按震后条件得出的抗滑安全系数大于 1.0，则整体失稳预期不会发生。然而，由于计算中包含较大的不确定性，抗滑安全系数要求不低于 1.2～1.3 为宜，但对以“不溃坝”为功能目标的校核地震工况，抗滑安全系数可控制为不小于 1.0。

当坝体和坝基中存在可液化土类时，采用拟静力法分析坝坡抗震稳定则不能做出正确评价，为此可采用 Newmark 滑块位移法分析坝坡抗震稳定性。在预可研及可研阶段，可以采用 Makdisi - Seed 的简化方法估计地震滑移变形，评价坝坡的抗震稳定性；在抗震专题审查报告中，可采用相对精细的 Newmark 滑块位移法分析地震滑移变形，评价坝坡抗震稳定性，并根据变形的严重程度判断坝在地震中的表现。目前，国际上不同单位衡量变形是否安全的定量标准各不相同，美国一些单位取为 0.6m，印度标准取为 1.0m。美国陆军工程师兵团建议地震滑移变形的上限为 1.0m，并指出尽管如此变形很严重，但大多数坝均能够承受。Hyness Griffin 和 Franklin 也建议地震滑移变形控制标准为 1.0m。值得注意的是，上述滑移变形控制标准是针对已建的遭遇地震的土石坝统计得到的，即针对较低的土石坝提出的滑移变形标准。对于 200m 级以上心墙土石坝，若采用 1m 的滑移变形控制标准则很多坝难以满足要求。建议以滑动体相对变形的角度控制滑移变形，即滑移变形量与滑动体最大外形尺寸之比小于 2%～3%为滑移变形的控制指标。

3. 反滤料、坝基砂抗液化能力及心墙动强度验算

心墙堆石坝上游浸水反滤料和坝基砂层的地震液化验算可按剪应力对比的总应力法和有效应力法进行。将有限元地震动力计算得到的反滤料和坝基等效动剪切应力与动强度三轴试验测得的对应振动次数、固结比和固结应力下的循环抗剪强度进行比较，凡前者大于后者的区域为液化区，反之为非液化区。或采用有效应力法进行振动孔隙水压力的计算，定义孔压比为孔隙水压力与有效小主应力之比，若孔压比大于等于 1 则发生液化，反之若孔压比小于 1 则不发生液化。上述方法没有考虑参数确定的不确定性以及任何安全裕度，可应用于 200m 以上心墙堆石坝校核地震工况的验算。

对设计地震工况，可将液化度定义为单元孔压值与静竖向有效应力之比来评价单元孔压相对值，并将液化度 $D_L>0.9$ 的区域定为液化区，$0.5<D_L<0.9$ 的区域定为破坏

区。工程上采用相应固结条件及振动次数下土体动强度与单元等效动剪应力之比，作为抗液化安全系数，并认为安全系数 $F<1.3$ 的区域定为液化区，$1.3<F<1.5$ 的区域定为破坏区。

心墙动强度验算可采用剪应力对比法进行，也就是将有限元地震动力计算得到的心墙等效动剪切应力与动强度三轴试验测得的对应振动次数、固结比和固结应力下的循环抗剪强度进行比较，凡前者大于后者的区域为破坏区，反之为安全区。

4.6 高心墙堆石坝设计工程措施研究

4.6.1 泄洪控制措施

泄洪控制是确保高心墙堆石坝安全的重要措施，除了选择合适的洪水标准外，泄洪建筑物的布置、掺气减蚀、消能防冲以及泄洪雾化等是泄洪控制措施应当考虑的主要内容，它们决定着泄洪建筑能否按设计标准安全泄洪。

4.6.1.1 泄洪建筑物的布置

高土石坝泄洪建筑物布置时应优选采用以超泄能力强的溢流表孔为主，并结合后期导流、运行调度的灵活性及应急放空要求布置泄洪隧洞为辅助泄洪建筑物或放空泄水建筑物，泄水建筑物启闭设备应考虑地震等极端工况下的应急开启措施。

由于高土石坝泄洪隧洞运行水头较高，闸门、启闭设备及流道结构风险相对较大，为减少因泄洪建筑物自身原因而导致泄水不畅的概率，高土石坝泄洪建筑物应以能自由敞泄的表孔为主，即高土石坝泄水建筑物宜优先采用开敞式溢洪道，对于狭窄河谷无有利地形布置开敞式溢洪道时，也可采用开敞式表孔与无压隧洞相结合的溢洪洞，并结合后期导流、运行调度的灵活性及应急放空要求，布置泄洪隧洞为辅助泄洪建筑物或放空泄水建筑物。

为确保在地震等极端工况下泄水建筑物闸门启闭，泄洪建筑物应设置应急启闭电源，并适当布置远程控制设施。

高土石坝的泄洪建筑物布置时要结合当地的地形地质条件、枢纽整体布置要求，综合考虑合适的体型和下游水流衔接要求，并经整体水工模型试验验证。挡水大坝、厂区枢纽及交通要道布置时需考虑雾化影响因素。

4.6.1.2 泄洪建筑物掺气减蚀

高土石坝泄洪建筑物由于流速高，掺气减蚀研究非常重要，掺气减蚀措施研究方法以组合法为优，即在经验设计体型基础上，先采用数值模拟优化体型，得到合理的体型后，再进行物理模型试验验证，以缩减试验时间，节约试验成本；掺气减蚀措施应以流道体型（含掺气设施体型）控制为主，抗冲耐磨材料为辅。高土石坝泄洪建筑掺气减蚀应注意以下几点：

（1）流速大于 30m/s 时应布置掺气减蚀设施。掺气减蚀设施保护范围一般可取 100～120m；掺气设施以底部强行掺气为主，可采用挑坎式或槽式掺气组合，为保证掺气设施的有效，应做到掺气空腔内无回水。

（2）泄洪隧洞有压流、无压流过渡段可采用突扩突跌型式布置，通过侧空腔及底空腔同时掺气。工作门室通气洞需设计合理，通气充分。

（3）为保证隧洞通气充分，泄洪洞无压隧洞洞顶余幅应不小于25%。沿程洞顶需布置通气井。

（4）应加强流道边壁的保护及施工质量，高流速流道采用材质致密、强度高的材料，如高强混凝土（砂浆）、钢板、纤维混凝土、聚合物混凝土（砂浆）等，并严格控制过流面的不平整度，降低初生空化数，提高边壁的抗蚀能力。

4.6.1.3 消能防冲

高土石坝泄洪建筑物由于流量大、流速高，一般采用挑流消能，消能防冲研究重点是挑坎布置及防止消力塘和下游河道的冲刷破坏。通过优化挑流鼻坎布置，可分散水流入水的能量，提高消能率，减少动水荷载，挑流鼻坎可采用大差动挑坎、窄缝式挑坎、挑流水股碰撞等型式，在横向或纵向上实现分散入水水舌、分散入水能量。

防冲设计根据基岩允许抗冲流速，通过开挖消力塘加大水垫深度，并增设河岸防护结构，提高河岸防冲刷的抗力。在条件允许的情况下，土石坝可尽量利用消力塘开挖料作为坝体填筑料，因此在适量深挖及拓宽消力塘尺寸的情况下，可采用护岸不护底的防护型式，节约工程量及降低施工难度。

4.6.1.4 泄洪雾化

通过多年的泄洪雾化相关研究，对于雾源、雾化分级和分区都有了比较明确的界定和认识，在对泄洪雾化的观测、模拟、理论分析的基础上，提出了一些雾化扩散及雨区范围的经验公式及数学计算方法，同时采用人工神经网络模型预报的办法，为雾化防治提供依据。降低泄洪雾化危害的措施主要在建筑物布置及雾化区边坡防护等方面：雾化影响较大的建筑物尽量远离雾化区；雾化区边坡应从边坡表面及内部同时加强排水，以保证边坡稳定；同时加强边坡表面防护，减少水土流失。

综合而言，对于超高土石坝泄洪安全的研究，应将枢纽布置、泄水建筑物流道体型、掺气减蚀措施、消能防冲措施及雾化预测与防治等研究工作统一考虑，采用工程经验类比、原型观测与反馈、物理模型、数值模拟等研究方法相结合，实现系统、全面的综合优化效果与工程整体安全、经济。

4.6.2 变形控制措施

变形控制的首要措施是采用较高的压实指标，尽量将坝体碾压密实。

堆石料风化程度加剧会使其压缩模量、渗透系数和变形模量降低，使其湿化变形和流变变形增大；由于堆石料变形模量降低造成坝壳变形增大，以及其湿化变形和流变变形增大，带来了坝体总体变形量增加，特别是心墙沉降量增加较多；堆石料变形模量的降低，使得其对心墙的拱效应的作用有所减少，心墙上、下游面的竖向应力及主应力均有所增加，这对于防止心墙发生水力劈裂是有利的；虽然由于拱效应减少使得心墙上、下游面的主应力均有所增加，但大主应力增加较多，小主应力增加较少，从而使得心墙上游面的应力水平有所增加。

在土石坝的设计和施工过程中，采取适当措施控制心墙土料和坝体堆石体的模量比（变形差）是必要的，可利于协调变形，降低坝壳堆石料对心墙的拱效应，但不宜采用降低堆石区模量来降低堆石与心墙模量比的做法。因为降低堆石料的压实度，会增加坝体施工期和后期变形，增大坝体发生张拉裂缝的风险。根据分析结果，控制高心墙堆石坝心墙拱效应更为合理的方法是提高心墙土料的变形模量，使其值不应过低。此外，设计合适的反滤料和过渡细堆石料的变形参数，也可起到一定的降低心墙拱效应的作用。

当存在渗透弱面时，心墙前缘单元垂直应力会发生明显的降低，表明渗透弱面水压楔劈效应是诱发心墙发生水力劈裂的重要因素。在给定的模型计算参数组合和蓄水速度的情况下，由于渗透弱面水压楔劈效应的存在，糯扎渡心墙上部垂直应力可降低约 24.5%。因此，在土石坝心墙的施工过程中，尽量避免渗透弱面的产生是非常重要的。形成心墙渗透弱面的一些可能情况包括：偶然局部掺入的透水料、未充分压实的局部土层、由偶然因素产生的初裂缝、掺砾石不均形成局部架空以及雨后碾压表面的处理不当等。

按水位高低，分时段采用随水位升高逐渐降低的方式控制水库蓄水速度。

严格执行压实设备型号、振动频率及激振力、行驶速度、碾压遍数、铺筑层厚、加水量等坝料压实施工参数。

4.6.3 渗流控制措施

高心墙堆石坝渗流控制的关键设施包括坝体防渗、坝基岸坡防渗、在渗流出口部位的反滤设施以及排水，应将它们视作一个系统，按“三位一体、有机结合、优化配置”的设计指导思想进行设计，再配合少量必要的试验检验，以便提出既安全、经济又切实可行的优化成果。对此概括成以下四句话：深入理解工程勘测所提供的工程地质水文地质资料，这是做好高心墙堆石坝渗流控制系统的前提条件；做好坝体坝基的防渗设施是大坝发挥效益的基本保证；做好反滤排水是保证防渗设施和基础岸坡稳定的关键；做好大坝工程的跟踪监测系统，建立定期的工程安全评价的制度，是工程长治久安的重要保证。具体有关高土石坝渗流控制关键技术阐述如下：获取准确可靠的水文地质资料；精心选择防渗主体（心墙、帷幕）的设计参数；在坝体和坝基渗流出口铺设反滤料，并针对性地设计反滤料级配；完善安全监测布置，提高监测仪器成活率、使用寿命和测值精度。

4.6.3.1 防渗主体设计与施工

对不满足级配连续性和分布稳定性的土料应采取改性措施，常用的改性措施包括掺砾和筛分。掺砾的目的是提高心墙模量，降低坝体沉降量，同时减小心墙与堆石体的模量差，例如，糯扎渡和双江口大坝；而筛分的目的主要是降低较大颗粒在土体中的比重，提高细、黏粒比重，优化土料级配以提高土料防渗性能，例如，如美和长河坝大坝。

对具体的工程所用土料或掺和土料都应通过多种方法试验检验最终选定。宜通过试验选择能使心墙裂缝自行愈合的反滤层来保障心墙的抗渗稳定。

4.6.3.2 反滤层设计与施工

反滤层的应用是土石坝在设计理念上的一次重大革命，它对保证心墙堆石坝的安全运行有着至关重要的作用。例如，美国于 1976 年建设的最大坝高 126m 的提堂（Teton）坝，除基岩节理未做细致处理以及截水槽形状和坡度引起心墙土产生拱作用外，导致其在仅仅两个小时内溃决的重要原因还有未在心墙下游土料和砂砾料间设置合适的反滤料。

现代土石坝设计中，反滤层已被普遍认为是心墙坝安全的一道重要防线，因此，应严格按照反滤准则进行设计，尤其是针对细料部分的设计，料源需具备更强的硬度、更高的软化系数、更强的抗风化能力，以减小在高应力作用下颗粒破碎数量，保持级配稳定，这样反滤层才能持续发挥作用。

（1）在设计反滤层时，因目前设计方法准则较多，所以应清楚认识各个设计准则的适用范围，根据防渗体土料性质和级配、反滤料的性质和级配等选取合适的准则对反滤料进行特征粒径、级配、层数及各层厚度的设计。对于被保护土为 $C_u \leqslant 5$ 的非黏性土，建议采用太沙基滤层准则；对于 $C_u > 5 \sim 8$ 的非黏性土，建议采用缩窄宽级配土的级配曲线的办法，取 $C_u \leqslant 5 \sim 8$ 的细粒部分的级配曲线，再应用太沙基准则设计反滤层；对于被保护土为黏性土的，建议选用《碾压式土石坝设计规范》（DL/T 5395—2007）中推荐的谢拉德滤层准则进行反滤设计。

（2）对于被保护土为宽级配土料或黏性土料的情况除了应用相应的滤层准则进行反滤设计外，还应对设计的反滤料进行反滤试验，验证反滤料的可靠性。特别是对于 200m 级以上高堆石坝，应对通过采用反滤设计准则设计出来的反滤料进行专门的试验验证；对于土质心墙，必须通过试验保证反滤层能在心墙出现裂缝的情况下阻止冲蚀土颗粒的通过，并使心墙裂缝能够自愈。

（3）反滤层的层数应根据实际需要来设计。根据设计的第一层反滤层料与过渡层料或大坝坝壳料之间是否满足反滤排水要求来考虑反滤层的层数，如满足则可不设第二层反滤，如不满足则需设第二层反滤。同理，可判断是否需要设其他的反滤层，但一般不超过 3 层。

（4）反滤层的厚度应按人工施工和机械化施工进行区分。人工施工时最小厚度为 30cm（水平反滤层）和 50cm（垂直或倾斜反滤层）；机械化施工因机械施工方法不同其厚度也不同，采用推土机平料时最小宽度不宜小于 3.0m，采用其他机械施工时，根据所采用工艺可以适当变动。

4.6.3.3　渗流监测系统设计与仪器安装

在《土石坝安全监测技术规范》（DL/T 5259—2010）中，对 1 级心墙堆石坝规定了 16 项应测项目，其中 5 项为渗流监测项目，约占总监测项目的 1/3，而《碾压式土石坝设计规范》（SL 274—2001）对 1 级土石坝必须进行的 12 项监测项目中，有 6 项为渗流监测要求，占总监测项目的一半，足以表明渗流监测在土石坝安全评价中的重要作用，对超高土石坝则更是如此。因此，渗流监测系统设计必然是超高土石坝建设中一项重要手段。

渗流监测系统设计和施工要考虑的事项同其他应力变形、环境量监测一样，包括监测目的的明确、项目的确定、典型剖面的选取、仪器的安装、数据的采集、资料的整编等，相关内容见规范所述，但对超高土石坝而言，需重点强调和补充的设计要求如下：

（1）对渗流监测项目种类、数量和测次要求一般应大于或等于规范对 1 级土石坝的要求。其中坝体和坝基渗流量、心墙和坝基渗透压力、坝体浸润线、绕坝渗流为监测的重点和必需项目。

（2）典型断面的选取应抓住关键断面，这些关键断面如最大坝高处、地形突变处、基岩破碎或有断层通过的地质条件复杂处以及与刚性建筑物连接处等，且同一断面的监测仪器应完备，以便保证数据采集和分析计算的匹配性。

(3) 由于渗透破坏通常与其他破坏形式相生相伴，如心墙下游坝壳内浸润线突然抬高，很可能是心墙产生裂缝所致，因此，渗流监测设计断面应同时布置裂缝计、剪变形计以及多点位移计等；心墙内渗压力与土压力密切相关，渗压计与土压计应当成对相邻布置，以便相互校验。

(4) 超高土石坝壅水很高，近坝区渗流场发生的变化很大，水库蓄水后造成近坝区地下水位抬高的可能性和抬高范围、程度都较大，从而有可能造成天然状况下尚且稳定的滑坡体或高边坡的失稳，故也应当重视近坝区滑坡体或高边坡地下水位的监测。

(5) 在渗透系数较小的心墙内，由于测压管的滞后时间较长，故不宜选用测压管作为渗流压力的测量装置；水头变化较剧烈的上、下游反滤区内，同一铅垂线上不同高程部位的水头值不相等，用测压管量测水头不便于区分不同高程的水头值，故也不能采用测压管，此时，应使用渗压计进行量测。

(6) 由于超高土石坝防渗范围大，通常会在两岸不同高程设置排水灌浆廊道，此时，宜根据渗流量的可观测性对整个枢纽防渗区进行分区分段设置量水设施，以便对各区渗流状况做具体分析，并能重点监控坝基较破碎、渗漏量较大的薄弱环节。由于坝基渗流量大部分由下游河床地表逸出，故应在坝趾下游适当位置设量水设施。对超高土石坝，为尽可能全面收集坝基渗流量，并灵敏地跟踪渗流量的变化，通常是打设封闭全河床断面的截渗墙，并在其上设量水堰。应当注意的是：截渗墙应当有效封闭主要河床的潜水渗流断面，并不留较大渗流通道，以保证绝大部分坝基渗漏量由量水堰测得。

(7) 超高土石坝一般都需要进行全面的科研实验和建立完善的监测管理系统，因此，渗流监测仪器布置应与相关科研课题现场设施进行配合、与大坝建设及监测管理系统协调，以便研究和管理的数据与实际情况相匹配。

4.6.4 抗震措施

鉴于高心墙堆石坝坝体顶部 1/4～1/5 坝高部分的地震反应较大的特点，建议加筋坝顶堆石体，提高坝顶堆石体的整体性，增强其抗震性能。采用的加筋材料有土工格栅或钢筋网格等。加筋范围：竖向为 1/4 到 1/5 坝高的坝顶部分，加筋每 2～3m 设置一层，筋材长度不插入心墙，以包络最危险滑弧并留有足够的抗拔长度为宜。此外，还可采用胶凝材料胶结坝顶填筑体，如 300m 高的苏联努列克坝即是在距坝顶 1/5 坝高范围内加入了混凝土胶凝材料。

土工格栅作为特种土工合成材料，由于其良好的结构稳定性、耐冲击性及便于施工等显著特点而被广泛应用于土石坝坝顶加固，以提高坝体的整体性和坝顶的抗震稳定性，其结构形状见图 4.6-1。

自 1986 年首次在 Cascade 土石坝上铺设土工格栅进行坝顶抗震加固以来，采用土工格栅加筋坝顶堆石已成为目前高土石坝抗震加固设计的主要方法之一。近年来，160m 高的青峰岭水库主坝加固工程、124.5m 高的冶勒沥青混凝土心墙堆石坝、186m 高的瀑布沟心墙堆石坝和 240m 高的长河坝心墙堆石坝等均已采用或拟采用土工格栅堆石加筋技术进行坝顶抗震加固。

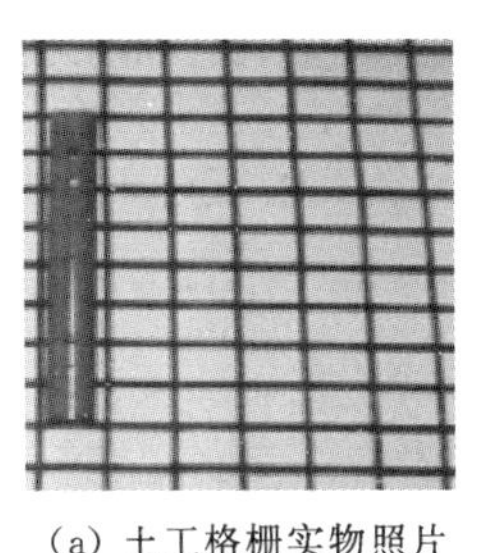

(a) 土工格栅实物照片

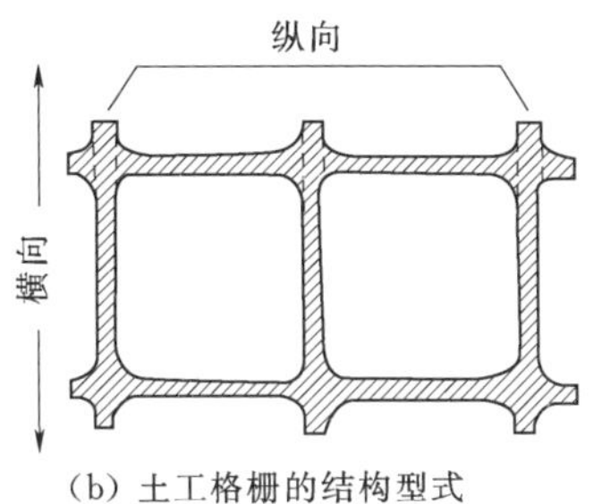

(b) 土工格栅的结构型式

图 4.6-1　土工格栅

苏联努列克土石坝位于9度地震区，该坝为碾压砾卵石坝壳。其抗震措施为：在上游坝壳内235.00m、256.00m、274.00m三个高程各设加筋结构一层，在292.00m高程设一层加筋结构连接上下游坝壳，中间有观测廊道与加筋结构相接，由长条形钢筋混凝土板和⊥形钢筋混凝土梁组成。长条板垂直坝轴线铺设，间距9m。⊥形梁平行坝轴线铺设，嵌搁在长条板上。梁间距9m，高3m。梁板间填筑堆石，堆石填至梁顶以上1m左右，见图4.6-2。

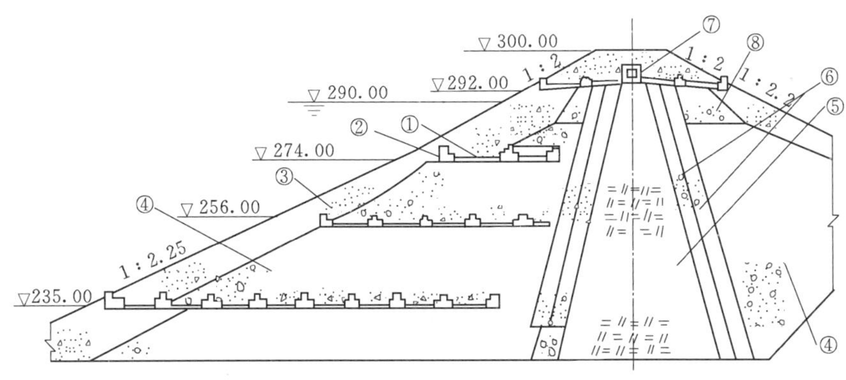

图 4.6-2　苏联努列克土石坝上游坝壳抗震加筋措施（单位：m）

①、②—钢筋混凝土梁板结构；③—堆石外坝壳；④—砂砾石坝壳；⑤—砂质壤土心墙；⑥—反滤层；⑦—廊道；⑧—卵石碎石料

对坝基中砂层、软弱土层等可液化土层进行处理，防止其液化。主要的处理方式有：对可液化土层进行振冲压实、在土层中布置碎石桩，增强排水，提高承载力。

适当提高上游反滤料及心墙顶部的填筑密度，防止上游反滤料出现液化及心墙动强度不足。也有加大垫层区、过渡区宽度，增加大坝反滤排水的能力，降低地震引起的超孔隙水压力。

提高坝体顶部坝坡的抗震稳定性。采用块石砌护或用钢筋笼加固，增设或加宽马道等，以增强其整体性。

根据以往工程设计经验及成果，结合依托工程糯扎渡心墙堆石坝的实际情况，在坝基选择和处理、坝体结构布置、坝料分区设计方面均进行了抗震设计，同时重点对坝顶区域坝内加筋的抗震加固措施进行计算分析，验证其抗震效果，并统筹考虑工程的安全性和经济性，得出适用于超高心墙堆石坝工程的抗震措施，成果可供借鉴。

（1）糯扎渡水电站大坝常规工程抗震措施如下。

1）采用直线的坝轴线，大坝建于岩基上，坝基覆盖层全部清除，防渗体采用砾质黏土，坝壳料采用级配良好的块石料，抗震性能良好。防渗体与垫层基础间设置接触黏土，并在防渗体上、下游面各设置两层反滤层及一层细堆石过渡层。

2）坝顶宽度适当加大，以避免堆石滚落而造成坝体局部失稳。坝顶宽度设计为18m，大于规范对高坝10～15m的要求。心墙顶宽度设计为10m。

3）在确定坝顶高程时，考虑了地震涌浪及地震沉陷量，预留足够的坝顶超高，但地震工况不是确定坝顶高程的控制工况。

4）在进行坝料分区设计时，坝顶1/5坝高范围内为抗震的关键部位，采用块度大、强度高的优质堆石料。上游高程750.00m以上、下游高程760.00m以上全部采用优质的Ⅰ区堆石料。

（2）糯扎渡水电站大坝专门工程抗震措施。

1）为提高坝体顶部的抗震稳定性，上游高程805.00m以上、下游高程800.00m以上采用1m厚的M10浆砌块石护坡。

2）高程770.00m以上（坝高1/5范围内）的上、下游坝壳堆石中埋入不锈钢锚筋ϕ20，锚筋每隔2m高程布置一层（原则上每两层坝料铺设一层钢筋网），沿坝轴线方向水平间距为2.5m，埋入坝壳堆石中的长度约18m，并要求不伸入反滤料Ⅰ中。同一高程锚筋布设顺坝轴线方向，不锈钢钢筋ϕ16将其连为整体，间距5m。加筋示意图见图4.6－3。

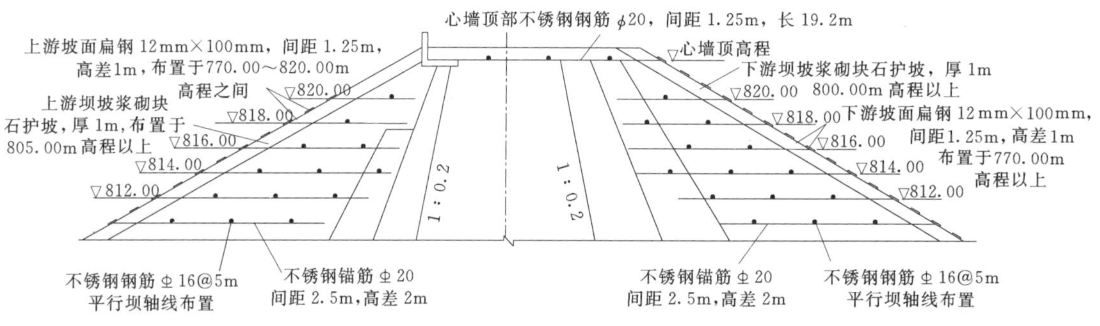

图4.6－3　糯扎渡心墙堆石坝坝顶加筋示意图（高程单位：m）

3）在高程820.50m的心墙顶面上布设贯通上、下游的不锈钢钢筋ϕ20，间距1.25m，并分别嵌入上游的防浪墙及下游的混凝土路沿石中，以使坝顶部位成为整体，提高抗震稳定性，减小坝坡面的浅层（表层）滑动破坏概率。

4）在高程770.00m以上的上、下游坝面布设扁钢网，高差1m，间距为1.25m，并与埋入坝壳内的不锈钢锚筋焊接，扁钢为不锈钢，规格为厚12mm、宽100mm。

5）由于坝体上部动力反应较强，心墙料采用混合料时可能会动强度不足，从而出现心墙变形偏大、发生裂缝等不利现象，故心墙高程720.00m以上也采用掺砾料进行填筑。心墙全部采用掺砾料进行填筑，提高心墙土料的动强度，避免出现心墙发生剪切变形而产生裂缝等不利现象。

4.7　小结

本节围绕与高心墙堆石坝设计有关的坝料选择与填筑要求、坝体结构、坝基处理、计算分析以及工程措施五大主要技术层次进行阐述，提要如下。

4.7.1　坝料选择与填筑要求

高心墙堆石坝土料和石料的选择应基于翔实可靠的勘察资料进行，勘察应遵循规程规范，按不同阶段（规划、预可研、可研、招标）要求，且按一定作业顺序进行。合理的试验项目和组数是料物充分可靠的保证。试验完毕后还需对试验数据进行整理，将正确、可用的数据用于计算分析，从而挑选出适宜的料物供坝体设计使用。

对于 200m 以上高心墙堆石坝，防渗体渗透系数建议控制在 10^{-6}cm/s 数量级；土料的砾石含量范围宜为 30%～40%，极限掺砾量不超过 50%；宜采用 2690kJ/m^3 击实功能作为土料的压实功能标准；推荐现场检测采用小于 20mm 细粒 595kJ/m^3 击实功能进行三点快速击实的细料压实度控制方法，细料压实度应与全料压实度标准相匹配；防渗体土料级配必须连续，且小于 0.075mm 的细颗粒含量应比中低坝要求更高，即不宜小于 15%～25%。

对级配连续的土料，一般取 5mm 为分界粒径，如级配不十分连续，则取“间断”区间下限粒径作为分界粒径，并以分界粒径以下“填充细料”作为保护对象进行反滤料级配设计；推荐高心墙堆石坝反滤料的压实要求，反滤料Ⅰ的相对密度取 $D_r>0.80$，反滤料Ⅱ（过渡料）的相对密度取 $D_r>0.85$，视工程具体条件可略做调整。

对高心墙堆石坝而言，含有部分软岩的堆石料是可以利用的，无论是用在上游坝壳还是下游坝壳。但必须注意：劣化后渗透系数必须满足其所利用部位的设计要求，其首先宜利用于下游坝壳干燥区，其次是上游坝壳死水位以下部位（最好是低高程部位），若用在透水性要求较高的部位要慎重；由于不同工程的坝料特性、坝体结构不尽相同，具体工程应具体分析论证，应保证心墙上游面的应力水平在安全范围，并保证大坝的抗震安全。不论从控制总体沉降还是不均匀沉降来讲，均应对软岩堆石料的孔隙率标准提出更高的要求，如 $n<21\%$；碾压后，含工程开挖料的堆石区渗透系数不宜小于最外一层反滤或过渡层的渗透系数，一般宜大于 1×10^{-2}cm/s，以保证浸润线快速下降；排水区则要用强度高、抗风化的中到大块石为主的石料填筑，在各分区中渗透系数最大，要求在 1cm/s 附近。

4.7.2　坝体结构

在遵照规范标准的基础上，坝体分区重点为心墙分区和坝壳分区。坝体应在满足渗流、应力变形、坝坡稳定、抗震要求的基础上，根据结构要求、天然料源和建筑物开挖料种类、数量，合理进行分区，各区应满足功能要求，保证大坝安全。坝体一般分为坝壳、防渗体、反滤及过渡、护坡、排水等区。根据料源情况，对坝壳和防渗体可进一步细化分区，坝壳可分为主堆石区和位于内部的次堆石区。对于高陡河谷的高坝，可在岸坡部位的坝壳区域设置过渡区。下游坝壳次堆石区底部应高于下游最高水位5m。

对于可全部采用天然土料填筑的心墙，应结合土料场开采规划，将级配较粗、力学指标较高的土料用于心墙下部，将级配较细、力学指标较低的土料用于心墙上部，以尽量减小心墙的沉降变形；对于需采用人工掺砾石土料填筑的心墙，应通过比较研究确定一个分区界线，以下采用人工掺砾石土料，以上可采用天然土料，以尽量降低工程造价。

对不同土料应采用相应合理的反滤设计方法。反滤层设计方法分为保护无黏性土和保护黏性土两大类。反滤层设计包括掌握被保护土、坝壳料和料场砂砾料的颗粒级配（包括级配曲线的上、下包络线），可根据反滤层在坝的不同部位确定反滤层的类型，计算反滤层的级配、层数和厚度。对宽级配土，反滤层应针对5mm以下颗粒进行设计。反滤层应能使心墙土料的裂缝自愈。

对高坝、特高坝而言，由于变形量一般较大，且受拱效应的影响，心墙因水力劈裂出现裂缝的风险性较大，需要通过过渡层协调心墙和坝壳的沉降变形，以降低出现心墙发生破坏的可能性，故一般都设置两层或以上的过渡层。

坝顶部位、坝壳外部及下游坝壳底部、上游坝壳死水位以上，是坝体抗震、坝坡稳定、坝体抗风化、坝体透水性要求较高的关键部位，设置为堆石料Ⅰ区，采用具有较高强度指标、透水性好的优质堆石料；其他部位对石料强度指标及透水性要求可适当降低，设置为堆石料Ⅱ区，采用强度指标稍低的次堆石料，堆石料Ⅱ区的范围尽可能扩大，以充分利用开挖料。

4.7.3 坝基处理

高心墙堆石坝坝基处理原则与其他200m以下心墙坝相同，但总体要求应更加严格。大坝心墙建基面设计主要从混凝土垫层应力状态及坝基渗流控制方面考虑，对200m以上高坝，宜置于新鲜或微风化基岩上；下游坝壳基础面上约1/3水头范围内铺设反滤，与心墙下游反滤相连，以提高坝基的渗透稳定性；200m级高心墙堆石坝岩基上建防渗帷幕，灌浆岩体透水率控制指标建议为小于1～3Lu。

深厚覆盖层基础处理关键技术问题大致可分为渗漏与渗透稳定、变形与抗滑稳定、地震液化三类，针对不同的关键技术问题，采用不同的加固处理方法。深厚覆盖层建坝工程优先选择采用混凝土防渗墙防渗；地基加固处理措施主要有固结灌浆、振冲碎石桩、强夯、高压旋喷桩、灌注桩以及地下连续墙等；遭遇可液化土层时，根据其分布范围、危害程度，选择合理的工程措施，对判定可能液化的土层，应尽可能采用挖除置换法。当挖除比较困难或很不经济时，对深层土可以采取振冲碎石桩法、围封法、灌浆法等。

4.7.4 计算分析

复杂地基上大型枢纽渗流控制优化设计布置必须有正确的工程地质水文地质参数、渗透系数及合理截取的边界条件，这是渗流有限元计算成果是否有价值的前提。为此，计算分析工作应贯穿于整个工程设计的各个阶段，但各个时期的分析重点不同，随着工程开展，对坝区的地质条件的不断深入、揭示和认识，将这种最接近工程实际的条件纳入渗流场分析，渗流控制的优化布局才更具客观实效性。对高心墙堆石坝，应重视在其关键部位布置渗流监测仪器，并根据监测数据开展渗流场的反演和反馈分析，做出工程渗流安全评价，提出进一步保证工程安全的措施。大坝渗流量应不超过多年平均来水量的5%，并且在满足该基本要求下，大坝总平均单宽渗流量大约15～20m^3/(d·m)。有关这方面的控制值应继续关注高坝工程成功运行的实测资料，并进行总结分析，以便提出更全面合理的控制值。

拟静力的极限平衡法是目前进行土石坝工程抗震稳定分析的主要算法，而有限元法、强度折减法、Newmark滑块位移法在国内外已有所应用，积累了一定的工程经验，但均缺少相应的安全控制标准研究成果，尚需进行深入研究，这些方法也是今后土石坝抗震稳定分析的主流方法。计及条间力的计算方法应遵照《碾压式土石坝设计规范》（SL 274—2001）的允许安全系数取值。采用不计及条间力的瑞典圆弧法，其允许安全系数对1级坝正常运用条件为1.3。其余情况在计及条间力允许安全系数取值的基础上降低8%。

高心墙堆石坝应力变形计算分析本构模型，建议以邓肯$E-\nu$模型作为主算模型，尤其是作为方案的比较和论证时。此外，还应结合具体工程的特点，选定1～2个其他的模型（沈珠江双屈服面弹塑性模型、清华大学非线性解耦$K-G$模型、清华大学弹塑性模型、殷宗泽双屈服面弹塑性模型等）进行对比计算分析，以对比不同本构模型计算结果的差异。在高心墙堆石坝工程中，建议对坝料设置初始应力状态变量，采用考虑土石料初始超固结特性的大坝变形计算方法；土石坝张拉裂缝发生和扩展过程的计算分析，可采用基于有限元-无单元耦合方法的压实黏土张拉裂缝三维模拟计算程序系统；坝顶后期沉降建议以土力学分层总和法进行计算。竣工后坝顶最大竖向位移应按小于坝高的1%控制；可用变形倾度有限元法分析法判别土石坝是否会发生表面张拉裂缝，临界倾度值可取1%。

高心墙堆石坝抗震设计应重点关注坝体地震变形、坝坡地震稳定以及坝基与坝料的超静孔隙水压力升高甚至液化等问题。相应抗震计算分析应该包括以下内容：①地震动力反应分析；②地震永久变形分析；③坝坡抗震稳定分析；④坝基砂层及反滤料液化判别，心墙动强度验算。输入地震波建议采用1条场地谱人工模拟地震波、1条规范谱人工模拟地震波以及1条实测地震波；建议高土石坝设计地震反应谱仍然采用规范所规定的形状，对坐落在基岩上的土坝和堆石坝，其最大地震加速度反应谱值$\beta_{max}=1.60\sim1.80$。对200m级高土石坝地震残余变形控制标准，也可以以上部坝体的地震变形占该部分坝高的比值进行控制。即以上部1/2（或1/3）坝高的坝体为研究对象，若这部分坝体的震陷率小于1.5%，则认为坝体可以承受；不均匀震陷是地震裂缝产生原因，也需要进行控制，初步建议不均匀震陷的倾度控制标准为1.2%。输入荷载则参照《水电工程防震抗震研究设计及专题报告编制暂行规定》（水电规计〔2008〕24号）执行，即一般取基准期50年超越概率10%的地震动参数作为设计地震；大型水电工程中，1级挡水建筑物取基准期100年超越概率2%的地震动参数作为设计地震；校核地震工况对1级挡水建筑物可取基准期100年超越概率1%或最大可信地震（MCE）的动参数；震后坝体材料强度应采用残余强度的下限值，得出的抗滑安全系数应大于1.0，若考虑计算中所包含较大的不确定性，抗滑安全系数要求不低于1.2～1.3为宜，但对以“不溃坝”为功能目标的校核地震工况，抗滑安全系数可控制不小于1.0。心墙堆石坝上游浸水反滤料和坝基砂层的地震液化验算可按剪应力对比的总应力法和有效应力法进行，将有限元地震动力计算得到的反滤料和坝基等效动剪切应力与动强度三轴试验测得的对应振动次数、固结比和固结应力下的循环抗剪强度进行比较，凡前者大于后者的区域为液化区，反之为非液化区；或采用有效应力法进行振动孔隙水压力的计算，定义孔压比为孔隙水压力与有效小主应力之比，若孔压比大于等于1则发生液化，反之若孔压比小于1则不发生液化。

4.7.5 工程措施

1. 泄洪安全及控制关键技术

高心墙坝泄洪安全控制关键是防止洪水漫顶，除要求泄水建筑物有足够的超泄能力外，还应保证坝顶留有相适应的安全超高。在选择洪水标准时一般均应采用可能最大洪水（PMF）校核；在确定泄洪建筑物规模和挡水建筑物安全超高时，应适当留有余地，将部分泄水建筑物的泄水能力作为安全储备，其失效后也不会导致库水漫顶。泄洪建筑物布置时应优选采用超泄能力强的溢流表孔为主，并结合后期导流、运行调度的灵活性及应急放空要求布置泄洪隧洞为辅助泄洪建筑物或放空泄水建筑物，泄水建筑物启闭设备应考虑地震等极端工况下的应急开启措施。

泄洪建筑物掺气减蚀措施应在经验设计体型基础上，先采用数值模拟优化体型，得到合理的体型后，再进行物理模型试验验证；掺气减蚀措施应以流道体型（含掺气设施体型）控制为主，抗冲耐磨材料为辅；消能防冲重点是挑坎布置及防止消力塘和下游河道的冲刷破坏，通过优化挑流鼻坎布置在横向或纵向上实现分散入水水舌、分散入水能量，依据基岩允许抗冲流速，采用护岸不护底的防护型式，通过预挖消力塘加大水垫深度，并增设河岸防护结构，提高河岸防冲刷的抗力。

对于超高心墙坝泄洪安全的研究，应将枢纽布置、泄水建筑物流道体型、掺气减蚀措施、消能防冲措施及雾化预测与防治等研究工作统一考虑，采用工程经验类比、原型观测与反馈、物理模型、数值模拟等研究方法相结合，实现系统、全面的综合优化效果及使工程整体安全、经济。

高水头大泄量泄洪隧洞、通风洞及闸室内存在风速大，噪声大的问题，目前国内外关于水-气两相混流关系、泄洪空气动力学、气流噪声产生原因及减噪措施等问题还没有系统的研究，下一步还需要对泄洪隧洞通风减噪问题开展深入研究；另外，泄洪雾化在原型观测、数值模拟、理论分析上都还存在诸多问题，原型观测的测量资料还相对欠缺，模型试验的相似律还有待进一步验证，数值模拟也有待改进，相关研究工作还需深入开展。

2. 渗流控制关键技术

防渗心墙渗透系数指标宜控制在10^{-6}cm/s数量级，初次确定大坝心墙轮廓尺寸时，选用心墙土料平均水力梯度控制在2.5左右，若有先进技术支持并经过专门论证亦可提高到3.5左右。反滤料设计中，对于宽级配料，应重点考虑保护细粒土。设计的反滤层必须经过包括能使心墙裂缝自愈的试验验证；反滤层不但设在渗流下游出口部位，还应设在内部所有可能存在的渗流“出口”的部位。

防渗帷幕透水率应小于3Lu；灌浆孔、排距宜在1～3m；灌浆岩体抗渗强度建议采用

30左右；坝基岸坡地下水位较高时，应设排水孔以降低地下水位；排水孔距初定时可为3～6m；重要的是排水孔方向应选择尽可能多地串通透水裂隙结构面。高心墙坝垫层和廊道混凝土在顺河向的裂缝对渗流控制影响是最敏感的，但局部顺河向裂缝并不对坝体坝基的渗控构成严重的影响，其引起的渗流量增加总体也不大；垫层和廊道混凝土最不利的影响是加大了廊道上游侧的渗流入口端和廊道顶部高塑性黏土的渗流梯度，影响高塑性黏土的渗透稳定。

3. 变形稳定及控制关键技术

对于200m级以上高心墙堆石坝，土料合适的砾石含量范围宜为35%～50%，砾石含量不足时采用人工掺砾改性，砾石含量超过50%时则采用人工筛除碎石改性。建议对于高心墙堆石坝，除了选取邓肯 $E-B$ 模型作为基本模型进行主要方案的计算之外，推荐采用沈珠江双屈服面弹塑性模型进行对比分析。

目前工程中采用临界倾度1%以判断坝体是否开裂是合适的，在土石坝的设计和施工过程中，采取适当措施控制心墙土料和坝体堆石体的模量比（变形差）是必要的，以降低坝壳堆石料对心墙的拱效应。控制高心墙堆石坝心墙拱效应更为合理的方法是提高心墙土料的变形模量，使其值不应过低。建议一般情况下应控制心墙土料变形模量的中值平均值 $K>350$ 为宜。不建议采用降低坝壳堆石料压实度的方法减少坝壳堆石料对心墙的拱效应。从防止心墙发生水力劈裂的角度看，控制心墙堆石坝蓄水速度十分重要。

4. 坝坡抗滑稳定关键技术

通过典型高心墙坝多种坝料的大型三轴试验，证实了堆石等粗粒料随着围压的升高会发生颗粒的破碎现象，内摩擦角降低，其莫尔强度包线是向下弯曲的，因此，采用非线性抗剪强度理论进行描述更为合理。采用坝料强度非线性指标的小值平均值计算得到的坝坡稳定安全系数与线性指标、分段线性指标的比较接近，现行规范对坝坡允许安全系数规定的标准可以直接使用，不需要调整。

有限元法、强度折减法、Newmark滑块位移法等在国内外已有所应用，积累了一定的工程经验，但均缺少相应的安全控制标准研究成果，尚需进行深入研究，这些方法将是今后土石坝抗震稳定分析的主流方法。

第 5 章

高心墙堆石坝工程建设

5.1 河道水流控制

在水利水电工程的坝工设计中，建设期水流控制是施工方案的重要组成部分，涉及坝址选择、枢纽布置、坝型结构等方面，并且直接影响到工程的施工总布置、施工总进度及总投资。随着土石坝工程设计和施工技术日趋成熟，工程规模日趋增大，且土石坝一般建于峡谷地段，多采用一次断流和隧洞导流的方式，工程建设期水流控制工程规模也上升到一个新的台阶。目前，导流洞过流尺寸代表性规模达到16m×21m，上游围堰堰高达80m以上，水流控制是水利水电工程中一个关键部分，在确保工程正常开展的基础上，水流控制技术的提高，有效地提高了施工速度和施工质量。

5.1.1 导流方式与标准

特高土石坝工程根据初期导流标准风险分析及多目标决策技术综合分析，为确保电站的发电工期及下游安全，选取合理的初期导流标准。因特高土石坝一般工期较长，结合工程投资考虑，中期一般考虑采用坝体临时断面挡水，结合坝前拦蓄库容，确定相应的中期导流标准。

以糯扎渡水电站工程为例，导流采用河床一次断流、土石围堰挡水、隧洞导流、主体工程全年施工的导流方式。

中、后期导流均采用坝体临时断面挡水，中期的泄水建筑物为初期所设的5条导流隧洞；导流隧洞下闸封堵后，利用右岸泄洪洞和溢洪道临时断面泄流。

初期导流：截流后的第一个枯水期由截流戗堤加高的枯水围堰挡水，1号、2号导流洞过流；截流后的第一个汛期开始至坝体临时断面挡水之前，由上、下游围堰挡水，1号、2号、3号、4号导流洞联合泄流。

中、后期导流：坝体临时断面挡水，由1号、2号、3号、4号导流洞泄流；下闸封堵1号、2号、3号、4号导流洞后，由5号导流洞向下游供水，右岸泄洪洞泄流。5号导流洞下闸后，由右岸泄洪洞和未完建溢洪道联合泄流。

风险分析的基本理论采用Monte-Carlo法模拟施工导流调洪演算与堰前水位分布的风险率。采用随机模拟的方法对系统的各个不确定因素进行模拟仿真计算，统计出施工导流系统的堰前水位超过设计挡水高程的概率，从而确定相应设计导流标准所要承受的风险率。在导流风险分析的基础上，采用多目标决策技术，综合分析导流系统费用、施工强度和运行期间的动态风险。风险率越小，要求导流标准越高，导流建筑物的规模就越大，相应的工程投资费用就越大，建设工期也就越长。

采用多目标决策技术综合分析导流系统费用和导流风险。高心墙堆石坝初期导流50年一遇标准具有很好的稳定性，且各方案的导流标准的综合风险率均满足上述规律。在进行风险决策时，综合考虑目标的权重与工程建设的环境、工程规模等因素，为尽量提高工期保证率，减小风险，初期导流采用50年一遇导流标准，中期导流采用200年一遇导流标准，后期导流采用500年一遇设计洪水、1000年一遇校核洪水。

5.1.2 导流建筑物设计及施工

超高土石坝工程一般具有工程规模巨大、施工周期长等特点，相应的导流标准高、建筑物规模大，以糯扎渡水电站工程为研究对象的导流泄水建筑物规模如下：

1号导流洞断面型式为方圆形，衬砌后断面尺寸为16m×21m（宽×高），进口底板高程为600.00m，洞长1067.868m，出口底板高程为594.00m。

2号导流洞断面型式为方圆形，衬砌后断面尺寸为16m×21m（宽×高），进口底板高程为605.00m，洞长1142.045m（含与1号尾水隧洞结合段长304.020m），出口底板高程为576.00m。

3号导流洞断面型式为方圆形，衬砌后断面尺寸为16m×21m（宽×高），进口底板高程为600.00m，洞长1529.765m，出口底板高程为592.35m。

4号导流洞断面型式为方圆形，衬砌后断面尺寸为7m×8m（宽×高），进口底板高程为630.00m，洞长1925.00m，出口底板高程为605.00m。

5号导流洞与左岸泄洪隧洞结合，隧洞断面型式为方圆形，后段与左岸泄洪隧洞结合，出口底板高程为637.783m。

5.1.2.1 大断面导流洞开挖支护和薄壁混凝土衬砌研究

由于超高土石坝工程导流泄水建筑物规模庞大，同时地下工程地质条件不确定性强，隧洞部分洞段工程地质条件较差，给大断面隧洞的一次支护和隧洞衬砌结构设计增加了很大难度。

结合新奥法的施工特点，确定隧洞一次支护结构设计的设计参数，采用有限元法对不同围岩类别和地质参数分析计算隧洞围岩的应力场、变形场，平面有限元计算原点为衬砌底部中心，计算范围选取5倍洞径范围，有限元计算网格见图5.1-1。

隧洞围岩的应力场、变形场的变化取决于围岩力学特性、结构面特征、初始应力场。不同的围岩类型采用不同的开挖方案，结合围岩力学特性、结构面特征、初始应力场的差异性，针对隧洞的不同围岩类别和施工步骤，采用数值仿真模拟施工顺序进行围岩稳定分析。

计算荷载主要考虑初始地应力场和地下水渗流场：

（1）初始地应力场。通过对工程区离散点的实测应力值拟合求得建筑物范围内的精细网格下任意一点地应力，再根据计算点的坐标和其所对应的单元位置，采用地应力回归值和函数插值法建立隧洞围岩的地应力场。

（2）地下水渗流场。主要根据隧洞地质勘探成果分析地下水分布情况，建立地下水渗流场，再根据计算点在流网中的相对位置，分析水荷载作用。

根据不同围岩类别，隧洞的一次支护设计参数、开挖施工程序，采用平面有限元法进行施工期的围岩稳定分析；根据围岩稳定分析成果，结合在开挖过程中各类围岩的应力、变形及塑性区的分布情况、锚固支护措施的受力情况分析，在初拟一次支护措施的基础上确定设计16m×21m大型导流洞不同围岩类的一次支护参数，见表5.1-1。

图 5.1-1 有限元计算网格图

表 5.1-1 导流洞一次支护设计参数表

围岩类别	喷混凝土	钢筋网	系统锚杆	钢支撑	管棚
Ⅱ类	喷 C20 混凝土，厚 10cm		ϕ25，L=4.5m，间排距 3.0m×3.0m		
Ⅲ类	喷 C20 混凝土，厚 15cm	ϕ6.5，间排距 20cm×20cm	ϕ25，L=6.0m，间排距 3.0m×3.0m		
Ⅳ类	喷 C30 混凝土，厚 30cm	ϕ6.5，间排距 20cm×20cm	ϕ28，L = 6.0m、9.0m，间排距 3.0m×1.0m	Ⅰ20b 工字钢，间距 1.0m	
Ⅴ类	喷 C20 钢纤维混凝土，厚 30cm	ϕ6.5，间排距 20cm×20cm	ϕ28，L = 6.0m、9.0m，间排距 3.0m×0.5m	Ⅰ20b 工字钢，间距 0.5m	ϕ108 钢管 L = 9.0m，间距 0.5m

在导流隧洞分层开挖实施过程中，根据导流隧洞位移监测成果，反演力学参数和初始地应力场，在反演成果基础上预测下一步开挖围岩变形和应力分布，并分析目前导流隧洞一次支护设计可能存在的问题及需采取的调整措施，为导流隧洞施工设计和优化调整提供参考依据。

反演分析大型导流隧洞应力应变结果如下：

(1) 反演初始地应力场。沿洞轴向构造应力是压应力，大小为 0.69MPa、1.39MPa

和 0.09MPa。将构造应力与重力场叠加，得初始地应力，初始地应力均为压应力。

(2) 反演力学参数。隧洞微新岩体的变形模量为 17.5GPa，泊松比为 0.213；弱风化岩体的变形模量为 8.35GPa，泊松比为 0.243；强风化岩体的变形模量为 2.01GPa，泊松比为 0.278。

(3) 开挖围岩的变形。隧洞开挖变形主要集中在开挖面附近，其变形随开挖而不断变大。开挖引起的最终径向水平位移为 2.2～10.5mm，表现为向洞壁方向的变形。最终竖向位移为 8.5～15.0mm，表现为洞顶向下沉降和洞底向上的变形。

(4) 应力分布。隧洞开挖完成后，最大压应力分布在开挖面附近的左上和右下角点处，数值为 5.2～6.4MPa。在洞顶深 2～3.5m 区域内和洞底深 3.5～4.5m 区域内出现了一定的拉应力区，数值为 1.9～2.54MPa。

根据导流隧洞反演分析结果，在隧洞开挖过程中及时调整了Ⅳ类、Ⅴ类围岩洞段的一次支护设计。

导流洞运行时上游最高库水位为 672.686m，洞内内水水头为 48.72m。封堵施工期间上游库水位为 732.232m，帷幕前相应外水头为 132.232m；帷幕后相应外水头为 39.67m。导流洞衬砌混凝土的设计荷载主要为山岩压力、衬砌自重、内水压力、外水压力及灌浆压力，导流洞系临时工程，温度应力及地震力均不计入。研究分析工况分为运行期与封堵期两个阶段，各阶段的荷载组合见表 5.1-2。

表 5.1-2　导流洞各阶段的荷载组合表

设计阶段		山岩压力	衬砌自重	内水压力	外水压力	灌浆压力
运行期		√	√	√	√	
封堵期	设计	√	√		√	
	校核	√	√		√	

导流隧洞一次支护结构设计中采用平面有限元法对不同的围岩类别、不同的隧洞开挖步骤，进行施工期围岩稳定分析，计算隧洞围岩的应力场、变形场，以确定隧洞的一次支护设计参数；在导流隧洞分层开挖实施过程中，根据导流隧洞位移监测成果，反演力学参数和初始地应力场，在反演成果的基础上预测下一步开挖围岩的变形和应力分布，并分析目前导流隧洞一次支护设计可能存在的问题及需采取的调整措施，结合“复合衬砌”设计理念，充分考虑围岩一次支护“加固”后的作用，优化钢筋混凝土结构，导流隧洞采用薄壁混凝衬砌结构，既保证了工程的施工和运行安全，又有效节约工程投资。

5.1.2.2　导流隧洞过不良地质洞段开挖、支护设计

大型导流隧洞不可避免会通过地质断层带，由于隧洞开挖断面尺寸大，部分断层规模大，断层充填物为糜棱岩、断层泥带，中间以碎裂岩、碎块岩等为主，且多有滴水、渗水，局部有集中渗水。

1. 有限元分析为辅助、多方案对比确定开挖程序、支护措施

针对断层的地质情况，首先类比类似工程经验进行开挖分层、分块程序初步设计：开挖分 3 层进行，同时上层采用管棚超前支护、管棚导管灌浆、分区开挖支护。先上层左右

半洞交替开挖支护，再对中部上层开挖支护，最后挖出中部下层。上层支护完成并贯通后，中层开挖支护分两分层，每分层高 5m；中槽开挖超前，两侧保护层开挖及时跟进，钢支撑及锚喷支护及时下延，并保持两侧开挖掌子面错开一定距离。中层支护完成并贯通后，下层一次开挖成型，支护紧跟掌子面。下层开挖完成后，完成全部一次支护。

根据现场地质采集资料进行区域初始地应力场回归分析，同时结合水文地质资料和勘探揭露地下水情况，建立导流洞工程区渗流场后。对隧洞分层、分块开挖程序和支护措施采用 ANSYS 有限元法进行模拟，模拟开挖过程围岩的塑性区发展情况及应力、变形情况。有限元分析所得结果：导流洞围岩抗力较差，开挖后洞壁变形量较大，塑性区发展范围大。根据分析结果，并广泛收集类似工程的设计经验，导流洞过断层洞段设计采用以下支护方式：钢支撑间距为 50cm；系统锚杆 $\Phi 28@4\times 0.5$m，$L=9$m 普通砂浆锚杆；超前管棚支护；喷混凝土厚度为 30cm。

有限元模拟开挖过程各个阶段塑性区发展情况见图 5.1-2～图 5.1-7。

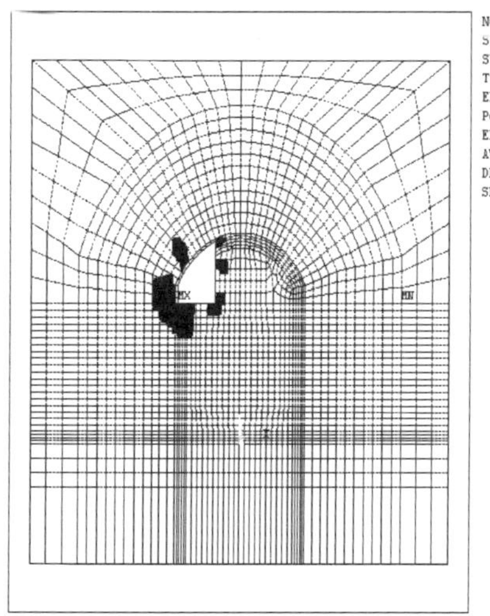

图 5.1-2　顶层左边开挖示意图

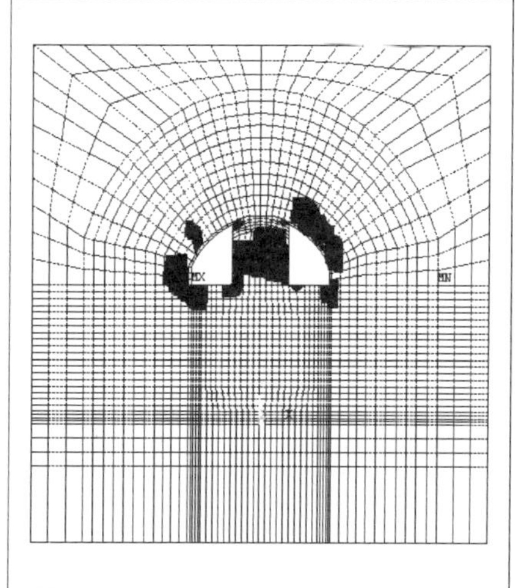

图 5.1-3　顶层右边开挖示意图

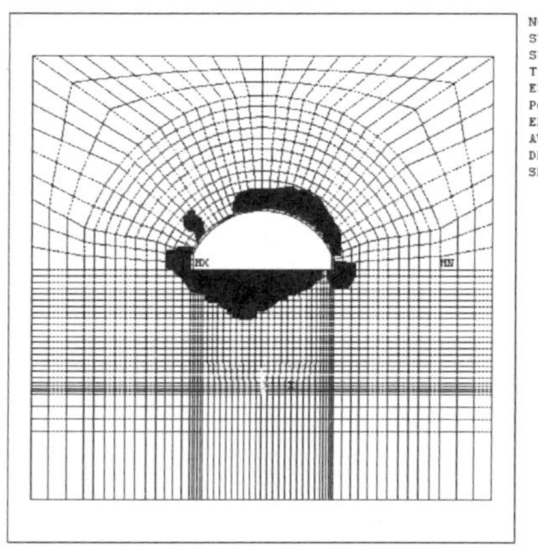

图 5.1-4　顶层中导洞开挖示意图

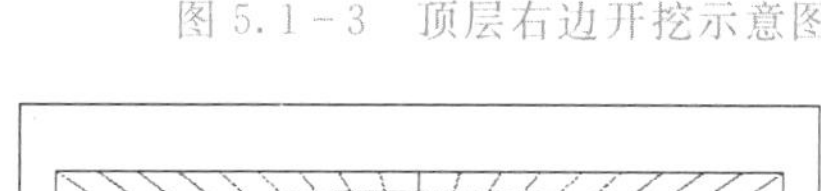
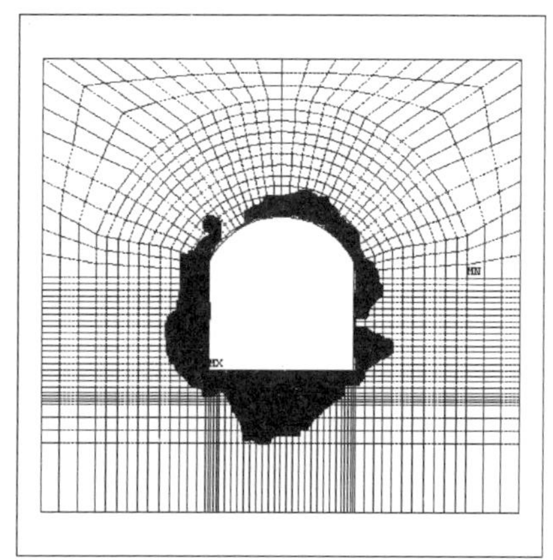

图 5.1-5　中层开挖示意图

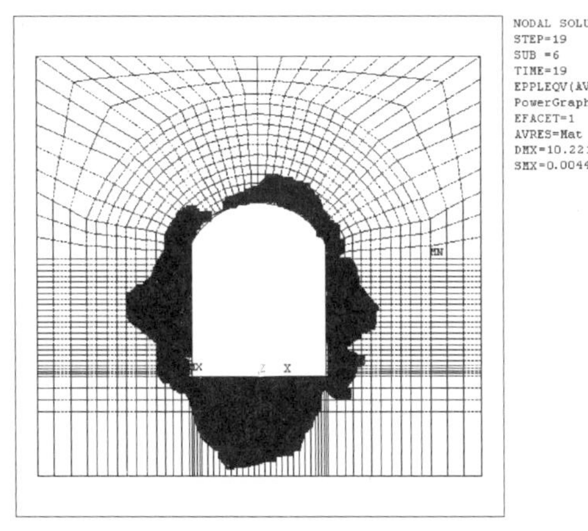

图 5.1-6 底层开挖示意图

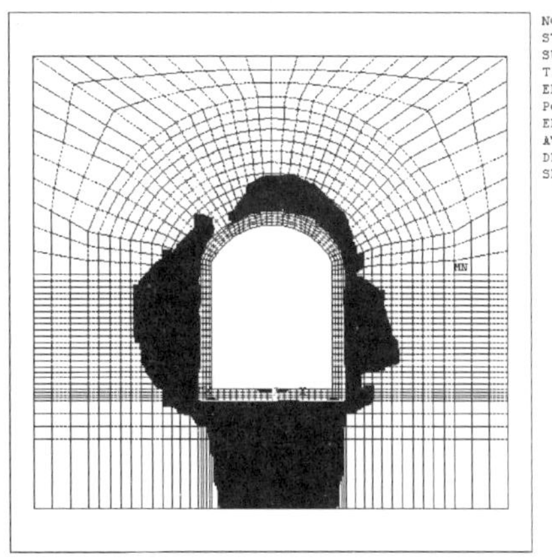

图 5.1-7 全洞开挖示意图

2. 埋设收敛观测仪，收集施工过程中一手变形资料

开挖过程中在导流洞过断层洞段埋设收敛观测仪器，对导流洞开挖、支护施工过程进行收敛观测，主要收敛观测成果见图 5.1-8～图 5.1-11。

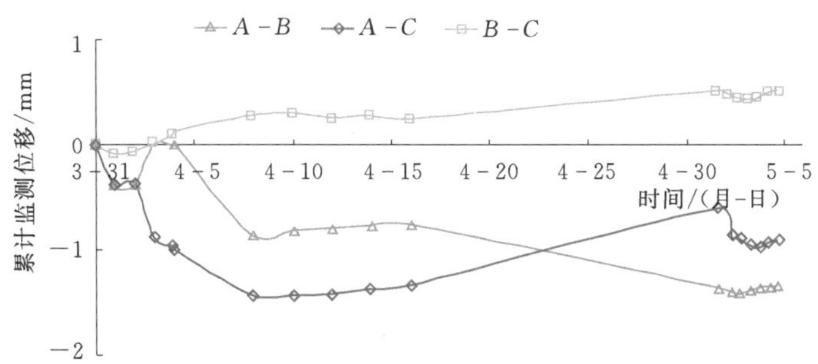

图 5.1-8 1号导流洞 0+882.00 监测断面累计位移曲线

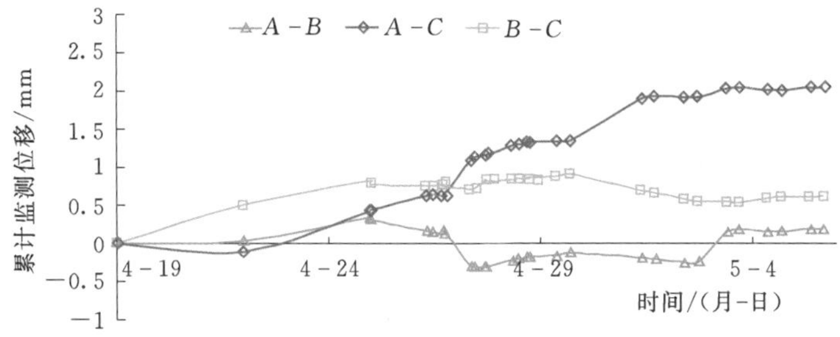

图 5.1-9 1号导流洞 0+895.00 监测断面累计位移曲线

3. 反演分析调整开挖程序、支护措施

利用观测仪收集到的上层开挖后实测变形成果，反演分析得到岩体参数，重新复核中、下层开挖分层分块和一次支护设计方案，保证导流隧洞开挖顺利通过断层。开挖、一次支护完成后再利用反演分析法所得的围岩力学参数进行混凝土衬砌设计。反演分析模型

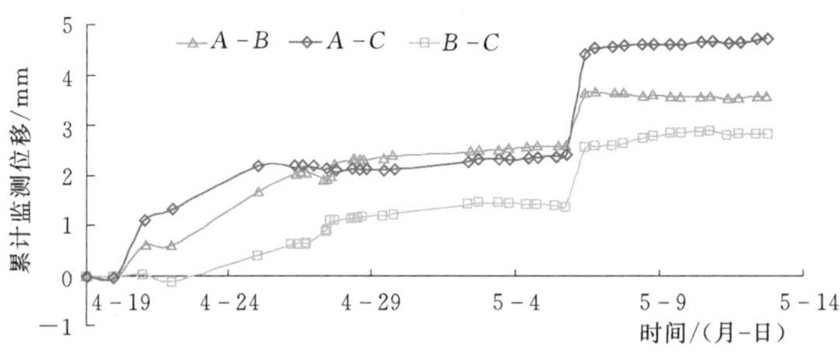

图 5.1-10　2号导流洞 0+900.00 监测断面累计位移曲线

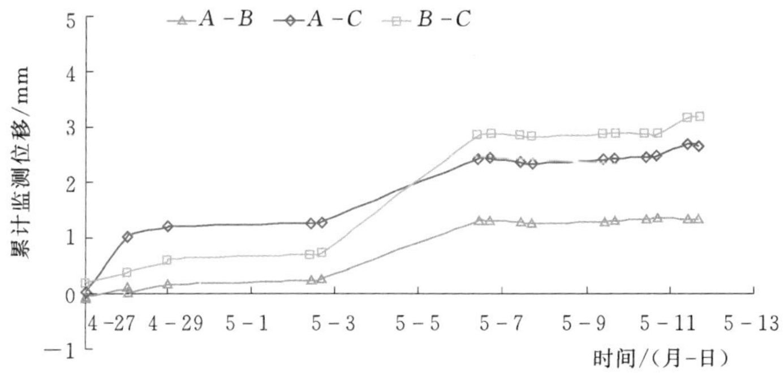

图 5.1-11　2号导流洞 0+907.00 监测断面累计位移曲线

见图 5.1-12 和图 5.1-13。

以现场实际监测成果为依据进行反演分析，以调整开挖程序、一次支护措施和衬砌设计，计算结果表明由于考虑了围岩一次支护加固后的作用，隧洞一次支护和衬砌结构得到优化，节约了工程投资。此种动态的并充分考虑"一次支护加固后围岩作用"的隧洞一次支护和混凝土衬砌设计方法，为不良地质条件下大型水工隧洞的开挖、支护和衬砌设计提供了新的设计理念和实践验证成果。

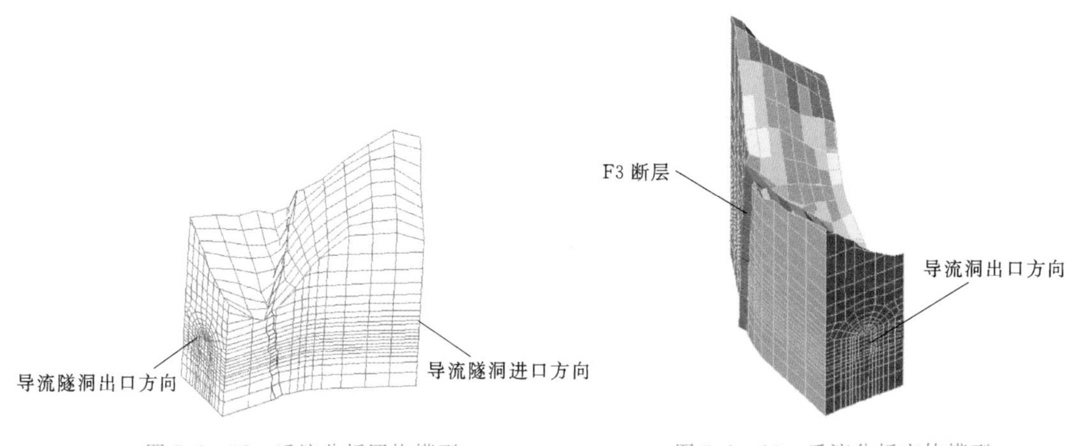

图 5.1-12　反演分析网格模型

图 5.1-13　反演分析实体模型

5.1.2.3 80m级斜墙土工膜围堰结构研究

超高土石坝工程一般坝址处流量大，挡水建筑物承受的水头高，要求围堰既能适应截流戗堤及水下抛填的要求，又可以在一个枯水期建成挡水。以糯扎渡水电站工程为例，上游围堰为与坝体结合的土工膜斜墙土石围堰，堰顶高程656.00m，最大堰高82m。624.00m高程以上采用土工膜斜墙防渗，下部及堰基防渗采用混凝土防渗墙。下游围堰为与坝体结合的土工膜心墙土石围堰，堰顶高程625.00m，最大堰高42m。围堰上部采用土工膜心墙防渗，下部及堰基采用混凝土防渗墙防渗。

由于受枢纽布置的地形条件受到限制，导流洞进口距黏土心墙堆石坝坝轴线不到600m，故考虑上游围堰部分与坝体结合的方案。由于上游围堰与坝体结合部分的基础要求开挖，为保证围堰填筑的施工工期，围堰宜尽量向上游移，少与坝体结合。上游围堰平面位置考虑上游堰脚距离隧洞进口的位置要求，防止围堰上游坡被淘刷。

下游围堰为土工膜心墙土石围堰，下游围堰改造为量水堰，下游围堰位置上移与坝体结合，混凝土防渗墙顶高程由原来的609.00m提高到614.00m，以便后期改造。

1. 堰体稳定性研究

为确保高土石围堰运行稳定，除进行坝坡常规渗透稳定计算外，还需对围堰稳定计算的参数进行敏感性分析，分析计算成果见表5.1-3和表5.1-4。

表5.1-3 上游围堰主要计算参数敏感性分析计算成果表

序号	水下抛填石渣料 ($D\leqslant 30$cm) φ/(°)	碾压Ⅰ区料		计算所得安全系数	备注
		φ/(°)	c/kPa		
1	31	39.4	148	2.507	设计工况取值
2	31	35.5	133	2.446	将碾压Ⅰ区料的强度参数φ和c降低10%
3	31	33.5	125.8	2.341	将碾压Ⅰ区料的强度参数φ和c降低15%
4	31	33.5	74	2.188	将碾压Ⅰ区料的强度参数φ降低20%，c降低50%
5	31	33.5	0	1.323	将碾压Ⅰ区料的强度参数φ降低20%，c降为0
6	31	20	125.8	1.729	将碾压Ⅰ区料的强度参数φ降为20°，c降低15%
7	29	33.5	125.8	2.336	将石渣料φ降低至29°，同时将碾压Ⅰ区料的强度参数φ降低20%，c降低15%
8	28	33.5	125.8	2.333	将石渣料φ降低至28°，同时将碾压Ⅰ区料的强度参数φ降低20%，c降低15%

表 5.1-4　　下游围堰主要计算参数敏感性分析成果表

序号	水下抛填石渣料（$D\leqslant30$cm）φ/(°)	碾压Ⅰ区料		安全系数	备注
		φ/(°)	c/kPa		
1	31	39.4	148	2.144	设计工况取值
2	30	39.4	148	2.120	将石渣料 φ 降低至 30°
3	29	39.4	148	2.096	将石渣料 φ 降低至 29°
4	28	39.4	148	2.072	将石渣料 φ 降低至 28°
5	29	35.5	133	1.978	将石渣料 φ 降低至 29°，同时将碾压Ⅰ区料参数 φ 和 c 均降低 10%
6	28	35.5	133	1.955	将石渣料 φ 降低至 28°，同时将碾压Ⅰ区料参数 φ 和 c 均降低 10%
7	28	33.5	125.8	1.899	将石渣料 φ 降低至 28°，同时将碾压Ⅰ区料参数 φ 和 c 均降低 15%

从分析计算结果可看出：上游围堰的其他参数不变，水下抛填石渣料内摩擦角由 31°降为 28°时（降 10%），下游坝坡最小安全系数由 2.341 降为 2.333，变化不明显；碾压Ⅰ区料计算参数降低 10%时，最小安全系数由 2.507 降为 2.446，变化明显，且黏聚力 c 的变化对安全系数影响最大，下游围堰计算结果显示出相同的规律。

可以看出，上、下游围堰的结构稳定满足规范要求，且留有一定余度。

2. 堰体防渗研究

堰体防渗采用复合土工膜防渗型式，上游围堰采用土工膜斜墙防渗，下游围堰采用土工膜心墙防渗。土工膜与基础防渗结构及岸坡的连接采用 50cm×40cm 的混凝土槽，土工膜固定在槽里后，回填二期混凝土。复合土工膜材料规格为 350g/0.8mm PE/350g（两布一膜复合结构，单位面积质量不小于 1400g/m^2）。复合土工膜主要技术参数见表 5.1-5。

表 5.1-5　　复合土工膜主要技术参数

项目		单位	指标	备注
单位面积质量		g/m^2	≥1400	
膜厚度		mm	≥0.8	
幅宽		m	≥4	
抗拉强度	纵拉	N/5cm	≥1000	
	纵延伸	%	≥40	
	横拉	N/5cm	≥920	
	横延伸	%	≥50	

续表

项目		单位	指标	备注
梯形撕裂	纵向	N	≥650	
	横向	N	≥880	
圆球顶破强度		N	≥1850	
CBR顶破强度		N	≥2500	
抗渗强度		MPa (24h)	≥1.5	
渗透系数		cm/s	$\leqslant i\times10^{-11}$	
耐化学性能		在5%的酸(H_2SO_4)、碱(NaOH)、盐(NaCl)溶液中浸泡24h，抗拉能力基本不变		
抗冻性能		按国际漆膜柔性测试法，达到标准-20℃下无裂纹，参考《漆膜柔韧性测定法》(GB 1731—79)		

3. 堰基防渗研究

根据坝址河床冲积层厚度和河床堆渣的实际情况，同时参考借鉴国内已建围堰工程（小湾、金安桥、三峡）的成功经验，简化防渗体的施工及结构形式，并主要考虑防渗效果，且下游围堰后期需要改造为量水堰，糯扎渡上、下游围堰堰基（河床冲积层）防渗均采用C20混凝土防渗墙，厚度0.80m。

上、下游围堰两岸分布的崩塌堆积层和右岸表部的坡积层透水性均较强，均予以挖除；全、强风化岩体及断层影响带透水性较强，弱风化上部岩体一般小于10Lu；弱风化下部及微风化～新鲜岩体一般小于3Lu。因此，综合考虑围堰运行及大坝施工时的基坑排水，对堰基全风化、强风化、部分弱风化基岩及断层带进行帷幕灌浆防渗处理。

上、下游围堰的防渗标准见表5.1-6。

表5.1-6 上、下游围堰的防渗标准

项目	上游围堰帷幕	下游围堰帷幕	混凝土防渗墙
帷幕厚度/m	≥5	≥3	≥0.8
透水率/Lu	≤5～7	≤3Lu	
允许渗流梯度 J	≥6	≥6	≥80
渗透系数 k/(cm/s)	$\leqslant(5\sim7)\times10^{-5}$	$\leqslant3\times10^{-5}$	$10^{-6}\sim10^{-7}$
抗压强度/MPa			≥8
抗渗等级			≥W8
弹性模量 $E/(\times10^4N/mm^2)$			$\geqslant1.8\times10^4$

基于高土石坝围堰布置、结构的特殊要求及围堰施工工期的紧迫性，从工期有保障、围堰结构安全、经济上较优的角度选择围堰布置型式。采用高达82m的上游土工膜斜墙

土石围堰及下游土石围堰后期改造成坝体量水堰的围堰。上游围堰为目前国内外最高土石围堰。

5.1.3 工程截流

5.1.3.1 实施阶段截流时段及流量选择

超高土石坝工程一般具有围堰填筑量大、防渗处理工程量大等特点，糯扎渡水电站工程上游围堰填筑方量达195.04万m^3，上游围堰混凝土防渗墙施工面积达4580m^2，下游围堰混凝土防渗墙施工面积2705m^2，同时上游围堰与坝体结合部基础开挖工程量约10.79万m^3，平均深度达12m。鉴于围堰填筑工程规模较大，围堰填筑施工工期较紧张，为了保证上、下游围堰截流后首汛期防洪度汛要求，工程截流应尽早进行，为围堰争取更多的施工时间。

根据水文资料及上、下游围堰度汛的要求，截流时段一般选择在10月下旬至11月中旬择期进行。鉴于上游有已建成电站的发电影响，截流时考虑上游电站发电及区间流量；根据截流各时段旬洪水成果对不同截流时段的不同截流流量组合选择进行了截流水力学分析计算，糯扎渡水电站截流各时段设计标准及流量见表5.1-7。

表5.1-7　糯扎渡水电站截流各时段设计标准及流量

编号	时段	洪　水　频　率	截流流量/(m^3/s)
1	11月中旬	上游电站两台机满发+区间10%旬平均流量	1442
2	11月上旬	上游电站两台机满发+区间10%旬平均流量	1545
3	10月下旬	上游电站两台机满发+区间10%旬平均流量	1815
4	10月下旬	区间10%旬平均流量	1120

5.1.3.2 截流方式

根据两岸及河床的地形，结合截流的流量、落差、流速等参数分析，同时结合施工交通、抛投方式分析，经综合比较超高土石坝工程多选择立堵截流方案。

根据糯扎渡水电站工程实际状况、料场存放场地分布及河道两岸交通条件，以及左岸上游高程660.00～624.00m联络线公路、左岸下游高程625.00m公路和右岸下游高程645.00m公路的通行能力，采用左岸及右岸适当预进占裹头后，从左右两岸向河中双向进占，以右岸进占为主的单戗堤立堵截流方案。

5.1.3.3 截流原型观测

截流具有边界条件多变、水力条件复杂的特点。因此，必须在施工中进行原型观测，一方面指导施工，另一方面及时发现问题，以便采取相应有效措施。原型观测主要测定戗堤非龙口段和合龙段进占过程各区段的水力学参数，其主要内容如下：

（1）上游水位。

（2）非龙口段流态及流速分布情况。

（3）隧洞、龙口的流量分配。

（4）测定并绘制龙口段各区水力特性表及水力特性曲线（包括龙口水深、流速、单宽流量、落差及单宽能量等）。

（5）施测龙口合龙最困难区段的流态、水深、流速、单宽能量等指标。

（6）测出戗堤上、下游坡面及进占方向坡面的坡度，并绘制示意图。

（7）统计抛投料物的流失数量及位置。

截流属于分区分段进占，不同的区段龙口宽度不同，故各个区水力要素也不同。要求每进占一个区段，都要按观测内容的要求，测一组数据，详细做好记录，以便在截流合龙后，分析各水力要素的变化规律。

2007 年 11 月 4 日，糯扎渡水电站成功实现大江截流（图 5.1-14）。经现场原型观测，截流进占过程中龙口最大流速为 7.52m/s，最大落差 6.7m。龙口各分区水力学指标与设计结果甚为吻合，截流设计流量选取合理，龙口分区及龙口保护措施得当，截流规划设计成功地指导了截流施工，为糯扎渡水电站 2008 年防洪度汛及主体工程建设创造了必要的条件。

图 5.1-14　糯扎渡水电站大江截流图

5.1.4　下闸蓄水

超高土石坝工程坝高库大，初期蓄水具有蓄水量大、蓄水时间长、蓄水难度大特点。以糯扎渡水电站初期蓄水为例，位于上游的小湾水库在糯扎渡水库初期蓄水期间的蓄水任务也十分繁重，将截流部分上游来水。糯扎渡水电站坝址下游河段有航运、城镇供水、下游景洪水电站发电等综合利用要求，水库蓄水期间需要下放一定的流量。澜沧江下游为国际河流，为减少对下游国家的影响程度，糯扎渡水库蓄水期间也需要下放一定的流量。为满足施工期澜沧江下游航运及景洪市生产生活用水，在导流洞下闸封堵和水库蓄水期间，要考虑向下游供水措施。

5.1.4.1　初期蓄水分梯度向下游供水研究

经多方案比较分析，确定导流洞进口高程：1 号导流洞进口高程 600.00m，2 号导流洞进口高程 605.00m，3 号导流洞进口高程 600.00m，4 号导流洞进口高程 630.00m，5 号导流洞进口高程 660.00m。初期蓄水采用在 1 号、2 号、3 号导流洞封堵后，由右岸布置的 4 号导流洞向下游供水，库水位约在 657.621m，泄流量达到 $600m^3/s$。4 号导流洞封堵后由 5 号导流洞与右泄洪洞分别在不同高程向下游供水。

2011 年 11 月 1 号、2 号、3 号导流洞下闸，库水位在升至 4 号导流洞底板 630.00m 高程的过程中，下游断流 28h，下闸后 5 天内达到向下游供水 600m³/s，期间主要由下游景洪水电站起调蓄作用；水库水位蓄至 672.50m，5 号导流洞达到向下游供水 600m³/s 的流量。水库蓄水期方案实施情况见表 5.1-8。

表 5.1-8　　水库蓄水期方案实施情况

时　间	实 际 蓄 水 过 程
2011 年 11 月 6 日	水库 1 号、2 号导流洞下闸
2011 年 11 月 29 日	水库 3 号导流洞下闸，水库开始蓄水，起蓄水位约 620.00m，水库下闸蓄水时小湾水库水位约 1217.00m
2012 年 2 月 8 日	水库水位蓄至 672.50m，4 号导流洞下闸，相应地小湾水库水位在 1204.50m 附近
2012 年 4 月 18 日	5 号导流洞下闸，水库水位约 704.50m
2012 年 7 月 21 日	糯扎渡水库蓄水至 760.00m

经多方案综合比较，最终完成了一个枯水期蓄水高差为 155m 的高坝大库导流建筑物分层封堵控制蓄水和向下游供水的研究成果。

5.1.4.2　流域水资源综合利用初期蓄水研究

高坝大库蓄水初期蓄水量大，且蓄水时间基本处于枯水期，初期蓄水期间对上下游梯级水电站影响均较大，甚至影响到整个流域水资源综合利用。

根据糯扎渡水电站坝址 1953—2006 年的天然径流系列，多年平均情况下 11 月至次年 5 月的总来水量约 154 亿 m³，98%来水保证率情况下 11 月至次年 5 月的总来水量约 99 亿 m³，90%来水保证率情况下 11 月至次年 5 月的总来水量约 118 亿 m³，80%来水保证率情况下 11 月至次年 5 月的总来水量约 129 亿 m³，70%来水保证率情况下 11 月至次年 5 月的总来水量约 138 亿 m³，60%来水保证率情况下 11 月至次年 5 月的总来水量约 145 亿 m³。水库初期蓄水期间的天然来水十分有限。在考虑了各种影响因素需要下放的水量以后，可用于糯扎渡水库蓄水的水量更少，加上糯扎渡水库库容巨大，水库初期蓄水的蓄水时间长，蓄水难度大。

糯扎渡水电站位于澜沧江下游河段，工程以发电为主，还兼有下游景洪市的城市、农田防洪及改善下游航运等综合利用任务。糯扎渡水库蓄水涉及的因素多，需要考虑的问题十分复杂，尤其是蓄水期间下游的供水要求以及对下游湄公河沿岸国家的影响等诸多问题必须高度重视。因此，需要通过合理蓄水和联合调度规划，实现在糯扎渡、小湾两大水库蓄水期间澜沧江流域社会整体效益和中下游梯级水电站群发电效益的最大化，同时将水库初期蓄水期间产生的不利影响控制在最低程度。

澜沧江中下游小湾、糯扎渡两个多年调节水库建成后，如何获得整个澜沧江中下游梯级水电站群发电效益的最大化，将取决于两水库间如何联合调度以实现澜沧江中下游梯级水电站群间的蓄水、放水关系协调。经分析研究，对首台机组调试时间和调试水位进行了适当调整，即机组调试时间按 40 天控制，在 2012 年 6 月 20 日蓄水至库水位 760.00m 基本满足机组充水调试要求。在考虑了各项制约因素对蓄水过程的限制后，分析计算结果表明，在糯扎渡水库下闸蓄水前，小湾水库至少应蓄水至1216.00m以上才有能力帮助糯扎渡水库实现发电目标的保证率达到80%以上。在糯扎渡水库下闸蓄水前的2010年和2011年争取小湾水库尽可能多蓄水，为实现糯扎渡水电站2012年7月如期发电的目标创造有利条件。

基于流域水情测报系统和小湾、糯扎渡两个多年调节水库的建成，在满足澜沧江中下游水资源综合配置要求的基础上，经对澜沧江中下游水资源综合配置专题研究，实现了澜沧江中下游梯级水电站群发电效益最佳。

5.2 施工规划

施工规划是指对大坝在料场开采、转运、填筑、余料弃渣等一系列施工活动中，以快速经济施工、满足质量要求为目的，对料场开采、滤料生产、坝料运输、中转存弃、坝面填筑所做的弃借设计、挖填平衡等规划工作。施工规划是保证高土石坝规范施工、有序施工的关键，直接决定高土石坝施工的成败。

5.2.1 施工进度

施工进度计划是以拟建工程项目为对象，以时间顺序为主线，以施工方案为基础，根据规定工期（开工时间、里程碑节点目标时间、完工时间）和技术、物资、设备等的供应条件，遵循各施工过程合理的工艺顺序，统筹安排各项施工活动而编制的技术性文件。它的任务是为各施工过程指明一个确定的施工日期，即时间计划，并以此为依据确定施工作业所必需的劳动力和各种技术、物资、设备的供应计划。

施工进度管理的目的除了对施工活动作出一系列的时间安排，指导施工如期履约，保证按时获利以补偿已经发生的费用支出外，同时还可以协调资源，使资源在需要时可被利用，并预测在不同时间上所需的资源的级别以便赋予项目不同的优先级，满足严格的完工时间约束等。

施工进度管理是施工项目管理的主线，也是施工过程中引起矛盾、问题最多的管理要素，按时交付项目是项目管理者面临的最大挑战之一。

5.2.1.1 控制性施工进度

控制性施工进度计划的主要作用是：确定里程碑事件的进度目标；作为编制实施性进度计划、编制其他相关进度计划及施工进度动态控制的依据。

高土石坝控制性施工进度一般包括：坝肩开挖、导截流、围堰挡水度汛、坝基防渗墙施工、大坝心墙填筑、大坝一枯度汛高程、大坝二枯度汛高程、大坝蓄水、大坝填筑到顶、大坝完工等。

5.2.1.2 实施性施工进度

实施性施工进度计划的主要作用是：确定施工作业的具体时间安排；确定（或据此可计算）一个时间段（月或旬、周）内人工需求（工种及其相应的数量）、施工机械需求（机械名称和数量）、成品和半成品及辅助材料等建筑材料需求（建筑材料的名称和数量）、资金需求等。

高心墙土石坝往往存在基础处理工程量大、下部结构体型较大、汛期挡水标准较高、第一水期强度较高，以及填筑初期料场开挖规模较小、施工远未形成高峰能力等矛盾，多会形成初期施工强度高、资源需求大、管理难度高的现象。

实施性施工进度管理过程中，受地基基础、水文气象、施工度汛等的不确定性及资源到位、管理水平的影响，往往会出现实际进度与计划进度脱节（或提前或延后）现象，也有可能出于整体工程效益考虑，需要进行进度调整或工期变更（如提前蓄水发电等），应在充分论证、综合考虑的前提下进行进度优化。

一般来说，高土石坝加快施工进度通常是在规范许可范围内采用分期分区、增加作业面、超额配置资源、延长作业时间等办法实现。

5.2.2 大坝填筑

大坝填筑规划是在施工进度计划约束下进行施工分期、分区填筑的规划，是大坝填筑的指导性技术文件。高心墙堆石坝填筑分期、分区问题涉及的因素众多、关系复杂，包括计划工期、度汛目标、上坝道路布置、料场开采与存储规划、坝面作业的施工组织方式与作业空间大小、施工机械类型与运行参数以及环境因素等，应引起足够重视。

5.2.2.1 填筑分期分区规划应遵循的原则

（1）大坝分期分区应结合填筑总量、有效施工工期，以流水作业进行均衡施工。

（2）应分析工程所在地区降雨、气温、蒸发、霜冻、积雪等各种气象要素的长期观测资料，统计各种气象要素不同量级出现天数，综合考虑冬雨季影响系数，确定合适的高峰和最低月填筑强度。

（3）分期填筑时，应平起填筑、均衡上升。当采用临时填筑断面度汛时，其顶宽不宜小于 35m，高差不宜大于 30m。

（4）防渗体应与其上下游反滤料及部分坝壳料平起填筑；垫层料应与过渡料和部分主堆石料平起填筑，均衡上升；当反滤料或垫层料填筑滞后于坝壳料时应预留施工场地。

（5）同一期填筑面宜按主要工序数目、坝面作业能力划分为若干个面积大致相等的填筑区段。

（6）运输车辆不宜穿越心墙，需穿越时应提出专门的施工措施。

5.2.2.2 填筑分期

高心墙土石坝坝体下部上、下游方向结构较宽，底部面积较大，而一枯期间时间紧、填筑方量大、施工强度高，受基础处理、灌浆廊道浇筑、高塑性黏土填筑等施工工序影响，心墙部位很难按期交面，形成心墙土料与堆石料平起填筑的状况，一般多采用上下游堆石体进行分期、先行填筑。

当心墙填筑受冬雨季气候影响滞后时，堆石体也可进行分期、先行填筑。

当坝体轴线方向较长时，也可以沿坝轴线方向分段进行分期填筑。

进行分期提前填筑的坝块应为后期填筑块预留出足够的施工空间，且预留出接茬搭接坡度及台阶，填筑高差应满足设计及规范要求。

长河坝大坝填筑分期规划见图 5.2－1，具体时间节点施工情况见表 5.2－1。

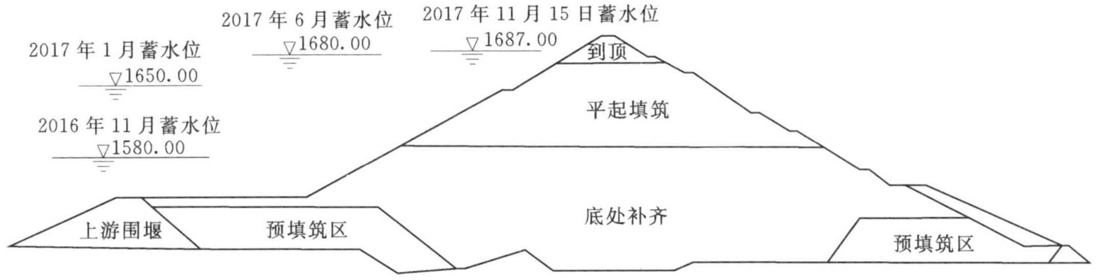

图5.2-1 长河坝大坝填筑分期规划图（单位：m）

表5.2-1 长河坝大坝填筑时间节点施工情况

时 间	施工情况	时 间	施工情况
2010年8月	围堰开工	2013年7月	大坝心墙填筑
2011年1月	大坝开工	2014年5月	大坝低处补齐完成
2011年8月	围堰竣工	2016年5月	大坝平起填筑
2012年5月	大坝预填筑	2016年9月	大坝提前到顶
2012年11月	防渗墙施工	2016年11月	大坝蓄水

5.2.2.3 填筑分区

合理的坝面分区、流水作业是节约施工资源、加快填筑效率的关键技术。由于砾石土心墙堆石坝体型及坝面较大，坝面分区、流水作业是施工合理化配置资源、精细化组织施工的基础。高土石坝坝面堆石体填筑一般分为铺摊、洒水、碾压、质检等工序，心墙填筑一般分为初摊、精平、碾压、质检等工序。根据实际情况，将坝面作业分为工段数与工序数，如果工段数大于工序数，人、机不闲，作业面闲；如果工段数小于工序数，人、机闲，作业面不闲，流水作业不能正常进行。确定和划分工段数及工序数有很多方法，在填筑前，由于施工情况并不明确，一般先按现有设备理论计算后，按流水作业的要求和注意事项初步拟出工序数目、工作段面积及工段数目，再根据前期填筑对设备及运行时间的统计进一步修正，从而确保施工有序进行。在坝面分区流水作业中，特别强调的是防渗土料的施工。受多方面因素影响，防渗土料直接制约大坝整体的上升。在防渗土料填筑的流水作业中，应根据填筑的需要及实际情况合理划分填筑区域、分析流水作业，并根据机械设备及填筑情况及时调整。

为使坝体填筑各个工序连续施工，将各个分区依据施工设备配置情况划分成若干个同时施工单元，形成流水作业面。填筑单元的分区分块划分主要根据施工设备的功效及循环作业的时间确定。长河坝大坝心墙施工在其上、下游长度大于60m时，按照“田”字形进行分区，各区分别设置从上、下游堆石区进入心墙区的进料路口，避免填筑过程中过多的重车碾压心墙。心墙区上、下游长度小于60m时，则沿坝轴线布置3～4个分区单元，每个单元面积控制在3000～5000m^2，各分区按照初摊、精平、碾压、检测等工序循环施工，紧密衔接，确保层次清楚，避免施工干扰。心墙填筑分区示意图见图5.2-2，填筑作业流水段划分参考见表5.2-2。

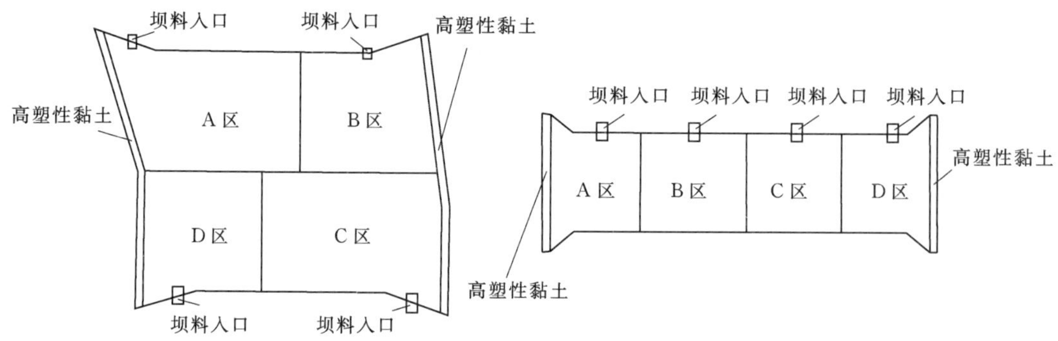

(a) 心墙上、下游长度大于60m时填筑分区　(b) 心墙上、下游长度小于60m时填筑分区

图 5.2-2　心墙填筑分区示意图

表 5.2-2　填筑作业流水段划分参考表　单位：m^2

工　程	防渗土料	堆石料
糯扎渡水电站	1000～2000	3000～5000
长河坝水电站	4000～6000	15000～2500

大坝上、下游堆石料根据填筑面积，按坝桩号平行坝轴线分为铺料、洒水、碾压、检测 4 个区，以保证连续作业。合理的填筑面分区能够有效降低重车在层面上行驶所带来的不利影响。

5.2.3　料场开采

料场开采规划是根据高土石坝各部位不同高程的用料数量、施工强度和技术要求，各料场的储量、质量、剥采比例、分布高程、边坡稳定状况、开采运输和加工条件，受洪水和冰冻等影响情况，挡水蓄水和环保水保及占地迁赔制约因素，以及施工方法、施工进度、施工成本等，对选定料场提出综合平衡的开采规划。料场开采规划应在料场复查的基础上进行。

5.2.3.1　料场复查

1. 料场复查内容

（1）覆盖层厚度、料层变化及夹层分布情况。

（2）料场分布、开采及运输条件。

（3）料场水文地质条件与施工期汛期水位的关系。

（4）料场占地面积、开采范围、有效储量及弃料数量。

（5）开采料的物理力学性质及压实特性等内容。

2. 开采料的物理力学性质及压实特性的项目与指标

（1）防渗土料（黏性土、砾质土）：黏粒含量、塑限、渗透系数、含水量、抗剪强度、干密度、填筑密度、可压缩性等。

（2）砂砾石料：砾石含量、最大粒径、级配、含泥量、小于 P_5 及 P_2 含量、填筑密度等。

（3）堆石料：最大粒径、软化系数、填筑密度等。

（4）反滤料：颗粒形状、级配、含泥量、软弱颗粒含量、成品率、填筑密度等。

（5）砌体及排水体石料：密度、湿抗压强度、吸水率等。

5.2.3.2 料场使用规划

1. 料场使用规划原则

（1）料源充足并有储备原则。料场的可开采总量，应考虑到勘察精度、料的天然与压实密度差值，以及开采、加工、运输和施工损失量，并按有关规定留有足够的储备。主堆石料场、主土料场的储量、质量、开采作业面应满足工程施工进度要求，开采运输条件好，剥采比小，弃料少，边坡支护工程量少，开采强度满足高峰期需要。

（2）就地、就近取材原则。多料场时一般宜先近后远、先水上后水下、先库区内后库区外，力求低料低用、高料高用，或减少上、下游物料交叉使用，避免横穿坝体和交叉运输。

（3）少占耕地、少毁林木原则。料场应避开自然、文物、重要水源等保护区，不占或少占耕地，少毁林木；宜多用库内淹没区的料场。

（4）充分利用开挖渣料替代原则。应充分利用符合质量要求的水工建筑物基岩开挖的石渣，并尽可能使其直接上坝或堆存、加工后上坝。

（5）直接上坝、减少倒运原则。料场开采应分区开采，直接上坝，尽可能减少堆存和二次倒运。爆破开挖宜进行控制，以获得符合坝体不同填筑区域的最大粒度和级配要求的坝料，做到“计划开挖、优先直用、分类堆存”。

2. 料场使用规划方法

料场使用规划主要从空间、时间、质量与数量等方面进行规划。

（1）空间规划是指对料场位置进行恰当选择、合理布置。土石料场的上坝运距要尽可能短。选择一定高程的场地有利于重车下坡，减少运输车辆的油料消耗。料场不应因取料而影响防渗稳定和上坝运输；道路坡度不应过陡以免引起运输事故。坝的上下游最好都选有料场，能有利于同时供料，减少施工干扰，保证坝体均衡上升。料场的位置应有利于布置开采设备、交通及排水通畅。高料高用，低料低用；当高料场储量有富裕时，亦可高料低用，尽可能避免低料高用。料场应预防爆破的震动影响；料场应具有足够空间。

（2）时间规划是根据施工强度和坝体填筑部位变化选择料场使用时机和填料的数量。随着季节及坝前蓄水情况的变化，料场的工作条件也在变化。在用料规划上应力求做到上坝强度高时用近料场，低时用较远的料场，使运输任务比较均衡。对近料和上游的料场应先用，远料和下游的料场后用；易淹的料场先用，不易淹的料场后用；含水量高的料场旱季用，含水量低的料场雨季用；天然砂砾料场应避免洪水期水位的影响。

（3）质量与数量的规划是指质量要满足设计要求，数量要满足填筑的要求。在选择和规划使用料场时，应对料场的地质成因、产状、埋深、储量以及各种物理力学指标进行全面勘探和试验。在施工组织设计中，进行用料规划，不仅应使料场的总储量满足坝体总方量的要求，而且要满足施工各阶段最大上坝强度的要求。对于坝料的数量是否满足要求，可采用备料系数作为衡量标准。备料系数是料场可开采量（储备量）与坝体填筑量的比值，一般应为：土料2.0～2.5；砂砾石料，水上1.5～2.0，水下2.0～2.5；石料1.5～

2.0；反滤料根据筛取的有效方量确定，通常不少于3.0。

此外，料场的规划还需要考虑主料场的选择和料场使用程序。对于主料场应选择场地宽阔、料层厚、储量集中、质量好的大料场作为施工的主料场，其他料场配合使用并考虑一定数量的备用料场。对于料场的使用，在枯水季节应多用河滩、低阶地料场，应有计划地保留部分近坝料场供施工高峰时段使用。

3. 料场使用规划主要内容

（1）料场使用方案。

（2）开采与生产加工方案。

（3）运输方案。

（4）有用料调配及平衡计划。

（5）征地及场地分期使用计划。

5.2.3.3 料场开采规划

1. 料场开采规划原则

（1）料场工作面开采规划、料场道路运输规划、生产加工系统规划应结合进行，并应满足不同施工时段填筑强度需要。

（2）对于高塑性黏土、反滤料、垫层料、过渡料等有特别质量、特殊级配要求的坝料，必要时可分别设置专用料场。

（3）土料场开采应根据土料特性、土层厚度及地下水分布规律、天然含水量变化规律等因素，结合施工特点确定分区开采规划和开采方案。土料的天然含水量偏高或偏低时，应研究其调整控制措施。

（4）天然砂砾料场开采应根据水文特性、地形条件、天然级配分布状况、料场级配平衡要求等因素，确定料场开采时段、开采分层、开采程序和开采设备。

（5）石料场开采应尽快形成钻孔、爆破、装运、支护等的分区流水作业面高峰生产能力，应注意梯段高度控制和后边坡支护安全。

（6）料场边坡应保持稳定，开采应做好排水、防洪等规划和无用料弃渣堆存规划，防止水土流失及坍塌、滑坡、泥石流灾害。料场用完后应进行必要的复垦、造地或绿化。

2. 料场开采规划主要内容

（1）料场复查成果。

（2）料场施工总体布置（包括料场分区、道路布置、辅助系统布置、排水系统布置、料的分区堆存布置等）。

（3）料场分区开采方法与程序。

（4）料场开采进度与平衡计划。

（5）爆破法开采石料作业方法及主要爆破参数。

（6）坝料的分级储存与堆放措施。

（7）不合格料处理方法。

（8）开采与挖装运机具设备、辅助设施及配置计划。

（9）劳动力投入及材料供应计划。

（10）施工管理组织及质量检查、安全生产、环境保护等安全保证措施。

5.2.3.4 工程实例

长河坝水电站大坝总填筑量3417万m^3，其中砾石土心墙料填筑量428.3万m^3。工程共规划有5个主要的料场，包括汤坝砾石土料场、新莲砾石土料场、响水沟石料场、江嘴石料场，以及高塑性黏土料场。长河坝水电站料源分布简图见图5.2-3，土料主要控制指标见表5.2-3。

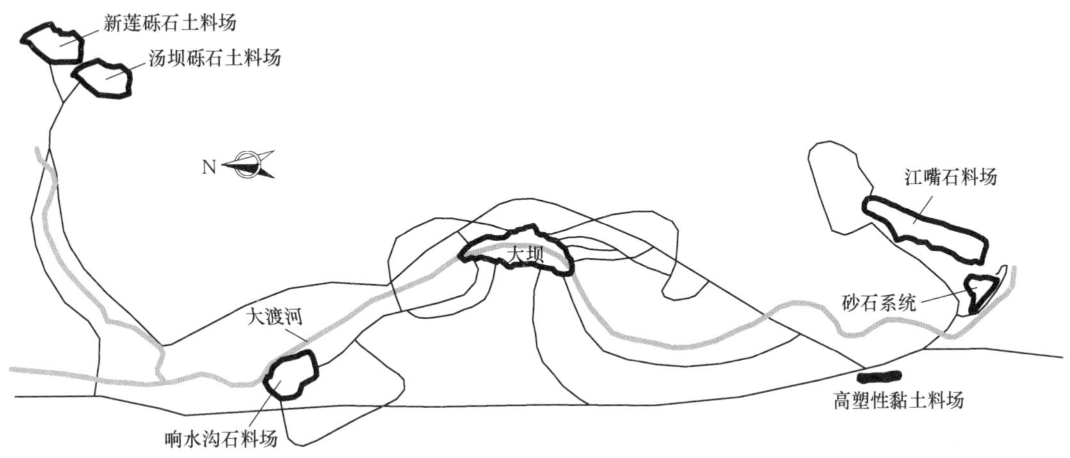

图5.2-3 长河坝水电站料源分布简图

表5.2-3 土料主要控制指标

控 制 指 标		高塑性黏土	砾石土料	备注
塑性指数		>15	10～20	
最大粒径/mm		<5	≤150(2/3h)	h为铺土厚度
P_5含量/%		P_5<5	30≤P_5≤50	
颗粒含量/%	<0.075mm	—	≥15	级配连续
黏粒含量/%	<0.005mm	>25	≥8	
超径含量/%		≤5	—	
含水率/%		$\omega_0-1\leqslant\omega\leqslant\omega_0+4$	$\omega_0-1\leqslant\omega\leqslant\omega_0+2$	
全料压实度/%		—	>97	2688kJ/m^3击实
细料压实度/%		92～100	>100	592kJ/m^3击实
渗透系数/($\times10^{-6}$cm/s)		<1.0	≤10	
渗透破坏坡降		>12	>5	

汤坝砾石土料场、新莲砾石土料场位于上游金汤沟内，上坝运距22～23km；汤坝砾石土料场因形成成因不同，土料空间分布不均，有用料、无用层相互夹杂，物理力学特性差异普遍，土料级配变化范围大，超径石含量不一，P_5含量分布不均（26%～65%），70%土料含水率高于最优含水率，呈现出上层与下层、平面与立体的随机性、分散性等特点。料源分布的不均匀性，易成为高砾石土心墙施工质量及不均匀沉降的重要因素；坡地薄层开采也与“好料低用”的开采原则不相匹配；汤坝砾石土料场总储量502.1万m^3，剔除超径后有用料496.8万m^3；新莲砾石土料场土料各项指标低于汤坝料场，设计要求只能用

于大坝心墙上部，新莲砾石土料场储量504.0万m^3，剔除超径后有用料497.0万m^3。

响水沟石料场位于上游响水沟口，上坝运距6.3km，主要供应心墙堆石坝的上游堆石料填筑。江嘴石料场位于下游磨子沟内，上坝运距10.4km，主要供应心墙坝下游堆石料填筑以及下游磨子沟砂石骨料系统生产毛料。

过渡料由江嘴石料场爆破后掺细粒料生产而成，反滤料由下游磨子沟砂石系统生产，运距7km。

高塑性黏土来自泸定水电站海子坪土料场，运距60km。泸定水电站2010年完工之前，需把质量都满足要求的高塑性土从位于泸定水电站淹没区海子坪土料场运输至长河坝水电站附近的野坝高塑性黏土备料场进行备存，并采用土工膜覆盖进行保水、防污，坝体填筑时再重采运至坝面，上坝前依据测定的实际含水率按设计要求进行含水量调整。

5.2.4 土石方平衡

5.2.4.1 原则

高土石坝建设土石方开挖与填筑工程量大，土石方平衡调配涉及枢纽工程的开采、借用、弃渣、利用及土石方总量，涉及工期目标、运输强度、设备配置、装运消耗，涉及项目的工程用地、取土场规划、弃渣场规划等，土石方平衡还是水土保持方案中一项重要的内容，是节能降耗与成本控制的重要手段。

土石方平衡原则简单说就是“料尽其用、时间匹配和容量适度”。

（1）就近合理平衡，充分合理地利用开挖料，以达到挖方与填方尽可能平衡和运距最短。

（2）根据开挖进度以及开挖料和开采料的料种与物理力学特性，安排采、供、弃规划，协调好近期施工与后期利用的关系，根据材料不同的性质安排在工程建筑物填筑的不同部位。

（3）协调挖填进度，创造挖方料直接填筑条件。

（4）考虑开挖料储存、调度要求和回采运输条件，并留有余地。

（5）妥善安排弃料，其堆存不得影响行洪和壅高上游水位，防止引发泥石流。

（6）便于施工、管理和质量控制。

土石方的开挖和填筑是影响工程进度和造价的主要因素，科学合理地规划土石方的平衡调运，对加快施工进度，降低工程造价，减少工程占地，保证工程建设顺利进展都会起到事半功倍的作用。在高心墙土石坝工程建设中，对土石方的开挖、回填、平衡以及不同部位的相互调运问题，设计要力求准确，施工要提前谋划、合理布置和科学规划，才能真正起到加快工程进度、减少工程占地、降低工程造价的作用。

5.2.4.2 长河坝水电站大坝坝料优化

1. 心墙土料场料源优化

长河坝水电工程原规划有汤坝、新莲两个砾石土料场，汤坝仅供应大坝高程1585.00m以下心墙填筑料，料场总储量约434万m^3。汤坝砾石土料场距坝址22km，有17km重丘4级公路与沿大渡河省道S211公路连接，开采条件较好，但运距相对较远。汤坝砾石土料场土料主要属冰积堆积含碎砾石土，后边坡总体呈一斗状地形。地形坡度一般20°～30°，局部10°～15°及35°～40°，分布高程2050.00～2260.00m；高程2260.00～2450.00m地形坡度为27°～35°；高程2450.00m以上坡度较陡，为40°～45°，局部形成平台地形；征地面积共为109万m^2，多为耕地和极少量农舍。后边坡范围区域中间有两个小山脊，将其分隔为3个区域，自下游至上游分别为Ⅰ区、Ⅱ区、Ⅲ区。Ⅰ区宽约450m，中部发育宽缓平台，坡度5°～20°，为退耕还林耕地；其后缘边坡较陡，35°～40°，前缘35°左右。Ⅱ区宽约280m，相对较狭长，坡度28°～35°，后缘坡度35°～45°，总体为一凹槽地形。高程2405.00～2530.00m坡度一般为35°～40°，高程2530.00～2630.00m坡度40°～42°。Ⅲ区宽约450m，坡度一般30°～35°，局部35°～35°；后缘多为陡壁，坡度45°～60°。据钻孔和井探揭露，该料场在深度上自上而下以及顺金汤河自上游向下游颗粒有逐渐变粗趋势，但变化不大，土料成分较单一，为含碎砾石土层。碎砾石成分以灰岩、大理岩、片岩以及石英为主，多呈棱角状～次棱角状。料场地下水位埋深一般大于15m，局部13.5m。表面耕植土（剥离层）厚0.2～2.2m，平均厚0.9m，表土30.2万m^3。有用层厚一般7～16m，最小为2.6m，最大达20.2m，平均厚10.7m。土料天然密度为2.06g/cm^3，干密度为1.86g/cm^3，天然含水量平均值为10.7%，剔除明显偏离实际的大于15%和小于5%的试验值，其天然含水量统计平均值为10.2%，孔隙比0.45，塑性指数14.3，黏粒含量4.0%～18.0%、平均值9.86%，小于5mm颗粒含量35.0%～74.0%、平均值53.17%，小于0.075mm颗粒含量19.0%～45.0%、平均值28.6%，不均匀系数1800，曲率系数0.2。对土料采用2000kJ/m^3击实功能进行试验，击实后最大干密度2.194g/cm^3，最优含水量7.6%，最优含水量略低于天然含水量。土料破坏坡降$i_f>10.59$，破坏类型为流土，其渗透系数$k=8.67\times10^{-7}\sim1.05\times10^{-6}$cm/s，属极微透水；在0.8～1.6MPa压强下，压缩系数$a_v=0.016$MPa，压缩模量$E_s=76.6$MPa；其内摩擦角$\varphi=28.3°\sim28.5°$，$c=0.030\sim0.050$MPa。

汤坝砾石土料场含碎砾石土，具有较好的防渗及抗渗性能、较高的力学强度，质量满足规范要求。汤坝与新莲砾石土料场指标对比情况见表5.2-4。汤坝与新莲砾石土料场固结试验结果见表5.2-5。

表5.2-4　汤坝与新莲砾石土料场指标对比情况

料场名称	塑性指数	有机质/%	易溶盐/%
汤坝砾石土料场	12.8	0.58	0.24
新莲砾石土料场	22.7	0.46	0.28

表5.2-5　汤坝与新莲砾石土料场固结试验

土　样	压力/MPa	压缩系数/(m^2/N)	压缩模量/MPa
汤坝砾石土料场代表性土样	0.1～0.2	0.053～0.099	12.5～23.1
	0.8～1.6	0.016～0.017	70.6～77.4
新莲砾石土料干密度 $\rho_d=2.10$g/cm^3，$e_0=0.295$	0～0.1	0.173	10.5
	0.1～0.2	0.117	15.6
	0.2～0.4	0.073	24.7
	0.4～0.8	0.057	31.7
	0.8～1.6	0.03	60
	1.6～3.2	0.021	88.4

结合前期及开采阶段的补充复勘成果，以及土料特性指标对比结果、现场开采情况等，重新调整料场规划，通过偏细料与偏粗料精确掺配、减少无用弃料和增大料场开采范围等办法，调整后料场总储量 867 万 m^3，储量满足了大坝填筑需求量要求，优化取消了新莲砾石土料场，同时确保了土料的均一性。

2. 堆石料场料源优化

大坝石料指需要在石料场开采、分选或在石料场开采原料再加工形成的满足设计指标的坝体填筑料，一般包括堆石料、过渡料、反滤料、护坡块石。大坝石料是用量最大的填筑料，长河坝工程大坝石料约占坝体填筑总量的 81%，长河坝水电站大坝工程设计总填筑量约 3417 万 m^3，其中坝壳堆石料 2273.9 万 m^3、过渡料 290.97 万 m^3、心墙反滤料 168.19 万 m^3、护坡块石 29.38 万 m^3、压重料 206.55 万 m^3。

长河坝水电站大坝工程分别在上、下游各规划一个石料场，即上游响水沟石料场和下游江嘴石料场。响水沟石料场位于坝址区上游右岸响水沟沟口，距坝址约 3.5km。地形形态为一山包，三面临空，分布高程 1545.00～1885.00m，地形坡度 40°～50°。料源岩性为花岗岩，岩石弱～微风化，岩质致密坚硬，主要质量技术指标满足规范要求。料场勘探储量 2675 万 m^3。江嘴石料场位于坝址区下游左岸磨子沟沟口左侧，距坝址约 6km。分布高程 1500.00～1930.00m，地形坡度一般为 40°～60°，少量为 30°～35°。料源岩性为石英闪长岩，岩质致密坚硬，主要质量技术指标满足规范要求。料场勘探储量 3337 万 m^3。

根据要求，初期导流洞下闸前，大坝石料按上、下游分别供应。在投标方案大坝填筑进度计划中，2016 年 11 月初期导流洞下闸时，大坝已填筑到高程 1679.00m，即响水沟石料场供应大坝上游高程 1679.00m 以下的堆石料、过渡料、护坡块石料；大坝下游的所有堆石料、过渡料、块石料以及大坝上游高程 1679.00m 以上的堆石料、过渡料、块石料均由江嘴石料场供应。反滤料由砂石系统生产，原料利用建筑物开挖料，不足部分从江嘴石料场开采供应。

经计算，响水沟石料场需开采有用料 973 万 m^3（自然方，已考虑损耗），规划终采高程 1630.00m，有用料储量 1256 万 m^3。江嘴石料场需开采有用料 1454 万 m^3（含向砂石系统补充供应原料 239 万 m^3），规划终采高程 1590.00m，有用料储量 1527 万 m^3。

（1）响水沟料场复查结果。计划开采高程 1885.00～1545.00m（可开采至 1530.00m），平面开采面积 10297～87824m^2，后坡面积约 82000m^2，总储量 2102 万 m^3，有用料储量 2002 万 m^3，无用料储量 100 万 m^3，平均上坝运距 6.3km。

响水沟石料场位于库区内的响水沟口，呈三面临空的山包，紧临大渡河，周边没有民居区，也没有地方交通从料场影响区通过，S211 永久改线道路从料场后缘山体内通过，不受料场开采影响。沟口段作为弃渣场，主干道为隧道，料场开采对弃渣影响小。

（2）江嘴石料场复查结果。在招标设计规划中，江嘴石料场开采范围划分为三个采区，料场总体开采高程 1916.00～1550.00m，后坡面积约 297300m^2，总储量 2299 万 m^3，有用料储量 1901 万 m^3，无用料储量 398 万 m^3，平均上坝运距 10.4km。

为优化开采规划，根据现场地形条件，对采区范围进行了适当扩展，在开采高程 1916.00～1610.00m 处，后坡面积约为 90837m^2，总储量 707 万 m^3，有用料储量 607 万

m^3，无用料储量 100 万 m^3。在开采高程 1715.00～1910.00m 处，后坡面积约 34862m^2，总储量 194 万 m^3，有用料储量 184 万 m^3，无用料储量 10 万 m^3。另外，磨子沟口左侧小山脊部分坡面岩石裸露，可低高程（1640.00m 以下）开采，采区距砂石生产系统较近（约 300m），方便直接向砂石系统供料，可采性相对较好，开采高程为 1640.00～1480.00m，后坡面积约 50594m^2，总储量 344.41 万 m^3，有用料储量 301.68 万 m^3，无用料 42.73 万 m^3。

(3) 料源条件对比分析。响水沟与江嘴两大石料场开采条件简要对比分析见表 5.2-6。

表 5.2-6　石料场开采条件简要对比分析

对比项目	单位	石　料　场				
		响水沟	江嘴（招标设计范围）	江嘴 $A1$ 区	江嘴 $A2$ 区	江嘴 $B1$ 区
总储量	万 m^3	2102	2299	707	194	344.41
有用料储量	万 m^3	2002	1901	607	184	301.68
无用料	万 m^3	100	398	100	10	42.73
后坡面积	m^2	82000	297300	90837	34862	50594
剥采比		0.05	0.21	0.16	0.05	0.14
坡面系数	m^2/万 m^3	40.96	156.39	149.65	189.47	167.71
平均上坝运距	km	6.3	10.4	10.4	10.4	8.7
干扰因素		无	居民区、地方交通	居民区、地方交通	居民区、地方交通	居民区、地方交通

注　剥采比指料场无用料与有用料体积之比，无量纲系数；坡面系数指料场开挖形成的边坡面积与料场有用料体积之比。

(4) 开采规划调整及优化。石料场的开采规划不仅关系着大坝填筑进度，也对经济效益产生重大影响。因此，调整石料场开采规划是保证坝料质量、确保坝料供应强度的关键。因此应基于可靠的复查结果及综合开采条件调研资料，优选质量好、出料快、运距短、效益好、干扰小的石料场作为主料源，综合条件相对次之的料场作为补充辅助料源。突破投标阶段上、下游分开独立供应的格局，实现一主一辅的综合效益最大化开采规划。根据工程量核算的石料需求量见表 5.2-7。

从表 5.2-7 可知，需从石料场开采 2075.08 万 m^3（自然方）石料直接上坝用于填筑堆石、过渡层及护坡块石；开采 239.00 万 m^3（自然方）供应砂石系统作为大坝反滤料及混凝土生产原料。总共需要从石料场开采 2314.08 万 m^3（自然方）有用石料。

通过对响水沟、江嘴石料场对比分析，响水沟石料场的各项指标均明显优于江嘴石料场：剥采比为江嘴石料场的 24%，坡面系数为江嘴石料场的 26%，平均上坝运距为江嘴石料场的 61%。江嘴石料场周边分布有居民区，爆破振动影响大，单次爆破药量受到严格控制，严重制约开采强度，难以满足填筑进度要求，且料场底部有乡村公路通过，交通干扰大。因此，响水沟石料场开采干扰远小于江嘴石料场。在江嘴石料场的几个采区中，$A1$ 区的综合指标优于其他采区。

表 5.2-7 大坝填筑石料需求量

项　目	设计量（压实方）/万 m^3	松实系数（实方/自然方）	自然方/万 m^3	施工损耗系数/%	需要量（自然方）/万 m^3	备注
上游过渡层	125.40	0.79	99.07	2.4	101.48	
下游过渡层	121.04	0.79	95.62	2.4	97.91	
两岸过渡层	44.53	0.79	35.18	2.4	36.02	
上游堆石	1080.18	0.78	842.54	2.4	862.76	
下游堆石	1193.72	0.78	931.10	2.4	953.45	
上游护坡	13.03	0.78	10.16	2.4	10.40	块石考虑在堆石中选取
下游护坡	16.35	0.78	12.75	2.4	13.06	
反滤层 1	48.64				总计 239.00	均由砂石系统供应
反滤层 2	46.58					
反滤层 3	63.23					
反滤层 4	9.74					
合计	2762.44				2314.08	

对比分析后最终确定的石料场开采规划方案为：以响水沟石料场为主料场，江嘴石料场 A1 区作为辅助料场，江嘴石料场 B1 区作为应急备采区，江嘴石料场其他采区不予考虑。

响水沟石料场、江嘴石料场 A1 区、江嘴石料场 B1 区的有用料总量：2002＋607＋301＝2910 万 m^3，大于需求总量 2314.08 万 m^3 的要求。

储量富裕系数：3010÷2314.08＝1.26，满足规范值 1.20～1.50 的要求。

根据调整后的开采计划，响水沟石料场供料范围为：大坝上、下游堆石，上、下游过渡料，上、下游护坡块石；江嘴石料场 A1 区供料范围为：初期下闸蓄水前补充供应大坝下游堆石、过渡料、块石，初期下闸后供应大坝顶部剩余堆石、过渡料、块石料，补充供应砂石生产系统加工原料（优先利用建筑物开挖料，不足部分由江嘴石料场开采供应）。

根据调整后的大坝进度计划，初期下闸时大坝计划填筑到高程 1645.00m，此时响水沟石料场对应开采高程 1550.00m，向大坝供应石料 1900 万 m^3。大坝剩余石料由江嘴石料场 A1 区供应，考虑砂石系统用料，江嘴石料场 A1 区计划开采供料 414 万 m^3。

（5）供料强度保证分析。根据不同高程料场开采面积、开采设备选型（高风压钻机、2.0～4.5m^3 挖掘机、40t 级自卸车）及开采工艺参数（梯段高度 12～15m）等核算料场不同高程的可开采供料强度。大坝填筑石料需求强度与响水沟石料场开采强度对比分析见表 5.2-8、图 5.2-4。

表 5.2-8　大坝填筑石料需求强度与响水沟石料场开采强度对比（自然方）

年份	大坝填筑高程/m	大坝填筑石料需求强度/(万 m^3/月)	响水沟石料场开采高程/m	响水沟石料场可开采强度/(万 m^3/月)	保证系数（可采强度/填筑强度）
2012	临时断面	15.3～46.9	1810.00～1750.00	30.9～77.3	1.3～2.0
2013	1465.00～1517.00	38.0～47.2	1750.00～1680.00	77.3～123.6	2.0～2.6
2014	1517.00～1579.00	42.0～67.4	1680.00～1620.00	23.6～139.1	2.1～3.0
2015	1579.00～1638.00	38.0～62.7	1610.00～1560.00	139.1～123.6	2.2～3.7
2016	1638.00～1697.00	3.7～42.8	1560.00～1530.00	123.6	2.9～17.0

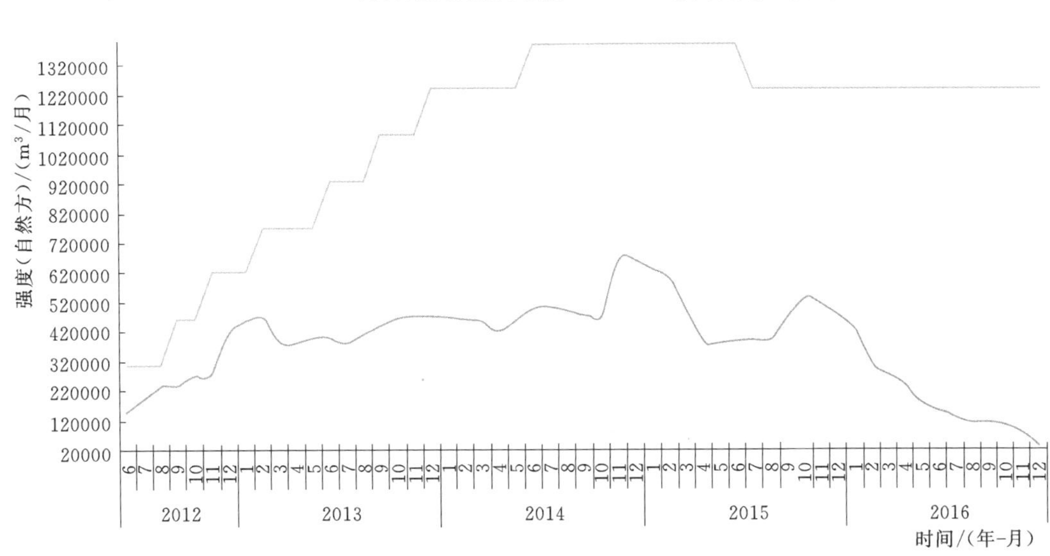

图 5.2-4　大坝填筑石料需求强度与响水沟石料场开采强度曲线

可以看出，如果不考虑下闸蓄水影响，响水沟石料场持续开采到高程 1530.00m，其总量与开采强度完全满足大坝填筑需要，江嘴石料场 *A*1 区仅作为辅助补充供料及下闸后供料。

（6）建筑开挖料时空交换优化利用。长河坝水电站工程左岸引水发电系统和右岸泄洪放空系统（简称厂泄系统）均为地下工程，岩性以花岗岩、石英闪长岩为主，通过对各部位开挖料级配检测，均满足大坝堆石料设计级配指标。

根据总体规划，建筑开挖料均用于砂石系统生产原料。通过进一步对长河坝水电站整体进度细化分析，厂泄系统开挖工期计划 2014 年 6 月结束，即开挖工期后半段与大坝填筑期重合，大坝填筑前的开挖料已堆存到砂石系统原料回采场。在厂泄系统开挖期间，混凝土施工项目相对较少，骨料用量小，砂石系统的主要任务以生产大坝前期填筑所需少量的反滤料为主，即砂石系统还未进入生产高峰期，且前期开挖利用料已堆满原料回采场，完全满足一段时间的取料要求。

大坝开始填筑后，厂泄系统开挖料直接上坝用于堆石料填筑，有利于提高大坝填筑强度，缓解石料场开采与运输压力。由于2014年5月前是大坝实现度汛目标的高峰期，厂泄系统开挖料就近上坝作为补充供料，无疑提高了实现度汛目标的保证率。调配上坝的建筑开挖料后期就近从江嘴石料场向砂石系统补充供应。砂石系统位于大坝下游约8km处的磨子沟口，至江嘴石料场运距约2km，通过对建筑开挖料进行时空交换后，大幅度减小了原料运距。另外，由于砂石系统原料堆存场容量有限，开挖料直接上坝，有效缓解了堆存压力，避免原料多次堆存和转运。

后期实际施工表明，大坝度汛填筑期（2014年5月前）实际利用建筑开挖料191万m^3（压实方），利用量约占度汛期填筑石料总量的18%，补充了度汛期石料填筑高峰平均强度的15%，对料场开采与运输压力缓解效果明显。

（7）石料场开采过程动态优化。长河坝水电站实施进度为2016年10月下旬初期下闸蓄水，大坝2016年9月上旬填筑到顶。因此响水沟石料场开采未受蓄水影响，持续开采到大坝填筑结束。

响水沟石料场随着开采高程不断下降，岩石日趋新鲜、完整，采区内未出现软弱夹层、透镜体等不良地质现象。通过中上部的开采判断，影响有用料储量的因素基本排除。施工过程中结合实际情况反复核算料场剩余储量及大坝填筑需要量，分析结果显示响水沟石料场富余量较大，可降低开采难度和节省工程费用。当料场开采到高程1670.00m时，对开采体型再次优化：将后坡由原设计1：0.3调整到1：0.5；开采到高程1640.00m时再次调整为1：0.75，边坡不再采取支护措施。另外，由于料场周边岩石裂隙较发育，钻孔爆破与级配控制难度相对较大，调整为掏芯开挖，甩开周边岩体，这样不仅避免了表面无用料开挖，也降低了开采难度。

5.2.5　交通运输

场内交通是联系施工工地内部各工区、料场、堆料场及各生产、生活区之间的交通纽带，交通规划的任务是正确选择施工场区内主要和辅助运输方式的布置线路和道路参数，合理规划和组织场内运输，使形成的交通网络能适应整个工程施工进度和工艺流程的要求。场内交通布置应有利于充分发挥各施工工厂设施的生产能力，满足施工进度和施工强度的交通量要求，交通安全，施工效率高，运输成本低，管理方便，规模适中，投资较少。

5.2.5.1　场内交通规划原则

（1）场内交通运输设施应满足施工总布置及各施工区施工布置的需要，场内干、支线系统应尽量短接，并与主要物料流向一致，使得主要土石方物流运输线路最短。

（2）线路设计应考虑永久与临时、前期与后期相结合，主要的干、支线尽量形成环形系统，使场内交通具有较大的灵活性。

（3）布置交通干线时，对运输繁忙的交叉点力求避免平面交叉，所采用的最大纵坡，最小转弯半径和视距应根据施工运输特点，在现行规范范围内合理选用；应综合协调主干交通网与各区域之间联系，充分利用主干交通网，减少联络线。

（4）场内道路的等级标准和路面结构型式应与运输车辆相适应，场内交通应充分利用两岸已有的交通公路设施，尽量安排两岸独立形成施工回路，减少两岸交通沟通量。必要时考虑临时沟通措施。

（5）场内临时道路在满足施工要求和安全运行的前提下，经充分论证允许适当地降低标准。料场、弃渣场道路应满足分层取料、堆存的要求；坝内填筑道路可在采取措施、满足心墙填筑质量的条件下重车跨心墙运输。

（6）桥梁规划位置选择应能方便两岸施工运输，能与场内公路干线协调，并布置在河道顺畅、水流稳定、地形地质条件较好的河段，满足施工安全度汛要求。桥梁位置不影响大坝泄洪及尾水出流，适应永久工程、导流工程施工需要。

5.2.5.2　场内交通规划内容

场内交通规划的主要线路有：对外接线公路，两岸沟通、左右岸上坝线路，左右岸沿河道路，料场、弃渣场线路，进厂道路，联络线，施工期过坝交通等。

场内交通规划的主要内容和设计步骤见图5.2-5。

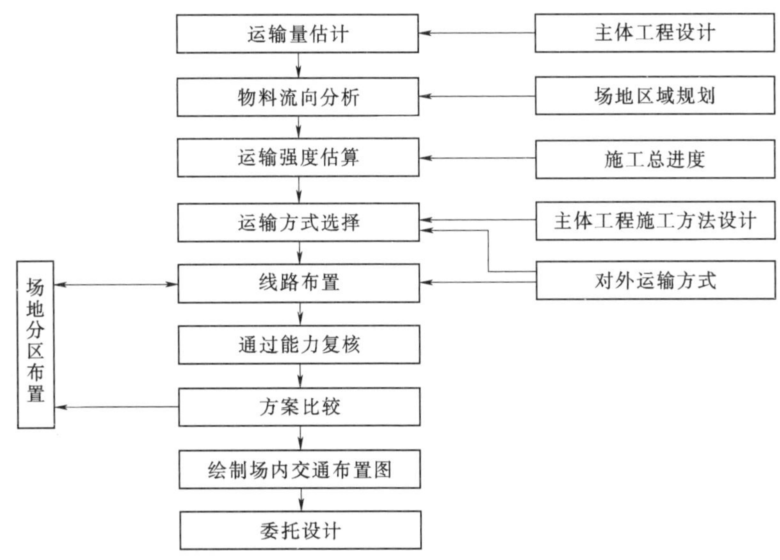

图5.2-5　场内交通规划的主要内容和设计步骤

5.2.5.3　场内运输方式

1. 道路运输

道路运输是高土石坝施工的最基本运输方式之一。公路线路工程量较小，投资省，施工简单。施工工期短，投入运行快，能较好地满足工期要求。但公路也存在能量消耗多、车辆磨损快、路面维修费用高、运营成本高等不足。

场内道路可按生产干线、生产支线、联络线和临时线四种线路进行规划设计。生产干线是各种物料运输共用路线和货运数量较大的路段；生产支线是连接各物料供需单位与生产干线的路段，多为单一物料运输线路；联络线是物料供需单位间的分隔路段或通行少量工程车辆和其他运输车辆的路段；临时线是料场、施工现场等内部运输使用时间较短路段。

场内道路等级及主要技术标准应以车辆密度及可达到的年运输量作为指标，满足现行规范要求；高土石坝上坝运输多属于重载交通，且坡度较大，因而较高等级的路面多选用混凝土路面。

国内高土石坝长河坝、糯扎渡、两河口、双江口等水电站大坝都采用道路运输方式进行坝料运输。

2. 带式运输

带式运输具有占地面积小，线路易布置，运行可靠灵活，适用于上坡不大于25°、下坡不大于10°的松散材料的短途或长途运输，运距一般可为几十米至几百米，有时可达几千米。运输速率视型号、胶带宽度、胶带速度、胶带长度、物料种类及粒径等各异，运输能力大，运输费用低。水电工程常用胶带机作为辅助运输方式，运送土料、堆石料、砂砾料或砂石骨料等。

瀑布沟水电站设置长度3985m、衬后断面4m×3m（宽×高）、纵坡11.62%、连续下行总高差460m的城门型皮带机洞裁弯取直，采用带宽1m、带速4m/s、下行角度6.6°、运输强度1000t/h（8890m^3/d、21.5万m^3/月）的带式输送机进行砾石土心墙料运输。

苏联设计的罗贡坝年填筑强度1000万～1100万m^3，砾石和石块利用宽2m的重型输送带、亚黏土碎石混合料利用宽1.2m的输送带进行运输，带式输送机总长度达10.6km。

3. 其他运输方式

其他运输方式包括铁路运输、水路运输、索道运输、缆车运输、滑道运输，以及竖井溜送等，都属于辅助运输或配套运输的一部分。

5.2.5.4 工程实例

长河坝水电站大坝工程采用汽车道路运输方式。场内主要道路由1号、3号、5号、9号、901号、11号、11*A*号、11*B*号、13号、15号、19号、31号、土料场等左岸公路，以及2号、401号、402号、8号、801号、联系洞、12号、1201*A*号、1201*B*号、14号、16号、1601号、导流闸室交通洞*A*洞和*B*洞等右岸公路组成。主要道路等级采用设计载荷汽车-80级、矿山二级设计，道路宽度12m、混凝土路面；次要道路等级采用设计载荷汽车-60级及汽车-80级、矿山三级设计，道路宽度6～9m、混凝土路面。

长河坝水电站大坝坝内跨心墙运输通过一系列理论分析、验算与现场试验测试，研发应用了一种快速联结的组合工具式箱形减压板栈桥方案，减压板按单车道设计，宽度为4m，单节长度3.5m，载重60t汽车，行驶速度控制在15km/h，减少了坝料运输距离，提高了填筑强度，有效地保护了心墙土料，拆装快速方便。

5.2.6 设备配置与施工试验

5.2.6.1 设备配置

科学合理、成龙配套的设备配置是高心墙土石坝机械化施工的重要保证。

1. 设备配置原则

（1）主导设备、配套设备和辅助设备都应充分满足工程项目所给定的施工内容、工艺条件及水文地质、气候气象等环境条件。

（2）主导设备的生产能力及数量应与工程量和工期相适应，主导设备应性能稳定，故障率低，最高配置时应能满足最大施工强度的要求。

（3）配套设备的生产率（考虑到机型的规格、经济运距或经济转角）、技术参数等应保证主导设备最有效的工作。

（4）配套设备应能保证施工过程的连续性及可靠性。

（5）辅助设备应能保证施工设备运行的作业面平整、道路维护、油料供应、故障修理及设备定期的维护、保养等。

（6）组成某一施工机群中的设备组合数量应是最少的。

（7）应尽可能选择标准化、系列化同厂家产品，并保持合理的设备及零配件储备。

（8）设备在施工区段上的配置应避免干扰。

符合施工作业内容、施工工艺规定和地质、气候、经济运距以及工程相关的各种条件，是机械合理配置的前提。只有当设备在结构特性上最佳地适应这些要求，才能充分发挥设备各自的效能和机群整体效益。

2. 设备配置方法

施工设备配置，首先是主导设备的配置，这是施工设备合理配置的关键。主导设备的选择在本质上是工艺的选择，因为这一选择决定了其他次要工序的大部分内容以及机械化施工的方法；主导设备对于工程的施工质量、施工进度和经济效益起到重要的作用，因而主导设备的性能参数应符合工程规模、工程质量、施工工期等方面的要求。为充分发挥主导设备的生产效率，配套设备的生产率应超配10%～15%。

流水作业方式是机械化施工的必要条件。由于在设备的并联组合方式中，各组成设备的工作相互独立，机群中某一设备停运，不会导致施工过程全面停止；而在设备的串联组合方式中，各组成设备的工作互为联系，形成生产链，某一设备的停运，将会导致整个施工过程的中断，而且整个机群作业的生产率取决于生产能力最小的设备。机械化施工应在可能的条件下优先采用设备的并联组合作业，以保持施工作业的连续性。由于机群作业的总效率等于组合设备效率的乘积，当机群的组合设备数量过多时，不仅需要较多的人力、物力，造成工作面的拥挤，产生设备间干扰，而且会使机群总效率降低。选择标准化、系列化同厂家产品，将有利于设备维护、维修管理工作，并使得操作人员、维修人员培训和易损件备件备存等一系列工作大为简化，节省各项费用。由于施工中的设备故障和施工组织等原因，会造成停工现象，严重影响施工进度和施工效率，而且在某些情况下会使施工质量下降。因此，机械化施工应保持一定的设备储备，以维持机群的配套性、施工的连续性。

机械化施工机群组合的合理匹配是发挥机械设备效率的重要因素。机群合理匹配一般围绕以下四方面内容进行：

（1）同一种施工设备型号及数量的选择。

（2）需要两种以上设备配合作业完成的某一工作的设备型号、数量的选择。

（3）采用不同设备组合方案完成某一工程时，对不同组合设备型号、数量的选择。

（4）确定完成工程所需的设备种类、型号、数量以及设备组合的类型和组合数。

土石坝工程施工设备，一般有多种方案可供选择。即按照施工条件、工程进度和工作面的参数选择主导设备，然后根据主导设备的生产能力和性能选用配套设备和辅助设备。选择施工设备时，可选用企业现有的库存设备，也可采购新的先进设备，设备数量可参考企业施工定额或类似工程施工经验及有关机械手册。

3. 高心墙土石坝施工的主导设备

高心墙堆石坝施工的主导设备有：主爆孔钻机、液压挖掘机、推土机和铲运机、振动碾等。

5.2.6.2 施工试验

施工试验一般包括料场降排水试验、开采工艺试验、生产加工试验、堆存试验和低温防冻试验，以及室内外掺配试验、含水率调整试验、坝料碾压试验等。

室内试验条件应满足国家和行业部门的相关标准要求，室外试验场地应平整、密实，排水畅通。掺配试验宜先室内试掺，后室外。室外现场试掺宜采用按比例分层铺筑、机械混合、分类堆存的工序进行，也可采用机械拌和。含水率调整试验宜在料场内进行，在堆存场地进行含水率调整需通过试验确定。

现场碾压试验，是用规定的压实机械或施工可能选的压实机械，采用选定料场的土石料，在施工现场进行不同压实参数的坝料压实试验。其试验目的有：核实坝料设计填筑标准的合理性、确定达到设计填筑标准的压实方法（包括压实机械类型、机械参数、施工参数等)、研究填筑工艺、选择压实机械。

碾压试验包括堆石料、过渡料、反滤料、心墙砾石土料及高塑性黏土料等的试验。

1. 坝料填筑标准

黏性土的填筑标准应以压实度和最优含水率作为设计控制指标；非黏性土的填筑标准应以相对密度为设计控制指标。

2. 压实参数

压实参数包括设备参数和施工参数两大类。当压实设备型号选定后，设备参数已基本确定，包括碾压设备重量、振动频率等；施工参数有铺土（料）厚度、碾压遍数、行车速度、无黏性土和堆石的加水量、黏性土的含水率等。

黏性土料压实含水率可取 $\omega_1=\omega_p+2\%$；$\omega_2=\omega_p$；$\omega_3=\omega_p-2\%$ 三种进行试验。ω_p 为土料塑限。

3. 试验组合

试验组合方法有经验确定法、循环法、淘汰法和综合法，一般多采用淘汰法。淘汰法又称逐步收敛法，此法每次只变动一种参数，固定其他参数。通过试验求出该参数的适宜值。同样，变动另一个参数，用试验求得第二个参数的适宜值，依此类推。待各项参数选定后，用选定参数进行复核试验。此种方法的优点是达到同等效果时的试验总数较少。

4. 试验场地

试验场地应平坦，地基坚实。

试验区面积：黏性土每个试验组合不小于 6m×8m（宽×长，下同)；砾石土、砂及砂砾石每个试验组合不小于 6m×12m；卵漂石、堆石料每个试验组合不小于 6m×15m。

试验基层：先用试验料在地基上铺压一层，压实到设计标准（若是黏性土，其含水率应控制在最优含水率附近）作为试验场地的基层，然后在其上进行碾压试验。

5. 铺料要求

由于碾压时产生侧向挤压，试验区的两侧（垂直行车方向）应留出一个碾宽。顺碾压方向的两端应留出4～5m（对碾压黏土而言）或8～10m（对碾压堆石料而言）作为非试验区，以满足停车和错车需要。

6. 场地布置

一般试验可完成几个或十几个组合试验。淘汰法，每场只变动一种参数，一般一场试验布置4个组合试验；部分循环法，一场试验可以同时有2种或2种以上参数变动，一般一场布置8～12个组合试验。

7. 现场描述

记录使用的运输设备、卸料方式及铺料方法；对黏性土应观察振动凸块碾的工作状况、气胎碾车辙深度，有无黏碾、弹簧土、涌土、表面龟裂及压实后有无剪切破坏现象；对黏性土应检查上、下压实土层结合情况；对于堆石料，应观察表面石料压碎及堆石架空情况；各种料物应记录碾压前后的实际土层厚度。

8. 取样数量

黏性土每一组合取样10～15个；砾石土每一组合取样10～15个；砂和砂砾料每一组合取样6～8个；堆石料每一组合取样不少于3个，如果测定沉降量时，测点布置方格网点距1.0～1.5m。测定每一组合压实后的干密度、含水率及颗粒级配。

9. 试验报告

试验完成后，应将试验资料进行系统整理分析，绘制成果图表，编写试验报告。

黏性土应绘制不同铺土厚度时的干密度（ρ_d）与碾压遍数（N）关系曲线，绘制不同铺土厚度、不同碾压遍数时的干密度（ρ_d）与含水率（ω）关系曲线。砾质土（包括掺合土），除按黏性土绘制相关曲线外，尚应绘制砾石（>5mm）含量与干密度（ρ_d）关系曲线；无黏性土及堆石料应绘制不同铺料厚度时的干密度（ρ_d）与碾压遍数（N）关系曲线，绘制沉降量（Δh）与碾压遍数（N）关系曲线；绘制最优参数（包括复核试验结果）情况下的干密度（ρ_d）、压实度（R_c）、孔隙率（n）的频率分配曲线与雷吉频率曲线。

根据碾压试验成果，结合工程的具体条件，确定各种坝料施工碾压参数和填筑标准。在试验报告中应提出：设计标准的合理性、与各种坝料相适应的压实机械和参数、各种坝料填筑干密度控制范围、提出达到设计标准的施工参数［铺土（料）厚度、碾压遍数、行车速度、错车方式、黏性土含水率及无黏性土堆石料的加水量等］、上下土层的结合情况及其处理措施、其他施工措施与施工方法（铺土、平土、刨毛等）。

5.2.7 施工仿真分析与辅助决策

5.2.7.1 土石坝施工工序仿真与建模

基于BIM技术，以三维可视化为基础，建立三维模型，将大坝、料场、交通及各种与土石坝施工相关的信息整合到一个协同设计环境中，共享信息，形成BIM模型，再借助各类计算机语言和数据库存储将算法融入协同设计环境。同时，施工工序仿真考虑了钻孔、爆破等重要作业，使得仿真更加符合实际。

1. 数字大坝建模

建模从各部件设计关键参数及相关算法入手，基于 CATIA 知识工程，建立适用于不同土石坝工程使用的一系列 CATIA 三维模板，如心墙堆石坝需建立心墙、反滤层、过渡层、堆石区、黏土垫层及其他细部结构的模板。用户在使用过程中，只需要输入模型创建需要的关键参数，即可快速获得需求的实体三维模型。建模具体方法是：先将大坝主体模型与边界曲面模型（开挖边界）耦合，再用替代法或添加法补充内部的细部结构和外部的细部结构，最后在已建成的模型上进行形体修正。

2. 数字料场建模

在综合考虑料场起采高程、终采高程、边坡比、马道参数、剥离厚度、爆破松散系数等参数的基础上，建立了响水沟石料场和江嘴石料场的数字模型，见图 5.2-6、图 5.2-7。

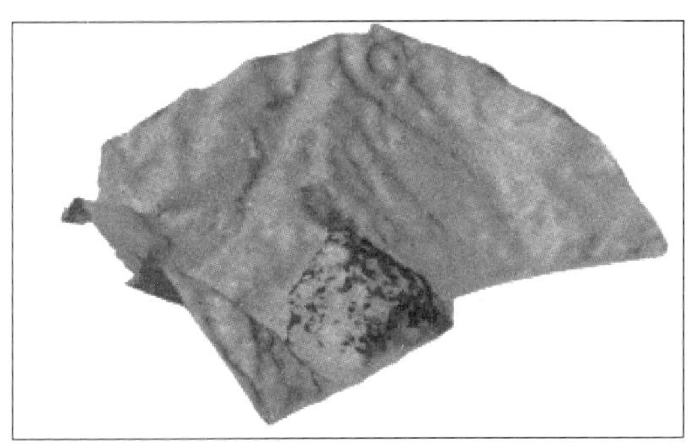

图 5.2-6　响水沟石料场数字模型

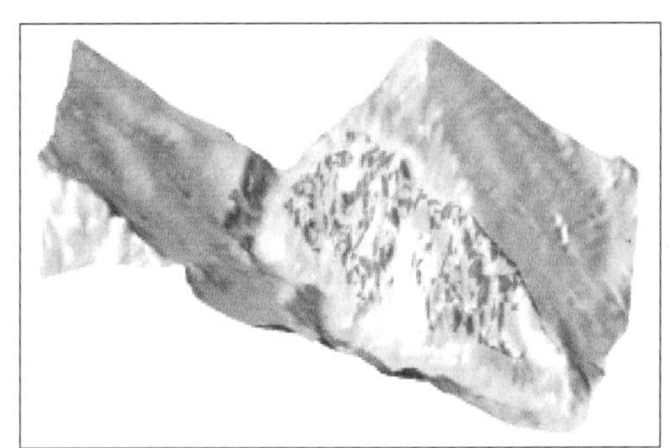

图 5.2-7　江嘴石料场数字模型

3. 交通路网建模

水电工程施工道路复杂，需逐条建模，从第 1 条至第 n 条逐条输入所需参数，直至建完为止，也可以存储到数据库直接调用。对于每条道路，需输入道路名称、控制点坐标、定性和定量参数。

表 5.2-9 为 1 号公路的道路建模参数，其他道路类似。

表 5.2-9　1 号公路的道路建模参数

1 号公路的道路建模参数	控制点				
	1	2	3	…	8
路段特性		明线	明线	…	明线
路段距离/km		636.7	985.8	…	154.2
重车上行限速/(km/h)		25	25	…	25
重车下行限速/(km/h)		20	20	…	20
空车上行限速/(km/h)		30	30	…	30
空车下行限速/(km/h)		25	25	…	25

4. 施工工序仿真算法

施工工序仿真包括堆石料开采与运输和大坝填筑。

(1) 堆石料开采与运输。以建立的数字料场为基础，利用参数化设计工具对江嘴石料场及响水沟石料场进行分层分块，分层后的 BIM 模型数据会存储到系统数据库中。分层分块后可以进行料场开采规划，分层分块后会自动生成采块面积、体积及预裂线长度等参数。

（2）大坝填筑。填筑模拟类似料场分层分块，分别对心墙区、反滤料区、过渡料区及堆石区进行分层分幅处理，然后把分层和分幅数据写入并保存到数据库中以供后续仿真使用。填筑规划可查看和调整大坝各填筑区、各层、各条、各幅的属性信息，可查看幅属性、体积、层底面积、层底长度及层底宽度等参数。

5.2.7.2　基于 BIM 土石坝工程施工辅助决策系统

基于 BIM 技术，运用计算机模拟方法、运筹学和系统仿真的基本理论，建立土石坝工程施工仿真 BIM 模型，研究土石坝施工中的有关问题，通过土石坝三维动态可视化仿真系统实时控制动态的施工过程。在协调土石坝填筑、开挖及运输各项进度的前提下，达到挖、填、转、弃、采等各种料物的综合平衡，并复核施工方案的可行性，动态优化调整施工资源配置、施工强度和工期。

系统把料场开采子系统、交通运输子系统和大坝填筑子系统三者联合仿真，适用于不同土石坝工程施工辅助决策仿真，其主要功能包括以下几个方面：

（1）根据数字大坝和数字料场，确定筑坝材料的供需总平衡。

（2）根据各工序施工强度、施工资源配置和施工交通复核施工方案的可行性。

（3）根据现场情况动态优化调整施工资源配置、施工强度和施工工期。

施工仿真模拟通过建立工程数字 BIM 模型，模拟工程实际施工过程，从各个影响因素分析模拟结果，及时发现施工方案中的不合理之处，进行动态优化调整，寻找最优的施工资源配置、施工强度和施工工期的施工方案。系统采用 C/S 模式，实现基于工程 BIM 数据的仿真计划和统计分析能力。在此基础上，根据工程模拟仿真的目标和土石坝施工特点，定义相关施工参数和计算规则，最终实现对土石坝施工辅助决策的能力。系统设计包括工程设置、施工设计、施组设计、施工模拟与施工仿真分析 5 个模块，详细的系统仿真设计架构见图 5.2-8。

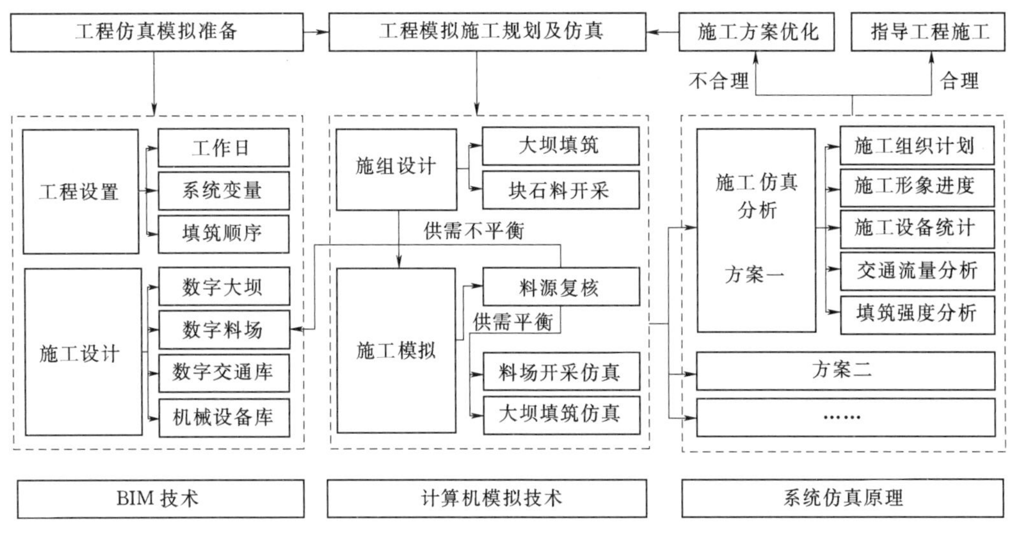

图 5.2-8　系统仿真设计架构图

根据施工仿真结果，可以三维显示施工进度，从而方便地确定筑坝材料的供需总平衡，量化施工方案的可行性，根据现场情况动态优化调整施工资源配置、施工强度和施工工期。

5.3 施工技术及工法

高土石坝属于当地材料坝，坝体高度高，坝体填筑量大，总体沉降量大。尤其是心墙砾石土料，不仅填筑量大，而且为使得心墙变形与堆石体变形相协调，心墙土料中需掺入一定量的砾石含量以增强变形模量，对土的黏粒含量、粉粒含量、含水率、砾石超径率、P_5 含量等的质量要求较高。从天然砾石土料场直接开采出来的砾石土料绝大部分无法满足直接上坝的质量要求，需要对其进行处理和加工。

5.3.1 坝料处理与加工

长河坝水电站大坝为深厚覆盖层上修建的超高土石坝，坝高 240m，覆盖层厚度近 60m。地震烈度高，河谷狭窄，两岸岸坡陡峻，大坝渗漏及变形等机理复杂，其安全稳定性要求较高，加之料场土料复杂、颗粒粒径组成变化大、空间分布均一性差，堆石料为高强度的花岗岩、闪长岩，岩石致密坚硬，硬度高、爆破耗材大，过渡料直采及反滤料加工困难，特别是心墙填筑质量控制直接关系到整个坝体的安全运行，对土料的开采及大坝的填筑质量控制也提出了更高要求。

糯扎渡水电站大坝为无覆盖岩基上修建的超高土石坝，坝高 261.5m。心墙土料设计采用黏土与加工级配碎石按比例互层摊铺、立采掺混，以加强心墙土料抗剪强度和变形模量，减少大坝施工后沉降。

采用砾石天然土料场填筑的高土石坝心墙砾石土料施工的技术有：砾石土料场开采技术、砾石土料超径颗粒的剔除技术、偏粗偏细料机械掺拌工艺、土料含水率控制与调配等技术；对于纯黏土料场或砾石含量不足的土料场，需要进行土料掺砾改性工艺以增加其变形模量。一般多利用骨料系统生产的级配碎石，采用平铺立采工艺，即按体积比例水平摊铺一层土料，然后一层砾石，接着再摊铺一层土料和一层砾石，立面进行混采装运，也可采用机械掺拌工艺进行掺砾改性。这些工艺和技术对于保证坝料供给具有重要意义。

5.3.1.1 砾石土料场开采工艺

1. 长河坝水电站砾石土料设计技术要求

(1) 填筑料最大粒径宜不大于 150mm，且不大于铺土厚度的 2/3；粒径大于 5mm 的颗粒含量不宜超过 50%，不宜低于 30%；小于 0.075mm 的颗粒含量不应小于 15%；小于 0.005mm 的颗粒含量不小于 8%。

(2) 颗粒级配应连续，并防止粗料集中架空现象。

(3) 碾压后的砾石土心墙料渗透系数不大于 1×10^{-5}cm/s，抗渗透变形的破坏坡降应大于 5，其渗透破坏形式应为流土。

(4) 砾石土心墙料的塑性指数宜大于 10、小于 20。

(5) 心墙防渗土料全料填筑含水率应为 $\omega_0-1\%\leqslant\omega\leqslant\omega_0+2\%$，$\omega_0$ 为最优含水率。

2. 糯扎渡水电站砾石土料设计技术要求

(1) 填筑料最大粒径宜不大于120mm，且不大于铺土厚度的2/3；粒径小于20mm颗粒含量占62%～85%，粒径小于5mm的颗粒含量占48%～73%；小于0.075mm的颗粒含量占19%～50%；小于0.005mm的颗粒含量不小于4%～23%。

(2) 颗粒级配应连续，并防止粗料集中架空现象。

(3) 碾压后的砾石土心墙料渗透系数不大于1×10^{-5}cm/s。

(4) 砾石土心墙料的塑性指数为18.1。

(5) 心墙防渗土料全料填筑含水率应为$\omega_0-1\%\leqslant\omega\leqslant\omega_0+3\%$，$\omega_0$为最优含水率。

3. 料场覆盖层清理

先人工将坎上的树木砍割，反铲将陡坎部的草根、树木及覆盖物拔至坎底，平地上如覆盖较薄时采用推土机推至坎底，一起装运至指定的弃料点，覆盖层较厚的部位如有条件采用反铲直接装车至指定的弃料点，弃料场定在覆盖较厚的河滩处，弃料同时考虑施工道路的加高。

4. 料场排水系统

应根据地勘及料场复查资料，如料场含水率偏大，为确保料场的开采，按工程进度的需要，分期修建排水系统。第一期排水系统根据地形条件分别布置主排水沟、纵向排水沟、横向排水沟。排水沟根据地形尽可能深挖，从而有利于地表水排放，同时可降低地下水位。跨施工道路部位埋设预制涵管，涵管直径为1m，涵管埋设总长度约40m。第二期排水系统主要为沿采区四周开挖排水沟，降低地下水位。

5. 含水率检测与采场调整

砾石土填筑前需检测其含水率，当砾石土料含水率超出设计要求时，应调整含水率，考虑开挖、运输及铺筑等中间工序的含水率损失，控制砾石土含水率略高于设计含水率几个百分点。

当砾石土料含水率偏大时，在土料场提前翻晒。翻晒方式为：开采时基底应为龟背形，料场不得有积水，并采取薄层翻晒处理，即用推土机的松土器（松土耙）薄层纵横松动翻晒，在料场附近选一合适地方，将翻晒合格的土料堆成土牛，土牛上用彩条布防护，并做好土牛四周的排水措施。当砾石土料的含水率偏小时，在土料场提前注水浸泡。

6. 土料开采

采用立面与平面两种开采方式。立面开采每层高度根据地形与料的含水率情况决定，每层3～5m高，反铲装自卸汽车运输。平面开采采用推土机将含水率调整好的土料集中，装载机或反铲装自卸汽车运输。

5.3.1.2 砾石土料超径颗粒的剔除技术

1. 超径剔除的必要性

(1) 在高心墙土石坝施工工艺中，为保证心墙的质量可靠，薄层铺筑已越来越被认同。土料中的超径石影响铺料的层厚与平整度控制，进而影响到压实均匀度。另外，超径粗粒在土体中骨架作用明显，细料压实度不易保证，从而影响其渗透稳定。因此，对于高心墙土石坝而言，严格剔除超径对于保证心墙整体质量尤为重要。剔除工艺应能确保过程可控，防止漏剔。

(2) 长河坝水电工程工期紧，填筑强度较高，心墙砾石土高峰期平均填筑强度为 21 万 m^3/月。土料超径剔除工艺须满足高强度生产的要求，应组织配套机械化作业。

(3) 鉴于土料场储量有限，另外开辟料场既不利于环境保护，同时也将增加移民征地的难度及工程投资。因此，超径剔除工艺还要考虑最大限度地减少有用料的浪费，提高成品率。

2. 设备选择

通过对国内主要筛分设备厂家进行调研与咨询，初步选择广泛用于矿山及骨料生产系统的棒条式振动筛分给料机改进后作为超径剔除设备，其具有以下特点：

(1) 给料机功能相似。给料机的功能是向粗碎设备供料，在供料过程中筛除小于某粒径的料。其工况与土料超径剔除相似。

(2) 给料机的结构是按块石料设计，强度与刚度完全满足土料筛分的要求，筛条不易变形且适用于块石最大粒径 800mm。

(3) 给料机产能高，供石料可达 600t/h 筛面流量。

(4) 设备技改工作量小，用于土料筛分时仅作局部改进即可满足功能要求。

通过比对，既考虑到设备的可靠性，又考虑到供货周期短等因素，选择某专业公司生产的振动筛分给料机 1 台进行现场工艺试验，试验设备参数见表 5.3-1。

表 5.3-1　试验设备参数表

项　　目	参　　数
型号规格	ZSW2160
最大入料粒度	800mm
棒条最大净间距	150mm
通过量	600t/h（石料，筛面流量）
振动频率	500～850r/min
电机型号	YVF2-225M-4.45kW
安装倾角	5°
振幅	6～10mm
外形尺寸	6442mm×3573mm×3159mm
重量	14791kg
变频器频率	30～45Hz
含水率	<10%

3. 工艺试验

设备工艺试验模拟生产工况。在现场修建由结构基础、挡土墙、型钢支架、振动筛、溜槽式受料斗等几部分组成的试验系统，系统满足自卸车直接向受料斗卸料、筛下装载机出料装运、超径料装载机直接倒出的要求。试验结果如下：

(1) 试验工况（连续供料）筛分产能为 621t/h，计算一般工况产能为 540t/h，单台产能满足设计要求。

(2) 筛下料中无超径，满足完全剔除超径的要求。

(3) 筛余料中有用料平均比例（废品率）小于 1%（土料含水量适中，不结团），而条筛废品率一般为2%～7.5%，废品率大幅度降低。

（4）溜槽式受料斗不适用，容量小，易堵、易粘斗，不能保证长时间连续供料。

（5）型钢支架振动荷载作用下易共振且焊缝易开裂，焊接工艺要求高，耐久性差。

（6）试验设备的棒条偏短，影响透筛率，棒条分节连接处不平顺，易卡大石，棒条间夹角偏大，影响透筛率，设备安装角度偏小，影响效率。

由上可知，棒条式振动筛总体满足砾石土超径剔除的工艺要求，但需要对筛分结构、受料斗结构、设备棒条、设备安装角度等进行改进。

4. 改进措施

通过对试验系统暴露出的问题进行分析后，在固定系统设计中进行改进：

（1）将受料斗改为钢筋混凝土结构，形式调整为箱形结构，漏斗式下料。受料斗容量满足连续供料要求，具有一定的调节容量，同一受料斗上口尺寸满足两车同时卸料。受料系统设置扒料平台，堵料、粘板时采用小吨位挖掘机疏料、清板，扒料平台位置应不干扰自卸汽车向料斗内正常卸料。

（2）筛分楼调整为钢筋混凝土结构，整体刚性强，坚固耐久。

（3）对设备结构进行改进，增大筛面倾角，将安装角度调整到最大值10°；棒条长度由原设计方案中的2.4m调整为3.5m（设备总长度不变）；棒条不再分节，通长布置，同时将棒条间的平面夹角减小（后端净距120mm，前端净距150mm）。

5. 超径剔除系统设计

（1）计算参数。

1）系统强度：满足砾石土高峰期平均填筑强度为21万m^3/月（压实方）。

2）填筑干密度：根据土料填筑技术要求，取大值2.14g/cm^3。

3）土料平均含水率：取10%。

4）施工不均衡系数：取1.3。

5）平均月工作时间：25d×14h/d=350h。

6）土料成品率（考虑过筛、堆存、运输等损耗及超径含量）：85%。

（2）系统产能。

1）成品产能：210000×2.14×(1+10%)×1.3÷350=1836t/h，取2000t/h。

2）过筛产能（原料产能）：2000÷85%=2353t/h，取2500t/h。

（3）设备数量。根据试验结果，给料机在一般工况下的过筛产能为538t/h，则系统设备台数为：2500÷538=4.6台，取5台。

（4）系统产能储备。在经过技术改造后，设备产能有一定程度的提高，也可以通过延长运行时间提高系统产能。

6. 场地选择及系统布置

超径剔除系统平面布置应满足以下要求：

（1）系统场地位置应尽量靠近料场，避免绕运，防止超径料长距离运输，有利于降低费用。

（2）系统布置应方便交通组织，形成循环线路，进料与出料线路不重合，有利于避免干扰。

(3) 场地面积应满足5套筛分楼布置及同时运行时容纳全部进料车辆与出料车辆装车的要求；还要有一定的成品料中转储存场地，满足超径废料永久堆存的要求。

(4) 根据超径剔除工艺，系统按受料、过筛、出料、堆存（有用料中转堆存及超径废料堆存）几道工序台阶式布置。场地地形宜有利于系统台阶式布置，减小挖填工程量。

(5) 场地高程须满足大型临时建筑的防洪标准。长河坝水电站大坝工程将土料剔除系统选择在汤坝砾石土料场山下靠近河边倚山布置，一方面可以充分利用河滩地作为堆场，另一方面可以利用靠近河滩的缓坡地形布置受料平台与出料平台。从土料开采区至系统受料平台的道路顺山布置，可分别从上、下游布置通向受料平台的道路，而过筛后的出料道路则顺河滩布置，交通流线顺畅，互相不干扰。系统总占地面积约为5.5万m^2，其中受料平台与筛分剔除平台各占6500m^2，有用料中转堆场2.5万m^2，超径料堆场1.7万m^2。超径剔除系统平面布置见图5.3-1，筛分剔除楼平面布置见图5.3-2，筛分剔除楼实景见图5.3-3。

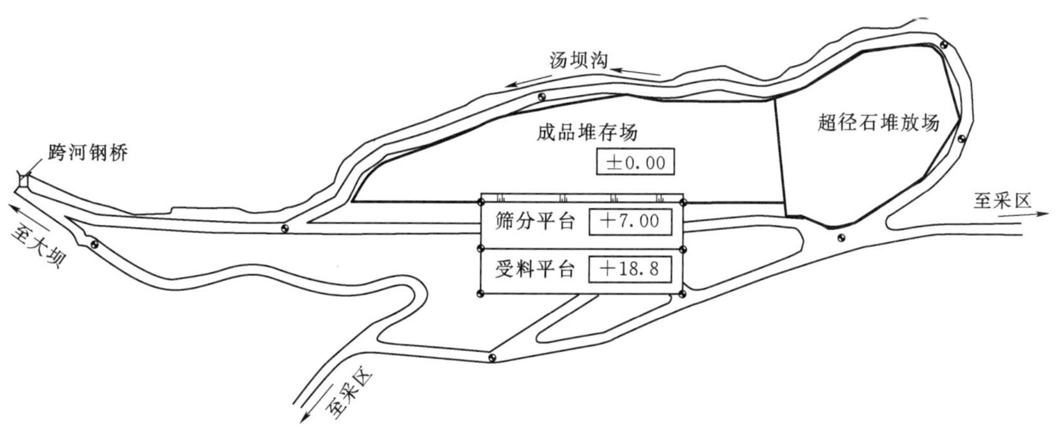

图5.3-1 超径剔除系统平面布置示意图（单位：m）

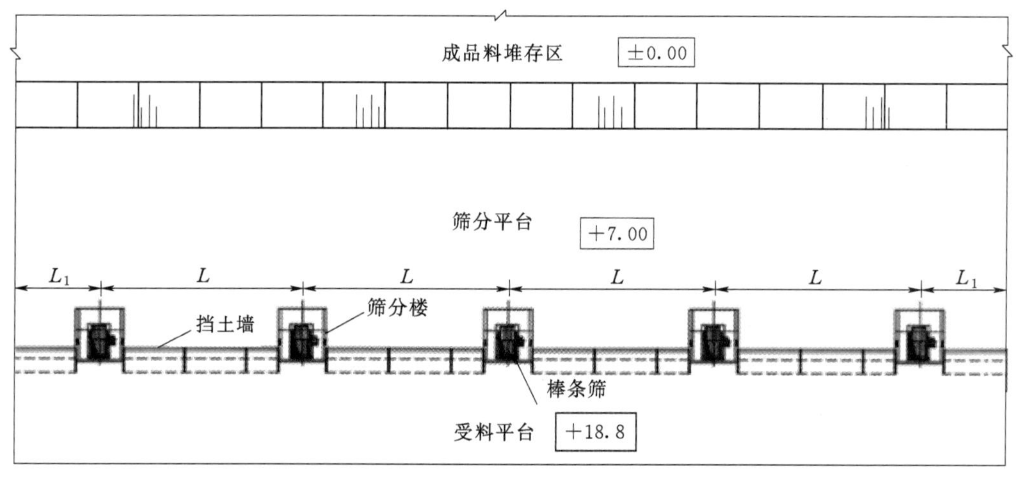

图5.3-2 筛分剔除楼平面布置图（单位：m）

剔除超径的筛下有用土料采用装载机转运至成品堆存场。根据试验测算，1台棒条筛至少需要2台装载机同时转运才能满足要求。结合地形条件，5座筛分楼呈“一”字形布置，筛分楼之间净距须满足2台装载机同时作业。筛分平台宽度还应满足5座筛分楼同时装车的要求。

图5.3-3　筛分剔除楼实景图

7. 实施效果

经实施检验，汤坝砾石土料场砾石土超径筛分系统运行可靠，工艺流程可行，设备运行工况稳定，超径控制有效，废品率可控（不结块的土料），未出现过堵塞现象。砾石土料超径剔除工艺及生产系统设计合理、工艺可行、运行可靠，系统设计、运行经验有以下事项值得注意：

（1）工艺流程应与工程技术标准相适应。工程技术标准越高，对土料生产的工艺要求越严，建成相应生产系统的投资也越大。

（2）设备选择是关键。设备是整个工艺设计的核心。对于土料筛分设备的选择绝不能一概而论，须根据允许最大粒径、土料性质、天然含水量、黏粒含量等因素综合确定。

（3）应尽量缩短工艺流程。从原料开采到剔除超径的流程越短，对防止含水量损失越有利，也越有利于提高产能。

（4）出料方式应进一步高效节能。棒条式振动给料筛分剔除系统采用装载机出料。由于筛分设备产能高，1台棒条筛配置2台$3m^3$装载机显得很紧张，稍有歇顿即出现积料，影响系统产能，有待优化。如果采用皮带机出料直接装车，只要皮带的输送能力能满足最大透筛强度即可。皮带出料强度容易保证，可减少设备投入，系统运行更有序且与装载机相比更节能、更经济。

（5）其他。条筛具有结构简单、临建费用低等优势，如果工程土料场储量丰富且征地费用相对较低，填筑强度相对较低，超径条筛剔除也是可选方案之一，但应保证筛条刚度、结构不变形，方可做到粒径可控。

5.3.1.3　砾石土偏粗偏细料机械掺拌技术

前期复勘成果及资料表明：汤坝料场料源质量分布不均匀，总体分为合格料区（30%$\leqslant P_5$含量$\leqslant$50%）、粗料区（P_5含量>50%）和细料区（P_5含量<30%）。为了提高土料的利用率，保证料源质量及施工效率，采用土料常规掺拌工艺（平铺立采）及机械掺拌工艺进行偏粗料、偏细料的掺拌生产试验，对比分析两种掺拌工艺在工程施工中的可行性及优劣势。

1. 平铺立采掺拌工艺

由于汤坝料场内粗、细料各个指标变化幅度较大，固定粗、细料铺料厚度不能有效控制掺拌后的土料质量，因此采用动态控制掺拌比例的方法进行土料掺拌。在掺拌试验中固定粗料铺料厚度，细料铺料厚度根据粗、细料干密度及 P_5 含量指标进行动态调整。同时，将试验分为两个区（固定粗料铺料厚度 0.5m、1.0m）进行不同粗料铺料厚度、掺拌设备、掺拌遍数的组合试验。试验分组情况见表 5.3-2。

表 5.3-2　　试验设计分组情况表

试验分组	粗料铺厚/m	掺拌设备
T1	0.5	液压正铲
T2	0.5	液压反铲
T3	0.5	装载机
T4	1.0	液压正铲
T5	1.0	液压反铲
T6	1.0	装载机

(1) 掺拌比例。掺拌比例由粗细料铺设厚度确定。粗料铺设厚度由掺拌料在进行过筛处理剔除超径石（>150mm）后，按照拟定厚度（50cm 及 100cm）进行第一层粗料铺筑。细料铺设厚度由土料过筛处理后，对掺拌料颗粒级配及干密度进行检测，确定第一层细料铺料厚度。每铺一层料均按照坡比为 1：1.3 向四周放坡，在满足掺拌有效区设计铺料厚度的情况下，使四周土料按照相应比例进行铺筑。铺料过程中对铺料厚度及铺料范围进行跟踪控制。每铺完一层掺拌料，均采用试坑法对掺拌料的颗粒级配及干密度进行检测，以此对比掺拌前后土料级配的变化情况，同时复核其铺料厚度并计算下一层细料的铺料厚度。细料的铺料厚度计算公式见式（5.3-1）：

$$H_{细}=\frac{H_{粗}\times P_{粗}\times\rho_{粗}-H_{粗}\times P_5\times\rho_{粗}}{P_5\times\rho_{细}-P_{细}\times\rho_{细}} \tag{5.3-1}$$

式中：$H_{粗}$ 为掺拌料粗料铺料厚度，m；$H_{细}$ 为掺拌料细料铺料厚度，m；$P_{粗}$ 为掺拌料粗料 P_5 含量加权平均值，%；$P_{细}$ 为掺拌料细料 P_5 含量加权平均值，%；$\rho_{粗}$ 为掺拌料粗料干密度加权平均值，%；$\rho_{细}$ 为掺拌料细料干密度加权平均值，kg/cm^3；P_5 为掺拌料掺拌后 P_5 含量加权平均值，%。

由于土料掺拌后 P_5 含量有一定波动，为满足土料掺拌后 P_5 含量满足设计要求，计算时按照 P_5 含量中间值的 40%进行计算。计算原则为掺拌前后大于 5mm 砾石含量相同。

(2) 掺拌次数及效果。铺料完成后，将不同的粗料铺料区进一步分为三个小区，分别采用正铲、反铲、装载机进行掺拌。掺拌次数分别为 2～6 次时，对掺拌料进行取样检测。同时，掺拌过程中记录不同掺拌设备的掺拌效率。

液压正铲在粗料摊铺 0.5m 时，各掺拌设备不同掺拌遍数下 P_5 含量分布见图 5.3-4，由图可知各掺拌设备掺拌土料 P_5 含量随着掺拌遍数的增加不断趋于稳定，符合土料一般掺拌试验规律。因此，确定掺拌遍数为 6 遍。两种粗料在不同铺料厚度、相同掺拌遍数情况下 P_5 含量分布见图 5.3-5。

由图 5.3-5 可知，不同掺拌设备情况下掺拌 6 遍后，粗料铺料厚度 0.5m 的试验组

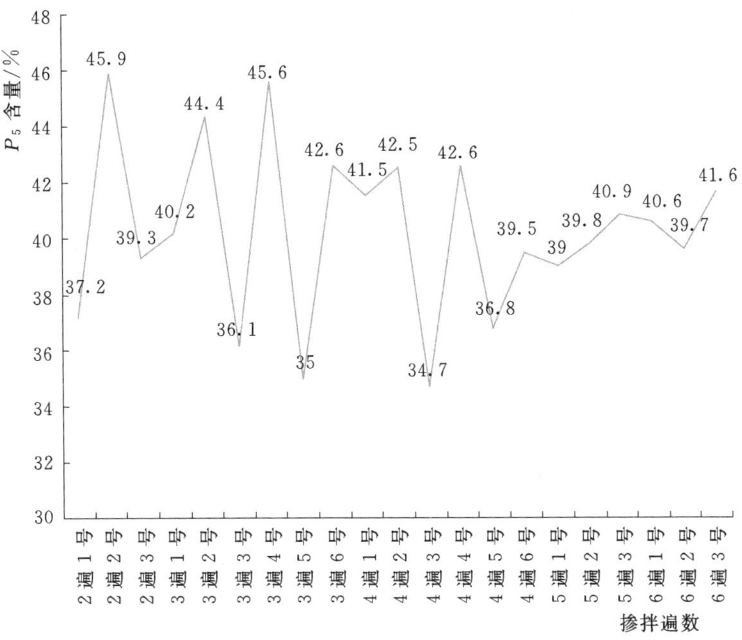

图 5.3-4　各掺拌设备不同掺拌遍数下 P_5 含量分布图（粗料 0.5m）

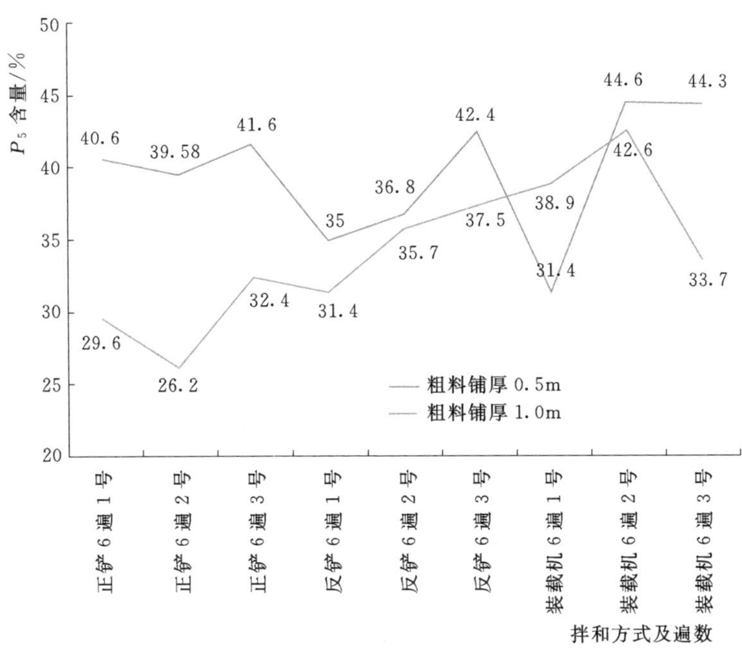

图 5.3-5　两种粗料在不同铺料厚度、相同掺拌遍数情况下 P_5 含量分布图

P_5 含量均值为 39.58%，高于粗料铺料厚度 1.0m 试验组的 34.22%。因此，粗料铺筑厚度为 0.5m。同时，在粗料铺厚 0.5m、掺拌 6 遍的情况下液压正铲掺拌土料 P_5 含量最稳定，装载机掺拌土料 P_5 含量波动最大。

采用基于分层取样复核确定动态掺拌比方法的平铺立采掺拌工艺，在粗料铺厚0.5m、使用液压正铲掺拌6遍时，掺拌土料 P_5 含量可以达到39.58%，可以将掺拌料的 P_5 含量有效地控制在设计规定值范围以内。

2. 机械掺拌工艺研究

基于分层取样复核确定动态掺拌比方法的平铺立采掺拌工艺掺拌的土料 P_5 含量虽然能满足设计要求，但也存在着掺拌场地需求量较大、规模掺拌过程中掺拌质量不易保障等缺点，同时，大坝心墙砾石土料填筑强度较高，对掺拌设备、辅助设备及相应的施工作业人员需求量较多。因此，为进一步提高土料掺和的均匀程度，提高掺拌工作效率及机械化控制程度，结合施工现场特点及施工资源配置情况，提出基于WCB系列土料掺拌设备的机械掺拌方案，并通过现场试验验证方案的可行性。

机械掺拌方案的主要流程如下：

(1) 试验料的开挖及运输。试验土料开挖前首先进行料源检测，确定掺拌料取料部位，然后采用液压反铲和自卸汽车运至筛分系统分类过筛处理，剔除大于150mm的砾石后运至试验场地，同时检测粗、细料的指标。

(2) 试验粗、细料 P_5 含量控制。汤坝砾石土料场偏粗料的 P_5 含量约50%～65%，且级配连续；汤坝砾石土料场偏细料的 P_5 含量小于30%，且级配连续。

(3) 机械搅拌掺拌上料及试验方法。试验阶段的进料采用TB160c、TB175c小型反铲给料（料斗尺寸约75cm×75cm），出料采用装载机（$3m^3$）出料。同时，根据搅拌出料强度，做到及时出料，避免出料口因料物堆积发生堵塞。试验过程中，反铲上料强度应与指定的掺拌比例匹配（粗、细比例：6∶4），并保证同时给料。试验中应观测机械掺拌的效果，观察出料口料物有无明显离析及结块的现象。

通过进行多组现场掺拌试验，机械掺拌后颗粒级配曲线见图5.3-6，机械掺拌成果统计见表5.3-3。可以看出，采用机械掺拌施工工艺掺拌的土料级配曲线波动较小，掺拌后各项指标波动较小，有利于规模化生产过程中控制掺拌质量。同时，为验证搅拌设备实际工作效率，进行了机械掺拌强度试验，试验方案及结果如下。

表5.3-3　　机械掺拌成果统计表

名　称	P_5 含量/%	含水率/%	小于0.075mm含量/%	小于0.005mm含量/%
试验1-掺拌后	44.9	8.7	39.5	15.2
试验2-掺拌后	40.7	8.4	42.4	15.7
试验3-掺拌后	42.3	9.0	40.6	16.3
试验4-掺拌后	41.5	8.8	42.6	17.8
试验5-掺拌后	45.3	8.7	39.5	15.2

采用液压反铲（斗容 $1.6m^3$）将试验场地偏粗、细料按照设计比例掺拌均匀后，连续向搅拌主机进口进料，出料则采用装载机（$3m^3$）出料。选取试验过程中13min时间进行试验生产强度分析，在指定时间内，反铲共上料31斗，按照掺拌土料平均堆积密度 $1.7g/cm^3$、平均装料斗容 $1.6m^3$ 计算，共上料掺拌完成84.32t，计算试验生产产能约389.2t/h，试

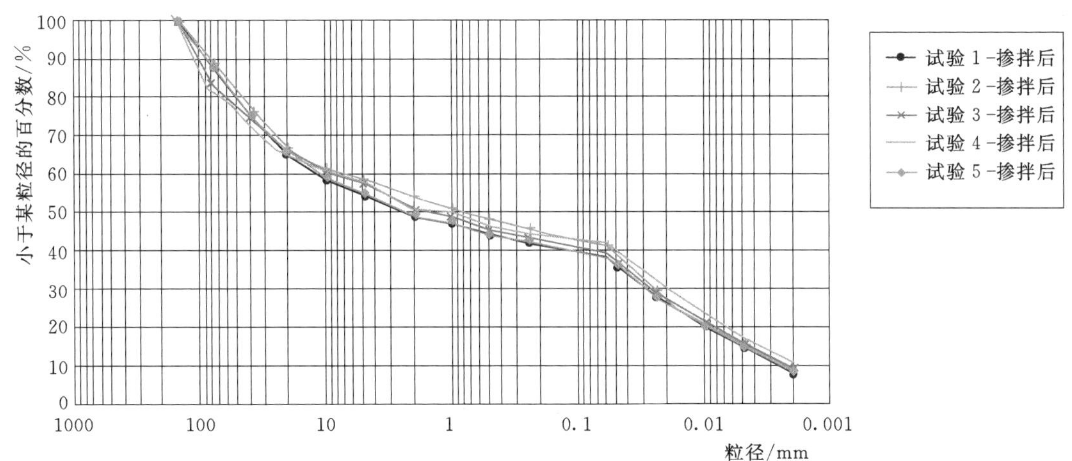

图5.3-6 机械掺拌后颗粒级配曲线图

验阶段统计每斗料下料时间为10s，每次完成下料接下次下料时间间隔约15s，据此，生产过程中若能保证给料量及连续给料，搅拌主机生产能力可达583.7t/h。

3. 实施效果

针对长河坝水电工程汤坝砾石土料场土料各项检测指标变化大、空间分布均一性差等特点，提出了基于分层取样复核确定动态掺拌比方法的平铺立采掺拌工艺和基于WCB系列土料掺拌设备的机械掺拌工艺，现场试验结果表明，两种掺拌工艺生产的土料 P_5 含量等指标均能满足设计要求。

基于分层取样复核确定动态掺拌比方法的平铺立采掺拌工艺现场试验结果表明：粗料铺厚0.5m，采用液压正铲掺拌6遍为较优的施工参数，掺拌土料 P_5 含量平均值为39.58%，各组 P_5 含量波动性较小。采用平铺立采方法进行细料、粗土料的掺配，存在施工效率低、需要占用掺配场地面积大且掺配均匀性差等问题。

基于WCB系列土料掺拌设备的机械掺拌工艺现场试验结果表明：采用机械掺拌施工工艺掺拌的土料级配曲线波动较小，P_5 含量均在40.5%以上，满足设计要求。土料机械掺拌作为土料掺混的机械制备系统，通过定量给料、计量输送和强制搅拌掺混，实现掺配土料的自动配料、均匀掺混的生产工艺；针对土料粒径大、黏性高、含水率高的工程特点，对成套设备进行了改进，调整了搅拌叶片间距、配料仓的仓壁坡度，通过一定场次的测试试验，应用表明掺拌生产均匀性好，可有效解决传统工艺掺配存在的掺配均匀性差、黏土结块等问题，实际产能可达700t/h。

5.3.1.4 砾石土料含水率控制和调配技术

结合前期汤坝砾石土料场复勘成果、开采过程中料源检测情况及后期新增探坑所确定含水率偏高土料范围，表明汤坝砾石土料场内土料含水率偏高。土料的含水率对压实效果影响较大，必须将其含水率调整至最优含水率左右，土料才能碾压密实，从而保证获得较高的压实度和较好的防渗效果，而土料含水率的调整是土石坝填筑的关键工序。

1. 现场含水率快速检测技术

试验检测时，以粗颗粒饱和面干吸水率替代其吸着含水率，可只测定小于 5mm 土的含水率及粗颗粒含量百分数，按加权法计算全料含水率。

取代表性土样两等份，一份放入烘箱烘干测全料含水率，然后再用该料测其 P_5 含量，另外一份选取具有代表性的大于 5mm 的砾石，用钢刷快速将其上沾有的细粒土刷干净，称重测其吸着含水率及饱和面干吸水率，然后采用酒精燃烧法测小于 5mm 土含水率。根据 P_5 含量计算其加权平均含水率，与全料含水率进行比较计算其差值。

（1）砾石饱和面干含水率测定替代法。在砾石土料含水率检测中，小于 5mm 的细料含水率可通过酒精燃烧法快速检测，对大于 5mm 砾石而言，由于其表面黏附着的泥土很难用烘干法擦净，其吸着含水率需通过水洗测出，难以保证检测精度，且操作费时费工。经比较分析可取系列试验的砾石饱和面干吸水率平均值代替，对全料含水率计算结果影响较小。因此，砾石土全料含水率快速测定技术的研究思路为：事先取具有足够代表性试验的土样，通过酒精燃烧法测定细料含水率，粗料含水率取系列试验的砾石饱和面干吸水率平均值代替，将粗料含水率固定，通过筛分，算得粗料和细料所占的比例，采用加权法计算砾石土全料的含水率。

（2）细料含水率的快速测定。酒精燃烧法为规范所推荐的快速检测方法，其使用条件是现场无烘干箱或者是需要快速得到含水率，酒精燃烧法仅仅适用于小于 5mm 的细粒土。通过对酒精燃烧法和标准方法（烘干法）的专门对比研究，酒精燃烧法的结果与烘干法的结果误差非常小，完全可以作为细粒土含水率的检测手段，在 30min 内可以得到细粒土的含水率。

（3）砾石土全料含水率的快速测定。根据土料含水率的定义可推导出砾石土全料含水率的理论计算公式：

$$\omega=(1-P_5)\omega_1+\omega_2 P_5 \tag{5.3-2}$$

式中：ω 为砾石土全料含水率，%；P_5 为大于 5mm 的砾石含量，%；ω_1 为小于 5mm 的细料含水率，%；ω_2 为大于 5mm 的砾石吸着含水率，%。

试验共测定 35 组样品，根据资料统计情况，35 组试验数据中，最大误差为 3.2%，最小为 0.01%，总共有 2 组样品偏出试验允许偏差，分别为第 2 组和第 7 组。经过分析，属于试验过程中的人为偏差造成，因此该两组试验数据不纳入统计。通过统计剩下的 33 组试验资料，其砾石吸着含水率平均值为 1.075%，从而将该砾石的吸着含水率取为 1.075%。

在实际检测过程中，可以将砾石吸着含水率取一个固定值，只需测定小于 5mm 土的含水率。小于 5mm 的含水率采用移动试验室中的微波干燥机烘烤得到，这样就可以大大缩短含水率的检测时间。

砾石土含水率快速检测技术在长河坝水电工程砾石土心墙料的碾压试验中进行了应用，从应用结果来看，全料中砾石含水率采用固定含水率替代，细料采用酒精燃烧法和含水率快速测定仪测定，误差均可满足规范要求，该方法完全可作为填筑过程中的快速检测方法，在 2h 内可以得到试坑的压实度值，可以节约试验时间 6～8h，对工程进度有着极为重要的意义，社会经济效益巨大。

2. 砾石土料含水率调整工艺

(1) 砾石土料填筑含水率的确定。天然土料的最优含水率与 P_5 含量的关系需经过系列的击实试验求得，不同砾石含量的土料均对应不同的最优含水率，P_5 含量与最优含水率关系见图 5.3-7。

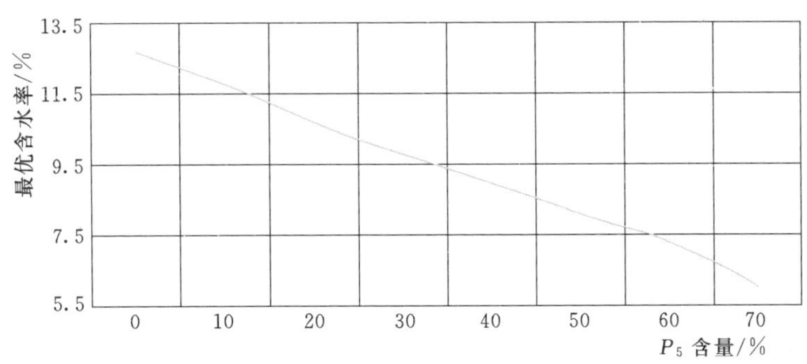

图 5.3-7 P_5 含量与最优含水率关系曲线图

基于砾石土料 P_5 含量与最优含水率关系，通过系列碾压试验能获得满足设计要求的压实度，同时获得砾石土料的填筑含水率为 $\omega_0-1\%\leqslant\omega\leqslant\omega_0+2\%$。

(2) 砾石土料过程水分损失量的确定。考虑土料调水完成后需经过装车、运输(28km)、摊铺、碾压几个重要工序，将损失部分水分，为此确保土料填筑含水率控制在最优含水率的－1%～＋2%范围内。

(3) 土料调水工艺的选择。根据已建类似工程经验，并结合汤坝砾石土料场砾石土料源质量分布情况及含水率的差异，拟定了3种调水工艺。

1) 常规调水工艺。推土机将待调的土料按照确定的厚度（50cm）进行平面摊铺，在自然条件下进行含水调整。调水过程中试验检测人员进行含水率的跟踪检测，检测合格后运输上坝填筑。

2) 农用四犁铧调水工艺。推土机将待调水的土料按照确定的厚度（50cm）进行平面摊铺，铺筑完成后采用农用四犁铧进行翻土调水。调水过程中试验检测人员进行含水率的跟踪检测，检测合格后运输上坝填筑。

3) 推土机挂松土器调水工艺。推土机将待调水的土料按照确定的厚度（50cm）进行平面摊铺，铺筑完成后采用推土机挂松土器进行翻土调水。调水过程中试验检测人员进行含水率的跟踪检测，检测合格后运输上坝填筑。

结合前期料场复勘及上坝过程中的检测结果，汤坝砾石土料场绝大部分砾石土料的含水率高于施工含水率要求，需对含水率偏高的土料进行规模化调水施工，其调水强度应满足大坝填筑需求。综合已建类似工程经验及各调水工艺的优缺点（表5.3-4），为确保砾石土料的调水强度及调水质量满足上坝填筑要求，最终采用推土机挂松土器翻土的方式对含水率偏高的土料进行调整。

表 5.3-4 调水工艺对比分析

调水工艺	优　点	缺　点
常规	操作简单，不另外增加工艺，不增加专用设备	调水周期较长，调水强度不宜得到保障
农用四犁铧	操作简单，较常规调水工艺含水率调整效率明显，土料质量易于得到控制	农用四犁铧存在动力不足，一次翻土深度不宜过深，每次翻土只能进行表层土料的翻松。由于调水场地的起伏，调水设备在调水面上行走困难
推土机挂松土器	操作简单，较常规调水工艺含水率调整效率明显，土料质量易于得到控制。由于单位宽度推土机行走的次数少，不至于将已经翻松的土料压实，特别在翻晒时能取得更好的效果	推土机带有的松土器只有3根宽度约为10cm的齿钩，一般解决相对强度较低的岩石刨松；作为土料的翻松时，由于齿钩间间距大，只能刨开一条小沟，存在动力浪费的问题

3. 调水设备改进

为了提高调水效率及调水质量，结合推土机的动力及调水试验过程中暴露出的问题对调水设备进行了改进。

(1) 根据SD220推土机的动力和机身宽度，设计制作了5个犁铧的松土器，两次翻土能将待调水土料全部刨松，且翻土深度可达50cm。

(2) 将翻土板设计制作为倾斜，满足翻料的作用，能将下部的土料翻到表面，提高了土料调水效率。

砾石土料采用推土机挂犁铧的工艺进行调水时，在含水率偏高土料的铺料厚度固定为0.5m及外界环境不变的情况下，翻土频率固定为4h/次。考虑土料的摊铺、调水、装运等工序，含水率偏高土料在一个工作日内能将含水率调整至施工允许范围内。

为提高调水效率，减小调水场地的使用面积，结合大坝填筑过程中砾石土料的供料需求，将调水场地规划为3个作业区循环流水作业，各作业区调水面积一致。

5.3.1.5 反滤料皮带机称量精确掺配成型技术

反滤料是由骨料加工系统生产，通过不同级配料的掺配得来。行业多采用水平互层摊铺、立采掺混形成，长河坝水电站大坝工程针对4种反滤料的设计指标要求，设计采用了皮带机称量精确掺配成型技术。

1. 反滤料掺配工艺设计

反滤料1掺配工艺根据卸料口的不同共分2种工况，具体流程见图5.3-8。

反滤料2、3掺配工艺根据卸料口的不同分为4种工况，具体流程见图5.3-9。

反滤料4掺配工艺仅有1种工况，具体流程见图5.3-10。

以上4种反滤料按照不同的工况在成品料堆廊道胶带运输机上卸料平铺，然后通过后续串接皮带机运至反滤料库，其中皮带运输终端的卸料小车在下料过程中的跌落起到二次掺配作用，最后利用装载机装成品反滤料堆出厂。

2. 反滤料精确掺配系统调试

(1) 骨料掺配比设计。为达到反滤料精细掺配的技术要求，现场进行了反滤料掺配的

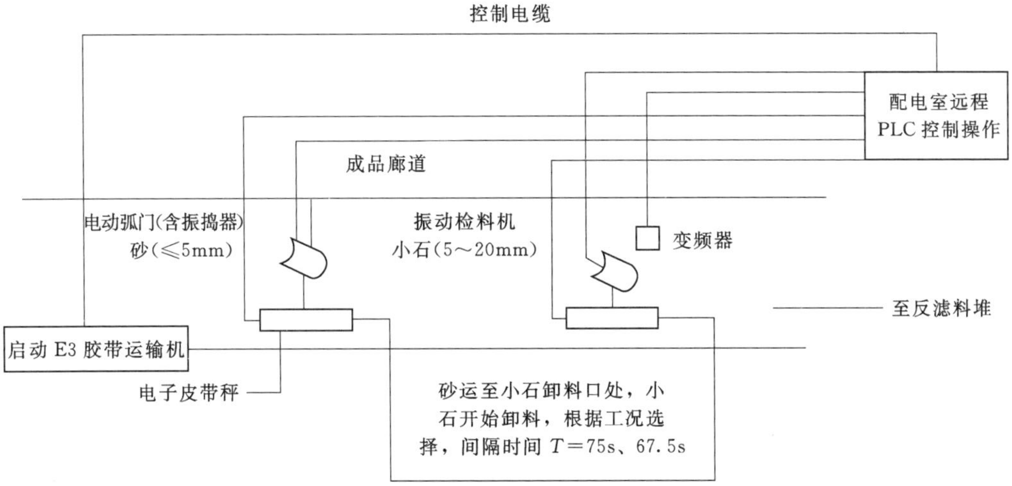

控制电缆
配电室远程
PLC控制操作
成品廊道
电动弧门(含振捣器)
砂(≤5mm)
振动检料机
小石(5～20mm)
变频器
至反滤料堆
启动E3胶带运输机
电子皮带秤
砂运至小石卸料口处，小石开始卸料，根据工况选择，间隔时间 T=75s、67.5s

图5.3-8　反滤料1掺配工艺流程图

控制电缆
配电室远程
PLC控制操作
成品廊道
电动弧门(含振捣器)砂(≤5mm)
振动检料机
小石(5～20mm)
变频器
振动检料机
中石(20～40mm)
变频器
至反滤料堆
启动E3胶带运输机
电子皮带秤
砂运至小石卸料口处，小石开始卸料，根据工况选择，间隔时间 T=75s、67.5s
砂运至中石卸料口处，中石开始卸料，根据工况选择，间隔时间 T=52.5s、45s、41.3s、33.8s

图5.3-9　反滤料2、3掺配工艺流程图

控制电缆
配电室远程
PLC控制操作
成品廊道
电动弧门(含振捣器)砂(≤5mm)
振动检料机
小石(5～20mm)
变频器
振动检料机
中石(20～40mm)
变频器
振动检料机
大石(40～80mm)
变频器
至反滤料堆
启动E3胶带运输机
电子皮带秤
砂运至小石卸料口处，小石开始卸料，根据工况选择，间隔时间 T=75s、67.5s
砂运至中卸料口处，中石开始卸料，根据工况选择，间隔时间 T=52.5s、45s、41.3s、33.8s
砂运至大石卸料口处，大石开始卸料，根据工况选择，间隔时间 T=15s

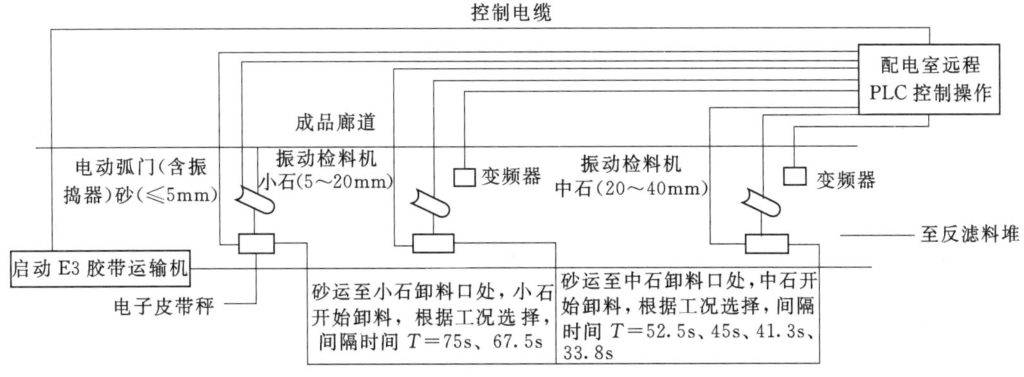

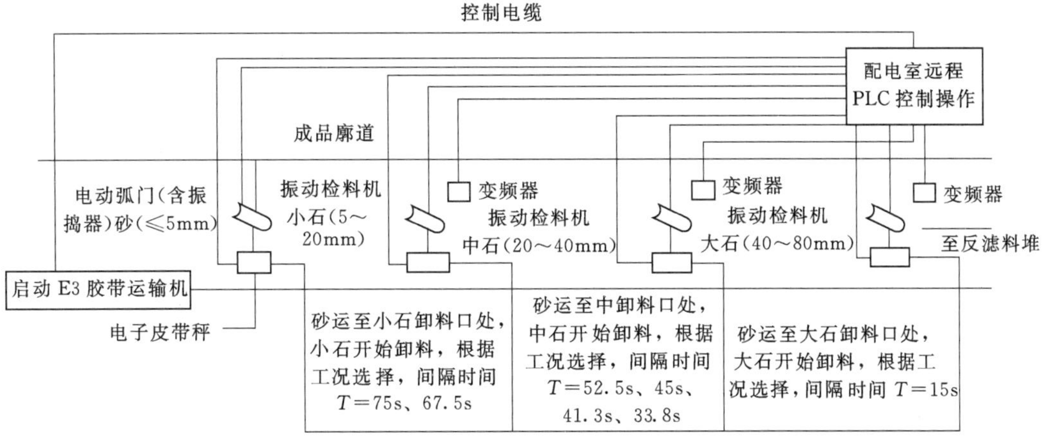

图5.3-10　反滤料4掺配工艺流程图

工艺调研与调试试验。首先，根据设计提供的各种反滤料级配指标，采用骨料加工系统生产的骨料做室内掺配试验，确定骨料掺配比例。然后，根据反滤料设计级配指标，结合加工系统成品骨料实际级配及超、逊径等情况，通过室内试验最终确定反滤料的掺配比例，详见表 5.3-5。

表 5.3-5　反滤料生产不同骨料比重计算

反滤料	掺配比例/%			
	大石（40～80mm）	中石（20～40mm）	小石（5～20mm）	砂（≤5mm）
1			6	94
2		28	52	20
3		8	34	58
4	16.6	24.4	37.3	21.7

（2）下料速度。E3 胶带运输机输送速度约 300t/h，根据反滤料中各掺配料掺配比例和胶带机输送能力计算各掺配骨料的下料速度，即掺配料下料速度＝运输机输送速度×掺配比例。计算后具体指标见表 5.3-6。

表 5.3-6　不同粒径反滤料下料速度　单位：kg/s

反滤料	大石下料速度	中石下料速度	小石下料速度	砂下料速度
1			5.0	78.3
2		23.3	43.3	16.7
3		6.7	28.3	48.3
4	22.2	21.6	64.0	22.2

3. 质量分析评价

（1）针对传统平铺立采掺拌工艺的缺陷，提出了基于远程 PLC 控制系统的反滤料精确掺配施工方案，实现了反滤料直接在胶带运输机上连续掺配，减少了施工占地面积及其他施工资源的投入，具有较高的经济效益。

（2）在现场试验的基础上对精确掺配系统参数进行调试确认，调试后的掺配系统变频不合格率为 1%～3%，低于平铺立采工艺 3%～5%的不合格率。精确掺配系统方案在保障掺配质量方面具有明显优势。

（3）试验调试后的精确掺配系统生产的反滤料级配曲线均处于合理范围内，不合格率均在 3%以内。同时，精确掺配施工方案生产效率较高，截至 2014 年 1 月，新工艺已累计生产各种反滤料达 70 万 t，并已在长河坝水电站主体大坝标段填筑使用。新工艺具有广阔的应用前景，可在相关工程中推广。

5.3.1.6　高标准过渡料机械破碎加工技术

过渡料机械破碎加工技术是通过对合理单耗的爆破原料进行二级破碎，粗碎控制最大粒径、中碎调整级配的过渡料制备工艺。该技术较爆破直采法产出的过渡料级配更稳定，并可有效解决硬岩、偏硬岩条件下过渡料爆破直采难度大、利用率低等问题。

长河坝水电工程料场岩石强度高，通过应用过渡料机械破碎加工技术对料场爆破的堆石料进行二级破碎加工，经过颚式破碎机粗碎后，可有效控制最大粒径，50%的破碎料再经圆锥式破碎机中碎后经胶带机混合获得了质量稳定的过渡料。

1. 机械破碎加工试验

为探索较为经济的过渡料生产方式，结合现场砂石骨料系统现有的破碎设备将江嘴石料场爆破生产的堆石料进行了破碎。鉴于前期现场破碎试验中出现粗粒料偏多及颗粒级配不连续的现象，为破碎出满足设计要求的过渡料，提出将粗碎后的部分过渡料进行中碎、再将粗碎料与中碎料混合的方案。

结合现场试验，将粗碎后的过渡料按照一定比例进行中碎，并将粗碎后的过渡料与中碎的骨料混合。经过多次理论混合计算，将粗碎后的过渡料选取40%进行中碎。破碎料混合后理论的颗粒级配曲线见图5.3-11。

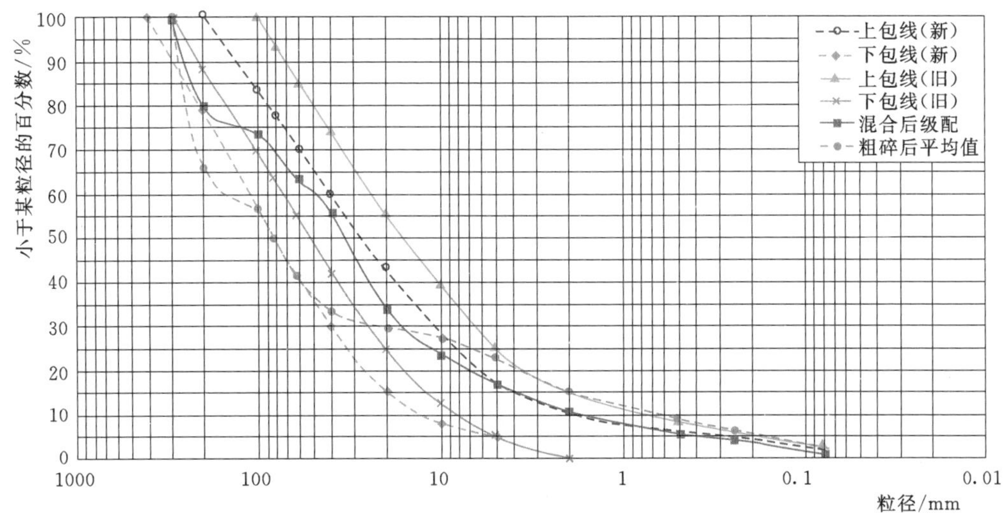

图5.3-11　粗碎后的40%过渡料进行中碎混合后颗粒级配曲线图

由图5.3-11可以看出，粗碎及中碎后的过渡料按照质量比为6∶4混合后可得到满足设计要求的过渡料，且颗粒级配曲线连续满足原过渡料设计包线。

2. 机械加工生产方案

机械加工生产初拟了移动破碎站生产方案、固定破碎站生产方案两种，通过对比分析过渡料移动破碎设备及固定破碎设备的生产工艺优缺点，最终确定过渡料的固定破碎站生产方案。

固定破碎站工作原理如下：

（1）自卸汽车卸料至粗碎设备进行全部破碎。

（2）将粗碎后的破碎料采用皮带机按照一定的比例分配至中碎设备，另一部分随中碎设备的皮带机运输至成品料堆。

（3）分料比例通过对中碎设备的给料机改进后（增设棒条式给料机或Y形分料口）以达到动态控制破碎比的目的。

(4) 中碎设备的皮带机将中碎料与粗碎料混合后运输至成品料堆。

5.3.1.7 筑坝料混装炸药开采爆破技术

石料场开采规模大，应用混装炸药爆破技术具有完全耦合装药、炮孔利用率高、有利于级配控制、装药效率高等优点。

通过大量爆破试验获得满足坝料级配要求的可靠参数、防渗漏措施等。爆破对比分析：堆石超径率降低 0.5%，过渡料半成品利用率提高约 8%～10%，装药效率达 240kg/min、提高约 40%，可节约劳动力约 50%。长河坝水电工程大坝堆石料及过渡料约 234 万 m^3 采用混装炸药爆破，节约施工成本 695 万元。

1. 爆破试验

现场混装炸药爆破试验在江嘴石料场进行。混装炸药所用的乳胶基质由康定地面站生产后，采用专用运胶车保温运输至在长河坝水电工程工地的贮胶站，再泵送至贮胶罐内贮存。试验中采用混装炸药车代替人工进行装药。

为获得合适的混装炸药参数，现场进行了 2 批次爆破试验，针对第 1 批次爆破试验中存在的爆破效果不理想、装药过程存在漏药、爆破后表层大块石较多等问题，提出了调整混装炸药配方、增加混装炸药稠度、全程跟踪钻孔等改进措施，并在此基础上进行第 2 批次爆破试验。

第 2 批次爆破试验各场次的装药结构根据钻孔情况进行，爆破场次 2－1 仍采用连续耦合装药方式，爆破场次 2－2、2－3 末排采用空气间隔装药，各场次爆破颗粒级配曲线见图 5.3－12～图 5.3－14。

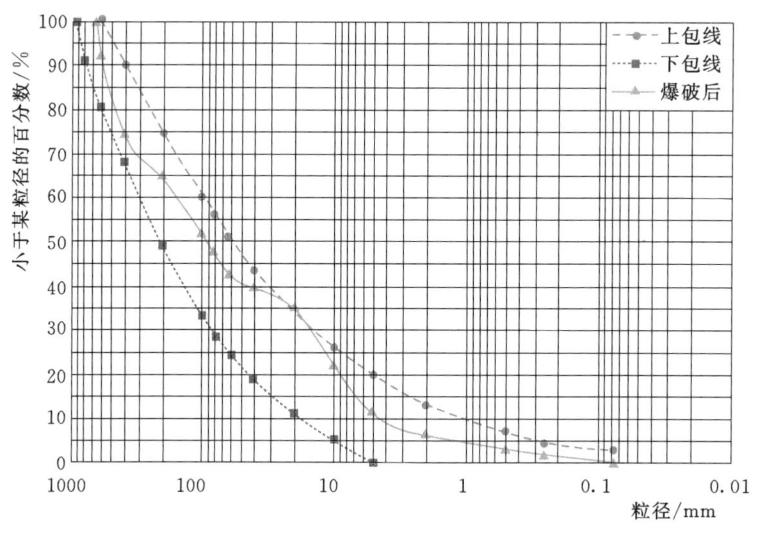

图 5.3－12 爆破场次 2－1 爆破试验颗粒级配曲线

由级配曲线可以看出，3 场次的颗粒级配曲线在上下包线之间，基本满足堆石料级配及开挖要求。爆破结果表明，效果良好，极大地降低了爆破成本，经济效益显著。

2. 实施效果

(1) 通过第 2 批次的混装爆破试验，确定了合理的混装炸药爆破参数，试验结果表

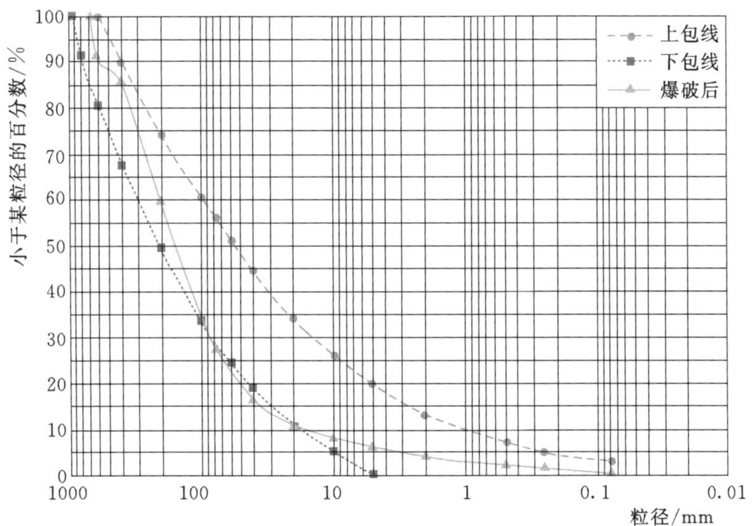

图 5.3-13　爆破场次 2-2 爆破试验颗粒级配曲线

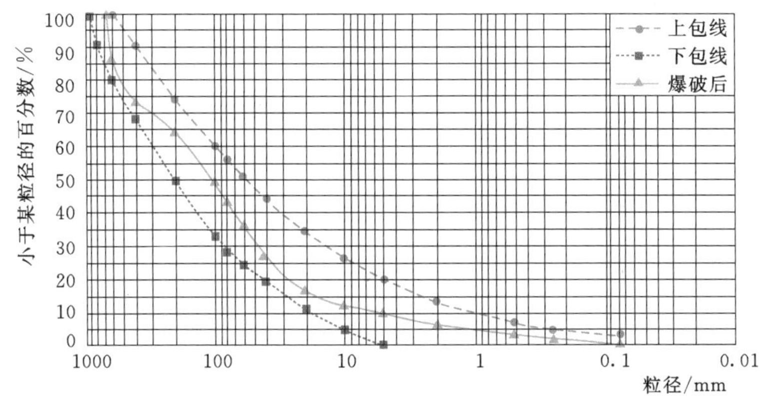

图 5.3-14　爆破场次 2-3 爆破试验颗粒级配曲线

明，采用该爆破参数爆破出来的堆石料基本满足级配要求。通过对爆破振动速度及飞石的监测，结果表明不会对周围居民造成影响，且满足规程要求。

（2）采用混装炸药车装药，迎合了混装炸药适用于机械化作业的特点，提高了装药速度和爆破作业效率，可节省 50%的人工投入、减少 40%的装药时间。

（3）后期应用表明，混装炸药具有明显的经济效益，比成品炸药节约约 3 元/m^3，同时也具有明显的社会效益，在安全性、可靠性、环保性方面成效显著。

（4）采用的现场混装炸药爆破作业方式满足了大坝填筑对料场石料爆破质量和进度的要求。因此，现场混装炸药技术在水利工程石料场开采爆破施工中具有极大的借鉴意义。

5.3.2　坝体填筑施工技术

5.3.2.1　盖板混凝土基面高塑性黏土机械化喷涂技术

砾石土心墙堆石坝的心墙与两岸基岩接触的岸坡部位，常设计为浇筑一定厚度的混凝土盖板与心墙连接，为了防止由于坝体沉降导致心墙防渗料与盖板接触面的剪切破坏，在心墙与混凝土盖板基面之间需要填筑一定厚度的高塑性黏土。试验证明在黏土心墙与混凝土基面之间还会存在接触冲刷破坏的可能。为保证黏土与混凝土基面更好的结合，常在混凝土基面上涂刷一定厚度的黏土泥浆，在泥浆湿润或未干涸前完成该部位的黏土填筑作业。因此，泥浆涂刷质量对砾石土心墙的黏土与混凝土基面结合部位的防渗非常关键，相关规范已规定了在混凝土基面上涂刷泥浆的具体要求。传统土石坝心墙混凝土基面泥浆涂刷均是人工采用涂料刷或滚筒进行，涂刷的效率低，质量差，往往需要重复多次才能达到设计要求的泥浆厚度。当需要进行大面积人工涂刷时，传统涂刷将严重制约施工进度，有必要采用喷涂工艺对人工涂刷进行革新。

1. 喷涂设备选择

喷涂设备选择，主要包括喷涂机及其附属设备和泥浆制拌设备等。喷涂机选择德国瓦格纳尔（WAGNER）PC830 真石漆喷涂机，其技术参数见表 5.3-7，能够满足泥浆喷涂的施工要求。其他附属设备和泥浆制拌设备的参数见表 5.3-8。为了方便喷涂设备的移动，设计了一台一体化泥浆喷涂车，车上设有喷涂机、附属设备、泥浆制拌设备等，见图 5.3-15。

表 5.3-7　　瓦格纳尔（WAGNER）PC830 真石漆喷涂机参数

项目	型号	功率/kW	电源规格	最大流量/(L/min)	最大操作半径/m	最大通过颗粒度/mm	最大操作高度/m	最大工作压力/MPa	整机重量/kg
参数	PC830	1.8	230V/50Hz	12	30	3	20	4	38

表 5.3-8　　附属设备和泥浆制拌设备参数

设备名称	型　号	数　量
泡土缸	1～1.5m^3	1 个
制拌桶	0.1～0.2m^3	若干个
筛子	0.25mm	1 个
手持电动式搅拌器		1 个
空气压缩机	排气量 1m^3/min	1 台
泥浆比重计	NB-1	1 个

2. 泥浆喷涂工艺参数

采用机械喷涂泥浆最关键的就是确定喷涂工艺参数，主要参数包括：土的浸泡时间、泥浆稠度、泥浆干涸时间、喷涂遍数等。

制拌泥浆前，应对满足质量要求的高塑性黏土加水浸泡、搅拌。浸泡的目的是消散黏土结块，使其破碎，保证黏土颗粒与水充分接触，排出黏土里的空气，从而保证制拌出的泥浆均匀、无大颗粒存在、不出现离析。试验表明，浸泡时间不同，泥浆比重不同，时间越长，比重越大，当浸泡到一定时间后，其比重便趋于稳定。分析原因，主要是由于黏土中存在孔隙，孔隙中赋存有空气，随着浸泡时间的延长并加上搅拌，泥浆中的气体逐渐析

图 5.3-15　喷涂设备

出，泥浆的比重逐渐增大，等到黏土颗粒完全与水接触后，泥浆的比重便趋于稳定，此时，黏土已浸泡充分，便可确定该种黏土的浸泡时间。

泥浆稠度可用土与水的掺配比例表示，土水比的值越大，泥浆的稠度越大，反之泥浆越稀。但是，由于在实际喷涂过程中，所需的泥浆比较多，一次性泡土比较多，无法精确计量土水的量。此时若采用土与水的比例控制泥浆的稠度，显得比较困难。通过试验发现，当土与水的比例不同时，泥浆比重的稳定值不同，且具有一一对应的关系。因此，以比重的稳定值控制泥浆稠度更方便实用。

泥浆干涸时间是指泥浆从喷涂完成到泥浆变干、变硬所需的时间。泥浆喷涂完成后，应进行相应部位的高塑性黏土填筑作业，并且在泥浆干涸时间前完成填筑，以免影响高塑性黏土与混凝土基面的结合，造成刮除干硬泥浆、导致返工处理的结果。

3. 泥浆喷涂试验

为了使砾石土心墙混凝土基面泥浆喷涂质量满足设计要求，现场选择了一处边坡，浇筑了一块 20m×4m 的长方形混凝土基面，进行现场试验以确定泥浆喷涂施工工艺和工艺参数。试验步骤为：泡土及制拌泥浆、混凝土基面及喷涂设备的湿润、试喷、正式喷涂、厚度检测、清洗设备。

（1）泡土及制拌泥浆。试验时，泡土和制拌泥浆在泡土缸里同时进行。泡土前，采用烘干法检测待泡高塑性黏土的含水率，然后根据所要求的土与水的比例和试验时所需要泥浆的量，确定土与水的量。为了确定合适的土与水的比例及趋于稳定后泥浆的比重，分别配置土水比为 1∶0.6、1∶0.8、1∶1、1∶1.2 的泥浆。为了获得合适的浸泡时间，试验中分别在浸泡 2h、4h、6h、8h、10h 后进行取样，采用泥浆比重计测量泥浆比重。

（2）混凝土基面及喷涂设备的湿润。在喷涂前，将待喷部位的混凝土基面清理干净。在料斗内倒入清水进行清水喷涂。清水喷涂的目的是清除待喷部位混凝土基面上的浮渣并润湿其表面，以利于泥浆黏附在基面上，同时润湿喷涂设备，使喷涂管路不堵塞。

(3) 试喷。将制拌好的泥浆取一部分倒入喷涂机的料斗内。根据喷涂机的要求，其最大通过粒度为 3mm，为保证喷涂顺利进行，倒入时在料斗口放置孔径为 2.5mm 的筛子，过滤掉泥浆中可能存在的杂质。然后试喷多次确定合适的空气压缩机及喷涂机压力，同时观察所采用的泥浆稠度及泥浆的粒度是否满足要求。

(4) 正式喷涂。根据试喷所确定的泥浆稠度和喷涂压力等，开始进行正式喷涂。为了使喷涂厚度满足 3～5mm 的要求，同时考虑到实际的施工进度要求，喷涂遍数取为 3 遍，若泥浆厚度不满足要求，则增加喷涂遍数。

(5) 厚度检测。喷涂完成后，采用探针加钢直尺的方法随机抽样检测喷涂的厚度。将探针插入泥浆中，拔出后用钢直尺量取印迹的长度即为待测点泥浆的厚度。根据需要，取合适数量的检测点，最终取这些检测点厚度的平均值作为所对应喷涂遍数的厚度。如果厚度不满足要求，则加喷。

(6) 清洗设备。泥浆厚度检测合格后，应立即清洗喷涂设备，以免泥浆凝结在设备中，影响下次喷涂。

不同比例的泥浆浸泡时其比重随时间的变化及不同喷涂遍数所对应的喷涂厚度的试验结果见表 5.3-9～表 5.3-12。

表 5.3-9　　1∶0.6 的泥浆比重随时间的变化及喷涂试验结果

浸泡时间/h	泥浆比重	泥浆厚度/mm		
		1 遍	2 遍	3 遍
0（不浸泡）	1.30	0.4	0.7	1.2
2	1.40	0.6	1.3	2.2
4	1.50	1.3	2.7	4.1
6	1.56	1.6	3.4	5.0
8	1.60	1.8	3.6	5.4
10	1.62	1.9	3.9	5.8

注　不浸泡表示黏土加水后直接搅拌，下同。

表 5.3-10　　1∶0.8 的泥浆比重随时间的变化及喷涂试验结果

浸泡时间/h	泥浆比重	泥浆厚度/mm		
		1 遍	2 遍	3 遍
0（不浸泡）	1.26	0.3	0.6	1.0
2	1.37	0.6	1.1	1.7
4	1.41	0.9	1.7	2.6
6	1.44	1.1	2.3	3.4
8	1.50	1.3	2.7	4.0
10	1.52	1.6	3.3	4.8

表5.3-11 1∶1的泥浆比重随时间的变化及喷涂试验结果

浸泡时间/h	泥浆比重	泥浆厚度/mm		
		1遍	2遍	3遍
0（不浸泡）	1.21	0.2	0.5	0.7
2	1.30	0.5	0.9	1.5
4	1.37	0.7	1.4	2.1
6	1.42	0.9	1.9	2.8
8	1.45	1.2	2.4	3.6
10	1.47	1.3	2.6	3.9

表5.3-12 1∶1.2的泥浆比重随时间的变化及喷涂试验结果

浸泡时间/h	泥浆比重	泥浆厚度/mm			
		1遍	2遍	3遍	4遍
0（不浸泡）	1.01	0.2	0.4	0.6	0.9
2	1.12	0.3	0.5	0.9	1.3
4	1.19	0.3	0.7	1.2	1.6
6	1.25	0.5	1.1	1.6	2.1
8	1.33	0.6	1.4	2.1	2.8
10	1.34	0.8	1.5	2.3	2.9

分析表5.3-9～表5.3-12的试验结果并结合现场的喷涂试验发现，不同土与水比例的泥浆随着浸泡时间的延长，其比重逐渐增大，各比例的泥浆在浸泡8h后，比重均趋于稳定，说明浸泡8h后，土中的空气已基本排完，土颗粒与水已充分接触。因此这种高塑性黏土的浸泡时间为8h。各比例的泥浆喷涂相同遍数，土与水的比例越大，泥浆厚度越大。1∶0.6的泥浆比重较大，稠度较大，喷涂3遍，厚度容易满足3～5mm的要求，但在喷涂过程中经常出现喷管堵塞的现象，且泥浆在喷涂完成后15min左右就已经干涸。在实际施工中，要在15min内填筑一定厚度的高塑性黏土，其施工难度相当大。1∶0.8的泥浆稠度适中，容易喷涂，喷涂3遍便可很好地保证泥浆厚度，不易出现喷管堵塞的现象，泥浆在喷涂完成后30～40min干涸，满足高塑性黏土填筑的时间要求。1∶1的泥浆稠度适中，容易喷涂，基本不会出现喷管堵塞的现象，喷涂3遍便能满足泥浆厚度要求，泥浆一般在喷涂完成后30～50min干涸。1∶1.2的泥浆稠度较小，很容易喷涂，但由于泥浆较稀，在喷涂3遍后又加喷1遍仍不能满足设计要求的泥浆厚度。若在此基础上再加喷1遍，部分点的厚度可能还无法满足要求，而且还会增加工作量，若应用于实际工程中将制约施工进度。

因此，采用此种高塑性黏土，浸泡时间为8h，土与水的掺配比例为1∶0.8～1∶1，对应趋于稳定时的泥浆比重在1.45～1.52，干涸时间为30～50min，喷涂遍数为3遍，同时采用2.5mm的筛对泥浆进行过滤，机械喷涂泥浆的主要参数见表5.3-13。

表 5.3-13　　机械喷涂泥浆的主要参数

浸泡时间 /h	泥浆组成比例（土：水）	干涸时间 /min	泥浆比重	喷涂遍数 /遍	空压机工作压力/MPa	喷射机工作压力 /MPa
8	1：0.8～1：1	30～50	1.45～1.52	3	0.6～0.7	0.45～0.5

4. 机械喷涂泥浆工艺流程固化

通过现场工艺试验确定了可行的机械喷涂泥浆的具体工艺流程，见图 5.3-16。

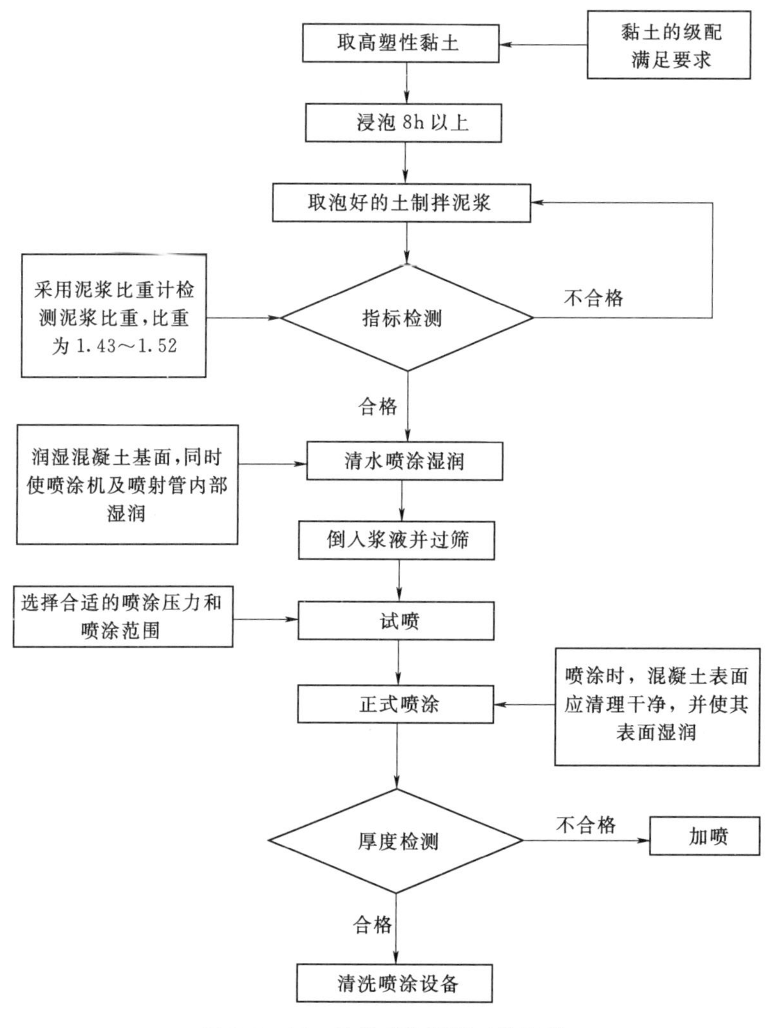

图 5.3-16　机械喷涂泥浆工艺流程

5. 机械喷涂和人工涂刷的应用对比

为了分析所确定的机械喷涂工艺参数的合理性与适用性，同时对比分析机械喷涂与传统人工涂刷的施工效率和施工质量，进行机械喷涂与人工涂刷的应用对比试验。试验中，机械喷涂采用表 5.3-13 的参数，人工涂刷所用的泥浆亦采用表 5.3-13 的参数，涂刷遍数取为 3 遍。

在实际应用中，配置泥浆时，为了减少泡土次数，同时满足施工强度要求，并且达到现用现配的目的，一般将泡土与制拌泥浆分开进行。泡土在泡土缸里进行，此步骤不再需要单独检测高塑性黏土的含水率。倒入较多的高塑性黏土至泡土缸，再倒入清水，水要至少淹没土，但不宜过多，人工搅拌均匀，浸泡8h。根据喷涂量的大小，采用铁锹铲取适量泡好的土放入制拌桶中，并采用手持电动式搅拌器搅拌。由于不易测出已泡好的土的含水率，因此根据趋于稳定时的泥浆比重判断泥浆的稠度，从而决定加水或加泡好的土的量，最终使泥浆的比重在1.45～1.52。

现场分别选取两块各$4m^2$的混凝土基面作为机械喷涂及人工涂刷的试验区。喷涂及涂刷完成后在两块试验区分别随机选取12个测点，将探针插入泥浆中，检测泥浆的厚度，并进行记录。机械喷涂和人工涂刷各检测点的泥浆厚度见表5.3-14。

表5.3-14　机械喷涂和人工涂刷各检测点的泥浆厚度　单位：mm

测点序号	1	2	3	4	5	6	7	8	9	10	11	12	平均厚度
人工涂刷厚度	3.2	3.8	2.9	2.7	3.6	2.5	4	4.2	3.4	2.8	3.2	3.7	3.33
机械喷涂厚度	3.8	3.8	3.9	4	3.8	3.9	4	4	3.9	3.9	3.8	3.7	3.88

从表5.3-14中可以看出，人工涂刷试验区泥浆厚度的分布区间为2.5～4.2mm，平均厚度3.33mm，厚度不均匀，33.3%的点不能满足3～5mm的要求。机械喷涂试验区泥浆厚度的分布区间为3.7～4.0mm，平均厚度3.88mm，厚度较均匀，所有检测点的厚度均大于3mm，满足设计要求。

离散系数（又称变异系数）是衡量各观测值变异程度的一个统计量，试验中采用离散系数作为辅助分析参数，判断机械喷涂和人工涂刷厚度的离散程度。经计算，人工喷涂试验区12个检测点的泥浆厚度的离散系数为0.156，机械喷涂试验区的离散系数仅为0.024。因此，根据离散系数，机械喷涂的泥浆厚度比人工涂刷的厚度更加均匀，喷涂的质量更均一。

现场试验也表明，在$4m^2$混凝土基面上人工涂刷3遍用时15min，机械喷涂3遍仅用5min，比人工涂刷少了10min，作业效率或速度提高了2倍。但是，考虑到实际喷涂管路较长，喷涂半径较大，当喷涂面积增大时，机械喷涂的效率或速度将会进一步提高。

6. 实施效果

采用试验选定的工艺流程和工艺参数的泥浆机械喷涂工艺，满足了设计要求：

(1) 机械喷涂均匀性好、施工效率高、质量保证率高。机械喷涂气泡少、黏结强度高，喷涂厚度均匀，平均厚度3.88mm，而传统人工涂刷的平均厚度3.33mm，且离散系数大，变异性大；机械喷涂较传统人工涂刷速度提高了2倍以上，大面积喷涂作业时，喷涂速度可达$1min/m^2$。

(2) 试验确定的“取高塑性黏土→浸泡8h以上→取泡好的土制拌泥浆→检测泥浆比重→清水喷涂湿润→浆液过筛→试喷→正式喷涂→厚度检测→清洗喷涂设备”的泥浆喷涂工艺流程可行，所确定的浸泡时间、泥浆稠度、喷涂遍数等参数均满足设备运行要求，设备运行稳定，且能够满足施工强度及施工质量等要求，因此，采用趋于稳定时的泥浆比重代替土与水的掺配比例衡量泥浆的稠度方法，科学合理，符合现场实际、指导性更强。

（3）采用一体化移动式泥浆喷涂车，喷涂机、泡土缸、空气压缩机等设备放置在车辆上，避免了重复安装和拆卸。

采用机械喷涂泥浆工艺代替传统人工涂刷，提高了土石坝施工机械化程度，对类似工程具有极大的借鉴意义。

5.3.2.2 双料界面机械化摊铺技术

在大坝填筑施工过程中，心墙区土料与反滤料、反滤料与反滤料之间的土-砂分界、砂-砂分界填筑施工是影响大坝填筑施工质量及进度的关键环节。高堆石坝反滤料设计宽度大、种类多、数量大、成本高，“先砂后土法”或“先细后粗法”施工时，反滤料界限侵占、重力分离、物料污染等现象严重，现场文明施工状况较差。有必要进行创新，研发出一种新的摊铺工艺。

1. 双料界面摊铺器设计

为解决土石坝土-砂分界、砂 砂分界施工时常规施工方法存在的问题，技术人员结合现场施工情况先期进行了单料摊铺器研发，但由于一次摊铺宽度太宽，成型困难，继而进行二次研发。在单料摊铺器的基础上，研制加工出了一种能够同时完成土-砂、砂-砂分界的、各具一定宽度的双料摊铺器，将分界面一次摊铺成型，然后再进行其他剩余大面填筑。双料摊铺器由推土机拖行前进。

双料摊铺器的设计及制作采用钢板加工并以槽钢或工字钢作为其肋以保障其整体性焊接而成的箱式无底结构。摊铺器的设计尺寸为：高 1m、宽 3m、长 4m，以满足装载机的斗容量和卸料方便。在摊铺器中间增加料仓分隔钢板，且料仓分隔钢板根据填筑料边界按设计坡比焊接布置。双料摊铺器料仓由设定坡度的分隔钢板分成两个料仓。两料仓仓面尺寸均为宽 1.5m、高 1m、长 4m。

考虑到不同料种碾压后沉降量的不同，且为保障碾压施工质量，在制作两侧料仓出料口高度时，考虑了对应料种生产性碾压试验确定的沉降率，出料口高度即为两种料的摊铺成型厚度；同时，考虑到分隔钢板部位脱空造成分界部位料物坍陷，在摊铺器料仓分隔板两侧料仓出料口顶部各留有梯形缺口（补偿料口）以保证料种分缝部位的碾压效果。摊铺料仓采用方钢三脚架与推土机连接，推土机沿砾石土料与反滤料边线牵引摊铺器前进一次完成摊铺。双料摊铺器设计结构见图 5.3-17。

2. 双料界面摊铺器应用

双料界面摊铺器能同时实现砾石土与反滤料或反滤料与反滤料两种料摊铺，摊铺面边线整齐，不再有土-砂、砂-砂相互侵占现象，节省了高成本物料，且由于侧限条件下物料摊铺，减少了物料重力分离，保证了质量；首次摊铺速度为 5m/min，现场文明施工状况良好。根据现场试验结果制定的新的心墙区填筑施工工艺如下：

（1）层面处理及验收。每层分界面铺筑前，先将层面上的杂物清理干净，经监理工程师验收合格后方可进行下道工序施工。

（2）测量放线。层面验收合格后，测量人员使用手持式 GPS 测量仪按设计图纸放出心墙土料及反滤料的铺料边线，并将边线用白灰标记。同时，施工人员在距离料种分缝线

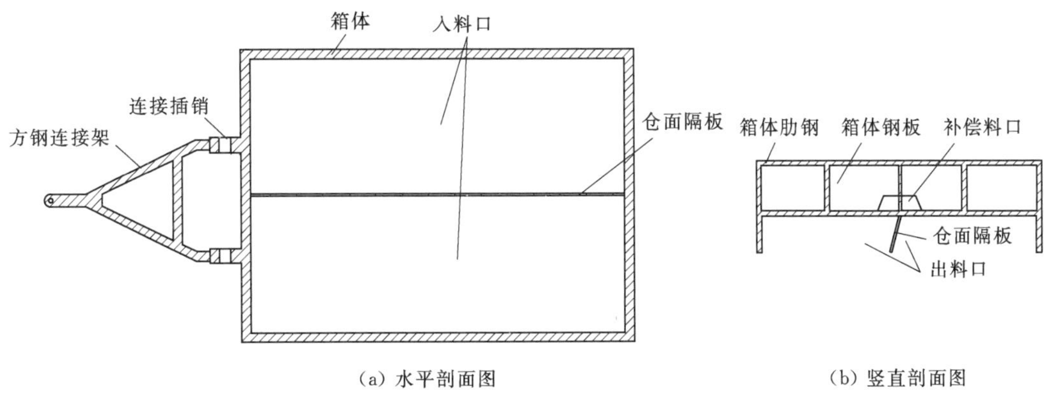

图 5.3-17　双料摊铺器设计结构图

1.85m（推土机中线至履带板边缘距离）处平行放线并洒白灰线，画出推土机行走轨迹引导线，以保证推土机行走路线的顺直。

（3）双料界面摊铺器就位。用反铲挖掘机将双料界面摊铺器吊装至分界区左、右岸一侧对应摊铺位置，将双料界面摊铺器的料种分割板与料种分界线重合，双料界面摊铺器方钢连接架方向朝向铺料方向，与推土机机身后面插销连接。

（4）卸料。将装有反滤料及砾石土料的自卸汽车采用后退法将砾石土料及反滤料分别卸在分界区各自准备摊铺的位置上。反滤料应采用单车分堆卸料的方式卸料，以保证卸料堆占地尺寸满足摊铺作业要求，便于后续摊铺作业施工。

（5）摊铺。由推土机沿分界线牵引双料摊铺器一次完成铺料。摊铺过程中，装载机或液压反铲及时跟进给料。当铺料箱偏离白灰线距离超过 5cm 时应及时用挖机进行调整。如此连续作业，将分界面铺筑完成。对于靠近岸坡处、摊铺器难以铺筑的局部地方用反铲进行摊铺。双料界面摊铺完成后，进行心墙区剩余部位的填筑施工。采用进占法填筑心墙土料，后退法填筑上、下游侧的反滤料。

（6）碾压。当整段分界面（3m 宽）铺筑完成后，采用自行式振动平碾（碾宽 2.2m）沿铺筑方向（振动轮中线对准分缝线）按砾石土的碾压参数进行碾压（碾压完成后不再进行跨缝碾压），振动碾的行走速度控制在（2.5±0.2）km/h。

（7）检测。分界面碾压完成后，试验人员采用挖坑灌水法检测压实度、相对密度及其颗粒级配。取样频次：1 次/500m^3，每层至少 1 次。

3. 实施效果

双料界面摊铺器实际应用效果如下：

（1）成功实现了土-砂、砂-砂边界填筑松坡平齐施工，首次实现 100%按照设计体型完成了心墙土料与反滤料、反滤料与反滤料的设计收坡坡比的填筑施工。

（2）双料分界部位一次摊铺成型，填料尺寸清晰，避免了料种相互侵占，节省了高成本的物料，减少了浪费，增加了效益。

（3）有效地控制了摊铺层厚，并根据不同料种碾压预沉降量，设置不同铺料厚度以及创造性地增设补偿料口，提高了分界部位的碾压质量。

（4）采用双料界面摊铺器完成摊铺，解决了常规施工中物料重力分离、粗颗粒集中等问题，提高了接缝施工质量。

（5）有效地解决了常规施工中的施工干扰问题，文明施工效果凸显。

对土石方填筑，特别是双料分界部位的填筑施工具有极大的实用及推广价值。

双料界面摊铺器的研发应用实现了双料界限的精准、一次摊铺，是传统施工方法的一次技术革新，解决了常规施工方法存在的料种间相互侵占、填筑料尺寸不规范、施工质量差、施工效率低、施工干扰大等诸多问题。减少了边界处理工序，节约了施工成本，提高了边界部位的施工质量。

施工中应注意：采用后退法进行分界区土料卸料时，对上料路线必须进行专项规划，尽量避免重车在心墙土料上行走，以免对土料造成剪切破坏；摊铺作业完成后，应及时用凸块碾对车辆行驶及装载机上料压光土料面重新进行刨毛处理。

双料摊铺器及其双料界面施工新方法满足了高土石坝的施工进度及质量要求，可在高土石坝施工中大力推广。

5.3.2.3　坝料智能计量称重和自动加水技术

土石坝坝料填筑数量计量和坝料含水率调整是控制施工进度和施工质量的重要因素，直接关系到施工成本和大坝安全。土石坝填筑料工程量大、种类多，传统计量方式主要依靠测量收方、过磅称量和记车数三种方式，数据收集工程量大，准确性差。此外，对于天然砾质土这种组分较多、含水率差异较大的土质，需要在工程应用中采取工程措施调整含水率以改善土料的工程特性，以满足设计要求。常规方法是在坝面通过布设水管洒水或洒水车洒水，一方面影响填筑正常进行、降低填筑效率；另一方面施工人员在拖拽水管、水车在洒水时与填筑施工在同一场地交叉作业，存在较大的安全隐患。为了实现填筑坝料智能计量称重和自动加水改善填筑坝料的工程特性的目标，进行坝料智能计量称重和自动加水技术的研究。

1. 坝料智能计量称重系统

传统过磅称量仅是单纯地对填筑坝料的称重数据进行记录，计量人员每班打印相应的过磅数据，对各运输单位进行计量。计量员每次需要进行大量的分类筛选工作，施工效率低，且相关数据也仅是作为计量依据，不能有效地进行分类汇总进一步辅助项目管理。智能计量称重系统主要针对填筑的坝料实现称重数据的自动收集、实时传输、同步整理以及异常数据信息预警等功能。

（1）数据自动收集与实时传输。传统方式需要依靠大量人员进行统计、整理才能得出受人为因素影响的数据，精确性大打折扣。无线传输技术的研究，使其能够作为施工作业参考的数据；实时数据的收集及自动化传输，方便管理人员对与施工作业有关的数据及时整理归存，并以数据结合视频影像辅助指导完成有关调度施工决策等。

砾石土心墙坝填筑具有料种多、填筑量大的特点，地磅房面对的是繁多的运输车辆、不同地点的料源和不同位置的卸料地点，从而产生大量的过磅数据。以往的过磅数据全部依靠地磅员进行统计整理，下班后交给后方管理人员，易造成数据分析的延后。为解决这一问题，在传统过磅方式的基础上，增加了信息传输。地磅房每过一车料，信息在存储至地磅房本机上的同时发送到后方共享电脑上，称重数据传输示意图见图 5.3－18。后方管理人员可以第一时间看到过磅数据，随时对数据进行分析和整理，从而对出现的问题做出及时处理。

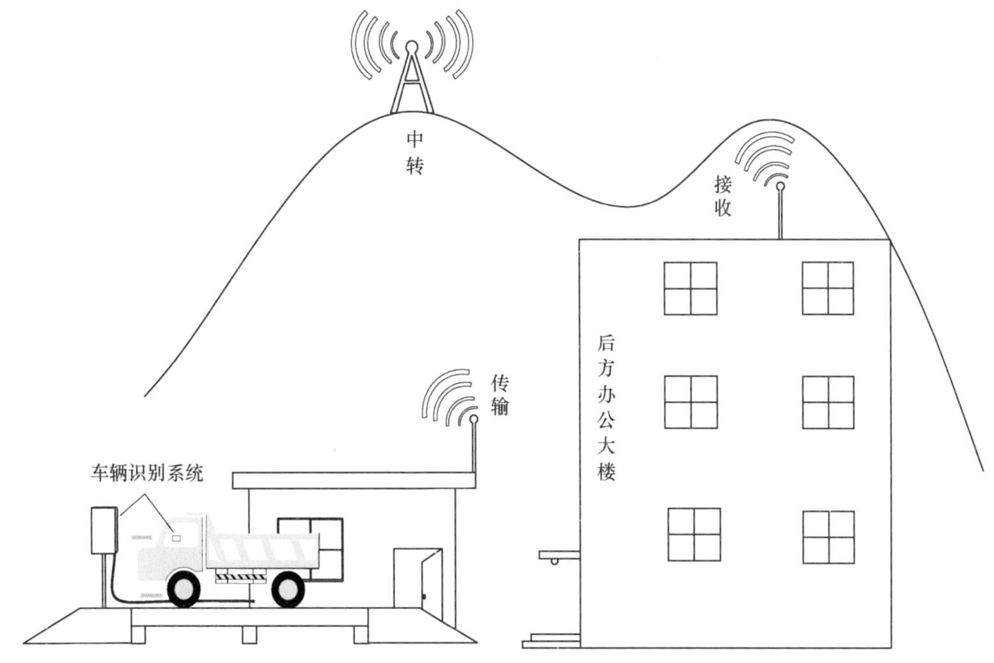

图5.3-18　称重数据传输示意图

称重数据实时传输的实现，减少了数据收集的中间环节，降低了可能出现错误的概率。同时在每个地磅房加装监控系统，对称重车辆和值班员进行双向监控。当运输车队提出称重车数有异常时，可以通过调取监控录像用于比对。

同时，独立开发相关的统计分析管理软件，利用软件将称重数据进行统计分析，计量管理人员可以直观地对违规称重的数据进行自动提取、识别和判定，有效地避免了一车多卡、循环过磅等问题，确保了称重信息的准确性。

（2）数据同步整理。系统开发前首先对计量称重涉及的运输单位、发货地点、收货地点、坝料品名的逻辑关系进行了梳理，相关逻辑关系见图5.3-19。系统开发的目的是在图中点击逻辑关系中的任何一个点，系统会将这个点上的关联信息进行罗列。比如使用人点击了过渡料，并选取一个时间段，系统会自动罗列出该料在哪个发货地点供应了多少，在哪个收货地点接收了多少，哪家运输单位运送了多少吨和多少车。

为确保称重数据的完整性，系统预留手动输入的接口，手动数据以Excel表格的形式导入软件中。数据导入软件中后，软件自动与收集到的数据进行整合（特殊情况下需要采用手工记录的称量数据）。数据查询的条件有发货地点、收货地点、运输单位和品名，能按照查询条件查询到每天、周、月的称量车数和过磅吨位的总和。运输单位信息的录入编辑具有可修改性，可在基础数据界面进行编辑。

（3）异常数据信息预警。研究过程中发现：计量称重系统本身设计存在缺陷，主要因为系统识别车辆身份是通过安装在自卸汽车的驾驶室玻璃上的无线射频卡实现的。实际操

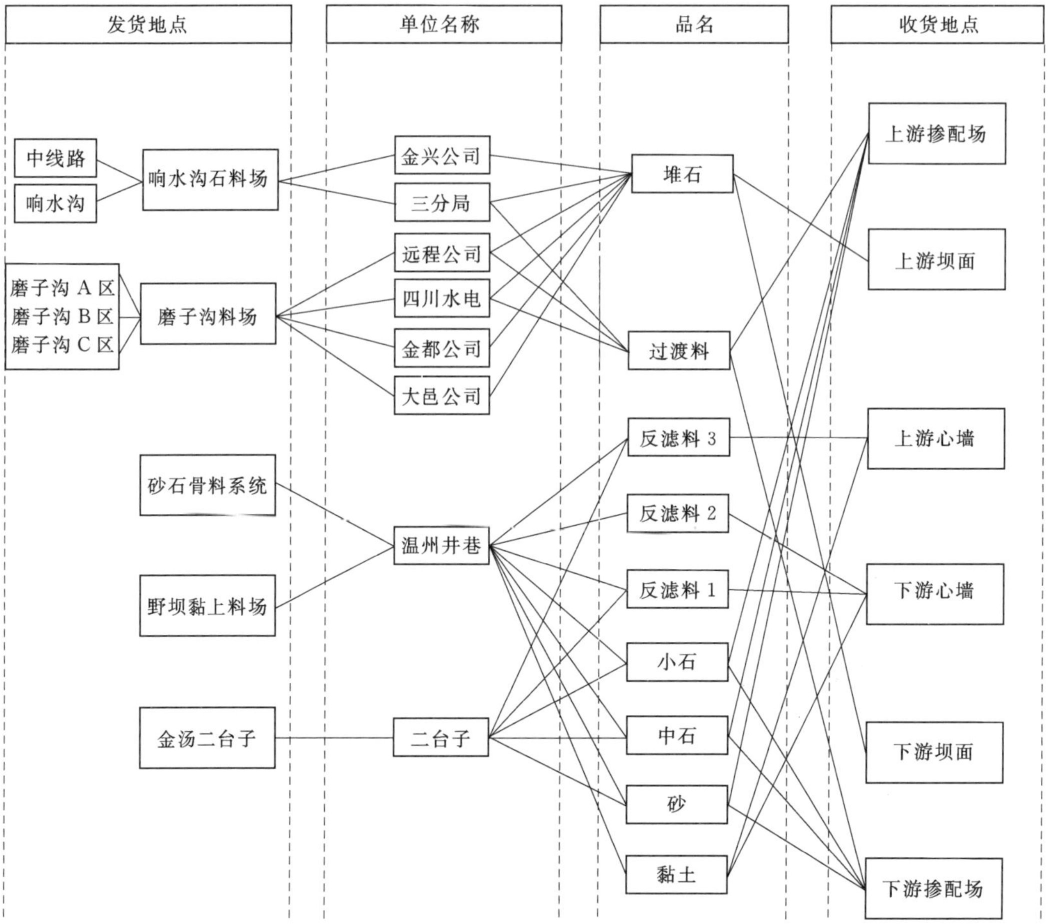

发货地点　单位名称　品名　收货地点

中线路
响水沟
响水沟石料场
磨子沟A区
磨子沟B区
磨子沟C区
磨子沟料场
砂石骨料系统
野坝黏上料场
金汤二台子
金兴公司
三分局
远程公司
四川水电
金都公司
大邑公司
温州井巷
二台子
堆石
过渡料
反滤料3
反滤料2
反滤料1
小石
中石
砂
黏土
上游掺配场
上游坝面
上游心墙
下游心墙
下游坝面
下游掺配场

图5.3-19　坝料智能计量称重系统逻辑关系图

作中若一辆车同时装有2张不同的射频卡，称重系统将识别2辆车的运输重量。此外，在部分路段中检查发现，存在驾驶员采取循环过磅骗取计量成果的现象。通过将称重数据进行软件的统计分析，计量管理人员可以直观地对违规称重的数据进行自动提取、识别和判定，有效地避免了车辆一车多卡、循环过磅等问题，确保了称重信息的准确性。称重计量系统异常数据分析原理见图5.3-20。

异常数据分析的目的在于使用者在系统上设定标准运输时间和标准运输吨位后，系统可以自动识别收集到的过磅数据是否在正常的范围内，并对地磅的运行状态进行动态监控。主要有以下几方面要点：

1）异常数据的分析主要是指单车运输称量数据异常的判断。使用者在系统输入标准值后，系统会根据标准值自动提取过磅数据的异常信息。

2）系统对异常数据进行自动识别的同时，还能够将这些异常数据进行标识和保存。

3）系统要有异常数据的提示功能，计量人员通过窗口对识别的异常数据进行最终的闭合管理。数据确为异常时，计量员对异常数据进行删除；如果数据是特殊情况下造成的，则进行闭合保存。

2. 自动加水系统

填筑坝料补水采用坝外式加水，研究设计了一种筑坝料自动加水系统。该系统与坝料智能计量称重系统有效绑定使用，系统通过检测车载无线射频卡自动识别地磅系统测得的该车坝料重量，计算出适宜加水量，并利用液体流量传感器及电磁阀控制水流开关，实现智能化加水。系统能够有效保证加水量，且实现自动控制，结构简单、安全可靠、经济。

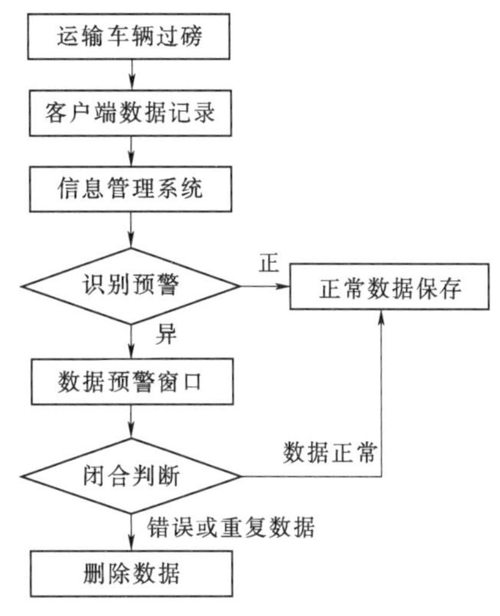

图 5.3-20 称重计量系统异常数据分析原理图

在土石坝填筑过程中，上坝堆石料往往需要进行加水作业。该系统通过在车辆上安装射频卡，可读取车辆编号、载重等数据，自动计算加水量，在车辆进入加水区后，读卡器根据感应的车辆信号，实现自动加水的统计，并在电子显示牌上显示需加水量、加水状态等信息，并将数据收集至中心数据库内。通过在加水管路上安装电磁阀门，可实现上坝堆石车辆自动加水与监控，并统计加水系统过车次数以及加满水次数，计算加水合格率，若加水不达标或加水未完成，司机和车辆不得离开加水区，保证施工质量。

3. 实施效果

坝料智能计量称重系统和自动加水系统是针对目前水利水电工程施工现状研究的，适用于快节奏、高强度的施工过程管理。

（1）研究搭建了坝料智能计量称重系统和自动加水系统的集成平台，协同处理施工作业任务。同时实现了数字化远程操控，提高了工作效率。

（2）通过对坝料智能计量称重系统数据的同步采集、整理与异常数据信息的预警功能的深层开发，实现了数据的实时收集与智能分析，缩短了管理路径，提高了过程管理响应速度。

（3）依托计量称重系统可反算压实方的填筑施工进度，实现了施工进度的实时过程跟踪，加强了过程管控。

（4）通过数据实时收集与整理，实现了关键数据的快速分析，更有助于辅助施工质量管理。

5.3.2.4 数字化大坝控制系统

数字化大坝控制系统是通过网络化、可视化、数字化、智能化的技术手段，构建的土石坝大坝施工综合数字信息管理平台和三维虚拟模型，实现对土石坝填筑施工过程中进度、质量、施工操作等信息实时、高精度、自动化、全天候的动态采集和数字化处理、自动化控制的功能。系统包括保持跟踪观测卫星的地面卫星定位基准站，负责系统的通信与数据管理及远程监控的总控中心，负责系统过程参数信息实时监控、纠偏的质量现场分控站，以及负责接收、发送卫星定位信息、状态信息及控制信息的监控终端设备等。

1. 系统建立

数字化大坝控制系统由空间部分、地面部分、设备部分三部分组成。

数字化大坝控制系统可选择单一或通用的卫星定位系统，有美国的全球定位系统、俄罗斯的“格洛纳斯”、中国的北斗卫星导航系统、欧盟的“伽利略”等卫星导航系统，要求所选择的卫星定位系统开放兼容、稳定可靠。数字化控制系统所选择的卫星定位系统应覆盖大坝施工区域范围，且保证在工程区域施工作业条件下均能够正常工作。当工程区域河谷狭窄、岸坡陡峻、基坑较深时，卫星可视条件不理想（如果工程区施工作业环境下可见卫星数量少，系统无法正常工作），定位精度下降或不能定位，需采用定位补偿装置以保证定位效果满足精度。

数字化大坝控制系统由卫星定位基准站、总控中心、现场分控站、设备流动站、监控终端、PDA 调度模块和通信网络等部分组成。卫星定位基准站应布置在周围视野开阔、地势较高无障碍物的位置，距离施工区域一般在 5～6km 以内，应满足覆盖施工区域、卫星信号连续要求；总控中心宜在施工管理办公区布置；现场分控站宜在大坝施工作业区附近交通便利区域布置。

数字化大坝控制系统设备部分包括设备及设备上安装的具有接收、控制和发射功能的监控终端。

数字化大坝控制系统是以大坝施工过程工艺参数作为实时监控指标，包括坝料加工、开采、运输及坝面作业全过程；通过时空定位技术、作业状态监控技术、数据传输技术、数据库技术等实现对土石坝施工过程工艺参数实时监控的功能。

数字化大坝控制系统采用 C/S(客户机/服务器）工作模式，逻辑上划分为表现层（监控客户端）、应用层（通信与计算服务端）、数据层。

数字化大坝控制系统配置应与工作内容、控制的施工设备相匹配，其功能、应用范围、控制精度应满足要求；监控仪器应技术先进、性能稳定，满足工作环境的温度、湿度、防水防尘等级及精度要求，通信网络信号应覆盖整个工程的施工作业区，且信号流畅、连续。

数字化大坝控制系统采用高精度空间定位监控系统，碾压设备水平方向定位精度宜在±2cm 以内，竖直方向定位精度宜在±3cm 之内，自卸车辆精度宜在±100cm 之内，摊铺、平整精度应在±5cm 之内；系统根据施工精度要求、质量控制要求、现场施工条件设置预警、报警参数；安装于设备驾驶室内的监控装置具备数字显示或声、光、图像提醒功能。

2. 仓面规划

按照质量检测和数字化填筑施工的要求，在施工前对作业面施工范围进行分区规划及对作业设备、施工参数进行设置。

仓面规划是把大坝坝面划分成若干大小合理、搭接有序的施工碾压仓面，并对仓面里的摊铺设备、碾压设备进行施工参数设定，如摊铺厚度、碾压路径、碾压遍数、行驶速度等。

3. 过程纠偏与补压

对于摊铺厚度、行驶速度等过程数据不符合的可通过纠偏方式改进；对于碾压遍数不够或由于碾压轨迹偏差造成的漏碾部位进行补碾。

4. 质量评价

对于大坝整体碾压质量评价，基于系统统计数据，按照确定的不同部位坝料的合格比例进行合格率评定。长河坝水电站大坝堆石料、心墙料的碾压合格率分别按92%、95%进行评价。

5. 应用实践

长河坝水电站大坝工程应用数字化碾压监控系统，由GPS监控系统（包括上坝运输过程实时监控、填筑碾压过程实时监控等）、施工现场信息PDA采集系统、车辆自动加水与监控系统、坝区气象数据采集与分析系统、实时视频监控系统等组成。

通过对全料种、全过程施工参数的实时控制，确保了大坝施工质量。累计安装振动碾压监控设备25台套。应用过程中对系统及碾压作业方式进行了多项改进，如：增加振动碾仓面信息显示功能、调整制定了程序化的现场仓面规划与搭接碾压方式、建设施工区域全覆盖的无线局域网解决断网时系统信息传输监控功能等，提高了系统的应用实效与现场施工的协调性。统计心墙砾石土料碾压合格率平均值达98.03%，其他料种碾压合格率平均值达96.26%。

基于GPS监控数字化大坝系统已在糯扎渡、长河坝水电站得到了很好的应用，精确地控制了铺料厚度，有效减少了坝面的漏压、欠压现象，提高了大坝整体和边角部位的填筑施工及碾压质量，对控制大坝填筑质量起到了很大的促进和监督作用。

5.3.2.5　智能化无人驾驶振动碾施工技术

振动碾在土石坝及碾压混凝土坝中具有广泛的应用，是施工中不可或缺的压实机械。传统振动碾普遍由驾驶员人工操控，长时间处于单调的强振动状态下对其身心造成较大的危害，且由于人工控制，存在行驶线路不精准、行驶速度不经济、碾压遍数不可靠、碾压质量不一致和变异性较大、施工效率较低等缺点。

随着科技的发展，基于GPS的无人驾驶汽车、精准农业机械都在不断取得研发进展，利用工业化、信息化、智能化改造传统建筑施工领域的施工技术也将具有广阔的发展前景。为了将无人驾驶技术引入水利工程建设中，尤其是在土石坝碾压施工过程中，达到碾压轨迹精准、行驶速度经济、碾压遍数可靠、碾压质量可控等目标，减少振动作业环境对人员的职业伤害，依托长河坝水电站工程进行了联合研发应用，首次实现了智能化无人驾驶振动机群作业技术。

1. 实现路径

无人驾驶振动压实技术是通过对现有振动碾进行智能化精确控制来实现的，需要对振动碾设备转向、行驶部分进行改造，并加装GPS定位设备硬件等。

（1）转向方式。将原车所采用的全液压转向方式改为电控转向方式，以方便无人驾驶系统获得信号、发送指令进行控制。电控液压转向系统与原有全液压转向并联使用，人工驾驶转向与电控转向互不影响。

（2）行驶方式。将原车所采用的手动操纵行驶方式改为电控操纵行驶方式。人工操纵时，振动碾作业速度根据电控手柄输入的模拟值来控制振动碾的前进与后退的速度。在自

动作业时，振动碾作业速度通过速度反馈，控制作业速度维持在设定的速度值附近。

（3）位置与航向的定位。加装GPS设备进行位置与航向的定位，并根据设定的作业范围与作业方向完成设定区域的碾压。由于振动碾为铰接结构，车身位置与姿态信息无法仅从GPS设备得到，需通过安装角度编码器和倾角传感器来得到车身准确的航向与姿态信息，并根据所得信息对GPS坐标进行补偿。

（4）核心工控机。加装带触屏功能的工控机来实现振动碾的参数设置及状态监控。振动碾的自动作业中，需要对碾压参数如行走速度、碾压遍数、搭接尺寸等进行设置，同时需要实时显示振动碾的碾压状态，如车辆位置、航向、已碾压遍数和区域等；此外，需配置遥控器实现振动碾的远程操控。

（5）超声波传感器。加装超声波传感器实现障碍物的检测，振动碾自动作业需实时检测作业方向内是否有障碍，发现有障碍物时，振动碾制动停车；当障碍物离开后，振动碾继续完成碾压作业。

2. 电控液压转向系统

振动碾的液压转向系统包括转向（左转、右转）和转向速度的控制。振动碾原车采用全液压转向器进行转向，需通过方向盘实现车身的转向，无法实现振动碾的无人自动转向控制，因此需将原来的手动操控方式改为电控操作方式。电控液压转向系统与原有全液压转向器并联使用且可相互切换，这样人工驾驶转向与自动驾驶转向就互不影响，为振动碾无人驾驶的实现提供了驱动系统的支持。

增加电磁截止阀来实现原车转向液压系统与电控转向液压系统的切换。截止阀不通电时，转向泵输出油液经液压转向器到转向油缸，即为原车的人工转向方式。截止阀通电时，转向泵输出油液经比例节流阀、电磁换向阀与平衡阀后到转向油缸。通过控制比例电磁阀线圈的电流，可以改变比例电磁阀的开度，实现转向速度的调节。通过控制电磁换向阀两端不同的线圈通电，控制转向油缸的伸缩，实现转向的控制。当电磁换向阀阀芯在中位时，停止转向。转向角度由安装在车身铰接点的角度编码器进行采集。

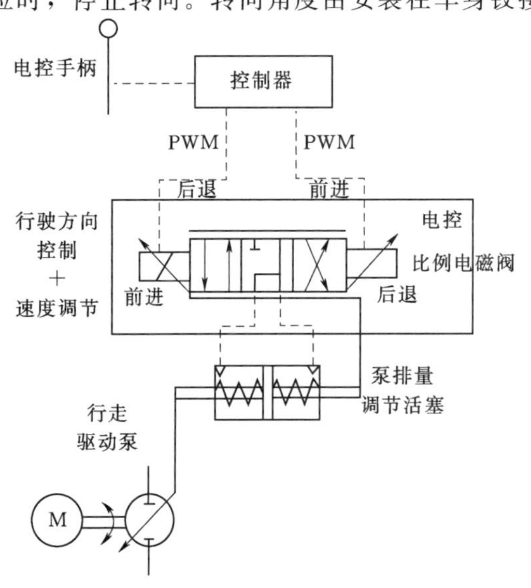

图5.3-21　电控液压行驶系统

3. 作业速度控制系统

振动碾的作业速度包含行驶速度和行驶方向（前进、后退）两个方面，对其作业速度的控制主要通过液压行驶系统实现。振动碾原车采用手动伺服手柄控制行驶速度和方向，操作人员操作手柄来调节行走驱动泵的排量，要实现振动碾的自动行驶和速度控制，需将原来的手动操纵手柄改为电控手柄，见图5.3-21。电控手柄在不同位置输出不同的模拟量值，控制器通过采集手柄输出的模拟量值来进行前进或后退的判断及行驶速度的控制。控制器通过两个PWM输出端口来控制比例电磁阀两端线圈的电流，从而改变比例电磁阀的开度，以改变泵的斜盘角度和泵的输出排量，实现振动碾自动行驶速度的控制。

通过控制比例电磁阀两端不同的线圈得电，改变泵的液流输出方向，从而实现振动碾行驶方向的控制。当比例电磁阀阀芯在中位时，行驶驱动泵供给行驶马达的流量为0，实现了振动碾的行驶制动。手柄改为电控手柄后，当需要人工驾驶振动碾时，驾驶员的操作方式还和以前一样。振动碾自动碾压时，其作业速度通过控制器进行调节。控制器根据GPS流动站发送过来的振动碾实时速度数据与设定的速度值之差对比例电磁阀线圈的电流进行实时反馈调节，从而改变泵的排量达到马达调速的目的。

4. 自动作业控制系统

振动碾自动作业控制系统见图5.3-22，现分别对各部件及其功能进行说明。

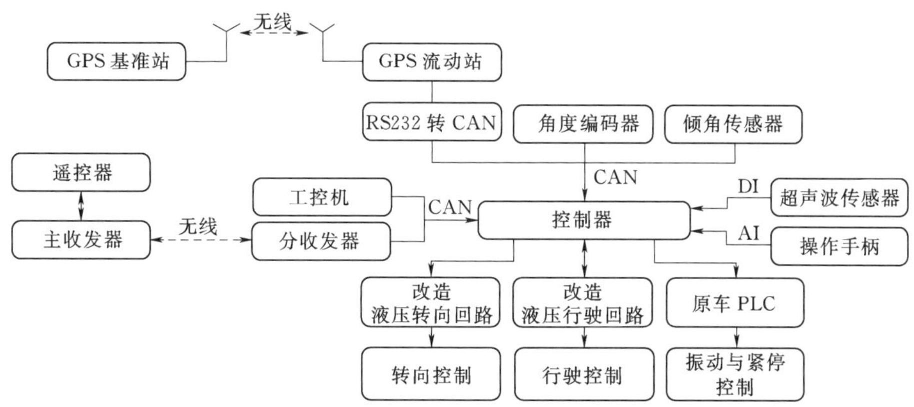

图5.3-22　振动碾自动作业控制系统

(1) GPS基准站和流动站。GPS基准站和流动站构成了一套GPS航向定位系统。GPS基准站作为一个已知坐标的控制点，其连续跟踪所有可见卫星，并实时地将测量的载波相位观测值、伪距观测值、基准站坐标等用无线电传送给流动站。流动站根据基准站发送过来的信息，补偿自身定位的坐标，并计算出校准后的位置坐标。同时由于在定位控制算法中需要获取车身的航向信息，故GPS流动站还配有航向接收仪。GPS设备通过RS232接口输出GPS位置坐标与车身行驶航向，为振动碾的自动定位与导航提供硬件支持。同时作业速度控制中以GPS输出的速度作为反馈，实现振动碾作业速度的自动控制，以满足不同路面工况的要求。GPS设备输出信号经过RS232转CAN模块的转换，输入控制器。

(2) 角度编码器。振动碾为铰接转向形式，在自动作业路线跟踪控制的过程中，需要采集钢轮与车身之间的转角信息以检测车身的位姿。角度编码器采集转角并通过CAN总线将信号输入控制器。

(3) 倾角传感器。振动碾自动作业过程中，由于工作路面状况比较恶劣，车身会产生倾斜从而导致GPS定位与车身实际位置不吻合，故设置倾角传感器补偿GPS坐标，得到更准确的GPS定位位置以提高振动碾自动作业的精度，倾角传感器通过CAN总线将信号输入控制器。

(4) 超声波传感器。振动碾上安装超声波传感器主要有以下目的，振动碾自动作业时，利用超声波传感器检测车身周围是否有物体靠近，当在一定范围内检测到有物体靠近时，振动碾自动停止作业，待物体远离后继续完成作业。超声波传感器的输出形式为开关量输出。

(5) 操作手柄。原车手柄的功能是控制手动控制阀实现振动碾的前进、后退及速度调节。改造后的行驶液压系统采用电控比例阀实现前进、后退的控制与速度调节，原来的机械手柄无法实现手柄位置的反馈输入，故将原来的机械手柄替换为电控手柄。电控手柄在不同的位置输出不同的模拟量值（0～5V），控制器采集手柄输出的模拟量值来进行前进、后退的判断与行驶速度的控制。手柄替换后，驾驶员的操作方式无改变。

(6) 工控机。工控机作为电控系统中的控制终端，主要实时监控振动碾的工作状态和设定系统的工作参数。此外，工控机界面上还可选择工作模式（遥控模式或自动作业模式），并设有自动启动控制和急停控制，允许操作人员在设定完工作参数后，通过触屏启动振动碾开始碾压作业，同时在必要时紧急触屏制动振动碾。工控机通过 USB - CAN 将工作参数和控制信号发送给控制器。

(7) 遥控器（带主收发器与分收发器）。遥控器通过主收发器以无线方式将控制信息传输给分收发器，分收发器安装在各台振动碾上，当振动碾上的分收发器接收到信号后将控制指令以 CAN 总线的形式发送给控制器，实现振动碾的远程控制。

(8) 控制器。控制器是振动碾电控系统的核心元件，其根据工控机和遥控器的指令实现振动碾的行驶与振动控制。控制器还需完成 GPS 数据和传感器数据的采集及处理，并结合工控机设定的工作参数进行作业路径的规划和自动路径的跟踪。另外，控制器将处理后振动碾的状态信息发送给工控机以达到实时监控的目的。

5. 触屏监控系统

振动碾工作状态的实时监测和系统工作参数的设定主要由带触屏功能的工控机实现。工控机的状态监测界面主要包含以下内容：

(1) 位置信息。显示振动碾当前的大地坐标信息（包括东向坐标和北向坐标）。

(2) 航向信息。显示振动碾当前的行驶航向角。

(3) 速度信息。显示振动碾当前的作业行驶速度。

(4) 车身转角信息。显示由角度编码器所测得的车身当前转角值。

(5) GPS 信号状态信息。显示当前 GPS 设备状态信息（卫星数量与 RTK 状态）。

(6) 碾压参数信息。显示需要完成的振动碾平碾次数和振动次数，以及已经完成的平碾次数和振动次数。

(7) 超声波传感器信息。显示振动碾上所有超声波传感器的检测结果，绿色表示在超声波检测范围内没有障碍物，红色表示在超声波检测范围内有障碍物。

(8) 压力传感器信息。显示振动碾行驶液压系统的压力值。

(9) 遥控器状态信息。显示遥控器的状态，包括遥控器信号的无线状态及信号强度，同时显示遥控器上的动作指令，包括碾压模式、振动模式、振动频率和行进指令。

(10) 控制指令信息。显示振动碾的工作模式，并设有自动启动和紧急停止按钮。当振动碾的工作模式设为自动模式时，自动启动按钮被激活，按下自动启动按钮后，振动碾开始自动作业。在自动作业过程中可以在必要时按下紧急停止按钮，使振动碾紧急停止，从而进行避险。

6. 参数设定

为了完成不同区域、不同路面的碾压要求，需要设置振动碾的碾压参数。振动碾的参数设置界面见图5.3-23。

振动碾的参数设置界面主要完成以下参数的设置。

图5.3-23　振动碾的参数设置界面

(1) 工作区域。设置四个边界点的大地坐标（东向坐标和北向坐标），并可以将当前坐标位置录入为某个边界点。在自动操作之前可选起始工作点，并选另一个边界点作为出发时前进的方向，这样就可完成振动碾作业区域的设置，程序会自动根据输入的参数规划路径。

(2) 运行速度。根据不同的路面设定振动碾的作业行驶速度。

(3) 作业幅宽。即碾轮的宽度，可根据不同的振动碾类型输入不同的值。在计算换行间距时需考虑此参数。

(4) 平碾次数。设定平碾状态下的碾压作业次数。

(5) 振动碾压次数。设定振动状态下的碾压作业次数。

(6) 换行阈值。设置振动碾在变道时从开始转向到开始回正方向之间在路径垂直方向上的最大距离。

(7) 液压系统安全压力。设定振动碾行走油压传感器的报警值。

(8) 接行宽度。设定碾压操作时相邻两条轨迹的搭接重合宽度，在兼顾碾压效率和碾压质量的前提下设置。在计算换行间距时需考虑此参数。

(9) 允许误差。振动碾在前进和后退接近边界时允许的振动碾坐标与边界之间的偏移量，即振动碾到目标点附近一定范围内时即认为抵达目标点。

(10) 安全距离。设定振动碾上超声波传感器的报警间距。

(11) 其他。设置由起点坐标和终点坐标计算得到前进方向、振动碾直线跟踪控制算法的调节参数（调节参数越大，振动碾调节越平稳，调节时间也越长）、车身回正车身转角的中位角度值、振动碾前进时允许的航向偏差（航向偏差在设定的范围内时不需调节）等。

7. 障碍物检测技术

在振动碾自动作业中，需检测作业方向内是否有障碍物，以停车避让。超声波传感器对金属或非金属物体均能检测，同时超声波传感器几乎不受外界环境条件的影响，在白天或夜晚、雨天或晴天都能使用。基于以上特点，在振动碾自动操作系统中采用超声波传感器检测障碍物。当检测到作业前方区域内有障碍物时，振动碾停车制动；当障碍物离开后，振动碾继续完成碾压作业。

超声波传感器发射超声波，通过超声波反射，检测一定范围内是否有障碍物。超声波传感器在不同检测距离上对应有不同的检测直径，因此为了实际测算超声波传感器的检测范围，通过试验测量了超声波传感器在不同检测距离下的检测直径，并绘制了超声波传感器检测范围的包络图，见图 5.3-24。

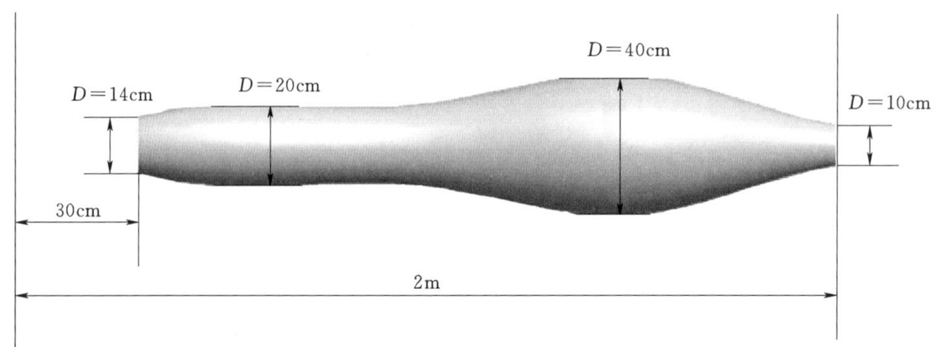

图 5.3-24　超声波传感器检测范围包络图及具体参数

由图 5.3-24 可知，超声波传感器总的测量距离范围为 0.3～2m。在左端检测距离 30cm 处时，传感器的检测直径为 14cm；在 0.3～1.2m 的检测距离内，传感器检测直径基本在 20cm 左右；在 1.2～1.5m 的检测距离内，检测直径有所增大，最大检测直径为 40cm；在 1.5～2m 的检测距离内，传感器检测直径不断减小，在 2m 处的检测直径为 10cm。在振动碾现场自动操作试验中，考虑超声波传感器的检测范围和检测对象（人、堆石或土料），在振动碾前方和后方各布置了 3 个超声波传感器。

8. 无人驾驶振动碾的应用

2016 年 5 月 17 日，研发的首批 5 台高性能无人驾驶振动碾正式投入长河坝水电站高坝建设，并实现了首批高性能无人驾驶振动碾机群化作业，这标志着土石方碾压作业正式进入“无人驾驶”的智能化时代。

无人驾驶振动碾的主要应用成效如下：

（1）质量控制方面：可避免漏压、欠压、超压，能确保一次碾压合格率不低于 97.1%。

（2）施工效率方面：无人驾驶振动碾作业比人工驾驶作业的施工效率提高约 10.6%，同时可缩短间歇时间，延长工作时间约 20%。

（3）安全风险方面：可降低人为影响和夜间施工安全风险。

（4）劳动保护方面：可有效减少振动环境对人体的损伤，减少人力资源的浪费。

5.3.2.6　雨季心墙砾石土施工工艺

大面积露天作业是土石坝施工特点之一，其直接受外界气候环境的影响，尤其是对心墙防渗土料的砾石土以及高塑性黏土的影响更大。雨季施工容易引起心墙料含水率的变化，进而直接影响土石坝心墙的施工质量，因此应研究多雨季节如何做好土料场防水排水及作业面、作业场地道路的遮盖保护工作。降雨会增大土料的含水率，会直接导致土料含水率大于施工含水率上限，致使心墙无法填筑。如糯扎渡水电站的心墙填筑在雨季基本处于停工状态，长河坝水电工程由于工期较紧，雨季也要正常施工。因此制定有效的防雨及雨后处理措施，快速恢复心墙砾石土的填筑施工尤为重要。

通过前期采用薄膜覆盖、横向留坡等雨季施工措施，分析得出了适应高土石坝工程的雨季施工措施，具体如下：

（1）加强天气预测及雨量监测。采用智能手机软件（如 MojiWeather 等）预测坝址所在地一周内的天气情况，尤其是当天的天气情况，做到时时更新，以便及时处理。采用 SL3-1 型翻斗式自动雨量器记录降雨期间的雨量，方便雨后土料处理选择不同的措施。

（2）缩小心墙填筑分区分块面积，形成快速流水施工。根据长河坝砾石土心墙填筑特点，缩小单个填筑面的面积，将砾石土心墙区按摊铺碾压、质检等分区分块，分区分块的面积控制在 $3000m^2$ 左右。通过合理的资源配置，形成流水作业面，既能有效地提高施工效率，又能加快雨前防雨处理和提高雨后砾石土填筑复工的速度。

（3）横向留坡＋表面封闭。为防止雨季心墙面积水，雨季施工中心墙砾石土填筑应预留 2%的横坡，其中在心墙横向长度大于 60m 时采用"龟背形"双向放坡；横向长度小于 60m 时，采取横向单侧放坡方式。施工过程中根据天气变化情况及时封闭填筑面表面，采用振动碾碾压，碾压遍数为 2 遍，首遍碾压为振动碾压，碾平心墙毛面，防止坑洼积水，第二遍碾压采取封闭静压，便于保证整体排水效果。

（4）雨后快速清理复工。根据天气预报和高原地区的降雨特点（具有降雨时间短、雨量大的特性），雨后采用推土机或平地机分单元快速清除表层 5～10cm 的砾石土，并采用凸块碾快速刨毛土料结合面。处理完成的区域经试验检测合格后恢复填筑施工。

（5）备料措施。砾石土料场道路泥泞，雨后出料不畅，可采用备用料施工。雨前分别在上、下游压重区备土料。

（6）左、右岸盖板截雨措施。两岸盖板各准备两套截水槽（交替使用），用以汇集从盖板流入心墙的雨水。

5.3.2.7　冬季施工技术

结合西南地区高堆石坝所处地区的海拔高程、气候特点等，有针对性地研究解决高海拔、高寒条件下机械设备的选择、心墙施工方案和技术措施等问题。严寒负温时心墙土料容易受冻，不能进行心墙填筑，因此应研究心墙土料冬季施工措施。严寒条件下的大体积土料堆存要采取保温措施才可进行施工。研究天然碎石土料在各种温度、含水率条件下的冻融特征（速度、深度），分析碎石土填筑施工在无辅助措施下的气温、上坝强度、铺土厚度、含水率等重要参数之间的关系，优化组合，进行施工验证，最终取得具有普遍意义的各因素关系图，用以指导同类工程冬季施工的施工组织设计。研究在低温条件下，采取新型辅助措施避免填土冻结，实现不间断施工，新措施与传统的暖棚、覆盖、加温等工法比较，具有工艺简单、适于机械快速连续施工的特点，可在类似工程中应用。

1. 冬季施工期间心墙保温措施

为防止低温条件下心墙料的冻结，需研究其保温措施，通过总结已有的工程经验，保温措施主要有彩条布覆盖保温、保温被保温、干土薄层保温。通过现场试验，研究不同天气条件下不采取任何保温措施情况与采用单层彩条布覆盖、保温材料覆盖的保温效果，具体如下：

(1) 单层彩条布覆盖。11月中旬，凌晨2：00—7：00，坝址区有负温出现，最低温度为-4℃。根据气温-土温预测模型，此时砾石土土温为3.0℃左右，砾石土可连续施工。为防止施工过程中土料冻结，对不能及时覆盖的作业区，用彩条布覆盖，可避免霜冻产生。如需要间歇施工，则采用自行式平碾对表面做压光封闭处理，再覆盖彩条布保温，见图5.3-25和图5.3-26。实践证明：上述保温措施在气温高于-5℃时效果非常明显，保温措施经济实用，快捷方便。若不采取保温措施，土料则会在施工过程中产生冻块。

图5.3-25 心墙表面压光封闭处理保温

图5.3-26 彩条布覆盖保温

(2) 保温材料覆盖。12月中上旬，长河坝水电站夜间气温接近-10℃。根据气温-土温预测模型，新鲜土料推铺后1～2h冻结，此时砾石土土温为-1.5℃左右，砾石土只适宜在白天施工，且夜间需采取保温措施，措施如下：

1) 保温材料+彩条布。土料推铺后，及时采用18t自行式平碾振动碾静压成光面，然后盖上保温材料，再盖彩条布。经观察，次日上午9：00（气温-4℃）表面有1cm左右冻土含有冰晶，以下4cm左右微冻，边角冻块5～10cm。白天有日照的条件下，表层稍做晾晒即可恢复施工，边角局部冻块较厚，需单独清除。具体见图5.3-27。

图5.3-27 保温材料+彩条布保温

2) 彩条布+保温材料+彩条布。土料推铺后，及时采用18t自行式平碾振动碾静压成光面，盖一层彩条布，将保温材料覆盖在第一层彩条布上面，再用彩条布覆盖在保温材料上面。经观察，次日上午9：00（气温-4℃）表面0.5cm含有少量冰晶，以下2cm左右微冻，边角冻块5～10cm。保温效果较好，表面不做处理可直接填筑施工，边角局部存在冻块，需单独清除。

3) 干土保温。土料推铺后，及时用18t自行式平面振动碾静压成光面，然后铺一层5～10cm厚、含水率小于5%的干土。经统计，次日11：00左右气温回升到0℃，将表面干土推开，集中成“土牛”，夜班再推铺回去作为保温层。通过现场试验，发现该方法保温效果好，但施工成本高。

2. 冬季停工期间的保温措施

12月底，日平均气温达到-5℃，白天平均气温为-0.5℃，夜间平均气温达到-8℃，极端低温达到-15℃。根据气温-土温预测模型，此时砾石土土温为-5.2℃左右，砾石土不具备施工条件。在砾石土填筑施工停止前，对砾石土长时间（2～3个月）的保温做了如下对比试验。

（1）方法一：心墙碾压合格后，上铺一层30cm厚含水率较低（$\omega=8\%$）的砾石土，用自行式平碾振动碾静压4遍，然后再铺一层30cm厚砾石土，并将表面压光，最后覆盖彩条布，恢复施工前需将两层砾石土清除。

（2）方法二：表层无覆盖，其他同方法一。

气候转暖，砾石土具备施工条件后，在对砾石土保温层处理时发现以上两种保温方式有不同的效果。

方法一的阴面冻土为25～30cm厚，下层含水率稍高，阳面彩条布揭开后，表层50～80cm厚砾石土潮湿，表层松软，有少量积水。将阴面25～30cm厚冻土层清除后稍做晾晒即可填土施工。阳面需将表面60cm高含水率砾石土挖除，再将下层翻松晾晒后才可恢复施工。方法二的砾石土表面干燥，土料含水率接近其初始含水率。表层30cm厚松散砾石土清除后可恢复施工。

两种方法的保温效果分析如下：土料存在孔隙水消散的过程，下部土层中的水分在毛细作用下逐渐向表层扩散，如表层无覆盖，土料中的水分会自然蒸发，达到固结排水的作用，所以方法二中砾石土表层干燥。表层覆盖彩条布，因水分无法蒸发，下层土料中的水分源源不断地富集于表层砾石土中，所以方法一中阳面表层50～80cm厚的碎石潮湿，表层松软，有一层积水。而阴面下部土层中的水分在消散的过程中集结于表层砾石土中，受冷空气作用凝结成冰，有一层25～30cm厚冻土，冻土下部含水率稍高。

综上所述，在冬季停工期间，心墙的保护措施应该采用方法二。两层砾石土作保温层，对土料含水率无特殊要求，上部无覆盖，下部土层中的水分在孔隙水的消散过程中不断蒸发。恢复施工前仅需清除表层30cm的砾石土即可。

3. 负温条件下快速施工方法研究

在负温条件下要想达到快速施工，相应的施工方法应满足的基本条件为：①土料碾压时土料温度应在−1℃以上，相应气温不低于−10℃；②土料填筑应避免受冻结块，厚度不超过2cm的冻土机械破碎后可直接填筑施工，0.5cm厚的冻土可不做处理直接填筑施工；③日最低气温低于−10℃时应停止施工，土料含水率不大于塑限的90%；④铺土、碾压、取样宜快速。

长河坝水电工程负温条件下快速施工方法研究的指导准则为：以水牛家气温实测资料和土温冻结特性资料为基础，通过合理地配置施工机械设备，分块流水作业，缩短铺土、碾压、取样作业循环的时间，快速施工，确保土温下降到−1℃之前覆盖新鲜土层，进入下一个循环的施工。

通过现场试验研究，所确定的负温条件下的施工组织应采用：①11月气温在−4℃以上，土料冻结时间为4～8h，心墙填筑可按常规方式组织施工。料场配制2～3台反铲装车，21～24台20t自卸汽车运输，每个循环耗时为5～6h，每层砾石土填筑2100～2300m^3。11月心墙上升10.3m左右，大坝高程从2189.38m上升至2199.69m，大坝填筑方量约58.4万m^3，异常低温时段采用彩条布覆盖；②12月负温出现在下午18：00至次日11：00，气温在−1～−15℃，平均气温−5.6℃，最低温−15℃，最高温13℃，阴天全天皆为负温。可施工时段为11：00—19：00，有效施工时间为6～8h。心墙填筑施工需分块作业，分块大小 1500～2000m² 为宜，填筑方量约 600m³。料场配制 3 台反铲，21 台 20t 自卸汽车运输，2 台推土机，2 台拖式振动碾，每个循环耗时 2～3h；③12 月夜间气温低，为保证次日 11：00 左右能恢复施工，土料铺土后不宜用凸块碾碾压，应采用自行式平碾将表面压光做封闭处理。然后采用“彩条布＋保温材料＋彩条布”的方式保温。次日揭开彩条布，稍做晾晒，即可进行碾压、铺土作业。

4. 应用实施

采取负温条件下施工工艺或方法，并通过现场抽检试验统计分析，砾石土料填筑质量评价结果见表 5.3－15～表 5.3－17，其中砾石土料的压实控制指标采用干密度、压实度。

表 5.3－15　　砾石土压实度统计结果分析

压实度 D	统计组数	平均压实度 D	标准差 σ	过程能力指数 C_{pk}	过程能力评价等级	备　注
≥0.98	213	1.02	0.01	1.33	1 级	压实质量好，施工工艺质量保证能力强

表 5.3－16　　砾石土 P_5 含量统计结果分析

P_5 设计值/%	统计组数	P_5 平均值/%	标准差 σ	过程能力指数 C_{pk}	过程能力评价等级	备　注
≤50	213	43.3	3.57	0.52	4 级	砾石土 P_5 含量受料场天然特性影响，施工控制作用有限

注　P_5 最大值 49.9%、最小值 31.45%、平均值 43.4%，满足设计 $P_5 \leq 50\%$ 的要求。

表 5.3－17　　砾石土试验成果统计

名称	实测湿密度/(g/cm³)	实测干密度/(g/cm³)	P_5 含量/%	实测含水率/%	压实度
统计组数	213				
最大值	2.38	2.14	49.9	43.19	1.065
最小值	2.24	2.03	26.47	10.02	1.00
平均值	2.31	2.07	43.18	11.28	1.02
标准差	0.02	0.02	3.57	2.25	0.01

5.3.3　施工全过程质量监测与控制

5.3.3.1　车载移动试验室和砾石土含水率快速检测技术

针对砾石土料的含水率检测中存在的烘干设备较大无法移动、土样采集后无法立即送往试验中心导致标准烘干法用时较长、含水率不能得到实时检测的问题，研制了用于砾石土快速烘干的大型红外微波设备，在不破坏土体本身结构的情况下，实现了土样快速加热烘干，大幅度缩短了含水率检测时间；研发了由红外微波烘干设备、高精度流量计和其他测试计算设备组成的车载移动试验室，可在 20min 内完成土料含水率的快速测定，不仅使干密度的检测时间缩短了近 7h，而且提高了试验检测的准确性。

同时，在大量试验数据的基础上论证确定砾石饱和面干含水率相对固定，据此提出了砾石饱和面干含水率测定替代法，通过对细料含水率的测定与加权计算，快速获得砾石土心墙料的含水率，检测时间比传统方法缩短了 6～8h，效率提高了 4 倍。

1. 车载移动试验室

车载移动试验室整体采用一辆大型商务车车厢改装而成，在移动试验室内配有足够长的电缆线，可以将动力电引入移动试验室，解决了大型微波炉及移动试验室内部用电的问题。随着大坝填筑面的不断上升，移动试验室可以随着大坝填筑面一起上升，从而解决了土料在烘烤前需要运输的问题，减少了土料水分蒸发，提高了试验精度。移动试验室实物见图5.3-28。

移动试验室的主要构成如下：

(1) 微波干燥机。采用自行研制的国内大型微波干燥机（一次性可烘干50kg土料）和红外、微波同时运转的方法，对土料内部和表面同时进行加热，有效防止砾石的爆裂，同时，配置有自动称量系统，可自行计算成果。具体见图5.3-29。

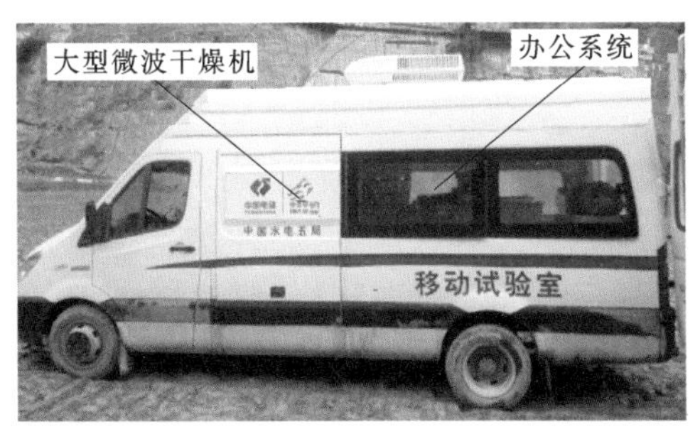

图5.3-28　移动试验室实物图

图5.3-29　微波干燥机

(2) 办公系统。在大坝填筑过程中，对已完成的填筑面，需要见到检测报告后才能允许下一层的填筑。在移动试验室由车载控制机柜、工具箱、工作台和办公桌形成工作室，在工作室内部配置了电脑、打印机等办公设备，在计算得出试验数据后，可以马上出具试验报告，极大提高了试验检测的效率。

(3) 高精度流量计。在满足上述主要性能的同时，移动试验室还在工作室内左右部各配置了一个水箱，水箱底部有连通车室外的排水口；在工作室内放置一套可移动式的高精度流量计，对试坑用水采用流量计进行计量，省却了常规的称量计量，并且在水箱内安装了自吸式水泵，试验完成后可以将水抽回水箱内，极大地提高了工作效率。高精度流量计见图5.3-30。

图5.3-30　高精度流量计

利用移动试验室搭载的高精度流量计可快速测出试坑体积，计算出现场湿密度，再将试坑内土料放入移动试验室搭载的大型微波干燥机中，仅需20min就可测得土样的含水率，然后计算土料的干密度、压实度等指标，最后可利用移动试验室内置的办公系统出具试验检测报告。利用移动试验室进行土样检测，从现场取样到现场出具试验报告，其间隔时间为3h左右。

2. 砾石土含水率快速测定技术

在长河坝砾石土心墙料的碾压试验常规坑检双控法中进行了含水快速检测应用，从应用的结果分析，试验结果与常规试验方法相比较都可以满足试验规定误差要求，但在试验时间上可以缩短6h。

通过改进在超大粒径掺砾土料含水率检测方面传统的标准烘干法，提出综合酒精燃烧法与加权法，对粗、细料含水率进行快速计算得出全料含水率，误差在允许范围之内，在检测时间上节约了6～8h，极大地加快了工程施工进度，可作为砾石土心墙坝填筑过程中坝料含水率的快速检测方法。该方法对加快工程进度有着极大的意义，经济和社会效益巨大。

5.3.3.2 图像筛级配检测技术

针对堆石坝坝料级配检验工作难度大、效率低及误差大等弊端，基于当代先进的无损检测理念、坝料颗粒的分形尺度特征，以各种图像处理技术的运行可行性、效率及精度为标准，探究了以MATLAB为平台，综合小波去噪、对比度增强和OSTU阈值分割等方法为一体的坝料数字图像处理技术。通过颗粒尺寸分布数学模型描述坝料的级配分布特征，利用模型中的特征参数来反映坝料级配特征，实现了坝料级配的多维描述。基于大数据统计思想，通过叠加数个单位小尺度实现对大尺度的检验。同时，从侧面上实现了对坝料微米级别颗粒的检验，大大减少了工作量并提高了技术的可操作性。基于一系列人工智能算法，“迂回式”地对误差进行了规避，保证了检验的精度。此外，基于一定的软件平台，开发了坝料颗粒智能识别系统，进一步简化了操作，实现了级配检测程序化、自动化。

1. 主要技术路线

坝料颗粒智能知识系统利用DIP（Dual In - line Package）技术和人工智能及大数据理论，突破性地建立一套基于数字图像筛的坝料颗粒级配检测技术，同时结合长河坝坝料的特有属性，有针对性地优化了数字图像识别算法，提高了程序运算速度和精度，从而保证了级配检测的质量。

系统技术路线见图5.3-31。基于图像筛的级配检测见图5.3-32。

2. 主要成果与结论

（1）首次将图像处理技术运用到筑坝散粒料的级配检验之中，在处理精度和速度上，探究出了一套适用性很强的处理代码。

（2）基于大数据统计思想，将大尺度的检验范围缩减到数个小尺度单位，在满足精度的基础上，大大减少了工作量。

（3）利用数学模型描述坝料颗粒的级配分布特征，通过数学模型参数刻画坝料颗粒的级配分布特点，实现了坝料级配特征的多维描述。

（4）引入大数据和人工智能的技术手段实现了筛分和图像识别结果的匹配，修正识别误差。

结果表明，该技术系统代替传统的筛分法检测坝料颗粒级配效果好，检测速度快，具有进一步深入研究的必要。

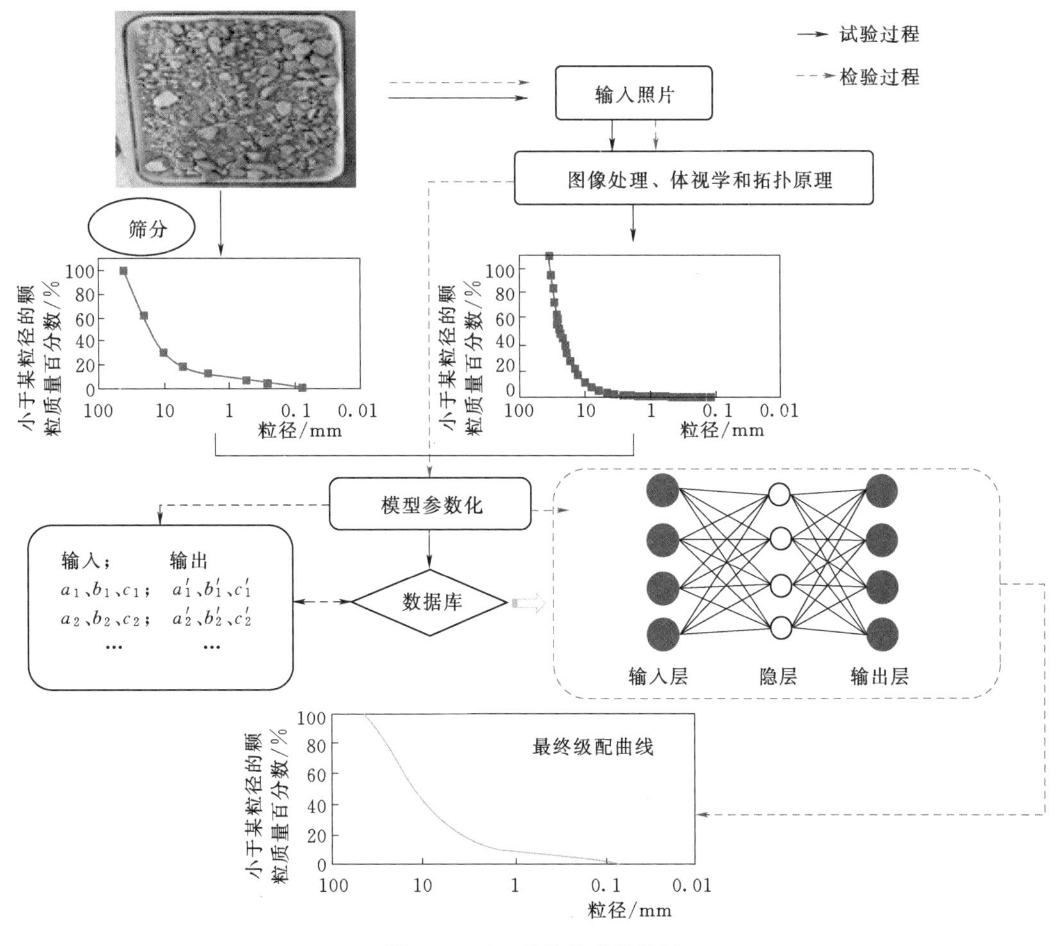

图5.3-31　系统技术路线图

5.3.3.3　基于三维激光扫描的堆石坝填筑体碾压密实质量检测技术

针对土石坝填筑施工中填筑质量检测、填筑进度检测、坝体沉降变形监测的开展受人为因素干扰大，难以实现对压实参数的精准控制，提出了基于三维扫描的堆石坝填筑体碾压密实质量检测技术，通过采用改进ICP（Iterative Closest Point）迭代法处理点云配准问题，比传统的ICP法迭代的精度和迭代效率均有所提高，精度提高10%～20%，时间缩短到10min左右；采用地面Delaunay三角网法对点云进行建模，其网格最接近真实地面起伏情况；采用碾压区域的栅格化检测技术，实现了对填筑面任意区域的质量检测，能标记不合格区域并反馈给监测中心，用于指导及时补充碾压。

三维激光扫描利用先进的信息处理技术，对坝体填筑表层几何形态和施工信息进行实时采集（地形扫描），经过计算机处理，可以实时、快速地完成地形测量扫描和填筑质量计算，实现大坝填筑过程的在线监测和实时反馈控制，提高施工效率，同时可以实时监测大坝沉降变形。

根据碾压密实质量检测原理，基于三维扫描的填筑体碾压密实质量检测流程见图5.3-33，碾压密实质量检测分析见图5.3-34。

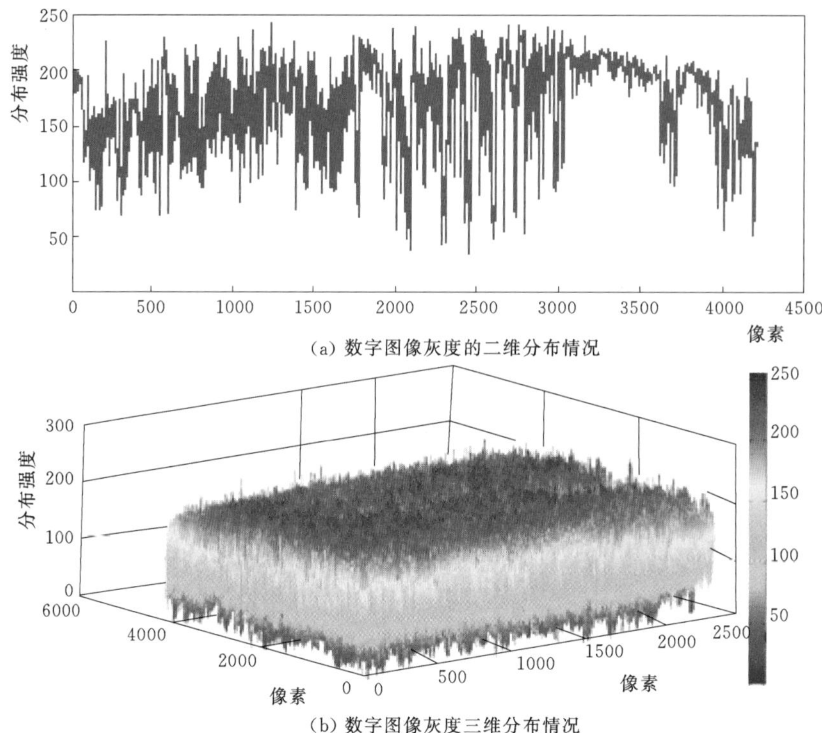

图 5.3-32 基于图像筛的级配检测

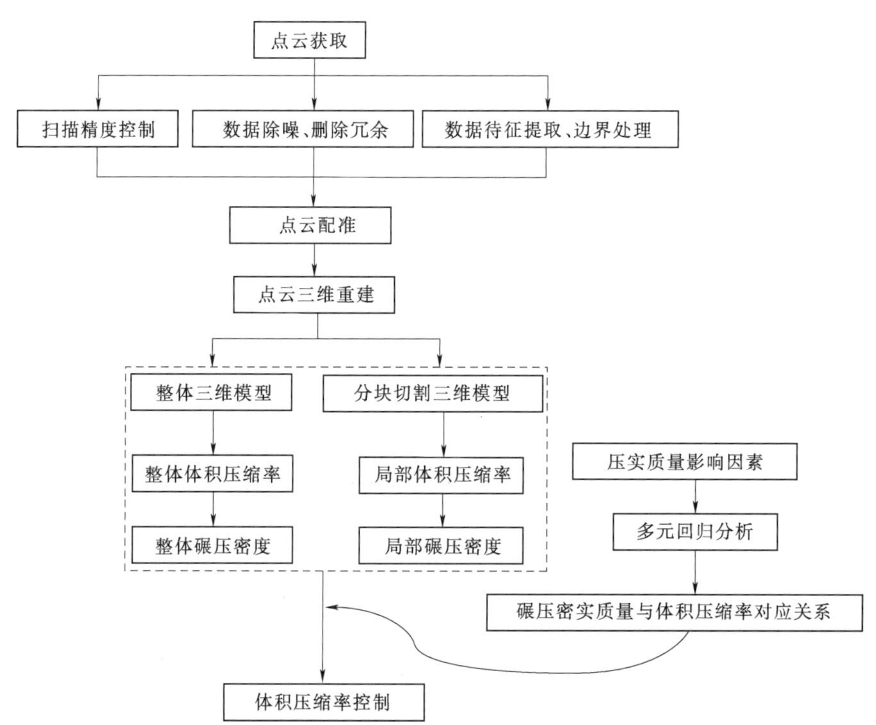

图 5.3-33 基于三维扫描的填筑体碾压密实质量检测流程

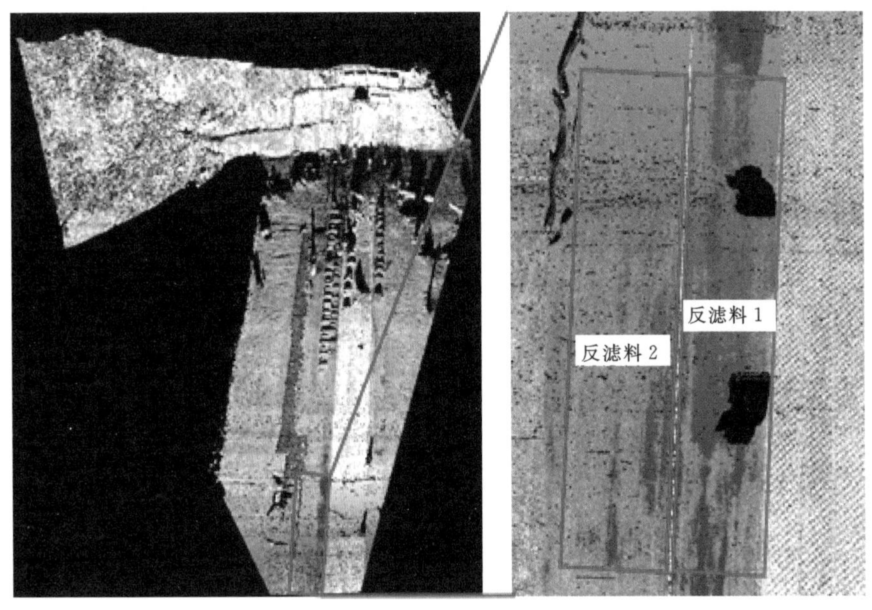

(a) 三维扫描点云(碾压完成时)

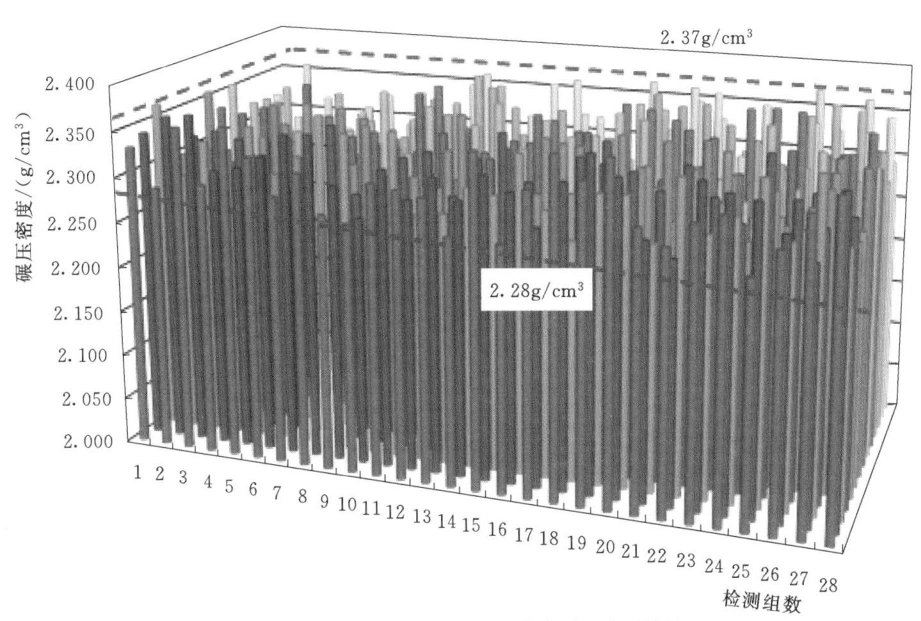

(b) 反滤料 2 各局部碾压密实质量检测结果

图 5.3-34　碾压密实质量检测分析

对坝体填筑区过渡料、心墙料、堆石料进行现场试验，主要结论如下：

(1) 反滤料密实度检测中，结合坑测法试验所得的摊铺密度，计算出整体碾压密度分别为 2.32g/cm^3、2.19g/cm^3，均满足碾压密实质量的要求。在此基础上对点云分割建模处理并计算各分块的碾压密度，导出碾压分块密度，得出反滤料 1 的碾压密实度分布在 2.16～2.23g/cm^3，反滤料 2 的碾压密度分布在 2.28～2.37g/cm^3，均满足碾压密实质量控制要求。

（2）心墙料密实度检测中，结合现场坑测法试验得到摊铺密度，计算出碾压2遍和碾压8遍的整体体积压缩率分别为8.75%和13.7%，碾压2遍和碾压8遍的密度分别为2.10g/cm^3、2.21g/cm^3，满足碾压密实质量的要求。在此基础上对点云进一步处理计算后得出：碾压2遍的碾压密实度分布在2.03～2.17g/cm^3，碾压8遍的碾压密度分布在2.28～2.37g/cm^3，均满足碾压密实质量控制要求。

（3）堆石料密实度检测中，结合现场坑测法试验获取堆石料摊铺密度，计算出碾压8遍的整体体积压缩率为12.04%，碾压完成后密度为2.31g/cm^3，满足碾压密实质量的要求。此基础上对点云进一步处理计算后得出：碾压8遍的密度分布在2.22～2.39g/cm^3，试验所得数值大部分在人工检测数据范围内，可信度较高。

5.3.3.4 基于地基反力测试的车载压实质量检测方法

针对压实质量控制环节中“双控”法效率低下的问题，开展了基于地基反力测试的车载压实质量检测方法研究，通过系列现场试验，验证了用峰值因素 C_F 值来表征堆石坝粗粒料常规压实检测参数（干密度、相对密度、孔隙率等）的适用性。建立了 C_F 在粗粒料上与碾压参数的多元回归模型，对回归模型精度进行对比，发现 C_F 指标的预测模型误差较小，作为堆石坝不同坝料压实状态的表征指标更为科学与合理。综合多个碾压参数条件下 C_F 指标的多元回归模型分析，论证了碾压参数中对检测结果影响最大的是振动碾压机的行车速度，其次是碾压遍数，而铺层厚度的变化对压实质量的影响值相对较小，因此适当降低和限制行车速度是提升压实效果最直接的方法。结合 C_F 指标的控制标准，可以确定为达到压实标准所需耗能最小的最优碾压参数，为优化大坝填筑碾压方案提供参考。

1. 技术路线

研究的技术路线如下：

（1）建立振动轮-土体动力学模型，深入研究振动碾压机振动压实机理，通过压实机理确定出可用于实际压实质量检测的实时检测指标。必要时可以借助离散元数值模拟方法从细观角度对振动碾和被碾压面的各项物理参数变化进行定性研究。

（2）确定现场碾压试验方案，协调相关人员开展现场碾压试验，测试在各种试验工况下的碾压振动速度、加速度、主振频率等波形数据，同时结合传统灌水法检测各种工况下的压实参数。

（3）借助MATLAB、Origin等软件对获取的速度、加速度时程曲线进行数据处理，导出振动轮能量计算公式，用SPSS软件进行回归分析，建立碾压能量和压实质量的相关关系；结合现场压实质量检测数据，对相关关系进行修正。

（4）借助MATLAB、DHDAS动态信号分析软件对测得的土体内部压应力数据进行处理，分析碾压过程中颗粒的运动规律、密度形成机制及压实特性，探求土体压实机理，并以此为依据从能量角度分析堆石坝碾压过程中土体各层应力的分布与传递规律及压实能量的分布与吸收状况，为基于地基反力测试的车载压实度实时检测指标提供理论支撑。

技术路线示意和车载压实质量检测实景分别见图5.3-35和图5.3-36。

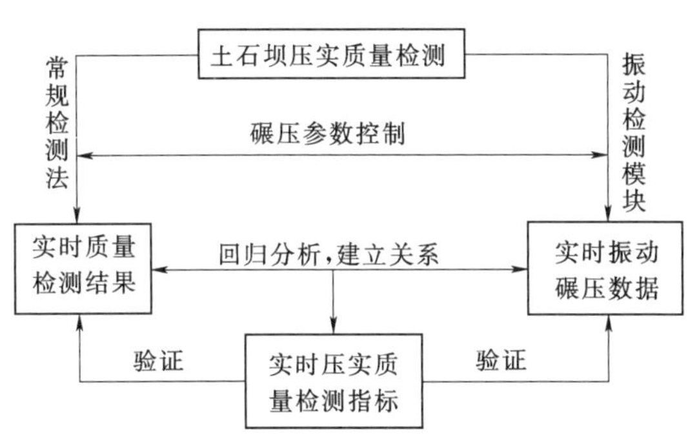

图 5.3-35 技术路线示意图

图 5.3-36 车载压实质量检测实景

2. 结论

通过现场碾压试验、信号分析、试验数据处理和统计学分析等研究工作，可以得出以下结论：

（1）试验中所用的4种基于地基反力测试的检测指标均能在一定程度上反映堆石坝填筑压实质量。综合多个碾压参数条件下各项检测指标的回归模型可以看出：C_F 值在现场碾压试验中取得了较好的试验效果，检测误差在工程许可的范围内。此指标可以用于堆石坝粗粒料的压实质量实时检测。

（2）分析了实时检测指标与碾压遍数和坑检法压实度的相关关系，得出了相应的单因素相关关系式，验证了用 C_F 值来表征堆石坝粗粒料常规压实检测参数（如干密度、相对密度、孔隙率等）的适用性。

（3）建立了实时检测指标与碾压参数的多元回归模型 $C_F=f(h,\ n,\ v)$，进一步反映了各个碾压参数对堆石坝压实质量的影响情况，从侧面验证了 C_F 指标作为堆石坝粗粒料压实质量控制标准的可行性。

（4）抛开量纲的影响，由检测指标的多元回归模型可以看出，碾压参数中对检测结果影响最大的是振动碾压机的行驶速度，其次是碾压遍数，而铺层厚度的变化对压实质量的影响值相对较小，因此适当降低行驶速度是提升压实效果最直接的方法。

5.3.3.5 基于无线微波传输的信息管理平台

为了实时收集、传输大坝工程各施工作业面、交通道路、车辆运输等状况，以及防洪度汛和危险山体监控等相关信息，实现后方管理中心进行实时协调管理，构建了以无线微波技术作为数据传输链路媒介的无线传输网络，研究开发建立一套适应快速施工节奏的施工信息管理平台，建成综合性的数字化信息管理中心，利用无线微波传输技术实现了坝料称重计量监控、车载加油信息监控、实时碾压监控、拌和作业信息监控、边坡危岩体监控、洪汛监控等系统的集中管理。平台系统包含根据地磅称重数据实时反算填筑方量的进度管理系统、反映数据波动曲线和填筑厚度的质量管理系统、油料消耗与设备数量统计的材料物资管理系统、交通超速抓拍与危岩体监控的安全管理系统、移动平板办公管理系统等，实现了动态智能管理，缩短了管理路径，提高了管理效率。

长河坝水电站大坝工程平台系统建设完成了主干链路实施，整个链路共4个中转点、

4 个监控发送点、1 个汇集点。合计使用 15 组传输设备，联通全线 8km（按河道计算）、16km（按隧道内道路计算），每条主链路可搭载 100M/s 的传输流量，并选用 5.8GHz 频段进行传输，保证图像和其他数据传输的稳定性。

1. 系统构成

（1）施工作业面管理。高土石坝一般多位于高山峡谷地带，料场、渣场、坝面等作业面分散，现场安全、质量、资源配置及施工调度管理的压力加大，通过现场视频监控系统将分散的作业面信息进行收集，供后方管理人员实时了解、浏览生产现状，进行生产决策，提高工作效率。

（2）交通运输管理。通过设立视频监控系统和电子抓拍系统可以有效地监控关键路线上运输车辆的行驶速度、运行线路、堵塞路段、车辆遮盖等状况等。对超速或逆行等违规情况进行高清抓拍，保留影像资料，作为安全教育和处罚的依据。系统运行第一个月累计发现违章行为共计 576 车次，组织教育和处罚后，第二个月违章行为下降到 214 车次，以致最终平均违章控制在每月 10 车次左右，有效地控制了安全事故的发生，保证了道路运输的安全。

（3）防洪度汛及危险山体监控。通过对关键点架设智能视频监控，达到 24h 不间断地对危险地段山体、洪水水位标尺进行监控，并对监控范围内的异常情况进行实时识别及异常情况警示。系统可以通过软件设立警戒线，对超过警戒线或在其范围内异常活动的物体进行检测，并及时发出警报，提醒值班监控人员。系统在 2014 年汛期期间，对几次较大的洪峰做出了及时反应，为工作区内的防洪度汛工作提供了有力的支持。

（4）数据实时传输处理技术。通过实时的数据收集及自动化传输，管理人员可以对与施工作业有关的数据及时整理归存，并结合视频影像辅助指导完成有关施工决策。在施工期间相继建成了称量数据、车辆加油消耗数据的实时远程无线传输系统，对辅助施工生产调度决策发挥了积极的作用。

（5）加油信息实时传输。通过在加油设备上增加了加油系统软件，以识别车辆的信息，具有存储加油时间、加油量等系列数据，并与后方物资部门信息共享。可提取任意时间段或是车辆的加油信息，统计数据真实准确，改变了传统的油料管理模式，有效解除传统加油方式存在的管理漏洞，极大地提高了工作效率。

2. 应用成果

系统建设全部完成后，由信息计量管理部门统一管理整个系统的运行和维护，各相关部门、人员可通过网络建立分支链接，实时共享所需要的信息，工作效率大为提高。

5.4 小结

结合糯扎渡、长河坝等水电站砾石土心墙坝工程施工，形成的高土石坝施工与质量控制技术，解决了深厚覆盖层上 300m 级堆石坝建设等一系列工程技术难题。形成的主要工程建设创新技术如下：

（1）提出了心墙土料改性的成套施工新工艺。对于砾石粒径超标的土料，采用棒条式振动筛除工艺剔除超径石；对于 P_5 含量不满足指标的土料，采用粗、细料机械搅拌掺混技术及平铺立采混掺工艺；研发了快速翻晒、畦田补水及移动式自动加水工艺，满足最优含水率要求。土料的系列工艺改性研究，使心墙砾石土料的性能指标满足设计和规范要求。

（2）研制了土石坝精细化施工的系列新设备。研发的盖板混凝土基面泥浆喷涂专用设备，保证了泥浆涂层的厚度和黏结强度；研制的界面双料机械化摊铺器，实现了心墙和反滤料的精准摊铺；首创精准控制的智能化无人驾驶振动碾，提高了碾压施工质量，保护了操作人员的健康；研发的坝料智能化加水系统，实现了坝料加水量的精确控制。

（3）研发了基于信息技术的质量检测和控制新方法。提出的砾石饱和面干含水率替代法，实现了砾石土料含水率的快速检测；基于集成数字图像处理和数据挖掘技术，研发的数字图像筛级配快速检测方法，实现了砾石土和反滤料级配的快速检测；提出的基于三维扫描的堆石坝填筑压实度检测技术和基于地基反力测试的车载压实质量检测方法，实现了全料全过程检测及反馈。研发的集大型微波红外烘干设备、自动计量系统和测试计算设备的车载移动试验室，显著提高了检测效率。研究采用数字化大坝实时在线监控系统和基于 BIM 技术的施工管理辅助决策支持系统，实现了施工质量的全过程监控和反馈优化。

（4）注重生态环保践行绿色施工。通过土料改性研究，合理规划开采料场，长河坝水电站大坝工程取消了第二土料场，节约耕地 765 亩，减少了移民搬迁；采用振动碾无人驾驶技术，避免了强烈振动环境对操作人员的伤害；研究采用的机械化成套设备和高效施工技术，节能减排效果明显，有效保护了环境，实现了绿色施工。

第 6 章

高心墙堆石坝安全监测与预警

6.1 安全监测设计

对于高土石坝，受结构分区、筑坝材料、施工工艺和施工进程等因素的影响，可能会带来诸如变形大、不均匀变形等一系列问题。就高心墙堆石坝而言，上游堆石体蓄水后大部分位于水下，可能产生湿陷变形。如果心墙变形过大，或者心墙与上下游堆石体间存在变形不协调会导致心墙拱效应，降低心墙竖向应力，诱发水平裂缝，从而产生水力劈裂，危害大坝安全等。因此，上游堆石体沉降、心墙沉降、心墙渗透压力与土压力、坝体渗漏等是心墙堆石坝的重点监测内容。

6.1.1 监测项目

心墙堆石坝安全监测系统的布置应符合“实用、可靠、全面、先进”的原则，符合国家安全监测的有关规程、规范，同时借鉴国内外已建类似工程的设计经验，能够全面监控大坝变形、渗流、应力等工作状态，充分考虑施工期、蓄水期和运行期等不同阶段的特点和需求，统一规划、突出重点、兼顾全面、分期实施。施工期为控制进度、确保工程安全、确定施工措施提供必要的决策依据；蓄水期为动态掌握水库蓄水过程中大坝的运行状况提供监测资料；运行期确保电站运行安全，为水库优化调度提供必要的决策依据，最大限度发挥工程效益。

监测项目设置应有针对性，同一测点的仪器能够相互校验；关键监测项目的监测手段应留有冗余度，应有两种以上的监测手段，以保证监测成果的完整性，并使监测成果能够相互校验；在重点和关键部位适当重复设置监测仪器，以获取该部位的重要资料。心墙堆石坝安全监测项目分类见表 6.1-1。

表 6.1-1　　心墙堆石坝安全监测项目分类表

序号	监测类别	监 测 项 目	大坝级别	
			1 级	2 级
一	变形	(1) 坝体表面垂直位移	●	●
		(2) 坝体表面水平位移	●	●
		(3) 堆石体内部垂直位移	●	●
		(4) 堆石体内部水平位移	●	○
		(5) 接缝变形	/	/
		(6) 坝基变形	○	○
		(7) 坝体防渗墙变形	●	○
		(8) 坝基防渗墙变形	○	○
		(9) 界面位移	●	●

续表

序号	监测类别	监　测　项　目	大坝级别	
			1级	2级
二	渗流	(1) 渗流量	●	●
		(2) 坝体渗透压力	●	○
		(3) 坝基渗透压力	●	●
		(4) 防渗体渗透压力	●	●
		(5) 绕坝渗流（地下水位）	●	●
		(6) 水质分析	○	○
三	压力（应力）	(1) 孔隙水压力	●	○
		(2) 坝体压应力	○	○
		(3) 坝基压应力	○	○
		(4) 界面压应力	●	○
		(5) 坝体防渗墙应力、应变及温度	●	○
		(6) 坝基防渗墙应力、应变及温度	○	○
四	环境量	(1) 上、下游水位	●	●
		(2) 气温	●	●
		(3) 降水量	●	●
		(4) 库水温	●	○
		(5) 坝前淤积	○	○
		(6) 下游冲淤	○	○
		(7) 冰压力	/	/

注　“●”为应测项目；“○”为可选项目，可根据需要选设；“/”为可不设项目。

6.1.2 监测断面

根据心墙堆石坝的布置情况、坝基地质条件，100m以上高心墙堆石坝一般布置3个横断面、1个纵断面，特高心墙坝视需要还应设置辅助断面，典型监测断面上变形、渗流、压力（应力）等监测项目和测点宜结合布置，互相校验。典型横向监测断面宜选在最大坝高、地形突变、地质条件复杂处。坝轴线长度小于300m时，断面间距宜取20～50m；坝轴线长度大于300m时，断面间距宜取50～100m。典型纵向监测断面可由横向监测断面上的测点构成，必要时可根据坝体结构、地形、地质情况增设纵向监测断面。每个典型监测断面上可选取3～5个监测高程，1/3、1/2、2/3坝高应分别布置测点，高程间距20～50m，最低监测高程宜设置在基础面以上10m范围内。

以糯扎渡心墙堆石坝为例，共布置3个横断面，分别布置在左岸坝体处（坝0＋169.360）、河床坝体处（坝0＋309.600）、右岸坝体处（坝0＋482.300），1个纵断面为沿心墙中心线纵断面。坝 0+309.600（C-C）断面位于最高河床断面，对于变形、渗流及应力等监测具有代表性；坝 0+482.300（D-D）断面、坝 0+542.600（E-E）断面位于右岸软弱岩带，为心墙堆石坝右岸重点监测部位；坝 0+169.360（A-A）断面介于左岸岸坡与最大坝高断面之间，位于坝基体形变化处，为左岸大坝监测代表性断面。上述断面为大坝典型监测断面。

2 个辅助断面分别为坝 0+300.000（B-B）、坝 0+542.600（E-E），其中坝 0+300.000（B-B）断面主要考虑高心墙堆石坝带来的仪器埋设难度，在坝 0+309.600（C-C）断面心墙部位设置一个备份监测断面，以确保心墙监测数据的完整性；坝 0+542.600（E-E）位于右岸坝基软弱岩带，其目的是加强坝基软弱岩带对坝体影响的监测。监测断面布置示意见图 6.1-1。

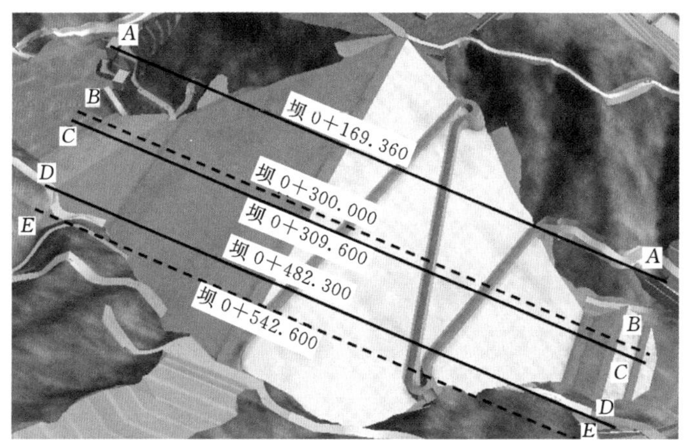

图 6.1-1　糯扎渡心墙堆石坝监测断面布置示意图

心墙及堆石体变形监测布置主要结合高程 626.10m、660.00m、701.00m、738.00m、780.00m 进行仪器布置。监测高程布置示意见图 6.1-2。

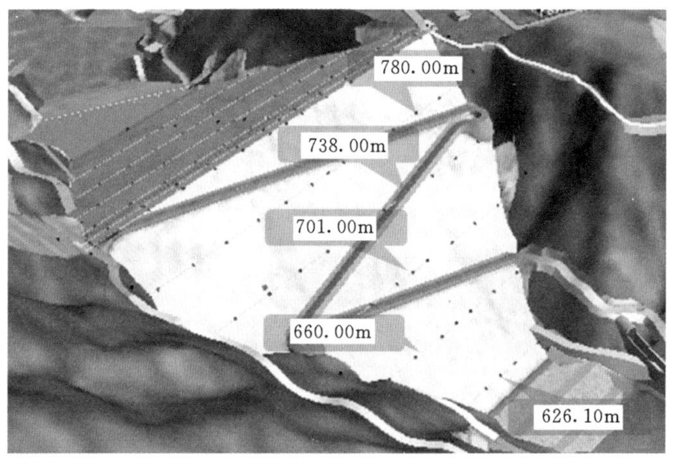

图 6.1-2　糯扎渡心墙堆石坝监测高程布置示意图

6.1.3　监测布置与方法

1. 表面变形监测

根据《土石坝安全监测技术规范》（DL/T 5259—2010）规定，表面变形包括垂直位移、垂直坝轴线的横向水平位移和平行坝轴线的纵向水平位移。

应根据工程的规模、工程的安全性重要程度选用技术可靠而成熟的监测手段，并在满足监测量程、精度及相关要求的情况下尽量节约投资，在施工期及初蓄期表面变形监测主要采用传统大地变形测量法。心墙堆石坝表面变形监测采用传统的视准线法，用视准线法观测水平位移，是以大坝两端的两个工作基点的连线为基准线，来测量坝体上观测点（观测墩）的水平位移。视准线法观测和计算简便，但容易受外界条件影响，当视线不长时，其观测精度较高，比较适用。观测方法可采用活动觇牌法、小角度法和交会法。

视准线应平行坝轴线布置，一般不宜少于4条，宜在上游坝坡正常蓄水位以上布设1条；在坝顶的上、下游两侧布设1～2条；下游坝坡1/2坝高以上布设1～3条，1/2坝高以下布设1～2条（含坡脚1条）。上游坝坡正常蓄水位以下，可视需要设临时测线。应在各条视准线与典型监测断面交点部位布设测点，并根据坝体结构、材料分区和地形、地质情况增设测点。一般坝轴线长度小于300m时，测点间距宜取20～50m；坝轴线长度大于等于300m时，测点间距宜取50～100m。

应在两岸每一纵排视准线测点的延长线上各布设1个工作基点，工作基点高程宜与测点高程相近，基础宜为岩石或坚实土基。当坝轴线为折线或坝长超过500m时，可在每一纵排测点中间增设工作基点（可用测点代替）。

视准线工作基点的位移可采用校核基点校测，校核基点应设在两岸同排工作基点连线的延长线的稳定基础上，两岸各设1～2个。有条件的可采用平面监测网法或倒垂线法校测视准线工作基点的位移。

以糯扎渡心墙堆石坝为例，在坝体上游坡面共布设4条视准线测线，其中2条布置在死水位以下，另2条分别布置在坝面正常水位与死水位之间和正常水位以上。在死水位以下的视准测线主要为监测坝体填筑期及初蓄期部分时段坝体上游堆石体的表面变形，为动态分析大坝整体变形提供监测资料。上游坝面正常水位与死水位间的水位变动区，在水位骤降时易发生沉陷变形，是需要密切关注和监测的部位。正常水位以上，根据有限元计算成果，该高程附近是坝体沉陷及水平变形较大的部位，必须在施工期、蓄水期及运行期长期监测，为重点监测部位。

坝顶上、下游两侧各设一条视准测线，分别为$L7$、$L6$。上游侧$L7$测线布置于心墙中心线，下游侧$L6$测线距离坝顶下游边线0.5m。这两条测线测点由于位置在坝顶高程，其监测成果能够反映大坝的整体表面变形，对于了解大坝的变形状况、评价大坝安全、检验设计成果具有重要价值。

根据大坝填筑分区规划，为了监测不同填筑分区的变形情况、分析下游坝坡的安全稳定状况以及判断大坝是否发生整体变形，结合大坝布置情况及分期蓄水的要求，在坝体下游坡面共布设5条测线$L1$～$L5$，其监测高程分别为626.10m、660.00m、701.00m、738.00m、780.00m。所有视准线测点在坝体填筑到设计高程时需立即埋设并开展观测，为动态、全过程分析大坝整体变形提供监测资料。

整个大坝共设置了 11 条视准线监测坝面表面变形，11 条视准线共包括工作基点 22 个、测点 111 个。具体见图 6.1-3。

2. 内部变形监测

大坝内部变形监测项目包括沉降监测、水平位移监测、土体位移监测和不同材料接触界面错动监测。内部变形测点位移需通过外部变形监测网校核基点的位移，由此得出坝体内部各测点绝对位移的变化，因此，内部变形监测需与外部变形监测布置相结合才能取得比较完整的监测数据。大坝内部变形监测主要采用测斜仪、电磁沉降仪、水管式沉降仪、引张线式水平位移计及剪变形计等仪器设备。

（1）心墙水平位移与沉降监测。测斜仪与电磁沉降仪技术成熟，广泛应用于土石坝位移监测中。糯扎渡水电工程将两种仪器结合埋设，用来监测心墙的水平位移和沉降。

为监测心墙的水平位移和沉降，分别在主监测横断面沿心墙中心线各布置 1 个测斜暨电磁沉降孔，测斜管长度分别为 193.5m、265m、168.5m。测斜管采用原装进口 ABS 管，测斜管外按 3m 间距套上电磁沉降环。考虑到施工期沉降变形量较大，为防止测斜管的接头处阻碍沉降环随坝体一同变形，测斜管接头采用内置式暗扣连接头。根据有限元计算成果，坝体最大沉降发生在心墙的中上部位，其沉降等值线大致呈同心椭圆分布，通过在心墙中心线布置电磁沉降仪基本可以测出坝体最大变形、变形分布及变化趋势。

由于最大坝高断面测斜暨电磁沉降孔深度达 265m，国内尚无此先例，无论是仪器设备在原理上，还是在埋设技术的适应性上还有待研究，其埋设风险大，一旦失效将无补救措施。为提高监测仪器埋设抗风险能力，在左岸监测断面测斜暨电磁沉降孔旁对应布置 45 个固定式测斜孔和 42 套横梁式沉降仪，用来监测心墙的水平位移和沉降，并以此作为河床监测断面的备份。

在心墙中垂直埋设测斜管形成测斜孔，用活动式测斜仪逐段监测测斜管水平位移。活动式测斜仪广泛适用于测量土石坝、混凝土坝、面板坝、边坡、土基、岩体滑坡等结构物的水平位移，该仪器配合测斜管可反复使用。活动式测斜仪由倾斜传感器、测杆、导向定位轮、信号传输电缆和读数仪等组成。

测斜仪工作原理：在需要观测的结构物体上埋设测斜管，测斜管内径上有两组互成 90°的导向槽，将测斜仪顺导槽放入测斜管内，逐段基长（一个基长为 500mm）进行测量。测量得出的数据即可描述出测斜管随结构物变形的曲线，以此可计算出测斜管每段基长的轴线与铅垂线所成倾角的水平位移，经算术求和即可得出测斜管全长范围内的水平位移，见图 6.1-4。测斜仪以铅垂线为轴，倾向高端导向轮一侧读数增大，倾向另一侧读数减小（含符号）。

考虑到传统沉降磁环耐久性有局限，为此选用南京南瑞集团公司生产的 NCJM 型电磁沉降仪（图 6.1-5）监测心墙沉降，该电磁式沉降仪是根据高频电子理论和涡流的原理设计的，仪器合理地利用了涡流损耗的物理现象。当沉降仪经过沉降环（铁环）时，在铁环中存在涡流损耗，信号输出发生变化；当沉降仪远离铁环时，信号恢复到正常状态，记录信号发生变化时沉降仪的相对位置，经过处理后，可以计算出该测点的沉降量。

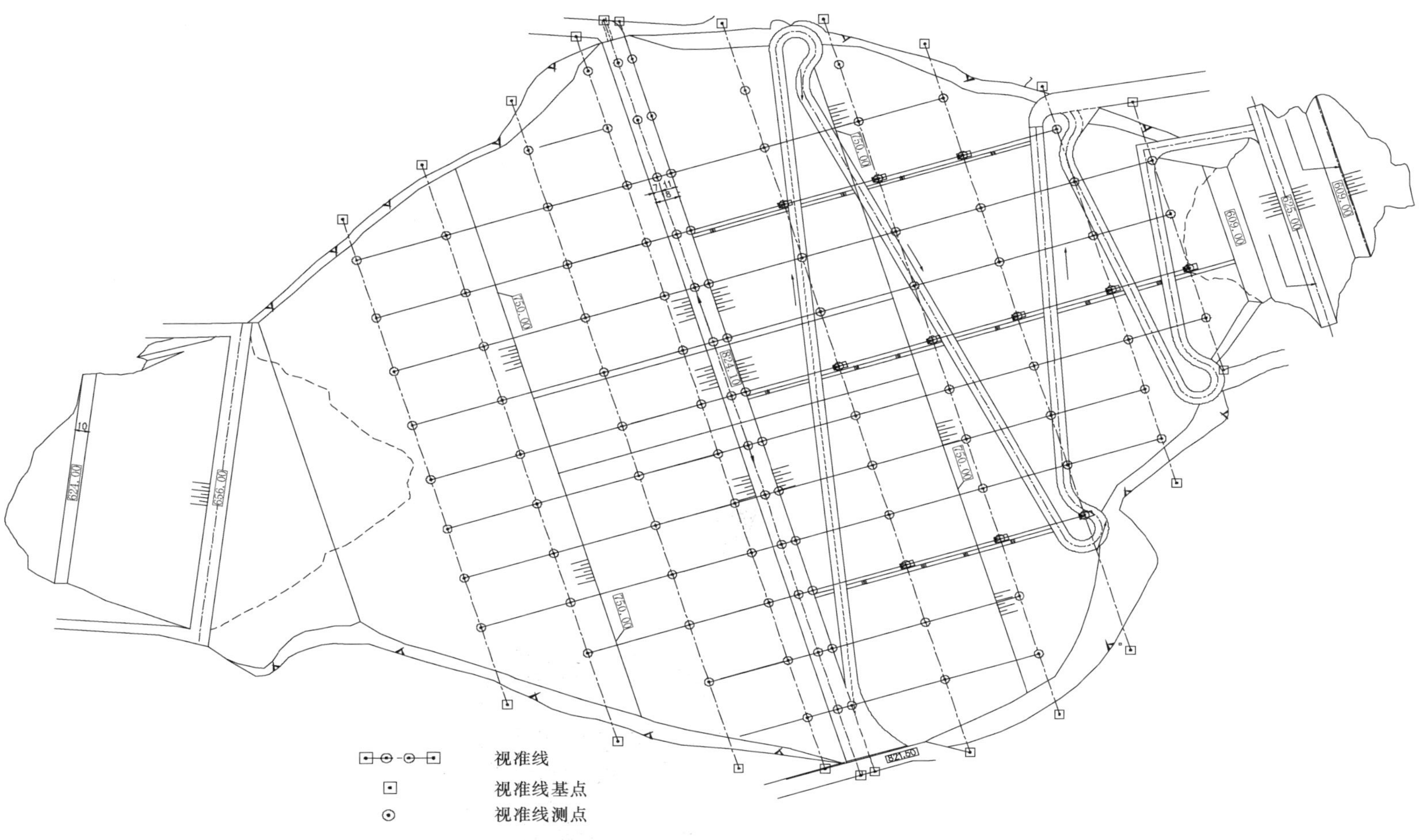

图 6.1－3　心墙堆石坝表面变形监测点布置图（单位：m）

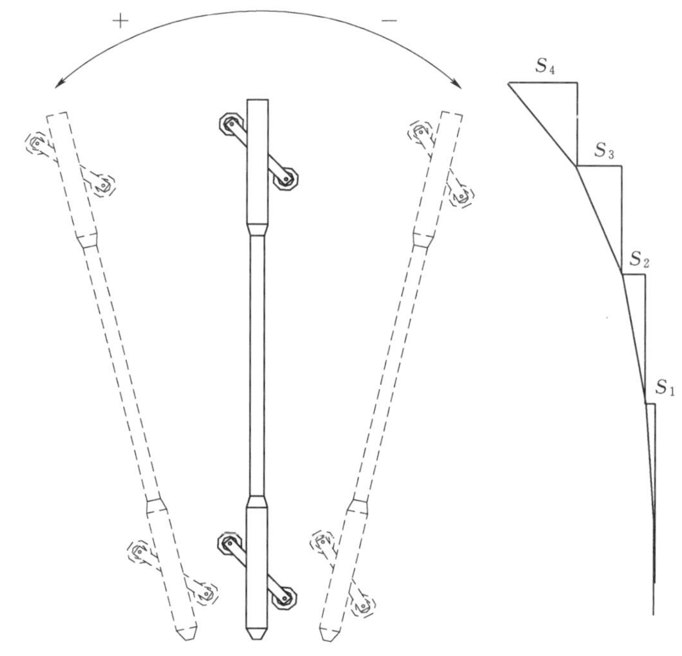

图 6.1-4　活动式测斜仪工作原理示意图

图 6.1-5　NCJM 型电磁沉降仪

电磁沉降仪主要技术特点如下：测量原理简单；仪器设备随坝体填筑埋设，沉降磁环与周围土体紧密性较好，能较好地反映坝体沉降；只能进行人工测量，测量精度受电磁沉降仪配套钢尺的影响；需采用水准测量对管口高程进行校测。

每次观测前，需测定沉降管管口高程，并检验仪器设备的工作性能，然后进行正常的观测操作。将沉降仪探头放进沉降管，先自上而下依次测读每个沉降磁环的下行深度 L_1，然后自下而上依次测读每个沉降磁环的上行深度 L_2，沉降磁环深度应为 $(L_1+L_2)/2$。重复测量 2 次，每个磁环测点的读数差不得大于 2mm，若大于 2mm 时应检查原因，并进行复测。

沉降环沉降量为沉降环初始安装高程减去测量高程，即

$$\Delta H=H_0-H,\quad H=h-L \tag{6.1-1}$$

式中：H_0 为沉降环的安装高程，m；H 为沉降环的高程，m；h 为沉降环管口高程，m；L 为沉降环深度，m。

(2) 堆石体水平位移与沉降监测。引张线式水平位移计和水管式沉降仪分别用于监测堆石体的水平位移和沉降；其技术成熟，广泛应用于监测土石坝的位移，是监测堆石体位移的常用方法。

为监测大坝下游堆石体水平位移和沉降，结合下游坝面视准线的布置情况，分别在坝0+169.360（$A-A$）、坝0+309.600（$C-C$）、坝0+482.300（$D-D$）监测断面高程626.10m、660.00m、701.00m、738.00m、780.00m处布置引张线式水平位移计测头和水管式沉降仪沉降测头。根据有限元计算成果及类似工程反馈计算成果，大坝最大水平位移一般发生在下游堆石体中部高程，最大沉降发生在直心墙中上部高程。大坝堆石体水平位移测头、沉降位移测头布置各有侧重，在靠近心墙的地方位移监测以沉降为主，在堆石体下游侧以水平位移为主，在靠近心墙的部位加密布置。水平位移测头及沉降测头布置采用网格状布置的方式，以便后期监测成果对比分析。为便于集中统一管理，分别将各高程水平位移和沉降测线水平引向下游坝面对应的观测房，并在观测房顶部布设表面变形监测点，通过大地测量法将内部变形监测与永久外部变形监测网衔接。另外，为对水管式沉降仪与弦式沉降仪进行对比监测，在大坝下游堆石体高程780.00m处增设9套弦式沉降仪。

目前缺乏监测大坝上游堆石体内部水平位移的有效手段，对于沉降监测可采用弦式沉降仪。但目前弦式沉降仪的测量范围不超过70m，对于上游堆石体沉降监测只能应用于施工期及初蓄期的部分时段。因此，为监测大坝上游堆石体在施工期及初蓄期的内部沉降，在坝0+309.600（$C-C$）监测断面上游堆石体高程660.00m、701.00m、738.00m、780.00m处网格状布置15套弦式沉降仪。

为了监测大坝上游堆石体蓄水后的沉降，在河床监测断面上游堆石体高程660.00m、701.00m、738.00m、780.00m对应弦式沉降仪处各布置1支渗压计，共计15支。同时，在岸坡稳固部位与上述渗压计对应高程各布置1支渗压计，作为计算基准。大坝蓄水运行后，根据渗压计水头及上游水位，可换算得出相应部位堆石体的沉降。

引张线式水平位移计工作原理为：当被测结构物发生水平位移时将会带动锚固板移动，通过固定在锚固板上的钢丝卡头传递给钢丝，钢丝再带动读数游标卡尺上的游标，用目测方式很方便地将位移数据读出。测点的位移等于实时测量值与初始值之差，再加上观测房内固定标点的相对位移。观测房内固定标点的位移量由视准线测出。监测原理简单，测值可靠。

相应观测方法为：对引张线水平位移计的铟钢丝先加载10min，用游标卡尺量测钢丝上标点在刻度尺上的读数，重复读数至最后两次读数值不变，并记录在记录表上。钢丝位移计的钢丝不应长期承受荷载，否则钢丝会产生疲劳变形。每次测量完成后，即应取下部分砝码，留10～20kg砝码在砝码盘上，正常测试的吊重砝码应为45kg。增减砝码应轻拿轻放，不得冲击钢丝。

测点累计相对水平位移＝每次观测时刻度尺范围内钢丝上固定点所处位置的刻度值－观测系统形成时刻度尺范围内该钢丝上该固定点所处位置的初始刻度值

测点累计绝对水平位移＝测点累计相对水平位移＋观测房沿测线方向的绝对位移

水管式沉降仪利用液体在连通管两端口处于同一水平面的原理进行观测。在坝体内设置沉降测头，测头内安置一容器，配有进水管、排水管、排气管，三根管顺坡引到坝体外观测房，进水管与观测房内测量装置（标有刻度的玻璃管）相连通，通过连通平衡使得玻璃管中液面与测头内容器液面处于同一水位高程。排水管是将测头容器内超过限定水位的多余液体排出，固定测头容器内水位，通过观测房测量装置上的玻璃管水位即可推算测头高程。排气管将容器与观测房大气相通，使得容器内液面与玻璃管内液面均为相同大气压的自由液面。

水管式沉降仪测量原理简单，测量结果直观，其结构示意见图 6.1-6。

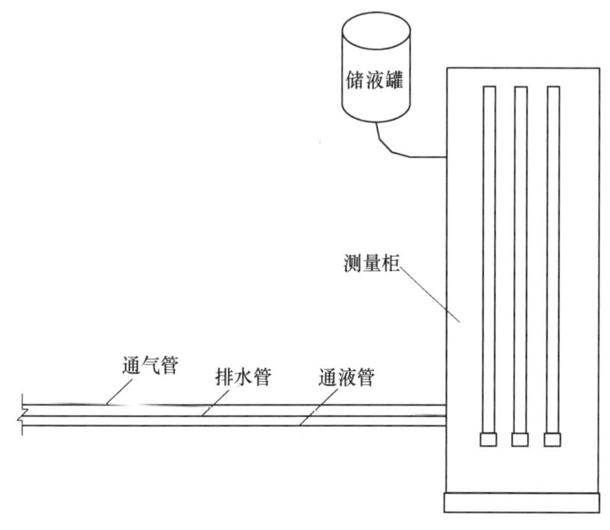

图 6.1-6　水管式沉降仪结构示意图

水管式沉降仪观测方法如下：

1）测量观测房高程：每次观测前，需用水准测量仪测定观测房固定标点的高程，并检验仪器设备的工作性能，然后进行正常的观测操作。

2）向压力水罐供水：打开供水阀门，向压力水罐供水，水量到一定程度后关闭供水阀门。

3）向压力水罐施加压力：用加气装置向压力罐施加 1～2m 水头压力。

4）检查并关闭所有阀门：检查并关闭测量装置的所有阀门。

5）向测头进水管供水：选取第一个测头，打开压力水罐的供水阀门和测头进水管的阀门，不间断向进水管中供水，加水时间不少于 30min。待溢出水自排水管排出，且进水管内的气泡全部排出，关闭测头进水管阀门。

6）向测量装置上玻璃管供水：打开第一个测头对应的测量装置玻璃管进水阀门，使量测管水位在初始水位基础上升高，但勿溢出管口，即关闭压力水罐的供水阀门。

7）玻璃量测管与测头进水管连通：打开测头进水管的进水阀门，使玻璃量测管与测头进水管连通。

8）读数：等待玻璃量测管与测头进水管中的水位稳定后，玻璃量测管中的水位读数即为观测值。正常观测需重复测读 2 次，读数差不得大于 2mm，若读数差大于该值，要检查原因并进行复测。读数完毕，关闭该测头的进水阀门和玻璃量测管的进水阀门。

9）同前述测量步骤，依次对其他各测头进行观测操作。

物理量计算：

$$\Delta E_i=(W_0-W_i)+(H_0-H_i)\times 1000 \tag{6.1-2}$$

式中：ΔE_i 为测头的沉降量，mm；W_0 为第一次观测时玻璃量测管初始液面读数（测头初始高程对应的液面读数），mm；W_i 为玻璃量测管的某一时刻实测液面读数，mm；H_0 为观测房初始高程，m；H_i 为观测房同一时刻实测高程，m。

方向规定：向下沉降为正，向上为负。

弦式沉降仪监测原理（图 6.1-7）与水管式沉降仪类似，主要是利用连通管原理，将压力传感器封装在沉降盒中，利用压力传感器所测水头计算沉降。该仪器与水管式沉降仪所不同之处在于只设一根连通管，没有排水管和排气管。

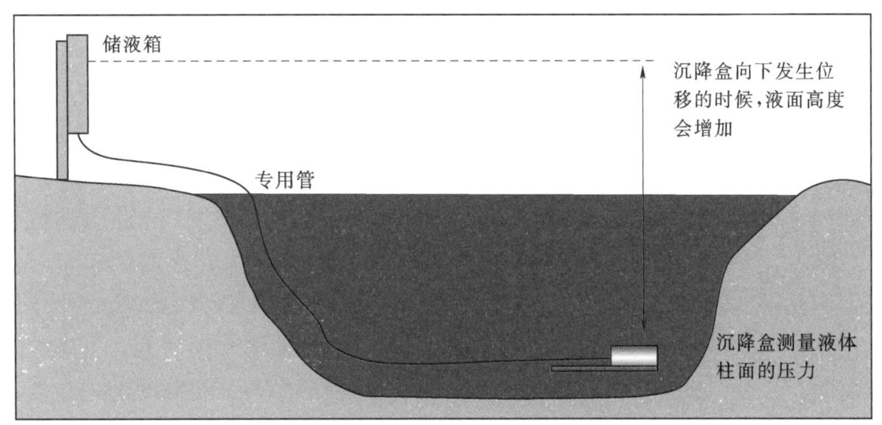

图 6.1-7　弦式沉降仪监测原理示意图

用振弦式读数仪测量传感器的频率读数，将频率读数代入计算公式计算出压力，将压力值换算为以 mm 水头为单位的值。通过水准仪测量测得储液箱液面高程，该高程减去压力水头值即为沉降盘的测量高程，初始高程减去测量高程即为沉降量。

（3）心墙与岸坡及上、下游反滤料相对变形监测。为了解心墙内部特别是心墙与陡峻岸坡接触部位是否会出现裂缝以及裂缝的分布情况，在沿坝轴线监测纵断面内水平向布置土体位移计组，将其一端锚固于岸坡基岩中，另一端伸入坝体防渗心墙中，用以监测两岸基岩陡峻坝体不均匀沉降引起防渗体的纵向变形及可能产生的横向裂缝。

界面错动主要指岸坡与坝体接触面之间、坝体反滤与心墙之间可能发生的相对位移。如果在坝体施工中岸坡与坝体接触面以及坝体不同料区接触面处理不好，接触面极易发生相对错动，由此产生裂缝并威胁大坝安全。左右岸岸坡比最陡处为监测防渗心墙与陡峻岸坡界面在自重、库水位等作用下其接触面发生的相对错动的重点部位，在两岸岸坡较陡处布置剪变形计。上游反滤料与心墙接触面在水库水位变动时也是容易产生相对变形的区域，下游反滤料与心墙因材料差异在浸水后产生的不均匀沉降也会导致相对错动，为监测上、下游反滤料与心墙接触面的相对错动，应分别在大坝主监测横断面布置剪变形计，布置高程与内部变形监测高程一致。

根据工程经验，在大坝蓄水过程中或水库水位变动等情况下坝顶可能会产生轻微“摇头”的现象，堆石体与防浪墙间接触面可能发生相对错动。为此，在堆石体与防浪墙接触面可布置测缝计，以监测堆石体与防浪墙接触面的开合度变化及相对错动。

（4）坝基深部变形监测。一般情况下，土石坝对于坝基的变形适应性较强，但如果工程坝基软弱岩带范围较大，需重点处理时，为监测坝基深部变形对于混凝土垫层及坝体变形的影响，可分别在两岸不同高程灌浆洞内钻孔埋设多点位移计。

3. 渗流监测

坝体坝基渗流监测主要包括坝体浸润线监测、渗透压力监测、帷幕防渗效果监测、绕坝渗流监测和渗流量监测等。

（1）坝体浸润线监测。大坝建成蓄水后，由于水头的作用，水在坝体内由上游渗向下游，形成一个逐渐降落的渗流水面，称为浸润面。浸润面在大坝横断面上只显示为一条曲线，通常称为浸润线。通过浸润线监测，可以掌握大坝运行期的渗流状况，是心墙坝渗流监测的重要内容。

浸润线监测可采用测压管或埋入式渗压计进行观测。测压管的滞后时间主要与土体的渗透系数 k 有关。当 $k \geqslant 10^{-3}$cm/s 时，可采用测压管，其滞后时间的影响可以忽略不计；当 10^{-5}cm/s$\leqslant k \leqslant 10^{-4}$cm/s 时，采用测压管要考虑滞后时间的影响；当 $k \leqslant 10^{-6}$cm/s 时，由于滞后时间影响较大，不宜采用测压管。由于糯扎渡水电站心墙渗透系数很小（$<10^{-6}$cm/s），虽然用测压管监测浸润线费用低、直观，但存在滞后现象，且进水管容易堵塞，因此糯扎渡水电站大坝心墙浸润线监测采用埋设渗压计的方式，渗压计监测浸润线埋设方便，测量精度高，便于实现自动化监测。在主监测断面的上、下游堆石体及基础面沿水流向布置渗压计，用来监测坝体浸润线和基础扬压力分布情况。

（2）渗透压力监测。考虑到心墙为主要的防渗体，其防渗效果关系到坝体的整体稳定性。衡量大坝整体稳定性的重要条件是防渗心墙产生水力劈裂的可能性。心墙堆石坝心墙的水力劈裂是一个非常复杂的问题，国内以往工程设计中常以上游水压力与心墙竖向应力比值小于 1.0 作为不发生水力劈裂的控制标准。为研究心墙产生水力劈裂的可能性，需监测心墙中的竖向土压力，可以通过布置土压力计获得；心墙孔隙水压力需在与土压力计对应位置布置渗压计来实现。为此，应分别在大坝主监测断面混凝土垫层顶面以及上游反滤、心墙上游、心墙中部、心墙下游及下游反滤布置渗压计。同时，在坝体与岸坡接触部位的土压力计、剪变形计对应位置布置渗压计，以监测坝体在接触面发生相对位移的情况下心墙的渗流变化情况，并将监测成果与土压力计、剪变形计的成果作对比分析。

水库蓄水后在水头的作用下，不仅在坝体产生渗流，同时也在坝基产生渗流。坝基渗流是否正常，对水库安全影响极大。据我国大型水库统计资料，有渗漏问题的土石坝按渗漏出现的部位统计，坝基和岸坡出现渗漏的约占 61%。国外也有不少土石坝工程由于坝基渗漏而失事。例如美国马萨诸塞州威廉斯堡坝，坝高 13.1m、长 160m，石料心墙坝，坝内无任何监测设施，由于沿坝底与地表之间的渗透，使心墙下的土被水泡松，失去支撑，在运行 9 年后溃坝，20min 内泄空水库的蓄水，造成大量人员生命和财产损失。又如美国的朱里斯堡坝，坝高 14.2m、长 2000m，坝基为软弱砂岩，孔隙率较大，其上覆盖 0.9～1.2m 冲积层。建库后，冲积层的渗漏相当大，运行的第三年水库渗漏达 200L/s，其中大部分从冲积层渗出。水库建成后 5 年，在蓄水仅 6m 的情况下垮坝。

坝基渗流监测的目的：了解坝基渗水压力的分布，监视防渗设施工作状况，估算坝基渗流坡降，判断运行期有无管涌、流土、接触冲刷等渗透破坏的问题。

（3）防渗帷幕效果监测。坝基防渗帷幕属隐蔽工程，其施工质量直接关系到坝基渗流稳定性。为监测坝体防渗帷幕的防渗效果，可在左右岸灌浆洞底板布置测压管，每个测压管内安装 1 支压阻式水位计。但测压管仅能监测到坝基与灌浆洞接触部位的渗透压力，对于监测防渗帷幕不同深度的防渗效果，需通过布置渗压计来实现。为此，可在主监测断面防渗帷幕后分别钻孔埋设渗压计，监测防渗帷幕不同深度的防渗效果。

（4）绕坝渗流监测。水库蓄水后，渗水绕经两岸帷幕端头从下游岸坡流出成为绕坝渗流。绕坝渗流为一种正常的渗水现象，但如果帷幕与岸坡连接处理不好，或岸坡由于过陡产生裂缝，以及岸坡中有强透水层，就有可能发生集中渗漏，造成渗流破坏。水库蓄水后，渗水绕经两岸帷幕端头从下游岸坡流出成为绕坝渗流。山东某水库的心墙坝，坝高 28.5m，由于右岸灰岩裂隙中强烈的渗漏，下游形成多处渗流破坏现象，经过采取排水减压措施，虽已无渗流破坏现象，但渗流量仍有 400L/s，造成经济损失。

为监测糯扎渡水电工程绕坝渗流的变化情况，根据渗流计算成果，在左右岸坝头及下游岸坡沿流线大致走向共布置 20 个水位孔。

(5) 渗流量监测。水库蓄水后必然形成渗流。在渗流处于稳定状态时，渗流量将与上游水头的大小保持相应的稳定变化；而渗流量在同样水头作用下的显著增加和减少，都意味渗流稳定被破坏。渗流量显著增加，有可能在坝体或坝基发生管涌或产生集中渗流通道；渗流量显著减少，则可能是排水体堵塞的反映。在正常条件下，随着坝前泥沙淤积，同一水位下的渗流量将会逐年缓降。渗流量的观测既直观又全面综合地反映大坝的工作状况，因而是大坝运行管理中最重要的监测项目之一。

渗流量采用量水堰监测，可实现自动化观测。根据渗流量的大小和汇集条件，渗流量一般可采用容积法、量水堰法或流速法进行观测。①容积法适用于渗流量小于 1L/s 的情况；②量水堰法适用于渗流量 1～300L/s 的情况，量水堰可采用三角堰、梯形堰或矩形堰；③流速法适用于渗水能引到具有比较规则的平直排水沟内的情况，其采用流速仪进行观测。

量水堰类型包括直角三角堰、梯形堰、矩形堰。①直角三角堰：当渗流量为 1～70L/s（堰上水头为 50～300mm）时采用；②梯形堰：当渗流量为 10～300L/s 时采用；③矩形堰：当渗流量大于 50L/s 时采用。

糯扎渡水电站大坝渗流量监测的目的是了解大坝渗流量的变化规律与是否有不正常的渗透现象。为便于准确地研究分析大坝各部分渗流状况，采用分区、分段的原则进行渗流量监测。为了减少工程量，利用大坝下游围堰修建坝后量水堰。先开挖大坝下游围堰，然后浇筑混凝土形成堰槽，最后安装梯形量水堰板。由于渗流量低于 10L/s 时，梯形量水堰实测误差较大，为了能准确测到小渗流量，同时起到与梯形量水堰测值相互印证的作用，在梯形量水堰下游还设置了一座三角形量水堰，监测整个大坝的总渗流量；在坝体两岸灌浆洞与坝基灌浆廊道交汇处、左右坝基岸排水汇集处、4 号交通洞与廊道相交处分区布置 9 座三角形量水堰，监测大坝坝基廊道的渗流量。梯形量水堰布置示意见图 6.1-8。

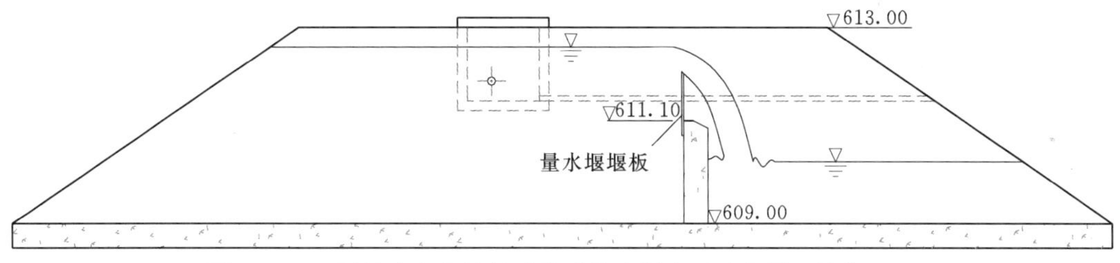

图 6.1-8　糯扎渡水电站坝后梯形量水堰布置示意图（单位：m）

4. 应力监测

土石坝坝体应力监测常用的监测仪器为土压力计。土压力计按照其监测对象的不同，可分为界面式土压力计和土中土压力计。通过在坝体内布设土压力计可以了解坝体内部应力及坝体与坝基接触面应力变化情况，由此判断工程的安全状况，并对设计参数进行验证。

由于心墙料变形模量较低，坝壳料变形模量较高，根据有限元法计算成果，心墙区存在明显的拱效应。为监测心墙拱效应情况，以此判断心墙出现水力劈裂的可能性，应分别在主监测断面混凝土垫层顶面以及上游反滤、心墙上游、心墙中部、心墙下游及下游反滤分别对称布置多支土压力计，其中位于混凝土垫层顶部的为界面式土压力计，其余为土中土压力计。同时，为判断出现水力劈裂的可能性，土压力计与渗压计对应布置。

对于高心墙堆石坝，为监测心墙与陡峻岸坡接触部位的应力状态，可沿坝轴线监测纵断面心墙与陡峻岸坡接触部位的不同高程布置界面式土压力计；为监测心墙的应力状态，可沿坝轴线监测纵断面心墙中部布置多向土压力计组。土石坝稳定计算一般采用总应力法或有效应力法，因此为验证不同的计算方法，以便后期资料分析，还应在每支（组）土压力计旁布设 1 支渗压计监测孔隙水压力。

5. 混凝土垫层监测

坝基混凝土垫层作为坝体与坝基的过渡带，其不均匀变形及裂缝开展情况对坝体坝基渗流有重要影响。为监测混凝土垫层裂缝的开展情况，根据渗控分析计算成果，在可能产生裂缝的部位（如坝基体形变化处、断层破碎带等部位的结构缝上）布置测缝计。为便于对比分析，在测缝计对应的结构缝下部布置渗压计。为了解混凝土垫层因基础不均匀沉降及坝体压重产生的钢筋应力变化情况，以验证分析计算成果，应在主监测断面混凝土垫层表层钢筋及坝基灌浆廊道周边钢筋布置钢筋计。

为监测垫层混凝土温度变化情况，以了解混凝土温控效果，进而指导垫层混凝土浇筑，应在主监测断面垫层混凝土中布置温度计。

6. 强震监测

大坝强震监测主要包括地震反应监测和坝体抗震措施监测。根据《土石坝安全监测技术规范》（DL/T 5259—2010）规定，Ⅷ度以上经过论证可布置地震反应监测。对于高心墙堆石坝，应设置地震反应监测。

为监测坝体地震反应，应分别在最大坝高断面的坝顶、下游坝坡不同高程观测房内及坝基廊道各布置 1 台强震仪，在其他主监测断面坝顶、坝肩各布置 1 台强震仪。同时，为了输入基准三维动参数，在距离坝轴线下游侧约 500m 处布置 1 台强震仪。

7. 环境量监测

环境量监测主要包括上、下游水位，水库水温，气象及水质分析等的监测。为监测上、下游水位，在水库上游水流平稳地段和下游尾水后分别设置 1 套水尺和 1 套自记水位计。为监测水库水温的变化情况，在进水口布置水库温度计。为进行气象监测，在坝区左右岸各设置 1 座简易气象测站，气象站内设置气温计和雨量计等，监测坝区气温、降雨量等环境量。为监测坝体、坝基及岸坡等不同部位的水质变化，在上游水库、坝基灌浆廊道、坝体下游渗流汇集系统、绕坝渗流水位孔等有代表性的部位，取水样做水质分析。

6.2 监测资料分析与评价

基于监测资料的安全评价是安全监测工作中必不可少、不可分割的组成部分，是进行安全监控、动态跟踪优化设计、指导施工和建筑物安全运行的关键环节。为确保监测成果客观、真实反映被监控对象的工作性状，安全评价首先以客观准确的监测数据为基础，监测成果（包括原因量和效应量）是建立监测模型和校正模型参数的重要依据，必须确保客观与可靠。因数据采集的环节较多，数据有可能出现不同类型的偏差和误差，因此在使用这些数据之前必须作可靠性检查，包括一致性检查、相关性检查和必要的统计学检验，还应作误差分析和误差处理，以便消除数据的偏差与错误，保证数据的有效性；再在此基础上进行初步定性分析、定量正分析和数据反分析等相关工作。

监测资料的分析与评价采用定性分析和定量分析方法。定性分析通常有比较法、作图法、特征值统计法及测值影响因素法等；定量分析是依据统计数据，建立数学模型，并用数学模型计算出分析对象的各项指标及其数值，通常有确定性模型法、统计模型法和混合模型法，模型分析至少应考虑水位、温度、时效等影响因素。

各主要测项整理分析特点介绍分述如下。

6.2.1　变形

变形作为高土石坝最直接和可靠的指标，在大坝安全监控与分析评价中发挥至关重要的作用。高土石坝变形包括表面变形和内部变形，表面变形目前采用较为成熟和有效的表面变形监测点、GNSS变形监测系统、测量机器人等，内部变形采用水管式沉降仪、铟钢丝位移计等。监测成果仍以定性分析和定量正分析为主，土石坝变形主要分析其绝对变形、相对变形及变形速率等，绝对变形衡量总体变形的大小和程度，相对变形衡量某一时段变形变化速率，主要分析其受大坝填筑、蓄水期和降雨等因素的影响和相关性。

6.2.1.1　表面变形

高土石坝表面变形监测能直观反映大坝表面变形状态，例如，对于糯扎渡高心墙堆石坝，其坝顶沉降、上下游坝坡顺河向位移曲线以及下游坝坡视准线沉降分布分别见图6.2-1～图6.2-4。可以看出，坝顶沉降实测值为111.88～735.88mm，最大沉降量占坝高的比例为0.28%，小于竣工后坝顶沉降率0.5%的参考指标，坝顶最大沉降量为0.72m，远远小于2.08m的黄色预警值，坝顶最大沉降处于正常状态。坝顶顺河向位移测值为-2.53～331.06mm，横河向位移测值为-233.55～218.16mm。下游坝坡顺河

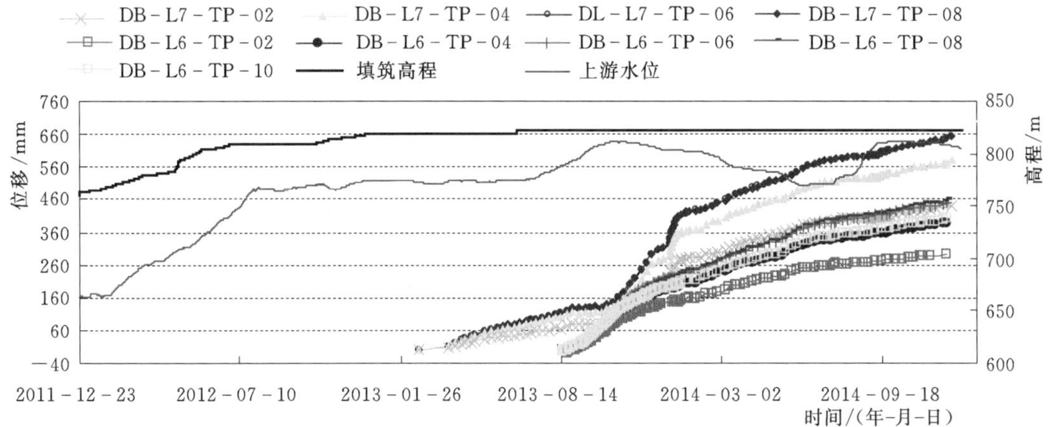

图6.2-1　糯扎渡心墙堆石坝坝顶沉降曲线

向最大位移为 1274.09mm，横河向最大位移为 152.85mm，最大沉降为 1493.23～2680.72mm，最大沉降发生于河床堆石体 738.00m 高程 DB－C－V－24 测点，占堆石高度的比例为 1.01%，低于上游堆石体。上游坝坡视准线各测点顺河向累计位移为 35.70～315.63mm，横河向累计位移为－199.25～209.14mm，竖直向累计位移为 103.09～667.43mm。

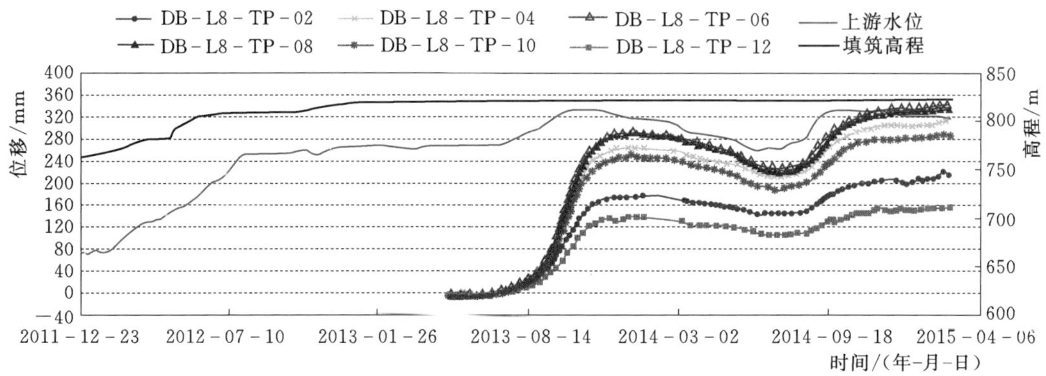

图 6.2－2　糯扎渡心墙堆石坝上游坝坡顺河向位移曲线

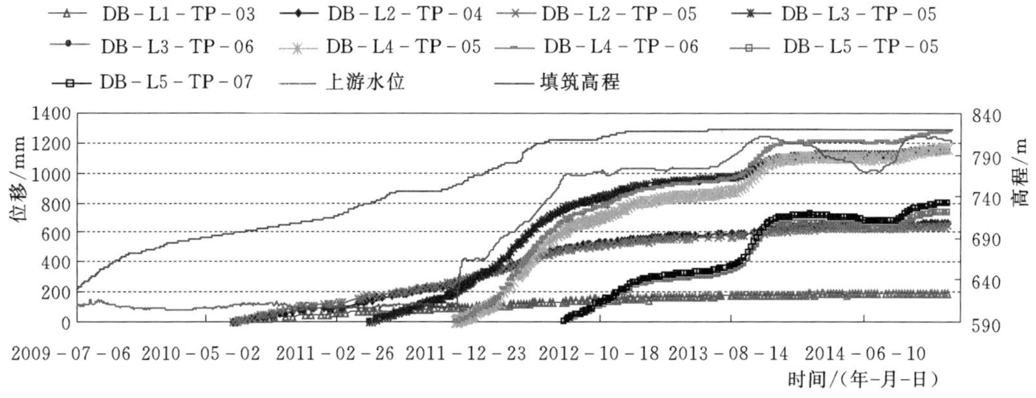

图 6.2－3　糯扎渡心墙堆石坝下游坝坡顺河向位移曲线

6.2.1.2　内部变形

土石坝内部变形可以从宏观上判定大坝的建筑质量、工作性态等，表 6.2－1 列出了国内外典型的高土石坝变形监测统计资料，可以看出，坝体最大沉降值为最大坝高的 0.53%～2.24%，一般为坝高的 1%左右，发生在坝高的 1/3～2/3 位置。

以糯扎渡水电站大坝为例，其心墙、下游堆石体的沉降过程分别见图 6.2－5、图 6.2－6，可以看出，大坝心墙最大沉降为 4320mm，发生在心墙最大坝高断面中上部高程 722.65m 处，约为心墙最大填筑高度的 1.65%。对比同类工程，哥伦比亚瓜维奥坝（Guavio Dam）最大坝高 250m，运行期最大沉降率为 2.51%，表明糯扎渡水电站大坝心墙当前沉降率处于正常状态。

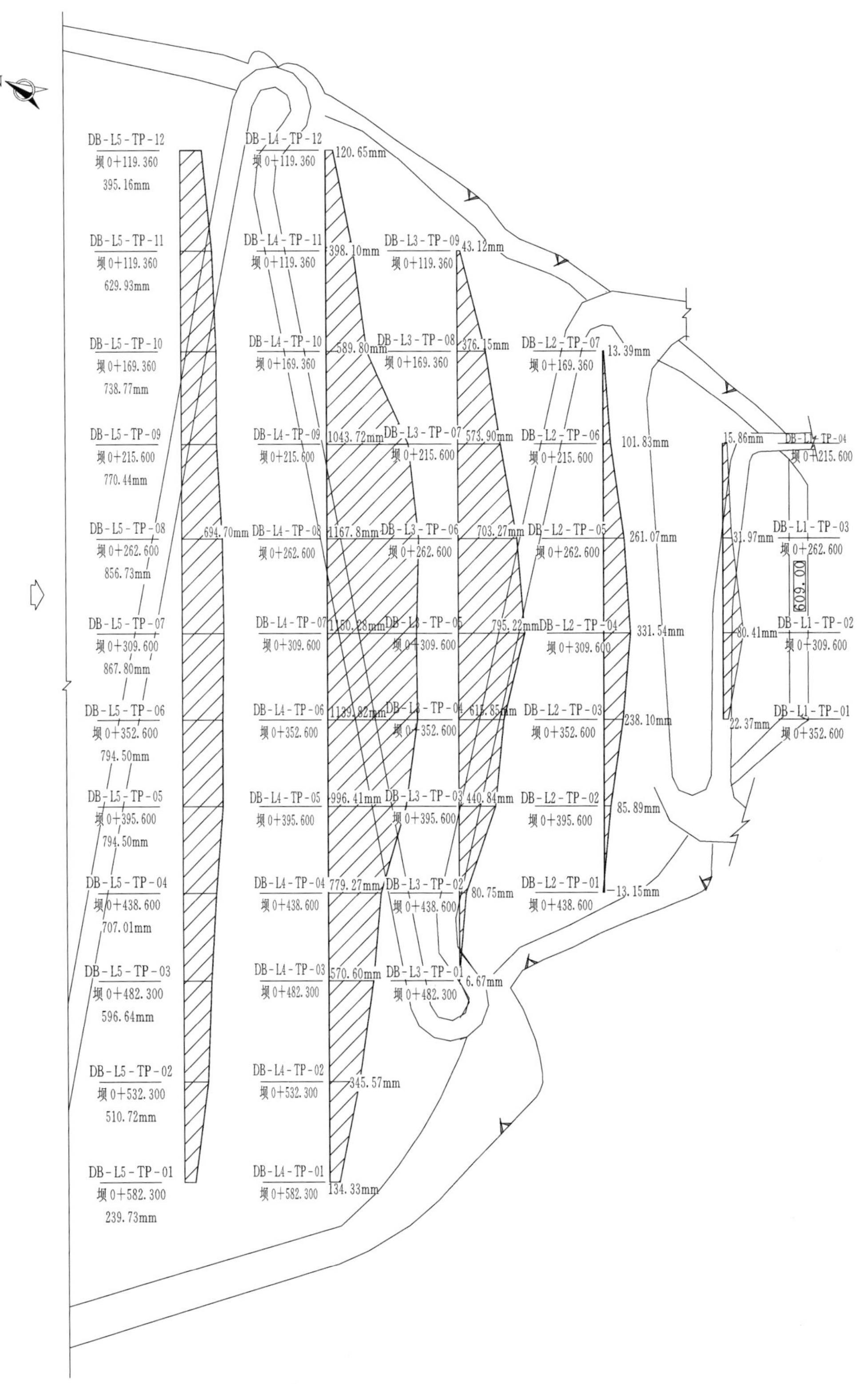

图6.2-4 糯扎渡心墙堆石坝下游坝坡视准线沉降分布图

表 6.2-1　　国内外典型高土石坝变形监测值统计表

工程	坝高/m	竣工期变形				蓄水期变形			
		水平向上游/cm	水平向下游/cm	沉降/cm	占坝高的百分比/%	水平向上游/cm	水平向下游/cm	沉降/cm	占坝高的百分比/%
糯扎渡	261.5		心 35 壳 94.8	心 402 壳 231	心 1.54 壳 0.89		心 58.4 壳 128.1	心 432 壳 262.6	心 1.65 壳 1.01
瀑布沟	186			208.7	1.12			248.8	1.34
天生桥一级	178			271.7	1.53			354	1.99
巴山	155	−1.16	37.14	71.6	0.46	—	—	81.7	0.53
水布垭	233	−36	57	223	0.96	−10	62	242	1.04
紫坪铺	156	−28.9	36.3	82.6	0.53	−15.3	41.6	86.1	0.55
马鹿塘二期	154	—	—	—	—	—	—	134	0.87
董箐	150			180	1.20			207	1.37
阿里亚	160	—	—	—	—	—	—	358	2.24
洪家渡	179.5	—	—	132.1	0.74	—	—	135.6	0.76
巴贡	205	—	—	—	—	—	—	227.5	1.11
三板溪	185.5	—	—	—	—	—	—	175.1	0.94

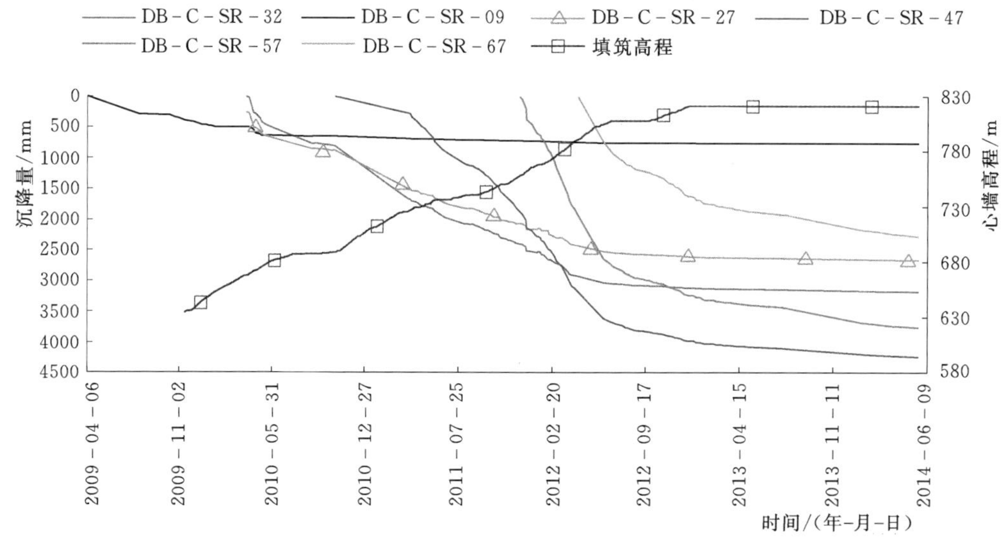

图 6.2-5　糯扎渡心墙堆石坝心墙沉降过程

大坝填筑期，心墙沉降位移变化与坝体填筑过程具有高度相关性（图 6.2-7），心墙沉降位移主要发生在填筑期，第一填筑期最大位移为 384mm，第二填筑期最大位移为

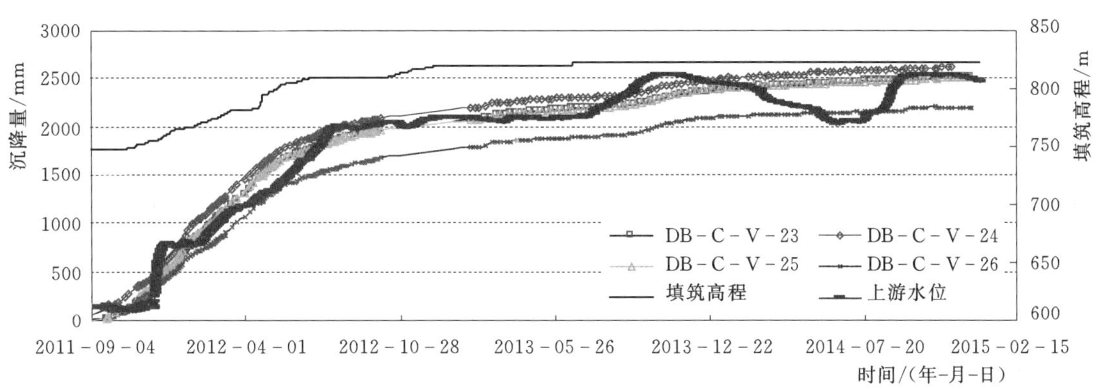

图 6.2-6 糯扎渡心墙堆石坝下游堆石体沉降过程

951mm，第三填筑期最大位移为 1985mm，第四填筑期最大位移为 3413mm，第五填筑期填筑结束最大位移为 3552mm，坝体沉降位移随填筑高度增加而增加，雨季停工期间，位移变化趋缓，符合一般规律。

糯扎渡水电站最大坝高断面各测点位移为 1108.74～2680.72mm，最大沉降位移发生于高程 738.00m 处，占堆石高度的比例为 1.01%，见图 6.2-8。

6.2.1.3 心墙相对变形

心墙与反滤间相对位移为－103.82～1.63mm，测点基本处于受压状态，符合一般规律。总体表现为心墙沉降大于反滤沉降，并随填筑高程增加压缩量持续增加，符合现场实际。

心墙与岸坡混凝土垫层剪切变形测值为 17.09～211.59mm，表明心墙与混凝土垫层间相对位移主要受地形影响，地形变化大的地方相对位移大，符合一般规律。

6.2.2 应力

高心墙堆石坝的应力监测主要用于评价心墙拱效应、面板受力等，以糯扎渡水电工程为例，在其最大坝高断面心墙部位共布置 42 支土压力计以测定心墙内部的应力。

由图 6.2-9 可见，监测到的心墙土侧压力系数为 0.73，实测应力为 1.12～2.12MPa。土体应力与坝体填筑具有较高的相关性，土体应力随填筑高程增加而增加；蓄水期间，在心墙下部高程处土压力整体随水位有所增大；在心墙中上部高程处，心墙上游侧土压力呈减小趋势；中下游侧土压力整体呈增大趋势。心墙在各横断面中上部存在一定程度的拱效应，即心墙两侧应力大、中部应力小，见图 6.2-10。

心墙堆石坝在填筑过程中由于坝壳料和心墙土料压缩模量不同，材料间产生不均匀沉降，心墙部分应力传递到坝壳，使心墙内部应力减少，即产生心墙拱效应。

研究表明，采用拱效应系数 $R=\sigma_z/\gamma h$ 来表征心墙拱效应的强弱，其中：σ_z 为实测土压力，γh 为理论土压力。R 越小，拱效应越强。糯扎渡心墙堆石坝最大坝高断面心墙拱效应系数统计见表 6.2-2，从表中可以看出：

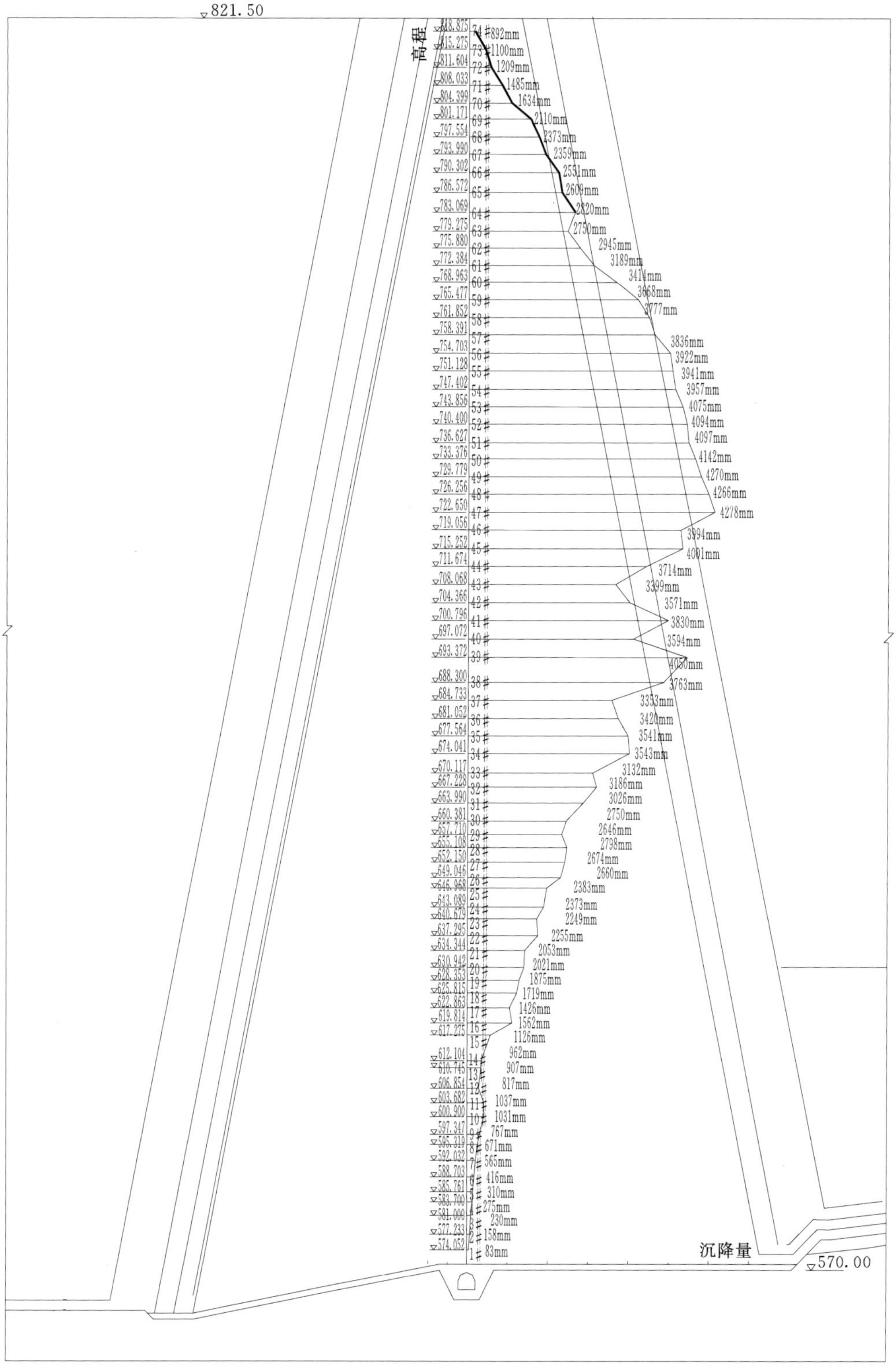

图 6.2-7　糯扎渡心墙堆石坝心墙沉降沿高程分布图

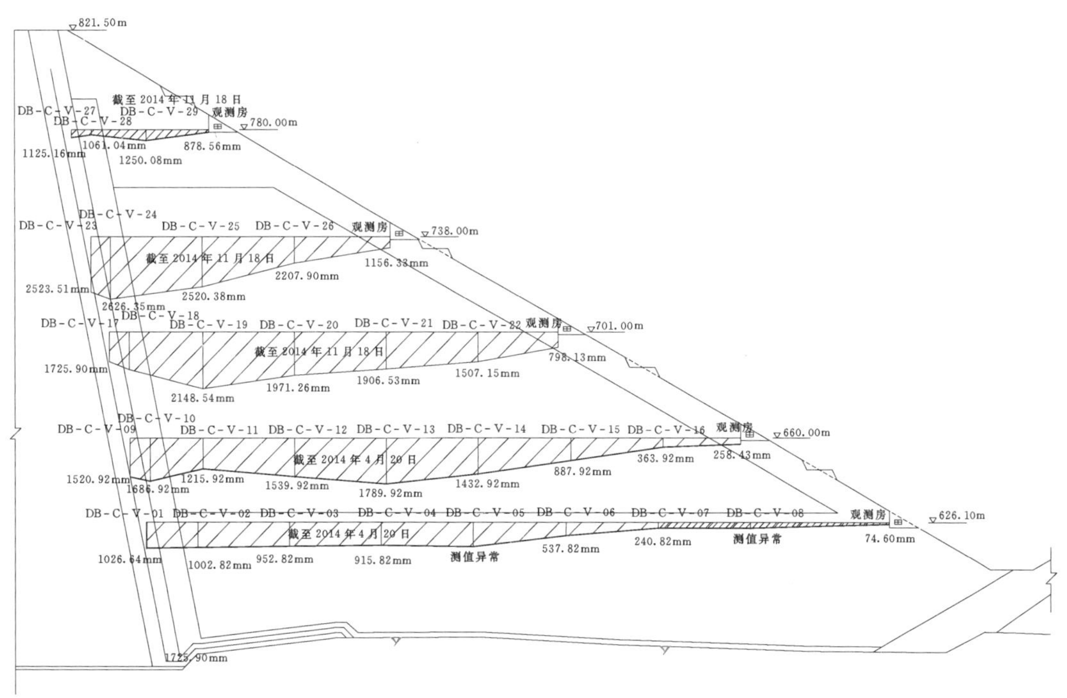

图 6.2-8 糯扎渡心墙堆石坝下游堆石体沉降位移分布图

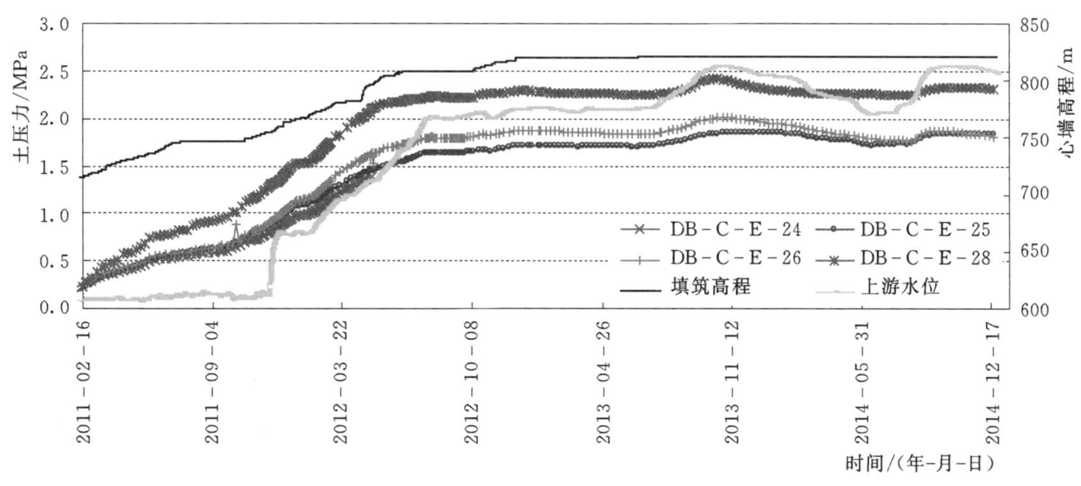

图 6.2-9 糯扎渡心墙最大坝高断面土压力计测值-时间过程曲线

(1) 心墙拱效应系数为 48.14%～101.12%，绝大部分为 60%～80%，除 DB-C-E-40 测点实测土压力略高于理论土压力外，其余实测土压力低于理论土压力，表明心墙存在一定程度的拱效应。

(2) 最小拱效应系数发生在高程 571.20m 断面，为 48.14%，拱效应开始减弱。

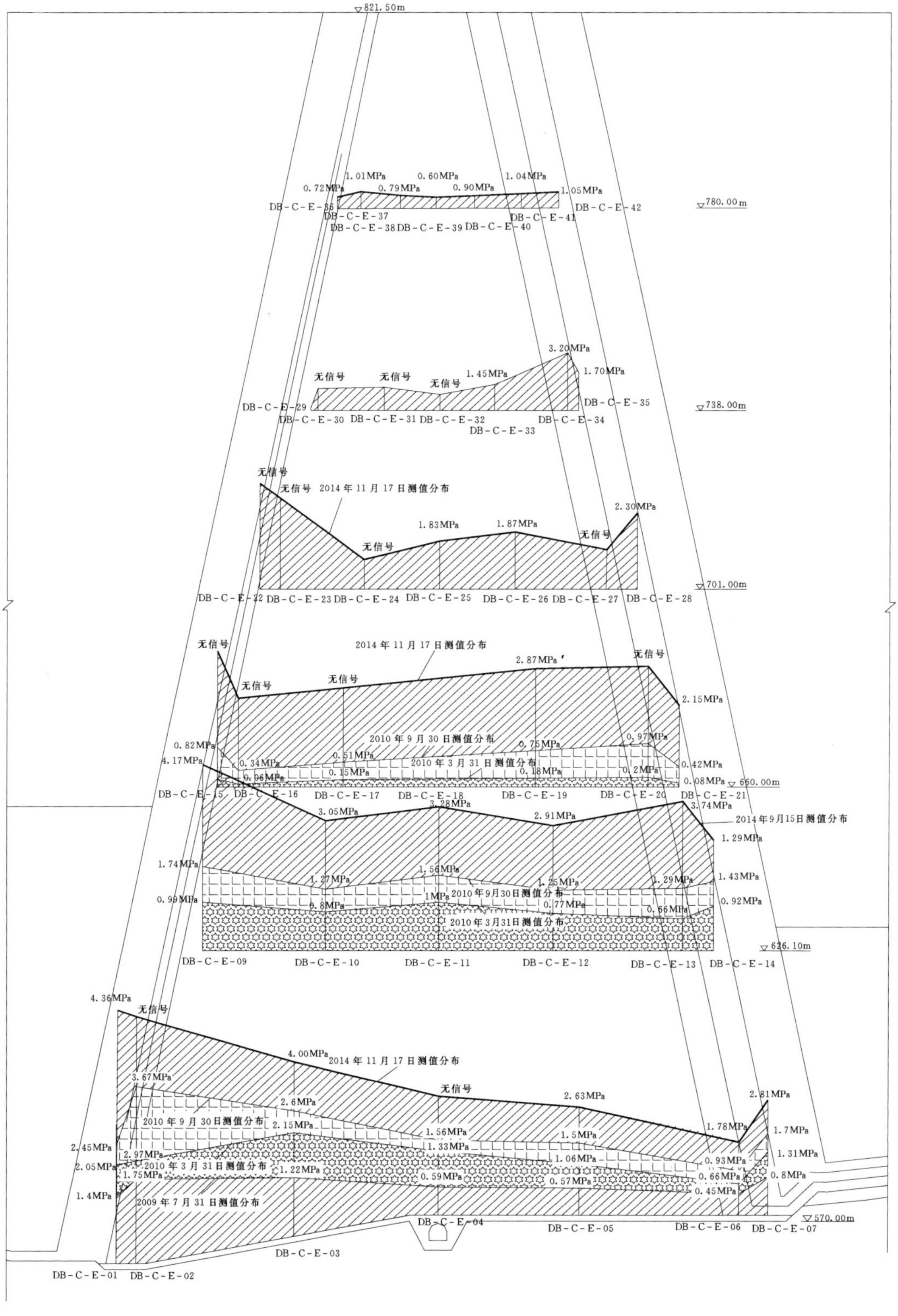

图 6.2-10　糯扎渡心墙最大坝高断面土压力计测值分布图

表 6.2-2 糯扎渡心墙堆石坝最大坝高断面心墙拱效应系数统计表

<table>
<tr><th>高程
/m</th><th>仪器编号</th><th>坝轴距
/m</th><th>实测土压力
/MPa</th><th>理论土压力
/MPa</th><th>拱效应
系数 R/%</th><th>备注</th></tr>
<tr><td>565.80（基础面）</td><td>DB-C-E-03</td><td>−28</td><td>—</td><td>5.50</td><td>—</td><td rowspan="17">目前填筑至
高程 821.50m</td></tr>
<tr><td rowspan="2">571.20（基础面）</td><td>DB-C-E-04</td><td>0</td><td>—</td><td rowspan="2">5.38</td><td>—</td></tr>
<tr><td>DB-C-E-05</td><td>28</td><td>2.59</td><td>48.14</td></tr>
<tr><td rowspan="3">626.10</td><td>DB-C-E-10</td><td>−22.5</td><td>2.98</td><td rowspan="3">4.20</td><td>70.95</td></tr>
<tr><td>DB-C-E-11</td><td>0</td><td>3.17</td><td>75.48</td></tr>
<tr><td>DB-C-E-12</td><td>22.5</td><td>2.82</td><td>67.14</td></tr>
<tr><td rowspan="2">660.00</td><td>DB-C-E-17</td><td>−18.5</td><td>—</td><td rowspan="2">3.47</td><td>—</td></tr>
<tr><td>DB-C-E-19</td><td>18.5</td><td>2.78</td><td>80.12</td></tr>
<tr><td rowspan="3">701.00</td><td>DB-C-E-24</td><td>−14.6</td><td>—</td><td rowspan="3">2.59</td><td>—</td></tr>
<tr><td>DB-C-E-25</td><td>0</td><td>1.79</td><td>69.11</td></tr>
<tr><td>DB-C-E-26</td><td>14.6</td><td>1.75</td><td>67.57</td></tr>
<tr><td rowspan="3">738.00</td><td>DB-C-E-31</td><td>−10.7</td><td>—</td><td rowspan="3">1.80</td><td>—</td></tr>
<tr><td>DB-C-E-32</td><td>0</td><td>—</td><td>—</td></tr>
<tr><td>DB-C-E-33</td><td>10.5</td><td>1.43</td><td>79.44</td></tr>
<tr><td rowspan="3">780.00</td><td>DB-C-E-38</td><td>−6.455</td><td>0.73</td><td rowspan="3">0.89</td><td>82.02</td></tr>
<tr><td>DB-C-E-39</td><td>−0.312</td><td>0.64</td><td>71.91</td></tr>
<tr><td>DB-C-E-40</td><td>6.482</td><td>0.90</td><td>101.12</td></tr>
</table>

最大沉降测点高程以下位移分布为上部位移始终大于下部位移，即任一分段之间位移处于压缩状态，没有产生拉应变的可能；最大沉降测点高程以上，上部位移小于下部位移，心墙处于受拉状态，可能会产生拉应变。

取正常工作的心墙电磁沉降环在 2012 年 4 月 9 日和 2015 年 2 月 25 日的测值进行计算，测点间相对应变统计见表 6.2-3，从表中可以看出，正常工作的电磁沉降环同期相对位移为−98～−42mm，实测应变为−2.99%～−1.11%，均为压应变状态，表明心墙出现的拱效应并未产生心墙竖向拉应变，心墙工作状态正常。

表 6.2-3 典型断面心墙电磁沉降环测点间相对应变统计表（D-D 断面）

测点编号	埋设高程/m	测点间距/m	同期相对位移/mm	应变/%
DB-D-SR-12	715.351			
DB-D-SR-13	719.179	3.828	−46	−1.20
DB-D-SR-14	722.814	3.635	−48	−1.32
DB-D-SR-15	726.581	3.767	−42	−1.11
DB-D-SR-16	730.278	3.697	−52	−1.41
DB-D-SR-17	733.904	3.626	−54	−1.48

续表

测点编号	埋设高程/m	测点间距/m	同期相对位移/mm	应变/%
DB-D-SR-18	737.601	3.697	−60	−1.63
DB-D-SR-19	741.354	3.753	−74	−1.97
DB-D-SR-20	745.175	3.821	−68	−1.78
DB-D-SR-21	748.706	3.531	−66	−1.87
DB-D-SR-22	752.548	3.842	−64	−1.67
DB-D-SR-23	756.154	3.606	−70	−1.94
DB-D-SR-24	759.833	3.679	−80	−2.17
DB-D-SR-25	763.451	3.618	−82	−2.27
DB-D-SR-26	768.036	4.585	−76	−1.66
DB-D-SR 27	770.644	2.608	−78	−2.99
DB-D-SR-28	774.225	3.581	−68	−1.90
DB-D-SR-29	777.825	3.600	−98	−2.72
DB-D-SR-30	781.480	3.655	−72	−1.97

6.2.3 渗流

土石坝渗流评价主要包括坝内渗压和坝后渗流量，其中心墙堆石坝坝内渗压主要用于评价心墙防渗效果、计算心墙孔隙水压力和渗流系数等。

1. 坝体渗流

以糯扎渡水电工程为例，在其最大坝高断面心墙部位共布置53支渗压计。监测资料显示折算水头为0～136.97m、实测心墙孔隙水压力为0～1.34MPa，最大值发生在DB-C-P-17测点，大部分测点随水位平稳而平稳，主要反映超静孔隙水压力。从心墙孔隙水压力与上下游堆石体水位的相关性来看，孔隙水压力在填筑初期与上、下游堆石体水位呈正相关，孔隙水压力变化与坝体填筑过程较为同步。

2. 坝基渗流

帷幕后钻孔渗压计蓄水前后实测水位变化为21.89～22.52m，大坝上游水头已超过200m，帷幕后渗透压力测值变化相对不大。混凝土垫层底部渗压计较蓄水前水头增量为−3.93～151.42m，其中坝基廊道上游侧增量为151.42m，廊道下游侧水头变化相对不大，增量为−3.93～16.91m；垫层底部渗透压力顺河向分布为上游侧高、下游侧低，帷幕上游侧垫层底部渗流随上游水位同步增长，但廊道下游侧混凝土垫层及防渗帷幕水头增量不大，表明坝基渗控工程总体防渗效果较好。

3. 渗流量

截至2015年11月，坝基廊道内各量水堰渗流量为0～5.42L/s，综合基础廊道量水堰实测流量及坝后梯形量水堰实测流量，大坝总渗流量在8.52L/s以内，小于安全监控预警值 41.2L/s（计算值 51.5L/s 的 80%），处于正常状态。由图 6.2-11 可以看出，大坝坝后渗流量与上游水位呈一定的正相关性。

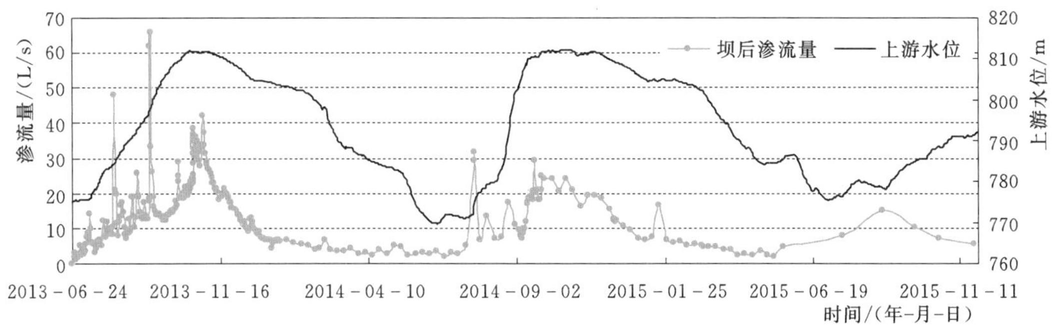

图 6.2-11　糯扎渡心墙堆石坝坝后量水堰渗流量过程线

6.3　反演分析

以糯扎渡水电工程为例，针对高心墙堆石坝进行渗透系数反演分析及坝体坝基渗流计算分析、坝料模型参数反演分析、坝体应力变形分析。

6.3.1　渗透系数反演分析及坝体坝基渗流计算分析

1. 心墙掺砾料局部测点和高程的渗透系数反演分析

因大坝的填筑碾压施工及变形效应，心墙不同高程的渗透特性不同，总体来说，压缩变形量较大的部位其渗透系数相对较小，但对于范围较小的局部测点和单一高程，其渗透系数的差异不明显。

结合高程 660.00m 渗压计 DB-C-Ⅴ-25～DB-C-Ⅴ-27，对该高程的心墙渗透系数进行反演分析。心墙掺砾料渗透系数反演参数取值范围和步长见表 6.3-1，共生成 5 组样本。表 6.3-2 给出了心墙掺砾料渗透系数反演结果，表 6.3-3 和图 6.3-1 给出了水头实测值与基于上述两组参数计算值的对比，可知，反演参数的计算结果与实测值比较接近，而设计参数的计算结果则偏小。

表 6.3-1　心墙掺砾料渗透系数反演参数取值范围和步长

渗透系数	$k/(\times10^{-9}\text{m/s})$	渗透系数	$k/(\times10^{-9}\text{m/s})$
初值	1	终值	9
步长	2		

表 6.3-2　心墙掺砾料渗透系数反演结果

渗透系数	$k/(\text{m/s})$	渗透系数	$k/(\text{m/s})$
设计渗透系数	5.0×10^{-8}	反演渗透系数	2.9×10^{-9}

2. 考虑渗透系数变化的心墙掺砾料渗透系数反演分析

在对心墙掺砾料的反演分析过程中应充分考虑随着施工的进行渗透系数发生变化的因

素。已有研究成果表明：黏性土发生大剪切变形后渗透性的变化与土体的物理力学状态密切相关，土体剪切过程中孔隙比及剪应力水平的变化对土体渗透性的影响较大。根据研究结果建立描述黏性土大剪切变形后的渗透系数的数学模型，如下式：

$$k=\exp(ae+bS_l+c) \tag{6.3-1}$$

式中：k 为试样的渗透系数；e 为孔隙比；S_l 为试样的剪应力水平；a、b、c 为待定系数。

表 6.3-3　心墙掺砾料水头实测值与计算值对比　单位：m

测点编号	DB-C-P-25	DB-C-P-26	DB-C-P-27
实测值	727.41	735.06	727.78
反演参数计算值	724.38	745.89	725.33
设计参数计算值	670.24	671.81	667.97

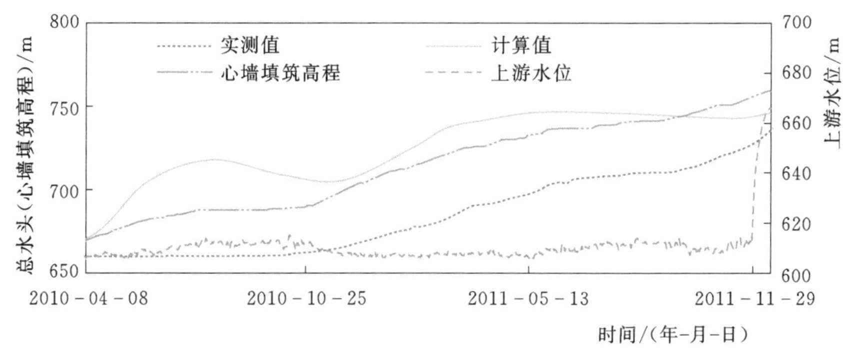

图 6.3-1　反演参数计算结果与实测结果对比图

根据以上成果，采用考虑渗透系数变化与应力变形耦合计算的方法对糯扎渡心墙堆石坝的渗压进行计算，并依照此耦合方法利用神经网络对该渗透模型渗透性参数 a、b、c 进行反演分析。

结合渗压计的布设位置和监测数据情况，对心墙的渗透系数进行反演分析。在高程 626.00m、660.00m、701.00m、738.00m、780.00m 处选取位于最大坝高断面心墙区的 15 个测点，布设渗压计，进行监测。通过对监测数据的分析并结合数值计算的经验，选择渗压计测点 DB-C-P-16、DB-C-P-26、DB-C-P-34、DB-C-P-35、DB-C-P-36、DB-C-P-44、DB-C-P-45 的监测数据作为反演分析的依据。考虑监测数据的时程和分布，选取 DB-C-P-26、DB-C-P-34、DB-C-P-44 测点 2012 年 4 月 24 日的监测值，DB-C-P-36 测点 2012 年 6 月 22 日的监测值以及 DB-C-P-16、DB-C-P-35、DB-C-P-45 测点 2012 年 11 月 10 日的监测值作为心墙掺砾料渗透系数反演的目标值。

表 6.3-4 为构造训练样本时参数 a、b、c 的取值范围和步长，根据工程经验及参数试算选取得到。采用全组合的方式生成样本，共有样本 27 组。

利用生成的样本文件训练神经网络，用训练后的神经网络代替有限元法计算，进行模型参数的优化求解。

表 6.3-4　　心墙掺砾料渗透系数反演参数取值范围和步长

参数	a	b	c
初值	20	−2	−20
步长	15	−4	−10
终值	50	−10	−40

心墙掺砾料渗透系数反演结果见表 6.3-5，2012 年 11 月 10 日渗压计总水头实测值与基于参数的计算值的对比见表 6.3-6、图 6.3-2。可知反演参数的计算结果与实测值比较接近。

表 6.3-5　　心墙掺砾料渗透系数反演结果

参数	a	b	c
反演渗透系数	43.7	−9.0	−36.1

表 6.3-6　　心墙掺砾料总水头实测值与计算值对比　　单位：m

测点编号	DB-C-P-16	DB-C-P-25	DB-C-P-27	DB-C-P-35	DB-C-P-43
实测值	821.8	778.9	768.2	790.9	784.8
反演参数计算值	806.1	784.1	755.2	791.8	788.9
设计参数计算值	702.5	740.4	687.2	734.2	759.7

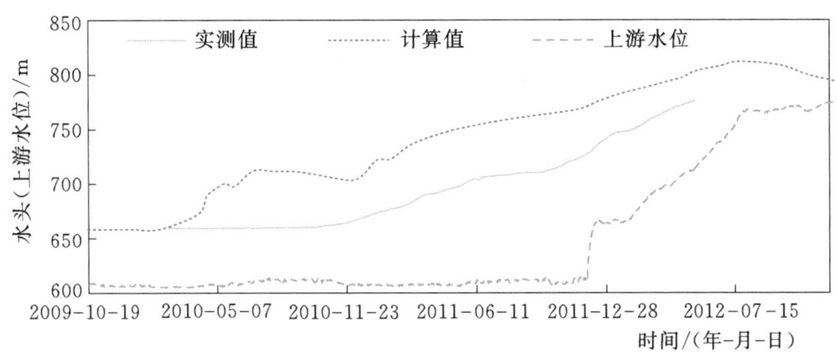

图 6.3-2　反演参数计算结果与实测结果对比图

3. 坝基渗透系数反演分析

基于人工神经网络和演化算法的模型参数反演方法，通过坝体下游围堰处的渗流量监测资料对坝基渗透系数进行了反演分析，得到了深层基岩、浅层基岩以及断层的渗透系数。

结合对下游围堰量水堰测点监测资料的分析，选择 2013 年 10 月 17 日的渗流量作为反演分析的目标值。考虑到基岩主要由深层基岩、浅层基岩和断层三部分构成，但反演分析目标值具有唯一性，故将深层基岩、浅层基岩和断层三个材料分区的渗透系数作为一个独立变量进行反演，即三个材料分区的渗透系数按照一个比例进行变化。反演中基岩初始渗透系数取设计值，心墙掺砾料渗透系数取渗流固结反演值，其他材料参数均取设计值。利用生成的样本文件训练神经网络，用训练后的神经网络代替有限元计算，进行模型参数的优化求解。此外，由于围堰渗流量监测数据受环境因素影响较大，监测值具有较大波动，因此分别针对监测数据的上包线和下包线进行了基岩渗透系数的反演分析，分别得到反演值1和反演值2，表6.3-7为坝基渗透系数的反演结果。

表6.3-7　坝基渗透系数反演结果　单位：cm/s

参数	深层基岩	浅层基岩	断　层
反演值1	3.1×10^{-5}	6.17×10^{-4}	5.18×10^{-4}
反演值2	5.0×10^{-5}	9.95×10^{-4}	8.35×10^{-4}
设计值	1.0×10^{-5}	1.99×10^{-4}	1.67×10^{-4}

4. 坝体坝基渗流计算分析

为更好地反映糯扎渡大坝坝体坝基的渗流特性，考虑将坝体及附近的基岩与岸坡作为计算区域。计算模型范围：自大坝坝坡向上、下游各延伸200m，自大坝坝肩向左、右岸各延伸200m，自大坝坝基向下延伸200m。按照材料分区划分了渗流三维有限元计算网格，见图6.3-3，网格一共包括15546个节点，14918个单元。

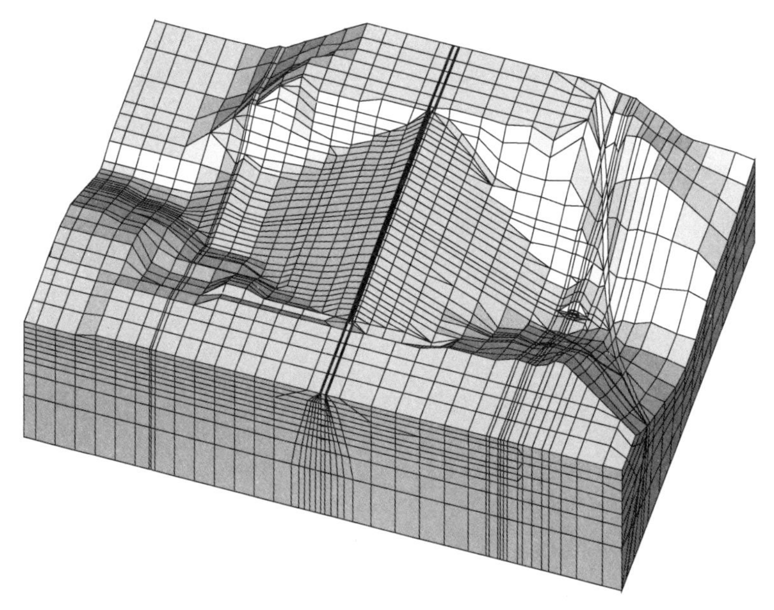

图6.3-3　渗流三维有限元计算网格

共设计6个计算方案，各方案的具体内容见表6.3-8。对计算方案Q-CK进行基于反演参数和设计参数的坝体及坝基渗流量计算分析。利用两组反演参数和一组设计参数分别进行渗流计算，以分析坝体及坝基渗流量的变化过程，并对其发展趋势进行预测。为反映渗流量变化规律，渗流计算中上游蓄水位及下游水位在2013年10月17日以前均采用实际蓄水过程，在2013年10月17日之后假定上、下游水位保持不变（即上游水位稳定在正常蓄水位812.00m，下游水位稳定在604.00m）。分别使用三组参数进行渗流计算，得到渗流量的变化过程，见图6.3-4。

表6.3-8　　各方案内容一览表

序号	方案	方案内容	
		心墙渗透系数	蓄水过程
1	Q-CK	多组参数	水位按实际蓄水过程于2013年10月17日至812.00m后不变
2	Q-H	多组参数	稳定渗流计算，不同水位
3	CK1-WL1	5×10^{-8}m/s	2012年3月22日水位至694.86m后不变，总时间1000天
4	CK1-WL2		按设计蓄水过程，总时间1000天
5	CK2-WL1	7.09×10^{-10}m/s	2012年3月22日水位至694.86m后不变，总时间1000天
6	CK2-WL2		按设计蓄水过程，总时间1000天

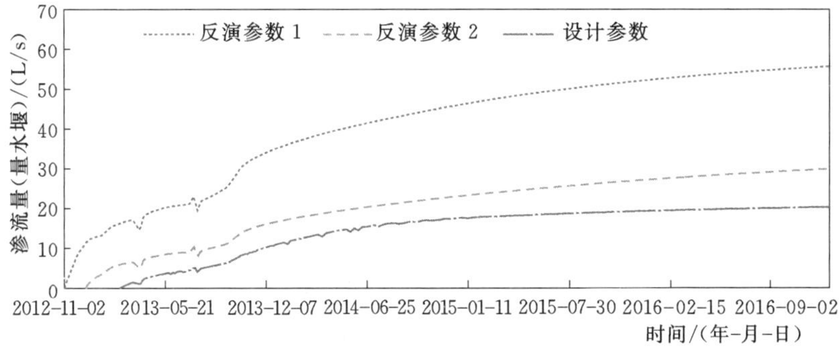

图6.3-4　不同参数的渗流量时程曲线

从图6.3-4中可以看出，坝体与坝基达到稳定渗流状态需要经历数年甚至数十年的时间，同时大坝渗流量逐年增加并趋于稳定。对于Q-CK计算方案，2013年10月17日，水库蓄水达到正常蓄水位812.00m后保持不变，此后大坝渗流量仍呈现增加的趋势，但增速逐渐变缓并趋于稳定。在蓄水位稳定后，渗流场逐渐趋于正常蓄水位的稳定渗流场，坝体于2016年年底渗流量趋于稳定，使用设计参数、反演参数1和反演参数2计算的渗流量分别为20.4L/s、55.6L/s、29.9L/s。

6.3.2　坝料模型参数反演分析

选用实测数据对糯扎渡高心墙堆石坝粗堆石料Ⅰ、粗堆石料Ⅱ和心墙掺砾料的邓肯$E-B$模型参数、流变变形参数和湿化变形参数进行了反演计算。

根据大坝断面资料、坝体材料分区及填筑进度构建大坝三维有限元计算网格，见图

6.3-5。三维网格共有23713个节点和23283个单元，三维模型中坝体施工采用实际的填筑过程。

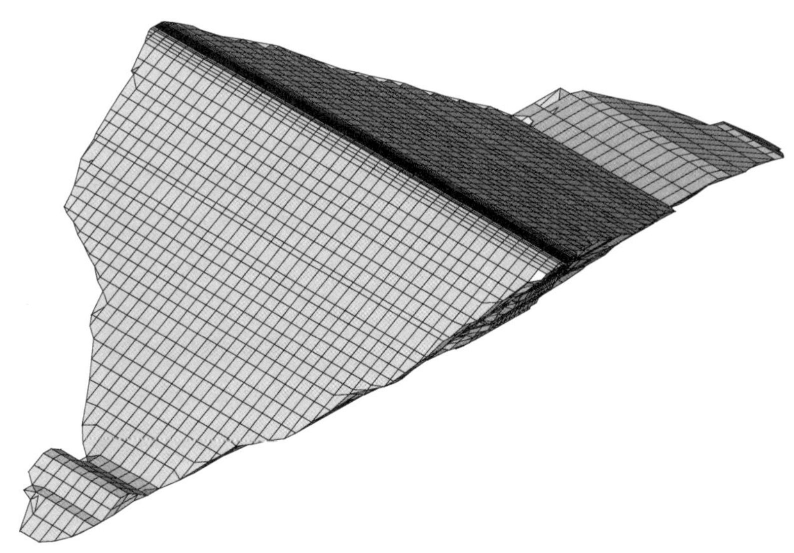

图6.3-5　大坝三维有限元计算网格

对于邓肯 $E-B$ 模型，因坝体内部沉降对 K 和 K_b 较为敏感，而对 n 和 m 的敏感性则较弱，因此，反演分析中主要考虑 K 值和 K_b 值的影响，对 n 和 m 则综合考虑室内试验参数值、可研阶段参数值和前几次反演情况取固定值。

流变变形参数反演采用沈珠江流变模型，反映应变率的参数 α 作为一个独立参数，反映体变的参数 b 和 β 按同一比例 λ 缩放，反映剪应变的参数 d 作为一个独立参数，则每种坝料有3个参数有待反演。

（1）堆石料Ⅰ邓肯 $E-B$ 模型和流变变形参数反演分析。反演结果见表6.3-9，为分析反演结果的准确性，将目标测点的实测位移增量与基于上述两组参数的计算位移增量进行对比，见表6.3-10。可知反演参数的计算值与实测值均相差不大，而可研参数的计算值整体上与实测值相差较大。对于坝料自重荷载引起的变形，反演得到的 K 和 K_b 比可研参数稍大，用反演参数计算所得变形计算结果小于可研参数计算结果。

对于流变变形，一方面，反演得到的 α 值小于试验值，表明由反演参数计算的流变变形的变化率小于试验参数计算值；另一方面，反演得到的 d 值比试验值小约25%，而由 $\lambda=1.68$ 可知 b 和 β 比试验值大68%，则反演参数计算得到的流变变形稍大于由可研参数计算得到的流变变形。综合上述多个方面的因素，由反演参数组合计算得到的变形值大于由可研参数计算得到的变形值。

表6.3-9　堆石料Ⅰ模型参数反演结果

参数	K	K_b	α	λ	d
可研（试验）参数	1425	540	0.00600	1.00	0.00423
反演参数	1578	691	0.0032	1.68	0.0031

表 6.3-10　粗堆石料Ⅰ测点实测位移增量与反演参数计算值的对比　单位：mm

测点编号	DB-C-H-05	DB-C-V-04	DB-C-V-06
实测值	198.9	217.0	65.9
反演参数计算值	239.7	228.3	77.3
可研参数计算值	168.6	192.8	50.4

（2）堆石料Ⅱ邓肯 $E-B$ 模型和流变变形参数反演分析。表 6.3-11 给出了反演参数的结果，并与可研参数进行了对比。表 6.3-12 给出了实测值与基于上述两组参数计算值的对比。可知，反演参数的计算结果与实测值比较接近，而可研参数的计算结果则偏小。对于坝料自重荷载引起的变形，反演得到的 K 和 K_b 比可研参数略小，则反演参数计算值大于可研参数计算值。

对于流变变形，一方面，反演得到的 α 值小于试验值，由反演参数计算的流变变形的变化率小于可研参数计算值；另一方面，反演得到的 d 值比试验值大约 34%，而由 $\lambda=1.71$ 可知 b 和 β 比试验值大 71%，则由反演参数计算得到的流变变形小于由可研参数计算得到的流变变形。综合上述多个方面的因素，由反演参数组合计算得到的变形值大于由可研参数计算得到的变形值。

表 6.3-11　堆石料Ⅱ模型参数反演结果

参数	K	K_b	α	λ	d
可研（试验）参数	1400	620	0.00600	1.00	0.00612
反演参数	1240	409	0.0031	1.71	0.0082

表 6.3-12　堆石料Ⅱ测点实测沉降增量与计算沉降增量对比　单位：mm

测点编号	DB-C-VW-02	DB-C-VW-03	DB-C-VW-04	DB-C-V-12	DB-C-V-15
实测值	739.1	390.0	206.2	392.2	501.0
反演参数计算值	618.3	357.0	197.2	385.4	382.6
可研参数计算值	635.2	335.2	177.9	410.4	325.5

（3）心墙掺砾料邓肯 $E-B$ 模型和流变变形参数反演分析。表 6.3-13 给出了心墙掺砾料反演参数与可研参数的对比。表 6.3-14 给出了实测值与两组参数计算值的对比。可看到对于大多数测点反演参数的计算值与实测数据符合得较好，而可研参数的计算值则与实测值相差较大。对于坝料自重荷载引起的变形，因反演得到的 K 和 K_b 分别比可研参数大 10%和小 1%，则用反演参数计算所得心墙位移值小于可研参数的计算值；因 K_b 的差别较小，则计算所得心墙的体积变形接近。

表 6.3-13　心墙掺砾料模型参数反演结果

参数	K	K_b	α	λ	d
可研（试验）参数	320	210	0.00300	1.00	0.00717
反演参数	351	207	0.0035	1.39	0.0097

表 6.3-14　心墙掺砾料测点实测沉降增量与计算沉降增量对比　单位：mm

测点编号	C-27	C-29	C-31	C-35	C-39	C-43	C-47
实测值	529.2	589.2	664.2	794.2	961.2	1118.2	1385.2
反演参数计算值	610.3	665.0	730.7	863.5	1018.4	1166.7	1305.4
可研参数计算值	697.1	760.5	830.2	958.2	1119.6	1235.4	1411.8

对于流变变形，一方面，反演得到的 α 值稍大于试验值，由反演参数计算的流变变形的变化率稍大于可研参数计算值；另一方面，反演得到的 d 值比试验值大约 35%，而由 $\lambda=1.39$ 可知 b 和 β 比试验值小 39%，则由反演参数计算得到的流变变形稍大于由可研参数计算得到的流变变形。综合考虑上述多个方面的因素，由反演参数组合计算得到的变形值小于由可研参数计算得到的变形值。

（4）堆石料Ⅰ和堆石料Ⅱ湿化变形参数反演分析。表 6.3-15 为湿化模型反演参数与试验参数的对比。表 6.3-16 给出了实测值与两组参数计算值的对比。可看到对于大多数测点反演参数的计算值与实测数据符合得较好，虽然反演参数的计算值和试验参数的计算值均比实测值略小，但反演参数计算值与实测数据符合得更好。同时，反演得到的 a 和 b 值比试验值小，则由反演参数计算得到的体变较大；若反演得到的 c 值比试验值大，则使得反演参数计算的剪应变较大。

表 6.3-15　湿化模型参数反演结果

参数	堆石料Ⅰ			堆石料Ⅱ		
	a	b	c	a	b	c
试验参数	2.820	1.730	0.362	2.980	1.780	0.356
反演参数	1.417	0.869	0.181	4.230	2.595	0.178

表 6.3-16　测点实测位移实测值与计算值对比　单位：mm

测点编号	DB-C-VW-10	DB-C-VW-11	DB-C-VW-12
实测值	1421.1	1370.0	850.0
反演参数计算值	1379.3	1280.8	764.6
试验参数计算值	1272.6	1145.6	663.2

6.3.3　坝体应力变形分析

1. 坝体完工期应力变形分析

计算结果见图 6.3-6～图 6.3-9，坝体完工期最大横断面和最大纵断面的变形分布情况，其分布规律与可研参数的计算结果一致，但位移和沉降值上有一定差别。顺河向水平位移最大值为 102cm，发生在 0+309.6 断面心墙下游侧高程 634.00m 附近，指向下游。横河向水平位移最大值为 52cm，发生在 0+440 断面高程 772.00m 附近。沉降最大值为 391cm，占最大坝高的 1.49%，发生在 0+309.6 断面心墙区高程 691.00m 附近。

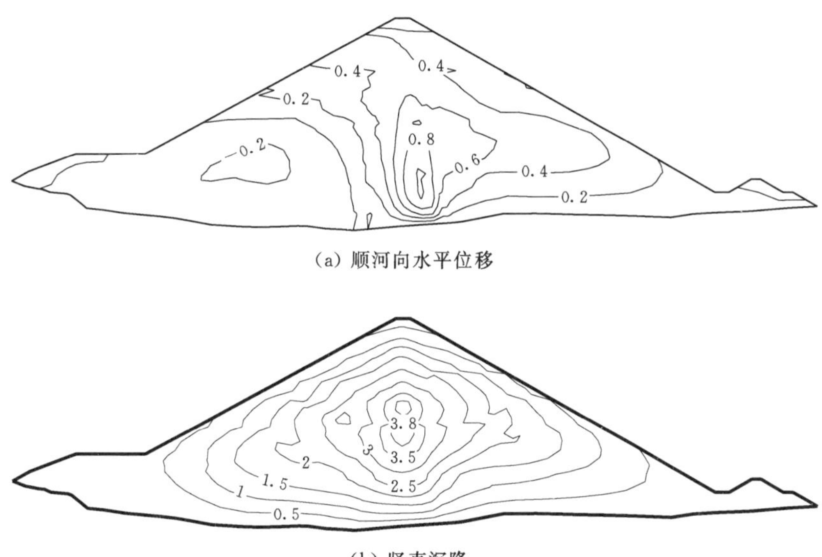

(a) 顺河向水平位移

(b) 竖直沉降

图 6.3-6　最大横断面变形计算结果（单位：m）

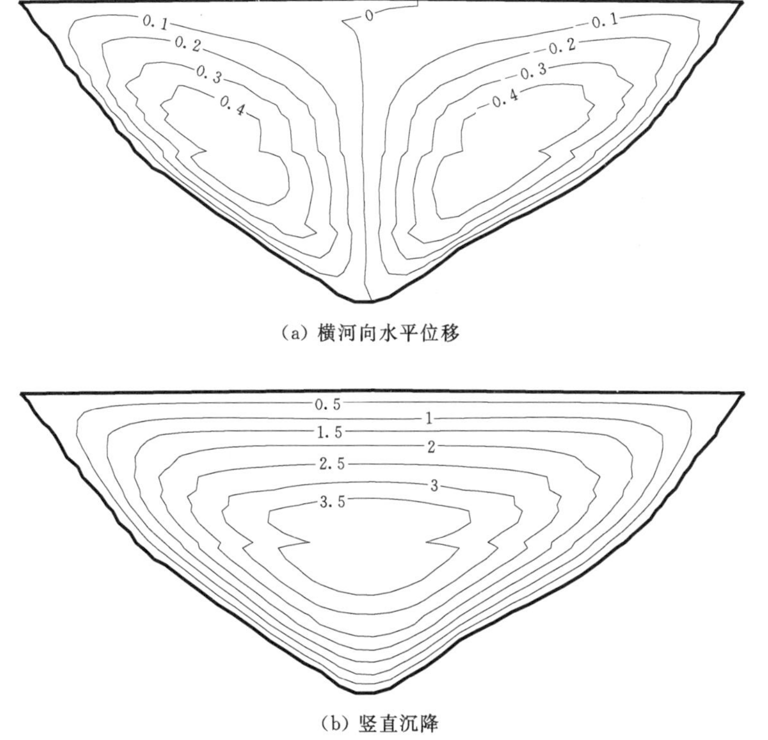

(a) 横河向水平位移

(b) 竖直沉降

图 6.3-7　最大纵断面变形计算结果（单位：m）

(a) 大主应力(单位：MPa)

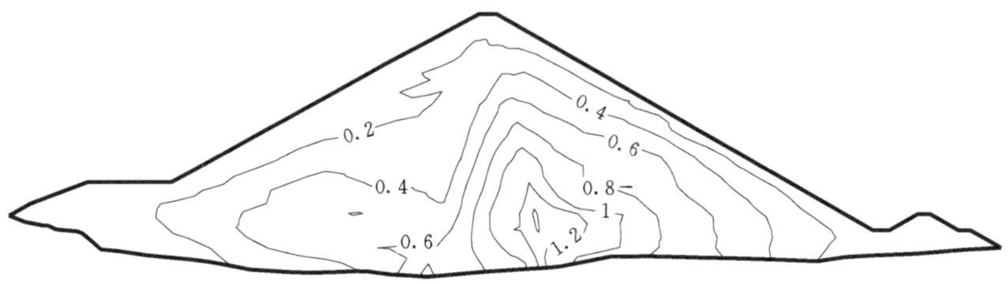

(b) 小主应力(单位：MPa)

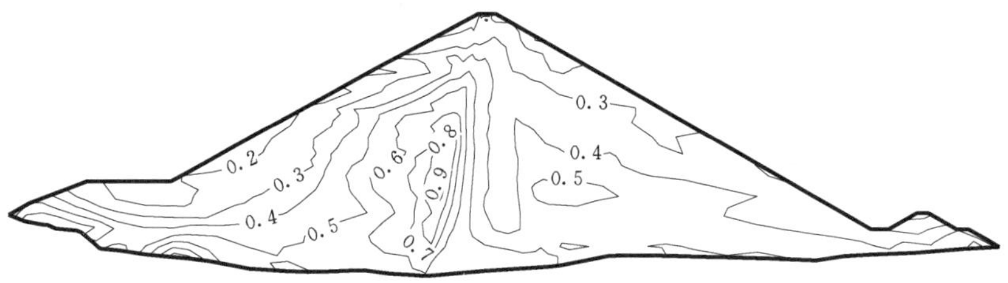

(c) 应力水平

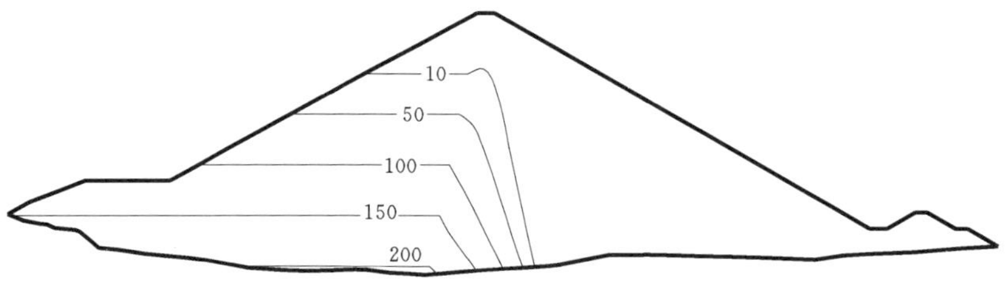

(d) 压力水头(单位：m)

图 6.3-8　最大横断面应力计算结果

坝体完工期最大横断面和最大纵断面的应力分布情况，总体而言，与心墙土石坝的一般规律相符合，出现明显拱效应，心墙上游侧及上游堆石区小主应力较低，而心墙下游侧和下游堆石区小主应力较高。在心墙上游侧及心墙与上游堆石区的边界处应力水平值较大，达到了 0.7 以上。此外，心墙与坝肩较陡处的接触区仍是应力水平较高的区域。

2. 上游水位达到正常蓄水位时应力变形分析

上游水位达到正常蓄水位时最大横断面和最大纵断面的变形分布情况见图 6.3-10～图 6.3-13。顺河向水平位移最大值为 132cm，发生在 0＋309.6 断面心墙下游侧高程 643.00m 附近，指向下游。横河向水平位移最大值为 57cm，发生在 0＋440 断面高程

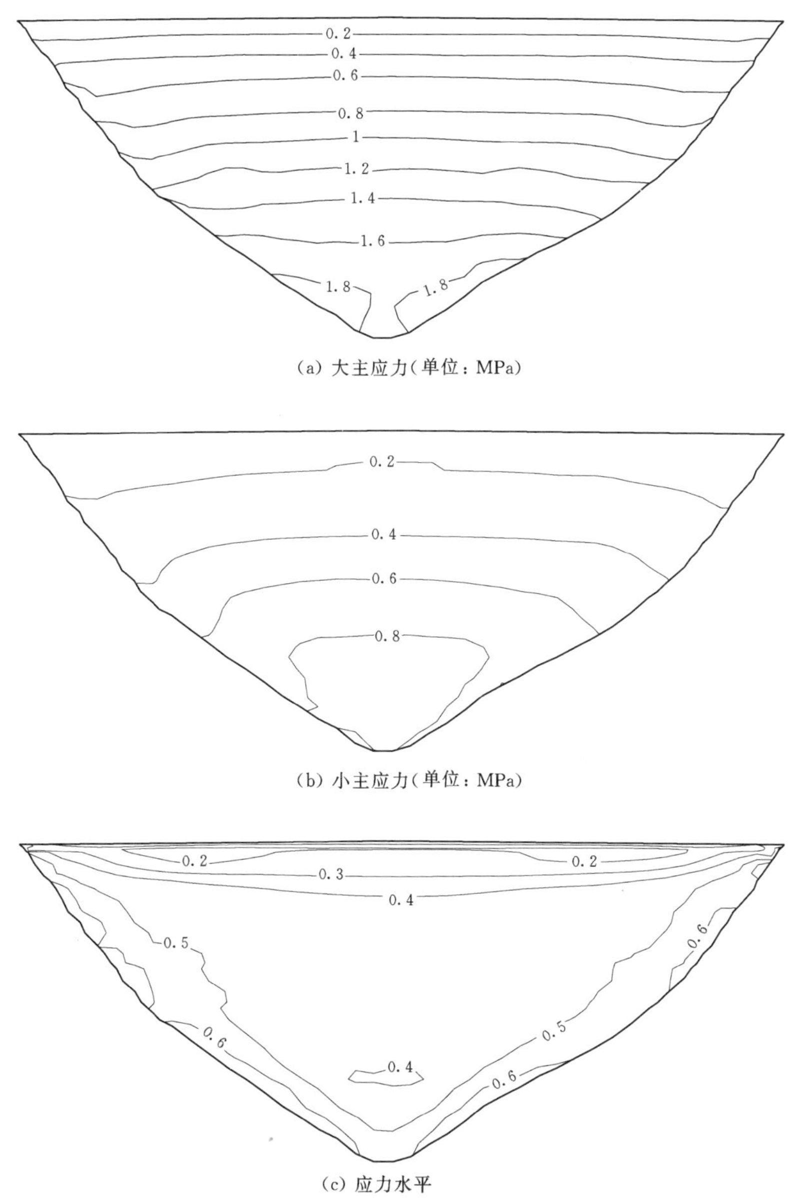

(a) 大主应力（单位：MPa）

(b) 小主应力（单位：MPa）

(c) 应力水平

图 6.3-9　最大纵断面应力计算结果

722.00m 附近。沉降最大值为 404cm，占最大坝高的 1.54%，发生在 0+309.6 断面心墙区高程 691.00m 附近，与完工期最大沉降值（391cm）相比略有增加。

上游水位达到正常蓄水位时最大横断面和最大纵断面的应力分布情况，总体而言，与心墙土石坝的一般规律相符合，出现明显拱效应，心墙上游侧及上游堆石区小主应力较低，而心墙下游侧和下游堆石区小主应力较高，部分单元应力水平超过 0.8。在心墙上游侧及心墙与上游堆石区的边界处应力水平值较大，达到了 0.7 以上。此外，心墙与坝肩较陡处的接触区仍是应力水平较高的区域。

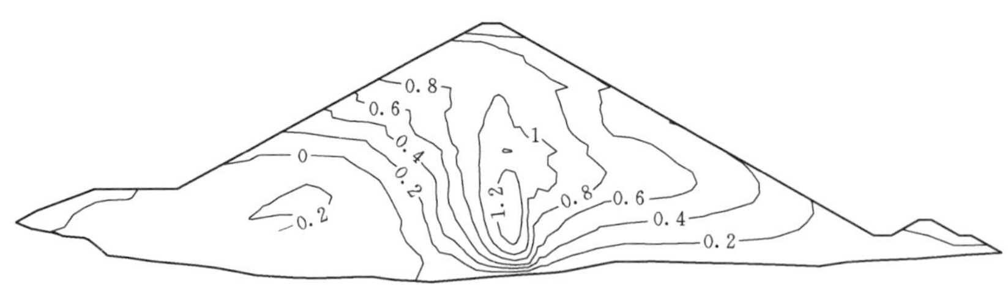

(a) 顺河向水平位移

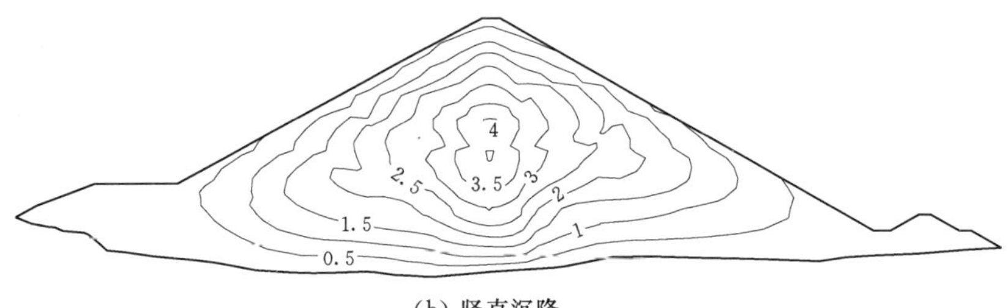

(b) 竖直沉降

图 6.3-10　最大横断面变形计算结果（单位：m）

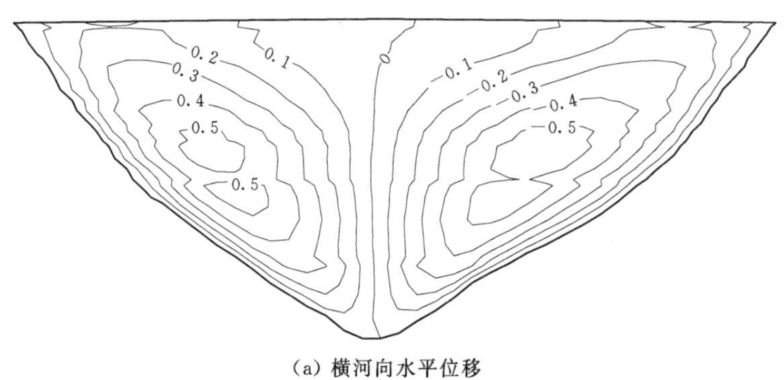

(a) 横河向水平位移

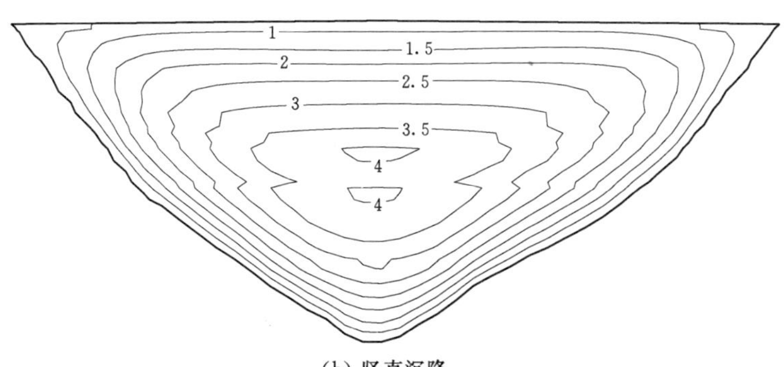

(b) 竖直沉降

图 6.3-11　最大纵断面变形计算结果（单位：m）

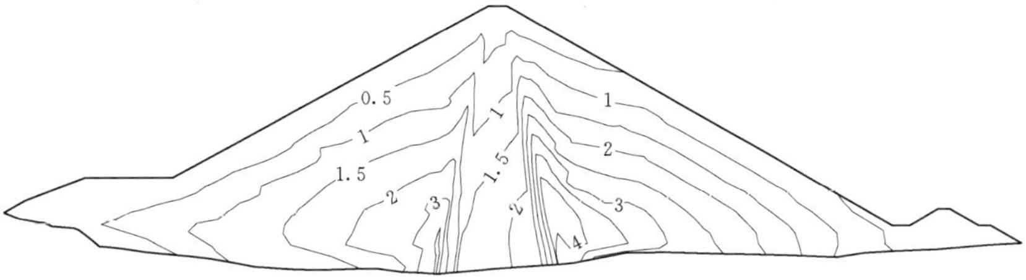

(a) 大主应力(单位：MPa)

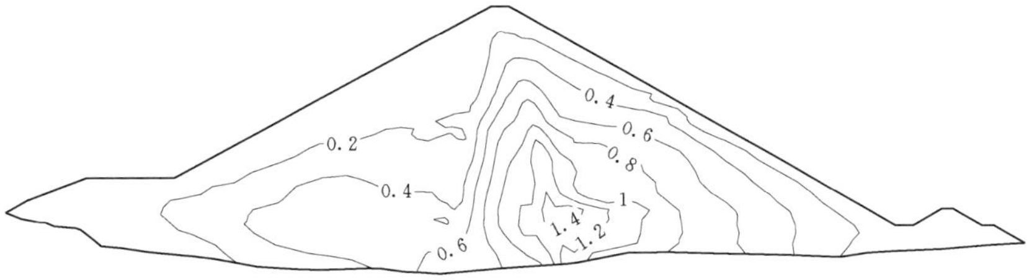

(b) 小主应力(单位：MPa)

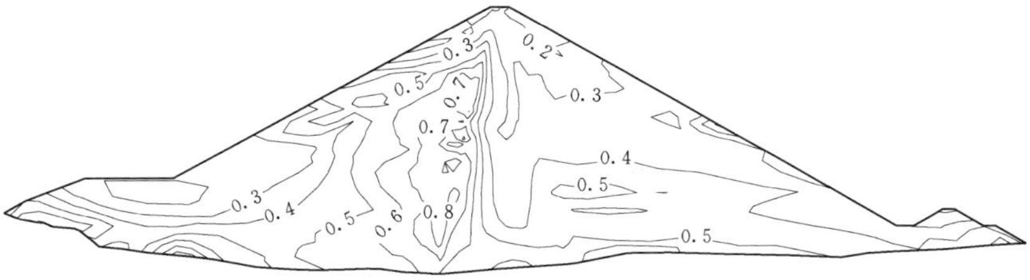

(c) 应力水平

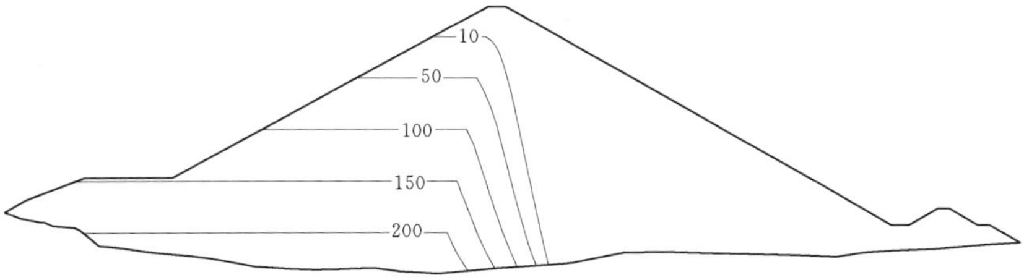

(d) 压力水头(单位：m)

图 6.3-12　最大横断面应力计算结果

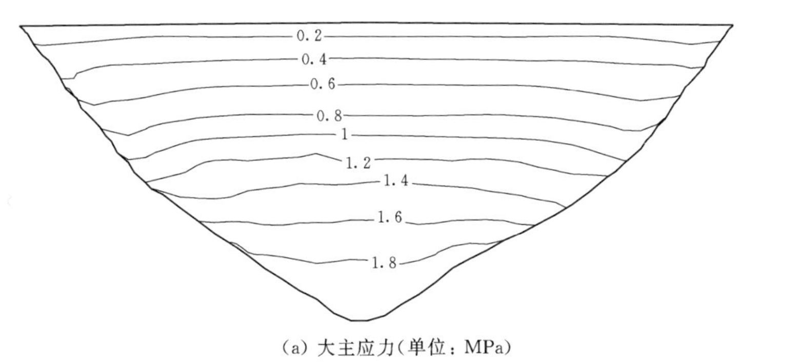

(a) 大主应力(单位：MPa)

图 6.3-13（一）　最大纵断面应力计算结果

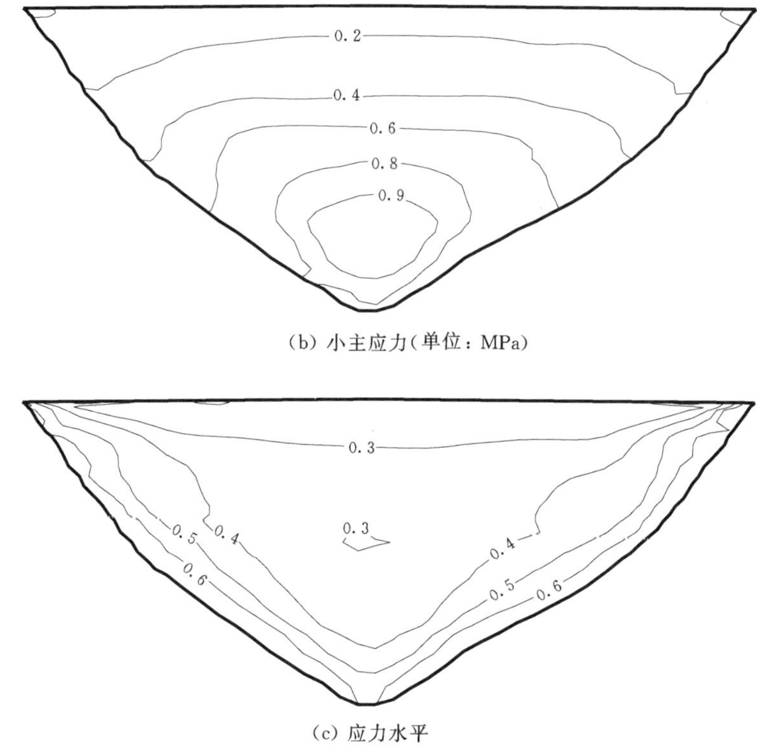

(b) 小主应力(单位：MPa)

(c) 应力水平

图 6.3-13（二） 最大纵断面应力计算结果

6.4 工程安全评价与预警

6.4.1 综合安全评价指标体系

综合安全评价的指标体系主要包括两大类，即：大坝整体安全指标和大坝分项安全指标。

对于每个指标采用红、橙、黄三级预警法，用户可以批量导入或录入每个评价项目的3个警戒值。①黄色：提醒级，大坝性态指标轻微改变，信息发布级别Ⅰ；②橙色：预警级，大坝性态指标中度改变，信息发布级别Ⅱ；③红色：警报级，大坝性态指标严重改变，信息发布级别Ⅲ。

1. 整体安全指标

整体安全指标体系用于评价大坝整体安全性，主要指标有：大坝渗流量、坝体最大沉降、坝顶最大沉降、上游坝坡变形、下游坝坡变形、坝顶裂缝等。

（1）大坝渗流量。

1）对应监测项目：下游量水堰。

2）安全状态的指标：渗流总量 Q，渗流量波动 ΔQ（如周波动）。

3）确定基准值 Q_0 和 ΔQ_0 指标的方法。渗流总量 Q 控制标准：建立渗流总量 Q -上

游水位 H_u 的包络线，初期按渗流计算确定，长期根据监测资料、反演分析及专家意见对包络线进行修正，并根据包络线确定最大渗流量 Q_{max}。

渗流量波动 ΔQ 控制标准：建立 $\Delta Q - H_u$（如以水位变动值 $\Delta H = 5$m，变动时间 $\Delta t = 30$ 天为基准）的包络线，初期按非稳定渗流计算确定，长期根据监测资料、反演分析及专家意见对包络线进行修正。根据 Δt 时段内库水位最大升幅来确定该标准。

4）预警状态判别。根据上述建立的基准值，建立相应的分级预警体系，见表6.4-1。

表6.4-1　坝渗流量分级预警体系

预警状态	蓝色	黄色	橙色	红色
判别条件		1）$Q>1.1Q_0$ 2）$\Delta Q>1.3\Delta Q_0$ 3）$Q>Q_{max}$	1）$Q>1.3Q_0$ 2）$\Delta Q>1.5\Delta Q_0$	1）$Q>1.5Q_0$ 2）$\Delta Q>2.0\Delta Q_0$

注　上述每个状态下，满足其中一个判别条件时即达到给预警状态。

（2）坝体最大沉降。

1）对应监测项目：所有沉降监测点。

2）安全状态的指标：坝体沉降总量 S_b。

3）基准值 S_{b0} 的方法：初期根据专家意见并参考相应计算分析成果给出，长期根据监测数据、反演分析及专家意见对指标进行修正。

4）预警状态判别。根据上述建立的基准值，建立相应的分级预警体系，见表6.4-2。

表6.4-2　坝体最大沉降分级预警体系

预警状态	蓝色	黄色	橙色	红色
判别条件		$S_b>1.1S_{b0}$	$S_b>1.2S_{b0}$	$S_b>1.3S_{b0}$

（3）坝顶最大沉降。

1）对应监测项目：坝顶沉降监测点。

2）安全状态的指标：坝顶沉降总量 S_t，坝顶沉降增量 ΔS_t（如，周增量）。

3）设计沉降预留超高 S_{td}、裂缝控制 S_{tc} 基准值确定方法。建立 S_t -时间 T 的包络线，坝顶沉降总量基准值 S_{ts} 和增量基准值 ΔS_{ts} 初期按专家意见并参考相应计算分析成果给出，长期根据监测资料、反演分析及专家意见对包络线进行修正。

4）预警状态判别。根据上述建立的基准值，建立相应的分级预警体系见表6.4-3。

表6.4-3　坝顶最大沉降分级预警体系

预警状态	蓝色	黄色	橙色	红色
判别条件		1）$S_t>0.8S_{tc}$ 2）$S_t>1.1S_{ts}$ 3）$\Delta S_t>1.2\Delta S_{ts}$	1）$S_t>0.6S_{td}$ 2）$S_t>1.0S_{tc}$ 3）$S_t>1.3S_{ts}$ 4）$\Delta S_t>1.5\Delta S_{ts}$	1）$S_t>0.8S_{td}$ 2）$S_t>1.3S_{tc}$ 3）$S_t>1.5S_{ts}$ 4）$\Delta S_t>2.0\Delta S_{ts}$

注　上述每个状态下，满足其中一个判别条件时即达到给预警状态。

（4）上游坝坡变形。

1）对应监测项目：上游坝坡变形监测点。

2）安全状态的指标：最大沉降总量 S_u，增量 ΔS_u（如，周增量）；最大顺河向水平位移总量 D_u，增量 ΔD_u（如，周增量）。

3）基准值确定方法。变形总量基准值（S_{u0}，D_{u0}），初期按专家意见并参考相应计算分析成果给出，长期根据监测资料、反演分析及专家意见对其进行修正。变形增量基准值（ΔS_{u0}，ΔD_{u0}）为前 4 周周增量的最大值。

4）预警状态判别。根据上述建立的基准值，建立相应的分级预警体系见表 6.4-4。

表 6.4-4　上游坝坡变形分级预警体系

预警状态	蓝色	黄　色	橙　色	红　色
判别条件		1）$S_u>1.1S_{u0}$ 2）$D_u>1.1D_{u0}$ 3）$\Delta S_u>1.2\Delta S_{u0}$ 4）$\Delta D_u>1.2\Delta D_{u0}$	1）$S_u>1.3S_{u0}$ 2）$D_u>1.3D_{u0}$ 3）$\Delta S_u>1.5\Delta S_{u0}$ 4）$\Delta D_u>1.5\Delta D_{u0}$	1）$S_u>1.5S_{u0}$ 2）$D_u>1.5D_{u0}$ 3）$\Delta S_u>2.0\Delta S_{u0}$ 4）$\Delta D_u>2.0\Delta D_{u0}$

注　上述每个状态下，满足其中一个判别条件时即达到给预警状态。

（5）下游坝坡变形。

1）对应监测项目：下游坝坡变形监测点。

2）安全状态的指标：最大沉降总量 S_d，增量 ΔS_d（如，周增量）；最大顺河向水平位移总量 D_d，增量 ΔD_d（如，周增量）。

3）基准值确定方法：变形总量基准值（S_{d0}，D_{d0}），初期按专家意见并参考相应计算分析成果给出，长期根据监测资料、反演分析及专家意见对其进行修正。变形增量基准值（ΔS_{d0}，ΔD_{d0}）为前 4 周周增量的最大值。

4）预警状态判别。根据上述建立的基准值，建立相应的分级预警体系，见表 6.4-5。

表 6.4-5　下游坝坡变形分级预警体系

预警状态	蓝　色	黄　色	橙　色	红　色
判别条件		1）$S_d>1.1S_{d0}$ 2）$D_d>1.1D_{d0}$ 3）$\Delta S_d>1.2\Delta S_{d0}$ 4）$\Delta D_d>1.2\Delta D_{d0}$	1）$S_d>1.3S_{d0}$ 2）$D_d>1.3D_{d0}$ 3）$\Delta S_d>1.5\Delta S_{d0}$ 4）$\Delta D_d>1.5\Delta D_{d0}$	1）$S_d>1.5S_{d0}$ 2）$D_d>1.5D_{d0}$ 3）$\Delta S_d>2.0\Delta S_{d0}$ 4）$\Delta D_d>2.0\Delta D_{d0}$

注　上述每个状态下，满足其中一个判别条件时即达到给预警状态。

2. 分项安全指标

大坝分项安全指标主要包括大坝顺河向水平位移、大坝沉降、大坝渗流量、心墙土压力、混凝土垫层裂缝等。

（1）大坝顺河向水平位移。水平位移观测资料是分析坝坡稳定的主要依据。根据项目实测点分布情况，选取典型点作为大坝水平位移（顺河向）安全评价。选点原则：控制坝坡稳定性。

（2）大坝沉降。根据项目实测点分布情况，选取典型点作为大坝垂直位移（沉降）安全评价。选点原则：监控点分布于大坝不同工程部位（上下游坝坡、心墙等）及不同高程，以综合体现坝体沉降变形特征，反映大坝安全性态。

（3）大坝渗流量。根据项目实测点分布情况，选取典型部位的渗流量和孔压监测点作为大坝渗流安全评价。选点原则：监控点分布于大坝不同工程部位（上下游堆石料及反滤料、心墙、接触黏土、防渗墙等）及不同高程，以综合体现大坝渗流特征，反映大坝安全性态。

（4）心墙土压力。选择心墙部位典型监测点的水平和竖直应力，作为坝体心墙应力安全指标。

（5）混凝土垫层裂缝。根据大坝混凝土垫层特征，选取混凝土垫层测缝计对变形特性及裂缝情况进行监测。

6.4.2　应急预案

根据上述各预警等级含义及信息发布方式，为了保证大坝的正常安全运营，系统在设计过程中，针对不同评判指标的每一预警等级，设计了相应的应急预案措施，以大坝整体渗流为例建立不同预警级别下的应急预案，见表6.4-6。

表6.4-6　大坝整体渗流预警级别下的应急预案

预警级别	黄　色	橙　色	红　色
应急预案	（1）信息发布给Ⅰ类级别人员； （2）现场管理人员核查监测信息的可靠性，并进行现场勘察，检查监测设备是否异常、渗水的浑浊程度等； （3）现场管理人员分析降雨等环境因素； （4）现场管理人员综合分析水位和渗压等其他监测数据； （5）适当增加监测频率和巡视次数，关注发展趋势	（1）信息发布给Ⅱ类级别人员； （2）～（5）同黄色预警级； （6）组织管理、设计、科研等相关专家进行会商，分析异常原因，并采取相应对策	（1）信息发布给Ⅲ类级别人员； （2）～（6）同橙色预警级； （7）必要时应适时采取降低库水位等措施，彻查异常原因，并采取有效措施

6.4.3　工程安全评价与预警信息管理系统

根据监测和分析成果的修正，以及完善不同时期、不同工况下大坝的各级警戒值和安全评价指标，提出相应的应急预案与防范措施，并将以上各环节有机地集成起来，形成理论严密且可靠实用的大坝工程安全评价与安全预警、应急预案系统。

1. 功能概述

工程安全评价与预警信息管理系统（图6.4-1）主要实现监测数据与成果分析管理、计算成果分析管理、安全指标定义与安全预警管理等，具体功能简述如下：

（1）建立工程安全评价与预警信息综合管理平台，支持基于网络的分布式管理与应用。

（2）根据导入的实测监测数据，可对大坝各类动态信息（环境量、效应量及工程信息等）进行查询、统计分析、可视化展示及报表编制等。

（3）实现安全指标定义，主要包括坝前水位、大坝变形、渗透稳定、裂缝、坝坡稳定等几个方面，为分级安全预警提供依据。

（4）对大坝在不同条件下的应力、变形、水压、渗流、裂缝、稳定性和动力响应等计

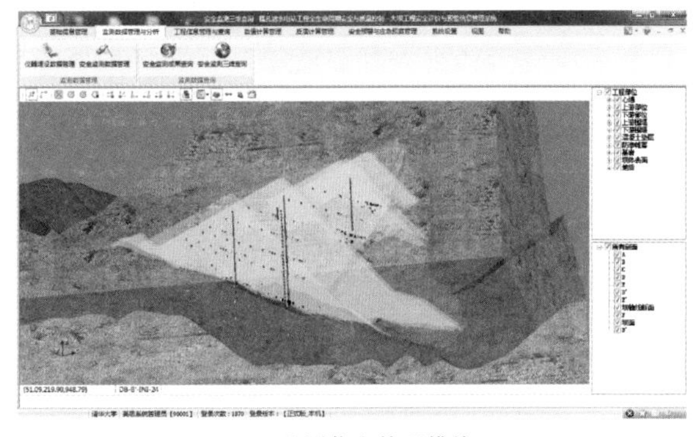

(a) 监测信息管理模块

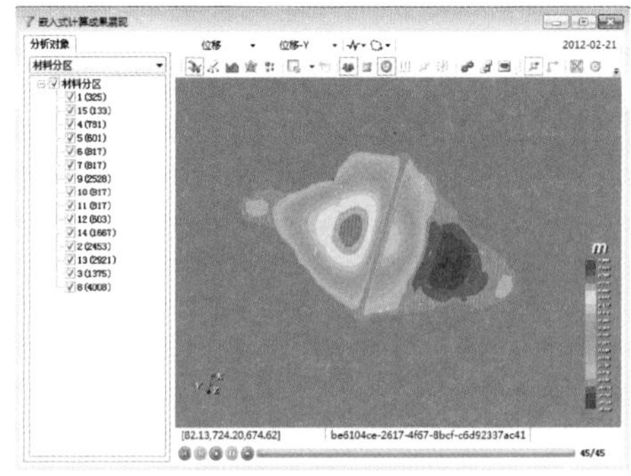

(b) 数值计算分析模块

图 6.4-1　工程安全评价与预警信息管理系统

算的输入数据及计算结果进行储存、查询、浏览、二三维可视化展示及报表编制等，并可操作嵌入计算。

(5) 将反演数值计算模型中反演参数的类型及数量、所需要的信息、有限元计算生成的训练样本、所得到的反演参数、误差以及必要的过程信息存入数据库供其他单元调用，并可进行查询、浏览、二三维可视化展示及报表制作等。

(6) 通过定义大坝安全指标，根据动态监测信息以及计算成果，结合安全指标模块，对异常状态进行分级并建立预警机制，生成大坝安全评价健康诊断报告，分析可能出现的安全问题，并提出应急预案与措施的建议。

为实现上述功能，需综合采用水工结构、岩土工程、优化理论、信息学等方面的理论和技术，以下仅对主要的基本原理等进行简要描述。

2. 模块设计

工程安全评价与预警信息管理系统主要由 7 个模块构成（图 6.4-2)，分别为：系统管理模块（系统的枢纽)；监测数据与工程信息管理模块、数值计算模块、反演分析模块（系统的核心)；安全预警与应急预案模块（系统的目标)；巡视记录与文档管理模块（对系统基本信息的重要补充)；数据库与数据管理模块（系统的资料基础)。

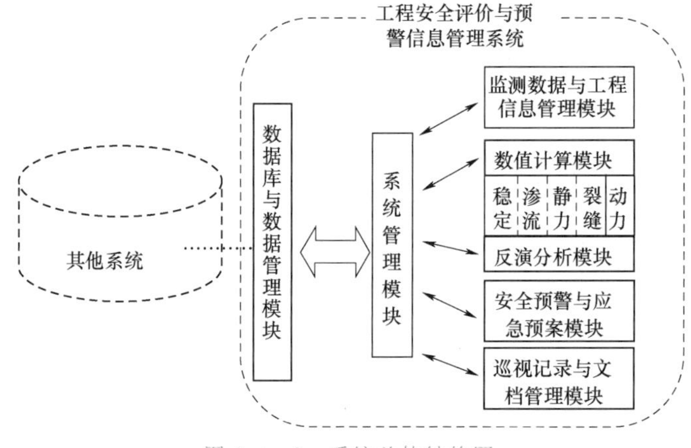

图 6.4-2　系统总体结构图

（1）系统管理模块。实现本系统信息集成以及本系统各模块间的信息交换与共享；提供本系统运行的管理与操作界面；从其他系统获取必要信息；可管理系统的基本设置以及多地多用户远程操作。

（2）监测数据与工程信息管理模块。根据系统数据库信息，实现对大坝各类动态信息（环境量、效应量及工程信息等）进行查询、统计分析、可视化展示及报表编制等功能，为用户提供良好的可视化信息查询及分析界面。

基础信息管理单元主要是对大坝的 PBS（Product Breakdown Structure）结构、大坝安全监测规划的监测断面、安全监测所用的仪器类型以及监测仪器的埋设路径等基础信息进行定义，实现基础业务数据的维护功能，为安全监测的综合分析提供基础数据，其功能划分见图 6.4-3。

（3）数值计算模块。数值计算模块包括仿真工况管理、仿真结果解析、嵌入式计算管理等功能模块（图 6.4-4），可计算大坝在不同条件下的应力、变形、水压、渗流、裂缝、稳定性和动力响应等。可对输入数据、计算条件及计算结果进行查询、浏览二三维可视化展示（图 6.4-5）及报表制作等。该模块和监测数据与工程信息管理模块、反演分析模块相结合可对大坝性态进行分析预测，是系统的核心部分。

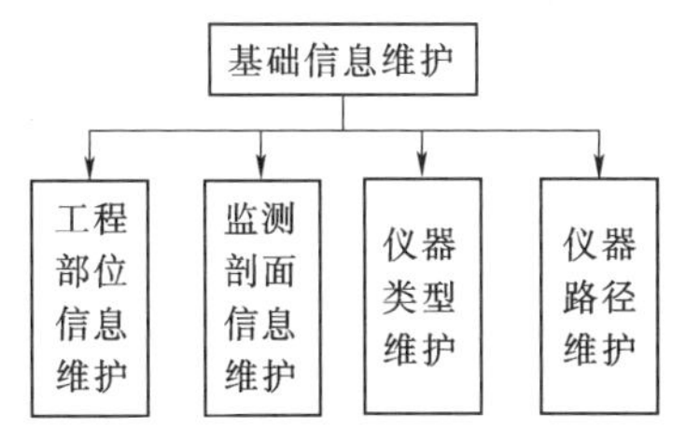

图 6.4-3　基础信息管理单元功能划分

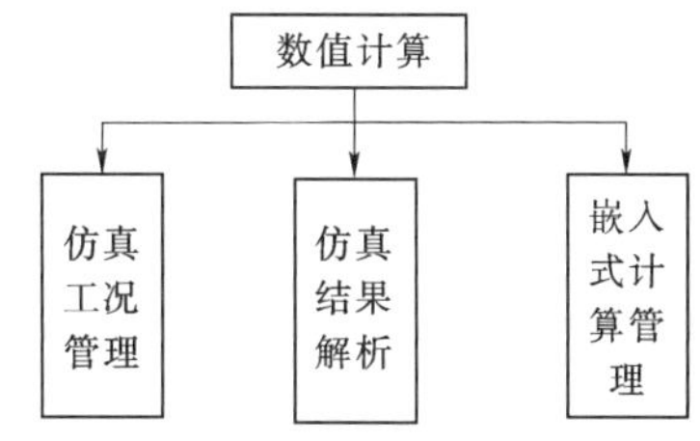

图 6.4-4　数值计算模块功能点

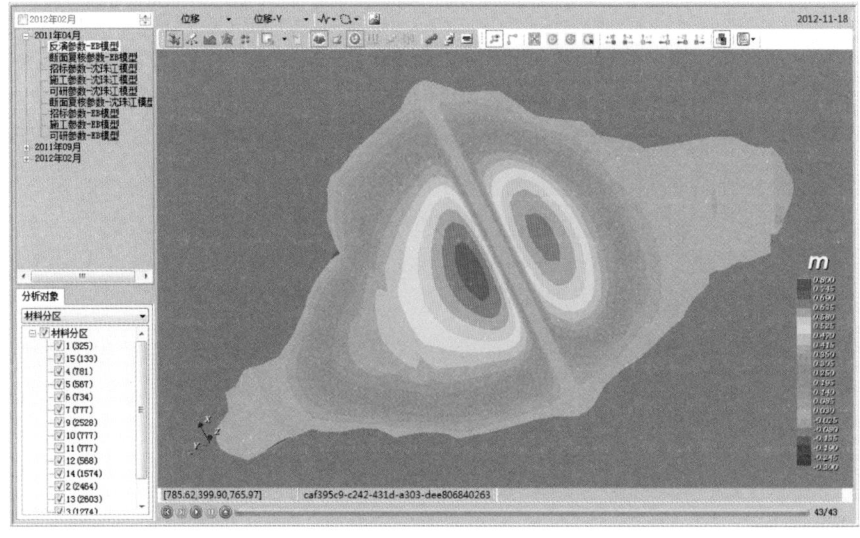

图 6.4-5　数值计算分析结果的查询和展示

嵌入式计算管理可实现数值计算基础信息的管理和维护功能。包含计算工况描述信息，几何模型、材料分区、材料参数、施工级等数据的解析与导入功能。

(4) 反演分析模块。根据所要反演参数的类型及数量，确定所需要的信息；通过有限元计算生成训练样本；训练和优化用于替代有限元计算的神经网络，并进行坝料参数的反演计算。将反演参数、误差以及必要的过程信息存入数据库供其他单元调用。反演结果展示界面见图 6.4-6。

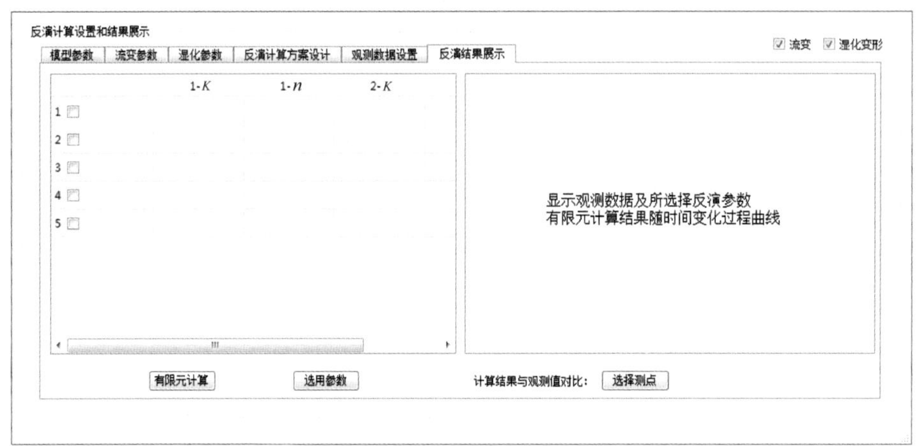

图 6.4-6　反演结果展示界面

(5) 安全预警与应急预案模块。提出高心墙堆石坝渗透稳定、沉降、坝坡稳定、应力应变、动力反应等方面的控制标准，建立大坝的综合安全指标体系。根据动态监测信息以及计算成果，进行大坝安全分析，建立大坝安全评价模型；结合安全指标体系，针对不同的异常状态及其物理成因，对异常状态进行分级并建立预警机制。该模块可进行分级实时报警，并可给出预警状态信息。根据安全预警与预案判别分析结果，对可能出现的安全问题，建立相应的应急预案与措施，确保工程安全、顺利、高质量实施，并可人工修改应急方案。

在工程安全评价与预警信息管理系统中，设计开发安全预警与应急预案模块时，采用了实用而又直观的综合方法，包括大坝安全预警项目、大坝安全指标体系、应急预案管理和安全预警信息 4 个部分。在进行系统设计时同时考虑了大坝安全预警项目的完备性、大坝安全指标体系的综合性、应急预案管理的灵活性和安全预警信息的实时性。大坝安全预警项目包括三类，即整体项目、分项项目和定制项目。安全预警与应急预案模块整体结构见图 6.4-7。

整体项目是指从坝前蓄水位、渗透稳定、结构稳定、坝坡稳定等宏观方面评价大坝安全的项目。此外，大坝裂缝在已见高土石坝中普遍存在，且是广受关注的可能造成安全隐患的诱因，因而在该系统中也被列为一个整体安全预警项目。

分项项目与典型监测点对应，包括水平位移、沉降、渗流量、孔压力、土压力和裂缝等几个方面。

定制项目是指用户根据自己的需要自由设定的安全预警项目。

对每个项目的管理均包括项目的添加、对应监测项目和测点的选取、判别基准值和安

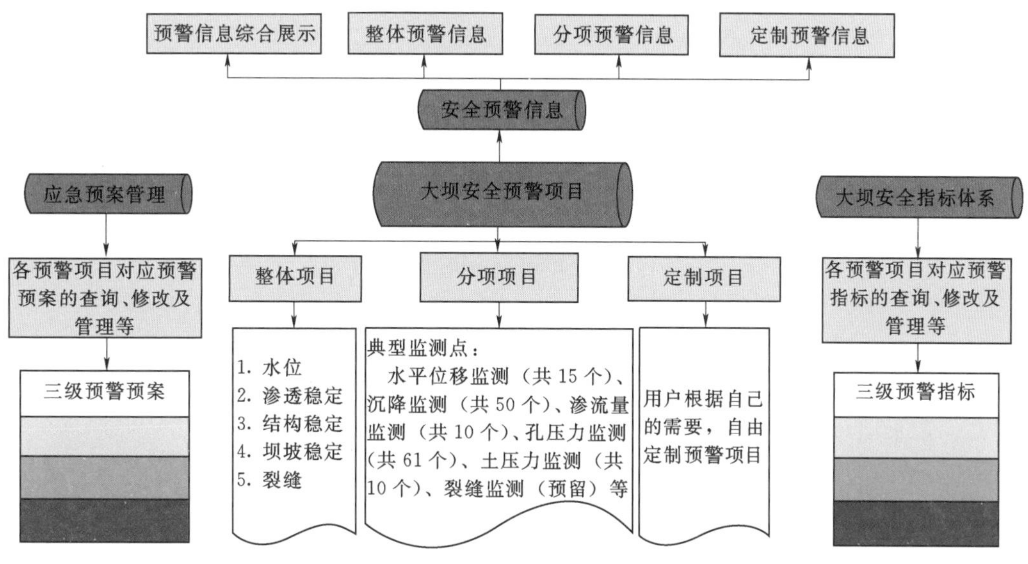

图6.4-7　安全预警与应急预案模块整体结构图

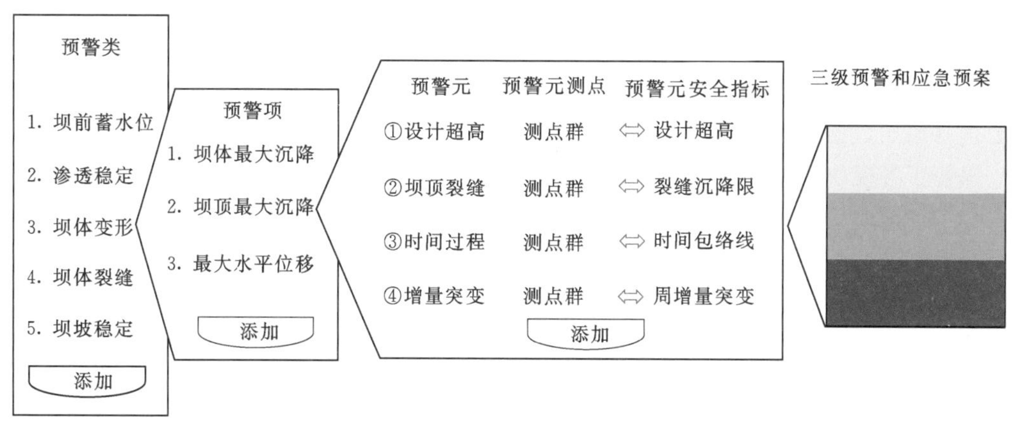

图6.4-8　整体预警项目的结构组成示意图

全指标的设定、应急预案的建议等。图6.4-8以整体预警项目为例给出了安全预警与应急预案模块的结构组成示意，主要包括如下的概念：

1）预警类：为了方便管理将所有的预警项目划分为不同的预警类，每个预警类对应大坝安全的一个方面。目前系统中已经定义了坝前蓄水位、渗透稳定、坝体变形、坝体裂缝和坝坡稳定等5个类，需要时也可添加新的预警类。

2）预警项：预警项针对某个具体的预警功能进行定义，多个预警项的组合可实现对大坝某个方面的安全特性进行预警（构成预警类）。预警状态和应急预案等也均对应一个预警项进行定义。在每个预警类下，可包含多个相关的预警项。例如，对于预警类“坝体变形”，系统中定义了坝体最大沉降、坝顶最大沉降和坝体最大顺河向水平位移等3个预警项。需要时可在每个预警类中添加新的预警项。

3）预警元：预警元是安全预警与应急预案模块的基本构成单元。每个预警元都包含有选定的预警元测点和安全指标。将测点的测值和所定义的安全指标进行逻辑比较可得到相应预警元的判别结果，再将一个预警项下所有预警元的判别结果进行逻辑运算后即可得到该预警项的预警状态。由此可见，每个预警元对应一个单个的逻辑比较。

4）预警元测点：预警元所对应的测点。在所开发的安全预警与应急预案模块中，预警元测点可以定义为单个测点、测点对（2个测点，取其测值差）和测点群（多个测点，取其最大或最小值）。

5）预警元安全指标：为预警元进行逻辑比较时所采用的安全指标。显然，所有预警元安全指标的集合即为大坝的安全指标体系。在所开发的安全预警与应急预案模块中，预警元安全指标主要有恒定值、时间包络线、水位包络线、特定时间段增量等形式，需综合考虑监测结果、预测值、工程案例和专家经验以及已有研究成果等因素进行取值，并考虑施工期、蓄水期和运行期等不同时期。

6）三级预警和应急预案：预警状态和应急预案对应一个预警项进行定义。对每一个安全预警项进行红、橙、黄三级预警。

（6）巡视记录与文档管理模块。对大坝安全巡视过程中产生的视频、图片、文档等资料进行管理，并可进行查询操作。文档管理主要是对大坝建设和运行过程中各环节相关的图片、文档等资料进行管理，并可进行添加和查询操作。

（7）数据库与数据管理模块。主要用于数据的录入、修改及查询等操作，该模块仅限于系统管理员使用。其包括系统基本数据和多个模块共用的公用数据。数据分为两类，一次数据（原始数据）为研究对象的基本信息；二次数据是经系统分析等对一次数据处理得到，以便于各模块的调用。

6.5 小结

通过对特高土石坝安全监测设计、监测资料分析评价、反演分析及安全评价和预警系统主要内容及特点进行总结，主要成果如下：

（1）针对特高土石坝安全监测项目、监测布置与方法等进行了总结，提出了四管式水管式沉降仪、电测式横梁式沉降仪等新型监测仪器，创新性地应用弦式沉降仪、剪变形计、500mm超大量程电位器式位移计、六向土压力计组等，实现了上游堆石体内部沉降、多传感器数据融合的心墙内部沉降、心墙与反滤及混凝土垫层之间的相对变形、心墙的空间应力等监测。

（2）依托糯扎渡等典型工程的监测资料，对大坝进行分析与安全评价，总结变形、渗流及应力等发展与分布规律，同时建立多种反馈分析方法，对糯扎渡心墙堆石坝进行渗透系数反演及坝体坝基渗流计算分析、坝料模型参数反演分析、高心墙堆石坝应力变形分析与安全评价。

（3）通过研究整体和分项两级大坝安全监控指标，提出建设期、蓄水期及运行期的安全评价指标，构建了实用的综合安全指标体系，并对各种级别的警况提出相应的应急预案与防范措施。同时构建了安全评价与预警管理系统开发框架，将监控指标、预警体系等有机地集成起来，形成理论严密且可靠实用的高土石坝工程安全评价与预警信息管理系统。

第 7 章

高心墙堆石坝运行维护与健康诊断

20 世纪 90 年代以来，我国大坝建设的数量居世界首位，高坝也居世界首位。高心墙堆石坝水库可有效调蓄洪水，高效利用和保护水资源，为人类带来巨大利益。尽管高心墙堆石坝（超过 100m）的溃坝记录较少，但仍存在安全风险。有极少数水库，因大坝设计、施工存在质量缺陷，加之运行管理不当，当遭遇强降雨或地震等不利因素时，可能会使高心墙堆石坝出现重大事故甚至溃坝失事，将严重危及大坝下游人民的生命财产安全和地区社会经济发展。

运行维护与健康诊断是水电工程全生命周期安全质量管理的重要一环。为确保高心墙堆石坝的安全万无一失，除要求工程规划建设期精心设计与施工，保证工程质量外，工程运行期内，加强对已建高心墙堆石坝的运行维护管理，实现及时的健康诊断，为大坝的安全鉴定提供可靠数据，也尤为重要。在遵循国家有关管理规定和规程规范的同时，对高心墙堆石坝的运行维护和健康诊断提出了更高的要求，此外对高心墙堆石坝安全的重视应上升到关系国计民生重大问题的高度。

7.1 水电工程全生命周期管理

水电工程全生命周期管理涵盖了从项目的规划、勘测设计、施工和运行维护直至退役拆除/重建的完整阶段，通过集成勘测设计、施工、运营各个阶段的工程信息，实时准确地反映工程进度或运行状态，各阶段主体方共享集成信息实现协同设计，达到缩短工程开发周期、降低成本及提高工程安全和质量的目的。水电工程全生命周期管理有其自身的特点和功能，同时对企业的管理和运行提出了新的或更高的要求，其中包含了理论方法和技术上所需要研究的关键技术。本章在分析水电工程全生命周期内涵的基础上，提出水电工程全生命周期管理体系框架，介绍了管理体系的系统架构和运行模式，并分析了体系所涉及的关键技术。

7.1.1 水电工程全生命周期管理内涵

水电工程具有规模大且布置复杂、投资大、开发建设周期长、参与方众多以及对社会、生态环境影响大等特点，是一个由主体维（政府、业主、管理方、设计方、采购方、施工方、监理方等，还可按专业进一步细分）、空间维（枢纽、水库、生态、机电等）及时间维［规划阶段、勘测设计阶段（预可研、可研、招标、施工图）、施工建造阶段、运行维护阶段等］构成的复杂系统工程，要求全面控制安全、质量、进度、投资及生态环境。水电工程全生命周期管理的“三维”结构见图 7.1-1。根据主体维各方需求和工程开发建设规律，将水电工程全生命周期管理核心内容概括为“四大工程三大阶段”（图 7.1-2）。

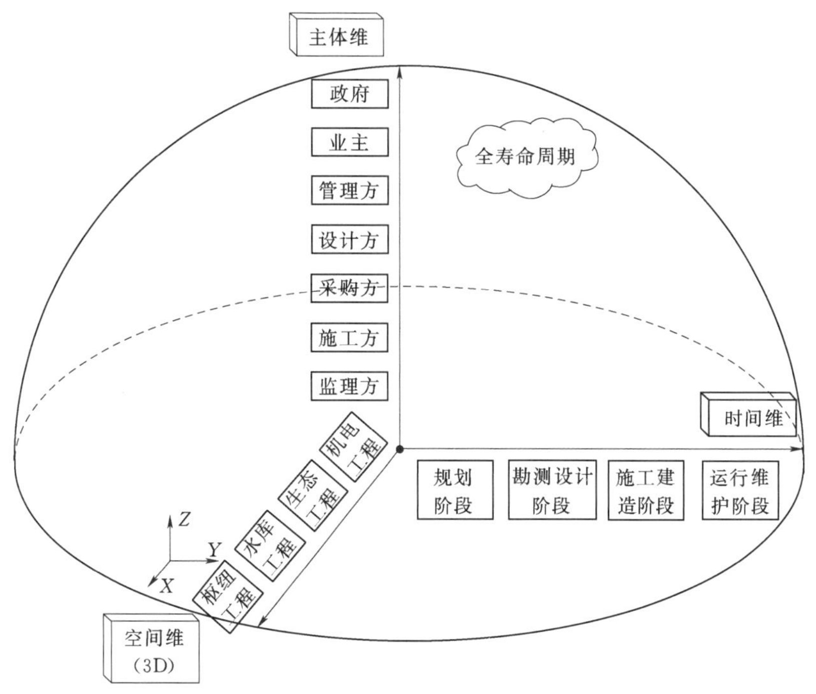

图 7.1-1　水电工程全生命周期管理的“三维”结构

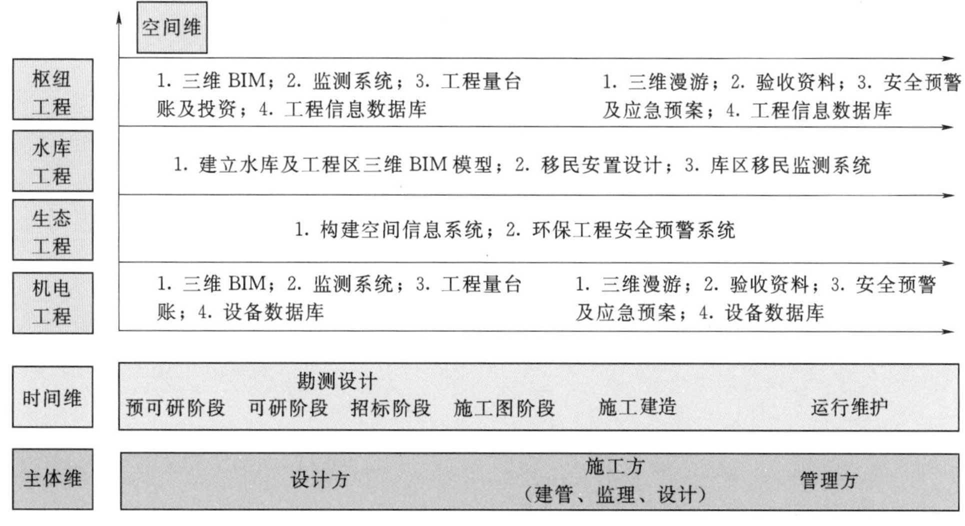

图 7.1-2　水电工程全生命周期四大工程三大阶段架构

具体来看，一旦项目自然资源信息数字化 BIM 模型（水文、地质、地形、移民等）建立，在勘测设计阶段，它便成了枢纽工程、机电、环境、水库工程等设计的约束条件，同时，各个专业之间能够进行协同设计，各专业的设计信息也成了能够约束相互之间设计过程的数字化设计信息模型，这些 BIM 信息模型通过一种规范化的存在方式和表现形式可以被参与工程建设的各方统一处理、集中管理和多方共享，同时设计方内部以工程结构风险指标为依据进行设计决策，项目负责人、工程师、业主、最终用户等所有相关用户都可以实时了解设计进度和设计决策情况，从而进行管理决策。

在施工建造阶段，随着互联网和物联网采集数据对自然资源BIM模型的更新和改变，工程的结构风险分析结果将更新。如果施工过程采集的质量波动规律和结构风险预估值严重偏离设计期望，需采取以过程质量控制为手段的质量控制技术供各方进行管理决策，同时，基于安全监测的理论分析数据亦可以成为管理决策的指导和依据。

在运行维护阶段，基于以可靠性为中心的维修理论，以包含实时安全监测数据的BIM模型为依据，进行结构运行的实时风险评估或未来风险预估，同时考虑投资成本和收益，以平衡结构风险和维修成本的最优指标确定合理的加固维修策略，同时业主、设计方、施工方、监理方、最终用户等所有相关用户都可以实时了解设计决策和设计进度情况，从而进行综合的管理决策。

由以上三大阶段的分析，提出水电工程全生命周期管理的核心内容，见图7.1-3。

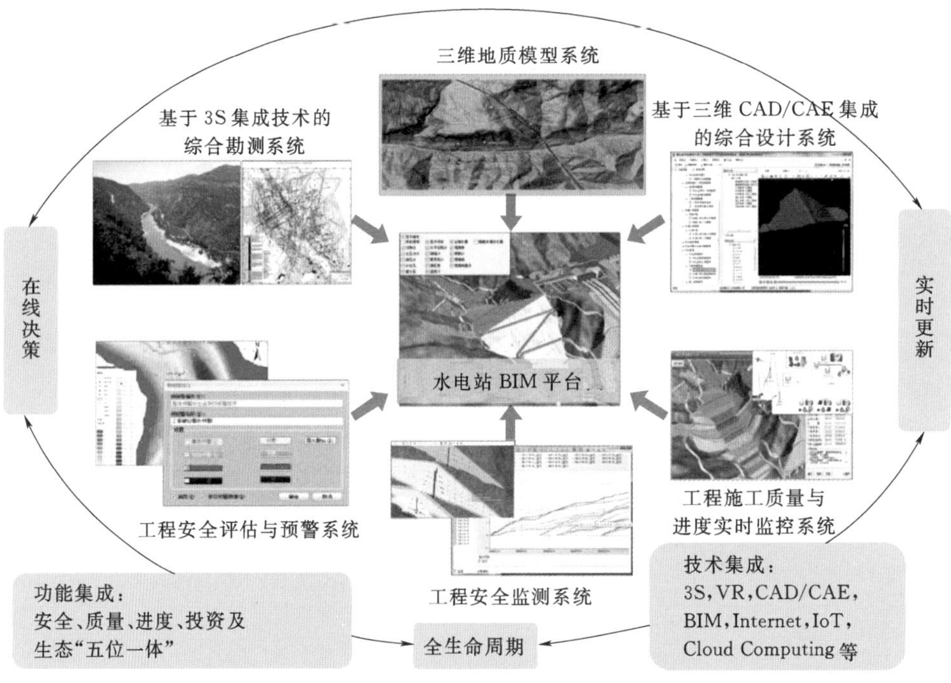

图7.1-3　水电工程全生命周期管理的核心内容

7.1.2　水电工程全生命周期管理体系框架

7.1.2.1　全生命周期管理体系架构

以主体维各方需求和工程开发建设规律为依据，借助物联网技术、3S技术、BIM技术、三维CAD/CAE集成技术、云计算技术、工程软件应用技术以及专业技术等，开发以BIM为核心的水电工程全生命周期管理系统，提供一个跨企业（行政主管机构、业主、建管、勘测设计、施工、监理等）的合作环境，通过控制全生命周期工程信息的共享、集成、可视化和标记，实现对水电工程安全、质量、进度、投资及生态“五位一体”的有效管理。

根据水电工程全生命周期管理系统的建设目标及功能要求，结合先进的软件开发思想，设计了四层体系架构，由数据采集层、数据访问层、功能逻辑层、表现层组成，见图7.1-4。四层体系架构使得各层开发可以同时进行，并且方便各层实现更新，为系统的开发及升级带来便利。

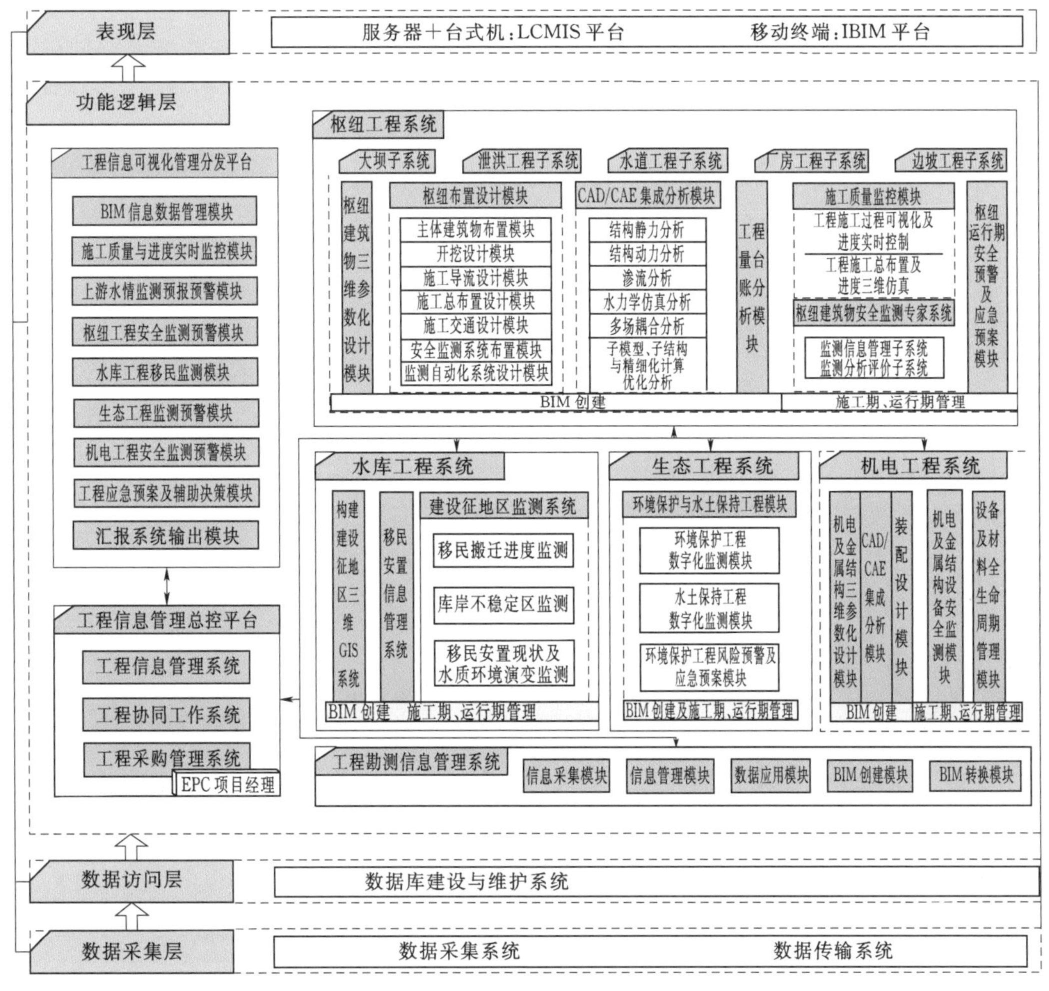

图7.1-4　水电工程全生命周期管理体系架构图

(1) 数据采集层：建立数据采集系统和数据传输系统实现对工程项目自然资源信息（包括水文、地质、地形、移民、环保等相关信息）的收集工作。

(2) 数据访问层：建立数据库建设与维护系统实现对BIM中的数据进行直接管理及更新。

(3) 功能逻辑层：该层是系统架构中体现系统价值的部分。根据水电工程全生命周期安全质量管理系统软件的功能需要和建设要求，功能逻辑层设计以下5个子系统和2个平台：①工程勘测信息管理系统；②枢纽工程系统；③机电工程系统；④生态工程系统；

⑤水库工程系统；⑥工程信息管理总控平台；⑦水电工程信息可视化管理分发平台。

（4）表现层：该层用于显示数据和接收用户输入的数据，为用户提供一种交互式操作的界面。

从体系架构图中可以看出，功能逻辑层中的工程信息管理总控平台隔离了表现层直接对数据库的访问，这不仅保护了数据库系统的安全，更重要的是使得功能逻辑层中的各系统享有一个协同工作环境，不同系统的用户或同一系统的不同用户都在这个平台上按照制定的计划对同一批文件进行操作，保证了设计信息的实时共享，设计更改能够协同调整，极大提高了设计效率，为 BIM 的数据互用以及 HydroBIM 中协同的实现奠定了基础，故该平台是系统软件安装必需的基础组件。

由于 HydroBIM 涉及系统较多，充分考虑到在水电工程全生命周期管理中有些系统功能在某些阶段可能应用不到，故系统软件采用组件式分块安装模式，除了枢纽信息管理及协同工作系统必须安装以外，其他系统用户可根据实际情况自行决定是否安装，提高了系统的使用灵活性。

7.1.2.2　全生命周期管理系统物理架构

水电工程全生命周期管理系统统筹“主体维”“时间维”及“空间维”，是个庞大的复杂的系统，系统架构设计非常重要。根据实际需求，将系统定位于跨企业、跨地域、多专业协同操作的专业系统集，以“技术保密，成果共享”为原则，应用主体（用户）按照自己的需求（或权限），选择相应程序包。系统采用 B/S 与 C/S 相结合的混合模式，以 B/S 为主进行信息集成、共享，对于专业子系统采用 C/S 模式以保证系统的灵活、高效运行。基于混合模式的水电工程全生命周期管理系统总架构见图 7.1-5。

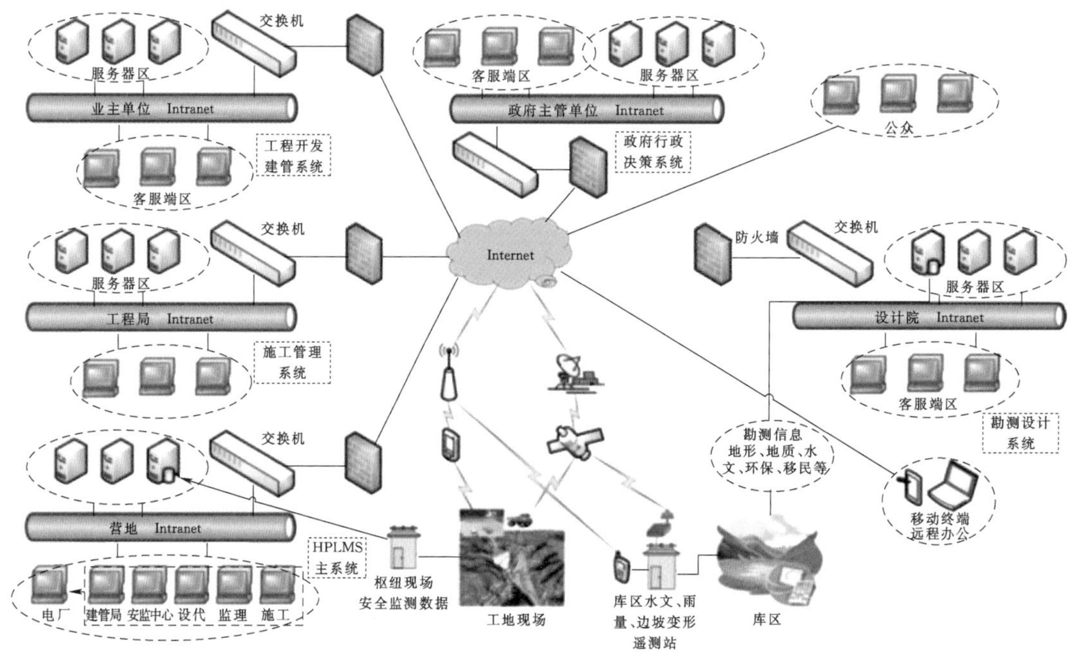

图 7.1-5　基于混合模式的水电工程全生命周期管理系统总架构图

7.1.2.3 全生命周期管理工作流程

数据采集层利用3S、物联网等技术架构工程信息（勘测设计信息、施工过程信息及运行管理信息等）自动/半自动采集、传输系统；数据采集层获取的数据自动进入数据访问层，通过数据库管理技术分类整理、标准化管理后录入指定的信息数据库中；然后由功能逻辑层中建立的枢纽信息管理及协同工作平台对信息数据库进行调用，并结合四大功能系统实现信息共享、协同工作，建立包含勘测、设计、施工以及运行阶段信息的BIM，并在过程中实时控制数据访问层将信息数据库更新为BIM数据库；由各系统协同工作建立的各系统BIM，最终构成总控BIM，其为工程信息可视化管理分发平台提供了核心数据；工程信息可视化管理分发平台重点负责工程项目运行期管理，用于弥补枢纽信息管理及协同工作平台对工程运行期管理的不足，使二者所管理的BIM实时一致，且保证与BIM相关信息的变动会实时引发各系统BIM及总控BIM数据库的更新；最后功能逻辑层输出投资、进度、质量控制成果，安全、信息管理成果以及BIM和汇报系统等成果，服务于投资方、设计方、施工方和管理方，体现水电工程全生命周期管理的全方位价值。水电工程全生命周期管理体系工作流程见图7.1-6。

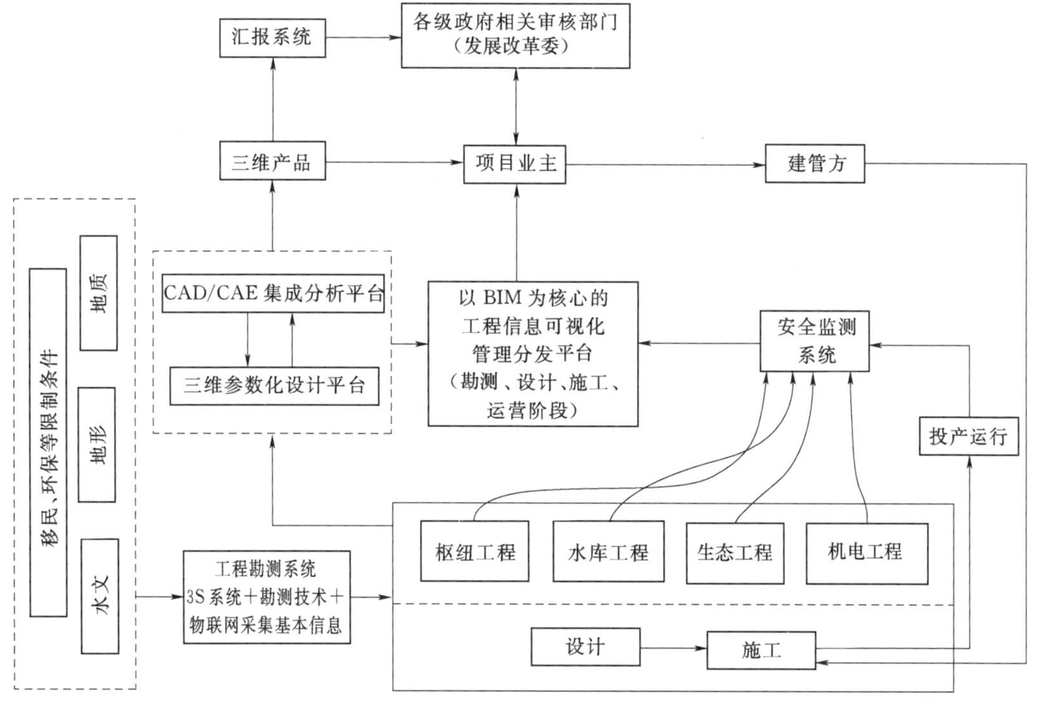

图7.1-6 水电工程全生命周期管理体系工作流程

基于BIM的项目系统能够在网络环境中保持信息即时刷新，并可提供访问、增加、变更、删除等操作，使项目负责人、工程师、施工人员、业主、最终用户等所有项目系统相关用户可以清楚全面地了解项目此时的状态。这些信息在建筑设计、施工过程和后期运行管理过程中，可加快决策进度、提高决策质量、降低项目成本，从而使项目质量提高，收益增加。

7.1.2.4 全生命周期管理体系的关键技术

全生命周期管理体系作为一种新的水电工程管理理念，在研究及应用上还处于探索阶段。但毋庸置疑的是，全生命周期管理体系的研究及应用必将带来巨大的经济效益和社会效益。全生命周期管理体系实施涉及的关键技术包括管理体系框架、信息模型建模技术、工程信息模型标准化技术、管理信息协同平台构建技术等。

1. 信息模型建模技术（BIM 技术）

BIM 技术的核心是通过在计算机中建立虚拟的建筑工程三维模型，同时利用数字化技术，为这个模型提供完整的、与实际情况一致的建筑工程信息库。该信息库不仅包含描述建筑物构件的几何信息、专业属性及状态信息，还包含了非构件对象（例如空间、运动行为）的状态信息。借助这个富含建筑工程信息的三维模型，建筑工程的信息集成化程度大大提高，从而为建筑工程项目的相关利益方提供了一个工程信息交换和共享的平台。结合更多的相关数字化技术，BIM 模型中包含的工程信息还可以被用于模拟建筑物在真实世界中的状态和变化，使得建筑物在建成之前，相关利益方就能对整个工程项目的成败做出完整的分析和评估。

2. 工程信息模型标准化技术

全生命周期管理中必须解决数据的标准化和共享（即互操作性）问题。因此，需制定工程项目中参与各方都要遵守的信息构建标准。目前，建筑工程领域普遍接受和应用的数据标准是由国际交互操作性联盟 IAI（International Alliance for Interoperability）所制定并管理的工业集成分类标准 IFC（Industry Foundation Classes）。通过 IFC，为建筑工程领域的数据交换和应用提供了一个标准化的平台，按照标准所产生的信息数据能够被其他的分析软件直接读取和处理，提高了不同软件之间的兼容性和互操作性。

HydroBIM 借鉴已有的 IFC 标准，制定适合于水电工程的 IFC 标准。参与水电工程规划、设计、建设、管理等部门在 IFC 标准下，将信息构建到 BIM 模型中，各专业、部门通过标准访问所需要的信息，从而使得多专业的设计、管理的一体化成为现实。

3. 管理信息协同平台构建技术

BIM 实现的基础平台是各个专业的分析软件，因此软件之间的数据互用必不可少，而管理这些基础软件产生的信息，就是 HydroBIM 的核心任务。需要从 BIM 中提取所需要的数据，同时也不断地把本专业创建的信息加入 BIM 中，以提供给其他专业使用，因此，构建能方便各参与方在各阶段使用的信息管理协同平台是 HydroBIM 实现的关键途径和载体依托。

水电工程项目周期长，参与主体多，利用资源广，只有通过此平台各级系统才能够对数据库中工程项目全生命周期内所有的资料信息进行实时、集中、安全、有效管理，解决数据应用系统对数据库的直接访问带来的数据库不安全问题。协同工作环境，亦可实现不同专业、项目成员间实时、动态、交互式跨区在线协同，解决信息孤岛问题，保障数据按权限共享和实时同步。

7.2　高心墙堆石坝运行维护

7.2.1　高心墙堆石坝运行现状

我国高度重视大坝水库运行安全工作，自 20 世纪 80 年代以来出台了一系列文件、标准和法规，见表 7.2-1。1987 年水利电力部颁布了《水电站大坝安全管理暂行办法》[1]，提出为保障上下游人民生命财产和国民经济建设的安全，对大坝安全管理、维护、修复、加固和改善等方面提出了系统要求。1988 年国家发展和改革委员会发布了《水电站大坝安全检查施行细则》[2]，提出对水电站大坝运行进行安全可靠性检查的内容、评价标准等，将大坝分为险坝、病坝、正常坝三级。

表 7.2-1　　大坝安全相关文件、法规与标准（截至 2015 年）

序号	名　称	发布单位	文号	发布时间
1	水库大坝安全管理条例	国务院	第 78 号令	1991 年 3 月 22 日
2	水电站大坝安全管理办法	电力工业部	电安生〔1997〕第 25 号	1997 年 1 月 15 日
3	水电站大坝运行安全监督管理规定	国家发展和改革委员会	第 23 号令	2015 年 4 月 1 日
4	水电站大坝安全定期检查监督管理办法	国家能源局	国能安全〔2015〕145 号	2015 年 5 月 6 日
5	水电站大坝安全注册登记监督管理办法	国家能源局	国能安全〔2015〕146 号	2015 年 5 月 6 日
6	水库大坝安全鉴定办法	水利部	水建管〔2003〕271 号	2003 年 6 月 24 日
7	水库大坝安全评价导则	水利部	SL 258—2000	2000 年 12 月 29 日

1991 年 3 月 22 日国务院第 78 号令公布《水库大坝安全管理条例》，使我国水库大坝安全管理走上法制轨道。根据该条例规定，1995 年水利部制定颁布了《水库大坝定期检查鉴定办法》《水库大坝注册登记办法》和《水库存大坝安全鉴定办法》[3]，并开展了全国水库大坝注册登记工作，1998 年完成了大型水库登记。水利部大坝安全管理中心对全国大中型水库进行了定检工作，1998 年检查出大型病险水库 100 座，中型病险水库 800 多座，并进行了除险加固处理。

1996 年、1997 年电力工业部先后颁布了《水电站大坝安全注册规定》《水电站大坝安全管理办法》。1997 年电力系统开展了水电站大坝安全注册工作，1998 年国家电力监管委员会大坝安全监察中心完成了电力系统 96 座大坝第一轮定检工作，摸清了 20 世纪 80 年代末以前投入运行的大坝安全状况，检查出 2 座险坝、7 座病坝，其余 87 座为正常坝。

2005 年，国家电力监管委员会先后颁布了《水电站大坝运行安全管理规定》《水电站

[1] 1997 年由电力工业部修订为《水电站大坝安全管理办法》。

[2] 2013 年 8 月 20 日，国家发展和改革委员会第 4 号令已废止。

[3] 2003 年重新修订。

大坝安全注册办法》和《水电站大坝安全定期检查办法》[1]。同年完成了电力系统120座水电站大坝第二轮定检工作，查出病坝1座，其余119座为正常坝。检查出的险坝和病坝存在病害，安全隐患严重，正常坝下也不同程度存在一些缺陷及影响安全运行的因素。对病险坝及时进行了除险加固处理，对正常坝存在的缺陷问题进行了缺陷修复、补强加固和安全监测设施更新改选工作，将一些病险坝加固处理，清除异常病害隐患，使其成为正常坝，并使正常坝的缺陷得到不同程度的消除和修复，提高了安全度。

2015年，国家发展和改革委员会第23号令颁布实施《水电站大坝运行安全监督管理规定》，根据此规定，国家能源局制定并颁布实施了《水电站大坝安全定期检查监督管理办法》《水电站大坝安全注册登记监督管理办法》，进一步规范了水电站大坝安全定检、安全注册登记工作。

水利部1991年统计资料显示，截至1990年年底，全国水库溃坝失事总数3242座，其中大型水库溃坝失事2座，占总溃坝数的0.06%。大型水库溃坝失事的为1975年8月河南省板桥水库和石漫滩水库，大坝均为土石坝，坝高分别为24.5m和25.0m，库容分别为4.90亿m^3和1.17亿m^3，两座大坝溃决死亡数万人，是世界上迄今为止最为惨痛的溃坝事件。我国1991年前溃坝失事的最大坝高55m，尚无高坝溃坝失事记录。1993年8月，青海省沟后水库溃坝失事，该坝为混凝土面板砂砾石坝，最大坝高71m，是我国至今溃坝高度最高的大坝，但水库库容仅300万m^3，属小型水库。2001—2010年，我国发生溃坝失事的水库有48座，年均不到5座，且均为小型水库，年均溃坝率为0.06‰，远低于世界公认的0.2‰的低溃坝率水平。上述资料说明我国高坝水库运行安全状况总体良好。

7.2.2 运行维护的重要性与体系

精心管理、加强监测和维护是保障高坝水库运行安全的重要手段，定期安全检查鉴定则是重要支撑。

高坝水库建成运行后，大坝受坝体质量、运行条件及自然环境等因素影响，随运行时间增长会逐渐老化、病态，甚至于险态。因此，为保障运行安全，首先应建立完善的水库安全监测系统，跟踪大坝的工作性态；其次，健全定期检查、专项检测制度；再次，对安全监测、巡视检查、专项检测中发现的大坝异常状况及缺陷问题，及时进行检修，并采取补强加固处理，消除异常病险，确保大坝运行安全。

大坝安全定期检查鉴定和安全注册，规范了我国高坝水库的运行管理。高坝水库投入运行后进行定期安全检查鉴定，通过对大坝等建筑物外观检查和监测资料分析，诊断其实际工作性态和安全状况，查明出现异常现象的原因，对其重点部位及施工缺陷部位进行系统排查，摸清影响大坝水库安全的主要问题，制定维护检修和处险加固处理方案，为控制水库运行调度提供依据；通过对水库合理控制运用，在保证高坝水库安全的前提下进行大坝补强加固处理，修复缺陷，消除异常及病害隐患，从而提高大坝的耐久性，延长大坝水

[1] 三项规定均在2015年废止。国家电力监管委员会《水电站大坝运行安全管理规定》修订为国家发展和改革委员会《水电站大坝运行安全监督管理规定》。

库使用年限，为保障其运行安全提供重要支撑。

7.2.3 高心墙堆石坝检查与检测

7.2.3.1 日常检查和养护

高心墙堆石坝的日常检查和养护工作，是对高心墙堆石坝必须进行的一项重要的、经常性的工作。通过检查发现问题，及时养护，可以防止或减轻外界不利因素对高心墙堆石坝的损害，及时消除高心墙堆石坝表面的缺陷，保持或提高心墙堆石坝表面的抗损能力。

高心墙堆石坝最容易产生坝体裂缝，坝坡滑动，坝身、坝基或绕坝渗流，坝体沉陷，风浪、雨水或气温对坝面造成的破坏等。因此，日常检查和养护工作也应对这几个方面特别加以注意，以保证土坝的安全。

1. 日常检查工作

在高心墙堆石坝平时的检查工作中，根据上述情况主要应注意以下几个问题：

（1）检查有无裂缝。对于坝体两端、坝体填土质量较差坝段、岸坡处理不好或坝体与其他建筑物连接处，要特别注意检查。发现裂缝以后，应做好记录。对严重的裂缝应观测其位置、大小、缝宽、错距方向及其发展情况。对观测所得资料应及时整理，并分析裂缝产生的原因。对平行坝轴线的较大裂缝，应注意观测是否有滑坡迹象；对垂直于坝轴线的较深裂缝，应注意观测是否已形成贯通上下游的漏水通道。

（2）检查有无滑坡、塌陷、表面冲蚀、兽洞、白蚁穴道等现象。

（3）检查背水坡、坝脚、涵管附近坝体和坝体与两岸接头部分有无散浸、漏水、管涌或流土等现象，应结合土坝的渗水观测，注意浸润线、渗水流量和渗水透明度的变化。当出现异常情况，特别是出现浑水时，应尽快查明原因，以便及时养护、修理。

（4）检查坝面护坡有无块石翻起、松动、塌陷或垫层流失等损坏现象；检查坝面排水沟是否畅通，有无堵塞、积水现象；检查坝顶路面及防浪墙是否完好等。在汛期高水位、溢洪、暴雨、结冰及解冻时，最易发生问题，应加强检查。

2. 日常养护工作

（1）正确地控制库水位，务使各期水位高程和水位降落速度符合设计要求。

（2）经常保持土坝表面如坝顶、坝坡及马道的完整。对表面的坍塌、细微裂缝、雨水冲沟、隆起滑动、兽穴隐患或护坡破坏等，都必须及时加以养护修理。应保持坝体轮廓点、线、面清楚明显，这样不仅保持了外表整洁，更重要的是易于发现坝体存在的缺陷，以便及时养护。

（3）严禁在坝身上堆放重物、建筑房屋，以免引起不均匀沉陷或滑坡。不许利用护坡作装卸码头，靠近护坡的库面不得停泊船只、木筏等，更不允许船只沿坝坡附近高速行驶，以保持护坡完整。

（4）在对土坝安全有影响的范围内，不准取土、爆破或炸鱼，以免造成土坝裂缝、滑坡或渗漏。

（5）经常保持土坝表面排水设施及坝端山坡排水设施的完整，要经常清除排水沟中的障碍物和游积物，保持排水畅通无阻。

（6）对护坡加强养护工作。当干砌块石护坡的个别块石因尺寸过小或嵌砌不紧，在风浪作用下有松动现象时，应及时更换砌紧；当发现嵌砌的小块石被冲掉，影响块石稳定性时，应立即填补砌紧；当个别块石翻动后垫层被冲，甚至淘刷坝体时，应先恢复坝体和垫层，再将块石砌紧；个别块石风化或冻毁，应更换质量较好的块石，并嵌砌紧密。如果冰凌可能破坏护坡时，应根据具体情况，采用各种防冰和破冰方法，减少冰冻挤压力；有条件的，也可调节库内水位破碎坝前冰盖。

下游草皮护坡如有残缺时，宜于春季补植草皮保护。

(7) 在土栖白蚁分布区域内的心墙堆石坝，或有动物在坝体内营造作穴的心墙堆石坝，应有固定的专门防治人员，经常检查坝区范围内是否有白蚁活动迹象或其他动物的危害现象。

(8) 导流工程上不能随意移动石、砂材料，以及进行打桩、钻孔等损坏工程结构的活动；库内水位较高和汛期期间，不得随意在坝后打减压井、挖减压沟或翻修导渗工程，如有特殊需要，需经慎重研究做出设计，并经上级批准后方可动工；若坝下游有河水倒灌或水库溢洪使坝趾受到淹没时，应防止导渗工程被堵塞或被水流冲坏。一般可考虑采用修筑隔水堤或将导渗体石块表面局部用水泥砂浆勾缝等保护措施。

(9) 注意各种观测仪器和埋设设备的养护，以保证监测工作正常进行。监测资料应及时整理、分析，以便指导养护工作。

7.2.3.2 物探检测

1. 心墙堆石坝渗漏隐患探测

心墙堆石坝渗漏隐患可分为坝体渗漏、坝基渗漏、绕坝渗漏和岩溶地区渗漏等。渗流安全监测有直观、明确的指标，以其成果分析评估工程安危、监视工程安全运行等方面有显著优点，但难以确认渗流在大坝空间上的分布关系。在渗流量偏大时，可利用心墙堆石坝渗漏隐患探测定性解析渗流的空间关系，从而指导心墙堆石坝渗漏的施工处理，消除高心墙堆石坝的异常和病害隐患。

应用于大坝隐患探测的最常用的地球物理探测（物探）方法有伪随机流场拟合法、自然电场法、电阻率法、探地雷达法、瞬变电磁法、瑞雷面波法、CT 技术、示踪法、温度场探测技术以及全孔壁数字成像法，其他方法还包括激发极化法、可控音频大地电磁测深法、浅层地震波法等。

(1) 物探任务与方法选择。

1) 确定渗漏入水口位置。采用伪随机流场拟合法在水库区内进行面积性的普查，在发现的高电流密度异常区进行加密测试，同时采用自然电场法进行复测，以确定渗漏入水口位置，然后在异常区域内投入食盐，在量水堰和导流洞出水点位置进行水体电阻率测试，确定异常区与渗漏出水点的连通性。

2) 渗漏类型分析。在确定了渗漏源之后，在库岸采用自然电场法开展工作，根据测试结果、现场观察情况及其他相关资料分析渗漏类型。

3) 渗漏路径的确定。根据库区的探测情况，在大坝坝顶、坝肩、背水面等位置布置物探测线。必要时在灌浆洞排水孔内采用井中高密度电阻率法或瞬变电磁法、自然电场法，辅助分析渗漏的大致路径。在钻孔中进行钻孔电视观察、流速测量和投入示踪剂，观测水的流向和流速。综合探测结果，定性分析渗漏的类型和路径。

(2) 伪随机流场拟合法。

1) 方法原理。大坝在没有管涌渗漏情况下，正常流速场分布类似于均匀半空间中的均匀电流场。当存在管涌、渗漏时，必然存在从迎水面向背水面的渗漏通道，将出现异常流速场，其重要特征是水流速度矢量指向管涌渗漏的入水口。理论分析表明，在一定条件下，异常流速场满足的数学物理方程及边界条件与稳定电流场满足的数学物理方程及边界条件相同，因此场的分布也服从类似的规律。

根据上述物理现象，将一个电极置于背水面的出（渗）水点（区），另一个电极置于库区水体中，且距离出（渗）水点（区）相当远，以保证测量区域的电流场不受其影响。在水底附近测量三分量（矢量）的电流密度或垂直（标量）电流密度分布，并根据电流场异常情况判断渗漏的入口（区）。由于是用电流密度场拟合渗漏造成的异常流速场分布，因此该方法被称为伪随机流场拟合法。

2) 工作方法。测量前，应严格按仪器操作说明书对发送机、接收机、探头、电缆电线等进行全面的校验或检查，确保仪器工作正常。现场工作中，发送机应放置在地势较高、视野开阔、通信方便且相对安全的地方。供电电极A布置在渗漏出水口处，如有多处渗漏，可在每一渗漏处各布置一电极，然后用导线将它们并联起来。电极B应布置在离待查区域较远的水体一侧。

确认供电电极与供电导线已连接，并与仪器的A、B接线柱连接无误后，按仪器操作说明书打开发送机，并确认发送机工作正常，可通过调整接地电阻改变发送电流的大小。

将接收机、探头等装载在探测船上，连接探头与接收机，并将探头缓缓放入水中。按仪器操作说明书开启接收机，并确认接收机和探头工作正常，方可进行正常的野外工作。

探头放置在水中，离水底5～10cm，且测量中保持垂直，接收机观测并记录读数，每个测点上读数2～3次，读数应稳定。供电电流有变化时，应及时记录实际电流值。

(3) 自然电场法。

1) 方法原理。当水透过岩土介质时，由于介质的过滤活动性而产生过滤电位，其与介质孔隙空间的构造、孔度系数、渗透系数、过滤液体的化学成分及矿化作用有关。

过滤活动性用在一个大气压条件下，标准溶液渗透过岩土介质所产生电位差大小来衡量。当介质渗透性很小时，电位随介质渗透系数的增加而增加；当介质渗透系数极小时，过滤电位实际上为0，相应过滤活动性为0，且随含有能过滤液体的孔隙空间部分增多而减少。

过滤活动性与亥姆雷兹（Гельмголъц）电位关系为

$$E_H=\frac{\varepsilon\zeta\rho_0}{4\pi\mu}p \tag{7.2-1}$$

式中：ε、ρ_0、μ 分别为过滤液体的介电常数、电阻率和黏度；p 为发生过滤时的压力；ζ 为亥姆雷兹电位（或称动电位），是液体的不活动吸附层与活动层之间的电位差。

过滤活动性是随 ζ 电位、电阻率、过滤液体的介电常数减小和过滤液体的黏滞性的增加而衰减，随过滤压力增加而增加。

过滤液体在介质中过滤时，由于吸附层对过滤液体中电荷负离子（如 Cl^-）有吸附作用，而电荷正离子（如 Na^+）却较便于通过，过滤过程中部分正负离子复合又电解，这样在过滤进程中，上游端显示了负极性，下游端显示了正极性，这就是过滤电场确定水流方向的依据。当过滤作用消失时，过滤电位差也消失，过滤活动性为 0。

地下水向透水层渗透时产生的自然电场，可以当作电位差作用于透水层的表面，图 7.2-1 中，透水层厚度为 δ，地下水头为 h_0。

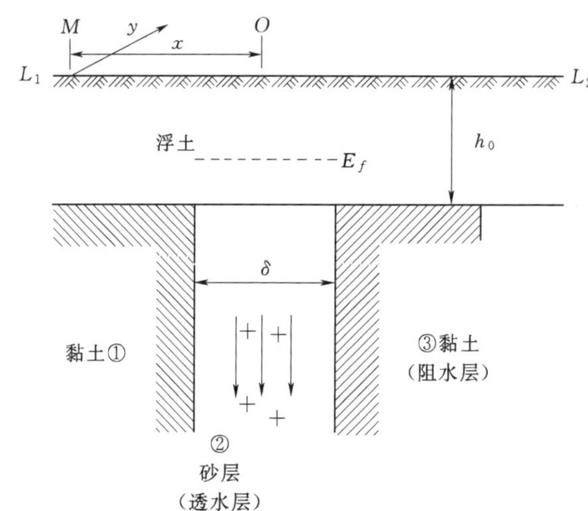

(a) 过滤形成的自然电场带电层电荷流动示意图

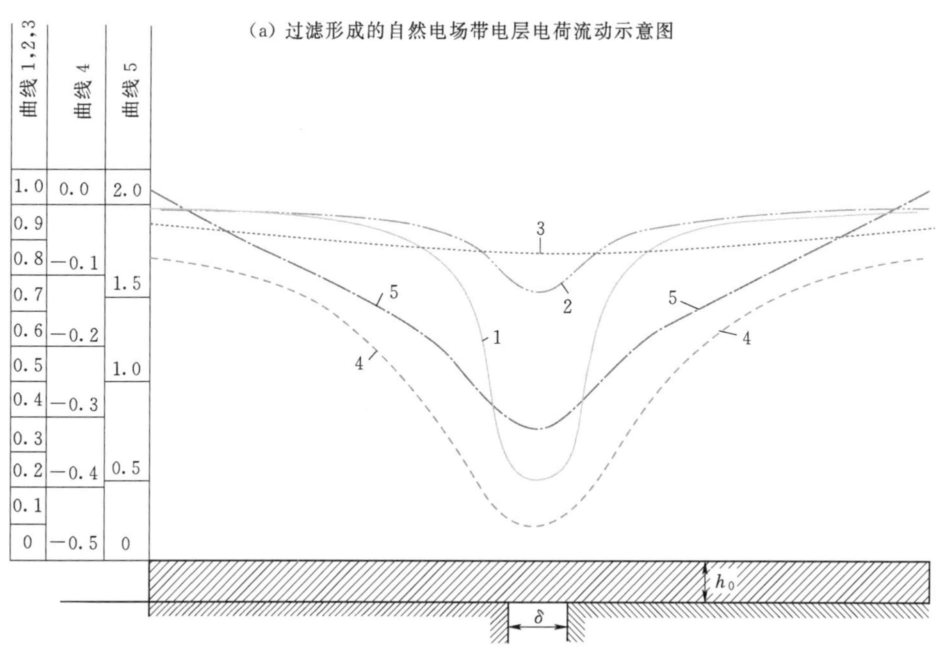

(b) 不同自然电场层剖面

图 7.2-1　自然电场法计算原理

1、2、3—扩散-吸附的自然电场电位曲线；4—氧化-还原的自然电场电位曲线；5—过滤电场的电位曲线

图 7.2-1 中，对于厚为 δ 的垂直层解法如下。在分布于垂直地层走向的剖面 L_1L_2 上距地层中点（O 点）在地面上的投影距离为 x 的任一点 M 上电场的电位为

$$U=\frac{2}{4\pi}\int_s \frac{e_f \mathrm{d}s}{r} \tag{7.2-2}$$

式中：r 为从 M 点到过滤作用所通过的平面 $\mathbf{s}$ 上面积元 $\mathrm{d}s$ 的距离；e_f 为过滤作用的电场的强度。

在水渗透过粗粒岩石的最简单的情况下，场强 e_f 与渗透电位差 E_f 之间的关系如下：

$$e_f=\frac{E_f}{l}=\frac{\varepsilon\zeta\rho}{4\pi\mu}\times\frac{p}{l} \tag{7.2-3}$$

式中：ε、ρ、μ 分别为电介质的介电常数、电阻率及渗透液体的黏度；ζ 为偶电层的移动部分与固定部分之间的电位差；p 为压力差；l 为在压力作用下液体在渗透过程中发生的流动路径长度。

引入直角坐标系，置坐标的原点于点 M。x 轴沿 L_1L_2 线的方向，y 轴平行于地层的走向，则有

$$U=\frac{e_f}{2\pi}\int_{-y_1}^{y_2}\int_{x-\frac{\delta}{2}}^{x+\frac{\delta}{2}}\frac{\mathrm{d}y\mathrm{d}x}{\sqrt{x^2+y^2+h_0^2}}$$

$$\begin{aligned}U=A-\frac{e_f h_0}{2\pi}\left\{\frac{2x+\delta}{2h_0}\ln\left[1+\left(\frac{2x+\delta}{2h_0}\right)^2\right]-\frac{2x-\delta}{2h_0}\ln\left[1+\left(\frac{2x-\delta}{2h_0}\right)^2\right]\right.\\ \left.+2\left(\mathrm{arctg}\,\frac{2x+\delta}{2h_0}-\mathrm{arctg}\,\frac{2x-\delta}{2h_0}\right)\right\}\end{aligned} \tag{7.2-4}$$

式中：$A=\frac{e_f\delta}{2\pi}\left(\ln\frac{4y_1^2}{h_0^2}+2\right)$这个量不由 x 来决定。

在穿过其中有地下水过滤发生的层时，过滤场的电位变化将满足以下的方程式：

$$\begin{aligned}U_f=-\frac{e_f h_0}{2\pi}\left\{\frac{2x+\delta}{2h_0}\ln\left[1+\left(\frac{2x+\delta}{2h_0}\right)^2\right]-\frac{2x-\delta}{2h_0}\ln\left[1+\left(\frac{2x-\delta}{2h_0}\right)^2\right]\right.\\ \left.+2\left(\mathrm{arctg}\,\frac{2x+\delta}{2h_0}-\mathrm{arctg}\,\frac{2x-\delta}{2h_0}\right)\right\}\end{aligned} \tag{7.2-5}$$

在图 7.2-1 上曲线 5 表示在 $e_f<0$ 时对 $\delta=2h_0$ 计算出的函数 $U_f=f(x)$，在自然条件下经常能碰到这种情况。

2）工作方法。自然电场法的观测方法有 3 种：电位观测法、电位梯度观测法和追索等电位线法。主要采用电位观测法和电位梯度观测法。电位观测法野外工作步骤如下：①在开展工作前将 M、N 不极化电极短路连接使之间的极差小于 2mV；②在正常场内，电场稳定、电位梯度平稳的地方选定基点；③开始测量，本次测试时点距为 5m。相应野外工作图见图 7.2-2。数据记录时必须严格注意电位的正负。

（4）电阻率法。

1）方法原理。不同岩层或同一岩层由于成分和结构等的因素的不同，而具有不同的电阻率。通过接地电极将直流电供入地下，建立稳定的人工电场，在地表观测某点垂直方向或某剖面的水平方向的电阻率变化，从而了解岩层的分布或地质构造特点。

在现场工作时的电极布置见图 7.2-3。

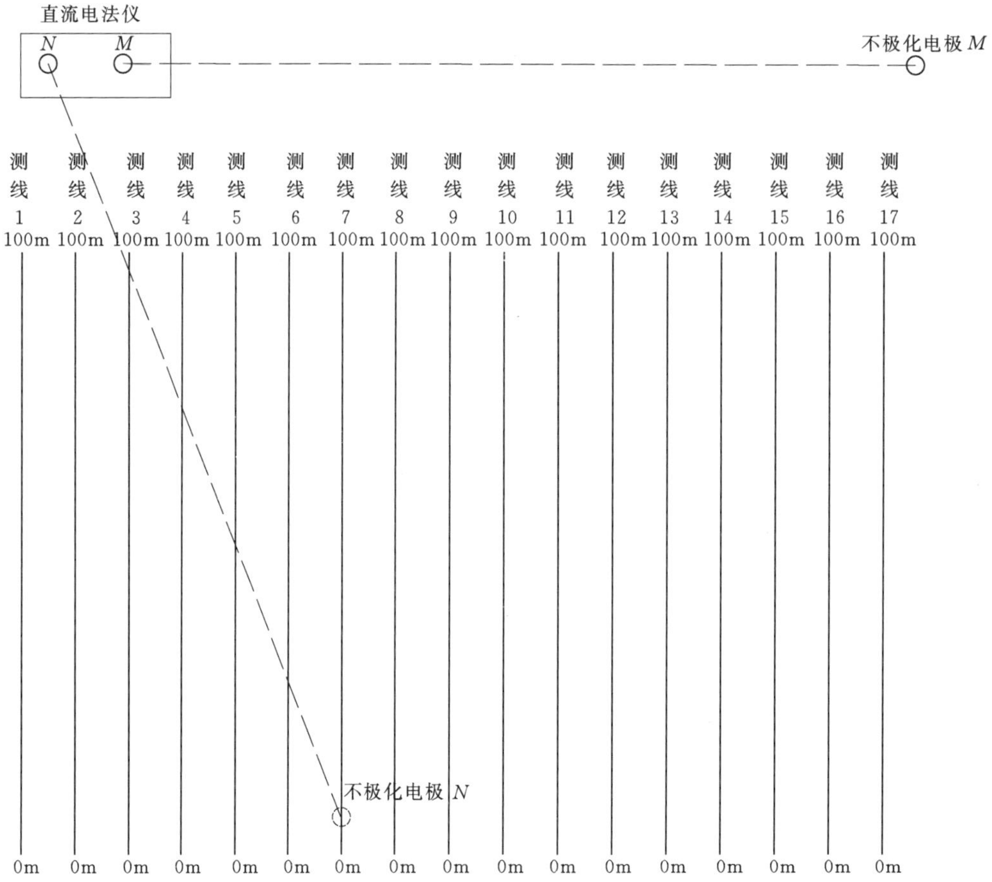

直流电法仪 N M 不极化电极 M

测线 1 100m 测线 2 100m 测线 3 100m 测线 4 100m 测线 5 100m 测线 6 100m 测线 7 100m 测线 8 100m 测线 9 100m 测线 10 100m 测线 11 100m 测线 12 100m 测线 13 100m 测线 14 100m 测线 15 100m 测线 16 100m 测线 17 100m

不极化电极 N

0m 0m 0m 0m 0m 0m 0m 0m 0m 0m 0m 0m 0m 0m 0m 0m 0m

图 7.2-2　电位观测法野外工作图

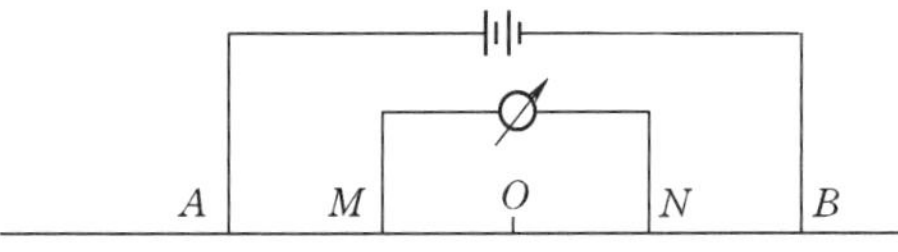

图 7.2-3　电阻率法现场工作示意图

图中，A、B 为供电电极，M、N 为测量电极，当 A、B 供电时用仪器测出供电电流 I 和 M、N 处的点位差 ΔV，则岩层的电阻率按下式计算：

$$\rho = K\frac{\Delta V}{I} \tag{7.2-6}$$

式中：ρ 为岩层的电阻率，Ω·m；ΔV 为测量电极间的电位差，mV；I 为供电回路的电流强度，mA；K 为装置系数，与供电和测量电极间距有关，其计算公式为

$$K = \frac{2\pi}{\dfrac{1}{AM} - \dfrac{1}{AN} - \dfrac{1}{BM} + \dfrac{1}{BN}} \tag{7.2-7}$$

从理论上讲，在各向同性的均质中测量时，无论电极装置如何，所得的电阻率应相等，即岩层的真电阻率。但实际工作中所遇到的地层既不同性又不均质或地表起伏不平，若按上述公式进行计算，所得电阻率则称为视电阻率，是不均质体的综合反映。

对于某一个确定的不均匀地电断面，若按一定规律不断改变装置大小或装置相对于电

性不均匀体的位置，测量和计算视电阻率值，则所测得的视电阻率值将按一定规律变化。电阻率法正是根据视电阻率的变化，探查和发现地下导电性不均匀的分布，从而达到解决工程地质问题的目的。

2）工作方法。本次工作主要采用四极对称电测深法，其供电电极距为 $AB/2=0.45\text{m}$，测量电极距为 $MN/2=0.15\text{m}$，测点及布极方向的选择应以能避免地形及其他干扰因素为原则，对异常点进行不少于3次重复观测。考虑到施工开挖面的问题，实测时尽量利用现场展开极距，以取得真正能反映接地要求的目的层深度的电阻率值。

（5）综合示踪法。综合示踪方法即利用地下水物理特性和化学组成分析与人工示踪方法相结合进行研究，分析渗漏水的温度、电导率、环境同位素、水化学分析等，研究渗漏水的补给、径流特征。人工示踪是选择适宜的示踪剂进行渗漏水示踪试验，在钻孔内投放示踪剂（高锰酸钾），在量水堰、导流洞及下游河道观测颜色溢出的位置及时间，以此判断渗漏水的流向及流速。

（6）全孔壁数字成像法。

1）方法原理。全孔壁数字成像技术依靠光学原理使人们能直接观测到钻孔孔壁的情况，从而可准确地获得孔壁岩体特征的信息，例如，平面特征的倾向和倾角、裂隙的隙宽和某些介质中的缺陷。在探测过程中，全景图像、平面展开图和虚拟钻孔岩芯图可以实时地被显示在屏幕上。探测全过程的模拟视频图像能自动地被记录在磁介质上，而数字图像则可以存储在计算机的硬盘中。

全孔壁数字成像是以视觉直接观察钻孔孔壁岩石的地质信息，具有直观性、真实性等优点，对毫米级的微小地质现象也可以发现、记录下来，但它只能在孔内无井液或井液透明且没有套管的钻孔中进行测试。

全孔壁数字成像系统包括井下摄像探管、信号传输电缆、地面控制器、深度计数器、计算机（或图像处理系统和磁存储器）等部分。井下摄像探管内装有摄像管、罗盘、光源系统、调焦装置等部件。其工作原理是运用计算机以深度或时间来控制井下摄像机，通过锥形反光镜（图7.2-4），自动连续采集一幅幅全孔壁数字化图像信息，并依次将每一幅图像传送到地面图像处理系统。图像处理系统会以每一幅图像所包含的方位信息将其依N-E-S-W-N方位顺序展开，然后将每幅展开的数字化图像按深度拼接起来，就得到了全孔壁展开图像或柱状岩芯图像。根据摄录的全孔壁图像，以及图像上所示深度和方位，就可以直观地读出岩层产状、构造大小、方位、倾角和深度等地质信息。

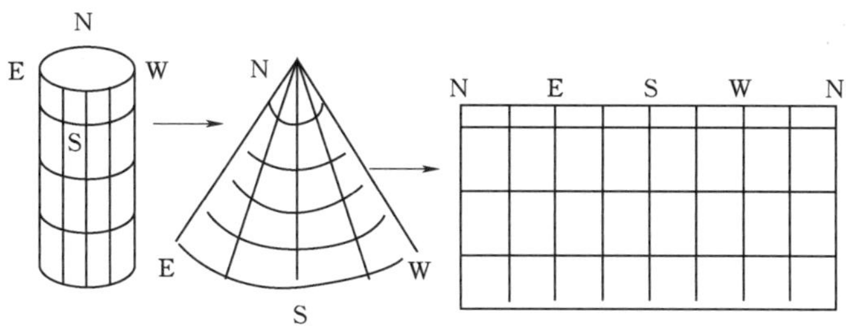

图7.2-4　全孔壁数字成像图像转换示意图

2）工作方法。现场测试时，将摄像探管、信号传输电缆、工控机、深度计数器和绞车等设备连接好，做好探头的防水处理，然后开机。如果仪器运作正常，在监控终端就可实时观测到摄录图像信息。探头放入钻孔中后，注意调整屏幕的深度读数，以与探头实际放入孔中的深度一致，一般把探头摄录窗口的中部下放深度值作为探头的下放深度。对好下放深度后，就可以将探头自孔口向下放进行摄录了。

2. 水下检查与检测

大坝水库蓄水后，为探测水下坝前与进水口淤积情况、水下结构健康状况，需进行水下物理探测和检查。

（1）检测工作任务和方法。采用面积普查和重点部位详查相结合的方式，利用多波束探测技术、水下机器人探测技术、水下声波探测技术（浅地层剖面仪）相结合进行探测。

1）采用多波束探测技术可确认水下的建筑物表面形态和大坝坝前库底形态，可进行面积性普查，发现异常部位进行加密测试，初步确定缺陷位置。

2）在异常部位，采用水下声波探测技术（浅地层剖面仪）、水下机器人探测技术进行详细探测，确定缺陷的位置。探测成果可指导除险加固处理。

（2）多波束测深技术。多波束测深系统也称声呐阵列测深系统。近年来，多波束测深技术日益成熟，波束数已从1997年首台Sea Beam系统的16个增加到目前100多个，波束宽度从原来的2.67°减到目前的1°～2°，总扫描宽度从40°增大至目前的150°～180°。GPS全球定位系统在多波束测深系统中的应用，使得多波束测深系统不仅在海洋测绘中得到广泛应用，而且在江河湖泊测绘中的作用日益广泛。目前多波束测深系统不仅实现了测深数据自动化和在外业实时自动绘制出测区水下彩色等深图，而且还可利用多波束声信号进行侧扫成像，提供直观测时水下地貌特征，又形象地称它为“水下CT”。

多波束测深系统工作原理和单波束测深一样，是利用超声波原理进行工作的，不同的是多波束测深系统信号接收部分由n个成一定角度分布的相互独立的换能器完成，每次能采集到n个水深点信息。

（3）水下机器人探测技术。无人遥控潜水器（Remote Operated Vehicles，ROV），也称水下机器人。一种工作于水下的极限作业机器人，能潜入水中代替人完成某些操作，又称潜水器。由于水下环境恶劣危险，人的潜水深度有限，因此水下机器人已成为开发海洋的重要工具。它的工作方式是由水面母船上的工作人员，通过连接潜水器的脐带提供动力，操纵或控制潜水器，通过水下电视、声呐等专用设备进行观察，还能通过机械手进行水下作业。无人遥控潜水器主要分有缆遥控潜水器和无缆遥控潜水器两种，其中有缆遥控潜水器又分为水中自航式、拖航式和能在海底结构物上爬行式3种。

（4）浅地层剖面仪探测技术。浅地层剖面仪探测是一种基于水声学原理的连续走航式探测水下浅部地层结构和构造的地球物理方法。浅地层剖面仪（Sub－bottom Profiler System）又称浅地层地震剖面仪，是在超宽频海底剖面仪基础上的改进，是利用声波探测浅地层剖面结构和构造的仪器设备（图7.2－5）。以声学剖面图形反映浅地层组织结构，具有很高的分辨率，能够经济高效地探测水底浅地层剖面结构和构造。

浅地层剖面仪探测工作是通过换能器将控制信号转换为不同频率（100Hz～10kHz）的声波脉冲向水底发射，该声波在水和沉积层传播过程中遇到声阻抗界面，经反射返回换能器转换为模拟或数字信号后记录下来，并输出为能够反映地层声学特征的浅地层声学记录剖面，包括各地层的厚度、材料密度、波速等参数。

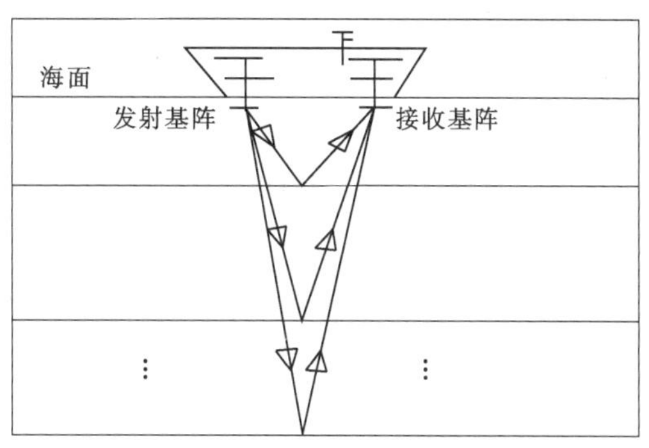

图7.2-5 浅地层剖面仪工作原理示意图

7.2.4 应急预案

水库大坝突发事件是指突然发生的，可能造成重大生命、经济损失和严重社会环境危害，危及公共安全的紧急事件。水库大坝各类突发事件中危害性最大的是溃坝事件，可能对生命、财产、基础设施、生态环境、经济社会发展等造成灾难性破坏和冲击。根据《中华人民共和国突发事件应对法》和《国家突发公共事件总体应急预案》编制水库大坝突发事件应急预案，是高心墙堆石坝安全管理的基本制度，也是降低水库大坝风险，避免和减少人员伤亡的一项重要非工程举措。应急预案是水库大坝运行维护和加强水库大坝病险和溃坝防范的重要内容，对一旦出现水库大坝重大突发事件时避免和降低损失有重要意义。

7.2.4.1 应急预案编制的意义

心墙堆石坝溃坝是水库突发事件中危害性最大的事件，国内外均有溃坝的惨痛教训。如河南的“75·8”大洪水导致板桥、石漫滩两座大型水库在内的62座大坝溃决，造成2.6万人死亡，1000多万人受灾等。20世纪80年代以来，通过国家颁布一系列加强运行管理、安全管理文件、法规的出台，明确了水库大坝安全定检和安全登记制度，规范了水库大坝运行管理，同时，通过除险加固措施，我国溃坝显著减少，控制了溃坝率，同时人员伤亡也降到最低，但大坝溃决引起人员伤亡是社会和公众不能容忍的事件。尽管目前尚无高心墙堆石坝溃决先例，但可以预知的是，高心墙堆石坝基本对应着大库容，其溃坝更将是人类的巨大灾难。同时，溃坝的发生往往是多因素的集合，其本身也是一个渐进的过程，若能建立完善的突发事件应急管理机制，为每一座高坝水库均制订周密的突发事件应急预案，并以演习形式检验其有效性和可行性，则在紧急情况下，有序快速高效地转移人员和安排抢险，就能在灾难发生时尽力减少人员伤亡，将生命和财产损失降到最低。

7.2.4.2 应急预案编制

依据水利部《水库大坝安全管理应急预案编制导则（试行）》（水建管〔2007〕164号）[1] 进行水库大坝的应急预案编制。

1. 应急预案编制原则

贯彻“以人为本”原则，体现风险管理理念，尽可能避免或减少损失，特别是生命损失，保障公共安全。

按照“分级负责”原则，实行分级管理，明确职责与责任追究制。

[1] 《水库大坝安全管理应急预案编制导则》（SL/Z 720—2015）已于2015年9月22日发布，2015年12月22日正式实施。

强调“预防为主”原则，通过对水库大坝可能突发事件的深入分析，事先制订减少和应对突发公共事件发生的对策。

突出“可操作性”原则，预案以文字和图表形式表达，形成书面文件。

力求“协调一致”原则，预案应和本地区、本部门其他相关预案相协调。

实行“动态管理”原则，预案应根据实际情况变化适时修订，不断补充完善。

2. 应急预案的主要内容

预案封面应明确预案版本编号、编制单位与编制日期、审查单位与审查日期、批准部门与批准日期、监管部门与备案日期、有效期等。

应急预案内容一般包括：前言、水库大坝概况、突发事件分析、应急组织体系、预案运行机制、应急保障、宣传、培训、演练（习）、附录等。

7.3 高心墙堆石坝健康诊断

在自然界中，水电工程亦如其他生命体一样，存在生老病死的生命演变周期。如何在其周期中诊断、判别工程的健康状态，从而采取相应治理措施，使工程预防灾害、正常运行、寿命延长，充分发挥经济效益，是一项很有意义的研究。

结构健康诊断概念的提出最早是在 20 世纪 60 年代末期，是指结构在受到自然因素（如地震、强风等）及人为破坏，或者经过长期使用后，通过测定关键性指标，检查其是否受到损伤，如果受到损伤，根据损伤位置、损伤程度、可否继续使用及剩余寿命等，判断结构的健康状况。近年来，健康诊断的思想已经渗透到大坝、桥梁、公路、隧道等工程领域。

对于大坝工程的健康诊断就是采取工程探测、检测或监测等手段获取大坝的基础诊断资料，通过构建大坝工程健康诊断指标体系，对大坝工程的健康状况进行诊断，包括健康专项诊断和健康综合诊断两个方面。

1. 健康专项诊断

目前，大坝工程健康专项诊断主要技术方法有安全监测、隐患探测、安全检测、人工巡视检查和安全复核等。

（1）在安全监测方面，许多专家和学者倾向于开发自动化安全监控系统，采用计算机软、硬件技术对堤防安全监测数据进行智能管理、信息分析、推理和辅助决策，实时监控堤防的健康状况。

（2）在大坝隐患探测方面，许多先进的隐患探测技术和仪器已应用于工程实践，如智能堤坝隐患探测仪、瞬变电磁仪、直流数字电测仪、分布式高密度电阻率探测系统、分布式光纤传感技术、聚束直流电阻率法及地质雷达等。

（3）安全检测主要是通过检测大坝工程在特殊气候、异常水情或运行状况严重异常时可能存在的缺陷、隐患和险情，来判断堤防工程的短期健康状况。主要采用探地雷达、电阻率成像仪、电磁剖面仪、多波束声呐以及水下钻孔摄像系统等仪器设备，进行渗流场、温度场及位移场的检测。

正确及时地对诊断资料进行分析是进行健康诊断的重要手段。目前，主要采用统计模型、确定性模型和混合模型以及反演分析模型等，对堤防工程健康状况进行分析诊断。例如，对大坝渗透监测资料的分析，许多专家和学者倾向于选择有限元法进行大坝非稳定渗流计算。虽然采用有限元法可以对各种影响因素进行研究，但由于大坝渗透破坏与坝身、坝基的土质条件、施工质量和渗控措施等土力学因素紧密相关，且土质存在时空变异性，因此有限元计算模型只能在一定程度上反映大坝渗流模式。比较合理的渗流分析方法为有限元模型数值计算、土工模型试验与原型观测检验分析三位一体的综合分析方法，即建立大坝渗流有限元计算及反演分析模型，利用监测资料对大坝的实际渗流状况进行反演分析，然后根据反演分析成果，按规范要求进行大坝的渗流计算及渗流稳定分析。

2. 健康综合诊断

大坝工程的健康状况表现在诸多方面，如渗透、变形、应力、裂缝、滑坡等，这些健康影响因素相互间具有一定联系，如应力、变形与稳定性之间就互有影响，因此，仅采用某一专项诊断技术存在一定的不足，难以准确诊断大坝的健康状况。对大坝工程的健康诊断，不仅要考虑单个测点、单个项目所反映的局部性态，还要考虑多个测点、多个监测项目所反映的整体性态，进行综合递阶分析诊断。

大坝的整体健康状况由坝身、坝基、穿坝建筑物、水闸工程及护岸工程的健康状况来综合反映，而各部分的健康状况可采用专项诊断技术进行诊断，因此，诊断指标的拟定应根据大坝病害及安全监测、检测和探测项目来综合考虑。

对大坝进行健康诊断主要是以原位监测资料及其分析成果为定量依据，以现场检测、探测及巡查成果为定性分析或成因分析依据。因此，大坝健康综合诊断指标的拟定应以监测对象和监测项目重要性的差异为主，并综合考虑检测、探测、人工巡查及安全复核等其他专项诊断子项目。

大坝监测项目因其重要性、等级标准及建筑物类型而有所不同，主要监测类别及项目包括：①工作条件监测，包括降水、水位、波浪、水（气）温、水质、振动等；②渗流监测，包括地下水、浸润线、渗流量、导渗降压、渗流透明度等；③应力监测，包括混凝土应力、钢筋应力、接触面应力等；④变形监测，包括堤顶表面、堤顶内部、堤基、接缝和裂缝等。

诊断指标是大坝健康综合诊断递阶分析系统的基础，对大坝的健康状况进行诊断，即根据拟定的诊断指标对大坝健康“优”“劣”状况作出评价。因此，应把大坝健康状况划分为若干个可度量的健康等级，构造一个诊断项目健康评语集合，集合中的各健康评语级别都有明确的含义。

参照医学上对人体健康的划分方法，将各层诊断项目健康状况划分为健康、亚健康、病变、危情4个等级。其中，健康表示大坝的实际工况和各种功能达到了现行规程、规范、标准和设计的要求，只需正常的维修养护即可保证其安全运行；亚健康表示各项监测数据及其变化规律处于正常状态，在设计洪水位下，按照常规的运行方式和维护条件可以保证堤防工程安全；病变表示大坝的功能和实际工况不能完全满足现行规程、规范、标准和设计的要求，可能影响大坝的正常使用，在汛期险情数量较多，需要进行安全巡查、确定对策。危情表示对照现行规程、规范、标准和设计要求，堤防工程存在危及安全的严重缺陷，汛期运行中出现重大险情的数量众多。

大坝健康综合诊断属多项目、多层次的复杂递阶分析，而每层诊断指标的地位和作用不同，从而使得它们对整个大坝健康状况诊断结果的贡献也不同。因此，应采用适当的方法，将同层诊断指标的初始数据进行标准化，并分别确定同一层次中各指标相对于上层诊断指标的“相对重要性”，即权重。指标的度量方法和赋权方法有很多，比较常用的度量方法有数值计算、模糊统计法、专家调查法和区间平均法等，赋权方法则包括层次分析法、主成分分析法、乘积标度法等。

总体来说，大坝健康综合诊断的难点在于如何运用递归运算方法将多个诊断指标综合为能反映研究对象（包括中间研究对象）健康状况的健康等级，以及如何确定堤防工程健康评判标准。大坝健康诊断涉及的因素众多，是一个复杂的问题，在健康专项诊断技术和综合诊断系统研究方面都还处于初级探索阶段，多方面的研究工作仍有待进一步开展。

7.4 糯扎渡水电站全生命周期管理应用实践

7.4.1 应用概述

7.4.1.1 工程简介

糯扎渡水电站为国内已建的最高土石坝，位于云南省普洱市思茅区和澜沧县交界处的澜沧江下游干流上，是澜沧江中下游河段梯级规划“二库八级”电站的第五级（图 7.4-1），距昆明直线距离 350km，距广州 1500km，作为国家实施“西电东送”的重大战略工程之一，对南方区域优化电源结构、促进节能减排、实现清洁发展具有重要意义。

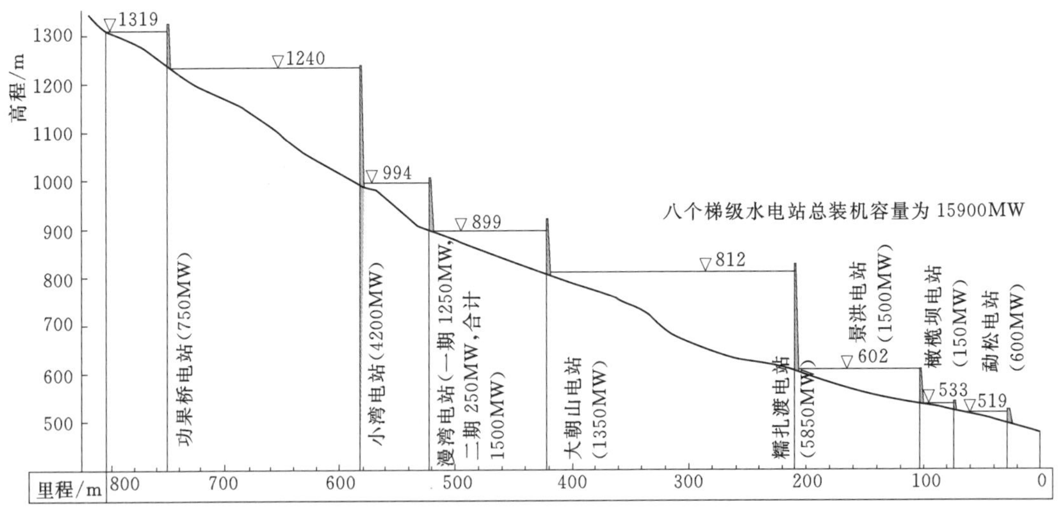

图 7.4-1　澜沧江中下游河段梯级规划“二库八级”纵剖面示意图

糯扎渡水电站以发电为主，兼有防洪、改善下游航运、灌溉、渔业、旅游和环保等综合利用任务，并对下游电站起补偿作用。电站装机容量 585 万 kW，是我国已建第四大水电站、云南省境内最大电站。电站保证出力为 240.6 万 kW，多年平均发电量 239.12 亿 kW·h，相当于每年为国家节约 956 万 t 标准煤，减少二氧化碳排放 1877 万 t。水库总库容 237.03 亿 m^3，为澜沧江流域最大水库。总投资 611 亿元，为云南省单项投资最大工程。

电站枢纽由心墙堆石坝、左岸开敞式溢洪道、左岸泄洪隧洞、右岸泄洪隧洞、左岸地下式引水发电系统等建筑物组成。心墙堆石坝最大坝高 261.5m，在已建同类坝型中居中国第一、世界第三；开敞式溢洪道规模居亚洲第一，最大泄流量 31318m^3/s，泄洪功率 5586 万 kW，居世界岸边溢洪道之首；地下主、副厂房尺寸 418m×29m×81.6m，地下洞室群规模居世界前列，是世界土石坝里程碑工程。

工程于 2004 年 4 月开始筹建，2012 年 8 月首台机组发电，2012 年 12 月大坝顺利封顶，2014 年 6 月全面建成投产，比原计划提前了 3 年。

2013—2015 年，工程经受了正常蓄水位考验，挡水水头 252m，安全监测数据表明，工程各项指标与设计吻合较好，工程运行良好。大坝坝体最大沉降 4.19m，坝顶最大沉降 0.537m，渗流量 5～20L/s，远小于国内外已建同类工程。岸边溢洪道及左右岸泄洪洞经高水头泄洪检验，结构工作正常。9 台机组全部投产运行（图 7.4－2），引水发电系统工作正常。2014 年 12 月，中国水电工程顾问集团有限公司工程竣工安全鉴定结论认为：工程设计符合规程规范的规定，建设质量均满足合同规定和设计要求，工程运行安全。2016 年 3 月，顺利通过了由水电水利规划设计总院组织的枢纽工程专项验收现场检查和技术预验收，同年 5 月通过枢纽工程专项验收的最终验收，被专家誉为“几乎无瑕疵的工程”。

图 7.4－2　9 台发电机组全部投产发电照片

图 7.4－3、图 7.4－4 为糯扎渡水电工程竣工期照片。

7.4.1.2　HydroBIM 应用总体思路

糯扎渡水电站 HydroBIM 技术及应用始于 2001 年可研阶段，历经勘测设计、施工建造和运行维护三大阶段，涵盖枢纽、机电、水库和生态四大工程，在枢纽布置格局与坝型选择的三维可视化、三维地形地质建模、建筑物三维参数化设计、岩土工程边坡三维设计、基于同一数据模型的多专业三维协同设计、基于三维 CAD/CAE 集成技术的建筑物

图 7.4-3　糯扎渡水电站枢纽

图 7.4-4　高 261.5m 心墙堆石坝挡水照片

优化与精细化设计、大体积混凝土三维配筋设计、施工组织设计（施工总布置与施工总进度）仿真与优化技术、设计施工一体化及设计成果数字化移交等方面均得到了广泛深入的应用，见图 7.4-5。

成果主要包括：三维地质建模、三维协同设计、三维 CAD/CAE 集成分析、施工可视化仿真与优化、水库移民、生态景观 3S 及三维 CAD 集成设计、三维施工图和数字移交、工程建设质量实时监控、工程运行安全评价及预警、数字大坝全生命周期管理等。

7.4.2　规划设计阶段 HydroBIM 应用

7.4.2.1　三维协同设计

糯扎渡水电站三维设计以 ProjectWise 为协同平台，测绘专业通过 3S 技术构建三维地形模型，勘察专业基于 3S 及物探集成技术构建初步三维地质模型，地质专业通过与多专业协同分析，应用 GIS 技术完成三维统一地质模型的构建，其他专业在此基础上应用 AutoCAD 系列三维软件 Revit、Inventor、Civil 3D 等开展三维设计，设计验证和优化借助 CAE 软件模拟实现；应用 Navisworks 完成碰撞检查及三维校审；施工专业应用 AIW 和 Navisworks 进行施工总布置三维设计和 4D 虚拟建造；最后基于云实现三维数字化成果交付。报告编制采用基于 Sharepoint 研发的文档协同编辑系统来实现。三维协同设计流程见图 7.4-6。

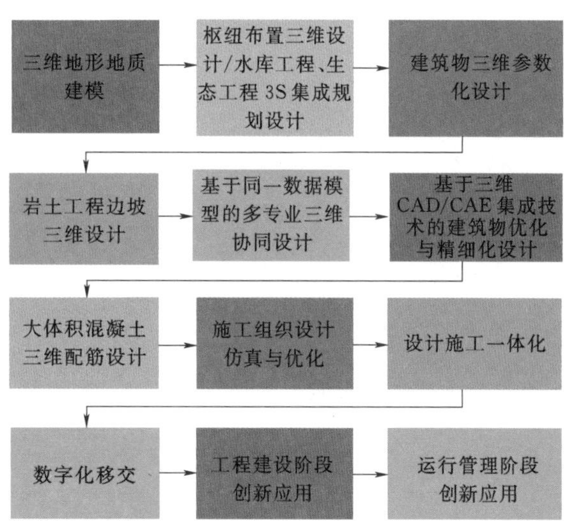

图 7.4-5　HydroBIM 技术在糯扎渡水电工程中的应用

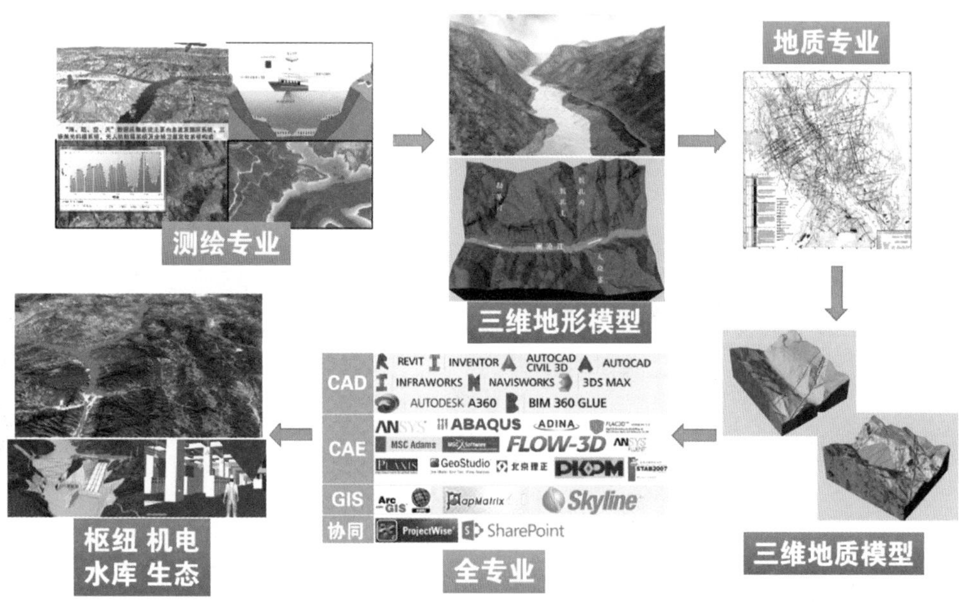

图 7.4-6　三维协同设计流程

7.4.2.2　基于 GIS 的三维统一地质模型

充分利用已有地质勘探和试验分析资料，应用 GIS 技术初步建立了枢纽区三维地质模型。在招标及施工图阶段，研发了地质信息三维可视化建模与分析系统 NZD-VisualGeo，根据最新揭露的地质情况，快速修正了地质信息三维统一模型，为设计和施工提供了交互平台，提高了工作效率和质量。图 7.4-7 为糯扎渡水电站基于 GIS 的三维统一地质模型。

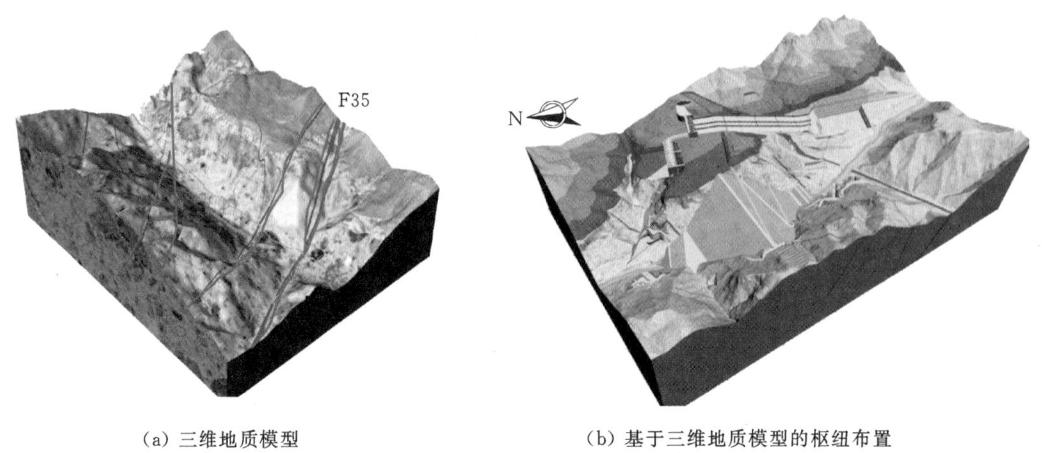

(a) 三维地质模型　　(b) 基于三维地质模型的枢纽布置

图 7.4-7　基于 GIS 的三维统一地质模型

7.4.2.3　多专业三维协同设计

基于逆向工程技术，实现了 GIS 三维地质模型的实体化，在此基础上，各专业应用 Civil 3D、Revit、Inventor 等直接进行三维设计，再通过 Navisworks 进行直观的模型整合审查、碰撞检测、3D 漫游、4D 虚拟建造等，为枢纽、机电工程设计提供完整的三维设计审查方案。图 7.4-8 为多专业三维协同设计示意图。

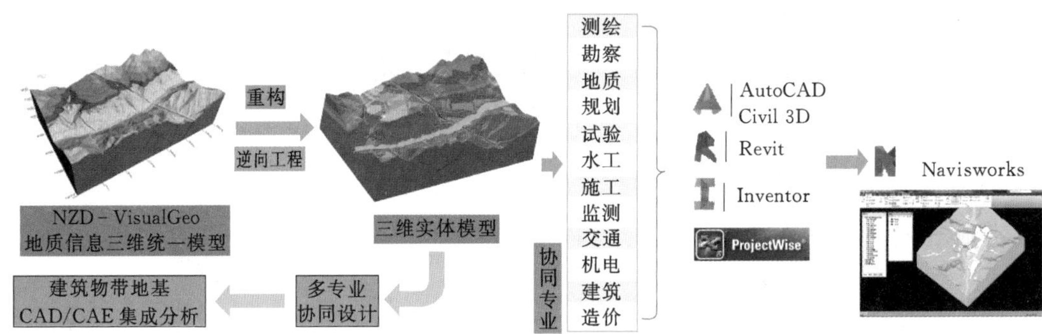

图 7.4-8　多专业三维协同设计示意图

7.4.2.4　三维 CAD/CAE 集成分析

1. CAD/CAE 桥技术

CAD/CAE 桥技术是指高效地导入 CAD 平台完成的几何模型，将连续、复杂、非规则的几何模型转换为离散、规则的数值模型，最后按照用户指定的 CAE 求解器的文件格式进行输出的一种技术。

在 CAD/CAE 集成系统中增加一个“桥”平台，专职于数据的传递和转换，在解放 CAD、CAE 的同时，让集成系统中的各模块分工明确，不必因集成的顾虑而对 CAD 平台、CAE 平台或开发工具有所取舍，具有良好的通用性。改以往的“多 CAD-多 CAE”混乱局面为简单的“多 CAD-‘桥’-多 CAE”。

经比选研究，选择 HM 作为“桥”平台，采用 Macros 及 Tcl/Tk 开发语言，实现了与最广泛的 CAD、CAE 平台间的数据通信及任意复杂地质、结构模型的几何重构及网格生成。支持导入的 CAD 软件：C3D、Revit、Inventor 等。支持导出的 CAE 软件：ANSYS、ADINA、ABAQUS、FLAC 3D、MARC、ADAMS 等。

2. 数值仿真模拟

基于桥技术转换的网格模型，对工程结构进行应力应变、稳定、渗流、水力学特性、通风、环境流体动力学等模拟分析（图 7.4-9），快速完成方案验证和优化设计，大大提高了设计效率和质量。

根据施工揭示的地质情况，结合三维 CAD/CAE 集成分析和监测信息反馈，实现地下洞室群及高边坡支护参数的快速动态调整优化，确保工程安全和经济。

7.4.2.5 施工总布置与总进度

（1）施工总布置优化：以 Civil 3D、Revit、Inventor 等形成的各专业 BIM 模型为基础，以 AIW 为施工总布置可视化和信息化整合平台，实现模型文件设计信息的自动连接与更新，方案调整后可快速全面对比整体布置及细部面貌，分析方案优劣，大大提升施工总布置优化设计效率和质量。

（2）施工进度和施工方案优化：应用 Navisworks 的 TimeLiner 模块将 3D 模型和进度软件（P3、Project 等）链接在一起（图 7.4-10），在 4D 环境中直观地对施工进度和过程进行仿真，发现问题可及时调整优化进度和施工方案，进而实现更为精确的进度控制和合理的施工方案，从而达到降低变更风险和减少施工浪费的目的。

7.4.2.6 三维出图质量和效率

三维标准化体系文件的建立、多专业并行协同方式确立、设计平台下完整的参数化族库、三维出图插件二次开发、三维软件平立剖数据关联和严格对应可快速完成三维工程图输出，以满足不同设计阶段的需求，有效提高了出图效率和质量。参数化族库见图 7.4-11～图 7.4-13，三维出图插件见图 7.4-14。

参与糯扎渡水电站设计的全部工程专业均通过 HydroBIM 综合平台直接生成三维模型，施工图纸均从三维模型直接剖切生成，其各种视图及剖面的尺寸标注自动关联变更，可有效解决错漏碰问题，减少图纸校审工作量，与二维 CAD 相比，三维出图效率提升 50%以上。

结合昆明院传统制图规定及 HydroBIM 技术规程体系，对三维设计软件本地化进行了二次开发工作，建立了三维设计软件本地化标准样板文件及三维出图元素库，并制定了《三维制图规定》，对三维图纸表达方式及图元的表现形式（如线宽、各材质的填充样式、度量单位、字高、标注样式等）作了具体规定，有效保障了三维出图质量。

7.4.2.7 数字化移交

基于 HydroBIM 综合平台，协同厂房、机电等专业完成糯扎渡水电站厂房三维施工图设计，应用基于云计算的建筑信息模型软件 Autodesk BIM 360 Glue 将施工图设计方案移到云端移交给业主，聚合各种格式的设计文件，进行高效管理；在施工前排查错误，改进方案，实现真正的设计施工一体化协同设计。三维协同设计及数字化移交大大提高了

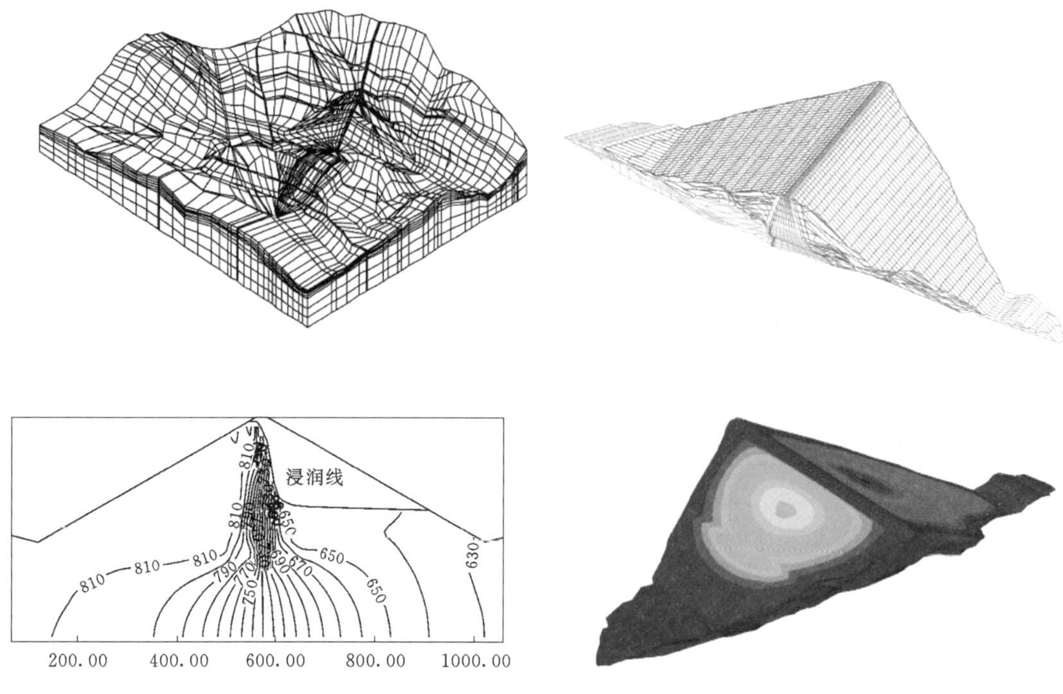

(a) 大坝结构及渗流分析(单位:m)

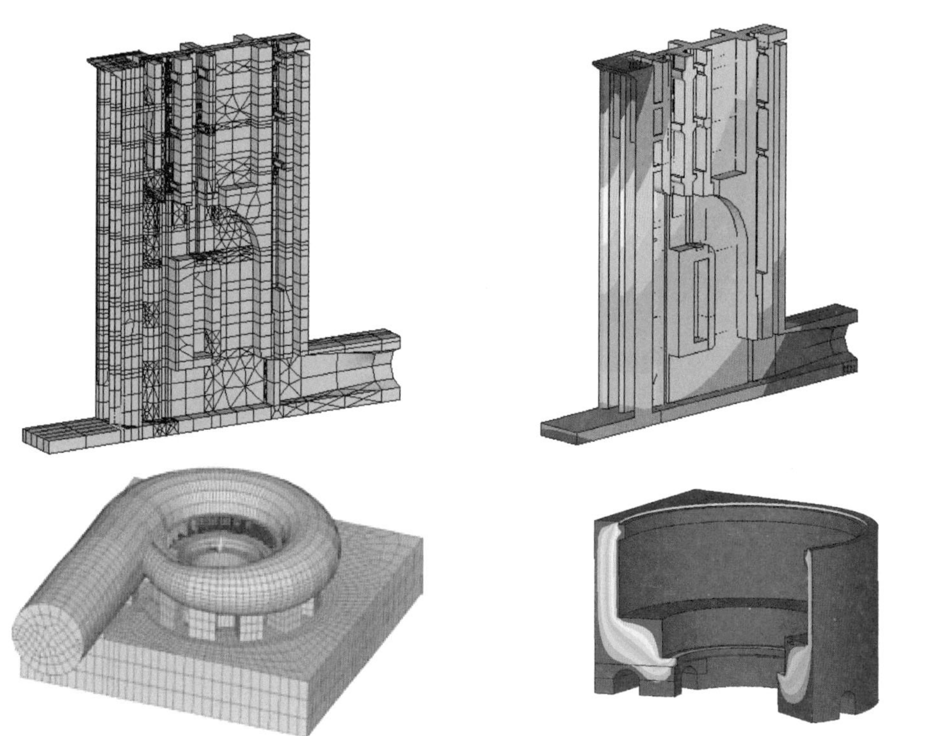

(b) 建筑物结构分析

图 7.4-9 (一) 糯扎渡水电工程数值仿真模拟成果

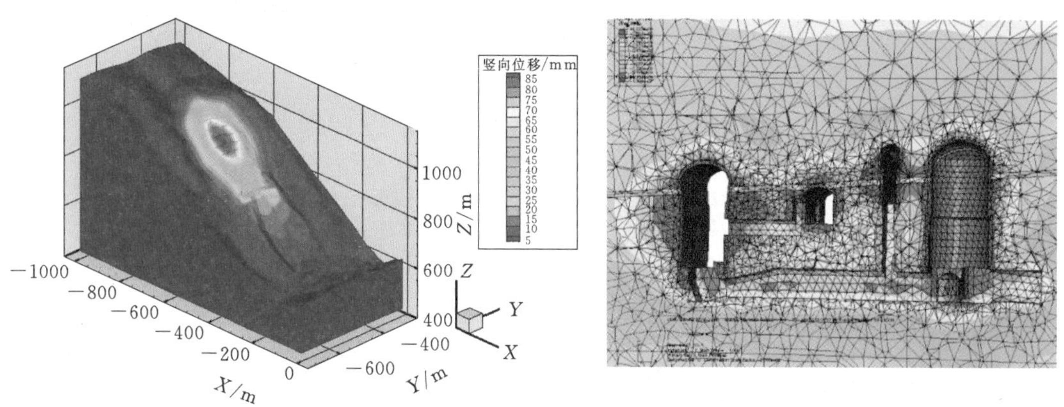

(c) 边坡及围岩稳定性分析

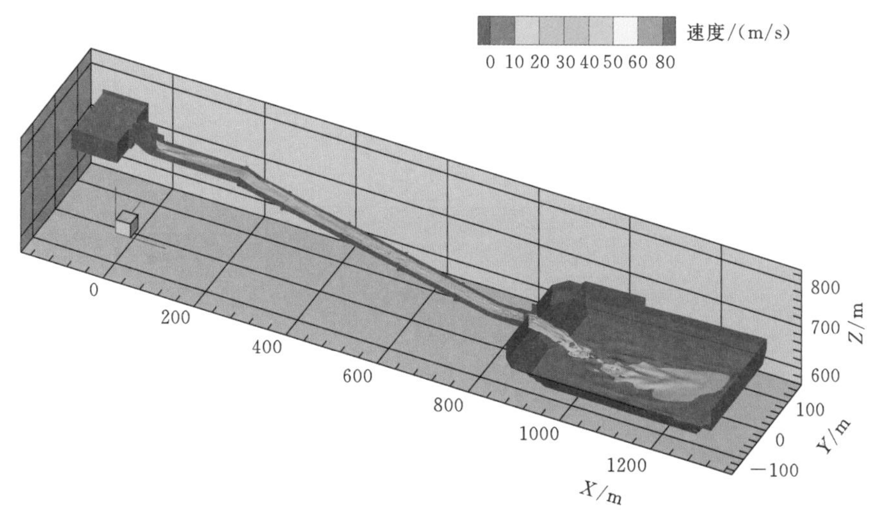

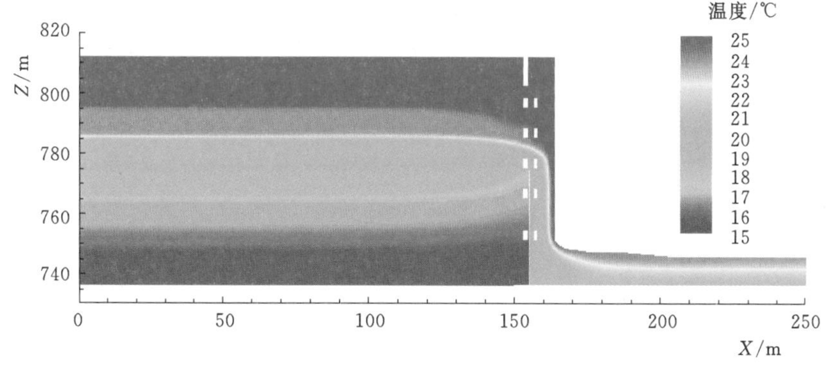

(d) 工程水力学、环境流体动力学、地下洞室通风等模拟分析

图7.4-9(二)　糯扎渡水电工程数值仿真模拟成果

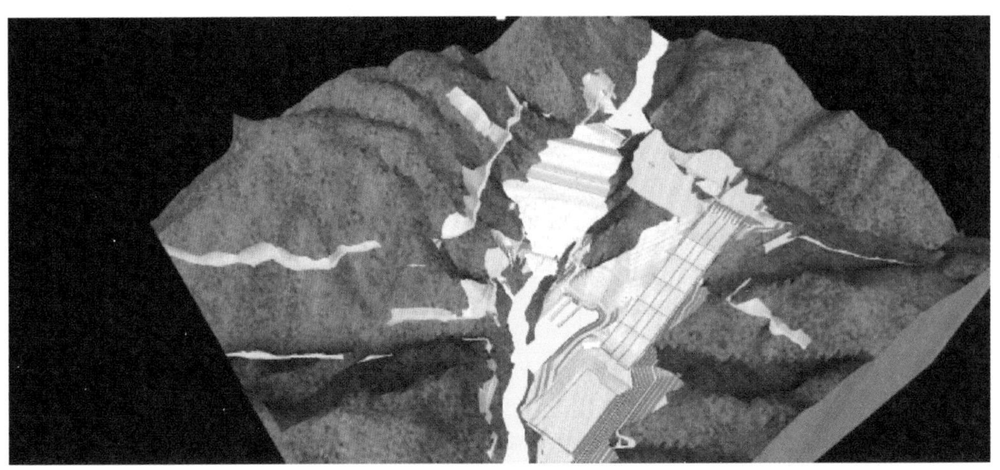

图 7.4-10　糯扎渡水电站施工总进度 4D 仿真

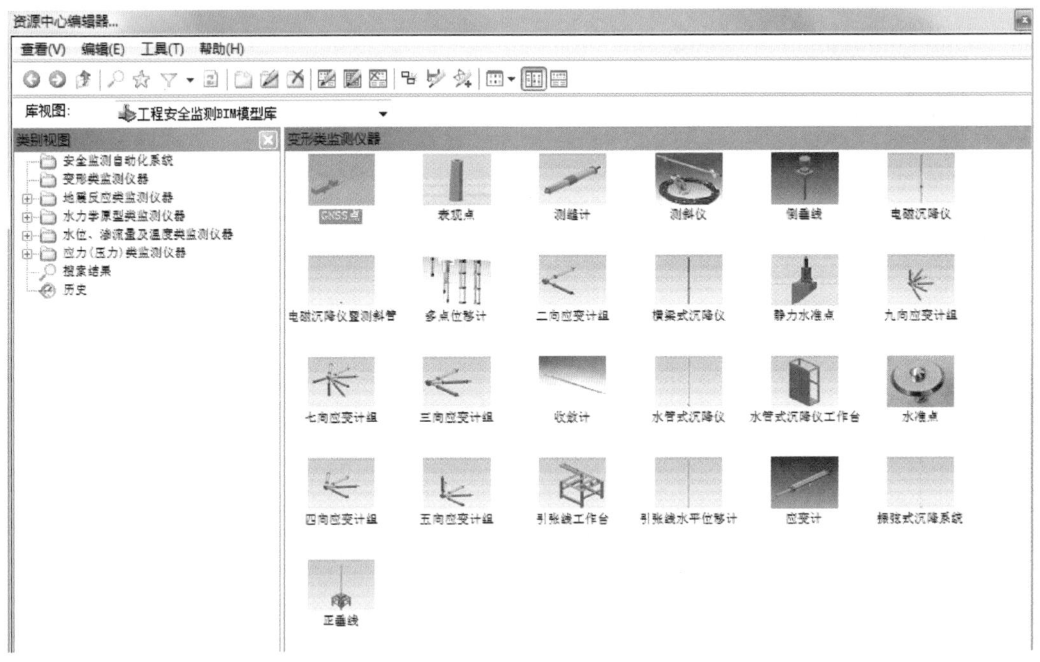

图 7.4-11　安全监测 BIM 模型库

"图纸"的可读性，减少了设计差错及现场图纸解释的工作量，保证了现场施工进度。同时，图纸中反映的材料量统计准确，有力保证了施工备料工作的顺利进行，三维施工图得到了电站筹备处的好评。

7.4.3　工程建设阶段 HydroBIM 应用

重新定义工程建设管理，在规划设计 HydroBIM 模型基础上，集成质量与进度实时

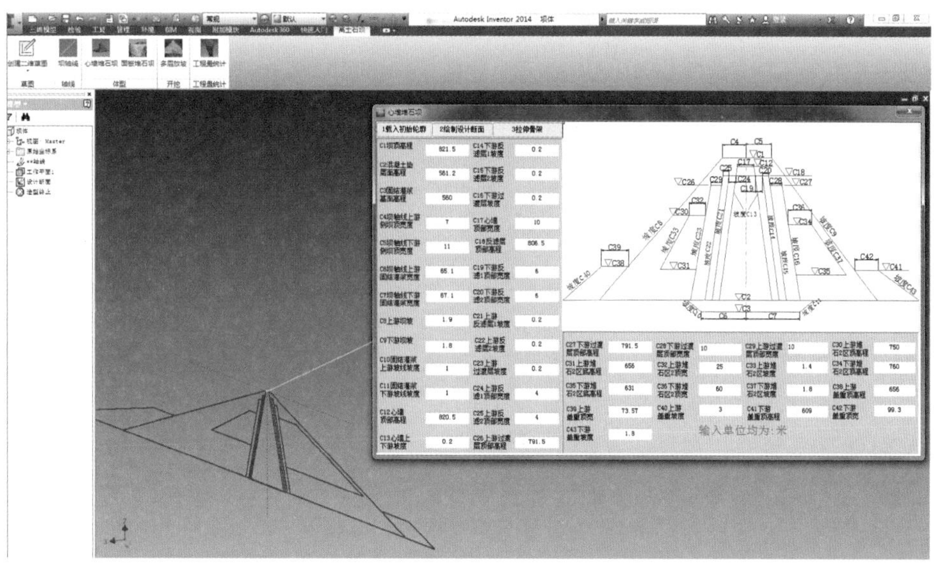

图 7.4-12 水工参数化设计模块

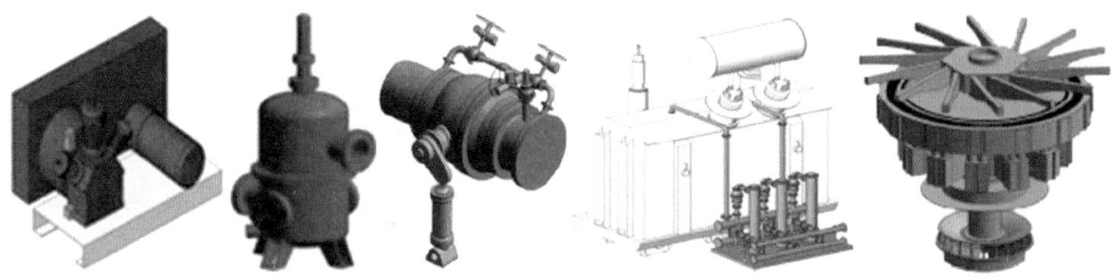

图 7.4-13 机电设备族库

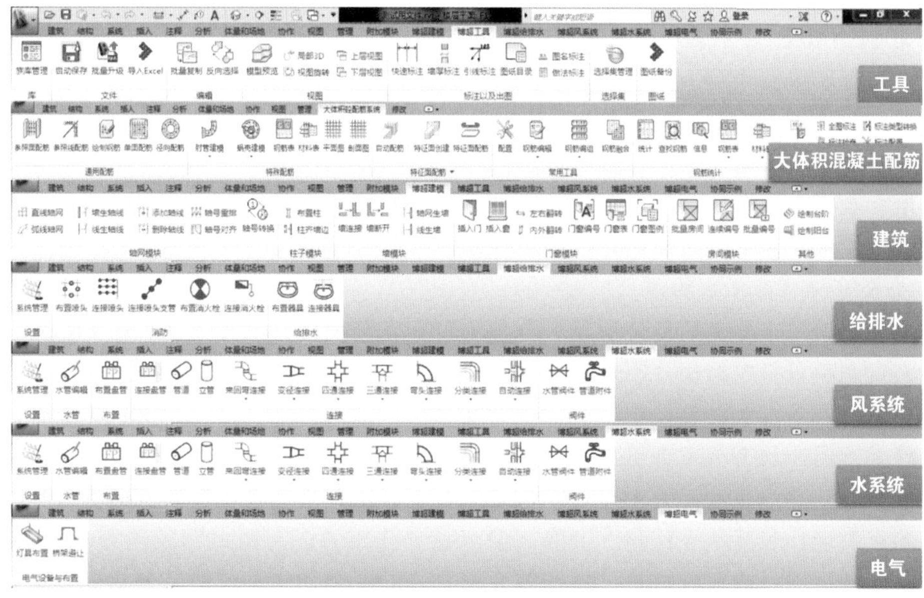

图 7.4-14 三维出图插件

监控数字化技术，完成了数字大坝工程质量与安全信息管理系统，于2008年年底交付工程建管局及施工单位投入使用。

糯扎渡高心墙堆石坝划分为12个区（图7.4-15），8种坝料，共3432万m^3，工程量大，施工分期分区复杂，坝料料源多，坝体填筑碾压质量要求高。常规施工控制手段由于受人为因素干扰大，管理粗放，故难于实现对碾压遍数、铺层厚度、行车速度、激振力、装卸料正确性及运输过程等参数的有效控制，难以确保碾压过程质量。

针对高心墙堆石坝填筑碾压质量控制的要求与特点，在规划设计HydroBIM模型数据库基础上，建立填筑碾压质量实时监控指标及准则，采用GPS、GPRS、GSM、GIS、PDA及计算机网络等技术，提出了高心墙堆石坝填筑碾压质量实时监控技术、坝料上坝运输过程实时监控技术和施工质量动态信息PDA实时采集技术，研发了高心墙堆石坝施工质量实时监控系统，实现了大坝填筑碾压全过程的全天候、精细化、在线实时监控，见图7.4-16。糯扎渡大坝实践表明，该技术可有效保证和提高施工质量，使工程建设质量始终处于真实受控状态，为高心墙堆石坝建设质量控制提供了一条新的途径，是大坝建设质量控制手段的重大创新。

在此项技术的支撑下，国内最高土石坝261.5m糯扎渡高心墙堆石坝提前一年完工，电站提前两年发电，工程经济效益显著。该项技术不仅适用于心墙堆石坝，还适用于混凝土面板堆石坝和碾压混凝土坝，应用前景十分广阔。已在雅砻江官地、金沙江龙开口、金沙江鲁地拉、大渡河长河坝、缅甸伊洛瓦底江流域梯级水电站等大型水利水电工程建设中推广应用。

7.4.4 运行管理阶段HydroBIM应用

重新定义工程运行管理，在规划设计HydroBIM基础上，集成工程安全综合评价及预警数字化技术，构建了运行管理HydroBIM，并研发了工程安全评价与预警管理信息系统，于2010年年底交付糯扎渡水电站使用，在大坝监测信息管理、性态分析、安全评价及预警中发挥着重要作用。

大坝安全性态主要是由监测信息表达出来的。大坝安全监测是通过监测仪器观测和巡视检查，对坝体、坝肩、坝基、近坝区、护岸边坡以及其他涉及大坝安全状态的建筑物所做的测量和观察。通过大坝安全监测可全面掌握坝区建筑物整体性态变化的全过程，并能迅速有效地评估大坝的安全状态，及时地采取相关措施。

1. 安全评价指标体系的建立

安全预警项目主要包括整体项目、分项项目和定制项目，见图7.4-17。

个人定制项目是根据用户需求由用户自己定义的预警项目，定制的项目往往不具有普适性，在这里不予考虑。整体项目是从坝前蓄水位、渗透稳定、结构稳定、坝坡稳定以及大坝裂缝等不同的预警类来评价大坝安全的项目，但是其指标计算过程复杂，有些指标的监控标准难以计算，且没有一个综合评价体系，但其相关指标是可以借鉴的。分项项目与典型监测点对应，包括水平位移、沉降、渗流量、孔压力、土压力和裂缝等多个预警类。通过对不同分项项目的综合评价可以获得大坝总体的安全稳定性，但是其指标体系只局限于大坝监测的效应量，并没有考虑环境量监测、近坝区监测以及巡视检查，还需要进一步

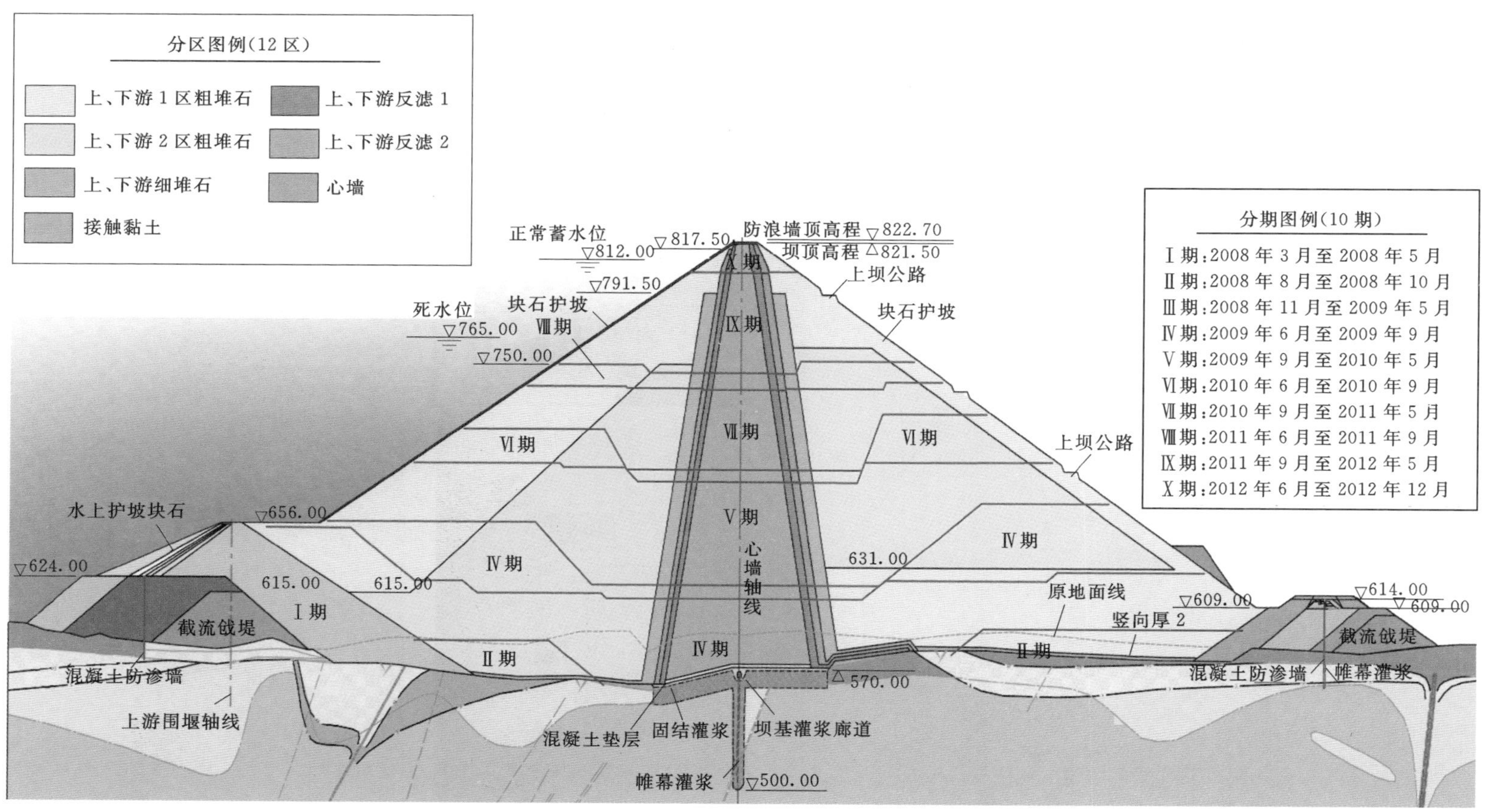

图7.4-15　糯扎渡高心墙堆石坝的坝体分区和施工分期示意图（单位：m）

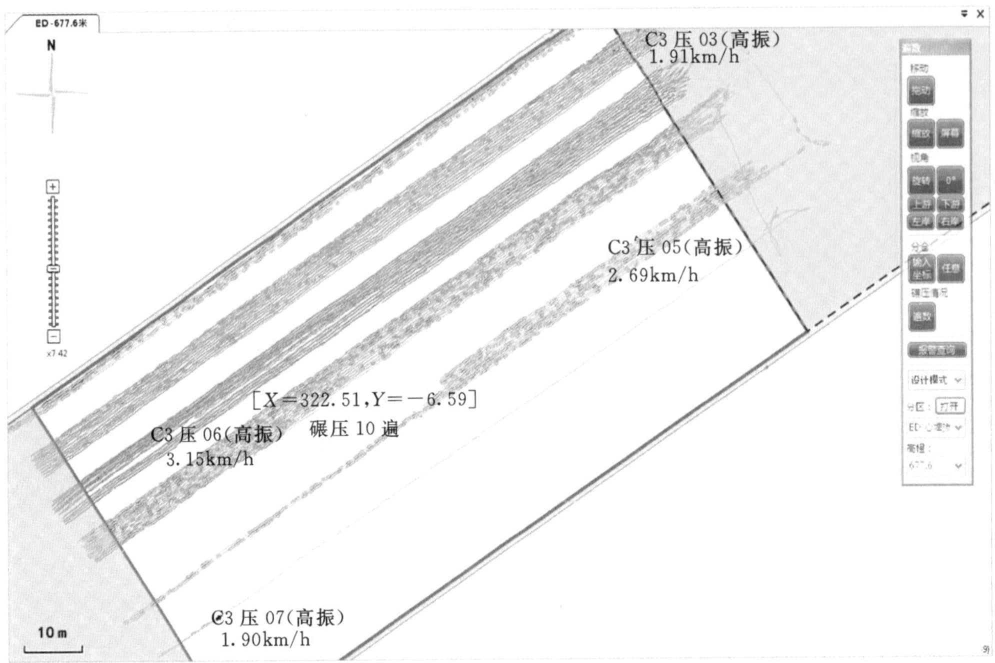

(a) 糯扎渡大坝填筑质量监控系统

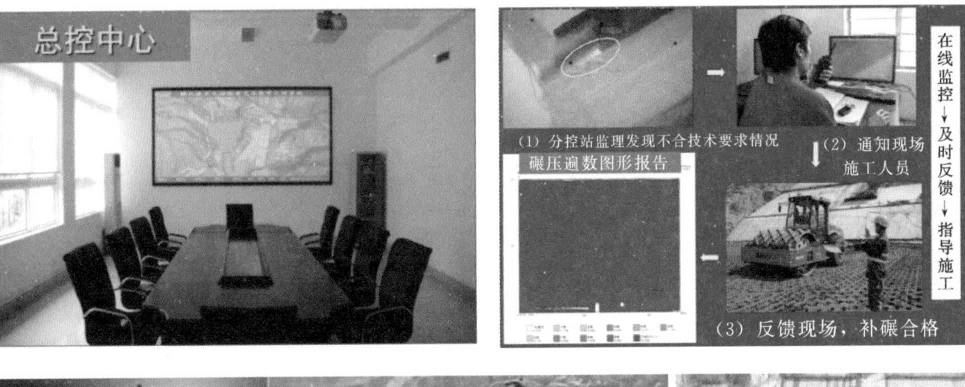

(b) 糯扎渡大坝施工质量实时监控现场照片

图 7.4-16　糯扎渡大坝施工质量监控系统及现场运行情况

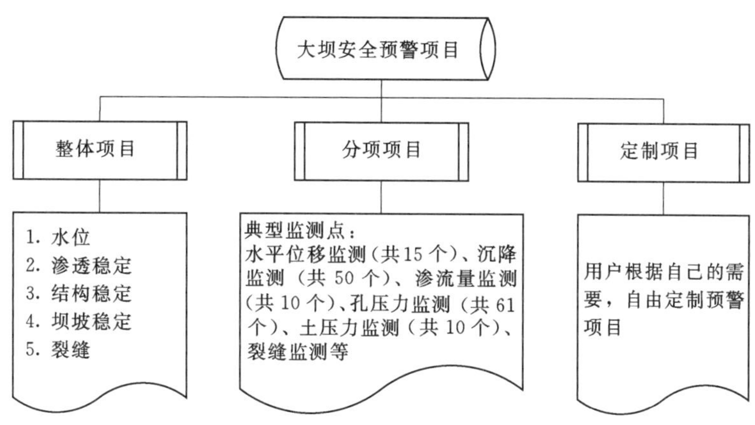

图7.4-17　大坝安全预警项目

的完善。针对糯扎渡大坝的分项项目，安全预警指标体系结构为“分项项目-监测断面-结构部位-监测测点-安全指标”（图7.4-18）。

此外，综合考虑环境量监测、近坝区监测和巡视检查项目，确定了高心墙堆石坝实测性态的综合评价指标体系。

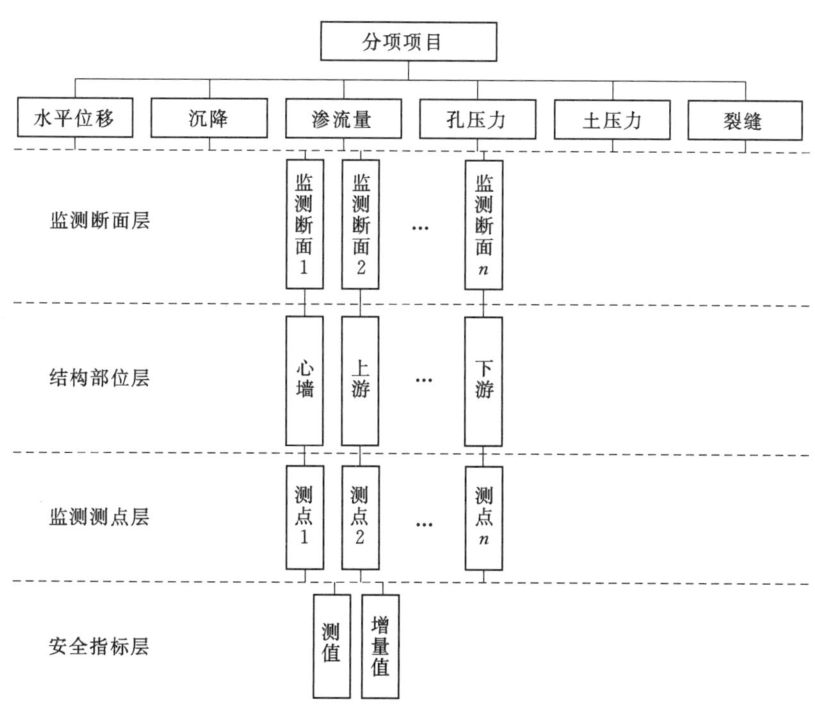

图7.4-18　分项项目安全预警指标体系

普遍意义下的高心墙堆石坝实测性态指标体系结构（图7.4-19）一般如下：

第Ⅰ层：心墙堆石坝实测性态层。是大坝实测性态评价的最终目标层。

第Ⅱ层：建筑分布层。从大坝结构组成的角度，对大坝进行安全评价，一般分为坝体

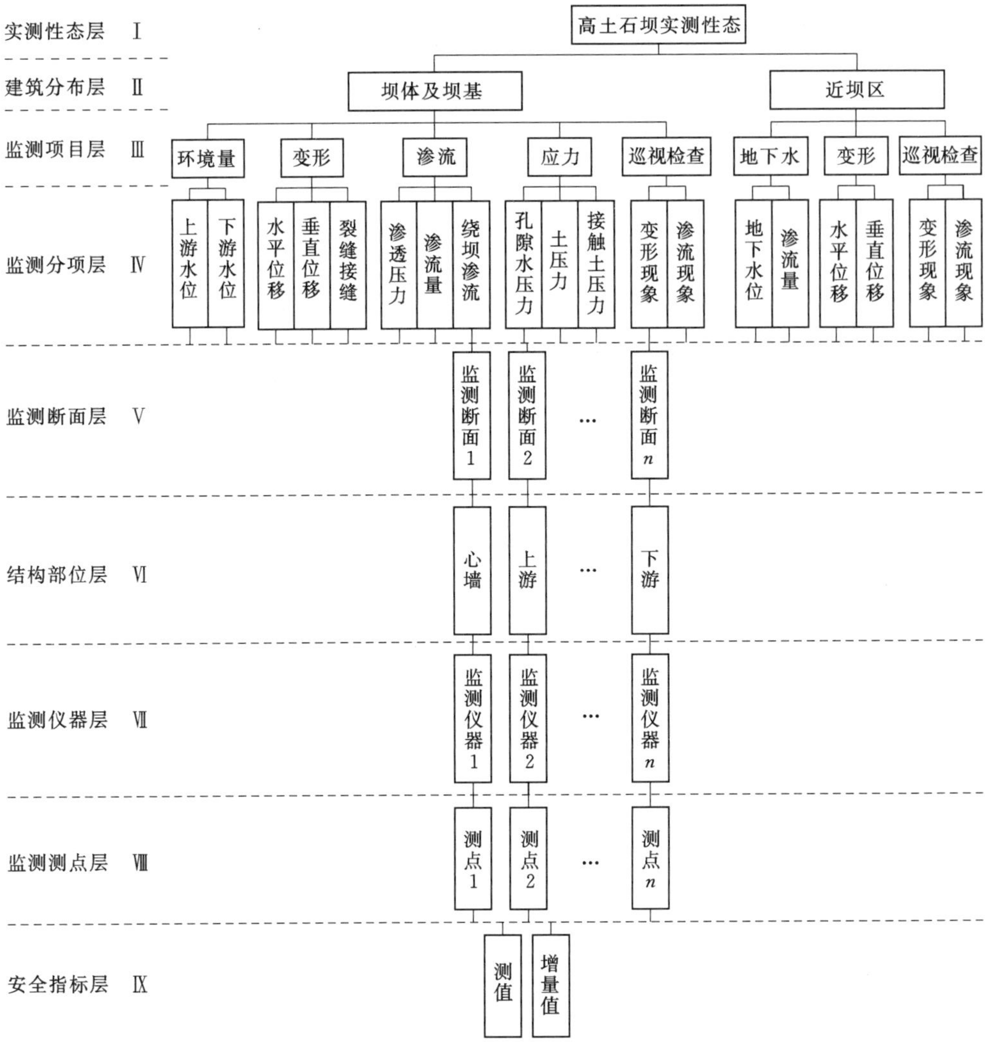

实测性态层 Ⅰ：高土石坝实测性态

建筑分布层 Ⅱ：坝体及坝基；近坝区

监测项目层 Ⅲ：环境量、变形、渗流、应力、巡视检查；地下水、变形、巡视检查

监测分项层 Ⅳ：上游水位、下游水位；水平位移、垂直位移、裂缝接缝；渗透压力、渗流量、绕坝渗流；孔隙水压力、土压力、接触土压力；变形现象、渗流现象；地下水位、渗流量；水平位移、垂直位移；变形现象、渗流现象

监测断面层 Ⅴ：监测断面1、监测断面2、…、监测断面n

结构部位层 Ⅵ：心墙、上游、…、下游

监测仪器层 Ⅶ：监测仪器1、监测仪器2、…、监测仪器n

监测测点层 Ⅷ：测点1、测点2、…、测点n

安全指标层 Ⅸ：测值、增量值

图 7.4-19　普遍意义下的高心墙堆石坝实测性态评价指标体系结构

及坝基、近坝区两部分。

第Ⅲ层：监测项目层。从安全监测项目和巡视检查的角度，主要包括变形、渗流、应力、环境量、巡视检查等。

第Ⅳ层：监测分项层。监测分项目是对监测项目的进一步细分，以心墙堆石坝变形监测项目为例进行说明，其分项目包括水平位移、垂直位移和裂缝接缝监测。

第Ⅴ层：监测断面层。心墙堆石坝监测布置一般根据不同的部位布置不同监测断面。

第Ⅵ层：结构部位层。以大坝渗压监测为例，监测断面往往包括防渗帷幕、接触黏土、下游、心墙、上游反滤料、上游堆石料、黏土垫层等工程部位。

第Ⅶ层：监测仪器层。每一监测项目可以采用不同的监测仪器进行监测。

第Ⅷ层：监测测点层。监测仪器可能是单点监测或多点监测。

第Ⅸ层：安全指标层。包括测值、增量值。增量一般为周增量（变形、应力等）或日增量（渗流量等），此层为指标体系的最底层指标，是整个评价指标体系的数据基础。

由于高心墙堆石坝综合评价指标体系的复杂性，不同的大坝，其结构特点不同，监测项目的布置和侧重点也有所不同。

2. 多因素高心墙堆石坝实测性态综合评价

多因素高心墙堆石坝实测性态综合评价主要包含以下几方面内容：①综合评价指标体系的建立；②监测数据的预处理，减少随机误差和系统误差，消除粗差；③安全评价集设计；④监控标准以及隶属度计算；⑤指标体系权重分析；⑥实测性态安全等级分析。多因素高心墙堆石坝实测性态综合评价思路见图7.4-20。

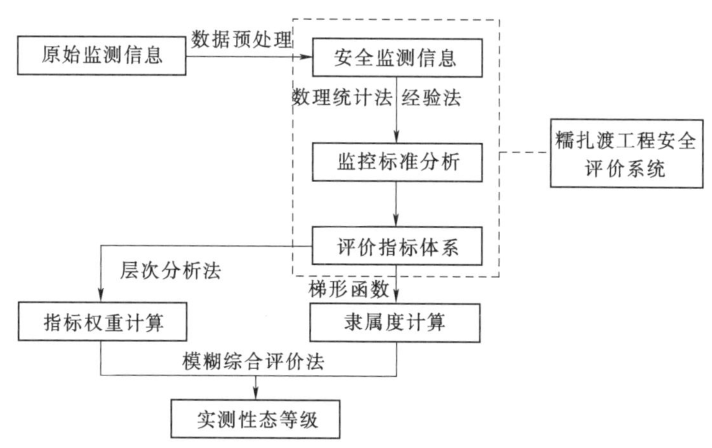

图7.4-20　多因素高心墙堆石坝实测性态综合评价思路

以下主要介绍高心墙堆石坝在不同失事模式下综合评价指标体系确定的权重矩阵。

由于高心墙堆石坝不同的失事模式具有不同的失事机理，其表现出来的监测异常也是不一样的。普遍意义下的心墙堆石坝实测性态评价指标体系，所包含指标全面，基本包括心墙堆石坝各项异常判断的指标体系，但是由于在不同的失事模式下，结构表现出的主要异常也是不一样的，因此在进行心墙堆石坝的实测性态安全稳定分析时，需根据各监测指标的异常情况，分析可能的失事模式，筛选需要的指标，构造相应的判断矩阵。具体可参见表7.4-1。

在考虑评价指标体系的动态变化、监控指标的动态修正、指标权重随评价指标体系的动态变化等动态因素，提出了大坝实测性态实时评价方法。以仪器的安全监测信息和巡视检查信息为评价体系的底层指标，采用层次分析法（Analytic Hierarchy Process，AHP）确定指标权重，同时考虑变化过程中的指标危险程度的模糊性，通过模糊综合评价方法对心墙堆石坝实测性态进行实时安全评价。下面分别进行在洪水漫顶、滑坡失稳、渗透破坏、近坝区失事以及混合失事各失事模式下的权重矩阵计算。由于心墙堆石坝普遍意义下的实测性态评价指标体系的第Ⅴ层涉及监测断面，这需要根据工程的具体情况进行分析，因此本节主要对前四层的指标权重进行分析计算。

（1）洪水漫顶权重矩阵计算。心墙堆石坝在发生洪水漫顶前表现异常的监测项目有环境量、变形、渗流、应力和巡视检查。呈现的主要异常有：上游库水位持续上涨，上游水

表 7.4-1　心墙堆石坝失事模式对应的监测异常表现形式

失事模式		监测异常表现形式	
		仪器监测	巡视检查
坝体及坝基	洪水漫顶	水位：上游库水位上升； 变形：坝体整体变形增加； 渗流：渗流量、扬压力增加	暴雨或特大暴雨天气； 上游水位上涨明显； 上游水面波浪明显
坝体及坝基	滑坡失稳	变形：变形增加，有突变现象； 裂缝：裂缝宽度增加； 水位：水位骤降； 渗流：渗透压力发生突变	相邻坝段会发生错动；坝体伸缩缝扩张；坝体裂缝发展到一定数量；坝体发生破损
坝体及坝基	渗透破坏	渗流：坝基或坝体扬压力增大，渗透压力增加明显，渗流量变大，一般伴随有突变现象； 变形：变形增加	坝体或坝基渗透水浑浊，有一定析出物，渗透水质较差
近坝区失事		变形：变形增加，有突变现象； 渗流：渗透压力增大； 水位：地下水位抬高	近坝区边坡岩体发生松动，岩体裂缝数量多，出现地下水露头；渗水量增大，渗透水浑浊
混合失事模式		变形、渗流、应力、裂缝监测具有异常，但不能判断主要异常	具有相应的变形和渗流异常

面波浪明显，坝体水平位移和渗透压力均会有相应的增加。由此可知环境量、巡视检查相比其他监测量异常程度更明显，重要程度应更高；变形相比于渗流和应力，异常程度稍微明显。对应的判断矩阵如下：

$$\begin{array}{c} \\ \boldsymbol{M}= \end{array}\begin{array}{c} \begin{matrix} \boldsymbol{U}_1 & \boldsymbol{U}_2 & \boldsymbol{U}_3 & \boldsymbol{U}_4 & \boldsymbol{U}_5 \end{matrix} \\ \begin{bmatrix} 1 & 6 & 7 & 7 & 2 \\ 1/6 & 1 & 2 & 2 & 1/4 \\ 1/7 & 1/2 & 1 & 2 & 1/4 \\ 1/7 & 1/2 & 1/2 & 1 & 1/4 \\ 1/2 & 4 & 4 & 4 & 1 \end{bmatrix} \end{array}\begin{matrix} \\ \boldsymbol{U}_1 \\ \boldsymbol{U}_2 \\ \boldsymbol{U}_3 \\ \boldsymbol{U}_4 \\ \boldsymbol{U}_5 \end{matrix} \tag{7.4-1}$$

式中：$\boldsymbol{M}$ 为判断矩阵；$\boldsymbol{U}_1$ 为环境量；$\boldsymbol{U}_2$ 为变形；$\boldsymbol{U}_3$ 为渗流；$\boldsymbol{U}_4$ 为应力；$\boldsymbol{U}_5$ 为巡视检查。由此得到环境量的权重为 0.4958，变形的权重为 0.1004，渗流的权重为 0.0630，应力的权重为 0.0630，巡视检查的权重为 0.2779。

根据以上分析可知，心墙堆石坝发生洪水漫顶时的实测性态评价指标体系和指标权重见图 7.4-21，图中各指标的权重值是相对于上一层次的指标而定的。

(2) 滑坡失稳权重矩阵计算。心墙堆石坝在发生滑坡失稳前表现异常的监测项目有环境量、变形、渗流、应力和巡视检查。呈现的主要异常有：上下游库水位骤降，坝体变形监测变大且会发生突变，裂缝数量变多且开合度变大。可知巡视检查异常最明显，重要程度最高，尤其是变形现象；变形监测量相比其他监测量异常程度明显，重要程度更高；渗流和应力监测量相比环境量异常程度稍微明显。对应的判断矩阵如下：

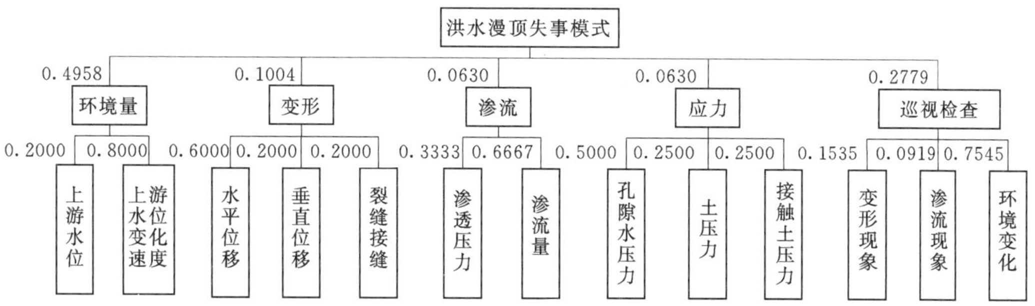

图7.4-21 洪水漫顶失事模式下的实测性态评价指标体系和指标权重

$$
\begin{array}{c}
\begin{matrix} \boldsymbol{U}_1 & \boldsymbol{U}_2 & \boldsymbol{U}_3 & \boldsymbol{U}_4 & \boldsymbol{U}_5 \end{matrix} \\
\boldsymbol{M}=\begin{bmatrix} 1 & 1/6 & 1/2 & 1/2 & 1/8 \\ 6 & 1 & 3 & 3 & 3/4 \\ 2 & 1/3 & 1 & 1 & 1/4 \\ 2 & 1/3 & 1 & 1 & 1/4 \\ 8 & 4/3 & 4 & 4 & 1 \end{bmatrix} \begin{matrix} \boldsymbol{U}_1 \\ \boldsymbol{U}_2 \\ \boldsymbol{U}_3 \\ \boldsymbol{U}_4 \\ \boldsymbol{U}_5 \end{matrix}
\end{array}
\tag{7.4-2}
$$

式中：$\boldsymbol{M}$ 为判断矩阵；$\boldsymbol{U}_1$ 为环境量；$\boldsymbol{U}_2$ 为变形；$\boldsymbol{U}_3$ 为渗流；$\boldsymbol{U}_4$ 为应力；$\boldsymbol{U}_5$ 为巡视检查。由此得到的环境量的权重为0.0526，变形的权重为0.3158，渗流的权重为0.1053，应力的权重为0.1053，巡视检查的权重为0.4211。

根据以上分析可知，心墙堆石坝发生滑坡失稳时的实测性态评价指标体系和指标权重见图7.4-22，图中各指标的权重值是相对于上一层次的指标而定的。

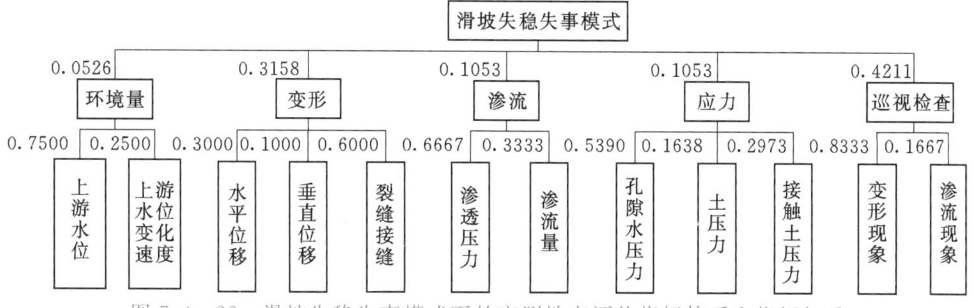

图7.4-22 滑坡失稳失事模式下的实测性态评价指标体系和指标权重

（3）渗透破坏权重矩阵计算。心墙堆石坝在发生渗透破坏前表现异常的监测项目有变形、渗流、应力和巡视检查。呈现的主要异常有：渗透压力变大，坝体或坝基出现流土、管涌、接触冲刷等渗透破坏现象。可知巡视检查异常最明显，重要程度最高，尤其是渗流现象；渗流监测量相比其他监测量异常程度明显，重要程度更高。对应的判断矩阵如下：

$$
\begin{array}{c}
\begin{matrix} \boldsymbol{U}_1 & \boldsymbol{U}_2 & \boldsymbol{U}_3 & \boldsymbol{U}_4 \end{matrix} \\
\boldsymbol{M}=\begin{bmatrix} 1 & 1/4 & 1 & 1/5 \\ 4 & 1 & 4 & 1/2 \\ 1 & 1/4 & 1 & 1/5 \\ 1/5 & 2 & 5 & 1 \end{bmatrix} \begin{matrix} \boldsymbol{U}_1 \\ \boldsymbol{U}_2 \\ \boldsymbol{U}_3 \\ \boldsymbol{U}_4 \end{matrix}
\end{array}
\tag{7.4-3}
$$

式中：$\boldsymbol{M}$ 为判断矩阵；$\boldsymbol{U}_1$ 为变形；$\boldsymbol{U}_2$ 为渗流；$\boldsymbol{U}_3$ 为应力；$\boldsymbol{U}_4$ 为巡视检查。由此得到变形的权重为 0.0896，渗流的权重为 0.3190，应力的权重为 0.0896，巡视检查的权重为 0.5017。

根据以上分析可知，心墙堆石坝发生渗透破坏时的实测性态评价指标体系和指标权重见图 7.4-23，图中各指标的权重值是相对于上一层次的指标而定的。

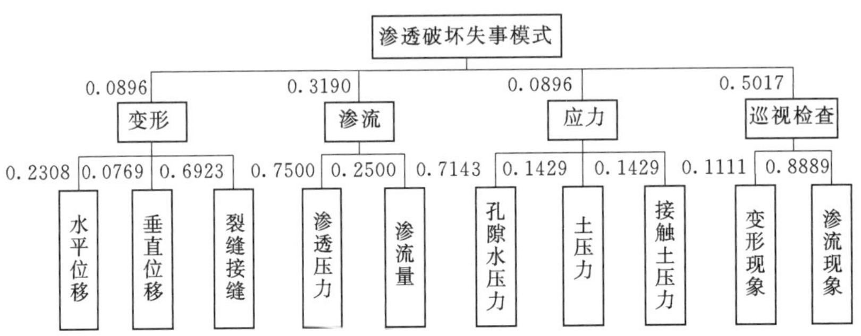

图 7.4-23　渗透破坏失事模式下的实测性态评价指标体系和指标权重

（4）近坝区失事权重矩阵计算。心墙堆石坝近坝区失事一般为边坡事故，主要表现形式为滑坡失稳。失事前表现异常的监测项目有地下水、变形和巡视检查。呈现的主要异常有：边坡变形监测变大且会发生突变，裂缝数量变多且开合度变大。可知巡视检查异常最明显，重要程度最高，尤其是变形现象；变形监测量相比其他监测量异常程度明显，重要程度更高。对应的判断矩阵如下：

$$\boldsymbol{M}=\begin{bmatrix} 1 & 1/2 & 1/3 \\ 2 & 1 & 2/3 \\ 3 & 3/2 & 1 \end{bmatrix}\begin{matrix} \boldsymbol{U}_1 \\ \boldsymbol{U}_2 \\ \boldsymbol{U}_3 \end{matrix} \quad (\text{列：}\boldsymbol{U}_1\ \boldsymbol{U}_2\ \boldsymbol{U}_3) \tag{7.4-4}$$

式中：$\boldsymbol{M}$ 为判断矩阵；$\boldsymbol{U}_1$ 为地下水；$\boldsymbol{U}_2$ 为变形；$\boldsymbol{U}_3$ 为渗流现象。由此得到地下水的权重为 0.1667，变形的权重为 0.3333，渗流的权重为 0.5000。

根据以上分析可知，心墙堆石坝近坝区发生失事时的实测性态评价指标体系和指标权重见图 7.4-24，图中各指标的权重值是相对于上一层次的指标而定的。

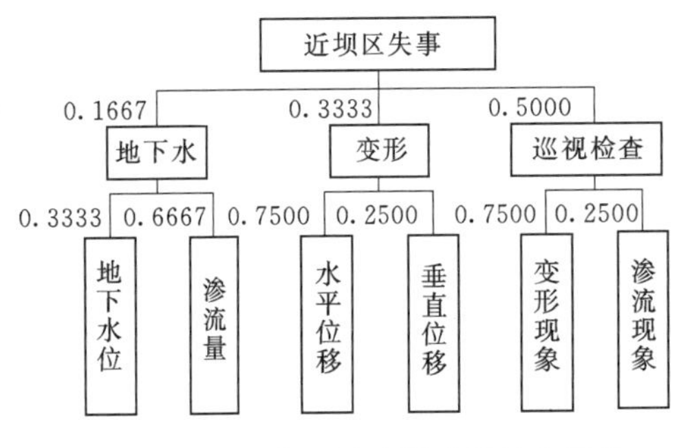

图 7.4-24　近坝区失事模式下的实测性态评价指标体系和指标权重

（5）混合失事模式权重矩阵计算。混合失事表现为多种失事模式同时发生，根据各监测项目的异常程度难以准确地判断可能的失事模式，需要根据实际异常情况进行指标筛选和异常程度确定指标体系的判断矩阵。

7.5 小结

本章在分析水电工程全生命周期内涵的基础上，提出水电工程全生命周期管理体系框架，介绍了管理体系的系统架构和运行模式，并分析了体系所涉及的关键技术。

以主体维各方需求和工程开发建设规律为依据，借助物联网技术、3S技术、BIM技术、三维CAD/CAE集成技术、云计算技术、工程软件应用技术以及专业技术等，开发以BIM为核心的水电工程全生命周期管理系统（HydroBIM），提供一个跨企业（行政主管机构、业主单位、建设管理单位、勘测设计单位、施工单位、监理单位等）的合作环境，通过控制全生命周期工程信息的共享、集成、可视化和标记，实现对水电工程安全、质量、进度、投资及生态“五位一体”的有效管理。

第 8 章

特高心墙堆石坝建设技术展望

近年来，我国建设的多座特高心墙堆石坝工程在设计准则、计算分析理论、施工工艺及安全控制技术等方面取得了多项具有中国自主知识产权的创新性成果，使我国堆石坝筑坝技术水平迈上了一个新台阶。目前，位于我国西部的雅砻江、大渡河、澜沧江、怒江、金沙江、黄河等水电基地以及藏东南四江的开发利用程度还很低，这些流域是未来中国水电开发的重点地区。这些地区大多为高山峡谷，交通及地形地质条件复杂，建设水利水电工程的技术难度将会越来越大，心墙堆石坝以其具有对地基基础条件有良好的适应性、能就地取材及充分利用建筑物开挖渣料、造价较低、水泥用量较少等特点，优势极其明显，将发挥更加重要的作用，但同时，特高心墙堆石坝工程的建设也将面临强震、深覆盖层、狭窄河谷、高寒等恶劣自然条件的挑战，尚有以下关键技术问题亟待解决。

1. 变形稳定及控制

(1) 缩尺效应。由于影响堆石料缩尺效应的因素很多，如缩尺方法、缩尺比例、试样密度控制、颗粒破碎和颗粒自身性质，而不同学者采用的缩尺方法和试样密度控制方法不同，堆石料来源也不同，导致试验结果不同，甚至规律相反。缩尺效应的影响因素较多，需要展开全面、深入的对比研究。

(2) 土的本构模型。现有的本构理论及方法，包括弹塑性理论，在表述土体本构特性上是有局限性的。因此，要使土的本构模型研究有更大的发展，更好地解决未来的复杂岩土力学与工程问题，有必要开辟新的研究路径，突破现有传统理论的限制，建立适合于土体材料的本构理论同时又包含传统本构理论作为其特例的研究，为土的本构模型研究提供新的和更一般的理论，并在此基础上建立简单实用模型，以推动土的本构模型的研究和应用。

(3) 流变、湿化变形、接触面试验及计算。有必要对土体流变机理、计算模型、求解方法等开展更进一步的研究。在粗粒料的湿化研究上，目前做的研究工作都是依据具体堆石料的试验，提出经验计算模型，但是都没有很好地解决堆石坝的后期变形问题，因此还需要继续深入的研究工作。现有的大量接触面试验，所量测的数据都是试样剪切过程的一种外部的宏观反映，而要想真正清楚了解接触面变形特性，还需设法直接观测剪切过程中土体内部的变形情况。目前采用接触面单元及应力位移本构模型开展的接触面变形计算结果能在一定程度上反映接触面的力学变形特性及规律，但计算精度较差，特别是对于接触面的错开、拉伸等情况的反映能力不足，还需开展深入研究。

(4) 土石坝水力劈裂及裂缝计算分析。目前进行的大多黏性土水力劈裂试验由于条件限制，无法反映实际中部分排水的情况。黏性土抗拉强度很小，在进行水力劈裂计算时通常都不予考虑，但若水力劈裂发生在心墙顶部附近，此时黏性土的抗拉强度是不能被忽略的，因此，有必要在水力劈裂判别时考虑黏性土的抗拉强度。至今还未见有完全模拟出土质心墙水力劈裂发生、发展全过程的相关报道，土石坝中的裂缝对水力劈裂的影响有待进一步研究。由于水力劈裂问题的复杂性，除通过数值模拟分析外，还需采取其他手段进行研究，需研究先进的试验仪器、试验方法及计算手段。

（5）大坝变形控制原则及标准。在土石坝的变形控制方面，通常规定沉降比需满足小于1%，这对于100m级的堆石坝通常是能够实现的。但近年我国高土石坝工程实践表明，大多200m级高土石坝的实测沉降变形超过了1%的界限。如果采用相同的变形控制标准，相比100m级土石坝，200m级高土石坝变形控制难度会很大，有时甚至要花费巨大的代价。高土石坝的坝料选用、结构设计与优化等问题需进一步深入研究，且目前针高土石坝变形控制的标准是笼统的，并没有和具体的坝体破坏形式相关联，有必要针对坝体可能的表现行为探讨坝体的变形控制标准。

2. 渗流控制

开展帷幕灌浆岩体的抗渗强度试验是一项重要的工作内容，对工程安全投资影响重大，但目前试验及工程实践总结都较少见。特别应研究在应力状态下的抗渗强度值、帷幕灌浆技术、灌浆材料的多样性和灌浆有效范围的控制，从整体上提高灌浆帷幕的防渗效果。

对于宽级配高心墙防渗土料的渗透系数控制标准需要进一步研究与其相匹配的反滤层设计控制方法，以及心墙开裂的保护滤层设计。

心墙堆石坝渗流控制系统要遵循“三位一体，有机结合、优化匹配”的指导思想，进一步开发完善、快速优化计算程序，同时应结合生产科研任务实际，逐步完善以实现真正意义上的“三位一体”的优化分析水平。

渗流程序的功能还有较大的开发空间，应继续针对水利水电建设中遇到的问题，继续开发研究使其完善，以便解决更多类型的渗流问题，为高坝渗流控制优化设计提供更完善的技术支持。

特高心墙堆石坝渗流量控制的标准，涉及水的价值、效益，坝高、坝体坝基的防渗水平，水文地质及天然来水量等多方面因素，应继续关注成功运行的高坝工程的实测资料，以便研究分析。

应进一步完善原型观测系统的设计布置和施工，进一步完善反演和反馈分析模型及相应计算分析程序，两者结合才能更顺利及时准确地跟踪运行管理情况，以便对工程渗透安全作出正确评价和提出进一步保证工程安全的措施。

3. 抗滑稳定及控制

“5·12”汶川地震后，国家加强了大坝的抗震防震工作。国家发展改革委、能源局先后发布了《国家发展改革委关于加强水电工程防震抗震工作有关要求的通知》（发改能源〔2008〕1242号）和《国家能源局关于委托开展水电工程抗震复核工作的函》（国能局综函〔2008〕16号）。水利水电规划设计总院制定了《水电工程防震抗震研究设计及专题报告编制暂行规定》（水电规计〔2008〕24号），对水电工程防震抗震研究设计提出了具体规定。大坝的地震设防要求除设计工况下满足“可修复”外，增加了校核工况下不溃坝的要求。校核地震工况对1级挡水建筑物可取基准期100年超越概率1%或最大可信地震（MCE）的动参数。对特别重要的挡水建筑物，还应研究极限抗震能力和地震破坏模式。

目前针对高心墙堆石坝的坝坡稳定极限抗震能力没有统一的标准可参照，应开展深入的分析研究工作，提出各种抗滑稳定计算方法相应的地震安全控制标准，并应用于高心墙堆石坝坝坡抗滑稳定及极限抗震能力的计算分析中。

4. 泄洪安全及控制

通过多年的泄洪雾化相关研究，对雾化现象的认识逐步深入，对于雾源、雾化分级和分区都有了比较明确的界定和认识。研究者在不断地对泄洪雾化的观测、模拟、深入的理论分析的基础上，提出了雾化扩散及雨区范围的经验公式及数学计算方法，以及采用人工神经网络模型预报的办法，获得了丰硕的成果。不过由于泄洪是比较复杂的现象，在原型观测、模型模拟、理论分析上都还存在较大的问题，原型观测的测量资料还相对欠缺，模型试验的相似律还有待进一步验证，数值模拟各种影响因素的考虑也有待改进，相关研究工作还需深入开展。

高水头、大泄量、高流速泄洪隧洞闸室掺气及洞顶携气量巨大，因此通风洞及闸室内存在风速高、噪声大的问题。目前国内外关于水-气两相混流关系、泄洪空气动力学、气流噪声产生原因及减噪措施等问题还没有系统的研究，糯扎渡水电站针对右岸泄洪隧洞通风减噪问题已开展相关研究，但受制于时间紧迫和问题的新颖性，下一步还需要对这一科学问题开展深入研究。

5. 水流控制

进一步研究围岩一次支护“加固”机理，对隧洞一次支护、衬砌结构进行合理优化，结合施工过程中监测资料动态考虑“一次支护加固围岩”作用，为不良地质条件下大型水工隧洞的开挖、支护和衬砌设计提供新的设计理念和实践验证成果。

进一步深入研究水库蓄水期间流域水资源综合利用，创造良好的社会和生态效益。

6. 安全建设及质量控制

高土石坝施工质量的“双控制”，一是施工过程质量监控（事中控制），二是坝料压实填筑控制标准及填筑质量检测控制（事后控制），两者均是高土石坝安全建设及质量控制的关键技术问题。

（1）高心墙堆石坝填筑碾压质量实时监控技术已成功应用于糯扎渡心墙堆石坝工程建设中，有效地控制了大坝施工参数，提高了施工过程的质量监控水平和效率，使大坝建设质量始终处于真实受控状态。该项技术不仅适用于心墙堆石坝，还适用于混凝土面板堆石坝和碾压混凝土坝，建议加大该项技术的应用范围和推广力度，使其具有更广阔的应用前景。

（2）在坝料压实填筑控制标准及填筑质量检测方法方面，下一步应针对不同工程的砾质土料或掺砾土料开展深入研究，研发或改进现有的超大型击实试验技术，论证并提出合适的坝料压实填筑控制标准及现场压实质量快速检测方法，以供其他工程参考借鉴。

7. 安全评价及预警

管道机器人可以对 800m 级长度管道内部情况进行全方位观测。除监测坝体内部水平位移和沉降外，机器人还可以配备管道摄像机，实时显示管道内部各部位细节，并拍照、录像。基本研究思路为施工期在坝体内部埋设保护管，保护管内设置机器人运行轨道，采用机器人在轨道内巡航监测坝体的水平位移和沉降。机器人工作由安装在下游坝坡的控制仪进行操作，控制机器人前进、停止、后退、水平位移测点检测、行进距离记录等动作。

8. 深厚覆盖层上的特高心墙堆石坝筑坝技术

随着水电工程建设的全面开发，建坝基础条件会越来越差，坐落在深厚覆盖层基础上的建筑物也会越建越高，如何保证深厚覆盖层上建设高心墙堆石坝安全可靠和经济，是将要面临和迫切需要解决的问题。

深厚覆盖层作为一种特殊地基，结构松散、岩性不连续、成因类型复杂、物理力学性质呈不均匀性变化。因此有必要对相关的工程特性（如地基承载能力、防渗、不均匀沉降、砂土液化等）进行系统研究，以期能更合理地进行结构设计。覆盖层与基岩相比，模量较低，在上部结构作用下变形大，因此需要在研究覆盖层和上部结构变形、受力的基础上，深化研究覆盖层基础处理方案、措施的可靠性和合理性，确保工程安全。深厚覆盖层的渗漏和渗透稳定，对大坝的安全运行具有重要意义，因此有必要对深厚覆盖层防渗体系设计与施工进行深入研究，通过对坝基深厚覆盖层渗流控制设计和工程处理，满足基础防渗需要。在高地震区修建深厚覆盖层上的心墙堆石坝将面临大坝的动力稳定、坝基液化等问题，需开展系统深入的研究。

参 考 文 献

[1] 中华人民共和国水利部. 2020中国水利发展报告 [M]. 北京：中国水利水电出版社，2020.

[2] 中华人民共和国水利部. 中国水利统计年鉴2019 [M]. 北京：中国水利水电出版社，2019.

[3] 贾金生. 中国大坝建设60年 [M]. 北京：中国水利水电出版社，2013.

[4] 水利部建设与管理司，水利部大坝安全管理中心. 中国高坝大库TOP100 [M]. 北京：中国水利水电出版社，2012.

[5] 贾金生. 2005年中国与世界大坝建设情况 [C]//水电2006国际研讨会论文集，中国水利学会，2006.

[6] 王复来. 碧口土石坝 [J]. 西北水电技术，1984 (3)：13-25.

[7] 陈洪天. 碧口水电站设计特点和若干经验教训 [J]. 西北水电技术，1984 (3)：1-5.

[8] 张宗亮. 200m级以上高心墙堆石坝关键技术研究及工程应用 [M]. 北京：中国水利水电出版社，2011.

[9] 武警水电第一总队. 300米级心墙堆石坝施工关键技术 [M]. 北京：中国水利水电出版社，2017.

[10] 袁友仁，张宗亮，冯业林，等. 糯扎渡心墙堆石坝设计 [J]. 水力发电，2012，38 (9)：27-30.

[11] 保华富，尹志伟. 砾质土做为土石坝防渗体的研究 [J]. 岩土工程技术，1999 (4)：34-38.

[12] 保华富，张永全，等. 掺砾风化料作为高坝心墙防渗体的试验研究 [C]//土石坝技术2008年论文集.

[13] 王继庄. 软岩风化料高土石坝防渗体的工程特性 [J]. 岩土工程学报，1991，13 (3)：3-12.

[14] 保华富，庞桂. 砾石土的击实特性及最大干密度试验研究 [J]. 工程勘察，2016，44 (9)：35-38.

[15] 保华富，罗玉再. 徐村电站砾质土防渗体的大型试验研究 [J]. 云南水力发电，2003 (1)：24-29.

[16] 保华富，庞桂. 大坝心墙接触黏土有关工程特性试验研究 [C]//土石坝技术—2013年论文集.

[17] 保华富，张永全，等. 堆石坝垫层料有关工程性质试验研究 [J]. 云南水力发电，2005 (1)：31-35.

[18] 陈祖煜. 土质边坡稳定分析——原理·方法·程序 [M]. 北京：中国水利水电出版社，2003.

[19] 朱百里，沈珠江. 计算土力学 [M]. 上海：上海科学技术出版社，1990.

[20] 殷宗泽. 土工原理 [M]. 北京：中国水利水电出版社，2007.

[21] 卢廷浩. 岩土数值分析 [M]. 北京：中国水利水电出版社，2008.

[22] 钱家欢，殷宗泽. 土工数值分析 [M]. 北京：中国铁道出版社，1991.

[23] 沈珠江. 用有限单元法计算软土地基的固结变形 [J]. 水利水运科技情报，1977 (1)：7-23.

[24] Duncan J M，Chang C Y. Nonlinear analysis of stress and strain in soils [J]. Journal of Soil Mechanics and Foundation Division，ASCE，1970，96 (5)：1629-1653.

[25] Duncan J M，Byrne P M，Wong K S. Strength，stress-strain and bulk modulus parameters for finite element analysis of stress and movement in soil masses [R]. Berkeley：Report No. UCB/GT/80-01，University of California，Berkeley，1980.

[26] Duncan J M，Seed R B，Wang K S. A computer program for finite element analysis of dams [R]. Report No. UCB/GT/84-01，University of California，Berkeley，1984.

[27] 沈珠江. 土体应力应变分析的一种新模型 [C]//第五届土力学及基础工程学术讨论会论文选集.

厦门，1987.
[28] 沈珠江，徐刚. 堆石料的动力变形特性 [J]. 水利水运科学研究，1996 (2)：143-150.
[29] 沈珠江. 砂土动力液化变形的有效应力分析方法 [J]. 水利水运科学研究，1982 (4)：22-32.
[30] 沈珠江. 土的弹塑性应力应变关系的合理形式 [J]. 岩土工程学报，1982 (2)：11-19.
[31] 沈珠江. 软土地基固结变形的弹塑性分析 [J]. 中国科学，1985，28 (11)：1049-1060.
[32] 沈珠江. 新弹塑性模型在软土地基固结分析中的应用 [J]. 水利水运科学研究，1993 (1)：55-63.
[33] 孔亮，郑颖人，王燕昌. 一个基于广义塑性力学的土体三屈服面模型 [J]. 岩土力学，2000，21 (2)：108-112.
[34] 郑颖人. 岩土塑性力学的新进展——广义塑性力学 [J]. 岩土工程学报，2003 (1)：1-10.
[35] 邹德高，徐斌，孔宪京，等. 基于广义塑性模型的高面板堆石坝静、动力分析 [J]. 水力发电学报，2011，30 (6)：109-116.
[36] 马洪琪，钟登华，张宗亮，等. 重大水利水电工程施工实时控制关键技术及其工程应用 [J]. 中国工程科学，2011 (12)：20-27.
[37] 马洪琪. 糯扎渡水电站掺砾黏土心墙堆石坝质量控制关键技术 [J]. 水力发电，2012 (9)：12-15.
[38] 张宗亮，刘兴宁，冯业林，等. 糯扎渡水电站枢纽工程主要技术创新与实践 [J]. 水力发电，2012 (9)：22-34.
[39] 谭志伟，邹青，刘伟. 糯扎渡水电站高心墙堆石坝监测设计创新与实践 [J]. 水力发电，2012 (9)：90-92.
[40] 谭志伟，胡灵芝. 心墙堆石坝光纤渗漏监测技术研究 [J]. 水力发电，2011 (3)：83-85.
[41] 冯小磊，刘德军，洪孝信. 糯扎渡特高心墙堆石坝安全监测关键技术研究 [J]. 水利水电快报，2019 (11)：24-29.
[42] 谭志伟，邹青. 水电站蓄水初期心墙堆石坝主要监测成果分析评价 [J]. 云南水力发电，2016 (5)：63-65.
[43] 陈剑龙，王利启. 糯扎渡堆石坝施工期心墙沉降统计模型分析 [J]. 三峡大学学报（自然科学版），2012 (2)：19-24.
[44] 马能武，唐培武，葛培清，等. 黏土心墙堆石坝施工初期渗流控制及渗压监测 [J]. 人民长江，2010，41 (20)：82-85.
[45] 张丙印，袁会娜，孙逊. 糯扎渡高心墙堆石坝心墙砾石土料变形参数反演分析 [J]. 水力发电学报，2005 (3)：18-23.
[46] 董威信，袁会娜，徐文杰，等. 糯扎渡高心墙堆石坝模型参数动态反演分析 [J]. 水力发电学报，2012 (5)：203-208.
[47] 张宗亮，于玉贞，张丙印. 高土石坝工程安全评价与预警信息管理系统 [J]. 中国工程科学，2011，13 (12)：33-37.
[48] 高莲士，汪召华，宋文晶. 非线性解耦K-G模型在高面板堆石坝应力变形分析中的应用 [J]. 水利学报，2001 (10)：1-7.
[49] 马洪琪. 糯扎渡高心墙堆石坝坝料特性研究及填筑质量检测方法和实时监控关键技术 [J]. 中国工程科学，2011 (12)：9-14.
[50] 赵川，刘盛乾. 糯扎渡水电站黏土心墙压实度检测方法及控制标准 [J]. 云南水力发电，2009 (5)：58-61.
[51] 保华富，杜三林. 大坝砾石土防渗心墙填筑质量快速检测方法研究 [C]//土石坝技术 2013 年论文集，2013.
[52] 中国水电顾问集团成都勘测设计研究院. 大渡河长河坝水电站大坝坝体填筑施工技术要求 [R].

成都，2013.

[53] 保华富，王海波，等. 长河坝水电站砾石土击实特性及压实控制标准研究 [J]. 云南水力发电，2014 (1)：32 - 36.

[54] 殷宗泽. 一个土体的双屈服面应力-应变模型 [J]. 岩土工程学报，1988 (4)：64 - 71.

[55] 殷宗泽，卢海华，朱俊高. 土体的椭圆-抛物双屈服面模型及其柔度矩阵 [J]. 水利学报，1996 (12)：23 - 28.

[56] Mashing G. Eigenspannungeu und verfertigung beim Messing [C]// Proceedings of the 2nd International Congress on Applied Mechanics. Zurich，1926.

[57] Hardin B O，Drnevich V P. Shear modulus and damping in soils：design equations and curves [J]. Journal of the Soil mechanics and Foundation Engineering Division，ASCE，1972，98 (7)：667 - 692.

[58] Francisco - Javier Montáns. Bounding surface plasticity model with extended masing behavior [J]. Computer Methods in Applied Mechanics and Engineering，2000 (6)：135 - 162.

[59] Numanoglu O A，Musgrove M，Harmon J A. Generalized non - masing hysteresis model for cyclic loading [J]. Journal of Geotechnical and Geoenvironmental Engineering，2017，144 (1)：060117015.

[60] 王军，陈张林，蔡袁强. 基于修正 Masing 准则的萧山软黏土动应力-应变关系研究 [J]. 岩石力学与工程学报，2007，26 (1)：108 - 114.

[61] Nazarov V E，Kiyashko S B. Modified Davidenkov hysteresis and the propagation of sawtooth waves in polycrystals with hysteresis loss saturation [J]. The Physics of Metals and Metallography，2016，117 (8)：766 - 771.

[62] Jia P F，Yang A W. A Modified Davidenkov model for stiffness and damping characteristics of saturated clayey soils due to low - amplitude small - strain vibrations [J]. Advanced Materials Research，2013 (2334)：166 - 171.

[63] Skvortsov V F，Arlyapov A Y. Feasibility of the Davidenkov method for investigation of hoop residual stresses in cold expanded cylinders [J]. IOP Conference Series：Materials Science and Engineering，2017，177：12 - 18.

[64] 栾茂田. 土动力非线性分析中的变参数 Ramberg - Osgood 本构模型 [J]. 地震工程与工程振动，1992，12 (2)：69 - 78.

[65] 阮滨，赵丁凤，陈国兴. 基于修正 Davidenkov 本构模型与 Byrne 孔压增量模型的有效应力算法及其验证 [J]. 应用基础与工程科学学报，2017，25 (5)：956 - 966.

[66] Yu X B，Liu H B，Sun R. Improved Hardin - Drnevich model for the dynamic modulus and damping ratio of frozen soil [J]. Cold Regions Science and Technology，2018，153：64 - 77.

[67] 李扬波，张家生，朱志辉. 基于 Hardin 骨架曲线的粗粒土非线性动本构模型 [J]. 重庆大学学报，2018，41 (11)：19 - 30.

[68] Ohsaki Y，Iwasaki R. On dynamic shear moduli and Poisson's ratios of soil deposits [J]. Soils and Foundations，1973 (4)：61 - 73.

[69] 李小军，廖振鹏，张克绪. 考虑阻尼拟合的动态骨架曲线函数式 [J]. 地震工程与工程振动，1994，14 (1)：30 - 35.

[70] 王志良，韩清宇. 黏弹塑性土层地震反应的波动分析法 [J]. 地震工程与工程振动，1981 (1)：117 - 137.

[71] Prevost J H，Catherine M K. Shear stress - strain curve generation from simple material parameters [J]. Journal of Geotechnical Engineering，1990，116 (8)：1255 - 1263.

[72] Pyke R. Nonlinear soil models for irregular cyclic loadings [J]. Journal of Geotechnical Engineering

Division，ASCE，1979，105（6）：715-726.

［73］ 吴仲谋. 饱和砂土两相动力有效应力分析方法研究［D］. 北京：中国水利水电科学研究院，1988.

［74］ 栾茂田，林皋. 土料非线性滞回本构模型的半解析半离散构造方法［J］. 大连理工大学学报，1992，32（6）：694-701.

［75］ 张克绪，李明宰，王治琨. 基于非曼辛准则的土动弹塑性模型［J］. 地震工程与工程振动，1997（2）：74-80.

［76］ Carter J P，Booker J R，Wrothu C P. A critical state soil model for cyclic loading［R］. Soil Mechnis-Transient and Cyclics Loadings，John wiley and Son，1980.

［77］ Desai C S. Mechanics of engineering materials［M］. London：J. Wiley and Sons，1984.

［78］ Prevost J H. Mathematical modelling of monotonic and cyclic undrained clay behavior［J］. International Journal pf Geotechnical，1997（1）：195-216.

［79］ Mroz Z，Norris V A，Zienkiewicz O C. An anisotropic hardening model for soil and its application to cyclic loading［J］. International Journal of Numerical Analysis of Geotechnical，1978（2）：43-55.

［80］ Dafalias Y E，Popov E P. A model of nonlinearly hardening materials for complex loading［J］. Acta Mechnic，1975，21（3）：173-192.

［81］ Krieg R D. A practical two-surface plasticity［J］. Journal of Applied Mechanics，ASME，1975.

［82］ Shen Z J. A stress strain model for sands under complex loading［C］//International Conference on Constitutive Laws for Materials，Chongqing，China，1989.

［83］ 谢定义. 极限平衡理论在饱和砂土动力失稳过程中的应用［J］. 土木工程学报，1981（4）：17-28.

［84］ 迟世春，刘怀林. 土工建筑物动力真非线性分析的量化记忆模型［J］. 水利学报，2003，34（10）：51-59.

［85］ 迟世春，宋振河. 土的量化记忆模型及其参数确定［J］. 岩土力学，2004（1）：77-81.

［86］ 迟世春，许艳林. 多维量化记忆模型及其验证［J］. 岩土工程学报，2005（2）：37-42.

［87］ Pastor M，Zienkiewicz O C，Chen H C. Generalized plasticity and the modelling of soil behavior［J］. International Journal of Numerical Analysis Methods in Geotechnics，1990（4）：151-190.

［88］ 左元明，沈珠江. 坝壳砂砾料浸水变形特性的测定［J］. 水利水运科学研究，1989（1）：107-113.

［89］ Nobari E S，Duncan J M. Effect of reservoir filling on stresses and movements in earth and rockfill dams［R］. Berkeley：University of California，1972.

［90］ 殷宗泽，赵航. 土坝浸水变形分析［J］. 岩土工程学报，1990，12（2）：1-8.

［91］ 李广信. 堆石料的湿化试验和数学模型［J］. 岩土工程学报，1990，12（5）：58-64.

［92］ 沈珠江，左元明. 坝壳砂砾料的浸水变形特性的测定［R］. 南京：南京水利科学研究院，1986.

［93］ 李国英，刘玉年. 砂石料浸水变形三维有限元分析［C］//第三届全国青年岩土力学与工程会议，南京，1998.

［94］ 米占宽，李国英. 双江口水电站心墙堆石坝坝料流变湿化试验及三维有限元分析［R］. 南京：南京水利科学研究院，2009.

［95］ 李全明，于玉贞，张丙印，等. 黄河公伯峡面板堆石坝三维湿化变形分析［J］. 水力发电学报，2005（3）：24-29.

［96］ 程展林，左永振，丁红顺. 堆石料湿化特性试验研究［J］. 岩土工程学报，2010（2）：243-247.

［97］ 迟世春，周雄雄. 堆石料的湿化变形模型［J］. 岩土工程学报，2017，39（1）：48-55.

［98］ 魏松. 土石坝粗粒料湿化变形特性试验研究［D］. 南京：河海大学，2006.

［99］ 朱俊高，ALSAKRAN Mohamed A，龚选，等. 某板岩粗粒料湿化特性三轴试验研究［J］. 岩土工程学报，2013（1）：170-174.

[100] Daouadji A, Hicher P Y, Rahma A. An elastoplastic model for granular materials taking into account grain breakage [J]. European Journal of Mechanics A Solids, 2001, 20 (1): 113-117.

[101] Hicher P Y, Kim M S, Rahma A. Experimental evidence and modelling of grain breakage influence on mechanical behaviour of granular media [C]// International Workshop on Homogenization. Theory of Migration and Granular Bodies, Gdansk-Kormoran, 1995, 125-133.

[102] 梁军，刘汉龙，高玉峰. 堆石蠕变机理分析与颗粒破碎特性研究 [J]. 岩土力学，2003，24 (3): 479-483.

[103] 李国英，米占宽，傅华. 混凝土面板堆石坝堆石料流变特性试验研究 [J]. 岩土力学，2004，25 (11): 1712-1716.

[104] 程展林，丁红顺. 堆石料蠕变特性试验研究 [J]. 岩土工程学报，2004，26 (4): 473-476.

[105] Zhang B Y, Chen T, Peng C, et al. Experimental study on loading-creep coupling effect in rockfill material [J]. International Journal of Geomechanics, 2017, 17 (9): 473-476.

[106] Lade P V, LIU C T. Experimental study of drained creep behavior sand [J]. Journal of Engineering Mechanics, 1998, 124 (8): 912-920.

[107] Karimpour H, LADE P V. Creep behavior in Virginia Beach sand [J]. Canadian Geotechnical Journal, 2013, 50 (11): 1159-1178.

[108] Morten Liingaard, Anders Augustesen, Poul V. Lade et al. Characterization of models for time-dependent behavior of soils [J]. International Journal of Geomechanics, 2004 (3): 157-177.

[109] 沈珠江. 土石料的流变模型及其应用 [J]. 水利水运科学研究，1994 (4): 335-342.

[110] 方维凤. 混凝土面板堆石坝流变研究 [D]. 南京：河海大学，2003.

[111] 梁军. 高面板堆石坝流变特性研究 [D]. 南京：河海大学，2003.

[112] 周伟. 高混凝土面板堆石坝流变本构模型理论及其应用 [D]. 武汉：武汉大学，2004.

[113] 米占宽，沈珠江，李国英. 高面板堆石坝坝体流变性状 [J]. 水利水运工程学报，2002 (2): 35-41.

[114] Clough G W, Duncan J M. Finite element analyses of retaining wall behavior [J]. Journal of the Soil Mechanics and Foundations Division, 1971, 97 (12): 1657-1673.

[115] Goodman R E, Taylor R L, Brekke T L. A model for the mechanics of jointed rock [J]. Journal of the Soil Mechanics and Foundations Division, ASCE, 1968, 94 (3): 637-659.

[116] Desai C S, Zaman M M, Lighter J G. Thin-Layer element for interfaces and joints [J]. Inter. J. Numerical and Analytical Methods in Geomechanics, 1984, 8 (1): 19-43.

[117] 张丙印，师瑞锋，王刚. 高面板堆石坝面板脱空问题的接触力学分析 [J]. 岩土工程学报，2003，25 (3): 361-364.

[118] Zhang B Y, Wang J G, Shi R F. Time-Dependent deformation in high concrete-faced rockfill dam and separation between concrete face slab and cushion layer [J]. Computers and Geotechnics, 2004, 31: 559-573.

[119] Qian X X, Yuan H N, Zhou M Z, Zhang B Y, A general 3D contact smoothing method based on radial point interpolation [J]. Journal of Computational and Applied Mathematics, 2014 (25): 1-13.

[120] 钱晓翔. 高面板堆石坝流变特性和接触数值模拟方法研究 [D]. 北京：清华大学，2012.

[121] 周墨臻. 非线性接触数值算法及其在高面板堆石坝的应用研究 [D]. 北京：清华大学，2015.

[122] 周墨臻，钱晓翔，张丙印. 地下工程中的非线性接触算法研究及数值实现 [J]. 岩石力学与工程学报，2014，33 (12): 2390-2395.

[123] 丁金粟. 黏性土抗拉特性的试验研究 [R]. 清华大学水利系工程地质及土力学教研组，1971.

[124] 余湘娟. 黏土的拉裂试验及声发射检测 [J]. 水利水电科技进展，1997，17 (3): 29-32.

[125] 朱安龙. 黏性土抗拉强度试验研究及数值模拟 [D]. 成都：四川大学，2005.
[126] 王俊杰，朱俊高. 击实黏性土断裂韧度 KIC 的试验研究 [J]. 岩石力学与工程学报，2005，24 (21)：3972 - 3977.
[127] 彭翀，张宗亮，张丙印，等. 高土石坝裂缝分析的变形倾度有限元法及其应用 [J]. 岩土力学，2013，34 (5)：1453 - 1458.
[128] 李全明. 高土石坝水力劈裂发生的物理机制研究及数值仿真 [D]. 北京：清华大学，2006.
[129] 魏瑞. 压实黏土拉伸特性试验研究 [D]. 北京：清华大学，2007.
[130] 张琰. 高土石坝张拉裂缝开展机理研究与数值模拟 [D]. 北京：清华大学，2009.
[131] 彭翀. 土体张拉裂缝发生与扩展过程的三维数值模拟 [D]. 北京：清华大学，2012.
[132] Zhang B Y，LI Q M，YUAN H N，Sun X. Tensile fracture characteristics of compacted soils under uniaxial tension [J]. ASCE. Journal of Materials in Civil Engineering，2015，27 (10)：04014274.
[133] 张琰，张丙印，孙逊，等. 压实黏土的三轴拉伸特性试验研究 [J]. 水力发电学报，2010，29 (6)：172 - 177.
[134] 张琰，张丙印，李广信，等. 压实黏土拉压组合三轴试验和扩展邓肯张模型 [J]. 岩土工程学报，2010，32 (7)：999 - 1004.
[135] Peng C，Wu W，Zhang B Y，Three - Dimensional simulations of tensile cracks in geomaterials by coupling meshless and finite element method [J]. International Journal for Numerical and Analytical Methods in Geomechanics，2015，39：135 - 154.
[136] Bishop A W，Morgenstern N R. Stability coefficients for earth slopes [J]. Géotechnique，1960 (10)：129 - 150.
[137] Morgenstern N R. Managing risk in geotechnical engineering [C]//Proceeding of the 10th Pan American conference on soil mechanic and foundation engineering，1995.
[138] 赵国藩. 工程结构可靠性理论与应用 [M]. 辽宁：大连理工大学出版社，1996.
[139] Rosenblueth E. Point estimates for probability moments [C] // Proceedings of the National Academy of Sciences of the United States of America，1975.
[140] Griffith，D V，Lane P A. Slope stability analysis by finite elements [J]. Géotechnique，1999，49 (3)：387 - 403.
[141] 袁曾任. 人工神经元网络及其应用 [M]. 北京：清华大学出版社，1999.
[142] 王树谦，魏德华，等. 多层前向人工神经网络 [M]. 郑州：黄河水利出版社，1999.
[143] 丛爽. 面向 MATLAB 工具箱的神经网络理论与应用 [M]. 合肥：中国科学技术大学出版社，1998.
[144] 杨建刚. 人工神经网络实用教程 [M]. 杭州：浙江大学出版社，2001.
[145] 潘正君，等. 演化计算 [M]. 北京：清华大学出版社，1998.
[146] 云庆夏. 进化算法 [M]. 北京：冶金工业出版社，2000.
[147] 郭雪莽，田明俊，秦理曼. 土石坝位移反分析的遗传方法 [J]. 华北水利水电学院学报，2001，22 (3)：94 - 97.
[148] 张丙印，袁会娜，李全明. 基于神经网络和演化算法的土石坝位移反演分析 [J]. 岩土力学，2005，26 (4)：547 - 552.
[149] 董威信，袁会娜，徐文杰，等. 糯扎渡高心墙堆石坝模型参数动态反演分析 [J]. 水力发电学报，2012，31 (5)：203 - 208.
[150] Sherard J L，Dunnigan L P. Basic properties of sand and gravel filters [J]. Journal of Geotechnical Engineering，1984，110 (6)：684 - 700.

索　引

《中国水电关键技术丛书》编辑出版人员名单

总 责 任 编 辑：营幼峰

副总责任编辑：黄会明　王志媛　王照瑜

项 目 负 责 人：刘向杰　吴　娟

项 目 执 行 人：李忠良　冯红春　宋　晓

项 目 组 成 员：王海琴　刘　巍　任书杰　张　晓　邹　静
李丽辉　夏　爽　郝　英　范冬阳

《特高心墙堆石坝筑坝关键技术与创新应用》

责任编辑：邹　静

文字编辑：邹　静

审稿编辑：王照瑜　孙春亮　柯尊斌

索引制作：雷红军　邹　静

封面设计：芦　博

版式设计：芦　博

责任校对：梁晓静　黄　梅

责任印制：崔志强　焦　岩　冯　强

排　　版：吴建军　孙　静　郭会东　丁英玲　聂彦环

Contents

of China.

As same as most developing countries in the world, China is faced with the challenges of the population growth and the unbalanced and inadequate economic and social development on the way of pursuing a better life. The influence of global climate change and extreme weather will further aggravate water shortage, natural disasters and the demand & supply gap. Under such circumstances, the dam and reservoir construction and hydropower development are necessary for both China and the world. It is an indispensable step for economic and social sustainable development.

The hydropower engineering technology is a treasure to both China and the world. I believe the publication of the *Series* will open a door to the experts and professionals of both China and the world to navigate deeper into the hydropower engineering technology of China. With the technology and management achievements shared in the *Series*, emerging countries can learn from the experience, avoid mistakes, and therefore accelerate hydropower development process with fewer risks and realize strategic advancement. The *Series*, hence, provides valuable reference not only to the current and future hydropower development in China but also world developing countries in their exploration of rivers.

As one of the participants in the cause of hydropower development in China, I have witnessed the vigorous development of hydropower industry and the remarkable progress of hydropower technology, and therefore I am truly delighted to see the publication of the *Series*. I hope that the *Series* will play an active role in the international exchanges and cooperation of hydropower engineering technology and contribute to the infrastructure construction of B&R countries. I hope the *Series* will further promote the progress of hydropower engineering and management technology. I would also like to express my sincere gratitude to the professionals dedicated to the development of Chinese hydropower technological development and the writers, reviewers and editors of the *Series*.

Ma Hongqi

Academician of Chinese Academy of Engineering

October, 2019

river cascades and water resources and hydropower potential. 3) To develop complete hydropower investment and construction management system with the aim of speeding up project development. 4) To persist in achieving technological breakthroughs and resolutions to construction challenges and project risks. 5) To involve and listen to the voices of different parties and balance their benefits by adequate resettlement and ecological protection.

With the support of H. E. Mr. Wang Shucheng and H. E. Mr. Zhang Jiyao, the former leaders of the Ministry of Water Resources, China Society for Hydropower Engineering, Chinese National Committee on Large Dams, China Renewable Energy Engineering Institute, and China Water & Power Press in 2016 jointly initiated preparation and publication of *China Hydropower Engineering Technology Series* (hereinafter referred to as "the *Series*"). This work was warmly supported by hundreds of experienced hydropower practitioners, discipline leaders, and directors in charge of technologies, dedicated their precious research and practice experience and completed the mission with great passion and unrelenting efforts. With meticulous topic selection, elaborate compilation, and careful reviews, the volumes of the *Series* was finally published one after another.

Entering 21st century, China continues to lead in world hydropower development. The hydropower engineering technology with Chinese characteristics will hold an outstanding position in the world. This is the reason for the preparation of the *Series*. The *Series* illustrates the achievements of hydropower development in China in the past 30 years and a large number of R&D results and projects practices, covering the latest technological progress. The *Series* has following characteristics. 1) It makes a complete and systematic summary of the technologies, providing not only historical comparisons but also international analysis. 2) It is concrete and practical, incorporating diverse disciplines and rich content from the theories, methods, and technical roadmaps and engineering measures. 3) It focuses on innovations, elaborating the key technological difficulties in an in-depth manner based on the specific project conditions and background and distinguishing the optimal technical options. 4) It lists out a number of hydropower project cases in China and relevant technical parameters, providing a remarkable reference. 5) It has distinctive Chinese characteristics, implementing scientific development outlook and offering most recent up-to-date development concepts and practices of hydropower technology

General Preface

China has witnessed remarkable development and world-known achievements in hydropower development over the past 70 years, especially the 4 decades after Reform and Opening-up. There were a number of high dams and large reservoirs put into operation, showcasing the new breakthroughs and progress of hydropower engineering technology. Many nations worldwide played important roles in the development of hydropower engineering technology, while China, emerging after Europe, America, and other developed western countries, has risen to become the leader of world hydropower engineering technology in the 21st century.

By the end of 2018, there were about 98,000 reservoirs in China, with a total storage volume of 900 billion m^3 and a total installed hydropower capacity of 350GW. China has the largest number of dams and also of high dams in the world. There are nearly 1000 dams with the height above 60m, 223 high dams above 100m, and 23 ultra high dams above 200m. There are also 4 mega-scale hydropower stations with an individual installed capacity above 10 GW, such as Three Gorges Hydropower Station, which has an installed capacity of 22.5 GW, the largest in the world. Hydropower development in China has been endeavoring to support national economic development and social demand. It is guided by strategic planning and technological innovation and aims to promote project construction with the application of R&D achievements. A number of tough challenges have been conquered in project construction and management, realizing safe and green development. Hydropower projects in China have played an irreplaceable role in the governance of major rivers and flood control. They have brought tremendous social benefits and played an important role in energy security and eco-environmental protection.

Referring to the successful hydropower development experience of China, I think the following aspects are particularly worth mentioning 1) To constantly coordinate the demand and the market with the view to serve the national and regional economic and social development. 2) To make sound planning of the

Informative Abstract

This book is one of *the Series of Key Technologies of Hydropower in China*, a national publication foundation. On the basis of summarizing the technology innovations and achievements made in constructions of extra-high core wall rock-fill dams in China in recent years, series of key technologies were expounded, including engineering survey and dam material tests, dam calculation theories and methods, design methods, engineering constructions, safety monitoring and early warnings, dam operation maintenance and health diagnosis, and integrated applications of BIM and so on.

This book can be used as a reference book for engineering technicians engaged in water conservancy projects planning, design, construction and management, and can also provide references for teaching and scientific research works of related majors in colleges and universities.

China Hydropower Engineering Technology Series 

Key Technologies and Innovative Applications of Extra-high Core Wall Rock-fill Dam

Zhang Zongliang et al.

中国水利水电出版社
China Water & Power Press
· BeiJing ·